计 算 机 科 学 丛 书

第2版

数据库系统实现

（美）Hector Garcia-Molina Jeffrey D. Ullman Jennifer Widom 著 杨冬青 吴愈青 包小源 唐世渭 等译
斯坦福大学

DATABASE
SYSTEM
Implementation
Second Edition

Hector Garcia-Molina
Jeffrey D. Ullman
Jennifer Widom

Database System Implementation

Second Edition

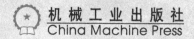

机械工业出版社
China Machine Press

本书是斯坦福大学计算机科学专业数据库系列课程第二门课的教科书。书中对数据库系统实现原理进行了深入阐述，并具体讨论了数据库管理系统的三个主要成分——存储管理器、查询处理器和事务管理器的实现技术。此外，第2版充分反映了数据管理技术的新进展，对内容进行了扩充，除了在第1版中原有的"信息集成"一章（第10章）中加入了新的内容外，还增加了两个全新的章："数据挖掘"（第11章）和"数据库系统与互联网"（第12章）。

　　本书适合作为高等院校计算机专业研究生的教材或本科生的教学参考书，也适合作为从事相关研究或开发工作的专业技术人员的高级参考资料。

图书在版编目（CIP）数据

数据库系统实现　第2版/（美）加西亚 - 莫利纳（Garcia-Molina，H.）等著；杨冬青等译 . —北京：机械工业出版社，2010.5（2022.9重印）

（计算机科学丛书）

书名原文：Database System Implementation，Second Edition

ISBN 978-7-111-30287-2

Ⅰ. 数…　Ⅱ.①加…　②杨…　Ⅲ. 数据库系统　Ⅳ. TP311.13

中国版本图书馆 CIP 数据核字（2010）第 057560 号

机械工业出版社（北京市西城区百万庄大街22号　邮政编码　100037）
责任编辑：迟振春
固安县铭成印刷有限公司印刷
2022 年 9 月第 2 版第 16 次印刷
184mm×260mm · 25 印张
标准书号：ISBN 978-7-111-30287-2
定价：99.00 元

客服电话：(010) 88361066　68326294

译者序

随着计算机硬件、软件技术的飞速发展和计算机系统在各行各业的广泛应用，数据已经成为各种机构的宝贵资源，数据库系统对于当今科研部门、政府机关、企事业单位等来说都是至关重要的。而数据库系统中的核心软件是数据库管理系统（DBMS）。DBMS用于高效地创建和存储大量的数据，并对数据进行有效的管理、处理和维护，是数据库专家和技术人员数十年研究开发的结果，是当前最复杂的系统软件之一。要深入掌握数据库系统的原理和技术，进而从事数据库管理软件和工具的开发，必须学习和研究数据库管理系统实现技术。要深入了解数据库系统的内部结构，以开发出高效的数据库应用系统，也需要学习和研究数据库管理系统实现技术。

Hector Garcia-Molina、Jeffrey D. Ullman 和 Jennifer Widom 是斯坦福大学著名的计算机科学家，多年来他们在数据库系统领域中做了大量的开创性工作，由他们撰写的《数据库系统实现》一书是关于数据库系统实现方面内容最为全面的著述之一。我们于2000年将《数据库系统实现》的第1版译成中文，国内许多大学采用它作为研究生数据库课程的教材或主要教学参考书，收到了良好的效果。

现在我们又翻译了《数据库系统实现》第2版。第2版保持了第1版的总体风格，首先对数据库系统实现原理进行了深入阐述，并具体讨论了数据库管理系统的三个主要成分——存储管理器、查询处理器和事务管理器的实现技术。与第1版相比，第2版对于数据存储和索引结构的阐述进行了适当的压缩，分别将原来的两章合并为一章；另外，增加了一章"并行与分布式数据库"（第9章），其中包括了第1版中分散在查询处理和事务管理的相关章节中的内容，并增加了有关分布式查询执行的一些新内容，例如，map-reduce并行架构、P2P数据库以及分布式散列的实现等。同时，第2版充分反映了数据管理技术的新进展，对内容进行了扩充，除了在第1版中原有的"信息集成"一章（第10章）中加入了新的内容外，还增加了两个全新的章："数据挖掘"（第11章）和"数据库系统与互联网"（第12章）。"数据挖掘"一章中包含了关联规则与频繁项集挖掘技术，从一个非常大的数据库或Web页面集合中发现"相似"的项的"最小散列"和"局部敏感散列"等关键技术，以及高维空间中大规模数据的聚簇问题等。"数据库系统与互联网"一章中重点阐述了与互联网相关的两个方面的数据库技术：Web搜索引擎及其PageRank算法，流数据模型以及管理数据流形式的大量数据所需的技术。

我们认为这本书既适合作为高等院校计算机专业研究生的教材或本科生的教学参考书，又适合作为从事相关研究或开发工作的专业技术人员的高级参考资料。

杨冬青全面组织了本书的翻译，吴愈青、包小源、唐世渭在本书的翻译和审校中做了大量的工作。除此之外，参加翻译的还有闫秋玲、郑丽丽、蔡慧慧、马煜、张棋、陈巍、郭思祺、夏海峰、翁学天、郭少松、李树节。

限于译者水平，译文中难免有疏漏和错误，欢迎批评指正。

译 者
于北京大学

译者简介

杨冬青　1969年毕业于北京大学数学力学系数学专业，现任北京大学信息科学技术学院教授，博士生导师，计算机科学技术系主任，中国计算机学会数据库专委会委员。多年来承担并完成973、863、国家科技攻关、国家自然科学基金等多项国家重点科研项目，曾获国家科技进步二等奖、三等奖和多项省部级奖励，在国内外杂志及会议上发表论文百余篇，著译作十余部。目前主要研究方向为数据库系统实现技术、Web环境下的信息集成与共享、数据仓库和数据挖掘等。

吴愈青　分别于1995年和1998年在北京大学计算机系获得学士学位和硕士学位；2004年于EECS Department, University of Michigan获得博士学位。现就职于美国Indiana University，任Assistant Professor。主要研究方向为数据库系统及实现，包括数据库查询语言、查询优化、索引技术等，及其在半结构化数据上的应用与实现。在国际会议及期刊上发表论文三十余篇。

包小源　博士，副教授。兰州大学计算数学专业硕士、北京大学计算机应用专业博士。主要研究方向为数据库实现技术、XML数据管理、对等计算、服务计算等。

唐世渭　1964年毕业于北京大学数学力学系计算数学专业，毕业后留校任教至今，现为北京大学信息科学技术学院教授，博士生导师，中国计算机学会数据库专委会委员，中国软件行业协会数据库及应用软件分会理事长。多年来承担并完成973、863、国家科技攻关、国家自然科学基金等多项国家重点科研项目，曾获国家科技进步二等奖、三等奖各1项，省部级科技进步奖多项，在国内外杂志及会议上发表论文百余篇，著译作多部。目前主要研究方向为数据库系统、数据仓库和数据挖掘、Web环境下的信息集成与共享、典型应用领域的信息系统等。

出版前言

在斯坦福大学，因为实行的是一年四学期制，所以数据库引论课被分为两门课程。第一门课程是 CS145，该课程只要求学生学会使用数据库系统，而不要求知道 DBMS 实现的内容。CS145 是 CS245 的预修课，CS245 介绍 DBMS 实现。学生若想进一步学习数据库方面的课程，可以学习 CS345（此课是理论课）、CS346（此课是 DBMS 实现实验课）以及 CS347 课程（此课介绍事务处理及分布式数据库）。

从 1997 年开始，我们已经出版了两本配套教材：《数据库系统基础教程》[⊖]是为 CS145 课程编写的，《数据库系统实现》是为 CS245 课程以及部分 CS346 课程编写的。本书就是《数据库系统实现》的最新版——第 2 版。

第 2 版保持了第 1 版的总体风格，但对于数据存储和索引结构的阐述进行了适当的压缩，分别将原来的两章合并为一章；另外，增加了一章"并行与分布式数据库"（第 9 章），其中包括了第 1 版中分散在查询处理和事务管理的相关章节中的内容，并增加了有关分布式查询执行的一些新内容。同时，第 2 版充分反映了数据管理技术的新进展，对内容进行了扩充，除了在第 1 版中原有的"信息集成"一章（第 10 章）中加入了新的内容外，还增加了两个全新的章："数据挖掘"（第 11 章）和"数据库系统与互联网"（第 12 章）。

预备知识

学生一般不会在大学的第一学年选修数据库系统实现课程，所以本书读者应具有广泛的计算机科学背景知识。我们假定读者已经学过数据库语言，特别是 SQL。读者最好了解关系代数，并且熟悉基本的数据结构。同样，关于文件系统和操作系统的知识也是很有用的。

习题

本书几乎在每一节都包括大量的练习，我们用感叹号对难题做了标记，对最难的习题用双感叹号做了标记。

网上支持

本书的网址是：
http：//infolab. stanford. edu/ ~ ullman/fcdb. html
该网站包括勘误表及支持材料。

⊖ 本书中文版（ISBN 978-7-111-26828-4）和影印版（ISBN 978-7-111-24733-3）已由机械工业出版社出版。——编辑注

目 录

第 1 章 DBMS 系统概述

数据库对于当今的任何部门都是至关重要的。无论何时访问一个主要的网站——Yahoo!、Amazon. com 或者数以千计的提供信息的小网站，总有一个数据库在幕后服务，提供你所需要的信息。公司用数据库来维护其所有重要的记录。在许多科学研究的核心中也同样需要数据库。天文学家、人类学研究人员、探索蛋白质的医药特性的生物化学家以及许多其他的科学研究人员收集到的数据也是用数据库表示的。

数据库的能力来源于一个知识和技术的结合体，这是数十年研究开发的结果，并且已经嵌入到专门的软件中，这个软件称作数据库管理系统或 DBMS，或更通俗地称为"数据库系统"。DBMS 是一个强有力的工具，用于高效地创建和管理大量的数据，并使得数据能够安全地长期保存。DBMS 是当前最复杂的软件系统之一。在本书中，我们主要学习数据库管理系统实现技术，还将探讨当前数据库系统研究的一些新课题。

1.1 数据库系统的发展

什么是数据库？本质上讲，数据库就是信息的集合，它可以存在很长时间，往往是很多年。一般来讲，"数据库"这个词指的是由数据库管理系统管理的数据的集合。数据库管理系统将满足：

1. 允许用户使用专门的数据定义语言来创建新的数据库并指定其模式（数据的逻辑结构）。

2. 给予用户使用适当的语言来查询数据（"查询"是数据库术语，指关于数据的问题）和修改数据的能力，这种语言通常称为查询语言（query language）或数据操纵语言（data-manipulation language）。

3. 支持对非常大量的数据（许多 TB 或者更多）长期地进行存储，允许高效地存取数据以进行查询和数据库修改。

4. 使数据具有持久性（durability），即能够从故障、多种类型的错误或者故意滥用中进行恢复。

5. 控制多个用户同时对数据进行访问，不允许用户间有不恰当的相互影响（称作孤立性（isolation）），并且不会发生在数据上进行了部分的而不是完整的操作的情况（称作原子性（atomicity））。

1.1.1 早期的数据库管理系统

第一个商用数据库管理系统产生于 20 世纪 60 年代末。这些系统是由文件系统演变而来的，提供了对上述第（3）条的部分支持：文件系统可以长时间地存储数据，并且允许存储大量的数据。但是，文件系统并不能保证数据不丢失，如果没有备份的话；而且它们也不支持对数据项的高效存取，如果不知道它在特定的文件里的存储位置的话。

文件系统不直接支持第（2）条，即针对文件中数据的查询语言。它们对第（1）条（数据模式）的支持仅限于创建文件的目录结构。第（4）条并不总被文件系统支持，你可能会丢失并没有备份的数据。最后，文件系统也不满足第（5）条。虽然它们允许几个用户或进程并发地访问文件，但文件系统一般并不阻止两个用户同时修改同一个文件，从而导致一个用户的修改不能出现在文件中。

在 DBMS 最初的重要的应用中，数据由许多小的数据项组成，对数据有许多查询或修改。这些应用的实例如下：

1. 银行系统，维护账户和确保系统故障时并不引起钱的丢失。

2. 航空公司订票系统，这些系统就像银行系统一样，要求确保数据不会丢失，并且必须能接受顾客大量的小操作。

3. 企业记录系统，雇员和税务记录、财产清单、销售记录和大量的其他类型的信息，大部分是很关键的。

早期的 DBMS 要求程序员直接面对数据的存储格式。这些数据库系统用一些不同的数据模型来描述信息在数据库中的结构，其中主要有"层次型的"或基于树的模型和基于图的"网状"模型。后者在 20 世纪 60 年代末通过了 CODASYL(数据系统和语言委员会)报告 ⊖，从而实现标准化。

这些早期的模型和系统有一个问题，就是它们并不支持高级查询语言。例如，CODASYL 查询语言具有允许用户通过数据元素间的指针从一个数据元素跳到另一个数据元素的语句。即使对于非常简单的查询，也需要相当大的工作量来写这样的程序。

1.1.2   关系数据库系统

在 1970 年 Ted Codd 发表了一篇著名的论文 ⊖ 后，数据库系统发生了显著的变化。Codd 认为数据库系统应该呈现给用户组织成叫做"关系"的表的数据。在幕后，应该有一个复杂的数据结构，允许对各式各样的查询进行快速响应。但是，与早期数据库系统的程序员不同的是，关系数据库的程序员并不需要关心存储结构。查询可以用很高级的语言来表达，这样可以极大地提高数据库程序员的效率。我们将在这本书的大部分章节涵盖数据库系统的关系模型，并将广泛涵盖 SQL(结构化查询语言)这一基于关系模型的最重要的查询语言。

到 1990 年，关系数据库系统已经成为标准。然而数据库领域一直在发展，而且针对数据管理的新的问题和方法也不断浮出水面。面向对象的特性渗入了关系模型。一些大型数据库已不再使用关系方法组织。后续部分将讨论数据库系统的一些新趋势。

1.1.3   越来越小的系统

最初，DBMS 是庞大的、昂贵的、在大型计算机上运行的软件系统。因为保存吉字节(GB)的数据需要大的计算机系统，所以大容量是必需的。今天，几百 GB 的数据都可以放在单个磁盘上，在个人计算机上运行 DBMS 已无任何问题。所以，基于关系模型的数据库系统甚至可以在非常小的机器上运行，而且它们也开始作为一种计算机应用的常见工具出现，如同电子表格和文字处理器一样。

另一个重要的趋势是文档的使用，经常使用 XML(可扩展的建模语言)来标记。大量小文档的集合可以作为一个数据库，而查询和操作它们的方法与关系数据库系统不同。

1.1.4   越来越大的系统

另一方面，吉字节也不再是大的数据了。公司数据库系统经常存储太字节(TB，10^{12}B)数据。还有许多数据库的数据量达到拍字节(PB，10^{15}B)，并把它们都提供给用户。一些重要的例子如下：

1. 卫星向下发送 PB 的信息，存储在特殊的系统中。

⊖ *CODASYL Data Base Task Group April* 1971 *Report*, ACM, New York.

⊖ Codd, E. F., "A relational model for large shared data banks", *Comm.* ACM, 13:6, pp. 377-387, 1970.

2. 一张图片比 1000 个字的存储空间大。只用 5kB 或 6kB 可以存储 1000 个字，而存储一张图片需要更大的空间。一些像 Flick 这样的信息库存储了数以百万计的图片，并且提供对这些图片的搜索。甚至像 Amazon 这样的数据库也存有数以百万计的产品图片。

3. 如果静态的图片耗费空间，电影则耗费更多。一小时的视频需要至少 1GB。像 YouTube 这样的网站拥有数十万或是上百万的电影，并且能轻易地提供它们。

4. P2P 文件共享系统使用普通计算机构成的大的网络来存储和发布各种各样的数据。虽然网络中每个节点可能只存储几百 GB 的数据，但它们所存储的数据合起来非常巨大。

1.1.5 信息集成

在很大的程度上，建立和维护数据这个老问题已经变成了信息集成的问题：把许多相关的数据库所包含的信息连接成一个整体。例如，一个大公司有许多分部。每个分部可能都建有各自独立的产品记录或员工记录的数据库。这些分部中可能有一些曾经是独立的公司，它们有自己做事情的方式。这些分部可能会用不同的 DBMS 和不同的结构来存储信息，可能会用不同的术语来表示同一件事或用相同的术语来表示不同的事。更糟糕的是，因为存在使用这些不同的数据库的遗留应用程序，使得几乎不可能废弃这些数据库。

结果是，在现存数据库上建立结构体变得越来越必要，其目的是把分布在这些数据库中的信息集成起来。一种常用的方法是建立数据仓库（data warehouse），将众多的遗留数据库中的信息进行适当的翻译，周期性地拷贝到一个中心数据库中。另一种方法是实现一个 Mediator 或"中间件"，它的功能是支持各个不同数据库中数据的一个集成的模型，并在这个模型和每个数据库所使用的实际模型之间进行翻译。

1.2 数据库管理系统概述

在图 1-1 中，我们可以看到一个完整的 DBMS 的轮廓。单线框表示系统成分，双线框表示内存中的数据结构。实线指明控制和数据流，虚线指明仅是数据流。由于该图很复杂，我们分几个步骤来考虑它的细节。首先，我们说对于 DBMS 有两个不同的命令来源：

1. 普通用户和应用程序，他们要求对数据进行访问或修改。

2. 数据库管理员（database administrator，DBA），负责建立数据库的结构或模式的一个人或一组人。

1.2.1 数据定义语言命令

第二类命令处理起来相对比较简单，我们以图 1-1 的右上部分为始点给出它的踪迹。例如，一个大学注册管理数据库的数据库管理员（或 DBA）可能决定需要一个表或关系，它的列是学生、学生选的课程和学生修该课程的成绩。DBA 可能还决定所允许的成绩只能是 A、B、C、D 和 F。此结构和约束信息都是数据库模式的一个部分。如图 1-1 所示，由 DBA 输入这些信息，DBA 需要特殊的权限才能执行模式修改命令，因为这些命令对于数据库会发生深刻的影响。这些进行模式修改的数据定义语言（DDL）命令由 DDL 处理程序进行分析，然后传给执行引擎，由执行引擎经过索引/文件/记录管理器去改变元数据（metadata），即数据库的模式信息。

1.2.2 查询处理概述

与 DBMS 的大部分交互都沿着图 1-1 左侧的路径进行。用户或应用程序使用数据操纵语言（DML）启动某个活动，该活动不影响数据库模式，但是可能影响数据库内容（如果该活动是一个修改命令），或者会从数据库中抽取数据（如果该活动是一个查询）。DML 语句被如下两个分离的子系统处理。

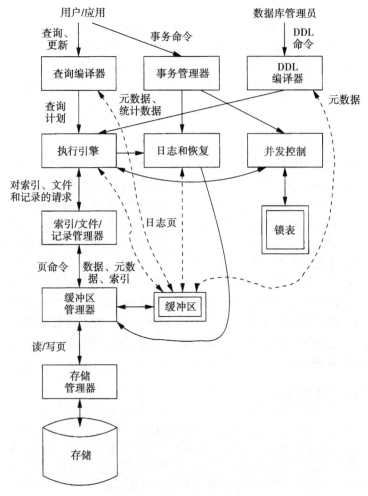

图 1-1   数据库管理系统成分

查询响应

由查询编译器对查询进行分析和优化。得到的查询计划或 DBMS 为了回答查询采取的动作序列，被传给执行引擎。执行引擎向资源管理器发出一系列对小的数据单元(通常是记录或关系的元组(tuple))的请求，资源管理器掌握着存放关系的数据文件、文件中的数据格式和记录大小，以及支持对于数据文件中的元素进行快速查找的索引文件。

查找数据的请求被传送给缓冲区管理器。缓冲区管理器的任务是从持久地存储数据的辅助存储器(磁盘)中将数据的适当部分取到主存的缓冲区中。通常，缓冲区和磁盘间的传输单位是页或"磁盘块"。

缓冲区管理器和存储管理器进行通信，以从磁盘获取数据。存储管理器可能使用操作系统命令，但更通常的情况是，DBMS 直接发命令给磁盘控制器。

事务处理

事务是组成一组的若干个查询和其他动作，是必须作为一个原子被孤立地执行的单位。任何一个查询或修改动作自身就可以是一个事务。另外，事务的执行必须是持久的，即任何已完成的事务的影响必须保留下来，即使事务刚一完成系统马上就发生了某种故障也应如此。我们将事务处理器分成两个主要部分：

1. 并发控制管理器或调度器，它负责保证事务的原子性和孤立性。

2. 日志和恢复管理器，它负责事务的持久性。

1.2.3 主存和缓冲区管理器

数据库中的数据通常驻留在辅助存储器中，在当今的计算机系统中，"辅助存储器"通常就是磁盘。然而，数据必须在主存储器中，才能对其进行有用的操作。存储管理器的任务是控制数据在磁盘上的放置和在磁盘与主存之间的移动。

在一个简单的数据库系统中，存储管理器和底层操作系统的文件系统没有什么不同。但是，为了提高效率，DBMS 通常直接控制在磁盘上的存储，至少在一些情况下是这样的。存储管理器跟踪文件在磁盘上所处的位置，获得缓冲区管理器所要求的文件的磁盘块号。

缓冲区管理器负责将可利用的主存空间分割成缓冲区，缓冲区是与页面同等大小的区域，磁盘块的内容可以传送到缓冲区中。这样，所有需要从磁盘得到信息的 DBMS 成分都或直接或通过执行引擎与缓冲区和缓冲区管理器交互。不同的 DBMS 成分所需要的信息的类型包括：

1. 数据：数据库自身的内容。

2. 元数据：描述数据库的结构及其约束的数据库模式。

3. 日志记录：关于最近对数据库所做改变的信息，这些信息支持数据库的持久性。

4. 统计信息：DBMS 收集和存储的关于数据库中的各个关系或其他成分的大小、取值等信息。

5. 索引：支持对数据进行高效存取的数据结构。

1.2.4 事务处理

正如前面所讲，通常将一个或多个数据库操作组成一组，称作事务，事务是必须被作为一个原子，外观上独立于其他事务执行的单位。而且，DBMS 保证持久性，即已完成事务所做的工作决不会丢失。事务管理器从应用系统接收事务命令，从而得知什么时候事务开始，什么时候事务结束，以及应用系统的期望（例如，某些应用可能不希望具有原子性）。事务处理器执行下列任务：

1. 日志记录：为了保证持久性，对于数据库的每一个变化都在磁盘上记录日志。日志管理器遵循几种策略中的某一种进行工作，这些策略保证不管在什么时候系统发生故障或"崩溃"，恢复管理器都能查看关于数据库变化的日志，并将数据库恢复到某一个一致的状态。开始时，日志管理器将日志写到缓冲区中，然后它与缓冲区管理器协调，保证在适当的时候将缓冲区写到磁盘中（磁盘中的数据不受系统崩溃的影响）。

2. 并发控制：事务的执行从表面上看必须是孤立的。但是在大多数系统中，实际上有许多事务在同时执行。因此，调度器（并发控制管理器）必须保证多个事务的一个个动作以一种适当的顺序执行，从而使得最终的结果与这些事务事实上一个执行完了再执行下一个的结果相同。典型的调度器通过在数据库的某些部分上维护若干个锁来进行它的工作。这些锁防止两个事务以造成不良后果的方式存取数据的相同部分。如图 1-1 所示，锁通常存储在主存储器中的封锁表中。调度器禁止执行引擎访问数据库中被封锁的部分，从而对查询和其他数据库操作的执行发生影响。

3. 死锁解决：当事务之间通过调度器所授予的锁进行资源竞争时，可能进入这样一种情况：没有任何一个事务能够进行下去，因为每一个事务都需要另一个事务所持有的某个资源。事务管理器有责任进行干预，取消（"回滚"或"中止"）一个或多个事务，从而使其他的事务能进行下去。

事务的 ACID 特性

通常我们说正确执行的事务符合"ACID 准则"，其中：

- "A"表示"原子性"（Atomicity），即事务完全执行或完全不执行。
- "I"表示"孤立性"（Isolation），即表面看起来每一个事务都是在没有其他事务同时执行的情况下执行的。
- "D"表示"持久性"（Durability），即一旦事务完成了，则事务对数据库的影响就不会丢失。

剩下的一个字母"C"表示"一致性"（Consistency）。也就是说，所有的数据库都有一致性约束，或关于数据之间联系的预期状况（例如，在一个事务完成后，账户余额不能是负数）。期望事务能够保持数据库的一致性。

1.2.5 查询处理器

DBMS 成分中对于用户所观察到的数据库的执行影响最大的是查询处理器。在图 1-1 中，查询处理器表示为两个成分：

1. 查询编译器，它将查询翻译成一种内部形式，称作查询计划。查询计划是要在数据上执行的一系列操作。

通常查询计划中的操作是"关系代数"的实现。查询编译器包括三个主要部分：

- 查询分析器，它由文本形式的查询出发，建立一个树结构。
- 查询预处理器，它对查询进行语义检查（例如，检查查询中所提到的关系是否都确实存在），并进行某些树结构转换，将分析树转换为表示最初的查询计划的代数操作树。
- 查询优化器，它将最初的查询计划转换为对于实际数据的最有效的操作序列。

查询编译器利用元数据和关于数据的统计数据来确定哪一个操作序列可能是最快的。例如，一个索引的存在可能会使得某查询计划比另一个计划快许多，索引是一种专门的数据结构，它使得当给出数据中一个或多个成分的值时，对数据的访问更加方便。

2. 执行引擎，它负责执行选中的查询计划中的每一步。执行引擎与 DBMS 中大多数的其他成分都有交互，或直接交互，或通过缓冲区。为了对数据进行操作，它必须将数据库的数据取到缓冲区中。它需要和调度器进行交互，以避免访问被加了锁的数据；它需要和日志管理器进行交互，以确保对于数据库的所有修改都正确地记了日志。

1.3 本书概述

本书内容主要包括两个部分。

第一部分：数据库系统实现

我们从研究存储管理开始：如何利用基于磁盘的存储来组织数据以对数据进行高效访问。我们讲解常用的 B - 树结构，它是磁盘块的平衡树和用于管理多维数据的其他的特殊模式。

然后我们讨论查询处理。这个主题分为两部分。首先，学习查询执行：用来实现构成查询的操作的算法。由于数据通常在磁盘上，所以算法与假设数据在主存上来研究同样的问题有所不同。接下来是查询编译。这里，我们研究如何从一个给定的查询的所有可能执行方法中选择一个高效的查询计划。

然后，我们研究事务处理。我们沿着几条线索来考察。一个是考虑日志：为 DBMS 所做的事而维护可靠的记录，目的是在崩溃后能够进行恢复。另一个是调度：控制事务中事件的顺序来保证 ACID 特性。此外，还讨论如何处理死锁，以及当一个事务分布在许多独立的站点上时如何对算法进行改进。

第二部分：现代数据库系统专题

在这一部分，我们考察几个问题，其中的数据库系统技术超越了传统的关系型 DBMS 的研究领域。我们考虑搜索引擎如何工作，以及使其操作成为可能的特殊的数据结构。我们还考察信息集成和使数据库无缝地共享数据的方法。数据挖掘研究以复杂方式处理大量数据的许多有趣和重要的算法。数据流系统处理那些连续到达系统的数据，它们的查询能被及时而连续地响应。P2P 系统管理多个独立的主机所持有的分布式数据。

1.4　数据库模型和语言回顾

在本节中，我们对 SQL 和关系模型做一简单回顾。

1.4.1　关系模型回顾

关系是元组的集合，而元组是值的列表。一个关系中的所有元组都含有相同数目的分量，不同元组中对应的分量具有相同的类型。我们展示一个关系的方法是将它的元组作为一个个的行列出来。列的头称作属性，它表示元组中每一个分量的含义。关系名、属性名以及属性类型称作该关系的模式。

例 1.1　我们在举例时常常用到关系 Movie，它可能包含如下元组：

title	*year*	*length*
Star Wars	1977	124
Mighty Ducks	1991	104
Wayne's World	1992	95

该关系的模式为：

Movie (title, year, length)

其中 title、year、length 是属性，假设它们的类型分别为字符串、整数、整数。横线以下的三行每行为一个元组。例如，第一行的意思是《星球大战》的制作时间为 1977 年，该影片的长度为 124 分钟。□

数据库模式是关系模式的集合。在我们有关影片的运行实例中，常常用到以下关系：

Movie (title, year, length, studioName)
MovieStar (name, address, gender, birthdate)
StarsIn (title, year, starName)
Studio (name, address)

第一个关系与例 1.1 中的 Movie 关系相似，只是在例子中需要加上一些连接，从而增加了表示制片厂名的属性。第二个关系给出关于电影明星的信息，第三个关系将电影和明星联系起来，第四个关系给出关于电影制片厂的信息。各属性的含义应该已经通过它们的名字反映得很清楚了。

1.4.2　SQL 回顾

数据库语言 SQL 具有多种能力，包括查询和修改数据库的语句。数据库修改通过三条命令来进行：INSERT、DELETE、UPDATE。在这里我们不对它们的语法进行回顾了。查询通常通过

select-from-where 语句来表达，它具有图 1-2 所示的一般形式。其中必须有的只是前两行(子句)，即由 SELECT 和 FROM 开始的两个子句。

这样的查询的结果可以计算如下(尽管还有更好的计算方法)：

1. 取 FROM 子句中列出的各个关系的元组的所有可能组合。

2. 将不符合 WHERE 子句中给出的条件的元组去掉。

3. 如果有 GROUP BY 子句，则将剩下的元组按 GROUP BY 子句中给出的属性的值分组。

4. 如果有 HAVING 子句，则按照 HAVING 子句中给出的条件检查每一个组，去掉不符合条件的组。

5. 按照 SELECT 子句的说明，对于指定的属性和属性上的聚集(例如一组中的和)计算出结果元组。

6. 按照 ORDER BY 子句中的属性列的值对结果元组进行排序。

图 1-2　SQL 查询的一般形式

例 1.2　图 1-3 是一个简单的 SQL 查询，它只包含前三个子句。要求在 Paramount 制片厂生产的影片中，查询扮演角色的电影明星的名字和相应的影片的名字。请注意，title 和 year 组合在一起是 Movie 的键，因为可能会有两部影片具有相同的名字(但不是同一年生产的)。　　□

例 1.3　图 1-4 是一个更复杂的查询。它要求我们首先找出至少在 3 部影片中担任角色的电影明星。查询的这个部分表达为：将 StarsIn 元组按照电影明星的名字分组(GROUP BY 子句)，然后去掉包含两个或两个以下元组的组。

```
SELECT StarName, Movie. title
FROM Movie, StarsIn
WHERE Movie. title = StarsIn. title AND
      Movie. year = StarsIn. year AND
      StudioName = 'Paramount';
```

图 1-3　找出 Paramount 电影明星

```
SELECT StarName, MIN(year) AS minYear
FROM StarsIn
GROUP BY starName
HAVING COUNT ( * ) > = 3
ORDER BY minYear ;
```

图 1-4　找出至少在三部影片中出现的明星
　　　　的最早出现年份

然后，SELECT 子句告诉我们，对于剩下来的每一个组，取出电影明星的名字以及该明星在电影中出现的最早年份。SELECT 表的第二个分量 MIN(year)被赋予了属性名 minYear。最后，ORDER BY 子句表示输出元组按照 minYear 值的升序排列，即电影明星按照他们的首部影片的次序出现。　　□

子查询

SQL 所提供的强有力的特性之一是在 WHERE、FROM 或 HAVING 子句中使用子查询的能力。子查询是一个完整的 select-from-where 语句，在上述的 WHERE、FROM 或 HAVING 子句中会检查子查询的值。

例 1.4　图 1-5 是一个带子查询的 SQL 查询。整个查询是找出不在 Hollywood 生产的影片的名字和年代。子查询

```
SELECT name
FROM Studio
WHERE address NOT LIKE '%  Hollywood % '
```

产生一个单个列的关系，关系中包含其地址中不出现"Hollywood"的所有制片厂的名字。然后这一子查询被用到外层查询的 WHERE 子句中，去找出出现在这一制片厂名字集合中的影片。□

视图

SQL 的另一个重要的能力是视图的定义，这是对于不实际存储但在需要时从实际存储的关系构造出来的关系的描述。

例 1.5 图 1-6 给出了一个视图的定义，该视图是 Paramount 制片厂生产的影片的名字和年代。视图 ParamountMovie 的定义存储为数据库模式的一个部分，但在这个时候并不计算出它的元组。如果我们在查询中使用 ParamountMovie 作为一个关系，那么就通过将视图定义合并到查询中来逻辑地构造出它的元组；或者，如果查询不需要整个的关系，那就构造出它的元组的必要的子集。因此，这些元组实际上根本就不存储在数据库中。□

```
SELECT title, year
FROM Movie
WHERE studioName IN (
    SELECT name
    FROM Studio
    WHERE address NOT LIKE '% Hollywood % '
);
```

图 1-5　找出不在 Hollywood 生产的影片

```
CREATE VIEW ParamountMovie AS
    SELECT title, year
    FROM Movie
    WHERE studioName = 'Paramount';
```

图 1-6　表示 Paramount 生产的影片的视图

1.5 参考文献

当今，在线可查找的文献资料基本上覆盖了有关数据库系统的所有当前的论文。因此，在本书中，我们不打算做穷举引证，而是只列举具有历史性重要意义的文章和主要的辅助信息源或有用的综述性文章。有关数据库研究的论文，一个可查找的索引是 Michael Ley 建立的[5]，它已经扩展到了包括许多领域的参考资料。Alf-Christian Achilles 维护了一个有关数据库领域的许多索引的一个可查找的目录[3]。

数据库系统的许多原型实现为该领域的技术做出了贡献，其中最著名的是 IBM Almaden 研究中心[4]的 System R 项目和 Berkeley 的 INGRES 项目[7]。它们都是早期的关系数据库系统，帮助确立了这种类型的系统成为主导的数据库技术。许多促成数据库领域成长的论文在[6]中可以找到。

2003 年的"Lowell 报告"[1]是有关数据库系统研究和方向的系列报告中最新的一个。它同时也引用了较早的同类报告。

文献[2]到文献[8]中有更多关于数据库系统理论的资料。

1. S. Abiteboul et al., "The Lowell database research self-assessment," *Comm. ACM* **48**:5 (2005), pp. 111–118. http://research.microsoft.com/~gray /lowell/LowellDatabaseResearchSelfAssessment.htm

2. S. Abiteboul, R. Hull, and V. Vianu, *Foundations of Databases*, Addison-Wesley, Reading, MA, 1995.

3. http://liinwww.ira.uka.de/bibliography/Database .

4. M. M. Astrahan et al., "System R: a relational approach to database management," *ACM Trans. on Database Systems* **1**:2, pp. 97–137, 1976.

5. `http://www.informatik.uni-trier.de/~ley/db/index.html` . A mirror site is found at `http://www.acm.org/sigmod/dblp/db/index.html` .

6. M. Stonebraker and J. M. Hellerstein (eds.), *Readings in Database Systems*, Morgan-Kaufmann, San Francisco, 1998.

7. M. Stonebraker, E. Wong, P. Kreps, and G. Held, "The design and implementation of INGRES," *ACM Trans. on Database Systems* **1**:3, pp. 189–222, 1976.

8. J. D. Ullman, *Principles of Database and Knowledge-Base Systems, Volumes I and II*, Computer Science Press, New York, 1988, 1989.

第一部分　数据库系统实现

第 2 章　辅助存储管理

数据库系统总会涉及辅助存储器——磁盘和其他能够存储大量需要长期保存的数据的设备。本章讲述我们需要知道的一个典型的计算机系统如何进行存储管理。我们将回顾存储器层次，其设备的访问速度递减而存储空间却递增。我们将特别关注磁盘，研究磁盘上数据的组织形式对其访问速度的影响。我们还将学习提高磁盘可靠性的机制。

然后，我们转而研究数据是如何表示的，并讨论关系的元组或者类似的记录或对象是如何被存储的。所有这些研究中，效率始终是关键问题。我们还将探究快速查询记录的方法，以及记录插入、删除和大小可以变化的记录的管理。

2.1　存储器层次

在这一部分，我们首先研究一个计算机系统的存储器层次。然后将重点放在磁盘上，目前，它是存储器层次中"辅助存储"层中最常见的设备。我们粗略地给出了决定访问速度的参数并考察数据从磁盘向存储器层次中更低层的转移。

2.1.1　存储器层次

一个典型的计算机系统包括几个不同的可以存储数据的部件。这些部件的数据存储容量的范围至少有 7 个数量级，其访问速度范围也超过 7 个数量级。这些部件的每个字节的价格也各不相同，但是变化范围要小些，随着存储器形式的不同，其最便宜的与最昂贵的相比也许要相差 3 个数量级。毫不奇怪，具有最小容量的设备提供最快访问速度，其每个字节的价格也最高。存储器的层次结构如图 2-1 所示。

下面将从最低层，即最快－最小层开始，向上简要描述每一层。

1. 高速缓存(Cache)。一个典型的计算机有 1 兆或更多的高速缓存。板级高速缓存(on-board cache)位于作为微处理器本身的同一芯片上，而附加的二级高速缓存则位于另一个芯片。当处理器需要数据和指令时，数据和指令就会被从内存移到高速缓存中，处理器访问高速缓存的数据只需几纳秒。

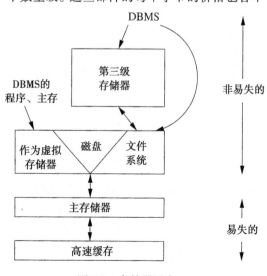

图 2-1　存储器层次

2. 主存储器(Main Memory)。计算机主存储器是计算机的活动中心。可以认为，发生在计算机中的每一件事情，不论是指令的执行还是数据的操纵，都是作用于驻留在内存的信息上(尽管实际上通常会将所使用的数据转移到高速缓存中)。一个2008年的典型计算机配置大约1GB主存，甚至还可以更大。将数据从内存转移到处理器或高速缓存的速度在10~100ns的范围内。

3. 辅助存储器(Secondary Storage)。典型的辅助存储器是磁盘，我们将在2.2节详细讨论。2008年，一个磁盘部件的容量可以达到1TB，一个计算机可以有好几个磁盘。在磁盘和主存间传送一个字节的时间在10ms左右。但是，因为一次可以传送大量字节，磁盘的数据传送速度问题还是比较复杂的。

4. 第三级存储器(Tertiary Storage)。尽管多个磁盘可以使计算机的存储容量相当大，但是有的数据库的数据量要比单台机器甚至多台机器的磁盘所能存储的容量大得多。为了适应这样的需求，第三级存储器被开发出来，用以保存数以兆兆字节计的数据。第三级存储器的特点在于，与辅助存储器相比，其读/写时间要长得多，但是其容量比磁盘大得多，每个字节花费比磁盘小。许多第三级设备需要机械臂或者传送器将磁带或光盘(例如DVD)放到读取设备上。读取数据需要花费几秒甚至几分钟，但可以达到PT级别的读写容量。

计算机计量是2的乘幂

通常在谈论计算机部件的大小或容量时就好像它们是10的方幂的。例如：兆字节、千兆字节等。实际上，因为最有效的方法是将存储器芯片那样的部件设计成容纳2的乘幂的二进制位数，所以事实上这些数字都是与之最接近的2的乘幂的简写。因为$2^{10} = 1024$，它很接近于1000，我们常常假设$2^{10} = 1000$，并且在谈及2^{10}时使用"千"(前缀kilo)。2^{20}为"兆"(mega)，2^{30}为"千兆"(giga)，2^{40}为"兆兆"(tera)，2^{50}为(peta)。尽管按照科学记数法，这些前缀依次指的是10^3、10^6、10^9和10^{12}。误差随着我们谈论的数量的增大而增长。1千兆字节，真正的值是1.074×10^9字节。

我们采用标准的缩略字母来表示这些数值，K、M、G、T和P分别依次表示千、兆、千兆、兆兆和千兆兆。这样，16GB表示16千兆字节，或者严格地说2^{34}字节。由于我们有时想谈论传统的10的方幂的数值，我们将保留这些传统的数字单位来表示这些数值，而不是采用"千"、"兆"等。例如，"100万字节"就是1 000 000字节，而"一兆字节"则是1 048 576字节。

一种最近的趋势是用"kilobyte"、"megabyte"等作为10的幂，并用"bi"代替第三和第四字母来表示2的相应的幂。因此，"kibibyte"是1024字节，"mebitype"是1 048 576字节等。我们不使用这种方法。

2.1.2 在存储器层次间传送数据

正常情况下，数据在相邻层之间进行传输。在第二级和第三级间，由于访问想要的数据或查找指定的位置以存储数据会耗费大量时间，所以当需要数据时，每一层的访问都会被组织起来以便与其下层传送大量数据。对于理解数据库系统特别重要的是磁盘被划分成磁盘块(或就称为块，或者像操作系统称为页)，每块的大小是4~64kB。整个块被从一个称为缓冲区的连续内存区域中移进移出。因此，加速数据库操作的关键技术是安排好数据，使得当某一个磁盘块中有数据被访问时，大约在同时很有可能该块上的其他数据也需要被访问。

同样的想法可以应用于其他存储层上。如果我们使用第三级存储，我们将尽量安排以便当我们读取一个存储单元(例如一个DVD)时，我们需要DVD上的大部分内容。在更低的层次上，主存储器与高速缓存间的传输是以高速缓存线为基本单元，一般是32个连续的字节。我们希望整个高速缓存线能够被一起使用。例如，如果一条高速缓存线存储着一个程序的连续指令，我们希望当第一条指令被请求时，接下来的指令也会被随之执行。

2.1.3 易失和非易失存储器

存储设备的另外一个特性是它们是易失的(volatile)还是非易失的(nonvolatile)。一个易失的设备，当切断电源时，它会"忘记"所存储的信息。另一个方面，一个非易失的设备，当设备被关闭或电源发生故障时，能保持它的内容完整无缺，甚至长期地保存下去。易失性问题是一个很重要的问题，因为 DBMS 颇具特色的性能之一就是，即便在发生错误，例如电源故障的情况下仍有能力保留其数据。

磁和光材料能在断电的情况下保存数据。因此，原则上讲，所有的辅助存储和第三级存储都是非易失的(虽然某类更昂贵的内存芯片，例如闪存，也可以在断电时保存数据)。在 DBMS 中复杂性的一个重要原因是如下需求：数据库中的任何修改都不能认为是最终有效的，直到该修改被存储到非易失性的辅助存储器中。

2.1.4 虚拟存储器

典型的软件运行在虚拟存储器中，它是一个地址空间，大小一般为 32 位，即在虚拟存储器中有 2^{32} B 或 4GB。操作系统管理虚拟存储器，让它的一部分留在内存中，而剩下的保存在磁盘中。内存和磁盘间的数据传送以磁盘块(页)为单位的。虚拟存储器是操作系统和操作系统运用机器硬件的产物，它不是存储器层次之一。

摩 尔 定 律

Gordon Moore 在很多年以前就发现，集成电路在以多种方式改进，其发展速度遵循着指数曲线，每 18 个月就要翻一番。遵循摩尔定律的一些参数是：

1. 单位成本所能执行的指令数/秒。2005 年之前，这种增长都是通过提高处理器芯片速度而得到的。2005 年以后，这种增长则是通过向单个固定成本的芯片中逐渐放置多个处理器来实现。

2. 单位成本所能购买的主存的二进制位数和可以置于一个芯片的二进制位数。

3. 硬盘上单位成本的字节数和最大硬盘容量。

另一方面，还有一些不遵从摩尔定律的其他重要参数；它们增长得很慢，如果它们的确在增长的话。这些缓慢增长的参数包括对主存中数据的访问速度，以及硬盘旋转的速度等。由于它们增长得慢，"等待时间"便逐渐地变得更大。也就是说，如今，数据在存储器层次各级之间移动的时间消耗很大，并且以后只会更糟。

图 2-1 有关虚拟存储器的路径代表传统的程序和应用的处理方法。它不代表数据库中管理数据的典型方式。然而，人们对主存数据库系统的兴趣正在增加。主存数据库系统真正是通过虚存来管理它们的数据，依靠操作系统，通过页面机制把所需要的数据带到主存。与大多数应用系统一样，主存数据库系统在数据量小到主存足以保存这些数据的情况下最有用，这时不需要由操作系统来换出数据。

2.1.5 习题

习题 2.1.1 假定在 2008 年典型的计算机有一个双处理器(核)的芯片，每个处理器以 3GHz 的频率运行，有一个 250GB 的硬盘，以及容量为 1GB 的主存储器。假设摩尔定律(这些参数每 18 个月翻一番)到无限期的将来继续有效。

a) 何时千兆兆字节(PB——译者注)磁盘将成为普遍的？

b) 何时兆兆字节(TB——译者注)主存将成为普遍的？

c) 何时兆兆赫兹(THz)处理器将成为普遍的(例如，何时一个芯片上所有核每秒所能运行的指令周期的数量总和将会达到 2^{12})？

d)到 2015 年，什么样的配置(处理器、磁盘、主存)将成为典型的配置?

!习题 2.1.2   来自 24 世纪《星际旅行：下一代》中的机器人德特曾经骄傲地宣布，他的处理器以"12 兆兆次操作/秒"的速度运行。尽管一个操作与一个周期可以是不同的，我们假定它们是相同的，并且摩尔定律在未来 300 年依然有效。如果是这样，德特的处理器的真正速度是多少?

2.2   磁盘

辅助存储器的使用是数据库管理系统的重要特性之一，而辅助存储器几乎都是基于磁盘的。这样，为了说明 DBMS 实现中采用的许多思想的理由，我们必须详细地研究磁盘操作。

2.2.1   磁盘结构

图 2-2 给出了一个磁盘驱动器两个主要的移动部件；一个是磁盘组合(disk assembly)，另一个是磁头组合(head assembly)。磁盘组合由一个或多个圆盘(platter)组成，它们围绕着一根中心主轴旋转。圆盘的上表面和下表面涂覆了一薄层磁性材料，二进制位被存储在这些磁性材料上。其中，0 和 1 在磁材料中表现为不同的模式。盘片的直径一般是 3.5 英寸，尽管直径从一英寸到几英尺的磁盘都已经制造出来。

磁盘被组织成磁道(track)，磁道是单个盘片上的同心圆。所有盘面上半径相同的磁道构成了柱面(cylinder)，从图 2-3 的顶视图可以看到，磁道占据大部分盘面，最靠近主轴的区域除外。沿着磁道的数据密度大于沿着半径的数据密度。在 2008 年，一个典型的磁盘上每英寸有大约100 000 个磁道，但是沿着磁道每英寸能够存储 100 万个二进制位。

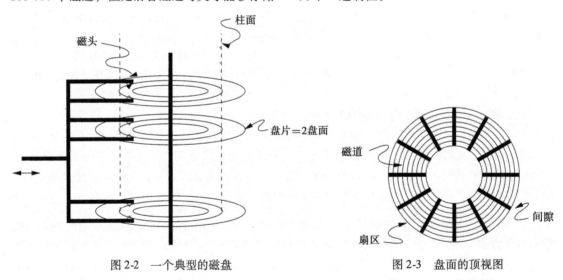

图 2-2   一个典型的磁盘   图 2-3   盘面的顶视图

磁道被组织成扇区(sector)。扇区是被间隙(gap)分割的圆的片段，间隙未被磁化为 0 或 1 ⊖。就读写磁盘而论，扇区是不可分割的单位；就磁盘错误而论，它也是一个不可分割的单位。倘若一部分磁化层被以某种方式损坏，以至于它不再能存储信息，那么那些包含这个部分的整个扇区也不能再使用。间隙大约占整个磁道的 10%，用于帮助标识扇区的起点。我们在 2.1.2 节中所提到的"块"，是在磁盘与主存之间所传输数据的逻辑单元，由一个或多个扇区所组成。

图 2-2 所示的第二个可移动部件是磁头组合，它承载着磁头。每一个盘面有一个磁头，它极

⊖   在图 2-3 中，我们显示每一个磁道有相同的扇区数。然而，每个磁道的扇区数通常是不同的，靠外圈磁道的扇区数比靠内圈磁道的扇区数多。

其贴近地悬浮在盘面上，但是绝对不与盘面接触（否则就要发生"头损毁"，盘片被破坏）。磁头读出经过它下面的盘面的磁方向，也能改变其磁方向，以便在磁盘上写信息。每个磁头被固定在一个磁头臂上，所有盘面的磁头随着磁头臂一同移进移出，磁头臂是固定的磁头组合的一部分。

例2.1　Megatron 747 磁盘是一种典型的 vintage – 2008 的大容量的驱动器，它具有下列特性：

- 8 个圆盘，16 个盘面。
- 每个盘面有 2^{16} 或 65 536 个磁道。
- 每个磁道（平均）有 $2^8 = 256$ 个扇区。
- 每个扇区有 $2^{12} = 4096$ 个字节。

整个磁盘的容量的算法是：16 个盘面，乘以 65 536 个磁道，乘以 256 个扇区，再乘以 4096 字节，即 $2^4 \times 2^{16} \times 2^8 \times 2^{12} = 2^{40}$ 字节。这样 Megatron 747 是一块 1TB 的磁盘。一个磁道存放 256 × 4096 字节或 1MB。如果一个块的容量是 2^{14}（即 16 384）字节，那么一个块使用 4 个连续扇区，一个磁道上（平均）有 256/4 = 32 个块。　□

2.2.2　磁盘控制器

一个或多个磁盘驱动器被一个磁盘控制器所控制，磁盘控制器是一个小处理器，能够完成以下功能：

1. 控制移动磁头组合的机械马达，将磁头定位到一个特定的半径位置，使得某一柱面任何磁道都可以被读写。

2. 从磁头所在柱面的扇区中选择一个扇区。控制器也负责识别何时旋转主轴已经到达了所要求的扇区正移动到磁头下面的那个点。

3. 将从所要求的扇区读取的二进制位传送到计算机的主存储器。

4. 可能的话，将一整条或更多磁道缓存于磁盘控制器的内存中，期待该磁道的许多扇区能够被很快读取，从而避免对磁盘的额外访问。

图 2-4 是一台简单的单处理器计算机的示意图。处理器经由数据总线与主存储器和磁盘驱动器进行通信。一个磁盘控制器可以控制多个磁盘，在本例中有三块磁盘。

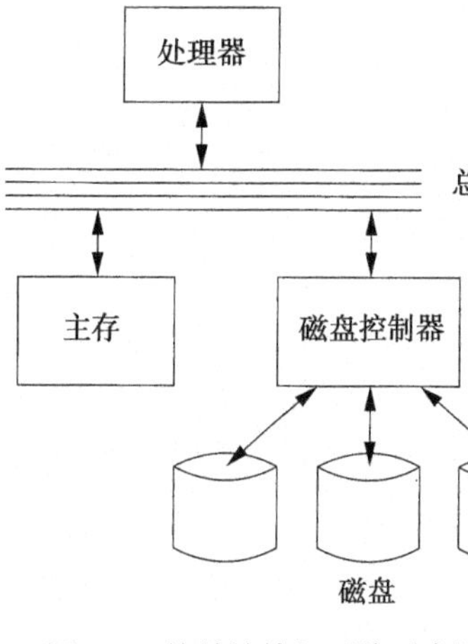

2.2.3　磁盘存取特性

存取（读或写）一个磁盘块需要 3 步，每一步都有相关的延迟。

1. 磁盘控制器将磁头组合定位在磁盘块所在磁道的柱面上所需要的时间即寻道时间（seek time）。

2. 磁盘控制器等待访问块的第一个扇区旋转到磁头下。此时间称为旋转延迟（rotational latency）。

3. 当磁盘控制器读取或写数据时，数据所在的扇区和扇区间的空隙经过磁头，此时间称为传输时间（transfer time）。

图 2-4　简单计算机系统示意图

寻道时间、旋转延迟和传输时间的总和称为磁盘的延迟（latency）。

一个典型磁盘的寻道时间取决于磁头到它要访问位置的距离，如果磁头已经位于所需柱面上，则寻道时间是 0，但需用大概 1ms 的时间来启动磁头，约 10ms 的时间移过所有磁道。

典型的磁盘旋转一次大约需 10ms。因此旋转延迟的是 0～10ms，平均 5ms。传输时间相对更小，因为一个磁道上通常有许多块，所以传送时间在毫秒级以下。当我们将这 3 种延迟相加，典型的平均延迟是 10ms，最大的延迟约为它的两倍。

例2.2　让我们考察一下从 Megatron 747 磁盘读取 16 384 个字节所花费的时间。首先，我们需要知道磁盘的一些计时特性：

- 磁盘以 7200 转/min 的速度旋转，即 8.33ms 内旋转一周。
- 在柱面之间移动磁头组合从起动到停止花费 1ms，每移动 4000 个柱面另加 1ms。这样，磁头在 1.000 25ms 内移动一个磁道，从最内圈移动到最外圈，移动 65 536 个磁道的距离大约用 17.38ms。
- 一个磁道中扇区间的空隙大约占 10% 的空间。

让我们计算一下读 16 384 字节块的最小、最大和平均时间。最小时间仅计算传输时间。也就是说，磁头已经定位在块所在的磁道上，而且块的第一个扇区即将从磁头下面通过。

由于 Megatron 747 的每个扇区有 4096 字节（见例 2.1 关于磁盘的物理规格说明），所以该块要占用 4 个扇区。为此，磁头必须越过 4 个扇区和扇区之间的 3 个间隙。我们回忆起，间隙占圆周的 10%，而扇区占其余的 90%。围绕着圆周有 256 个间隙和 256 个扇区。由于间隙合在一起覆盖 36 度圆弧，而扇区覆盖其余的 324 度圆弧，所以被 3 个间隙和 4 个扇区覆盖的圆弧的总度数为：$36 \times 3 / 256 + 324 \times 4 / 256 = 5.48$ 度。传输时间是 $(5.48/360) \times 0.008\ 3 = 0.000\ 13s$，即 5.48/360 得到该总度数占一个圆周的分数，而 0.008 33s 是旋转 360 度所需的时间。

现在让我们来看一下读该块的最大的可能时间。在最坏的情况下，磁头被定位于最内圈柱面，而我们要读的块是在最外圈柱面上（或者相反）。这样，控制器必须做的第一件事就是移动磁头。正如我们在前面已经知道的，移动 Megatron 747 磁头跨越全部柱面所花费的时间大约是 17.38ms。这个数量就是读盘的寻道时间。

当磁头到达正确的柱面时，可能发生的最糟糕的事情是，所需要的块的起点刚好从磁头下面越过。假定我们必须从块的起点开始读，实际上我们必须等待完整一圈的时间，或者说 8.33ms，使块的起点再次到达磁头下。一旦发生这种情况，我们必须等待的仅仅是读整个块的 0.13ms 传输时间的总量。这样，最坏情况下的等待时间是 $17.38 + 8.33 + 0.13 = 25.84ms$。

最后让我们来计算读一个块的平均时间。等待时间的两个要素是容易计算的：传输时间总是 0.13ms，平均旋转等待时间是磁盘旋转半周所需要的时间，即 4.17ms。可以假定，平均寻道时间正好是越过一半磁道所需要的时间。然而，这样计算并不很准确，因为通常磁头起初是位于中间位置附近的某个位置，因此平均来说，磁头到达所要求柱面需移动的距离小于跨越一半的磁道的距离。我们将它作为一个习题，说明平均移动距离是移过整个磁盘的 1/3。

在 Megatron 747 的磁盘上移动 1/3 的距离需要 $1 + (65\ 536/3)/4000 = 6.46ms$。因此，我们估算的平均延迟时间是 $6.46 + 4.17 + 0.13 = 10.76ms$；上式中 3 个相加的数字分别表示平均寻道时间、平均旋转延迟和平均传输时间。□

2.2.4　习题

习题 2.2.1 Megatron 777 磁盘具有以下特性：

1. 有 10 个盘面，每个盘面有 100 000 个磁道。
2. 磁道平均有 1000 个扇区，每个扇区为 1024 字节。
3. 每个磁道的 20% 被用于间隙。
4. 磁盘旋转为 10 000 转/min。
5. 磁头移动 n 个磁道所需要的时间是 $1 + 0.0002n$ ms。

回答下列有关 Megatron 777 的问题。

a) 磁盘的容量是多少？

b) 如果磁道是在直径 3.5 英寸的圆面上，那么一个磁道的扇区中的平均位密度是多少？

c) 最大寻道时间是多少？

d) 最大旋转等待时间是多少？

e) 如果一个块是 65 536 字节（即 64 扇区），一个块的传输时间是多少？

!f) 平均寻道时间是多少？

g) 平均旋转等待时间是多少？

!习题2.2.2 假设 Megatron 747 磁道的磁头位于磁道 4096，即跨越磁道的 1/16 距离处。假设下一个请求是对一随机磁道上一个块。计算读这个块的平均时间。

!!习题2.2.3 证明如果我们将磁头从一个随机的柱面移动到另一个随机的柱面上，平均移动距离是扫描过整个磁盘的 1/3（忽略因有限柱面数目产生的边际效应）。

!!习题2.2.4 习题 2.2.3 假设从一个随机的磁道移动到另一个随机的磁道。但若每个磁道的扇区数目与磁道长度（或半径）成比例，则对所有磁道来说，每位的密度是相同的。同样假设我们需要将磁头从随机的一个扇区移动到另一个随机扇区上。由于扇区在磁盘的外围分布更紧凑，我们可能希望磁头的平均移动距离小于扫过所有磁道的 1/3。假设磁道半径的范围是从 0.75 英寸到 1.75 英寸，计算磁头在两个随机扇区间移动所要扫过的平均磁道数目。

!!习题2.2.5 为了更改磁盘中的一个块，我们必须将它读到内存中，进行修改，然后再写回磁盘中。假设在内存中更改所需的时间少于磁盘的旋转时间，假设磁盘控制器推迟磁盘访问的其他请求直到该块就绪以被写回磁盘中。对于 Megatron 747 磁盘，更改磁盘中的一块需要多少时间？

2.3 加速对辅助存储器的访问

磁盘访问一个磁盘块平均要用 10ms；但这不等于说某一应用程序，如数据库系统，将数据请求发送到磁盘控制器之后 10ms 能得到数据。如果只有一个磁盘，磁盘也许因为相同进程或其他进程的访问而繁忙。在最坏的情况下，磁盘访问请求的到达个数超过每 10ms 一次，于是这些请求会无限期阻塞。在这种情况下，调度延迟（scheduling latency）变为无穷大。

我们可以做一些事来减少磁盘的平均访问时间，从而改进吞吐量（系统所能适应的每秒的磁盘访问次数）。我们将以讨论"I/O 模型"是度量数据库操作所花费时间的正确模型开始。然后，我们考虑一些加速典型数据库访问磁盘的技术：

1. 将要一起访问的块放在同一柱面上，这样我们可以经常避免寻道时间，也可能避免旋转延迟。

2. 将数据分隔存储在几个相对较小的磁盘上而不是放在一个大磁盘上。让更多的磁头组设备分别去访问磁盘块可增加在单位时间内的磁盘块访问数量。

3. "镜像"磁盘——把两个或者更多的数据副本放在不同的磁盘上。该策略除了可以保存数据以备某个磁盘可能坏掉，如同将数据分隔存储几个磁盘上，可以让我们一次访问多个磁盘块。

4. 在操作系统、DBMS 或磁盘控制器中，使用磁盘调度算法选择读写所请求的块的顺序。

5. 预先将预期被访问的磁盘块取到主存储器中。

2.3.1 计算的 I/O 模型

让我们设想一台运行 DBMS 的简单计算机，并且试着为以查询和修改数据库等不同方式访问数据库的用户提供服务。现在，假设我们的计算机有一个处理器，一个磁盘控制器和一个磁盘。数据库本身太大以至于主存储器中容纳不下。数据库的关键部分可以缓冲存储在主存储器中，但是通常，用户要访问的数据库的每一个片段，起初必须从磁盘中检索。因此，我们假定下列规则，规则中定义了计算的 I/O 模型。

> **I/O 开销的主导地位**：执行磁盘读写所花费的时间或许要比用于操纵主存中的数据所花费的时间长得多。这样，块访问（磁盘 I/O）次数就是算法所需要的时间的近似值，而且应该被最小化。

例2.3 假设我们的数据库有关系 R，有一个对元组的查询请求，该元组有一个确定的键值

k。最好要在 R 上创建了一个索引，能够用于标识带有键值 k 的元组出现的磁盘块。而索引是否告诉我们这个元组出现在块的什么位置通常是不重要的。

例如，如果我们假设一个 Megatron 747 磁盘，它能够以 11ms 级别的时间读取 16KB 的磁盘块。在 11ms 中，一个现代微处理器可以执行几百万的指令。然而，一旦块是在主存中，搜索键值 k 将仅执行成千条指令，即使采用最笨的线性搜索。因此在主存中执行搜索的附加时间将比块访问时间的 1% 还要少，可以安全地忽略之。□

2.3.2　按柱面组织数据

由于寻道时间占平均块访问时间的一半，将一些可能被一起访问的数据，例如关系，存储在单个柱面上或几个临近的柱面上是有意义的。事实上，如果我们选择在一个单个磁道上或者在一个柱面上连续地读所有块，那么我们可以只考虑第一次寻道时间（移动到柱面上的时间）和第一次旋转等待时间（等待第一个块移动到磁头下的时间），而忽略其他时间。这样，从磁盘上读写数据的速度接近于理论上的传输速率。

例 2.4　假设关系 R 需要 Megatron 747 磁盘的 1024 个磁盘块来存储其元组；同时假设我们可能需要访问 R 的所有元组，例如我们可能在没有索引的情况下进行查找或对 R 中特定属性的值求和。如果保存 R 的磁盘块随机分布在磁盘中，我们需耗费平均延迟的时间（10.76ms——见例 2.2）来访问每个磁盘块，这样总共要用去 11s 的时间。

但是，Megtron 747 的一个柱面上正好有 1024 个磁盘块。我们可以在一个平均寻道时间内（6.46ms）访问完所有的磁盘块，此后，我们可以一个一个地按序读取磁盘块。因为一个柱面有 16 个磁道，故我们可以在 16 次磁盘旋转中读柱面上的所有磁盘块。16 次旋转用去 $16 \times 8.33 = 133$ms。因此，访问 R 的总时间是大约 139 毫秒，我们将 R 上的操作提速了 80 倍。□

2.3.3　使用多个磁盘

如果我们用多个磁盘（每个磁盘都具独立磁头组），来代替一个磁盘（其多个磁头锁定在一起），常常能够提高我们系统的性能。图 2-4 给出了这样的安排，在图 2-4 中，我们示出了连接到同一个控制器的 3 个磁盘。只要磁盘控制器、总线和主存储器能以 n 倍速率处理数据传输，则使用 n 个磁盘的效果近似于 1 个磁盘执行了 n 次操作。

因此，使用几个磁盘可以提高数据库系统的能力，使其处理大量的磁盘访问请求。但是，只要系统没有超负荷运转（超负荷运转是指访问请求排队等候，要很长时间才能被响应或者干脆被忽略了），任何一个单一磁盘块的访问时间没有变化。如果我们有几个磁盘，则被称为分割（striping）（在下一个例子中进行描述）的技术将提高大数据库对象（占据很多磁盘块的对象）的访问速度。

例 2.5　假设我们有 4 个 Megatron 747 磁盘，并要以少于例 2.4 中在一个磁盘的一个柱面上保存 R 时所需的 139ms 的访问时间来访问关系 R。我们可以通过将 R 分割并放在 4 个磁盘中来实现"分割"。如图 2-5 所示，第一个磁盘保存 R 的磁盘块 1，5，9，第二个磁盘保存 2，6，10，…，第三个磁盘保存 3，7，11，…，最后一个磁盘保存 4，8，12，…。我们设法在每个磁盘上使 R 的所有磁盘块都在一个单一柱面的 4 个磁道上。

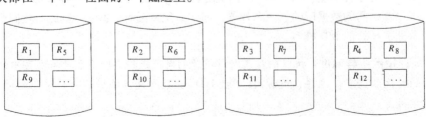

图 2-5　在 4 个磁盘中分割一个关系

取回一个磁盘上 R 的 256 个块需要平均寻道时间(6.46ms)加上 4 次磁盘的旋转时间，每次旋转访问一个磁道，即 $6.46 + 4 \times 8.33 = 39.8$ ms。当然我们必须等待 4 个磁盘中最后完成的那个，极有可能一个磁盘寻道时间会大大超过平均寻道时间。不管怎样，当有 4 个磁盘时，我们将访问 R 的时间平均加速了 3 倍。 □

2.3.4 磁盘镜像

在某些情况下，有两个或更多的磁盘保留同样的数据副本是有意义的。这些磁盘被称作相互镜像(mirrors)。一个重要的动因是，凭借另一个磁盘使数据不会因一个磁头损坏而损坏，因为已损磁盘的镜像上的数据仍是可读的。具有增强可靠性设计的系统常使用磁盘对互为镜像。

如果我们有 n 个磁盘，每个磁盘保存相同的数据，则我们读磁盘块的速率将提高 n 倍，因为磁盘控制器可以分配读请求到 n 个磁盘中的任何一个。事实上，如果一个聪明的控制器能选择离磁头最近的块所在的磁盘读取，加速甚至会超过 n 倍。不幸的是，写磁盘块的速率却没有任何提高。原因是一个新磁盘块必须被写到 n 个磁盘的每一个上。

2.3.5 磁盘调度和电梯算法

提高磁盘系统吞吐率的另一个有效方法是让磁盘控制器在若干个请求中选择一个来首先执行。当系统需要按一定的顺序访问磁盘块的时候该方法无法使用，但若请求来自独立的进程，一般而言，这些请求都会得益于调度程序公平而审慎的调度。

调度大量块请求的一个简单而有效的方法被称为电梯算法(elevator algorithm)。我们把磁头看作是在做横跨磁盘的扫描，从柱面最内圈到最外圈，然后再返回来，正如电梯做垂直运动，从建筑物的底层到顶层，然后再返回来。当磁头通过柱面时，如果有一个或多个对该柱面上的块的请求，磁头就停下来。根据请求，所有这些块被读或写。然后磁头沿着其正在行进的同一方向继续移动，直至遇到下一个包含要访问块的柱面。当磁头到达其行进方向上的某一个位置时，在该位置的前方不再有访问请求，磁头就朝相反方向移动。

例 2.6 假设我们正在调度一个 Megatron 747 磁盘，我们回忆起该磁盘的平均寻道时间、旋转等待时间和传输时间分别为 6.46、4.17 和 0.13(在本例中，所有时间均以 ms 计算)。假设某一时刻存在着对柱面 8000、24000 和 56000 的块访问请求。磁头正位于柱面 8000。此外，还有 3 个对块的访问请求，在晚些时候到来，正如图 2-6 所概括的那样。例如，对柱面 16000 的块的访问请求在 10ms 时产生。

我们将假定，每个块访问导致 0.13ms 传输时间和 4.17ms 平均旋转等待时间，即无论寻道时间是多少，我们都需要为每一次块访问加上 4.3ms。寻道时间可通过例 2.2 给出的 Megatron 747 的规则计算：1 加上磁道数被 4000 除(1 + 磁道数/500)。让我们看看，如果通过电梯算法调度会发生什么情况。对柱面 8000 的第一个请求不需要寻道，因为磁头已经定位在那里。这样，在时间 4.3ms 处第一次访问将完成。对柱面 16000 的请求这时尚未到达，所以我们移动磁头到柱面 24000，即我们在向数字最大的磁道方向扫描中所请求的下一"站"。从柱面 8000 到 24000 的寻道花费 5ms，所以我们在时间 9.3 到达，并在另一个 4.3ms 内完成访问。这样，第二次访问在时间 13.6 完成。在这个时间之前，对柱面 16000 的请求已经到达，但是我们是在时间 7.3 经过那个柱面，并且在下一次经过之前不会回到那个位置。

这样，我们接下来移动到柱面 56000，花费 9ms 用于寻道，4.3ms 用于旋转和传输。这样，第三次访问在时间 26.9 完成。现在，对柱面 64000 的请求已经到达，所以我们继续向外圈行进。我们需要 3ms 寻道时间，所以本次访问完成时间是在 $26.9 + 3 + 8.3 = 34.2$ 处。

在这个时刻，对柱面 40000 的请求已经产生，所以现在还有本次请求和柱面 16000 的请求。于是我们内圈行进，处理这两次请求。图 2-7 总结了各个请求处理的时间。

请求的柱面	到达时间
8000	0
24000	0
56000	0
16000	10
64000	20
40000	30

图 2-6　6 个块请求的到达时间

请求的柱面	完成时间
8000	4.3
24000	13.6
56000	26.9
64000	34.2
40000	45.5
16000	56.8

图 2-7　采用电梯算法的块访问完成时间

让我们与诸如"先到达先服务"这样更朴素的方法来比较电梯算法的性能。假设头三个请求的顺序是 8000、24000、56000，头三个请求完全以同样的方式处理。然而，在那一点，我们要到柱面 16000 去，因为那是第四个请求要到达的柱面。这个请求的寻道时间是 11.0ms，因为我们从柱面 56000 行进到 16000，行程超过了跨越磁盘的一半。第五次请求是对柱面 64000，要求一个 13ms 的寻道时间，最后一次请求是对柱面 40000，其寻道时间是 7。图 2-8 概括了由"先到达先服务"调度法所产生的活动。两种算法相差 14ms，看起来可能并不是很显著，但是请注意，在这个简单的例子中，请求数较少，而且假设在到达六个请求中的第四个之前两种算法没有区别。　□

2.3.6　预取和大规模缓冲

我们对加快某些辅助存储器的算法的最后一个建议被称为预取（prefetching），有时也称作双缓冲（double buffering）。在一些应用中，我们能够预测从磁盘请求块的顺序。如果这样，我们就能在需要这些块之前将它们装入主存。这样做的好处是我们能较好地调度磁盘，通过采用诸如电梯算法等，减少访问块所需要的平均时间。在极端的情况下，会一直有很多请求在等待，我们可以使每个请求的寻道时间非常接近最小寻道时间而非平均寻道时间。

请求的柱面	完成时间
8000	4.3
24000	13.6
56000	26.9
16000	42.2
64000	59.5
40000	70.8

图 2-8　采用先到达先服务算法的块访问完成时间

2.3.7　习题

习题 2.3.1　假设我们正在为 Megatron 747 磁盘调度 I/O 请求，磁头的初始位置在磁道 32000，图 2-9 的请求已经产生。在下列两种情况下，每一种请求在何时可以完全得到服务？

a）我们采用电梯算法（起初朝任何一个方向开始移动都是允许的）。

b）我们采用先到达先服务调度。

请求的柱面	到达时间
8000	0
48000	1
4000	10
40000	20

图 2-9　4 个块访问请求的到达时间

! 习题 2.3.2　假设我们使用两台 Megatron 747 磁盘互相作为镜像。然而，我们使第一个磁盘的磁头保持在柱面的靠内的一半，第二个磁盘的磁头保持在柱面靠外的一半，而不是允许从两个磁盘都能读任何的块。假设读请求是对随机的磁道，我们始终不必去写：

a）系统能够读块的平均速率是多少？

b）这个速率与无任何约束的镜像 Megatron 747 磁盘的平均速率相比如何？

c）你预计该系统的缺点是什么？

! 习题 2.3.3　让我们探索请求的到达速率、电梯算法的吞吐量和请求的平均延时之间的关系。为使问题简

化，我们作出下列假设：

1. 电梯算法的扫描总是从最内圈到最外圈，或者相反，即使是对最两端柱面没有任何请求。

2. 当扫描启动时，只有已经在等待的那些请求将会被处理，在扫描正在前进时到达的请求不会被处理，即使磁头通过它们的柱面 [⊖]。

3. 在一次扫描中绝不会有同一柱面上的两个块的请求在等候。

设 A 为交互到达率，即块访问请求之间的时间间隔。假设系统处于稳定状态，即它已经进行了很长时间的接收和回答请求。对于 Megatron 747 磁盘，计算下列值（表示为 A 的函数）：

a）执行一次扫描所花费的平均时间。

b）在一次扫描中得到服务的请求数。

c）一次请求等候服务的平均时间。

! 习题 2.3.4　如果我们要从一个柱面上读 k 个随机选定的块，在我们经过所有的块之前，平均来说我们必须绕着柱面走多远？

!! 习题 2.3.5　在例 2.5 中我们看到，如何通过将要排序的数据分散到 4 个磁盘上，以能允许一个以上的块同时被读。假设我们的数据被随机存放在 n 个磁盘中，对数据的请求也是随机的。由于必须考虑各请求之间所存在的依赖（请看第 7 章，例如关于这一约束的动因），请求必须按照到达的次序执行。这样一个系统的平均吞吐量是多少？

2.4　磁盘故障

在本节，我们将考虑磁盘可能发生故障的方式，以及采取什么措施来减轻这些故障。

1. 故障的最普通的形式是一种间断性故障，读或写一个扇区的某次尝试没有成功，但是经过反复尝试，又能成功地读或写。

2. 故障的一种更严重的形式是，在这种故障中一个或多个二进制位永久地损坏，不管我们尝试多少次，正确地读一个扇区成为不可能，这种错误形式称为介质损坏。

3. 一种相关的错误类型是写故障，在这种故障中，当我们企图写一个扇区时，既不能正确地写，也不能检索先前写入的扇区。一种可能的原因是写扇区的过程中发生了供电中断。

4. 磁盘故障的最严重形式是磁盘崩溃，在这种故障中，整个磁盘突然地变为永久不可读。

我们将讨论检查间断性故障的一种方法：奇偶校验。我们还将讨论"稳定存储"，这是一种组织磁盘的技术，使得介质损坏或者写故障不会导致数据永久性丢失。最后，我们讨论一般被统称为"RAID"的应对磁盘崩溃问题的技术。

2.4.1　间断性故障

如果我们尝试读一个磁盘块，但该磁盘块的正确内容没有被传送到磁盘控制器中，就是一个间断性故障发生了。如果控制器能以某种方式判断出磁盘块的好坏（像我们在 2.4.2 节讨论的那样），在读到坏数据后，控制器可以重新发送读请求，直到该扇区被正确读取，或者根据某种预设，尝试 100 次再停止。

同样，控制器可以尝试写一个扇区，但最终被写入的内容也许不是原来想要写入的。唯一的检测写正确的方法是让磁盘再转一遍从而再读一次磁盘块。执行校验的一个直截了当的方法是读这个扇区，并且与我们打算写的扇区进行比较。然而，与在磁盘控制器中进行全面比较相比，设法读这个扇区并且看看其状态是否为"好"更为简单。如果这样，我们就假定写是正确的，而

⊖　这个假设的目的在于避免不得不处理这样一个事实：电梯算法的一次典型扫描开始进行得很快，因为刚刚经过的这些区域很少有等待着的请求；当磁头移入最近一次曾经过的一个磁盘区域时，扫描速度下降。就其本身而言，分析请求密度在扫描行进过程中变化的方法是一项有趣的实践。

如果状态是"坏"，那么显然写是不成功的，并且必须重写。

2.4.2 校验和

一个读操作如何能决定一个扇区的好/坏状态，起初看起来是不可思议的。然而，用于当前磁盘驱动器中的这项技术是相当简单的：每个扇区有若干个附加位，称为校验和（checksum），附加位的设置取决于存储在那个扇区的数据位的值。在读出时，如果我们发现校验和对数据位不适合，那么我们就知道有读错误。如果校验和正确，磁盘块读取不正确仍然有很小的可能，但是通过使用许多校验位，我们可以使未被发现的读错误的概率任意小。

校验和的一种简单形式是基于扇区内所有位的奇偶性（parity）。如果在二进制的集合中有奇数个1，我们就说数据有奇数奇偶性并增加值为1的奇偶位。同样，如果在二进制位的集合中有偶数个1，我们就说数据位有偶数奇偶性并增加值为0的奇偶位。从而：

- 在二进制位的集合与它们的奇偶位中，1的个数总是偶数。

当我们写一个扇区时，磁盘控制器能计算出奇偶位，并将它附加到扇区中被写的二进制位的序列中。这样，每个扇区将有偶数奇偶性。

例2.7   如果扇区中二进制位序列是01101000，那么就有奇数个1，所以奇偶位是1。如果这个序列后面加上它的奇偶位，我们便有011010001。如果所给的数据位序列是11101110，我们有偶数个1，而奇偶位为0。序列后面加上它的奇偶位便是111011100。请注意，每一个加上了一个奇偶位构成的9位序列有偶数奇偶性。   □

在读或写数据位及其奇偶位的过程中，任何一个位错误都会导致具有奇数奇偶性的位序列；也就是说1的个数是奇数。计算1的个数，并且如果一个扇区有奇数奇偶性就判定存在一个错误，这对于磁盘控制器来说是轻而易举的。

当然，扇区可能有一个以上的位出错。如果这样，二进制位1的个数为偶数的可能性是50%，而且检测不到错误。如果保持若干个奇偶校验位，我们就能增加检测出错误的机会。例如，我们可保持8位奇偶校验位，其中一位用于检测每个字节的第一位，一位用于检测每个字节的第二位，等等，直到第八位奇偶位和每个字节的最后一位。那么，关于大规模的错误，任何一个奇偶位将检测出错误的可能性是50%，8位都检测不出错误的机会仅仅是$1/2^8$，或1/256。一般地说，如果我们用 n 个独立位作为校验码，漏掉一个错误的机会仅为 $1/2^n$。例如，我们用4字节作为校验码，那么大约在40亿次中仅有一次错误不能被检测出来。

2.4.3 稳定存储

尽管校验和几乎的确能正确地检测出介质故障或读写故障的存在，但是它不能帮助我们纠正错误。此外，当写的时候我们有可能陷入一种困境：我们覆盖了一个扇区先前的内容，但是不能读出新的内容。这种现象可能是严重的，例如，如果我们正准备将一个小的增额加到账目余额中去，而现在原始余额和新的余额均已丢失。如果我们能确信，扇区的内容不是新的余额就是旧的余额，那么我们只需要判定写操作是否成功即可。

为了处理上述问题，我们可以在一个磁盘或多个磁盘执行一个被称为*稳定存储*（stable storage）的策略。通常的思想是，扇区是成对的，每一对代表一个扇区内容 X。我们把代表 X 的扇区对分别称作"左"拷贝 X_L 和"右"拷贝 X_R。我们进一步假定这两个拷贝用足够多的奇偶校验位来写，以便当考虑奇偶校验时，我们能排除看上去像好扇区而实际上是坏扇区的可能性。这样，我们假定，如果读函数对 X_L 或 X_R 返回一个好值 w，那么 w 是 X 的真实值。稳定存储的写策略是：

1. 写 X 的值到 X_L。检查是否返回值的状态为"好"；即在写入的拷贝中奇偶校验位是正确的。如果不是"好"，则反复写。如果在若干次写尝试之后，我们仍没有成功地将 X 写入 X_L，可以认为在该扇区中有一个介质故障，必须采用诸如以备用扇区代替 X_L 这样的补救。

2. 对 X_R 重复(1)。

稳定存储读策略是交替尝试读取 X_L 和 X_R 直到返回一个好值。预先设定一个大数字，若尝试次数超过这个数字后仍没有好值返回，才确定 X 是真正不可读。

2.4.4 稳定存储的错误处理能力

在2.4.3节中描述的策略能够校正若干不同种类的错误。这里我们对此进行概略描述。

1. 介质故障。在将 X 存入扇区 X_L 和 X_R 后，如果两者之一出现一个介质故障并且变为永久不可读，我们总是能从另一个扇区读取 X。如果 X_L 和 X_R 两个扇区都坏了，我们将不能读取 X，但是这种情况是极其少见的。

2. 写故障。假设当我们写 X 的时候，有一个系统故障，例如电源断电。那么 X 在主存中被丢失是可能的，同时正被写入的 X 的拷贝也将被窜改。例如，半个扇区可能被写入 X 的部分新值，与此同时另一半扇区保留着原来的值。当系统变为可用，并且我们测试 X_L 和 X_R 时，我们确信能够决定 X 的旧值或者新值。可能的情况有以下几种：

a)故障在我们写 X_L 的时候发生。那么我们将发现 X_L 的状态是"坏"。然而，我们从来没有写 X_R，它的状态将是"好"（除非在 X_R 有一个同时发生的介质故障，这种可能性极小）。这样，我们就能够获得 X 的旧值。我们也可以将 X_R 拷贝到 X_L，修复 X_L 的故障。

b)故障在我们写 X_L 之后发生。那么，我们预计 X_L 将有状态"好"，并且我们可以从 X_L 读取 X 的新值。因为 X_R 可能是 X 的正确值，也可能不是，我们也应该将 X_L 复制到 X_R 中。

2.4.5 从磁盘崩溃中恢复

磁盘故障最严重的状态是"磁盘损坏"或者"磁头损坏"，其中数据被永久性地破坏。如果数据没有备份到另一种介质中，例如我们在2.3.4节中讨论的磁带备份系统，或者一个镜像磁盘，那么我们就根本不可能做任何事情来恢复数据。这种状态对于重要的 DBMS 应用诸如银行和其他金融应用来说是一种灾难。

已经有许多开发成功的方案用以减少由磁盘崩溃带来的丢失数据的风险。它们通常涉及冗余技术，冗余技术扩展了我们在2.4.2节中讨论的奇偶校验思想，以及在2.4.3节中讨论的复制扇区的思想等。这类策略的一般术语是 RAID(Redundant Array of Independent Disk，独立磁盘的冗余阵列)。

磁盘崩溃发生率一般由平均失效时间(mean time to failure)来衡量，在此之后，50%的磁盘会坏掉或者不可恢复。就如今的磁盘而言，其平均失效时间是 10 年。我们将做一个方便的假设，如果平均失效时间是 n 年，则在任何一年内，能用的磁盘中的 $1/n$ 会发生故障。事实上，磁盘像大多数电子设备一样，早晚会坏掉。实际上，小比例的有生产缺陷的磁盘会导致其过早损坏，而其他磁盘则可以使用许多年，直到磨损报废。

然而，磁盘崩溃的平均时间与数据丢失的平均时间未必是相同的。原因是存在着若干可用的方案可以保证，如果一个磁盘发生故障，有另外的盘帮助恢复故障盘的数据。在本节的剩余部分，我们将研究最常见的方案。

这些方案的每一个都有一个或多个保存数据的磁盘(我们将称这些盘为数据盘)，再加上一个或多个保存信息的磁盘，这些信息完全由数据盘的内容所决定。后者被称为冗余盘。当一个数据盘或冗余盘发生磁盘崩溃时，其他的磁盘可用于恢复故障磁盘，从而没有任何永久性信息丢失。

2.4.6 作为冗余技术的镜像

最简单的方案是镜像各个磁盘，正如2.3.4节讨论过的。我们将称一个磁盘为数据盘，另一个是冗余盘；在本方案中，哪个作数据盘，哪个作冗余盘无关紧要。作为防止数据丢失的镜像，常常被称为 RAID 1 级。它给出一个存储器丢失平均时间，正如下面的例子所示，这个时间比磁盘故障平均时间长得多。事实上，借助镜像和我们讨论的其他冗余方案，数据丢失的唯一方式是，在第一个磁盘损坏正在被修复的同时，第二个磁盘也损坏了。

例2.8 假设每一个磁盘的平均故障时间为 10 年。这意味着一个磁盘出现故障的概率是每年 10%。如果磁盘被镜像，当发生磁盘故障时，我们只需要用一个好盘代替它，并且将镜像磁盘拷贝到新磁盘上。最终，我们有两个相互镜像的磁盘，并且系统被恢复到它的早先的状态。

可以造成错误的唯一事件是在拷贝期间镜像磁盘又出现故障。现在，至少有部分数据两个拷贝都已经丢失，而且没有任何办法恢复。

但是，这类事件序列发生的频繁程度如何呢？假设替换故障磁盘的过程花费 3 小时，这是一天的 1/8，或者一年的 1/2920。由于我们假定磁盘的平均寿命是 10 年，拷贝过程中发生故障的可能性是 $(1/10) * (1/2920)$，或者 1/29 200。如果一个磁盘每 10 年发生一次故障，那么两个磁盘之一平均 5 年发生一次故障。这些故障的每 29 200 个中有一个导致数据丢失。换句话说，导致数据丢失的平均时间是 $5 \times 29\ 200 = 146\ 000$ 年。　　　　　　　　　□

2.4.7 奇偶块

尽管镜像磁盘是减少磁盘崩溃造成数据丢失的可能性的一种有效方法，但它所使用的冗余盘与它所拥有的数据盘一样多。常常被称为 RAID 4 级的另一种方法，仅使用一个冗余盘，不管有多少数据盘。我们假设磁盘是相同的，所以我们能给每一个磁盘编号，从 1 到某 n。当然，所有磁盘上的所有块有着相同二进制位数；例如，在我们运行示例的 Megatrno 747 磁盘中的 16 384 字节块有 $8 \times 16\ 384 = 131\ 072$ 位。在冗余盘中，第 i 块由所有数据盘的第 i 块奇偶校验位组成。也就是说，所有第 i 块的第 j 位，包括数据盘和冗余盘，在它们中间必须有偶数个 1，而我们总是选取冗余盘的位使这个条件为真。

在例 2.7 中，我们看到过如何使条件为真。如果有奇数个数据盘的第 j 位为 1，在冗余盘中，我们选取位 j 为 1；如果在数据盘当中的第 j 位有偶数个 1，我们选取冗余盘的位 j 为 0。这个计算的术语是模 2 和 (module-2 sum)。也就是说，如果在若干个位当中有偶数个 1，则这些位的模 2 和为 0；如果有奇数个 1，则模 2 和为 1。

例2.9 举一个极为简单的例子，假定块仅由一个字节——8 位组成。令有三个数据盘，分别称为盘 1、盘 2 和盘 3，还有一个冗余盘，称为盘 4。让我们集中考虑所有这些盘的第一块。如果在数据盘的第一块中，有如下位序列：

> 盘 1：11110000
>
> 盘 2：10101010
>
> 盘 3：00111000

那么冗余盘的第一块将有奇偶校验位：

> 盘 4：01100010

注意：4 个 8 位序列中的每一个位置上是如何分布着偶数个 1 的。在位置 1、2、4、5 和 7 有两个 1，在位置 3 有 4 个 1，而在位置 6 和 8 有零个 1。　　　　　　　　　□

读

从一个数据盘读块与从任何一个磁盘读块没有什么差别。通常没有任何理由去读冗余盘，但是我们能够从冗余盘读。

写

当我们写一个数据盘的一个新块的时候，我们不仅需要改变那个块，而且需要改变冗余盘的相应的块，以便它能继续保持为所有数据盘相应块的奇偶校验。一个朴素的方法是读取 n 个数据盘的相应块，取它们的模 2 和，并重写冗余盘的块。这个方法要求不被重写的数据块的 $n-1$ 次读，被重写数据块的一次写，以及冗余盘块的一次写。这样总数是 $n+1$ 次磁盘 I/O。

　　一种更好的方法是只关注正在被重写的数据块 i 的老版本和新版本。如果我们取它们的模 2 和，我们就可以知道，所有磁盘上编号 i 的块中哪个位置的 1 的总数有变化。由于这些变化总是一种方式，1 的个数由任意一个偶数变成了一个奇数。如果我们改变冗余块的相同位置，那么每个位置的 1 的个数重新变为偶数。使用 4 个磁盘 I/O，我们可以执行下列计算：

1. 读要被改变的数据盘上的旧值。
2. 读冗余盘的相应块。
3. 写新数据块。
4. 重新计算并写冗余盘的块。

模 2 和代数

　　了解有关位向量的模 2 和运算的代数定律，对于理解奇偶校验所采用的一些策略可能是很有帮助的。我们将用符号 $\oplus$ 来表示这种操作。例如，$1100 \oplus 1010 = 0110$。下面是关于 $\oplus$ 操作的一些有用的定律。

- 交换率：$x \oplus y = y \oplus x$。
- 结合率：$x \oplus (y \oplus z) = (x \oplus y) \oplus z$。
- 适当长度的全 0 向量（我们用 $\bar{0}$ 表示）是 $\oplus$ 的恒等元素；即 $x \oplus \bar{0} = \bar{0} \oplus x = x$。
- $\oplus$ 是其自身的逆：$x \oplus x = \bar{0}$。作为一个有用的结论，如果 $x \oplus y = z$，则我们可以在等号两边"加" x，得到 $y = x \oplus z$。

例 2.10　假设三个数据盘的第一块如例 2.9，为

$$盘 1：11110000$$
$$盘 2：10101010$$
$$盘 3：00111000$$

另假设第二个磁盘上的块由 10101010 变为 11001100。我们求盘 2 上旧值与新值的模 2 和，得到 01100110。这个结果告诉我们，必须改变冗余盘第一块的位置 2、3、6、7 的值。我们读该块：01100010。我们以通过改变适当位置而得到的新块替换这个块；事实上，我们是以冗余盘自身与 01100110 的模 2 和替换冗余块，得到 00000100。表示新冗余块的另一个方法是，它是正在被重写的块的旧版本与新版本以及冗余块旧值的模 2 和。在我们的示例中，四个盘（三个数据盘和一个冗余盘）的第一块，在写入盘 2 上的块和冗余块的必要的重新计算之后已经变为：

$$盘 1：11110000$$
$$盘 2：11001100$$
$$盘 3：00111000$$
$$盘 4：00000100$$

请注意，在上述块中，每一列依旧有偶数个 1。　　　　　　　　　　　□

故障恢复

　　现在让我们来考虑，如果磁盘之一崩溃了，我们应该做些什么。如果故障盘是冗余盘，我们就换一个新磁盘，并重新计算冗余块。如果故障盘是数据盘之一，那么我们需要换一个好盘，并且根据其他盘重新计算它的数据。重新计算任何丢失数据的规则实际上是简单的，并且不依赖于是数据盘故障，还是冗余盘故障。由于我们知道，所有磁盘相应位的 1 的个数是偶数，它遵循

如下规则：

* 任何位置的位是所有其他磁盘的相应位置所有位的模 2 和。

如果谁不相信上述规则，谁就只需要考虑两种情况。如果所讨论的位是 1，那么相应位 1 的个数必须是奇数，所以它们的模 2 和是 1。如果所讨论的位是 0，那么相应位当中有偶数个 1，并且它们模 2 和是 0。

例 2.11   假设盘 2 故障。我们需要重新计算替换盘的各个块。依照例 2.9，让我们看看如何重新计算第二盘的第一个块。已经给出第一和第三数据盘以及冗余盘的相应块，所以总的情况如下：

$$
\begin{aligned}
&盘 1：11110000\\
&盘 2：????????\\
&盘 3：00111000\\
&盘 4：01100010
\end{aligned}
$$

如果取每一列的模 2 和，我们推导出丢失的块是 10101010，正是例 2.9 一开始的情况。   □

2.4.8   一种改进：RAID 5

在 2.4.7 节中描述的 RAID 4 级策略能有效地保护数据，除非存在两个几乎同时发生的磁盘崩溃。然而，它有一个瓶颈，让我们重新分析一下写一个新数据块的过程，就可以看到这个缺点。无论我们采用什么更新硬盘的方案，我们都需要读和写冗余盘的块。如果有 n 个数据盘，那么对冗余盘的磁盘写次数，将是任何一个数据盘平均磁盘写次数的 n 倍。

然而，正如我们在例子 2.11 中所看到的，恢复的规则对数据盘和冗余盘是一样的：取其他磁盘相应位的模 2 和。这样，我们就不必把一个盘作为冗余盘，而把其他盘作为数据盘。相反，我们可以把每个磁盘作为某些块的冗余盘来处理。这种改进通常称为 RAID 5 级。

例如，如果有 $n+1$ 个编号为 0 到 n 的磁盘，如果 j 是当 i 被 $n+1$ 除时的余数。我们可以把盘 j 的第 i 个柱面看作冗余。

例 2.12   在我们运行的例子中，$n=3$，就是有 4 个磁盘。第一个盘编号为 0，将作为编号为 4、8、12 等柱面的冗余，因为当被 4 除时，这些是余数为 0 的数字。编号为 1 的盘将作为编号为 1、5、9 等块的冗余，盘 2 是块 2、6、10 等的冗余，而盘 3 是块 3、7、11 等的冗余。

结果，每个盘的读负荷和写负荷是一样的。如果所有的块有相同的可能性被写，那么对于一次写，每个盘有 1/4 的机会，要写的块是在那个盘上。如果不是这样，那么它有 1/3 的机会，作为那个块的冗余盘。这样，4 个盘中的每一个被涉及写的机会是 $1/4 + 3/4 \times 1/3 = 1/2$。   □

2.4.9   多个盘崩溃时的处理

有一个纠错码原理，允许我们处理多个磁盘（数据盘或冗余盘）崩溃，前提是我们使用足够多的冗余盘。这个策略导致最高的 RAID"级"——RAID 6 级。这里我们仅给出一个简单的例子，例子中两个同时发生的崩溃是可纠正的，并且该策略是基于最简单的纠错码，称为海明码（Hamming code）。

在我们的描述中，我们关注带有 7 个磁盘的一个系统，磁盘编号是 1 至 7。前 4 个盘是数据盘，盘 5 至盘 7 是冗余盘。数据盘和冗余盘之间的关系被概括为 0 和 1 组成的 3×7 矩阵，如图 2-10 所示。请注意：

a）除了全 0 列之外的，三个 0 和 1 的所有可能的列，都出现在图 2-10 的矩阵中。

b）冗余盘的列有单个 1。

c）数据盘的列至少各有两个 1。

由 0 和 1 组成的三行的每一行的含义是，如果我们着眼于来自全部 7 个盘的相应的位，把我们的注意力限制在行有 1 的那些磁盘上，那么这些位的模 2 和必须是 0。换一种说法，在所给的行内带有 1 的磁盘，可以看作似乎它们是 RAID 4 级方案中的整个磁盘组合。这样，通过找出该磁盘有 1 的那一行，并且取同一行有 1 的其他磁盘的相应位的模 2 和，我们就能计算出冗余盘之一的相应位。

磁盘号	数据盘				冗余盘		
	1	2	3	4	5	6	7
	1	1	1	0	1	0	0
	1	1	0	1	0	1	0
	1	0	1	1	0	0	1

图 2-10　一个能从两个同时发生的磁盘崩溃中恢复的系统的冗余模型

对于图 2-10 的矩阵，这个规则意味着：

1. 盘 5 的位是盘 1、2、3 相应位的模 2 和。
2. 盘 6 的位是盘 1、2、4 相应位的模 2 和。
3. 盘 7 的位是盘 1、3、4 相应位的模 2 和。

我们会简单地看出，在本矩阵中位的特定选择给了我们一个简单的规则，通过该规则，我们能够从两个同时发生的磁盘崩溃中恢复。

读

我们可以从任何一个数据盘中正常地读数据。冗余盘可以不予理睬。

写

写的想法类似于在 2.4.8 节中概括描述的写策略，但是现在可能要涉及几个冗余盘。为了写某个数据盘的一个块，我们要求那个块的新版与旧版的模 2 和。这些位以模 2 和的方式加入到满足条件的所有冗余盘的相应块中，条件是这些冗余盘在该数据写盘为 1 的某一行中同样为 1。

例 2.13　让我们再一次假设块只有 8 位长，并且关注在我们的 RAID 6 级示例中用到的 7 个磁盘的第一块。首先，假设数据盘和冗余盘的第一块的内容如图 2-11 所示。请注意，盘 5 的块是前 3 个盘的块的模 2 和，第 6 行是行 1、2、4 的模 2 和，而最后一行是行 1、3、4 的模 2 和。

假设我们将盘 2 的第一块重写为 00001111。如果我们求这个序列与序列 10101010（这是该块的旧值）的模 2 和，我们得到 10100101。如果我们查看图 2-10 中盘 2 的列，我们会发现，在前两行中该盘有 1，但是第三行没有。由于冗余盘 5 和 6 在行 1 和行 2 有 1，我们必须分别对它们的第一块的当前内容和刚刚算出的序列 10100101 执行求模 2 和操作。也就是说，我们对这两个块在位置 1、3、6、8 上的值求反。所有磁盘的第一块的结果内容如图 2-12 所示。请注意，新内容依旧满足图 2-10 所包含的约束：图 2-10 矩阵的特定行有 1 的那些相应块的模 2 和依然是全 0。　□

磁盘	内容
1)	11110000
2)	10101010
3)	00111000
4)	01000001
5)	01100010
6)	00011011
7)	10001001

图 2-11　所有磁盘的第一块

磁盘	内容
1)	11110000
2)	00001111
3)	00111000
4)	01000001
5)	11000111
6)	10111110
7)	10001001

图 2-12　在写盘 2 并改变冗余盘之后所有盘的第一块

故障恢复

现在，让我们看看，前面概述的冗余方案如何能够用于纠正两个同时发生的磁盘崩溃。设故障为 a 和 b。由于图 2-10 矩阵的所有列是不同的，我们肯定能够把 a 和 b 的列不同的某个行 r 找出来。假设在行 r，a 有 0，而 b 有 1。

然后，通过取来自除 b 之外所有在行 r 有 1 的磁盘的相应位的模 2 和，我们能够计算出正确的 b。请注意：a 不是在这些当中，所以它们没有任何一个发生故障。重新计算完 b，我们必须用所有其他可用盘来重新计算 a，由于图 2-10 的矩阵的每一列都会在某一行里有一个 1，我们能够使用这一行去重新计算磁盘 a，办法是取在该行带 1 的那些其他磁盘的位的模 2 和。

例 2.14　假设盘 2 和盘 5 几乎在同一时间发生故障。参考图 2-10 的矩阵，我们发现，这两个盘的列在行 2 不同，盘 2 有 1 而盘 5 有 0。这样，通过取盘 1、4、6(行 2 带 1 的其他三个盘)的相应位的模 2 和，我们可以按原样修复盘 2。请注意，这三个盘没有一个发生故障。例如，根据与图 2-12 中第一块有关的情况可以得出，在盘 2 和盘 5 出现故障后，我们最初有图 2-13 中所示的可用的数据。

如果我们取盘 1、4、6 的块的内容的模 2 和，我们发现，盘 2 的块为 00001111。从图 2-12 可以验证这个块是正确的。现在的情况如图 2-14 所示。

现在，我们看到，图 2-10 中盘 5 的列在第一行有一个 1。因此通过取盘 1、2、3(在第一行有 1 的其他三个盘)的相对应位的模 2 和，我们可以重新计算盘 5。对于块 1，这个和是 11000111。这个计算的正确性仍可通过图 2-12 确认。　　　　　　　　　　　　　　□

关于 RAID 6 级的附加短评

1. 选择根据块号或柱面号变换冗余盘方式，我们可以将 RAID 5 级和 6 级的思想结合起来。这样做将避免写操作时的瓶颈，在 2.4.9 节描述的方案将在冗余盘产生瓶颈。

2. 在 2.4.9 节描述的方案不是只限于 4 个数据盘。磁盘的数量可以是 2 的任意次方减 1，例如 $2^k - 1$。在这些盘当中，k 个是冗余盘，而剩余的 $2^k - k - 1$ 个是数据盘，所以冗余盘差不多是按数据盘数的对数增长。对于任何 k，通过写 k 个 0 和 1 的所有可能的列(全 0 列除外)，我们可以构造出与图 2-10 相对应的矩阵。带单个 1 的列与冗余盘相对应，而带一个以上 1 的列是数据盘。

磁盘	内容
1)	11110000
2)	????????
3)	00111000
4)	01000001
5)	????????
6)	10111110
7)	10001001

图 2-13　盘 2 和盘 5 发生故障后的状况

磁盘	内容
1)	11110000
2)	00001111
3)	00111000
4)	01000001
5)	????????
6)	10111110
7)	10001001

图 2-14　盘 2 恢复之后的状况

2.4.10　习题

习题 2.4.1　计算下列位序列的奇偶校验位：

a) 00111011。

b) 00000000。

c) 10101101。

习题 2.4.2　如果我们在一个串末附加一个位作为该串各奇数位置的奇偶校验位，另一个位作为该串各偶数位置的奇偶位，我们就有了与一个串关联的两个奇偶位。对于习题 2.4.1 的每一个串，找出按这种方法计算的两个位。

习题 2.4.3　假设我们使用例 2.8 中的镜像盘，每年故障率为 5%，更换一个盘要花 10 小时。导致数据丢失的磁盘平均故障时间是多少？

‼ **习题 2.4.4**　假设我们使用 3 个磁盘作为一个镜像组，即所有 3 个盘保存相同的数据。如果一个磁盘每年的故障率是 F，恢复一个磁盘要花费 H 小时，数据丢失的平均时间是多少？

习题 2.4.5 假设我们使用 RAID 4 级方案，有 4 个数据盘和一个冗余盘。与例 2.9 一样，假设块为单字节。如果数据盘的相应块如下，给出冗余盘的块。

a) 01010110、11000000、00101011 和 10111011。

b) 11110000、11111000、00111100 和 01000001。

！习题 2.4.6 假设磁盘某一年故障百分率为 F，更换一个盘要花费 H 小时。

a) 如果我们使用镜像盘，作为 F 和 H 的函数，数据丢失的平均时间是多少？

b) 如果我们采用 RAID 4 级和 5 级方案，使用 N 个磁盘，数据丢失的平均时间是多少？

习题 2.4.7 采用如习题 2.4.5 一样的 RAID 4 级方案，假设数据盘 1 有故障。在下列情况下恢复该磁盘的块：

a) 盘 2 至盘 4 的内容为 01110110、11000000 和 00101011，同时冗余盘保存着 11110011。

b) 盘 2 至盘 4 的内容为 11110000、11111000 和 00110011，同时冗余盘保存着 10000001。

习题 2.4.8 假设习题 2.4.5 第 1 个盘的块被改变为 01010101。其他盘上相应的块必须做什么样的改变？

习题 2.4.9 如果我们有例 2.13 的 RAID 6 级方案，4 个数据盘的块分别为 00110100、11100111、01010101 和 10000100。

a) 冗余盘的相应块是什么？

b) 如果第 3 个盘的块被重写成 01111111，必须采取哪些步骤以改变其他盘？

习题 2.4.10 采用带有 7 个磁盘的 RAID 6 级方案，描述从下列故障中恢复所要采取的步骤：a) 盘 1 和盘 4；b) 盘 1 和盘 7；c) 盘 2 和盘 5。

纠错码与 RAID 6 级

有一个指导我们选择如图 2-10 那样的合适矩阵的主要原理，用以决定冗余盘的内容。一个长度为 n 的代码是一组长度为 n 的位向量（称为码字）。两个码字之间的海明距离是这两个码字取值不同的位置的数量，而一个代码的最小距离是任何两个不同的码字的最小的海明距离。

如果 C 是长度为 n 的任意代码，我们可以要求 n 个磁盘的相应位有这样一个序列，它是代码 C 的成员。作为一个很简单的例子，如果我们正在使用一个磁盘和它的镜像，那么 $n =$ 2，我们可以使用代码 $C = \{00, 11\}$。也就是说，两个磁盘的相应位必须是相同的。对于另一个示例，图 2-10 矩阵定义了由长度为 7 的 16 个位向量组成的代码，前 4 位有任意的值，剩余的 3 位由 3 个冗余盘规则决定。

如果代码的最小距离是 d，那么就要求磁盘的相应位是代码中的一个向量，磁盘将能承受 $d-1$ 个同时发生磁盘崩溃。理由是，假如我们使一个码字的 $d-1$ 个位置模糊不清，并且假设填入这些位置有两种不同的方法，形成两个码字，那么这两个码字最多在这 $d-1$ 个位置不相同。这样，代码就不会有最小距离 d。作为一个示例，图 2-10 的矩阵实际上定义了著名的海明码，它的最小距离是 3。这样，它能处理两个磁盘损坏。

2.5 组织磁盘上的数据

我们现在将关心如何在磁盘上存储数据库。用一个记录来表示一个数据元素（例如元组或对象），在磁盘块中的连续字节存放。通常来讲，通过将表示数据元素的记录放在一个或多个磁盘块中来表示诸如关系的数据集。一个磁盘块中仅存放一个关系的元素是一种常见的组织方式，尽管也存在如下组织形式：一个磁盘块保存数个关系的元组。在本节中，我们将讨论记录与磁盘块的基本组织技术。

2.5.1 定长记录

最简单类型的记录由定长字段组成，元组的每个属性对应一个字段。当数据的开始地址是 4

或 8 的倍数时，很多机器都允许甚至要求更有效率的内存读写。因此，通常会根据情况使所有字段的起始地址是 4 或 8 的倍数，没有被前面字段使用的空间就浪费了。请注意，虽然记录被存放在辅助存储器而不是内存中，这些记录的操作仍需在内存中进行。因此，安排记录以便它能移入内存并被有效访问是必要的。

通常，记录以记录的首部（header）开始，首部是关于记录自身信息的一个定长区域。例如，我们可能要在记录中保存如下信息：

1. 一个指向该记录中存储数据的模式的指针。例如，一个元组的记录可以指向该元组所属的关系的模式，此信息可以帮我们找到记录的字段。

2. 记录长度。此信息帮助我们在不用查看模式的情况下略过某些记录。

3. 时间戳，标识记录最后一次被修改或被读的时间。此信息在实现数据库事务方面会有用，我们将在第 7 章对其进行讨论。

4. 指向记录的字段的指针。此信息可以代替模式信息，当我们在 2.7 节考虑变长字段时，将会看到它的重要性。

例 2.15　图 2-15 重复了我们的 MovieStar 模式。我们假设所有字段必须以一个 4 的倍数的字节开始。该关系的元组有一个头部和以下 4 个字段：

1. 第一个字段是 name。这个字段需要 30 字节。如果假设所有字段都以 4 的倍数开始，则我们为 name 分配 32 字节。

2. 下一个属性是 address。一个 VARCHAR 属性需要定长的字节片段，比最大长度多一个字节（即字符串的结束符）。因此，address 需要 256 字节。

3. 属性 gender 是一个字节，保存字符 'M' 或 'F'。我们分配了 4 个字节，使得下一个字段的起始地址是 4 的倍数。

```
CREATE TABLE MovieStar(
    name CHAR(30)PRIMARY KEY,
    address VARCHAR(255),
    gender CHAR(1),
    birthdate DATE
);
```

图 2-15　一个 SQL 表定义

4. 属性 birthday 是一个 SQL DATE 值，即一个 10 字节的字符串。我们将为该字段分配 12 字节，使得磁盘块中后续的记录能够以 4 的倍数对齐。

记录的首部包含：

a）一个指向记录模式的指针。

b）记录长度。

c）一个时间戳，用来标识记录的创建时间。

我们假设以上每项 4 字节长，图 2-16 列出了一个 MovieStar 元组对应的一个记录的格式，该记录的长度是 316 字节。

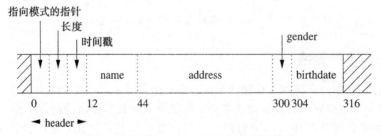

图 2-16　关系 MovieStar 的元组的记录格式

2.5.2　定长记录在块中的放置

表示关系元组的记录存储在磁盘块中，当我们需要存取或修改记录时，记录（与整个块一起）就被移进主存。存储记录的块的格式如图 2-17 所示。

图 2-17 一个典型的存储记录的块

除了记录，它有一个可选的块首部，存储诸如以下各种信息：

1. 与一个或多个其他块的链接，这些块构成一个块的网络，例如在第 3 章中所描述的为一个关系的元组创建索引的块。

2. 关于这个块在这样一个网络中所扮演的角色的信息。

3. 关于这个块的元组属于哪个关系的信息。

4. 一个给出每一条记录在块内偏移量的"目录"。

5. 指明块最后一次修改和/或存取时间的时间戳。

到目前为止，最简单的情况是块存储一个关系的元组，并且元组的记录有固定格式。在这种情况下，在块首部的后面，我们把尽可能多的记录装入块内，而留下剩余空间不用。

例 2.16 假设我们要存储具有例 2.15 所示格式的记录，这些记录长度为 316 字节。我们还假设使用 4096 字节的块；在这些字节中，12 个字节用于块首部，剩余 4084 字节由数据使用。在这个空间中，我们能装入 12 条所给 316 字节格式的记录，每一块有 292 字节是被浪费的空间。□

2.5.3 习题

习题 2.5.1 假设一条记录有如下顺序的字段：一个长度为 23 的字符串，一个 2 字节整数，一个 SQL 日期，一个 SQL 时间(无小数点)。如果

a)字段可在任何字节处开始，

b)字段必须在 8 的倍数的字节处开始，

c)字段必须在 4 的倍数的字节处开始，

这条记录占用多少个字节？

习题 2.5.2 假设字段同习题 2.5.1，但是记录有一个首部，它由两个 4 字节指针和一个字符组成，对习题 2.5.1 中字段对齐的(a)至(c)3 种情况，计算记录长度。

习题 2.5.3 对字段序列：一个 8 字节实数，一个长度为 25 的字符串，单独一个字节，一个 SQL 日期，重做习题 2.5.1。

习题 2.5.4 如果记录包括一条记录首部，它由一个 8 字节指针和 10 个 2 字节整数组成，重做习题 2.5.3。

2.6 块和记录地址的表示

当在内存中时，块地址是其第一个字节的虚拟内存地址，且块内记录的地址是该记录第一个字节的虚拟内存地址。但是在二级存储器中，块不是应用的虚拟内存地址空间的一部分，事实上，有一个字节序列描述块在 DBMS 可访问的整个数据系统中的地址：磁盘的设备 ID，柱面号，等等。记录可通过它所在的块和其第一个字节在块内的偏移量来标识。

在这一节中，我们将首先讨论地址空间，特别是与常用的 DBMS"客户机 - 服务器"体系结构有关的地址空间(参见《数据库系统基础教程(原书第 3 版)》9.2.4 节)。然后，我们讨论表示地址的可用方法；最后看一下"指针混写"，这种方法使我们能将数据服务器空间中的地址转换成客户端应用程序空间中的地址。

2.6.1 客户机 - 服务器系统中的地址

通常，数据库系统包括一个服务器进程，它为一个或多个客户端进程提供二级存储器数据，客户端进程是使用数据的应用。服务器和客户端进程可以在一台机器上，或者服务器和一些客户端可分布在许多机器上。

客户端应用使用常规的"虚拟"地址空间，通常为32位或者说有大约40亿不同的地址。操作系统或DBMS决定地址空间的哪些部分目前在内存里，而硬件则将虚拟地址空间映射到主存的物理地址。我们不进一步考虑这个虚拟到物理的转换问题，而是将客户端地址空间看作主存本身。

服务器的数据处于数据库地址空间，空间中的地址涉及块或块内偏移。在这个地址空间中表示地址的方法有：

1. 物理地址。物理地址是字节串，据此我们可确定二级存储系统内块或记录的位置。下面各项都使用物理地址的一个或多个字节来指明：

a) 存储所连接的主机(如果数据库存储在不止一台机器上)。

b) 块所在的磁盘或其他设备的标识符。

c) 磁盘的柱面号。

d) 柱面内磁道号。

e) 磁道内块号。

f) (在一些情况下)记录的起始地址在块内的偏移量。

2. 逻辑地址。每一个块或记录有一个"逻辑地址"，这是具有某个固定长度的一个任意字节串。存储在磁盘上一个已知位置的映射表将逻辑地址与物理地址联系起来，如图2-18所示。

注意，物理地址很长，如果我们要包含所有列出的元素，8字节是我们能使用的最小长度，有些系统使用更多的字节。例如，想象一个设计要用100年的对象数据库。将来数据库可能会增长到包含一百万台机器，而每一台机器可能会快到每一纳秒创建一个对象，这个系统将创建大约2^{77}个对象，它最小需要10个字节来表示地址。因为我们可能更倾向于预留一些字节来表示主机，另一些字节表示存储单元等，则对如此规模的系统，一个合理的地址表示可能要使用到比10大得多的字节数。

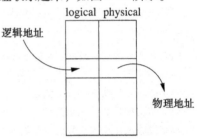

图2-18　映射表将逻辑地址
转换成物理地址

2.6.2　逻辑地址和结构地址

人们可能想知道使用逻辑地址的目的是什么。虽然物理地址所需的信息都可在映射表中找到，而且跟踪指向记录的逻辑指针需要参考映射表，然后才能找到物理地址，但是与映射表有关的间接层次给我们提供了相当大的灵活性。例如，许多数据组织方式要求我们到处移动记录，或者在块内或者从一个块移到另一个块。如果我们使用映射表，则所有指向这条记录的指针参考这个映射表。当我们移动或删除记录时，我们必须做的是改变表中这条记录对应的表项。

逻辑地址和物理地址的多种组合也是可能的，得到的是结构化地址模式。例如，人们可使用块的物理地址(而不是块内的偏移量)加上被访问的记录的键值，那么，为找到一个具有这种结构地址的记录，我们可使用物理地址部分找到包含那条记录的块，然后检查块内记录以找到具有合适的键的记录。

一个相似且非常有用的物理和逻辑地址的组合是在每一个块内存储一个偏移量表，它保存块内记录的偏移量，如图2-19所示。注意偏移量表是从块的前端向后增长，而记录是从块的后端开始放置。当记录不等长时，这种策略很有用，因为那时我们事先不知道块能存储多少记录，而且我们不必一开始就给这个表分配固定大小的块首部。

现在，记录的地址是块的物理地址加上该记录在此块的偏移量表项中的偏移量。这种块内间接层次提供了逻辑地址的许多优点，而不需要一个全局映射表。

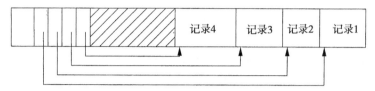

图 2-19 一个有偏移量表的块，该表说明块内每一条记录的位置

- 我们可以在块内移动记录，我们所要做的只是改变记录在偏移量表中的表项，指向这条记录的指针仍能找到它。
- 如果偏移量表项足够大，能存储这条记录的"转向地址"（给出它的新位置），我们甚至可以允许记录移到另一个块。
- 最后，如果记录被删除，我们可选择在它的偏移量表项中留下一删除标记（tombstone），即一个标示记录被删除的特殊值。记录删除前，指向这条记录的指针可能已存储在数据库中的不同地方。记录删除后，沿指向这条记录的指针找到删除标记，然后指针要么被一个空指针代替，要么修改数据结构以反映记录的删除。如果我们不留下删除标记，指针可能会指到一些新记录上，产生意外的错误结果。

2.6.3 指针混写

指针或地址经常是记录的一部分。尽管表示关系元组的记录不常遇到这种情况，表示对象的元组却常遇到这种情况。现代对象关系数据库系统也允许属性是指针类型（或引用），因此，即使是关系系统也要能在元组中表示指针。还有一点，索引结构由内部有指针的块组成。所以，我们必须研究块在主存储器和二级存储器之间移动时的指针管理。

如我们前面所述，每一个块、记录、对象或其他可引用的数据项都有两种地址形式：它在服务器的数据库地址空间中的数据库地址和内存地址，如果该数据项目前被拷贝到虚拟内存中，则使用内存地址。当数据项在二级存储器中，我们肯定要用数据项的数据库地址。但是，当数据项是在内存中时，通过两种地址我们都可以找到该数据项。让数据项的指针使用内存地址更高效一些，因为用一条机器指令就可以跟踪这些指针。

相反，跟踪数据库地址要费时得多，我们需要一个表将目前在虚存中的所有数据库地址转换成它们的当前内存地址。这样的转换表如图 2-20 所示。它可能看起来像图 2-18 中逻辑和物理地址的映射表。但是，

a) 逻辑和物理地址都是数据库地址的表示，而转换表中内存地址用于相应对象在内存中的拷贝。

b) 数据库中所有可访问的数据项在映射表中都有表项，而转换表只记载当前在内存中的数据项。

为避免将数据库地址重复转换成内存地址的开销，现已提出几种技术，统称为指针混写（pointer swizzling）。总的思想是当我们把块从二级存储器移到主存储器中时，块内指针可以"混写"，即从数据库地址空间转换为虚拟地址空间。因此，一个指针实际上包含：

1. 一个二进制位，指明指针目前是数据库地址还是（混写

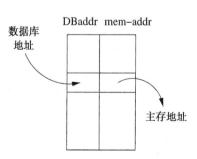

图 2-20 转换表将数据库地址转换成内存中的相应地址

的）内存地址。

2. 数据库或内存指针，看哪个合适。无论当前使用哪一种地址形式，所用空间相同。当然，若当前是内存地址，可能不使用整个空间，因为内存地址通常比数据库地址短。

例2.17   图2-21是一种简单情况，其中块1有一条记录，这条记录有两个指针，一个指针指向同一块中的第二条记录，另一个指针指向另一块中的记录。图中还表示了当块1被拷贝进内存中时，可能会发生的事情。第一个指针，即块1内的指针，可被混写以直接指向目标记录的内存地址。

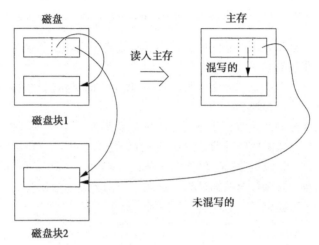

图 2-21   当使用混写时一个指针的结构

但是如果块2此时不在内存中，那么我们不能混写第二个指针；它必须不被混写，指向目标的数据库地址。假如后来块2被放入内存，从理论上说混写块1的第二个指针成为可能。根据使用的混写策略不同，内存中可能有也可能没有这样的指向块2的指针列表；如果有，我们可以选择在那个时候混写指针。   □

自动混写

有几种策略可用来决定什么时机进行指针混写。如果我们使用自动混写（automatic swizzling），则块一旦被放入内存，我们为它的所有指针和地址定位，并且如果这些指针和地址不在转换表中，我们将它们放入转换表。这些指针既包括来自(I)块中记录的指向其他地方的指针，也包括块自身和/或其记录的地址，如果它们是可访问的数据项。我们需要一些为块内指针定位的机制。例如：

1. 如果块存储的记录具有一个已知的模式，这个模式将告诉我们在记录的哪个地方可以找到指针。

2. 如果块被用于我们将在第3章讨论的索引结构的一种，则块在已知位置存储指针。

3. 我们可能在块首部存放指针位置的一个列表。

当我们将刚刚移入内存的块和/或某记录地址放入转换表中时，我们知道块缓存储在内存的何处，从而我们可直接创建这些数据库地址的转换表表项。当我们向转换表添加其中一个数据库地址 A 时，可能会发现它已存在于表中，因为对应的块目前正在内存中。在这种情况下，我们用相应的内存地址代替刚移进内存中的块中的 A，并将"混写"位设为真。另一方面，如果 A 还不在转换表中，说明它对应的块还未拷贝进内存，那么我们不能混写这个指针，只能将它保留为数据库指针。

假设在使用此数据的过程中，我们跟踪指针 P，而且发现 P 还未混写，即它具有数据库指针形式。我们参考转换表，看数据库地址 P 目前是否有相应的内存地址，如果没有，块 B 必须被拷贝进内存缓冲区。一旦 B 在内存中，我们就可以混写 P，这是通过用它的内存地址形式来代替它的数据库地址形式 P 来做到的。

按需混写

另一种方法是当块第一次被移入内存时，所有指针都不混写。我们将它的地址、其中指针的地址与相应的内存地址一起放入转换表。如果我们跟踪某个内存块中的指针 P，我们将它混写，使用的策略与我们使用自动混写策略时发现一个没有混写的指针所使用的策略相同。

按需混写与自动混写的区别是当块被装载进内存时，后者试图快速、有效地混写所有指针。我们必须在一次混写所有指针可能节省的时间与某些混写指针永远也用不上的可能性之间进行权衡。在那种情况下，花费在混写和解混写指针的时间将被浪费。

一个有趣的选择是通过安排使数据库指针看起来像无效的内存指针。这样，我们可以允许计算机跟踪任何指针，就像它是内存形式一样。如果指针凑巧没有被混写，那么内存引用必然产生一个硬件陷阱。若 DBMS 提供一个函数，它由该陷阱触发，并用上面描述的方法对指针混写，则我们可在单一指令中跟踪混写的指针，而只有当指针未被混写时需做一些较费时的工作。

不混写

当然永远不混写指针也是可能的。我们仍然需要转换表，以使指针可以以它们未混写的形式被跟踪。这种方法确实提供了记录不被固定在内存的好处，如 2.6.5 节所讨论的那样，而且不需要决定当前使用的是哪种形式的指针。

混写的程序控制

在一些应用中，应用程序员可能会知道块中的指针是否被跟踪。该程序员可显式地指明装载进内存的块中指针将被混写，也可以只在需要时请求对指针进行混写。例如，如果程序员知道一个块可能被大量存取，如 B − 树(3.2 节讨论)中的根块，那么指针将被混写。但是，若被装载进内存中的块只使用一次，然后就从内存中删除，则它不被混写。

2.6.4 块返回磁盘

当块被从主存移回到磁盘中时，块中的任何指针必须解除混写；即它们的内存地址必须由相应的数据库地址取代。转换表可用于将两种类型的指针进行双向联系，因此从原理上说，给定一个内存地址，可以找到与其对应的数据库地址。

但是，我们并不想每一次解除混写时均需搜索整个转换表。虽然我们还未讨论转换表的实现，但是我们可以想象图 2-20 所示的表有合适的索引。如果将转换表想象为一个关系，则寻找与数据库地址 x 相联系的内存地址的问题，可表述为如下的查询：

```
SELECT memAddr
FROM TranslationTable
WHERE dbAddr = x;
```

例如，使用数据库地址作为键的散列表可能适用于在 dbAddr 属性上建立的索引；第 3 章提出了许多可以采用的数据结构。

如果我们想支持反向查询：

```
SELECT dbAddr
FROM TranslationTable
WHERE memAddr = y;
```

则我们还需要在属性 memAddr 上建立索引。第 3 章也提出适用于这种索引的数据结构。2.6.5 节还讨论了链表结构，在某些情况下，它可用于从一个内存地址到达所有指向它的指针。

2.6.5　被钉住的记录和块

如果内存中一个块当前不能安全地被写回磁盘，称它为被钉住的。块首部可有一个指明块是否被钉住的二进制位。块可能被钉住的原因有很多，包括系统的恢复需要，如第 6 章所讨论的那样。指针混写是为什么某些块必须被钉住的一个重要原因。

如果一个块 B_1 内有一个混写指针，指向块 B_2 中的某一数据项，那么在将块 B_2 移回磁盘并重用它的主存缓冲区时，我们需非常小心。原因是，假如我们跟踪 B_1 中的指针，它将把我们指引到缓冲区，但缓冲区中已不保存 B_2；其实，指针已成为悬挂指针。因此一个像 B_2 那样被其他地方的混写指针引用的块是被钉住的。

当我们将块写回磁盘时，不仅需要"解混写"块中的所有指针，而且需要保证它没有被钉住。如果它被钉住，我们必须要么使它不被钉住，要么让它继续留在内存中，占用本可用于其他块的空间。为了一个由于存在外部混写指针而被钉住的块不再被钉住，我们必须"解混写"指向它的所有指针。因此，对每一个有数据项在内存中的数据库地址，转换表必须记录指向内存中存在那个数据项的混写指针的位置。两种可采用的方法是：

1. 将对一个内存地址的一系列引用保存为附加在该地址在转换表中的表项上的链表。

2. 如果内存地址比数据库地址短得多，我们可以在指针自身空间中创建链表，即每一个用于数据库指针的空间被代替为：

a) 被混写的指针。

b) 另一个指针，它是被混写的指针所有出现所构成的链表的一部分。

图 2-22 表示了从转换表中数据库地址的表项 x 和它相应的内存地址 y 出发，如何将内存指针 y 的两个出现链接起来。

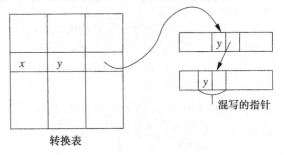

图 2-22　一个混写指针所有出现的链表

2.6.6　习题

习题 2.6.1　如果我们为 Megatron 747 磁盘表示物理地址，为每一个柱面，柱面内每一个磁道，磁道内的每一个块各分配一个字节或多个字节，我们需要多少字节？对每一个磁道内块的最大数做一个合理的假设；回想一下，Megatron 747 扇面/磁道为一个可变的数目。

习题 2.6.2　为习题 2.6.1 中描述的 Megatron 777 磁盘，重做习题 2.6.1。

习题 2.6.3　如果我们希望既表示块地址，又表示记录地址，则需要额外的字节，假设我们需要如习题 2.6.1 所示的一个 Megatron 747 磁盘的地址，如果

a) 将块内字节数作为物理地址的一部分，

b) 使用记录的结构地址，假设被存储的记录有 4 字节整数作为键，

则我们需要多少字节表示记录地址？

！习题 2.6.4　假设我们希望逻辑地表示 Megatron 747 磁盘上的块地址，即使用 k 字节（k 为某个值）的标识符。我们还需要在磁盘上存储一个映射表，如图 2-18 所示的那样，它由逻辑地址和物理地址对组成。用于映射表的块不是数据库的一部分，因此在映射表中没有这些块的逻辑地址。假设物理地址使用物理地址所能使用的最少字节数（如习题 2.6.1 计算的那样），逻辑地址使用逻辑地址所能使用的最小字节数，磁盘的映射表占用多个 4096 字节的块？

习题 2.6.5　现在，IP 地址有 4 个字节，假设一个全球范围的地址系统中块地址由主机 IP 地址，1 到 10000 之间的设备号以及各个设备（假设为 Megatron 747 磁盘）上的块地址组成。块地址需要多少字节？

习题 2.6.6　在 IPv6 中，IP 地址将使用 16 个字节，另外，我们可能不仅需要访问块，还需要访问记录，而记录可能在块内任何字节处开始。但是，设备将有它们自己的 IP 地址，因此不需要在主机内表示设备，

而如习题 2.6.5 中我们认为这是必要的。假设设备为 Megatron 747 磁盘，在这种情况下，地址的表示需要多少字节？

习题 2.6.7　假设我们自动混写所有指针，所用的总时间是单独混写每一个指针所用总时间的一半。如果主存中一个指针被至少跟踪一次的概率为 p，p 为何值时自动混写比按需混写更有效？

！习题 2.6.8　对习题 2.6.7 进行推广，将从不混写指针的可能性包括进来。假设几个重要动作占用以下时间（以某个时间单位计）：

　ⅰ．指针按需混写：50。

　ⅱ．指针自动混写：15/每个指针。

　ⅲ．跟踪一个混写指针：1。

　ⅳ．跟踪一个未混写指针：10。

假设内存中指针要么不被跟踪（概率为 $1-p$），要么被跟踪 k 次（概率为 p），k 和 p 为何值时，不混写、自动混写和按需混写各自能提供最好的平均性能？

！习题 2.6.9　假设我们有 4096 字节块，块中存储 200 字节长的记录。块首部由一个偏移量表组成，如图 2-19 所示，它使用 2 字节长指针指向块内记录。通常，每天向每块插入两条记录，删除一条记录。删除记录必须使用一个"删除标记"代替它的指针，因为可能会有悬挂指针指向它。更明确地说，假设任何一天删除记录总发生在插入之前。如果刚开始时块是空的，多少天之后，不再有插入记录的空间？

2.7　变长数据和记录

目前为止，我们一直简单地假设记录有固定模式，且模式是定长字段的列表。但是，实际上，我们可能希望表示：

1. 大小变化的数据项。例如，在图 2-15 中，我们考虑了一个关系 MovieStar，它的住址字段最大可为 255 字节。虽然有些住址可能有那么长，但绝大多数住址可能是 50 个字节甚至更少。如果我们只为住址分配它所需的实际空间，则我们节省了多于一半的存储 MovieStar 元组的空间。

2. 重复字段。如果我们尝试在一个表示对象的记录中表示多对多的关系，则有多少对象被关联到指定对象，我们就需要存储多少相应对象的引用。

3. 可变格式记录。有时，我们事先不知道记录的字段是什么，或每一个字段出现多少次。一个重要的例子是表示一个 XML 元素的一条记录，该 XML 元素没有任何约束，或可能被允许有重复的子元素和可选属性等等。

4. 极大的字段。现代 DBMS 支持属性值非常大的属性。例如，一个电影记录可能有一个字段，该字段是电影的 2G 大小的 MPEG 编码，还有更多普通的字段，例如电影的标题。

2.7.1　具有变长字段的记录

如果记录的一个或多个字段是变长的，则记录必须包含足够多的信息以让我们能找到记录的任何字段。一个简单而有效的模式是将所有定长字段放在变长字段之前，然后我们在记录首部写入以下信息：

1. 记录长度。

2. 指向所有除第一个之外的变长字段起始处（即偏移量）的指针（我们知道第一个变长字段就紧跟在定长字段之后）。

例 2.18　假设我们有电影明星的记录，其字段为姓名、住址、性别和出生日期。我们将假设性别和出生日期为定长字段，各占 4 和 12 个字节。但是，姓名和住址将由具有任意合适长度的字符串表示。从图 2-23 可以看到一个典型的影星记录。请注意，无需指向名字开头的指针，这个字段总是紧跟在记录的定长部分之后。　　□

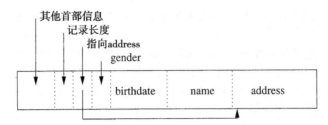

图 2-23   一个 MovieStar 记录，其 name 和 address 作为变长字符串实现

空值的表示

    元组经常有可为 NULL 的字段。图 2-23 所示的记录格式提供了一种方便的表示 NULL 值的方法。如果像 address 这样一个字段为空，则我们在指向的指针空间处放一个空指针。这样除住址指针外，我们不需要为住址分配空间。平均来说这种方式能节省空间，甚至在 address 为定长字段，但它经常有 NULL 值时也如此。

2.7.2　具有重复字段的记录

    会出现一种类似的情况：记录中定长字段 F 出现的次数可变。将字段 F 的每次出现放在一起，在记录首部放一个指针，让它指向字段 F 出现的第一个位置，这就足够了。我们可用以下方法找到字段 F 出现的所有位置：令字段 F 的一次出现占用的字节数为 L，然后在字段 F 的偏移量上加上 L 的所有整数倍数，从 0 开始而后 L、$2L$、$3L$，依此类推。最后，我们到达 F 后面的字段的偏移量或记录末尾，至此停止。

    例 2.19　假设我们重新设计电影明星记录，只存储姓名和住址（为变长字符串）和指向明星主演的所有影片的指针。图 2-24 给出了这种记录类型是如何被表示的。首部包含指向地址字段起始处的指针（我们假设姓名字段总是恰好在首部之后开始）和指向第一个电影指针的指针。记录长度告诉我们有多少电影指针。□

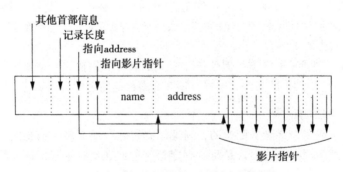

图 2-24   具有对电影的一组重复引用记录

    另一种表示方法是保持记录定长，而将变长部分（无论它是变长字段，还是重复次数不确定的字段）放在另一个块上。在记录本身中我们存储：

1. 指向每一个重复字段开始处的指针。

2. 重复次数或者重复结束处。

    图 2-25 表示例 2.19 中的问题的记录格式，但其变长字段 names 和 address 以及重复字段 starredIn（影片引用集）存储在另外的一个或多个块上。

    为记录的变长部分使用间接既有好处，也有缺点：

- 保持记录定长。可以更有效地对记录进行搜索，使块首部的开销最少，记录能很容易地在块内或块间移动。
- 另一方面，将变长部分存储在另一个块中增加了为检查一条记录的所有部分而进行的磁盘 I/O 数目。

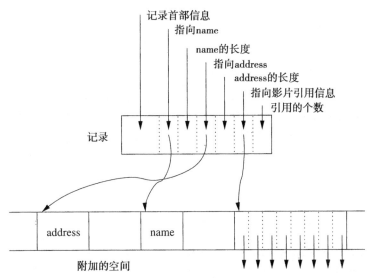

图 2-25 将变长字段与记录分开存储

一种折中方案是在记录的定长部分保留足够的空间，以存储以下信息：

1. 重复字段次数合理的出现。
2. 指向可以找到这个重复字段其他地方出现的实例的指针。
3. 其他出现的次数。

如果所需空间小于预留空间，则一些空间可能会无用。如果信息不能放入定长部分，则指向附加空间的指针将是非空的，且我们能通过跟踪这个指针找到重复字段另外的出现。

2.7.3 可变格式的记录

如果记录没有固定的模式，情况会更复杂。例如，我们提到过的一个例子：用记录来表示 XML 元素。再例如，医疗记录可能包含关于检验的信息，但是有成百上千的可能检验，每个病人可能只与它们中很少的一部分相关。如果每个检验的输出是一个属性，我们可能更希望每个元组对应的记录只包含输出不为空的属性。

可变格式记录最简单的表示是带标记的字段序列，每个带标记的字段由字段值以及置于字段值之前的关于这个字段的角色的信息，诸如：

1. 属性或字段名。
2. 字段类型，如果它不能从字段名和一些可用的模式信息中明显推知。
3. 字段长度，如果它不能从类型明显推知。

例 2.20 假设一些电影明星有诸如执导的影片、前配偶、所拥有的餐馆和许多其他的固定但不常用的信息。在图 2-26 中，我们看到一个使用带标记的字段的假想的电影明星记录的开头。我们假设各种可能的名称和类型都使用单字节编码。图中注出了所显示的两个字段的长度及其合适的编码，这两个字段凑巧都是字符串类型。 □

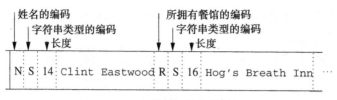

图 2-26　一个带标记的字段的记录

2.7.4　不能装入一个块中的记录

现在，DBMS 经常用于管理大值数据类型，这是一些通常不能装入一个块中的值。典型的例子是视频或音频"片段"。这些大值经常是变长的，但即使这种类型的属性值是定长的，我们也需要特殊技术来表示那些比磁盘块大的记录。本节中我们将考虑一种称作"跨块记录"的技术。对非常大的值(兆字节或十亿字节)的管理在 2.7.5 节讨论。

当记录比块小，但是将整条记录装入块中将浪费大量空间时，跨块记录也是有用的。例如，例 2.16 中，空间仅浪费 7%。但如果记录只是比块的一半稍大，则浪费率接近 50%，原因是这时我们在一块中只能装一条记录。

出现在一个块中的记录的一部分被称为记录片段。一个具有两个或多个片段的记录被称为是跨块的，而不跨越块边界的记录是不跨块的。

如果记录能跨块，则每一条记录和记录片段需要一些额外的首部信息：

1. 每一条记录或片段首部必须包含一个二进制位，指明它是否为一个片段。

2. 如果它是一个片段，则它需要几个二进制位，指明它是否为它所属的记录的第一个或最后一个片段。

3. 如果对同一条记录有下一个和/或前一个片段，则片段需要指向这样一些其他片段的指针。

例 2.21　图 2-27 表示如何将 3 个大约为块的 60% 大小的记录存储在 2 个块中。记录片段 $2a$ 的首部包含一个指明它是片段的标记，一个指明它是记录的第一个片段的标记和一个指向下一个片段 $2b$ 的指针。同样，$2b$ 首部指明它是记录的最后一个片段，且有一个指向前一个片段 $2a$ 的反向指针。　　　　　　　　　　　　　　　　　　　　　　　　　　　　　□

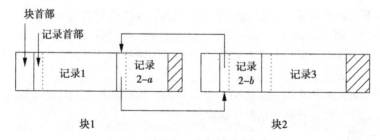

图 2-27　跨多个块存储跨块记录

2.7.5　BLOB

现在，我们考虑真正大的记录值或记录字段值的表示。常见例子包括各种格式的图像(如 GIF 或 JPEG)，格式为 MPEG 等的电影，或各种信号(声音、雷达等)。这样的值经常被叫做二进制大对象或 BLOB(binary large object)。当一个字段的值为 BLOB 时，我们必须重新考虑至少两件事情。

BLOB 的存储

BLOB 必须存储在一系列块中，我们总是希望这些块在磁盘的一个或多个柱面上连续分配，这样就能有效地检索 BLOB。但是也有可能将 BLOB 存储在块的链表中。

另外，可能需要对 BLOB 进行快速检索（如必须实时播放一部电影），如将其存储在一个磁盘上，我们则不能对其进行足够快的检索。那么，有必要将 BLOB 进行分割，存储在几个磁盘中，即在这些磁盘上交替存储 BLOB 的块。这样就可以同时检索 BLOB 的几个块，检索效率提高的倍数大约等于参与分割的磁盘数。

BLOB 的检索

我们假设当客户端需要记录时，包含那条记录的块全部从数据库服务器传到客户端，这一假设可能不再成立。我们可能只想传送记录的"小"字段，同时允许客户端一次一个地请求 BLOB 的块，而与记录的其余部分无关。例如，如果 BLOB 是一部 2 小时的电影且客户端请求播放这部影片，那么可以一次向客户端传送电影的几块，其速率正好是播放电影必需的速率。

在许多应用中，客户端能请求 BLOB 内部的部分，而不必接收整个 BLOB，这也很重要。例如，有一个请求要观看一部电影的第 45 分钟，或一个音频片段的结束部分。如果 DBMS 要支持这些操作，那么它需要合适的索引结构，例如，在一个电影 BLOB 上通过秒进行索引。

2.7.6 列存储

将元组保存为记录的另一个方法是将每一列保存为一个记录。因为关系的整个列可能占据远多于一个磁盘块的空间，这些记录可能被分放在多个磁盘块中，就如同长文件一样。如果保持每列中值的顺序相同，则我们就可以通过列记录来重构关系。或者，我们可以与值一起保存元组 ID 号或整数值，以说明一个值属于那个元组。

例 2.22 考虑关系

X	Y
a	b
c	d
e	f

列 X 表示为记录 (a, c, e)，列 Y 表示为记录 (b, d, f)。如果我们要标识每个值属于哪个元组，我们可以用记录 $((1, a), (2, c), (3, e))$ 和 $((1, b), (2, d), (3, f))$ 分别表示。无论上面的关系有多少个元组，列都能被值的变长的记录或者重复的结构（该结构由元组 ID 和值组成）表示。 □

如果我们将关系按列存储，由于属性值都是已知的类型，通常可能进行数据压缩。例如，关系中的一个属性 gender 可能是类型 CHAR(1)，但是在基于元组的记录中我们将用 4 个字节存储，因为让元组中的所有成分都以字地址边界为起始能带来很多方便。但是，如果我们保存一个 gender 值序列，就有必要用一个位序列存储该列。如果这样做，我们就将数据压缩为原来的 1/32。

但是，为了使按列存储有意义，必须是如下情形：大多数查询请求是针对所有数据或者列的大部分数据的。参阅我们在《数据库系统基础教程（原书第 3 版）》10.6 节关于"分析型"查询（具有所要求特性的通用类查询）的讨论，这些"OLAP"请求可能从按列组织数据中获益。

2.7.7 习题

习题 2.7.1 一个病人记录包含以下定长字段：病人的出生日期，社会保险号码，病人 ID，每一个字段都是 9 字节长。它还有下列变长字段：姓名，住址和病史。如果记录内一个指针需要 8 字节，记录长度是一个 2 字节整数，不包括变长字段空间，这条记录需要多少字节？你可以假设不需要对字段进行对齐。

习题 2.7.2 假设使用习题 2.7.1 的记录。变长字段姓名、住址和病史的长度都符合均匀分布。对姓名来说，其范围为 20~60 字节；对住址来说，其范围是 40~80 字节；对病史来说，范围是 0~2000 字节。一个病人记录的平均长度是多少？

习题 2.7.3 假设在习题 2.7.1 的病人记录上添加另外的可重复字段，表示胆固醇化验，每一次胆固醇化验需要一个 24 字节的日期和化验的整数结果。如果

a) 重复化验保存在记录中。

b) 化验存储在另外一个块中，记录中存储指向化验的指针。

分别给出病人记录的格式。

习题 2.7.4 假设在习题 2.7.1 的病人记录上，我们添加用于检验及检验结果的字段。每个检验包括检验名、日期和检验结果。假设每一个这样的检验需要 100 字节。还假设对每一个病人和每一次检验，存储检验结果的概率为 p。

a) 假设指针和整数都需要 8 字节，所有检验结果都作为变长字段存储在记录内，在病人记录中，检验结果平均需要多少字节？

b) 如果检验结果字段存储在其他地方，而记录内有指向检验结果字段的指针表示检验结果，重作(a)。

!c) 假设我们使用混合模式，k 次检验结果存储在记录内，另外的检验结果存储在另一块（或块链中）中，这些另外的检验结果可通过跟踪指向存储它们的块（或块链）的指针而被找到。作为 p 的函数，当 k 为何值时，用于存储检验结果的空间最小？

!!d) 重复的检验结果字段所用空间总量不是唯一问题。假设我们想最小化的一个重要指标是所使用的字节数。如果我们必须将一些结果存储在另一块中，从而对许多我们必须进行的检验结果的存取需要一次磁盘 I/O，则加上 5000 的损失。在这种假设下，k 作为 p 的函数，其最佳值是多少？

!! **习题 2.7.5** 一部 MPEG 影片大约每小时的播放使用约 1G 字节。如果我们仔细组织一个 Megatron 747 磁盘上的一些影片，我们能从一个磁盘上以很小的延迟（例如 100ms）播放多少影片？利用例 2.2 中的时间估计，但请记住你可以选择怎样在磁盘上组织电影的存储。

!! **习题 2.7.6** 假设块有 1000 字节可用于存储记录，我们希望在块上存储长度为 r 的定长记录，其中 $500 < r < 1000$。r 的值包括记录首部，但是一个记录片段需要另外的 32 字节用作片段首部。r 为何值时，我们能通过跨块记录提高空间使用率？

2.8 记录的修改

记录的插入、删除和更新经常产生特别的问题。尽管当记录改变长度时，这些问题尤为严重，但即使记录和字段都是定长的，也会出现这些问题。

2.8.1 插入

首先，我们考虑将一条新记录插入到一个关系中。如果关系的记录没有特定的存储顺序，则我们只需找到一个有一些空闲空间的块，或当块没有空闲空间时就找一个新块，然后将记录放在那里。

若元组必须以某个固定次序存储，如按主键顺序存储（例如，见 3.1.1 节），则会有更多的问题。如果我们要插入一个新记录，首先我们找到那条记录应放置的块。先假设此块有空间存放这条新记录。因为记录必须保持有序，我们可能不得不在块中滑动记录以在合适的地点得到所需的空间。

如果我们需要滑动记录，则我们在图 2-19 中所示的块组织是很有用的，这里我们把它再现在图 2-28 中。回想我们在 2.6.2 节中的讨论，我们可以在每一个块的首部创建一个"偏移量表"，其中指针指向块中每一记录的位置。从块的外部指向记录的指针是一个"结构化地址"，即块地址和偏移量表中该记录表项的位置。

如果我们能在当前块中为插入记录找到空间，则我们只是简单地在块中滑动记录，调整偏移量表中的指针。新记录被插入到块中，在此块的偏移量表中添加指向此记录的新指针。但是，块中可能没有空间用于新记录的存储，在这种情况下，我们不得不在此块之外寻找到空间。解决这个问题主要有两种方法，这两种方法也可以结合使用：

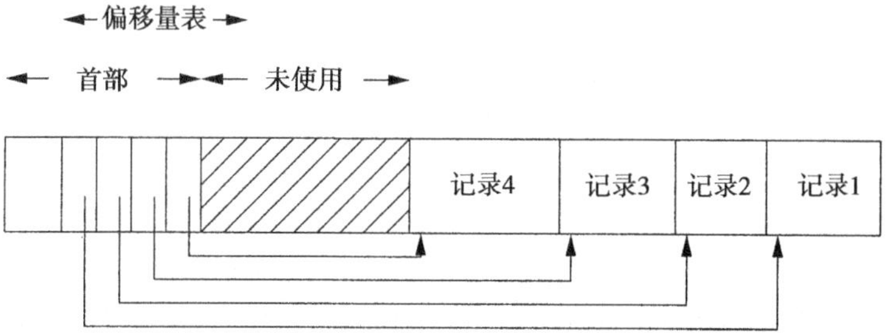

偏移量表

首部 未使用

记录4 记录3 记录2 记录1

图 2-28 偏移量表让我们在块中滑动记录以便为新记录腾出空间

1. 在"邻近块"中找空间。例如,若块 B_1 没有空间,可被以有序方式插入该块中的记录所用,则在块的有序排列中找到下一个块 B_2。如果 B_2 有空间,将 B_1 的最高记录移到 B_2,留下一个转向地址(参阅 2.6.2 节),并滑动两个块中的记录。

2. 创建一个溢出块。在这种模式下,每个块 B 的首部有一个位置,这个位置存放一个指向溢出块的指针,理论上属于 B 的多余的记录的放入溢出块中。B 的溢出块可以指向第二个溢出块,依此类推。图 2-29 指明了这种情况。我们将溢出块的指针表示为块上的小块,尽管实际上它是块首部的一部分。

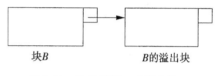

块 B　　　　　　B 的溢出块

图 2-29 块及其第一个溢出块

2.8.2 删除

在删除记录时,我们可以回收记录空间。如果我们使用图 2-28 所示的偏移量表,且记录可以在块内滑动,则我们能让块中空间紧凑,以使块中间总有一个未用的区域,如该图所示。

如我们不能滑动记录,则我们需要在块首部维护一个可用空间列表。当向块中插入一条新记录时,我们知道可用区域在哪里,它有多大。注意,块首部通常不必存储全部可用空间列表,只把链头放于块首部就足够了,然后使用可用区域自身存储列表中的链接,与图 2-22 很相似。

在删除记录时,还有另外一个复杂的因素,无论我们使用何种模式重新组织块,我们都必须记住它。如果有指向被删除记录的指针,那么我们不想让这些指针成为悬挂指针或指向放于被删除记录地址处的新记录。通常采用的方法是在记录处放一个删除标志,我们在 2.6.2 节已指出这种方法。这个删除标记是永久的;它必须一直保留,直到对整个数据库进行重构。

删除标记放在何处依赖于记录指针的特征。如果指针都指向固定的位置,在这些固定位置可以找到记录的位置,则我们可将删除标记放在该固定位置。这里是两个例子:

1. 2.6.2 节我们指出如果使用图 2-28 的偏移量表模式,则删除标记可以是偏移量表中的空指针,因为指向记录的指针实际上是指向偏移量表表项的指针。

2. 如果我们使用图 2-18 所示的映射表将逻辑地址转换为物理地址,则删除标记可以是在物理地址处的空指针。

如果我们需要用删除标记代替记录,我们应将表示删除标记的一个二进制位置于记录的最前面。这样,只需将该二进制位保存在记录原来的起始处,后续的字节可用于另一个记录,如图 2-30 所示。

记录1　　　　　　记录2

图 2-30 记录 1 可被替代,但是删除标记保留;记录 2 没有删除标记,可以通过跟踪指向它的指针而看到它

2.8.3   修改

当一个定长记录被修改时，对存储系统没有影响，因为我们知道它占用与修改前完全相同的空间。但是当一个变长记录被修改时，我们就会碰到与插入和删除有关的所有问题，只不过永远都不需要为记录的旧版本创建删除标记。

如果修改后的记录比其旧版本长，则我们可能需要在它所在的块中创建更多的空间。这个过程可能涉及记录的滑动，有时甚至要创建一个溢出块。如果记录的变长部分存储在另一个块中，如图 2-25 所示，则我们可能需要在那个块中移动元素，或创建一个新块用于存储变长字段。反过来，如果记录由于修改而变短，我们可以像删除记录时那样恢复、合并空间。

2.8.4   习题

习题 2.8.1   关系数据库系统总是倾向于尽可能使用定长元组，给出这种优先考虑的三种理由。

2.9   小结

- **存储器层次**：一个计算机系统使用多种存储部件，这些存储部件在速度、容量和每个二进制位的价格方面有所不同，其范围涉及多个数量级。从最小/最贵到最大/最便宜，它们分别是：高速缓存、主存储器、辅助存储器（磁盘）和第三级存储器。

- **磁盘/辅助存储器**：辅助存储器设备主要是拥有多个千兆字节容量的磁盘。磁盘设备有若干个磁性材料的圆盘，圆盘上有存储二进制位的同心圆磁道。圆盘围绕着中心轴旋转。距离圆盘中心的半径相同的所有磁道形成一个柱面。

- **块和扇区**：磁道被分成扇区，扇区被非磁化间隙所分隔。扇区是读盘和写盘的基本单位。块是存储的逻辑单位，被 DBMS 这样的应用所使用。块通常由若干个扇区组成。

- **磁盘控制器**：磁盘控制器是控制一个或多个磁盘装置的处理器。它负责将磁头移动到合适的柱面，以便读写一个所要求的磁道。它还可以调度对磁盘访问的竞争请求，并且缓冲要读或要写的块。

- **磁盘访问时间**：磁盘等待时间是指从发出一个读块或写块请求到该访问被完成之间的时间。等待时间大体上是由三个因素所引起：移动磁头到合适柱面的寻道时间；所要求的块转到磁头下的旋转等待时间；传输时间，即块在磁头下面移动进行读或写的时间。

- **磁盘访问的加速**：对于某些应用来说，有多种技术可以较快地访问磁盘块。这些技术包括——将数据分布到若干个磁盘当中（分割），镜像磁盘（保存数据的若干个拷贝，也允许并行访问），组织数据，使这些数据以磁道或柱面为一个整体的方式被访问。

- **电梯算法**：我们还能通过访问请求排队并按一种顺序处理访问请求来提高访问速度，这种顺序使得磁头能够做一次跨越整个磁盘的扫描。磁头每到达一个柱面（该柱面包含等待中的访问请求所需要的一个或多个块），就停下来处理一个请求。

- **磁盘故障形式**：为了防止数据的丢失，系统必须能处理错误。磁盘故障的基本类型包括：间断性故障（如果重复多次，读或写错误将不会再发生），永久性故障（磁盘上的数据已损坏，并且不能被正确读出），以及磁盘崩溃（整个磁盘成为不可读）。

- **校验和**：通过增加奇偶校验（使得一个位串中 1 的个数为偶数的、外加的二进制位）。借助校验和，间断性故障和永久性故障可以被检测出来，尽管不能被纠正。

- **稳定存储**：通过制作所有数据的两个拷贝，并且注意写那些拷贝的顺序，单个磁盘可以被用于防止单个扇区的几乎所有的永久性故障。

- **RAID**：这些模式允许数据在磁盘损坏后存活下来。4 级加一个磁盘，其内容是所有其他磁盘的相应位上的奇偶校验；5 级用不同的磁盘保存奇偶位，以避免单个奇偶盘成为写操作的瓶颈。6 级涉及纠错码的使用，可以使数据幸免于多个并发的磁盘崩溃。

- 记录：记录由几个字段再加上一个记录首部组成。首部包括有关记录的信息，可能包括像时间戳、模式信息和记录长度这样的信息。如果记录含有变长字段，记录首部可以帮助定位那些字段。

- 块：记录通常存储在块内。块首部是有关块的信息，占用块中的一些空间，其余空间由一条或多条记录占用。为了支持记录的插入、删除和更新，我们可将偏移地址表放在磁盘块的头部，该偏移地址表有指向磁盘块中每个记录的指针。

- 跨块记录：通常，一条记录存储在一个块中。但是，如果记录比块大，或我们希望利用块的剩余空间，则我们可将记录分成两个或多个片段，不同片段存储在不同块上。这时就需要用片段首部将一条记录的片段链接起来。

- BLOB：非常大的值（如图像和视频）被称作 BLOB（二进制大对象）。这些值必须跨许多块存储，而且可能需要特殊的存储技术，例如保存在柱面上或者进行 BLOB 的块分割。

- 数据库地址：由 DBMS 管理的数据存在于几个存储设备上，通常为磁盘上。为在存储系统中定位块和记录，我们可使用物理地址，它描述设备号、柱面、磁道和扇区，还可能包括扇区内字节。我们也可使用逻辑地址，它是任意字符串，由映射表转换成物理地址。

- 指针混写：当磁盘块被放入主存时，如果指针要被跟踪，则数据库地址需要转换成内存地址。这种转换被称为混写，且可在块被放入内存时，自动进行，或当指针第一次被跟踪时按需混写。

- 删除标记：当一条记录被删除时，可能会使指向它的指针成为悬挂指针。替代（部分）被删除记录的删除标记警告系统记录已不在那里。

- 被钉住的块：因为各种原因，例如块可能会包含被混写的指针，把一个块从内存拷贝回它所在磁盘的位置中也许是不能被接受的。这样的块称为被钉住的块。如果块被钉住是由于混写指针，则在将块返回磁盘之前，必须为这些指针解除混写。

2.10　参考文献

RAID 概念可以追溯到文献[8]关于磁盘分割（striping）的内容，其名称和纠错能力来自文献[7]。2.4 节中磁盘故障类型出现在 Lampson 和 Sturgis 未发表的工作文献[5]中。

有几篇与磁盘相关材料的有用的综述。RAID 系统的研究是在文献[2]中。文献[10]综述了适用于辅助存储器计算模型（块模型）的算法。文献[3]是一个重要研究，它研究为了执行特定的任务，如何优化一个包括处理器、存储器和磁盘的系统。

文献[4]和[11]有更多关于记录和磁盘块结构的信息。文献[9]讨论了列存储作为传统记录结构的替换。删除标记作为处理删除的技巧，来自文献[6]。文献[1]讨论了数据表示问题，如面向对象 DBMS 环境中的地址和混写。

1. R. G. G. Cattell, *Object Data Management*, Addison-Wesley, Reading MA, 1994.

2. P. M. Chen et al., "RAID: high-performance, reliable secondary storage," *Computing Surveys* **26**:2 (1994), pp. 145–186.

3. J. N. Gray and F. Putzolo, "The five minute rule for trading memory for disk accesses and the 10 byte rule for trading memory for CPU time," *Proc. ACM SIGMOD Intl. Conf. on Management of Data*, pp. 395–398, 1987.

4. D. E. Knuth, *The Art of Computer Programming, Vol. I, Fundamental Algorithms, Third Edition*, Addison-Wesley, Reading MA, 1997.

5. B. Lampson and H. Sturgis, "Crash recovery in a distributed data storage system," Technical report, Xerox Palo Alto Research Center, 1976.

6. D. Lomet, "Scheme for invalidating free references," *IBM J. Research and Development* **19**:1 (1975), pp. 26–35.

7. D. A. Patterson, G. A. Gibson, and R. H. Katz, "A case for redundant arrays of inexpensive disks," *Proc. ACM SIGMOD Intl. Conf. on Management of Data*, pp. 109–116, 1988.

8. K. Salem and H. Garcia-Molina, "Disk striping," *Proc. Second Intl. Conf. on Data Engineering*, pp. 336–342, 1986.

9. M. Stonebraker et al., "C-Store: a column-oriented DBMS," *Proc. Thirty-first Intl. Conf. on Very Large Database Systems*" (2005).

10. J. S. Vitter, "External memory algorithms," *Proc. Seventeenth Annual ACM Symposium on Principles of Database Systems*, pp. 119–128, 1998.

11. G. Wiederhold, *File Organization for Database Design*, McGraw-Hill, New York, 1987.

第3章 索引结构

仅仅把表示关系元组的记录随机分散到各存储块中是不够的。为了说明这点，让我们考虑怎样回答像 SELECT ＊ FROM R 这样简单的查询。我们不得不检索存储器中每个存储块才能找到 R 中的元组，一个更好的做法是为 R 预留一些数据块，甚至几个完整的柱面。这样至少我们可以不需要扫描整个数据存储就可以找到 R 中的所有元组。

然而，这种组织方式对于回答下面这个简单查询还是无所裨益，例如：

SELECT ＊ FROM R WHERE a＝10;

《数据库系统基础教程(原书第3版)》8.4节为我们介绍了创建索引的重要性，它能够加速在一个或多个属性上对特定值的查询。如图3-1所示，索引是这样一种数据结构：它以一个或多个字段的值为输入并能"快速地"找出具有该值的记录。具体来说，索引使我们只需查看所有可能记录中的一小部分就能找到所需记录。建立索引的字段(组合)称为查找键，在索引不言而喻时也可称"键"。

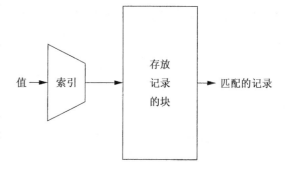

图 3-1 索引以某个(或某些)字段值为输入并找出对应字段值符合要求的记录

几种不同的键

术语"键"有许多含义，在《数据库系统基础教程(原书第3版)》2.3.6节中我们用它来表示关系的主键。我们还将介绍"排序键"，文件的记录据此排序。我们刚刚介绍了"查找键"，我们已知在该属性(组)上的值，需要通过索引查找具有相应值的元组。当"键"的含义不清时，我们尽量使用恰当的修饰词("主"、"排序"或"查找")。不过请注意，在很多情况下这三种键是同一含义。

在本章中，我们将介绍在数据库系统中最常用的索引结构：B－树。同时我们还会讨论另一种重要的索引结构，即在辅助存储上的散列表索引。最后，我们考虑适用于多媒体数据的索引。这些索引结构都支持在一个或多个属性上的值查询或范围查询。

3.1 索引结构基础

本节我们将介绍几个适用于所有索引结构的概念。存储结构由文件构成，这个文件的概念和操作系统所用的概念类似。举例来说，一个数据文件可以用来存储一个关系。一个数据文件可能拥有一个或多个索引文件，每个索引文件建立查找键和数据记录之间的关联，查找键的指针指向与查找键具有相同属性值的记录。

索引可以是"稠密的"，即数据文件中每个记录在索引文件中都设有一个索引项；索引也可以是"稀疏的"，即数据文件中只有一些记录在索引文件中表示出来，通常为每个数据块在索引文件中设一个索引项。索引还可以是"主索引"或者"辅助索引"。主索引能确定记录在数据文件中的位置，而辅助索引不能。比如说，通常我们会在关系的主键上建立主索引，而在其他的属性上建立辅助索引。

在本节最后，我们将研究文本中的信息检索。本节前面介绍的一些内容为我们要介绍的"倒排索引"（inverted index）做了铺垫。给定一个或多个关键词，通过倒排索引，能够有效地从文本中提取信息。这种倒排索引的技术有很多应用，比如回答因特网中的搜索查询。

3.1.1　顺序文件

顺序文件是对关系中的元组按主键进行排序而生成的文件。关系中的元组按照这个次序分布在多个数据块中。

例3.1　图3-2中的右半部分显示了一个顺序文件。这里假定主键是整数，我们只列出了主键字段。同时，我们还做了一个不代表典型情况的假定，即每个存储块中只可存放两条记录。例如，文件的第一个块中存放键值为10和20的两条记录。在这里和其他一些例子中，我们使用10的连续倍数来作为键值，虽然实际中不会要求键值形成这样的算术顺序。　　　　　　　　□

虽然例3.1中数据记录都是以尽量紧凑的方式存入数据块中，但是一般情况下，我们会为每个数据块预留一些空间，以容纳之后可能插入关系中的新元组。还有一种方法是将新插入的元组存储在溢出块中，正如我们在2.8.1节中介绍的那样。

3.1.2　稠密索引

如果记录是排好序的，我们就可以在记录上建立稠密索引，它是这样一系列存储块：块中只存放记录的键以及指向记录本身的指针，指针就是如2.6节讨论的那样的地址。稠密索引文件中的索引块保持键的顺序与文件中的排序顺序一致。既然我们假定查找键和指针所占存储空间远小于记录本身，我们就可以认为存储索引文件比存储数据文件所需存储块要少得多。当内存容纳不下数据文件，但能容纳下索引文件时，索引的优势尤为明显。这时，通过使用索引文件，我们每次查询只用一次I/O操作就能找到给定键值的记录。

例3.2　图3-2所示为一个建立在顺序文件上的稠密索引。

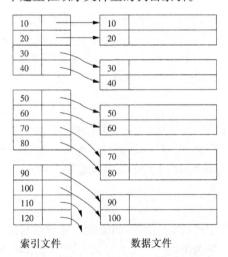

索引文件　　　　　　　数据文件

图3-2　顺序文件（右）上的稠密索引（左）

第一个索引块存放指向前四个记录的指针，第二个索引块存放指向接下来的四个记录的指针，依此类推。　　　　　　　　□

稠密索引支持按给定键值查找相应记录的查询。给定一个键值 K，我们先在索引块中查找 K。当找到 K 后，我们按照 K 所对应的指针到数据文件中找到相应的记录。似乎在找到 K 之前我们需要检索索引文件的每个存储块，或平均一半的存储块。然而，由于有下面几个因素，基于索引的查找比它看起来更为有效：

1. 索引块数量通常比数据块数量少。

2. 由于键被排序，我们可以使用二分查找法来查找 K。若有 n 个索引块，我们只需查找 $\log_2 n$ 个块。

3. 索引文件可能足够小，以至可以永久地存放在主存缓冲区中。要是这样的话，查找键 K 时就只涉及主存访问而不需执行 I/O 操作。□

3.1.3 稀疏索引

稀疏索引只为数据文件的每个存储块设一个键–指针对，它比稠密索引节省了更多的存储空间，但查找给定值的记录需更多的时间。只有当数据文件是按照某个查找键排序时，在该查找键上建立的稀疏索引才能被使用，而稠密索引则可以应用在任何的查找键。如图 3-3 所示，稀疏索引只为每个存储块设一个键–指针对。键值是每个数据块中第一个记录的对应值。

例 3.3 同例 3.2 一样，我们假定数据文件已排序，且其键值为连续的 10 的倍数，直至某个较大的数。我们还继续假定每个存储块可存放四个键–指针对。这样，第一个索引存储块中为前四个数据存储块的第一个键值的索引项，它们分别是 10、30、50 和 70。按照前面假定的键值模式，第二个索引存储块中为第五至第八个数据存储块的第一个键值的索引项，它们分别是 90、110、130 和 150。图中我们还列出第三个索引存储块存放的键值，它们分别是假设的第九至第十二个数据存储块的第一个键值。□

在已有稀疏索引的情况下，要找出查找键值为 K 的记录，我们得在索引中查找到键值小于或等于 K 的最大键值。由于索引文件已按键排序，我们可以使用二分查找法来定位这个索引项，然后根据它的指针找到相应的数据块。现在我们必须搜索这个数据块以找到键值为 K 的记录。当然，数据块中必须有足够的格式化信息来标明其中的记录及记录内容，可以采用 2.5 节和 2.7 节中的任何技术。

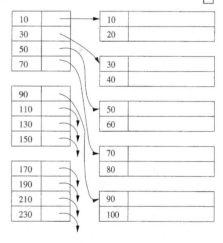

图 3-3　顺序文件上的稀疏索引

3.1.4 多级索引

索引文件可能占据多个存储块，即便我们能定位索引存储块，并且能使用二分查找法找到所需索引项，我们仍可能需要执行多次 I/O 操作才能得到我们所需的记录。通过在索引上再建索引，我们能够使第一级索引的使用更为有效。

图 3-4 对图 3-3 进行了扩展，它是在图 3-3 的基础上增加二级索引层（和前面一样，我们假设使用 10 的连续倍数这一不常见的模式）。按照同样想法，我们可以在二级索引的基础上建立三级索引，等等。然而，这种做法有它的局限，与其建立多级索引，我们宁愿考虑使用在 3.2 节讲述的 B–树。

在这个例子中，一级索引是稀疏的，虽然我们也可以选择稠密索引来作为一级索引。但是，二级和更高级的索引必须是稀疏的，原因在于一个索引上的稠密索引将需要和其前一级索引同样多的键–指针对，因而也就需要同样的存储空间。

3.1.5 辅助索引

辅助索引可用于任何索引目的：这种数据结构有助于查找给定一个或多个字段值的记录。

但是，辅助索引与主索引最大的差别在于辅助索引不决定数据文件中记录的存放位置。而仅能告诉我们记录的当前存放位置，这一位置可能是由建立在其他某个字段上的主索引确定的。辅助索引和主索引这一差别有一个有趣的推论：

- 辅助索引总是稠密索引。谈论一个稀疏的辅助索引是毫无意义的。因为辅助索引不影响记录的存储位置，我们也就不能根据它来预测键值不在索引中显式指明的任何记录的位置。

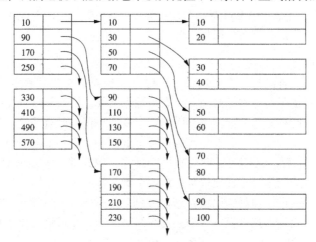

图 3-4　增加一个二级稀疏索引

例 3.4　图 3-5 所示为一个典型的辅助索引。与我们前面图示的准则一样：数据文件中每个块存放二个记录。记录只显示了各自的查找键；其值为整型，而且像前面一样我们给它们取值为 10 的倍数。要注意，与图 3-2 中的数据文件不同，这里的数据没有按查找键排序。

然而，索引文件中的键是排序的。这样就造成索引块中的指针并不是指向一个或少数几个连续存储块，而是指向许多不同的数据块。例如，为了检索键值为 20 的所有记录，我们不仅要查找两个索引块，而且还得访问指针指向的三个不同的数据块。因此，查找同样数量的记录，使用辅助索引比使用主索引可能需要多得多的磁盘 I/O。但是这个问题是无法解决的，我们无法控制数据块中的元组顺序，因为这些元组可能已按其他属性排序。　□

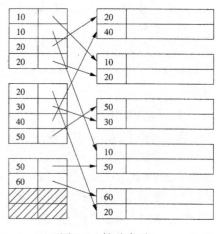

图 3-5　辅助索引

3.1.6　辅助索引的运用

除了能在被组织成顺序文件的关系上建立附加索引外，辅助索引甚至还用作某些数据结构的主键索引。这些结构之一就是"堆"（heap）结构，在这种结构中，关系的记录之间没有特定的顺序。

第二种需要辅助索引的常见数据结构是聚集文件。假设有关系 R 和 S，R 中的元组和 S 中的元组具有多对一的对应关系。一种组织结构是把关系 R 的每个元组和关系 S 中相关的元组存储在一起，另一种结构是按照主键来存储关系 R。前一种结构在某些情况下更加合理。下面的一个例子说明了这种组织结构在特定情况下的合理性。

例 3.5　考虑 movie 和 studio 两个标准的关系：

```
Movie(title, year, length, genre, studioName, producerC#)
Studio(name, address, presC#)
```

进一步假定查询的常见形式如下:

```
SELECT title, year
FROM Movie, Studio
WHERE presC# = zzz AND Movie.studioName = Studio.name;
```

这里,*zzz* 可以表示任意制片厂经理的证件号,也就是说,已知一个制片厂的经理,我们需要找到由该制片厂制作的所有电影。

要是我们确信上面这类查询是典型的查询,那么我们就可不按主键 title 和 year 排序,而是为 Studio 和 Movie 两个关系建立一个聚集文件结构,如图 3-6 所示。我们在每个 Studio 的元组后面存放关系 Movie 中该制片厂的所有电影元组。

图 3-6 将制片厂及其制作的影片聚集在一起的聚集文件

如果我们为关系 Studio 在查找键 presC# 上建立索引,那么不管 *zzz* 是什么,我们都可以快速地找到所有符合条件的制片厂的元组。并且,Movie 中所有 studioName 属性和某个制片厂的 name 属性匹配的元组,都会在聚集文件中紧跟在该制片厂的元组后出现。这样的话,我们可以用尽量少的几次 I/O 就找到该制片厂的所有电影,因为要查找的 Movie 元组已经以尽可能稠密的方式存储在紧跟着的数据块里。尽管如此,在 Movie 上对任意属性建立的索引只能是辅助索引。   □

3.1.7 辅助索引中的间接

图 3-5 所示结构存在空间浪费,有时浪费很大。假如某个索引键值在数据文件中出现 *n* 次,那么这个键值在索引文件中就要写 *n* 次,如果我们只为指向该键值的所有指针存储一次键值,这样会比较好。

避免键值重复的一种简便方法是使用一个称为桶的间接层,它介于辅助索引文件和数据文件之间。如图 3-7 所示,每个查找键 *K* 有一个键 – 指针对,指针指向一个桶文件,该文件中存放 *K* 的桶。从这个位置开始,直到索引指向的下一个位置,其间指针指向索引键值为 *K* 的所有记录。

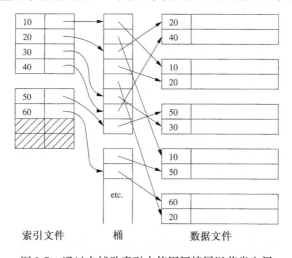

图 3-7 通过在辅助索引中使用间接层以节省空间

例 3.6 例如在图 3-7 的索引文件中,我们沿索引键为 50 的索引项指针找到中间"桶"文件。

这一指针刚好将我们带到桶文件中第一个块的最后一个指针。我们继续向前查找，找到下一块的第一个指针。因为索引文件中键值为 60 的索引项指针刚好指向桶文件的第二个块的第二个指针，所以我们停止查找。 □

在图 3-7 所示的方式中，只要查找键值的存储空间比指针大并且每个键平均出现至少两次，就可以节省空间。不过，即使在键值和指针大小相当的情况下，在辅助索引上使用间接层也有一个重要的好处：我们通常可以在不访问数据文件记录的前提下利用桶的指针来帮助回答一些查询。特别是，当查询有多个条件，而每个条件都有一个可用的辅助索引时，我们可以通过在主存中将指针集合求交来找到满足所有条件的指针，然后只需要检索交集中指针指向的记录。这样，我们就节省了检索满足部分条件而非所有条件的记录所需的 I/O 开销 ⊖。

例 3.7 考虑常用的 Movie 关系。

Movie(title, year, length, genre, studioName, producerC#)

假定我们在 studioName 和 year 上都建立了有间接桶的辅助索引，而且我们要执行如下查询：

```
SELECT title
FROM Movie
WHERE studioName = 'Disney' AND year = 2005;
```

即找出 Disney 在 2005 年制作的所有电影。

图 3-8 说明我们如何使用索引来回答这个查询。通过 studioName 上的索引，我们找出了所有指向 Disney 制作的电影的指针。但是，我们并不把这些记录从磁盘上取到主存中，而是通过 year 上的索引，再找出所有指向 2005 年制作的电影的指针。然后我们求两个指针集的交集，正好得到 2005 年 Disney 制作的所有电影。最后我们到磁盘上去检索所有包含一部或几部这样的电影的块，这样只需检索尽可能少的数据块。

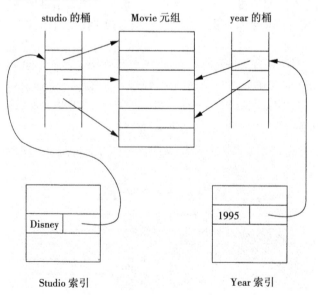

图 3-8 在主存中求桶的交集

3.1.8 文档检索和倒排索引

多年来，信息检索界都在研究文档的存储和按关键字集高效检索文档的问题。随着 WWW

⊖ 假若我们直接从索引而非桶中取得指针，也可以使用这一指针求交技巧。

出现以及在线保存所有文档成为可能，基于关键字的文档检索已成为数据库最大的难题之一。尽管可用来找出相关的文档的查询有多种，但最简单、最常见的形式可用关系的术语描述为：

- 一个文档可被看成是关系 Doc 的元组。这个关系有很多的属性，每个属性对应于文档可能出现的一个词。每个属性都是布尔型的——表明该词在该文档出现还是没有出现。因此，这一关系模式可以被看作：

Doc(hasCat, hasDog, ...)

其中 hasCat 取值为真当且仅当该文档中至少出现一次"cat"这个词。

- 关系 Doc 的每个属性上都建有辅助索引。不过，我们不必费心为属性值为 FALSE 的元组建索引项；相反，索引只会将我们带到出现该词的那些文档。也就是说，索引中只有查找键值为 TRUE 的索引项。
- 我们不是给每个属性(即每个词)建立一个单独的索引，而是把所有的索引合成一个，称为倒排索引。这个索引使用间接桶来提高空间利用率，正如 3.1.7 节中讨论的那样。

例 3.8 图 3-9 所示为一个倒排索引。取代记录数据文件的是一个文档集合，每个文档可以被存放在一个或多个磁盘块上。倒排索引本身由一系列词 – 指针对组成；词实际上是索引的查找键。正如目前为止讨论的任何一种索引那样，倒排索引被存储在连续的块中。

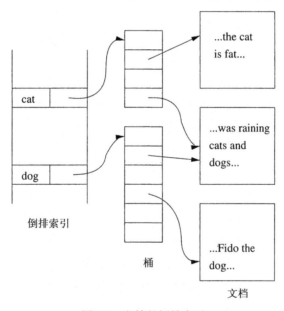

图 3-9　文档的倒排索引

指针指向"桶"文件中的位置。例如，在图 3-9 中，"cat"一词有一个指针指向桶文件。该指针指向所有包含"cat"的文档的指针列表的表头。图中给出了一些这样的指针。类似地，图中"dog"一词的指针指向一个指针列表，该列表中指针指向包含"dog"的所有文档。　□

桶文件中指针可以是：

1. 指向文档本身的指针。

2. 指向词的一个出现的指针。在这种情况下，指针可以是由文档的第一个块和一个表示该词在文档中出现次数的整数构成的对。

当我们使用指针"桶"指向每个词的多次出现的时候，我们可能就会想扩展这个想法，使桶数组包含更多有关词的出现的信息。这样，桶文件本身就成了有重要结构的记录集合。这种做法早期应用在区分一个词出现在文档的题目、摘要还是正文中的情况。随着 Web 上文档的增长，尤其是使用 HTML、XML 或其他标记语言的文档的增长，我们也可以指明与词关联的标记。例如，我们不仅可以区分出现在题头、表或锚中的词，而且可以区分以不同字体和字号出现的词。

例 3.9 图 3-10 所示为一个标明 HTML 文档中词的出现情况的桶文件。如果有出现类型(即标记)，就在第一列指明。第二、第三列一起构成指针指向词的出现：第三列指明文档，而第二列给出了该文档中该词出现的位置。

桶中的插入与删除

在一些图例如图 3-9 中，我们所给的桶是大小适中的紧凑数组。实际上，它们是单个字段(指针)的记录，且像其他任何记录集合一样存放在块中。因此在插入和删除指针时，我们可用目前为止学过的任一种技术，例如为文件的扩充预留空闲空间、溢出块和可能的块内或块间记录移动。在后一种情况下，当我们移动倒排索引和桶中指针指向的记录时，我们必须小心地改变从倒排索引到桶文件中的相应指针。

我们可以用这种数据结构来回答关于文档的各种查询，而且不用仔细查看文档。例如，假设我们想找出有关狗的并将狗与猫作了比较的文档；没有深刻理解文档的内容，我们就无法准确地回答这个查询。但是，要是我们查找符合以下条件的文档，我们可以获得一个很好的提示：

a)在标题中提到 dog(狗)。

b)在某个锚中提到 cat(猫)——该锚可能是连到一个关于猫的文档的链接。

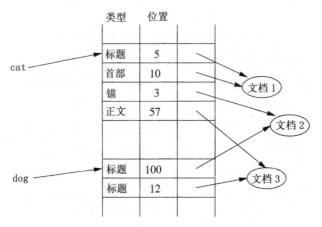

图 3-10 在倒排索引中存储更多的信息

对信息检索的进一步讨论

有很多技术可用于改进基于关键字的文档检索效率。尽管完整介绍这些技术已超出本书的范围，这里介绍两种有用的技术：

1. 抽取词干。在将单词的出现放入索引中之前，我们删除词的后缀以找出它的"词干"。例如，复数名词可被当作其单数形式处理。因此，例 3.8 中的倒排索引显然使用了抽取词干技术，因为搜索"dog"一词时我们不仅得到"dog"的文档，而且得到一个有"dogs"的文档。

2. 无用词。最常用像"the"、"and"之类的词称为无用词，通常不包含在倒排索引中。原因在于好几百个常用词出现在太多的文档中，以至于它根本无益于检索特定主题。去除无用词还可以明显地缩小索引。

我们可以通过对指针求交来回答这个查询。也就是说，我们按对应于"cat"的指针找到这一单词的所有出现。我们从桶文件中选择有"cat"出现且类型为"锚"的文档指针。接着，我们找到"dog"的桶中项目，并从中选择类型为"标题"的文档指针。如果我们把这两个指针集相交，就得到符合在标题中提到"dog"且在某个锚中提到"cat"这一条件的文档。 □

3.1.9 习题

习题 3.1.1 假定一个存储块可存放 5 个记录，或 20 个键 – 指针对。已知有 n 个记录，如果表示成 n 的函数，创建以下两种数据文件各需要多少个数据块：a) 稠密索引；b) 稀疏索引？

习题 3.1.2 如果数据块中可以存放 50 个记录，或者 500 个键 – 指针对，但是存放数据和索引的数据块都要求最多只能填满 80%，重做习题 3.1.1。

!习题 3.1.3 如果使用多级索引，并且最后一级的索引只能包含一个数据块，重做习题 3.1.1。

!习题 3.1.4 考虑如图 3-6 所示的聚集文件组织结构，且假定每个存储块可以放 5 个制片厂记录或电影记录。再假定每个制片厂制作的电影数都在 1 到 m 之间均匀分布。如果表示成 m 的函数，检索某个制片厂和它所制作的电影所需的平均磁盘 I/O 数是多少？如果电影记录随机分布在大量块中，这个平均磁盘 I/O 数又是多少？

习题 3.1.5 假定一个存储块可存放 5 个记录，或 20 个键 – 指针对，或 100 个指针。如果我们使用图 3-7 的间接桶模式：

a) 如果平均每个查找键值出现在 10 个记录中，存放 5000 个记录和它的辅助索引共需要多少块？如果不使用桶又需要多少块？

!b) 如果给定键值的记录数没有限制，所需的最大和最小存储块数各为多少？

!习题 3.1.6 在习题 3.1.5(a) 的假定下，在有桶结构和无桶结构时查找和检索具有给定键值的 12 个记录所需平均磁盘 I/O 各为多少？假定开始时内存中没有任何存储块，但定位索引块或桶的块时，可以不引入额外的 I/O，而只需要检索这些块并将其送入主存的 I/O。

习题 3.1.7 如果我们使用一个扩充的倒排索引，如图 3-10 所示，那我们就能执行许多其他类型的查询。说明如何使用这种索引去找到：

a) "cat"和"dog"彼此相距不超过 5 个位置并且出现在同一类元素（如标题、正文或锚）中的文档。

b) "cat"后刚好隔一个位置就跟有"dog"的文档。

c) 题目中同时出现"dog"和"cat"的文档。

习题 3.1.8 假定我们有一个 2000 个文档的库，且我们希望建立一个 10 000 词的倒排索引。一个存储块能容纳 10 个词 – 指针对或 50 个指针，指针可以指向文档或是文档的某个位置。词的分布为 Zipfian 分布（参见 5.4.3 节中的"Zipfian 分布"框），第 i 次常见的词出现的次数是 $100\,000/\sqrt{i}$，其中 $i = 1，2，\cdots，10\,000$。

a) 假定我们的倒排索引中只为每个词记录出现该词的所有文档。存放该倒排索引最多需要多少个存储块？

b) 如果最常用的 400 个词（"无用"词）不包括在索引中，重做 (a)。

c) 假定我们的倒排索引保存指向每个词的每次出现的指针。存放该倒排索引需要多少存储块？

d) 如果最常用的 400 个词不包括在索引中，重做 (c)。

e) 每个文档中平均有多少个词？

3.2 B – 树

虽然一级或两级索引通常有助于加快查询，但在商用系统中常使用一种更通用的结构。这一数据结构家族称为 B – 树，而最常使用的是其称为 B + 树的变体。实质上：

- B – 树能自动地保持与数据文件大小相适应的索引层次。
- 对所使用的存储块空间进行管理，使每个块的充满程度在半满与全满之间。

在接下来的内容中，我们将讨论"B – 树"，但具体细节都针对 B + 树这一变体。其他类型的 B – 树在习题中讨论。

3.2.1   B-树的结构

B-树把它的存储块组织成一棵树。这棵树是平衡的，即从树根到树叶的所有路径都一样长。通常 B-树有三层：根、中间层和叶，但也可以是任意多层。为了对 B-树有一个直观的印象，你可以先看一下图 3-11、图 3-12 和图 3-13，其中前两个图所示为 B-树结点，而后一个图所示为一棵小而完整的 B-树。

对应于每个 B-树索引都有一个参数 n，它决定了 B-树的所有存储块的布局。每个存储块存放 n 个查找键值和 $n+1$ 个指针。在某种意义上讲，B-树的存储块类似于 3.1.2 节讲述的索引块，只不过 B-树的块除了有 n 个键-指针对外，还有一个额外的指针。在存储块能容纳 n 个键和 $n+1$ 个指针的前提下，我们把 n 取得尽可能大。

例 3.10   假定我们的存储块大小为 4096 个字节，且整数型键值占 4 个字节，指针占 8 个字节。要是不考虑存储块块头信息所占空间，那么我们希望找到满足 $4n+8(n+1) \leqslant 4096$ 的最大整数值 n。这个值是 $n=340$。   □

下面几条重要的规则限制 B-树的存储块中能出现的东西：

- 叶结点中的键是数据文件中的键的拷贝，这些键以排好序的形式，从左到右分布在叶结点中。
- 根结点中至少有两个指针被使用 $^\ominus$。所有指针指向位于 B-树下一层的存储块。
- 叶结点中，最后一个指针指向它右边的下一个叶结点存储块，即指向下一个键值大于它的块。在叶块的其他 n 个指针当中，至少有 $\lfloor (n+1)/2 \rfloor$ 个指针被使用且指向数据记录；未使用的指针可看作空指针且不指向任何地方。如果第 i 个指针被使用，则指向具有第 i 个键值的记录。
- 在内层结点中，所有的 $n+1$ 个指针都可以用来指向 B-树中下一层的块。它们中至少 $\lceil (n+1)/2 \rceil$ 个指针真正使用(但如果是根结点，则不管 n 多大都只要求至少两个指针被使用)。如果 j 个指针被使用，那该块中将有 $j-1$ 个键，设为 K_1，K_2，…，K_{j-1}。第一个指针指向 B-树的一部分，一些键值小于 K_1 的记录可在这一部分找到。第二个指针指向 B-树的另一部分，所有的键值等于 K_1 且小于 K_2 的记录可在这一部分中……。依此类推。最后，第 j 个指针指向 B-树的又一部分，一些键值大于等于 K_{j-1} 的记录可以在这一部分中找到。注意：某些键值远小于 K_1 或远大于 K_{j-1} 的记录可能根本无法通过该块到达，但可通过同一层的其他块到达。
- 所有被使用的键和指针通常都存放在数据块的开头位置，叶结点第 $(n+1)$ 个指针是个例外，它用来指向下一个叶结点。

例 3.11   在我们的 B-树实例中，我们将设 $n=3$。也就是说，块中可存放 3 个键值和 4 个指针，这是一个不代表通常情况的小数字。键值为整数。图 3-11 所示为一个完全使用的叶结点。其中有三个键值 57、81 和 95。前三个指针指向具有这些键值的记录；而最后一个指针，指向右边键值大于它的下一个叶结点，这正是叶结点中通常的情况，如果该叶结点是序列中的最后一个，则该指针为空。

叶结点不必全部充满，但在我们这个例子中，$n=3$，故叶结点至少要有两个键-指针对。也就是说，图 3-11 中的键值 95 可以没有，如果是这样，第 3 个指针为空。

$\ominus$ 从技术上来讲，整个 B-树的块只有一个指针也是可能的，因为它可能是只有一个记录的数据文件的索引。在这种情况下，整个 B-树既是根块又是叶块，且这个块只有一个键值和一个指针。在下面的描述中我们忽略这种平凡的情况。

图 3-12 所示为一个典型的内部结点。其中有三个键值，14、52 和 78。该结点中还有四个指针。第一个指针指向 B–树的一部分，通过它我们只能到达键值小于第一个键值即 14 的那些记录。第二个指针通向键值介于该 B–树块第一个键值和第二个键值之间的那些记录，第三个指针对应键值介于该块第二个键值和第三个键值之间的那些记录，第四个指针将我们引向键值大于该块中第三个键值的那些记录。

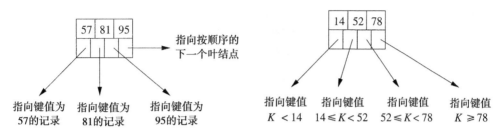

图 3-11 典型的 B–树叶结点　　　　图 3-12 典型的 B–树内部结点

同叶结点的例子一样，内部结点的键和指针槽也没有必要全部占用。不过，当 $n = 3$ 时，一个内部结点至少要出现一个键和两个指针。□

例 3.12 图 3-13 所示为一棵完整的三层 B–树；其中 $n = 3$，如例 3.11 所示的那样。我们假定数据文件的记录的键是从 2 到 47 之间的所有素数。注意，这些值在叶结点中按顺序出现一次。所有叶结点都有 2 个或 3 个键–指针对，还有一个指向序列中下一叶结点的指针。当我们从左到右去看叶结点时，所有键是排好序的。

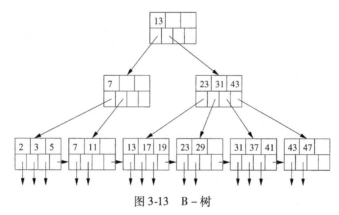

图 3-13 B–树

根结点仅有两个指针，恰是允许的最小数目，尽管至多可有 4 个指针，根结点中的那个键将可通过第一个指针访问到的键值与可通过第二个指针访问到的键值分隔开来。也就是说，不超过 12 的键值可通过根结点的第一个子树找到；大于等于 13 的键值可通过第二个子树找到。

如果我们看根结点的第一个具有键值 7 的子结点，我们又发现它有两个指针，一个通向小于 7 的键，而另一个通向大于等于 7 的键。注意，该结点的第二个指针只能使我们找到键 7 和 11，而非所有的大于 7 的键，比如键 13。

最后，根结点第二个子结点的 4 个指针槽都被使用。第一个指针将我们引向一些键值小于 23 的键，即 13、17 和 19。第二个指针将我们引向键值大于等于 23 而小于 31 的所有键 K；第三个指针将我们引向键值大于等于 31 而小于 43 的所有键 K；而第四个指针将我们引向一些键值大于等于 43 的键（在这个例子中，是所有的键）。□

3.2.2 B–树的应用

B–树是用来建立索引的一种强有力的工具。它的叶结点上指向记录的一系列指针可以起到我们在3.1节学过的任何一种索引文件中指针序列的作用。下面是一些实例：

1. B－树的查找键是数据文件的主键，且索引是稠密的。也就是说，叶结点中为数据文件的每一个记录设有一个键－指针对。该数据文件可以按主键排序，也可以不按主键排序。

2. 数据文件按主键排序，且B＋树是稀疏索引，在叶结点中为数据文件的每个块设有一个键－指针对。

3. 数据文件按非键属性排序，且该属性是B＋树的查找键。叶结点中为数据文件里出现的每个属性值K设有一个键－指针对，其中指针指向排序键值为K的记录中的第一个。

B－树变种的另一些应用允许叶结点中查找键重复出现 ⊖ 。图3-14所示即为这样一棵B－树。

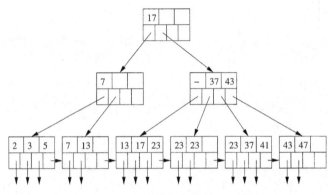

图3-14　一棵带重复键的B－树

如果我们确实允许查找键的重复出现，我们就需要稍微修改对内部结点中键的涵义的定义，我们曾在3.2.1节中讨论过这一定义。现在，假定一个内部结点的键为K_1，K_2，…，K_n，那么K_i将会是从第$i+1$个指针所能访问的子树中出现的最小新键。这里的"新"，我们是指在树中第$i+1$个指针所指向的子树以左没有出现过K_i，但K_i在第$i+1$个指针指向的子树中至少出现一次。注意，在某些情况下可能不存在这样键，这时K_i可以为空，但它对应的指针仍然需要，因为它指向树中碰巧只有一个键值的那个重要的部分。

例3.13　图3-14所示的B－树类似于图3-13，但有重复键值。具体来说：键11已被键13替换；键19、29和31全部被键23替换。这样就造成根结点的键是17而不是13。原因在于，虽然13是第二个子树根结点中最小的键，但它不是该子树的新键，因为它在根结点的第一个子树中出现过。

我们还需要对根结点的第二个子结点做些改变。第二个键改为37，因为它是第三个子结点（从左数起第五个叶结点）的第一个新键。最有趣的是，第一个键现在为空，因为第二个子结点（第四个叶结点）根本就没有新键。换言之，如果我们查找某个键且到达根结点的第二个子结点，我们不会从该子结点的第二个子结点起开始查找。若是查找23或其他更小的值，我们应该从它的第一个子结点起开始查找，在那里我们将找到所需的记录（如果是17），或找到所需的记录的第一个（如果是23）。

注意：

- 查找13时我们不会到达根结点的第二个子结点，而是直接到第一个子结点中去查找。
- 如果我们查找介于24和36之间的某个键，我们会直接到第三个叶结点中查找。但当我们连一个所需键值都找不到时，我们就知道不必继续往右查找。举例来说，如果叶结点

⊖　记住，如果"键"必须唯一，那么这个意义上来说"查找键"不一定是"键"。

中存在键 24，它要么在第四个叶结点上，这时根结点的第二个子结点中的空键将会被 24 替代；要么在第五个叶结点上，这时根结点的第二个子结点的键 37 将被 24 替代。　□

3.2.3　B－树的查找

我们现在再回到最初的假定，即叶结点中没有重复键。同时我们假定 B－树是稠密索引，因而在数据文件中出现的每个查找键都会在叶结点中出现。这些假定可以简化对 B－树操作的讨论，但这些假定对这些操作来说并非必不可少的。比如说，在稀疏索引上的修改和我们在 3.1.3 节中介绍的顺序文件上的修改类似。

假设我们有一棵 B－树索引，并且想找出查找键值为 K 的记录。我们从根到叶递归查找，查找过程为：

基础　若我们处于叶结点上，我们就在其键值中查找。若第 i 个键是 K，则第 i 个指针可让我们找到所需记录。

归纳　若我们处于某个内部结点，且它的键为 K_1，K_2，…，K_n，则依据在 3.2.1 节中给出的规则来决定下一步该对此结点的哪个子结点进行查找。也就是说，只有一个子结点可使我们找到具有键 K 的叶结点。如果 $K < K_1$，则为第一个子结点；如果 $K_1 \leqslant K < K_2$，则为第二个子结点……在这一子结点上递归地运用查找过程。

例 3.14　假定我们有一棵如图 3-13 所示的 B－树，且我们想找到查找键为 40 的记录。我们从根结点开始，其中有一个键 13。因为 13 ≤ 40，我们就沿着它的第二个指针来到包含键为 23、31 和 43 的第二层结点。

在这个结点中，我们发现 31 ≤ 40 < 43，因而我们沿着第三个指针来到包含 31、37 和 40 的叶结点，如果数据文件中有键值为 40 的记录，我们就应该在这个叶结点中找到键 40。既然我们没有发现键 40，我们可以断定在底层的数据块中没有键值为 40 的记录。

注意，要是我们的查找键为 37 的记录，我们所做的决定都和上面一样，但当我们到达叶结点时，我们将找到键 37。因为它是叶结点中第二个键，因此我们沿着第二个指针可以找到键值为 37 的数据记录。　□

3.2.4　范围查询

B－树不仅对搜寻单个查找键的查询很有用，而且对查找键值在某个范围内的查询也很有用。一般来说，范围查询在 where 子句中有一个项，该项将查找键与单个值或多个值相比较，可用除"="和"< >"之外的其他比较运算符。使用查找键属性 k 的范围查询例子如下：

```
SELECT * FROM R    SELECT * FROM R
WHERE R.k > 40;    WHERE R.k >= 10 AND R.k <= 25;
```

如果我们想在 B－树叶结点上找出在范围[a，b]之间的所有键值，我们通过一次查找来找出键 a。不论它是否存在，我们都将到达可能出现 a 的叶结点，然后我们在该叶结点中查找键 a 或大于 a 的那些键。我们所找到的每个这样的键都有一个指针指向相应的记录，这些记录的键在所需的范围内。只要在当前叶结点中不存在比 b 大的键，我们就跟踪指向下一个叶结点的指针继续查找[a，b]之间的所有键值。

上面的查找算法当 b 为无穷时也有效；即项中只有一个下界而没有上界。在这种情况下，我们查找键 a 可能出现的叶结点开始到最后一个叶结点的所有叶结点。如果 a 为 $-\infty$（即项中有一个上界而没下界），那么，在查找"负无穷"时，不论我们处于 B－树的哪个结点，我们总被引向该结点的第一个子结点，即我们最终将找到第一个叶结点。然后我们按上述过程查找，仅在超过键 b 时停止查找。

例 3.15　假定我们有一棵如图 3-13 所示的 B－树，给定查找范围是(10，25)。我们查找键

10，找到第二个叶结点，它的第一个键小于 10，但第二个键 11 是大于 10。我们沿着它的相应指针找到键为 11 的记录。

因为第二个叶结点中已没有其他的键，我们沿着链找到第三个叶结点，其键为 13、17 和 19。这些键都小于或等于 25，因此我们沿着它们的相应指针检索具有这些键的记录。最后，我们移到第四个叶结点，在那里我们找到键 23。而该叶结点的下一个键 29 超过了 25，因而我们已完成我们的查找。这样，我们就检索出了键 11 到键 23 的五个记录。   □

3.2.5 B - 树的插入

当我们考虑如何插入一个新键到 B - 树时，我们就会发现 B - 树优于简单多级索引的一些地方。对应的记录可使用 3.1 节中介绍的任何方法插入到被 B - 树索引的数据文件中；这时，我们只考虑 B - 树如何相应地修改。插入原则上是递归的：

- 我们设法在适当的叶结点中为新键找到空闲空间，如果有的话，我们就把键放在那里。
- 如果在适当的叶结点中没有空间，我们就把该叶结点分裂成两个并且把其中的键分到这两个新结点中，使每个新结点有一半或刚好超过一半的键。
- 某一层的结点分裂在其上一层看来，相当于是要在这一较高的层次上插入一个新的键 - 指针对。因此，我们可以在这一较高层次上逆归地使用这个插入策略：如果有空间，则插入；如果没有，则分裂这个父结点且继续向树的高层推进。
- 例外的情况是，如果我们试图插入键到根结点中并且根结点没有空间，那么我们就分裂根结点成两个结点且在更上一层创建一个新的根结点，这个新的根结点有两个刚分裂成的结点作为它的子结点。回想一下，不管 n(结点中键的槽数)多大，根结点总是允许只有一个键和两个子结点。

当我们分裂结点并在其父结点中插入时，我们需要小心地处理键。首先，假定 N 是一个容量为 n 个键的叶结点，且我们正试图给它插入第 $(n+1)$ 个键和它相应的指针。我们创建一个新结点 M，该结点将成为 N 结点的兄弟，紧挨在 N 的右边。按键排序顺序的前 $\lceil(n+1)/2\rceil$ 个键 - 指针对保留在结点 N 中；而其他的键 - 指针对移到结点 M 中，注意，结点 M 和结点 N 中都有足够数量的键 - 指针对，即至少有 $\lfloor(n+1)/2\rfloor$ 个这样的键 - 指针对。

现在，假定 N 是一个容量为 n 个键和 $n+1$ 个指针的内部结点，并且由于下层结点的分裂 N 正好又被分配给第 $(n+2)$ 个指针。我们执行下列步骤：

1. 创建一个新结点 M，它将是 N 结点的兄弟且紧挨在 N 的右边。

2. 按排序顺序将前 $\lceil(n+2)/2\rceil$ 个指针留在结点 N 中，而把剩下的 $\lfloor(n+2)/2\rfloor$ 个指针移到结点 M 中。

3. 前 $\lceil n/2\rceil$ 个键保留在结点 N 中，而后 $\lfloor n/2\rfloor$ 个键移到结点 M 中。注意，在中间的那个键总是被留出来，它既不在结点 N 中也不在结点 M 中。这一留出的键 K 指明通过 M 的第一个子结点可访问到最小键。尽管 K 不出现在 N 中也不出现在 M 中，但它代表通过 M 能到达的最小键值，从这种意义上来说它与 M 相连。因此，K 将会被结点 N 和 M 的父结点用来划分在这两个结点之间的查找。

例 3.16 让我们在图 3-13 所示的 B - 树中插入键 40。我们根据 3.2.3 节中的查找过程找到插入的叶结点。如例 3.14 一样，我们找到第五个叶结点来插入。因为该叶结点现在有四个键 - 指针对：31、37、40 和 41，所以我们需要分裂这个叶结点。首先是创建一个新结点，并把两个最大的键 40 和 41 以及它们的指针移到新结点。图 3-15 表示了这个分裂。

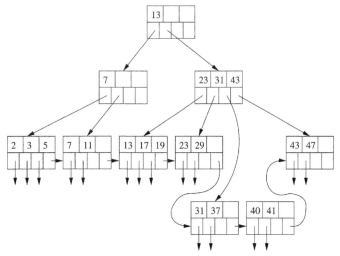

图 3-15　键 40 插入之初

注意，虽然我们现在把这些结点显示为四排，但对树而言还是只有三层，而七个叶结点占据了图中的后两排。这些叶结点通过各自的最后一个指针链接起来，仍形成了一条从左到右的链。

我们现在必须插入一个指向新叶结点（具有键 40 和 41 的那个结点）的指针到它上面的那个结点（具有键 23、31 和 43 的那个结点），我们还必须把该指针与键 40 关联起来，因为键 40 是通过新叶结点可访问到的最小键。很不巧，分裂结点的父结点已满，它没有空间来存放别的键或指针。因此，它也必须分裂。

我们开始先找到指向后五个叶结点的指针和表示这些叶结点中后四个的最小键的键列表。也就是说，我们有指针 $P1$、$P2$、$P3$、$P4$、$P5$ 指向这些叶结点，它们的最小键分别是 13、23、31、40 和 43，并且我们用键序列 23、31、40、43 来分隔这些指针。前三个指针和前两个键保留在被分裂的内部结点中；而后两个指针和后一个键放到一个新结点中。剩下的键是 40，表示通过新结点可访问到最小键。

插入键 40 后的结果如图 3-16 所示。根结点现在有三个子结点，最后两个是分裂的内部结点。注意，键 40 标志着通过分裂结点的第二个子结点可访问到的最小键，它被安置在根结点中，用来区分根结点的第二个子结点和第三个子结点的键。　　　　　　　　　　　□

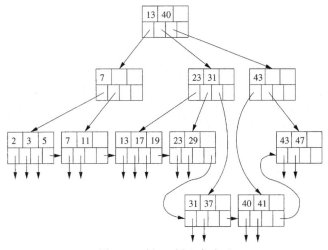

图 3-16　键 40 插入完成后

3.2.6 B-树的删除

如果我们要删除一个具有给定键 K 的记录,我们必须先定位该记录和它在 B-树叶结点中的键-指针对。删除过程中的这个部分主要是查找,与3.2.3节所述一样。然后我们删除记录本身并从 B-树中删除它的键-指针对。

如果发生删除的 B-树结点在删除后至少还有最小数目的键和指针,那就不需要再做什么[⊖]。但是,结点有可能在删除之前正好具有最小的充满度,因此在删除后,就违背了对键数目的约束。这时,我们需要为这个键的数目仅次于最小数目的结点 N 做下面两件事之一,其中有一种情况需要沿着树往上递归地删除。

1. 如果与结点 N 相邻的兄弟中有一个的键和指针超过最小数目,那它的一个键-指针对可以移到结点 N 中并保持键的顺序。结点 N 的父结点的键可能需要调整以反映这个新的情况。例如,如果结点 N 的右边的兄弟 M 可提供一个键和指针,那么从结点 M 移到结点 N 的键一定是结点 M 的最小键。在结点 M 和结点 N 的父结点有一个表示通过 M 可访问到的最小键,必须增大该键值以反映新的 M。

2. 困难的情况是当相邻的两个兄弟中没有一个能提供键值给结点 N 时。不过,在这种情况下,我们有结点 N 和它的一个兄弟结点 M 这两个相邻结点,其中后者的键数刚好为最小数,而前者的键数少于最小数。因此,它们合在一起也没有超过单个结点所允许的键和指针数。我们合并这两个结点,实际上就是删除它们中的一个。我们需要调整父结点的键,然后删除父结点的一个键和指针。如果父结点现在足够满,那我们就完成了删除操作,否则,我们需要在父结点上递归地运用这个删除算法。

例 3.17   让我们从图 3-13 所示最初的 B-树开始,即在键 40 插入之前开始。假定我们删除键 7。该键在第二个叶结点中被找到。我们删除该键、该键对应的指针以及指针指向的记录。

第二个叶结点现在只剩下一个键,而我们需要每个叶结点至少有两个键。但该结点左边的兄弟,即第一个叶结点,有一个额外的键-指针对,这就帮了我们的大忙。我们因此可以将它的最大键以及它的相应指针移到第二个叶结点。产生的 B-树如图 3-17 所示。注意,因为第二个叶结点的最小键现在是 5,所以前两个叶结点的父结点的键从 7 改为 5。

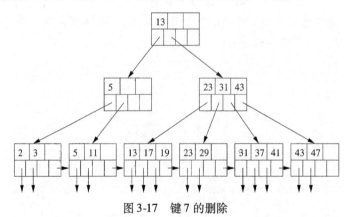

图 3-17   键 7 的删除

下一步,假定我们删除键 11。这个删除对第二个叶结点产生同样的影响;又一次把它的键数减少到低于最小数。不过,这次我们不能从第一个叶结点借键,因为后者的键数也到了最小

⊖ 如果具有叶结点中最小键的数据记录被删除,那么我们可选择在该叶结点的某个祖先上将某个合适的键增大,但不一定非这样做不可;所有的查找仍能找到正确的叶结点。

数。另外,它的右边没有兄弟,也就是无处可借 ⊖。这样,我们需要合并第二个叶结点和它的兄弟,即第一个叶结点。

前两个叶结点剩下的三个键 – 指针对可以放在一个叶结点中,因此,我们把键 5 移到第一个叶结点并删除第二个叶结点。父结点中的键和指针需要进行调整,以反映它的子结点的新情况;具体地说,它的两个指针被换成一个指针(指向剩下的叶结点)且键 5 不再有用也被删除。现在的情况如图 3-18 所示。

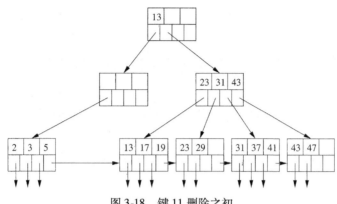

图 3-18 键 11 删除之初

叶结点的删除给它的父结点即根结点的左子结点带来了负面的影响。正如我们在图 3-18 中所看到的那样,该结点现在没有键且只剩一个指针。因此,我们试图从与它相邻的兄弟那里获得一个额外的键和指针。这次,我们碰到容易的情况,因为根结点的另一个子结点可以提供它的最小键和一个指针。

变化如图 3-19 所示。指向键为 13、17 和 19 的叶结点的指针从根结点的第二个结点移到了它的第一个子结点。我们还修改了内部结点的一些键。键 13 原来位于根结点且表示通过那个被转移的指针可访问到的最小键,现在需要放到根结点的第一个子结点中。另一方面,键 23 原来用来区分根结点第二个子结点的第一个和第二个子结点,现在表示通过根结点第二个子结点可访问到最小键,因此它被放到根结点中。☐

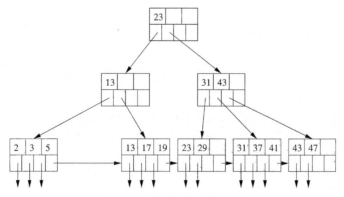

图 3-19 键 11 删除完成后

⊖ 注意:它右边的键为 13、17 和 19 的叶结点不是它的兄弟,因为它们有不同的父结点。不论怎样,我们还是可以从那个结点"借"键的,但那样的话,调整键的算法将涉及整个树,因而使算法变得更复杂。我们把这一改进留作习题。

3.2.7　B-树的效率

B-树使我们能实现记录的查找、插入和删除，而每个文件操作只需很少的磁盘 I/O。首先我们就注意到，如果每个块容纳的键数 n 相当大，那么，分裂或合并块的情况将会很少。此外，当这种操作必需时，绝大多数时候都被局限在叶结点，因此只有两个叶结点和它们的父结点受到影响。所以，我们基本上可以忽略 B-树重组的 I/O 开销。

然而，每次按给定查找键值查找记录都需要我们从根结点一直访问到叶结点，以找到指向记录的指针。因为我们只读 B-树的块，所以磁盘 I/O 数将是 B-树的层数加上一次（对查找而言）或两次（对插入或删除而言）处理记录本身的磁盘 I/O。我们肯定会这样问：B-树到底有多少层？对于典型的键、指针和块大小来说，三层就足够了，除非数据库极大。因此，我们一般取 3 作为 B-树的层数。下面的例子说明其原因。

例 3.18　回忆一下我们在例 3.10 中的分析，我们当时确定每块可容纳示例数据的 340 个键-指针对。假若一般的块充满度介于最大和最小中间，即一般的块有 255 个指针。一个根结点，有 255 个子结点，有 $255^2 = 65\,025$ 个叶结点；在这些叶结点中，我们可以有 255^3，即约 1.66×10^3 万个指向记录的指针。也就是说，记录数小于等于 1.66×10^3 万的文件都可以被 3 层的 B-树容纳。　　　□

不过，对于每次查找，我们甚至可以通过 B-树用比 3 次还少的磁盘 I/O 来实现。B-树根结点块是永久地缓冲在主存中的绝佳选择。如果这样，那么每次查找 3 层的 B-树只需两次磁盘读操作。实际上在某些情况下，把 B-树的第二层结点块保存在缓冲区中也是合理的。这样，B-树的查找就减少到一次磁盘 I/O 再加上处理数据文件本身的所需磁盘 I/O。

我们是否该从 B-树中删除？

有一些 B-树的实现根本不对删除做修复。如果叶结点键和指针太少，也让它保留这种状态。其基本理由在于，大多数文件的发展比较平衡，尽管有时可能出现使键数刚好少于最小数的删除操作，但该叶结点可能很快增长并且再次达到键-指针对的最小数。

此外，如果记录有来自 B-树索引外的指针，那么，我们需要用"删除标记"来替换记录，并且我们不想删除 B-树中的关于它的指针。在某些情况下，如果可以保证所有对删除记录的访问都将通过 B-树，我们甚至可以在 B-树叶结点中指向记录的指针处留下删除标记。这样，该记录的空间就可以重新使用。

3.2.8　习题

习题 3.2.1　假定存储块能放 10 个记录或者 99 个键和 100 个指针，再假定 B-树结点的平均充满度为 70%；即有 69 个键和 70 个指针。我们可以用 B-树作为几种不同结构的一部分。对下面描述的每种结构，确定：(i)1 000 000 个记录的文件所需的总块数；(ii)检索一个给定键值的记录所需的平均磁盘 I/O 数。可以假定最初主存中不存在任何东西，并且查找键是记录的主键。

a)数据文件是按查找键排序的顺序文件，每块存放 20 个记录。B-树为稠密索引。

b)同(a)一样，但组成数据文件的记录没有特定顺序；每块存放 20 个记录。

c)同(a)一样，但 B-树为稀疏索引。

d)数据文件是顺序文件，且 B-树是稀疏索引，但数据文件的每个基本块有一个溢出块。平均来讲，基本块是满的，而溢出块只半满。不过，记录在基本块和溢出块中没有特定的顺序。

!e) B-树的叶结点中不放指向数据记录的指针，而是保存记录本身。每块可存放 10 个记录，但平均每个叶结点的充满度为 70%，即每个叶结点存入 7 个记录。

习题 3.2.2　假设查询是范围查询且匹配的记录有 200 个，在这种情况下，重做习题 3.2.1。

习题 3.2.3　假定指针占 4 字节，而键占 20 字节，大小为 16 384 字节的块可存放多少个键和指针？

习题 3.2.4　B-树中(i)内结点和(ii)叶结点的键和指针的最小数目在下列情况下分别是多少？

a) $n = 11$；即每块可存放 11 个键和 12 个指针。

b) $n = 12$；即每块可存放 12 个键和 13 个指针。

习题 3.2.5 在图 3-13 中执行下操作，描述那些引起树改变的操作所带来的变化。

a) 查找键值为 40 的记录。

b) 查找键值为 41 的记录。

c) 查找键值小于 30 的所有记录。

d) 查找键值大于 30 的所有记录。

e) 查找键值在 20 和 30 之间的所有记录。

f) 插入键值为 1 的记录。

g) 删除键值为 23 的记录。

h) 插入键值从 14 到 16 的所有记录。

i) 删除键值大于等于 23 的所有记录。

! **习题 3.2.6** 在例 3.17 中我们提出，如果我们使用更复杂的维护内部结点键的算法，那么可以从右（或左）边的非兄弟结点中借键。描述一个合适的算法，它可以通过从同层相邻结点中借键来重新达到平衡，而不管这些相邻结点是否是键－指针对太多或太少的结点的兄弟结点。

! **习题 3.2.7** 如果我们使用这一节例子中的 3 个键 4 个指针的结点，当数据文件中记录数如下时分别有多少不同的 B－树：a) 6；b) 10；!! c) 15。

! **习题 3.2.8** 假定我们的 B－树结点可存放 3 个键和 4 个指针，如同这节的例子一样。再假定当我们分裂叶结点时，我们把指针分成 2 和 2，而当分裂内部结点时，前 3 个指针到第 1 个（左）结点，后两个指针到第 2 个（右）结点。我们从指向键分别为 1、2 和 3 的记录的指针所在叶结点开始，然后我们按序加入键值为 4、5、6……的记录。在插入哪个键时 B－树将第一次达到 4 层？

习题 3.2.9 当在 B－树中允许重复键值时，我们在这一节描述的查找、插入和删除的算法都要做一些必要的修改。给下列情况做所需进行的修改：a) 查找；b) 插入；c) 删除。

3.3 散列表

有许多涉及散列表的数据结构可用作索引。我们假定读者知道作为主存数据结构的散列表。在这种结构中有一个散列函数 h，它以查找键（散列键）为参数并计算出一个介于 0 到 $B-1$ 的整数，其中 B 是桶的数目。桶数组，即一个序号从 0 到 $B-1$ 的数组，其中包含 B 个链表的头，每一个对应于数组中的一个桶。如果记录的查找键为 K，那么我们通过将该记录链接到桶号为 $h(K)$ 的桶表中来存储它。

3.3.1 辅存散列表

有的散列表包含大量记录，记录如此之多，以至于它们主要存放在辅助存储器上，这样的散列表在一些细小而重要的方面与主存中的散列表存在区别。首先，桶数组由存储块组成而不是由指向链表头的指针组成。通过散列函数 h 散列到某个桶中的记录被放到该桶的存储块中。如果桶中有太多的记录，那么可以给该桶加溢出块的链以存放更多的记录。

我们将假定，只要给一个 i，桶 i 的第一个存储块的位置就可以被找到。例如，主存中可以有一个指向存储块的指针数组，数组项以桶号为序号。另一种可能是把每个桶第一个存储块存放到磁盘上某固定的、连续的位置，这样我们就可以根据整数 i 计算出桶 i 的位置。

例 3.19 图 3-20 所示为一个散列表。为了使我们的图解易于管理，我们假定每个存储块只能存放 2 个记录，且 $B = 4$，即散列函数 h 的返回值介于 0 和 3 之间。我们列出了一些位于散列表中的记录。在图 3-20 中，键值

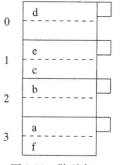

图 3-20 散列表

为字母 a 到 f。我们假定 $h(d)=0$，$h(c)=h(e)=1$，$h(b)=2$ 且 $h(a)=h(f)=3$。因此，这六个记录在块中的分布如图所示。　　　□

注意，图 3-20 中所示每个存储块的右端都有一个小方块，这个小方块表示存储块块头中附加的信息。我们将用它来链接溢出块，并且从 3.3.5 节开始，我们将用它来保留存储块的其他重要信息。

散列函数的选择

散列函数对键的"散列"应使得到的整数类似于键的一个随机函数。因此，各个桶常常能分到相同数量的记录，正如我们将在 3.3.4 节中讨论的那样，这能改进访问一个记录的平均时间。另外，散列函数应该容易计算，因为我们要多次计算它。

当键为整数时，散列函数的一种常见选择是计算 K/B 的余数，其中 K 是键值，B 是桶的数目。通常，B 为一个素数，尽管正如我们将从 3.3.5 节开始讨论的那样，将 B 选为 2 的幂也有其理由。当键为字符串，我们可以把每个字符看作一个整数来处理，把它们累加起来，并将总和除以 B，然后取其余数。

3.3.2　散列表的插入

当一个查找键为 K 的新记录需要被插入时，我们计算 $h(K)$。如果桶号为 $h(K)$ 的桶还有空间，我们就把该记录存放到此桶的存储块中或在其存储块没有空间时存储到块链上的某个溢出块中。如果桶的所有存储块都没有空间，我们就增加一个新的溢出块到该桶的链上，并把新记录存入该块。

例 3.20　假若我们给图 3-20 的散列表增加一个键值为 g 的记录，并且 $h(g)=1$。那么，我们必须把记录加到桶号为 1 的桶中。可是，该桶的块中已经有两个记录。因此，我们增加一个新块，并把它链到桶 1 的第一块上。键值为 g 的记录插入到这一块中，如图 3-21 所示。　　　□

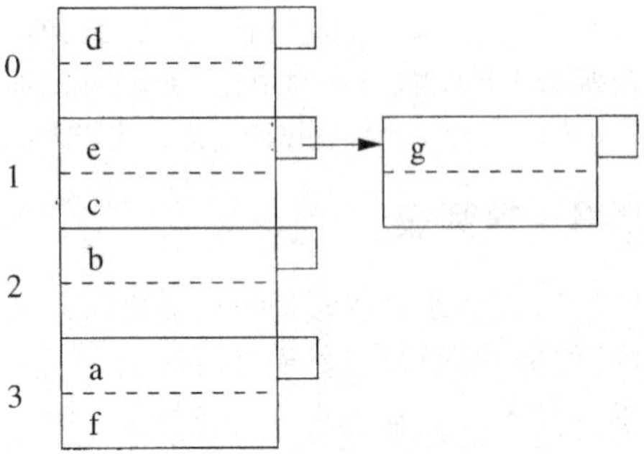

3.3.3　散列表的删除

删除查找键值为 K 的记录与插入操作的方式相同。我们找到桶号为 $h(K)$ 的桶且从中搜索查找键为 K 的记录，继而将找到的记录删除。如果我们可以将记录在块中移动，那么删除记录后，我们可选择合并同一链上的存储块 ⊖。

图 3-21　为散列表的桶增加另外的一块

例 3.21　图 3-22 所示为从图 3-21 的散列表中删除键值为 c 的记录后的结果。由前面可知 $h(c)=1$，因而我们到桶号为 1 的桶（即第二个桶）中去查看它的所有块，以找出键值为 c 的一条记录（或所有记录，当查找键不是主键时）。我们在桶 1 的链表的第一个存储块中找到了该记录。既然现在有可用空间，我们可以把键值为 g 的记录从链表的第二个存储块移到第一个存储块，并删除第二个存储块。

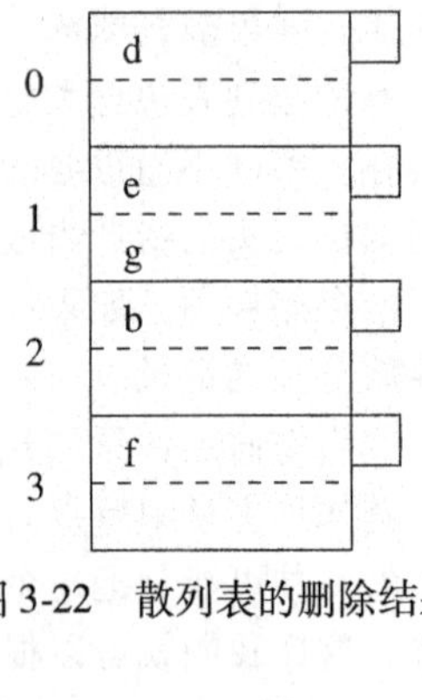

我们还显示了删除键值为 a 的记录。对于这一键值，我们找到

图 3-22　散列表的删除结果

⊖ 合并一条链上的块随时都要冒风险，这是指当振动发生时，即当我们往一个桶里交替地插入或删除记录时，可能每一步都会导致块的创建或删除。

桶 3，删除该记录，并把剩下的记录移到块的前部以使之紧凑。□

3.3.4 散列表索引的效率

理想情况是有足够的桶，绝大多数桶都只由单个块组成。如果这样，那么一般的查询只需一次磁盘 I/O，且文件的插入和删除也只需两次磁盘 I/O。这样的结果比直接用稀疏索引、稠密索引或 B – 树好得多(尽管散列表不能像 B – 树那样支持范围查询；参见 3.2.4 节)。

但是，如果文件不断增长，那么最终就会出现一般的桶的链表中都有许多块的情况。如果这样，我们就需要在块的长链表中查找，每个块至少需要一次磁盘 I/O。因此，我们就必须设法减少每个桶的块数。

到目前为止，我们学过的散列表都称为静态散列表，因为桶的数目 B 从不改变。但是，散列表中还有几种动态散列表，它们允许 B 改变，使 B 近似于记录总数除以块中能容纳的记录数所得到的商；也就是说，每个桶大约有一个存储块。我们将讨论两种这样的方法：

1. 3.3.5 节的可扩展散列。
2. 3.3.7 节的线性散列。

第一种方法是在认为 B 太小时即将其加倍，而第二种方法是每当文件的统计数字表明 B 需要增加时即给 B 加 1。

3.3.5 可扩展散列表

我们的第一种动态散列方法称为可扩展散列表。它在简单的静态散列表结构上主要增加了：

1. 为桶引入了一个间接层，即用一个指向块的指针数组来表示桶，而不是用数据块本身组成的数组来表示桶。

2. 指针数组能增长，它的长度总是 2 的幂，因而数组每增长一次，桶的数目就翻倍。

3. 不过，并非每个桶都有一个数据块；如果某些桶中的所有记录可以放在一个块中，那么，这些桶可能共享一个块。

4. 散列函数 h 为每个键计算出一个 K 位二进制序列，该 K 足够大，比如 32。但是，桶的数目总是使用从序列第一位或最后一位算起的若干位，此位数小于 K，比如说是 i 位。也就是说，当 i 是使用的位数时，桶数组将有 2^i 个项。

例 3.22 图 3-23 所示为一个小的可扩展散列表。为简单起见，我们假定 $K=4$，即散列函数 h 只产生 4 位二进制序列。当前使用的只有其中一位，正如桶数组上方的框中 $i=1$ 所标明的那样。因此，桶数组只有两个项，一个对应 0，一个对应 1。

桶数组中的项指向两个块。第一块存放当前所有查找键被散列成以 0 开头的二进制序列的记录；第二个块存放所有查找键被散列成以 1 开头的二进制序列的记录。为方便起见，我们显示的记录键是散列函数将这些键转换成的二进制位序列。因此，第一块有一个键被散列为 0001 的记录；而第二个块存放着键分别散列为 1001 和 1100 的记录。□

我们应该注意到图 3-23 中每个存储块的"小方块"中都出现了数字 1。这个数字其实出现在每个存储块的块头中，表明由散列函数得到的位序列中有多少位用于确定记录在该块中的成员资格。在例 3.22 的情况下，只用一个二进制位来确定所有的块和记录。但正如我们将要看到的那样，随着散列表的增

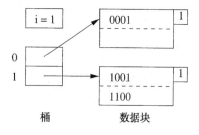

图 3-23　可扩展散列表

长，不同块中需要考虑的位数可能不同。也就是说，桶数组的大小由我们当前正在使用的最大二进制位数来决定，但有些块可能使用较少的位数。

3.3.6 可扩展散列表的插入

可扩展散列的插入开始时类似静态散列表的插入。为了插入键值为 K 的记录，我们计算出 $h(K)$，取出这一二进制位序列的前 i 位，并找到桶数组中序号为 i 位的项。注意，因为 i 作为数据结构的一部分保存，我们能确定 i。

我们根据桶数组中该项的指针找到某个存储块 B。如果 B 中还有存放新记录的空间，我们就把新记录存入，而插入也就完成了。如果 B 中没有空间，那么视数字 j 的不同有两种可能，数字 j 表明散列值中有多少位用于确定存储块 B 的成员资格(回忆一下，j 的值可在图中每个存储块的"小方块"中找到)。

1. 如果 $j < i$，那么不必对桶数组做什么变化。我们：

a) 将块 B 分裂成两个存储块。

b) 根据记录散列值的第 $(j+1)$ 位，将 B 中记录分配到这两个存储块中，该位为 0 的记录保留在 B 中，而该位为 1 的记录则放入到新块中。

c) 把 $(j+1)$ 存入这两个存储块的小方块中，以表明用于确定成员资格的二进制位数。

d) 调整桶数组中的指针，使原来指向块 B 的项指向块 B 或新块，这由项的第 $(j+1)$ 位决定。

注意，分裂块 B 可能解决不了问题，因为有可能块 B 中所有记录将分配到由 B 分裂成的两个存储块中的一个中去。如果这样，我们需要对仍然太满的块用下一个更大的 j 值重复上述过程。

2. 如果 $j = i$，那么我们必须先将 i 加 1。我们使桶数组长度翻了一倍，因此数组中现在有 2^{i+1} 个项。假定 w 是以前的桶数组中作为某项序号的 i 位二进制位序列。在新桶数组中，序号为 $w0$ 和 $w1$(即分别用 0 和 1 扩展 w 所得到的数)的项都指向原 w 项指向的块。也就是说，这两个新项共享同一个存储块，而存储块本身没有变化。该块的成员资格仍然按原先的位数确定。最后，我们继续像第一种情况中那样分裂 B。由于 i 现在大于 j，所以满足第一种情况。

例 3.23 假如我们在图 3-23 的表中插入一个键值散列为 1010 序列的记录。因为第一位是 1，所以该记录属于第二个块。然而，该块已满，因此需要分裂。这时我们发现 $j = i = 1$，因此我们首先需要将桶数组加倍，如图 3-24 所示。图中我们已将 i 设为 2。

注意，以 0 开头的两个项都指向存放键值散列序列以 0 开头的记录的那个存储块，且该存储块的"小方块"中数字仍然为 1，这表明该块的成员资格只由位序列的第一位确定。但是，位序列以 1 开头的记录存储块需要分裂，因此我们把这一块中的记录分到以 10 开头和 11 开头的两个存储块中。在这两个存储块的小方块中的数字是 2，表示成员资格用位序列的前两位来确定。幸好，分裂是成功的；既然两个新块都至少有一个记录，我们就不用进行递归分裂。

现在，假定我们来插入键值分别列为 0000 和 0111 的记录。这两个记录都属于图 3-24 中第一个存储块，于是该块溢出。因为该块中只用一位来确定其成员资格，而 $i = 2$，所以我们就不用调整桶数组。我们只需分裂该块，让 0000 和 0001 留在该块，而将 0111 存放到新块中，桶数组中 01 项改为指向新块。这一次我们又很幸运，所有记录没有全分配到一个块中，所以我们不必递归地分裂。

假若现在要插入一个键值为 1000 的记录。对应 10 的块溢出。由于它已经使用两位来确定其成员资格，这时需要再次分裂桶数组，并且把 i 设为 3。图 3-25 给出了这时的数据结构。注意，图中对应 10 的块被分裂成 100 的

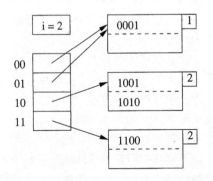

图 3-24　使用两位散列函数值的散列表

块和101的块，而其他块仍只使用两位来确定成员资格。

3.3.7 线性散列表

可扩展散列表有一些重要的好处。最大的好处在于，当查找一个记录时，我们总是只需要查找一个数据块。我们还需要查找到一个桶数组的项，但如果桶数组小到可以存放在主存中，那么访问桶数组就不需要进行磁盘I/O。然而，可扩展散列表也有一些缺点：

1. 当桶数组需要翻倍时，要做大量的工作（当 i 很大时）。这些工作会阻碍对数据文件的访问，或是使某些插入看来花费很长的时间。

2. 当桶数翻倍后，它在主存中可能就装不下了，或者把其他的一些我们需要保存在主存的数据挤出去。其结果是，一个运行良好的系统可能突然之间每个操作所需磁盘I/O开始大增。

3. 如果每块的记录数很少，那么很有可能某一块的分裂比在逻辑上讲需要分裂的时间提前许多。例如，如果像我们使用的例子中一样，块中可存放2个记录，即使记录的总数远小于 2^{20}，也有可能出现三个记录的前20位二进制位序列一样。在这种情况下，我们将不得不使用 $i = 20$ 和100万个桶数组项，尽管存有记录的块数远小于100万。

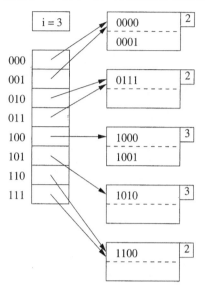

图 3-25　使用三位二进制序列的散列表

另一种称为线性散列的策略，桶的增长较为缓慢。我们会看到在线性散列中主要的新要点为：

- 桶数 n 的选择总是使存储块的平均记录数保持与存储块所能容纳的记录总数成一个固定的比例，如80%。
- 由于存储块并不总是可以分裂，所以允许有溢出块，尽管每个桶的平均溢出块数远小于1。
- 用来作桶数组项序号的二进制位数是 $\lceil \log_2 n \rceil$，其中 n 是当前的桶数。这些位总是从散列函数得到的位序列的右（低位）端开始取。
- 假定散列函数值的 i 位正在用来给桶数组项编号，且有一个键值为 K 的记录想要插入到编号为 $a_1 a_2 \cdots a_i$ 的桶中；即 $a_1 a_2 \cdots a_i$ 是 $h(K)$ 的后 i 位。那么，把 $a_1 a_2 \cdots a_i$ 当作二进制整数，设它为 m。如果 $m < n$，那么编号为 m 的桶存在并把记录存入该桶中。如果 $n \leqslant m < 2^i$，那么 m 桶还不存在，因此我们把记录存入桶 $m - 2^{i-1}$，也就是当我们把 a_1（它肯定是1）改为0时对应的桶。

例3.24 图3-26所示为一个 $n = 2$ 的线性散列表。我们目前只用散列值的一位来确定记录所属的桶。按照例3.22建立的模式，我们假定散列函数产生4位，并且用将散列函数作用到记录的查找键上所产生的值来表示记录。

我们在图3-26中看到两个桶，每个桶包含一个存储块，桶的编号为0和1。所有散列值以0结尾的记录存入第一个桶，而所有散列值以1结尾的记录存入第二个桶。

参数 i（当前被使用的散列函数值的位数）、n（当前的桶数）和 r（当前散列表中的记录总数）也是这一结构的一部分。比率 r/n

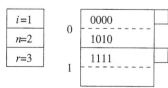

图 3-26　线性散列表

将受到限制，使一般的桶都只需要约一个磁盘存储块。在选择桶数 n 时，我们采用的策略是使数据文件中记录的个数不超过 $1.7n$，即 $r \leqslant 1.7n$。也就是说，由于每个存储块存放 2 个记录，桶的平均充满程度不会超过存储块容量的 85%。 □

3.3.8 线性散列表的插入

当我们插入一个新记录时，我们通过在 3.3.7 节提出的算法来确定它所属的桶。我们计算 $h(K)$，其中 K 是记录的键，我们使用 $h(K)$ 序列末尾的 i 位表示桶号 m。如果 $m < n$，我们把记录存入桶 m 中。如果 $m \geqslant n$，则把记录存入桶 $m - 2^{i-1}$ 中。如果桶中没有空间，那么我们创建一个溢出块，并把它链到那个桶上，并且记录就存入该溢出块中。

每次插入，我们都用当前的记录总数/n 的值跟阈值 r/n 相比，若当前的比例太大，我们就增加下一个桶到线性散列表中。注意，新增加的桶和发生插入的桶之间没有任何联系！如果我们新加入的桶号的二进制表示为 $1a_2a_3 \cdots a_i$，那么我们就分裂桶号为 $0a_2a_3 \cdots a_i$ 的桶中的记录，根据记录的后 i 位值分别存入这两个桶。注意，这些记录的散列值都以 $a_2a_3 \cdots a_i$ 结尾，并且只有从右数起的第 i 位不同。

最后一个重要的细节是当 n 超过 2^i 时的情况。这时，i 的值加 1。从技术上来讲，所有桶的桶号都要在它们的位序列前面增添一个 0，但由于这些位序列被解释成整数，因而就不需要作任何物理上的变化，还是保持原样。

例 3.25 我们继续例 3.24，考虑插入键值散列为 0101 的记录时的情况。因为位序列以 1 结尾，记录属于图 3-26 中的第二个桶。桶中有空间，因而不用创建溢出块。

但是，由于现在有四个记录在两个桶中，超过了 1.7 这一比率，因此我们必须把 n 提高到 3。因为 $\lceil \log_2 3 \rceil = 2$，我们应该开始考虑把桶 0 和 1 改成桶 00 和 01，但不需要对数据结构作任何改变。我们增加下一个桶到散列表中，该桶编号为 10，接着，我们分裂桶 00，桶 00 的序号只有第一位与新加的桶不同。在分裂桶时，键散列为 0000 的记录保留在 00 桶，因为它以 00 结尾；而键散列为 1010 的记录存入桶 10，因为它以 10 结尾，所产生的散列表如图 3-27 所示。

下面假定我们增加一个键值散列为 0001 的记录。记录最后两位为 01，且 01 桶目前存在，我们把记录存入该桶。不巧的是，该桶的块已经装满，所以我们增加一个溢出块。这三个记录被分配在这个桶的两个块中；我们选择按它们散列键的数值顺序来保存它们，但这个顺序并不重要。由于该散列表中记录与桶的比率为 5/3，小于 1.7，故我们不需创建新桶。所产生的散列表如图 3-28 所示。

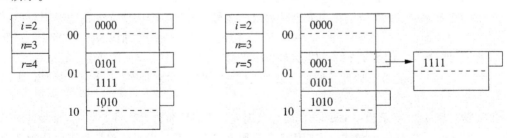

图 3-27 增加第三个桶   图 3-28 必要时使用溢出块

最后，考虑插入键值散列为 0111 的记录。该记录最后两位为 11，但桶 11 还不存在，因此我们把记录改为存入桶 01，该桶号只是在第一位上与桶 11 不同，不是 1 而是 0。新记录存入到该桶的溢出块中。

但是，该散列表的记录与桶的比率已超过 1.7，因此，我们必须创建一个编号为 11 的新桶，该桶碰巧是新记录所需的桶。我们分裂桶 01 中的 4 个记录，散列值为 0001 和 0101 的记录保留在桶 01，而散列值为 0111 和 1111 的记录存入新桶。因为桶 01 现在只有两个记录，我们可以删除其溢出块。现在，散列表如图 3-29 所示。

注意，当下次我们插入记录到图 3-29 中时，我们将会使记录与桶的比率超过 1.7。那时，我们将把 n 提到 5，并且 i 变成 3。□

$i=2$			
$n=4$	00	0000	
$r=6$			
	01	0001	
		0101	
	10	1010	
	11	0111	
		1111	

图 3-29 增加第四个桶

线性散列表的查询依照我们所描述的选择插入记录所属桶的过程。如果我们希望查找的记录不在该桶中，那么别的地方也不会有所需记录。

3.3.9 习题

习题 3.3.1 我们没有讨论在线性散列表或可扩展散列表中删除操作如何实现。定位被删除记录的机制应该是显而易见的。你认为应用什么方式实行删除操作？特别地，如果删除后表变小，允许压缩某些块，那么重构散列表有什么优缺点？

！习题 3.3.2 这部分的内容假定索引键是唯一的。不过，只需对这些技术稍微做些修改就可用来处理有重复值的查找键。描述删除、查询和插入算法需做的修改，并说明当重复值出现在下列结构中时带来的主要问题：a) 简单散列表；b) 线性散列表；c) 可扩展散列表。

习题 3.3.3 假若在图 3-20 的散列表中发生下列插入和删除，请说明将产生什么情况：

i. 记录 g 到记录 j 分别插入桶 0 到桶 3。

ii. 记录 a 和 b 被删除

iii. 记录 k 到 n 分别插入桶 0 到桶 3

iv. 记录 c 和 d 被删除

习题 3.3.4 在每个存储块可存放 n 条记录的可扩展散列表中，何时会出现需要递归处理溢出块的情况；即块中的所有记录对应到分裂所产生的两个块中的同一块。

习题 3.3.5 假定键散列为 4 位序列，就像这一部分中可扩展散列表和线性散列表的例子一样。但是，假定块中可存放三个记录而非两个记录。如果开始时散列表中有两个空存储块（对应于 0 和 1），请给出插入键值如下的记录后的结构：

a) 1111，1110，……0000，且散列方法是可扩展散列

b) 1111，1110，……0000，且散列方法是线性散列，其充满度阈值为 75%。

c) 0000，0001，……1111，且散列方法是可扩展散列

d) 0000，0001，……1111，且散列方法是线性散列，其充满度阈值为 100%。

习题 3.3.6 假定我们使用可扩展散列表或线性散列表模式，但是有指向记录的外部指针。这些指针防碍了记录在块之间的移动，而这些散列模式中有时需要如此。提出几种能修改结构的方法，从而允许这些外部指针。

！习题 3.3.7 实际中有些散列函数并不像理论上那样好。假定我们在整数键值 i 上定义一个散列函数 $h(i) = i^2 \bmod B$，其中 B 表示桶数。

a) 如果 $B=10$，该散列函数会出现什么问题？

b) 如果 $B=16$，该散列函数又有什么好处？

c) 该散列函数对哪些 B 值有用？

！！习题 3.3.8 线性散列模式中使用一个阈值常量 c，使当前桶的数目 n 和当前记录总数 r 之间有 $r=ckn$ 的关系，其中 k 是每块可容纳的记录数。例如，在例 3.24 中，我们使用 $k=2$ 和 $c=0.85$，因而每个桶的记录数为 1.7，即 $R=1.7n$。

a) 为了方便起见，假定每个键恰好能按预期的次数出现 ⊖。作为 c、k 和 n 的函数，包含溢出块在内，这

⊖ 该假定并不意味着所有存储块都有数量相等的记录，因为有些桶所代表的键是其他桶的两倍。

种结构需要多少个存储块?

    b) 键一般都不会平均分布，而给定键(或键后缀)的记录一般满足泊松分布。也就是说，如果 λ 是给定键后缀所期望的记录数，那么实际记录数为 i 的，其概率是 $e^{-\lambda}\lambda^i/i!$。在这种假定下，作为 c、k 和 n 的函数，期望使用的块数是多少?

！习题 3.3.9　假定我们有一个 1 000 000 条记录的文件，且我们想把它散列到一个有 2000 个桶的散列表中。每个存储块可存放 100 个记录，并且我们希望块尽可能满，但不允许两个桶共享一个块。存储这一散列表所需的最多和最少的存储块数各是多少?

3.4　多维索引

    到目前为止，我们讨论的所有索引都是一维的。也就是说：它们使用单个查找键，并且按给定的查找键值来检索记录。虽然查找键也可以同时包含多个属性，但是它作为一维索引的本质并没有改变。比如 B - 树，必须提供查找键上所有属性的值才能有效地查找，否则这个索引就发挥不了作用。在本章的前面几节中，我们利用一维键空间的方式有以下几种:

- 顺序文件上的索引和 B - 树都利用了使所有键具有单一、有序的顺序这一点。
- 散列表要求查找的查找键值是完全知道的。如果查找键由几个字段组成，那么即使只有一个字段不知道，我们也无法运用散列函数，而必须查找所有的桶。

3.4.1　多维索引的应用

    许多应用要求我们将数据视为存在于二维或更高维的空间中。这样的应用中有一些能被传统的 DBMS 系统支持，但也有一些专为多维应用设计的系统。这些专用系统的不同之处的一个方面在于它们使用一些支持在普通 SQL 应用中不常见的某些种类的查询的数据结构。

    多维索引的一个重要应用是对地理数据的处理。地理信息系统(GIS)用一个(通常是)二维的空间存储对象，对象可能是点或形状。通常，这些数据库是地图，其中存储的对象可能表示房子、路、桥、管道或其他物理对象。图 3-30 所示就是这样的一幅地图。

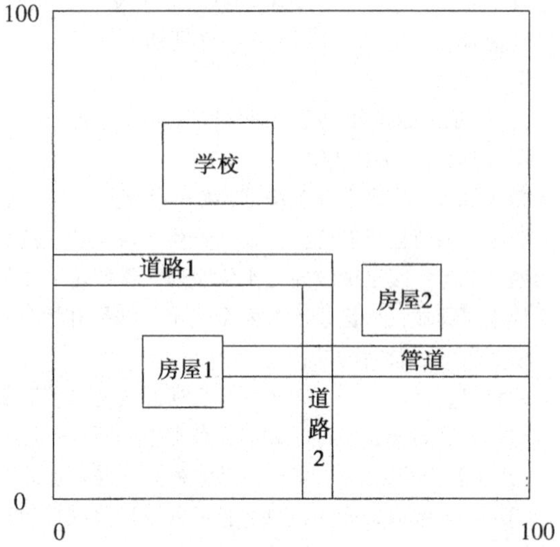

图 3-30　二维空间中的对象

    不过，地理信息系统也还有许多其他用途。例如，一个集成电路设计通常是由称为"图层"的特定材料的二维区域(常为矩形)图。同样，我们可以把屏幕上的窗口和图标看成是二维空间中的对象集合。

    地理信息系统的查询并不是一般的 SQL 查询，尽管通过一些努力许多查询可以表达成 SQL 的形式。这类查询例子如下:

    1. 部分匹配查询。我们指定一维或多维上的值并查找在这些维上匹配这些值的所有点。

    2. 范围查询。我们给出一维或多维上的范围并查找在这些范围内点的集合，或者在所表示的是形状时，查找出部分或全部形状在该范围内的形状的集合。这些查询推广了我们在 3.2.4 节所讨论的一维范围查询。

    3. 最近邻查询。我们查找与给定点最近的点。例如，如果点表示城市，我们可能想找到一个与给定的小城市最近且人口超过 100 000 的城市。

    4. where-am-I 查询。已知一个点，我们想知道该点所处的形状，若存在这样的形状的话。一个熟悉的例子是当你点击鼠标时，系统决定你点击的是哪个显示元素。

3.4.2 利用传统索引执行范围查询

现在，让我们来考虑一维索引能在多大程度上帮助回答范围查询。为了简单实现，假定有两维，x 和 y。我们可以给 x 和 y 这两维中的每一维都建立一个辅助索引。为每一维都建立 B–树将会使获得每一维值的范围变得特别容易。

给定两维的范围，首先我们通过 x 的 B–树索引得到在 x 范围内的所有记录的指针。然后，我们通过 y 的 B–树索引得到在 y 范围内的所有记录的指针。最后，我们利用 3.1.7 节的思想求出这些指针的交集。如果主存能存放下这些指针，那么磁盘 I/O 的总数是每个 B–树中需要被检查的叶结点的数目加上沿着 B–树查找的少量 I/O 操作（见 3.2.7 节）。在此基础上，我们必须加上检索所有匹配记录所需的磁盘 I/O，不论它们是多少。

例 3.26 让我们考虑一个由 1 000 000 个点构成的假想点集，它们随机分布在一个 x 坐标和 y 坐标的范围都从 0 到 1000 的空间中。假定每个存储块可存放 100 个点，B–树的每个叶结点大约有 200 个键–指针对（回想一下，并非在任何时候 B–树块的每个槽都必须占满）。我们将假定在 x 和 y 上都建有 B–树索引。

设想我们有一个范围查询，要求找出该空间中心边长为 100 的正方形所包含的点，即 $450 \leqslant x \leqslant 550$ 且 $450 \leqslant y \leqslant 550$。利用 x 的 B–树索引，我们可以找到 x 值在该范围内的所有记录的指针，大约有 100 000 个指针，这个数量的指针应该可以在主存中存放下来。类似地，我们利用 y 的 B–树索引得到在 y 值在该范围内的所有记录的指针，这大约也有 100 000 个。这两个指针集的交集大约有 10 000 个指针，而通过这 10 000 个指针找到的记录就构成了我们的答案。

现在，让我们来估计回答这个查询所需要的磁盘 I/O 数量。首先，正如我们在 3.2.7 节中提出的那样，把 B–树的根保存在主存是可行的。3.2.4 节中，我们介绍了访问每一维的 100 000 个指针时，我们需要做的是检查一个中间层结点和所有包含所需指针的叶结点。因为我们假定叶结点包含约 200 个键–指针对，所以对每个 B–树我们需要查看约 500 个叶结点块。当我们再加上每个 B–树的一个中间结点时，我们需要的磁盘 I/O 总数为 1002。

最后，我们需检索包含这 10 000 个所需记录的块。如果它们随机存放，我们必须预计它们将会在 10 000 个不同的块中。由于每一个块存放 100 个记录，整个 100 万条记录的文件假定被存储在 10 000 个块中，我们基本上需要查看数据文件的每个块。这样，至少在这个例子中，传统的索引在回答范围查询方面如果说有帮助也是很少。当然，如果范围很小，则两个指针集的交集的构造将使得我们把查找限制在数据文件块的一小部分中。 □

3.4.3 利用传统索引执行最近邻查询

几乎我们使用的任何数据结构都允许我们来回答最近邻查询：在每一个维上选定一个范围；执行范围查询；并且选择该范围内离目标最近的点。不巧的是，下面两件事情可能出问题：

1. 所选定的范围内没有点。

2. 范围内最近的点可能不是总的来说最近的点，如图 3-31 所示。

回答最近邻查询的一般方法是先估计可能出现最近点的范围，执行相应的范围查询。如果在该范围内找不到任何点，我们就扩大查询范围，直到找到至少一个点为止。然后考虑在我们选定的范围之外，是不是有更邻近的点存在，如图 3-31 的情形。如果存在，我们再一次扩大查询范

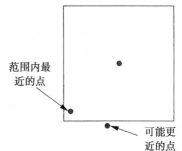

图 3-31 范围内存在点，但可能在范围外存在着更近的点

围，获取该范围内的所有点，再次检验。

3.4.4　多维索引结构综述

大多数支持多维数据查询的数据结构归于以下两类之一：

1. 类散列表方法。

2. 类树方法。

对于这些结构中的每一种，我们放弃一维结构的一些特性。对于基于散列的方法（3.5 节中的网格文件和分段散列函数），查询答案就在一个桶中这一优势不再存在。不过，这类方法中的每一种都把我们的搜索限制到桶的子集中。对于基于树的方法，我们至少放弃 B – 树的下列重要特征之一：

1. 树的平衡，那里所有叶结点位于同一层。

2. 树结点和磁盘块的对应。

3. 数据修改执行的速度。

正如我们将在 3.6 节看到的那样，树经常是一部分比另一部分深；通常深的部分对应于点多的区域。我们也将看到通常一个树结点所表示的信息远小于一个块所能存放的信息，因此有必要以某种有用的方式来把结点分组存到块中。

3.5　多维数据的散列结构

在这一节中，我们将考虑由使用单键建立的散列表推广得到的两种数据结构。在每种情况下，点所属的桶是所有属性或维的函数。一种方法称为"网格文件"，它通常不是按维来"散列"值，而是通过排序该维的值来划分该维；另一种方法称为"分段散列"，它确实"散列"各维，且每一维都影响桶号。

3.5.1　网格文件

在涉及多维数据的查询中，通常比单维索引性能要好的最简单的数据结构之一是网格文件（grid file）。想一想划分成网格的点空间。在每一维上网格线把空间分成条状（strip），落在网格线上的点被认为是属于该网格线为其低边界的条。不同维的网格线的数目可以不同，并且相邻网格线之间可有不同的区间长度，甚至在同一维的线之间也可有不同的区间长度。

例3.27　让我们引入一个多维索引的例子：问"谁买金首饰？"我们设想一个买金首饰的顾客数据库，为了使问题简化，我们假定相关的属性只有顾客的年龄和薪水。我们的示例数据库中有12个顾客。我们可以把它表示成下列的年龄 – 薪水对：

(25，60)	(45，60)	(50，75)	(50，100)
(50，120)	(70，110)	(85，140)	(30，260)
(25，400)	(45，350)	(50，275)	(60，260)

在图 3-32 中我们看到这 12 个点位于一个二维空间中。我们还在每一维上都选择了一些网格线。对这个简单例子，我们在每一维选择了两根网格线，把空间分成了九个矩形，但在每一维上选用同样数目的网格线并没有什么理由。一般来说，一个矩形包括落在其左边界和下边界上的点，但不包括落在其右边界和上边界上的点。例如，图 3-32 中央的矩形表示的点的范围是 $40 \leqslant$ age(年龄)< 55 和 $90 \leqslant$ salary(薪水)< 255。   □

3.5.2　网格文件的查找

空间划分成的每一个区域可以被看成是散列表的一个桶，落入该区域的每个点的记录都存放在属于该桶的块中。如有必要，溢出块可以用来增加桶的大小。

与传统散列表中使用的一维桶数组不同，网格文件使用的桶数组的维数与数据文件的维数一样。为了正确定位一个点所属的桶，我们需要知道每一维网格线的位置的值。因此，散列一个点与在它的各个分量值上运用散列函数多少有些不同。更确切地说，我们关注点的每一个分量并且确定该维上点在网格中的位置。点在每一维的位置一起决定点所属的桶。

例 3.28 图 3-33 所示为图 3-32 中的数据在桶中的存放情况。由于在两维上网格都把空间分成了三个区域，所以桶数是一个 3×3 的矩阵。其中以下两个桶是空的，且我们没有画出那两个桶的块。其他的桶全被画出，且人为地使每个桶的最大容量小到每个存储块最多容纳两个点。在这个例子中，没有桶超过两个成员，因而不需要溢出块。 □

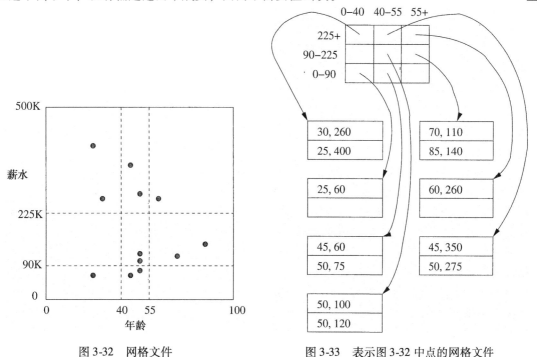

图 3-32　网格文件　　　　　　图 3-33　表示图 3-32 中点的网格文件

1. 薪水在 \$90K 和 \$225K 之间且年龄在 0 到 40 之间。
2. 薪水低于 \$90K 且年龄超过 55。

3.5.3　网格文件的插入

当我们往网格文件中插入一个记录时，我们遵循查找记录的过程并把新记录放到查找到的桶中。如果在该桶中的块有空间，那就不需要做更多的事。如果在桶中没有空间，那问题就出来了。通常有两种方法解决这个问题：

1. 按需要给桶增加溢出块。

2. 通过增加或移动网格线来重组结构。这种方法类似于 3.3 节讨论的动态散列技术，但这里还有别的问题，因为在一个维上桶的内容是相互关联的。也就是说，增加一条网格线将分裂沿该线的所有桶。因此，要选择一条对所有桶都最优的网格线也许是不可能的。例如，要是一个桶太大，我们也许不知是该选择对维分裂还是对点分裂，并且不会造成许多的空桶或使某些桶太满。

访问网格文件中的桶

尽管在一个像图3-33所示的3×3的网格中找一个点的坐标很容易，但我们应该记住网格文件在每一维上的条的数目都可能非常大。如果那样的话，则我们必须为每一维建立一个索引。索引的搜索码是该维分割值的集合。

在某坐标中给定一个值v，我们搜索小于或等于v值的最大码值w。在该索引中与w相关联的是矩阵中v值所在的行或列。在每一维中给定值，我们就可以在矩阵中找到指向相应的桶的指针。然后我们就可以依据指针直接去检索该桶。

在极端的情况下，矩阵是如此之大，以至于大多数的桶是空的而我们不能去存储所有的空桶。于是我们必须把矩阵看成一个关系，它的属性是非空桶的四角以及最后有一个指向桶的指针。在这个关系中查找本身是一个多维检索，但它的大小比数据文件自身要小。

例3.29   假若有一个52岁且收入为\$200K的人买了金首饰。该顾客属于图3-32中央的矩形。可是，现在该桶有3个记录。我们可以简单地为该桶增加一个溢出块。如果我们想分裂该桶，那我们需要选择年龄维或者薪水维，且我们需要选择一个新网格线来进行划分。这里引入网格线对中央桶进行分裂并使两个点在一边而一个点在另外一边的方法只有以下三种，这是在这种情况下最可行的分裂。

1. 一条垂直线，比如age=51，它把两个50岁的顾客记录同52岁的分隔开来。这条线对上、下桶的分裂没有什么影响，因为上、下两个桶中的两个点都在线age=51的左边。

2. 一条水平线，它把中央桶中salary=200的点同其他两个点分隔开来，我们也可以选择像130这样的数字，它也分裂右边的桶（年龄在55～100且薪水在90～225的桶）。

3. 一条水平线，它把salary=100的点同其他两个点分隔开来，这次我们建议选择像115这样的数字，它也同样分裂其右边的桶。

选择（1）可能不太明智，因为除了不得不分裂的桶，它没有分裂其他桶，却给我们留下了更多的空桶，且没有减少任何被占用的桶的大小。选择（2）或（3）都可以，虽然我们可能选（2），因为它把水平线放在salary=130，比（3）更接近于下限90和上限225的中间值。划分桶的结果如图3-34所示。□

3.5.4   网格文件的性能

让我们来考虑对各种类型的查询网格文件需要多少磁盘I/O。虽然网格文件可用作任意数目的维，但我们一直以来只考虑了二维的情况。对于高维的情况，一个主要的问题是随着维数的增加，桶的数目成指数级增长。如果空间的大部分是空的，那将会有许多空桶。即使在二维时我们也能觉察这个问

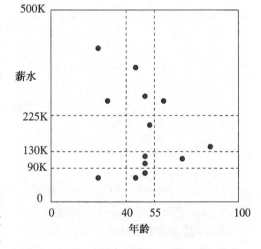

图3-34   点(52,200)的插入和其后桶的分裂

题。假若在年龄和薪水之间有很大的相关性，那么在图3-32中所有的点都沿着对角线分布，不论我们把网格线放在哪里，不沿对角线的桶都将会是空的。

不过，如果数据的分布性很好，且数据文件本身又不太大，那么我们可以选择网格线，使得：

1. 桶足够少，这样我们能够将桶矩阵存入主存中，查阅桶矩阵或者当我们插入一条新网格线而给矩阵增加一行或一列时，都不会引起磁盘I/O。

2. 我们也能够在主存中保存每一维上网格线的值的索引（请看"访问网格文件中的桶"框），

或者我们能够根本避免索引而使用主存的二分法查找来查找每一维上定义网格线的值。

3. 一般的桶只有少量的溢出块，因而，当我们搜索桶时不会造成太多的磁盘 I/O。

在这些假定下，下面是网格文件在一些重要查询类中的表现。

具体点的查找

我们直接找到适当的桶，因而唯一的磁盘 I/O 就是读入该桶所需的操作。如果我们进行插入或删除，则还需要一个磁盘写操作。若插入需要创建溢出块，则需另一个写操作。

部分匹配查询

这类查询的例子包括"找出所有年龄为 50 岁的顾客"，或"找出所有薪水为 \$200K 的顾客"。现在，我们需要查找桶矩阵某一行或某列的所有桶。如果在一行或列上有许多桶，那么磁盘 I/O 的数可能很大，然而只有很小的一部分桶真正需要被访问。

范围查询

范围查询定义网格的一个矩形区域，且在覆盖该区域的桶中找到的所有点都是该查询的答案，除了搜索范围边界上的桶中的某些点外。例如，如果我们想找出所有年龄为 25 ~ 45、薪水为 50 ~ 100 的顾客，那么我们需要在图 3-32 左下方的四个桶中查找。在这个例子中，所有的桶都处于边界上，因此我们可能查找到许多不是查询结果的点。不过，如果搜索区域包括大量的桶，那么大多数桶必定是内部的，且这些桶的所有点都是查询的结果。对于范围查询来说，由于我们需要检查许多的桶，因此磁盘 I/O 数可能会很大。不过，由于范围查询一般得到一个大的结果集，不论如何组织，我们检查的块数一般不会比我们的结果所需最小块数目多很多。

最近邻查询

给定一个点 P，我们首先查找该点所属的桶。如果我们至少找到了一个点，则我们对最近邻点就有了一个候选点 Q。不过，有可能在相邻桶中存在比 Q 离 P 更近的点，这种情形就像图 3-31 所示的那样。我们必须考虑 P 到该桶的边界的距离是否小于 P 到 Q 的距离。如果存在这样的边界，那在每个这样的边界的相邻桶也必须被搜索。事实上，如果桶是个很窄的矩形（它的一维比另一维长很多）甚至还可能需要搜索与包含点 P 的桶不相邻的桶。

例 3.30 假若我们在图 3-32 中查找点 $P = (45, 200)$ 的最邻近的点。我们发现点 $(50, 120)$ 是那个桶中最近的点，距离为 80.2。下面三个桶中都不存在比这更近的点，因为它们的薪水最多为 90，所以我们可以不去搜索它们。但是，其他 5 个桶必须被搜索，且我们找到两个等距离的点：$(30, 260)$ 和 $(60, 260)$，与 P 的距离为 61.8。一般来说，最近邻查询可以被限制到一小部分桶，因此只需少量磁盘 I/O。不过，由于最靠近 P 的桶可能为空，我们不可能轻易给出查找所需开销的上界。　□

3.5.5　分段散列函数

散列函数能够接受属性值的一个列表作为参数，虽然一般情况下只有一个参数值。例如，如果 a 是一个整型值属性而 b 是一个字符串型值属性，那么我们可以构造一个散列函数 $h(a, b)$，把 a 的值加上 b 的每一个字符的 ASCII 码值再除以桶数以后取余数。

不过，这样的散列表只可用在 a、b 值都被指定的查询。一个更好的选择是设计一个散列函数，使它产生若干个二进制位，比如说 k 个。这 k 位在几个属性中进行划分，从而我们为第 i 个属性产生 k_i 位散列值，且 $\sum_{i=1}^{n} k_i = k$。更精确地说，散列函数 h 实际上是一个散列函数 $(h_1, h_2, \cdots, h_n)$ 的列表，其中每个 h_i 运用到第 i 个属性上且产生 k_i 位二进制位序列。进行散列时，在这几个属性上值为 $(v_1, v_2, \cdots, v_n)$ 的元组所属的桶通过拼接二进制序列 $h_1(v_1)h_2(v_2) \cdots h_n(v_n)$ 计算得到。

例 3.31 如果我们有一个桶数目为 10 位的散列表（1024 个桶），我们可以把 4 位分给属性 a

而其他 6 位留给属性 b。假若我们有属性 a 值为 A 且属 b 值为 B 的一个元组，可能还有其他一些没有参与散列的属性。如果 $h_a(A) = 0101$ 且 $h_b(B) = 111000$，那么这个元组的桶号为 0101111000，即两个二进制位序列的拼接。

通过采用分段散列函数这种方式，我们可从任何一个或多个参与散列的已知的属性值中得到一些便利。例如，如果我们已知属性 a 的值 A，且得到 $h_a(A) = 0101$，那么我们知道包含属性 a 的值 A 的元组都只在这 64 个桶中，其桶号形式为 0101……，这里……表示任意的 6 位二进制数。类似地，如果给定一个元组的属性 b 的值 B，我们可以知道可能存在该元组的桶为 16 个桶，其桶号以 6 位二进制数 $h_b(B)$ 结尾。　　　□

例 3.32　假定我们有例 3.27 中的"金首饰"数据，我们想把它存放到一个有 8 个桶的分段散列表中（即桶数目为 3 位）。我们像以前一样假设每块能存放两个记录。我们把一位给年龄属性，而其余两位给薪水属性。

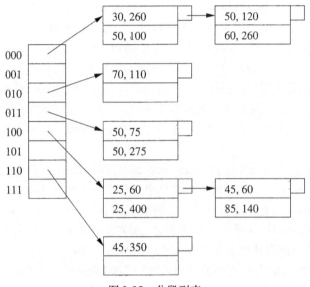

图 3-35　分段列表

对于年龄上的散列函数，我们用年龄模 2；也就是说，年龄为偶数的记录将散列到桶号形式为 $0xy$ 的桶中（x 和 y 为二进制位值）；年龄为奇数的记录散列到桶号形式为 $1xy$ 的桶中。对于薪水上的散列函数，用薪水（以 K 为单位）模 4 来得到。例如，若薪水为 \$57K，则模 4 后剩下余数 1，则该记录所属桶号的形式为 $z01$（z 为二进制位值）。

在图 3-35 中，我们了解到例 3.27 中数据在这种散列表中的存放情况。注意，因为我们使用的大多数年龄和薪水都可被 10 除尽，散列函数不能很好地分布这些点。8 个桶中有两个桶存放了 4 个记录且需要溢出块，而其他有三个桶为空。　　　□

3.5.6　网格文件和分段散列的比较

在这一节中讨论的两种数据结构的性能很不相同，这里是比较的要点：

- 分段散列表对于最近邻查询或范围查询实际上没有什么用，问题在于点之间的物理距离并没有通过桶号的接近反映出来。当然，我们可以在某属性 a 上设计散列函数，从而使最小值分配给第一个位串（全 0），下一个值分配给下一个位串（00…01），等等。如果这样做的话，那么我们又发明了一种网格文件。

- 选择一个好的散列函数将把点随机地散列到各个桶中，这样，这些桶将趋于被均等地占用。然而网格文件，特别是当维数很大时，易于留下许多空桶或几乎是空的桶。其最直观的原因在于，当有许多属性时，至少有一些属性，它们之间有相关性是很可能的，于是空间的很大区域是空的。例如，我们在3.5.4节提到的年龄和薪水的相关性将导致图3-32中大多数点位于对角线附近，使大多数矩形为空。由于这个结果，我们用分段散列表实现会比网格文件实现使用更少的桶和/或更少的溢出块。

因此，如果我们只需要支持部分匹配查询——我们指定某属性的值而不指定其他属性，那么分段散列函数可能会比网格文件好。相反，如果我们需要经常做最邻近查询或范围查询，那我们宁愿选择使用网格文件。

3.5.7 习题

习题3.5.1 在图3-36中是图2-21 13台PC机中的12台的规格说明，假若我们希望只在速度和硬盘大小上设计索引。

a) 选择5条网格线（两维的总数）以便使任何桶中不超过两个点。

!b) 如果只使用4条网格线，每桶至多有2个点，你能分隔这些点吗？如果可能，则画出如何分隔；否则，解释为何不可能。

!c) 提出一个分段散列函数，它能划分这些点到4个桶中且每桶不超过4个点。

习题3.5.2 选择一个分段散列函数，且速度、内存和硬盘大小三属性各为一位二进制数，使它能很好地划分图3-36中的数据。

习题3.5.3 假定我们用一个只有速度和内存的二维网格文件来存放图3-36中的数据。速度维上的划分为2.00、2.20和2.80，内存维上的划分为1024和2048。还假定每桶只能存放两个点。如果插入速度为2.5且内存为1536的点，试提出好的分裂。

型号	速度	内存	硬盘
1001	2.66	1024	250
1002	2.10	512	250
1003	1.42	512	80
1004	2.80	1024	250
1005	3.20	512	250
1006	3.20	1024	320
1007	2.20	1024	200
1008	2.20	2048	250
1009	2.00	1024	250
1010	2.80	2048	300
1011	1.86	2048	160
1012	2.80	1024	160

图 3-36 一些PC机和它们的特性

!习题3.5.4 假定我们希望把图3-36中的数据放到一个基于速度、内存和硬盘大小属性的三维网格文件中，给每一维提出一个划分从而使它能把数据划分得很好。

习题3.5.5 假若我们用网格文件来存放关系 $R(x, y)$。两个属性的范围都是从0到1000。该网格文件的划分刚好是等区间：对于 x 维的划分单位为20，即20、40、60等，而对于 y 维的划分单位为50，即50、100、150等。

a) 为了回答下面的范围查询，我们需检查多少个桶？

```
SELECT * FROM R
WHERE 330 < x AND x < 400 AND 620 < y AND y < 860;
```

!b) 我们希望对点(110, 245)执行一个最近邻查询。我们开始搜索左下角为(100, 200)、右上角为(120, 250)的桶，并且我们发现在这个桶中最近点为(115, 230)。为了证实该点是最近点，还要搜索哪些桶？

!! **习题3.5.6** 假定我们有一个桶号从0到 $2^n - 1$ 的散列表，即桶地址为 n 位长。我们希望把有两个属性 x 和 y 的关系存放到这个表中。任何查询可指定一个 x 值或 y 值，但不能同时指定。若 x 被指定的概率为 P。

a) 假定我们划分散列函数使 m 位给 x 维而其余 $n - m$ 位给 y 维。对于回答任意一个查询，预计需要检查多少桶，给出一个 m、n 和 p 的函数？

b) 什么样的 m（作为 n 和 p 的函数）值会使得预计桶数最小？不用担心 m 可能不是整数。

3.6 多维数据的树结构

现在，我们考虑对于多维数据的范围查询和最邻近查询都有用的另外四种结构。我们将依次考虑：

1. 多键索引。

2. kd – 树。

3. 四叉树。

4. R – 树。

前三种用于点集。R – 树通常用来表示区域的集合，它也可用来表示点集。

3. 6. 1   多键索引

假若我们有几个属性来表示我们的数据点的维，并且我们想在这些点上支持范围查询或最近邻查询。用来访问这些点的一个简单的树模式是索引的索引，或者用更一般的话来说，是一棵树，它的每一层的结点都是一个属性的索引。

这种想法如图3-37所示，这是两个属性的情况，"树根"是两个属性中第一个属性的索引，它可以是任何类型的常规索引，如 B – 树或散列表。该索引把每一个索引键值——即第一个属性的值——同指向另一个索引的指针相关联。如果 V 是第一个属性的一个值，那么通过键值 V 和它的指针找到的索引是一个指向这些点集的索引，这些点的第一个属性值是 V 而第二个属性为任意值。

例 3. 33   图 3-38 显示了一个我们一直在用的"金首饰"例子的多键索引，它的第一个属性为年龄，而第二个属性为薪水。根索引是关于年龄的索引，如图 3-38 左边所示。在图 3-38 的右边是提供访问点本身的 7 个索引。例如，如果我们根据根索引找到与年龄为 50 相关联的指针，我们得到一个以薪水为索引键的更小的索引，且索引中的 4 个索引键值是与年龄为 50 的点相关联的 4 个薪水值：75，100，120 和 275。   □

在多键索引中，有些第二级或更高级索引可能会很小。例如，图 3-38 有 4 个只有一个键 – 指针对的第二级索引。因此，把几个简单表压缩到一个块中来实现这些索引可能是合适的。

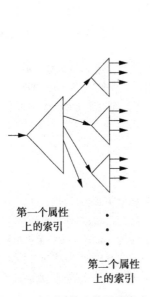

图 3-37   在不同键上使用嵌套索引

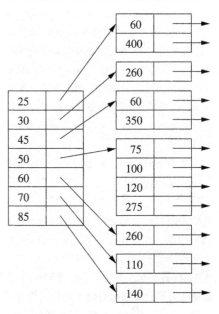

图 3-38   对年龄/薪水数据的多级索引

3. 6. 2   多键索引的性能

让我们考虑多键索引对于各种不同的多维查询的性能。我们将主要考虑两个属性的情形，虽然推广到多于两个属性并不使人感到意外。

部分匹配查询

如果第一个属性被指定，那访问是很有效的。我们使用根索引找到一个子索引，该子索引引导我们到想要的点上。与此相反，如果第一个属性没有给出一个指定值，那我们必须搜索每一个子索引，潜在地这是一个耗时的处理过程。

范围查询

如果单个索引本身在它们各自的属性上支持范围查询——比如说，B–树索引或者索引顺序文件，多键索引对范围查询就会运作得很好。为了回答一个范围查询，我们使用根索引和第一个属性的范围找出可能包含答案点的所有子索引。然后我们使用第二个属性的指定范围搜索每个子索引。

最近邻查询

这类查询可以通过一系列范围查询来完成，如我们在 3.4.3 节讨论的那样。

3.6.3 *kd*–树

kd–树(*k* 维搜索树)是把二叉搜索树推广到多维数据的一种主存数据结构。我们将先介绍这种思想，然后讨论怎样使这种思想适合存储的块模型。*kd*–树是一个二叉树，它的内部结点有一个相关联的属性 *a* 和一个值 *V*，它将数据点集分成两个部分：*a* 值小于 *V* 的部分和 *a* 值大于等于 *V* 的部分。由于所有维的属性在层间交替出现，所以树的不同层上的属性是不同的。

在一般的 *kd*–树中，数据点被存放在结点内，就像在二叉搜索树中一样。不过我们在开始引入这个思想时做了两个修改，以便获得块模式的有限益处：

1. 内部结点只有一个属性，该属性的一个划分值和指向左、右子树的指针。

2. 叶结点是块，块空间中存放着尽可能多的记录。

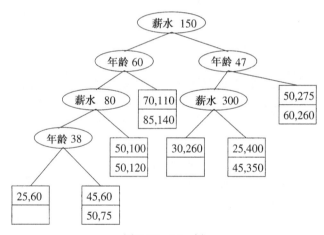

图 3-39　*kd*–树

例 3.34 在图 3-39 中是一棵我们一直在用的金首饰示例库的 12 个点的 *kd*–树。为简单起见，我们使用只能存放两个记录的块。这些块和它们中的内容显示在正方形的叶结点中。内部结点是有一个属性(或是年龄或是薪水)和一个值的椭圆。例如，根用薪水属性来分裂：左子树中的所有记录的薪水小于 $150K，而右子树中的所有记录的薪水至少是 $150K。

在第二层，用年龄属性来分裂：根的左子树以年龄为 60 来分裂，因此在它的左子树中的所有记录将是年龄小于 60 且薪水少于 $150K，在它的右子树中的所有记录将是年龄至少为 60 且薪水少于 $150K。图 3-40 表明了各个内部结点是如何分裂点空间到叶结点块中的。例如，薪水为 150 的水平线表示根结点上的分裂。线下面的空间在年龄为 60 处被垂直分裂，而上面的空间在年龄为 47 处分裂，它对应于根结点右子树的结果。　　□

3.6.4 *kd*–树的操作

查找一个所有维都给定值的元组的处理如同在二叉树中一样。我们在每个内部结点上决定哪个走向并且被引向我们所需的单个叶结点的块。

为了实现一个插入，我们先做一个查找。最后我们找到一个叶结点，如果叶结点的块中还有空间，我们就把新的数据点放在那里；如果没有空间，我们把块分裂成两个，并根据分裂叶结点所在层的相应属性划分叶结点中的内容。最后，我们创建一个新的内部结点：它的子结点为分裂得到的两个新块，并且给该内部结点一个与分裂相对应的划分值[⊖]。

例 3.35　假若某个年龄为 35 且薪水为 $500K 的人买了金首饰。从根开始，我们已知其薪水至少是 $150K，我们往右边走；在该右结点处，我们拿年龄 35 跟年龄 47 比较，它使我们往左边走；在第 3 层上，我们再次比较薪水，且我们的薪水大于划分值 $300K。因此我们被引向包含点 (25，400) 和 (45，350) 的叶结点，新点 (35，500) 需插入该块。

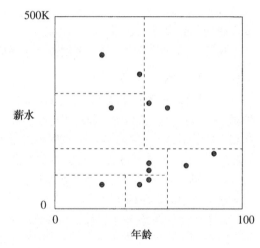

图 3-40　图 3-39 中的树所隐含的划分

在该块中存放不下 3 个记录，因而我们必须分裂该块。第 4 层是按年龄来分裂，所以我们得选择某个年龄来尽可能均匀地划分这些记录。中间值 35 是一个不错的选择，这样我们就用分裂值为 35 的内部结点取代该叶结点。该内部结点的左边是只有一个记录 (25，400) 的叶结点块，而右边是有另外两个记录的叶结点块，如图 3-41 所示。　　□

在这一章中讨论的更为复杂的查询也可以被 *kd* – 树支持。下面是算法的关键思想和梗概。

部分匹配查询

如果我们给定某些属性的值，那么当我们处于属性值已知的层的结点上时，我们可以往一个方向走；当我们处于属性值未知的结点上时，我们必须考察它的两个子结点。例如，如果我们要找出图 3-39 的树中的所有年龄为 50 的点，我们必须考察根的两个子结点，因为根是按薪水来分裂的。可是，在根的左子结点上，我们只需要往左走；在根的右子结点上，我们也只需考察它的右子树。例如，假定树是完全平衡的，索引有两维，如果只给定其中一维的值，那我们将不得不交替使用这两种方式来考察各层结点。(访问结点数)最终达到叶结点数的平方根。

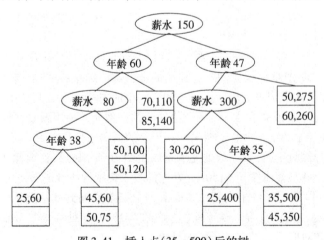

图 3-41　插入点 (35，500) 后的树

⊖　可能出现的一个问题是如下的情况：在一个给定的维出现了具有相同值的许多个点，以至于该维的桶中只有一个值，无法进行分裂。我们可以尝试沿另外一个维分裂，或者可以使用溢出块。

范围查询

有时一个范围允许我们移动到结点的某个唯一的子结点，但如果范围跨越了结点的划分值，那我们就必须考察两个子结点。例如，给定年龄范围是 35～55 和薪水范围是 $100K 至 $200K，我们考察图 3-39 的树如下：在根结点，薪水范围跨越了 $150K，因此我们考察它的两个子结点：在左子结点，范围完全属于左边，这样我们前进到薪水为 $80K 的结点。现在，范围又完全属于右边，这样我们就搜索到记录为 (50，100) 和 (50，120) 的叶结点，两个记录都符合查询范围；回到根的右结点，划分值年龄为 47 告诉我们查看两个子树：在薪水为 $300K 的结点上，我们只需往左前进，找到点 (30，260)，它实际上超出了范围；在年龄为 47 的右结点，我们找到两个点，它们都超出了范围。

3.6.5 使 kd – 树适合辅助存储器

假定我们用一个有 n 个叶结点的 kd – 树存放文件，那么从根到叶结点的路径的平均长度将大约是 $\log_2 n$，如同任何二叉树一样。如果我们每块存放一个结点，那么当我们遍历一条路径时，我们必须为每个结点做一次磁盘 I/O。例如，如果 $n = 1000$，那我们需要大约 10 次磁盘 I/O，远远超过通常 B – 树的 2 到 3 次磁盘 I/O——即使是一个十分大的文件。另外，由于 kd – 树内部结点的信息相对地少，块的大部分空间将被浪费掉。下面的两种方法有助于解决长路经和未用空间这一对孪生问题。

1. 内部结点的多分支。kd – 树的内部结点里可以有多个键 – 指针对，它看起来更像 B – 树结点。如果我们在结点里有 n 个键，我们能够把属性 a 的值分裂成 $n+1$ 个范围。如果有 $n+1$ 个指针，我们能够沿着适当的指针到只包含属性 a 值在那个范围内的点的子树。

2. 聚集内部结点到块。我们可以把多个内部结点压缩到一个块中。为了减少遍历路径访问的块数量，我们最好远离一个结点一个块的方式而将若干层的所有子结点存入一个块。在这种方式下，一旦我们检索到该结点的块，我们必定会使用该块中的其他某些结点，节省了磁盘 I/O。

3.6.6 四叉树

在一个四叉树中，每个内部结点对应于二维空间中的一个正方形区域，或是 k 维空间的 k 维立方体。像本章中的其他数据结构一样，我们将主要考虑二维的情形。如果一个正方形中的点数不比一个块中能存放的数多，那么我们就把这个正方形看作树的叶结点，并且它由存放它的点的块表示；如果矩形中还有太多的点以至于一个块存放不下，那么我们把这个正方形看作内部结点，它的子结点对应于它的 4 个象限。

例 3.36 图 3-42 显示了被组织成对应于四叉树结点区域的金首饰例的数据点。为了计算的便利，我们限制了可用的空间：薪水范围在 0 到 $400K 之间，而不是像在本章中其他例子那样达到 $500K。我们继续假定每个块只存放两个记录。

图 3-43 清楚地显示了这种树。对于象限和结点的子结点，我们使用指南针的标示法（例如，SW 代表西南象限——在中心左下方的点）。子结点的顺序总是如同在根结点所标识的那样。每个内部结点指出该区域的中心坐标。

由于整个空间有 12 个点且一个块中只存放两个点，我们必须把空间分裂成象限，我们在图 3-42 中用短划线标志。两个结果象限——西南和东北——

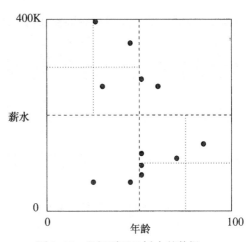

图 3-42 组织到四叉树中的数据

只有两个点。它们可以用叶结点来表示且不需要进一步分裂。

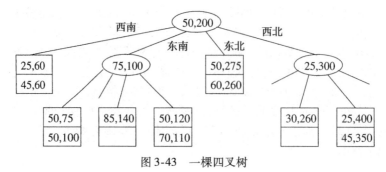

图 3-43 一棵四叉树

剩下的两个象限都多于两个点。两个都被分裂成子象限，如图 3-42 中点线所示。每个结果象限都有两个或更少的点，因而不需更多的分裂。

由于一个 k 维的四叉树的内部结点有 2^k 个子结点，因而存在一个能把结点方便地装入块中的 k 的范围。例如，若一个块中能存放 128 或者 2^7 个的指针，则 $k = 7$ 是一个合适的维数。不过，对于二维的情形，情况并不比 kd－树好多少，一个内部结点有 4 个子结点。此外，我们能够为 kd－树选择一个分裂点，可我们被约束在四叉树区域的中心，它也许能也许不能把该区域的点均匀地划分。尤其当维数很大时，我们可能在内结点中会找到许多空指针（对应于空象限）。当然我们在高维结点如何表示方面可以聪明些，并且只保留非空指针和该指针表示的象限的标志，这样可节省相当的空间。

关于我们在 3.6.4 节讨论的 kd－树的标准操作，我们这里不再进行详细的讨论：四叉树的算法类似于 kd－树的算法。

3.6.7 R－树

R－树（区域树）是一种利用 B－树的某些本质特征来处理多维数据的数据结构。回想一下 B－树的结点有一个键的集合，这些键把线分成片段，沿着那条线的每个点仅属于一个片段，如图 3-44 所示。B－树因此使我们很容易地找到点。如果我们把沿线各处的点表示成 B－树结点，我们就能够确定点所属的唯一子结点，在那里可以找到该点。

而 R－树表示由二维或更高维区域组成的数据，我们把它称为数据区。R－树的一个内部结点对应于某个内部区域，或称"区域"，它不是普通的数据区。原则上，区域可以是任何形状，虽然实际上它经常为矩形或其他简单形状。R－树的结点的键位置上含有子区域，它表示结点的子结点的内容。允许子区域有部分重叠，尽管我们希望重叠较小。

图 3-45 显示了一个与大矩形相关联的 R－树的结点。点状线标示的矩形表示与它的四个子结点相关联的子区域。注意，子区域没有覆盖整个区域，只要把位于大区域内的所有数据区都完全包含在某个小区域中就合乎要求。

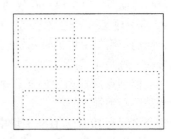

图 3-44 B－树结点沿线把键分成不相交的片段　　图 3-45 R－树结点区域和子结点子区域

3.6.8 R - 树的操作

对于"where-am-I"这类典型查询，R - 树是有用的。这类查询指定一个点 P 且询问结点所处于的数据区域。

我们从根结点开始，它关联着整个区域。我们检查根上的子区域且确定根结点的哪个子结点对应的内部区域包含点 P。注意到可能有 0、1 或几个这样的区域。

如果为 0 个区域，那我们就结束，P 不存在于任何数据区中。如果至少有一个内部区域包含点 P，那我们必须在与每个这样的区域对应的子结点上递归查找 P。当我们查找到一个或多个叶结点时，我们将找到真正的数据区，或者是每个数据区的完整记录，或者是指向记录的指针。

当我们插入一个新区域 R 到 R - 树时，我们从根开始且设法找到一个适合 R 的子区域。如果有多于一个这样的区域，那我们就选择一个，进到它相应的子结点且在那里重复这个过程。如果不存在包含 R 的子区域，那我们得扩大其中一个子区域。究竟选择哪一个是个艰难的决定。直观上，我们希望扩大的区域尽可能小，因此我们可以看一下哪个子结点的子区域将会使它们的面积增加得尽可能少，改变该区域的边界来包含 R，且在它的相应子结点中递归地插入 R。

最后，我们到达叶结点，在那里我们插入区域 R。不过，如果在该叶结点上没有空间。那我们必须分裂叶结点。怎样分裂叶结点受某些选择的支配。通常我们希望两个子区域能尽可能小，不过在它们之间，它们必须覆盖原始叶结点的所有数据区。完成分裂后，我们用对应于两个新叶结点的区域和指针对替换原来叶结点的区域和指针。如果父结点中有空间，那我们就结束。否则，就像在 B - 树中一样，我们往上递归地分裂结点。

例 3.37 我们考虑增加一个新区域到图 3-30 所示的地图中。假设叶结点可存放 6 个区域。再假设图 3-30 中的 6 个区域一起在一个叶结点中，该区域由图 3-46 中的一个外部(实)矩形表示。

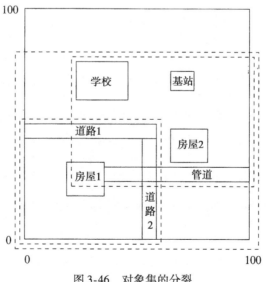

图 3-46 对象集的分裂

现在，假设当地的电话公司在图 3-46 所示的位置增加一个 POP(存在点，或基站)。由于 7 个数据区不能存放在一个叶结点中，我们要分裂该叶结点，4 个在一个叶结点而其他 3 个在另一个叶结点上。我们有很多的选择。我们选择了图 3-46 中的划分(用内部的、短划线矩形表示)：它最小化了部分重叠，同时又尽可能均匀地分裂叶结点。

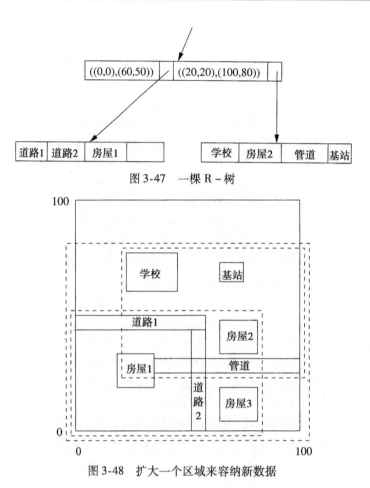

图 3-47   一棵 R – 树

图 3-48   扩大一个区域来容纳新数据

我们在图 3-47 中显示了两个新叶结点如何插入到 R – 树中。两个结点的父结点有指针指向它们，且与指针相关联的是每个叶结点所覆盖的矩形区域的左下角和右上角坐标。   □

例 3.38   假设我们在房子 2 的下方插入另一座房子，其左下角坐标为(70，5)，右上角坐标为(80，15)。由于这座房子没有被任何一个叶结点的区域完全包含。我们必须选择一个区域来扩大。如果我们扩大对应于图 3-47 中下部的子区域，那我们给该区域增加了 1000 平方单位，因为往右延伸了 20 个单位；如果我们把另一个子区域的底边下移 15 个单位来扩大该子区域，那我们增加了 1200 平方单位。我们宁可选择第一个，且新区域改变成图 3-48 所示。我们还必须把图 3-47 中顶层结点的区域描述从((0，0)，(60，50))改变成((0，0)，(80，50))。   □

3.6.9   习题

习题 3.6.1   给图 3-36 的数据画出多级索引，如果索引建立在：

a)内存，然后硬盘；

b)速度，然后内存；

c)速度，然后硬盘，最后内存。

习题 3.6.2   把图 3-36 的数据放到一棵 *kd* – 树中。假定每块能存放两个记录，给每一层挑选一个使数据划分尽可能均匀的划分值。分裂属性的顺序选择：

a)速度，然后内存，再交替；

b)速度，然后内存，最后硬盘，再交替；

c)不论什么属性，只要它在每个结点产生最均匀的分裂。

习题 3.6.3   假设我们有一个关系 $R(x, y, z)$，其属性 x 和 y 一起形成键。属性 x 的范围是从 1 到 100，属

性 y 的范围是从 1 到 1000。对于每一个 x，有 50 个 y 值不同的记录；对于每个 y，有 5 个 x 值不同的记录。注意 R 有 5000 个这样的记录。我们希望使用一个多键索引来帮助我们回答如下形式的查询：

```
SELECT z
FROM R
WHERE x = C AND y = D;
```

其中 C 和 D 为常量。假定每块能够存放 10 个键 – 指针对，并且我们希望在每一级创建稠密索引，可能在它们之上有高层的稀疏索引，因此每个索引从单个块开始。还假定最初所有的索引和数据块都在磁盘上：

a) 如果第一个索引是建立在 y 上，回答上述形式的查询需要多少个磁盘 I/O？

b) 如果第一个索引是建在 x 上，回答上述形式的查询需要多少磁盘 I/O？

!c) 假设你一直被允许有 6 个内存缓冲块，如果你想使额外需要的磁盘 I/O 数最小化，你将选择哪些块？你生成 x 或 y 的第一个索引吗？

习题 3.6.4　对于习题 3.6.3(a) 的结构，需要多少磁盘 I/O 来回答 $20 \leqslant x \leqslant 35$ 且 $200 \leqslant y \leqslant 350$ 这个范围查询。假定数据分布均匀，即对于任何给定的范围，预计数量的点将会被找到。

习题 3.6.5　在图 3-39 的树中，什么样的新点将会被插入到：

a) 点 (45，60) 和点 (50，75) 所在的块；

b) 点 (25，400) 和点 (45，350) 所在的块。

习题 3.6.6　如果我们相继插入点 (20，175) 和 (40，400)，画出图 3-41 的树可能的变化。

!**习题 3.6.7**　我们谈到过如果 kd – 树是完全平衡的，并且我们执行一个两属性中给定其中任意一个值的部分匹配查询，我们需访问 n 个叶结点中的大约 $\sqrt{n}$ 个。

a) 解释为什么。

b) 如果树在 d 维中交替地分裂，且我们指定这些维中的 m 个值，我们预计查找的叶结点所占比例是多少？

c) 把 (b) 的结果和分段散列表进行对比？

!**习题 3.6.8**　如果我们允许放入一个中心点到四叉树的任意象限中，我们总是能划分象限为等数目点的子象限 (或者尽可能相等，如果象限的点数不能被 4 除尽) 吗？证明你的答案。

!**习题 3.6.9**　假设我们有一个 1 000 000 个区域的数据库，这些区域可能部分重叠。R 树的结点 (块) 能够容纳 100 个区域和指针。任何结点表示的区域有 100 个子区域，且这些区域部分重叠情况是这样的：100 个子区域的总面积是该区域面积的 150%。如果我们对一个给定点执行 "where-am-I" 查询，预计要检索多少个块？

习题 3.6.10　把图 3-36 的数据存入一个有速度和内存维的四叉树中。假定速度的范围是从 1.00 到 5.00，而内存的范围是从 500 至 3500。

习题 3.6.11　加上硬盘第三维，它的范围是从 0 到 500，重做习题 3.6.10。

3.7　位图索引

现在让我们转到一种十分不同于我们前面所述的索引的索引上来。我们先设想文件的记录有一个永久的编号：1，2，$\cdots$，n。此外，文件存在某种数据结构，它对于任意的一个 i 可使我们容易地找到第 i 个记录。字段 F 的位图索引是一个长度为 n 的位向量的集合。每一个位向量对应于字段 F 中可能出现的一个值。如果第 i 个记录的字段 F 的值为 v，那么对应于值 v 的位向量在位置 i 上的取值为 1；否则该向量的位置 i 上的取值为 0。

例 3.39　假设一个文件中的记录由两个字段 F 和 G 组成，分别为整数型和字符串型。目前文件中有 6 个记录，编号为 1 到 6，它们的值依次如下：(30，foo)，(30，bar)，(40，baz)，(50，foo)，(40，bar)，(30，baz)。

第一个字段 F 的位图索引有 3 个位向量，每个长度为 6。第一个对应于 30，是 110001，因为第一、第二和第六个记录都是 $F = 30$；另外两个分别对应于 40 和 50，是 001010 和 000100。

字段 G 的位图索引也有 3 个位向量，因为那儿有 3 个不同的字符串出现。3 个向量是：

值	向量
foo	100100
bar	010010
baz	001001

在每种情形下，1 表示在那个记录中出现了相应的字符串。　□

3.7.1　位图索引的动机

乍看起来，位图索引需要太多的空间，尤其是当字段有许多不同值时，因为位的总数是记录和取值数的乘积。例如，如果字段是键，且记录数为 n，那么该字段的所有位向量需使用 n^2 个二进制位。不过，压缩能够使位的数量接近于 n，而与不同字段值的数量无关，就像我们将在 3.7.2 节看到的那样。

你也可能怀疑位图索引的管理会出现问题。例如，它们依赖于自始至终保持同样的记录数。随着文件增加和删除记录，我们如何找到第 i 个记录？我们怎样有效地为一个值找到位图？这些和其他相关问题在 3.7.4 节讨论。

位图索引的补偿优势是它们允许我们在许多情形下高效地回答部分匹配查询。在某种意义上说，它们提供了我们在例 3.7 中讨论的桶的优势。在那儿，我们通过指定几个属性值找到 Movie 元组，而无须先检索与每一个属性匹配的所有记录。下面的一个例子将说明这一点：

例 3.40　回想例 3.7，我们用如下查询语句查询关系 Movie：

```
SELECT title FROM Movie
WHERE studioName = 'Disney' AND year = 2005;
```

假设在属性 studioName 和 year 上建有位图索引，我们就能够对对应于 year = 2005 和 studioName = 'Disney' 的两个位向量求交，即我们逐位求这些位向量的与，且得到一个向量，该向量的位置 i 取值为 1，当且仅当第 i 个 Movie 元组对应的电影是由 Disney 于 2005 年制作的。

如果我们能够按给定的元组号检索 Movie 元组，我们就只需要读包含一个或多个这样元组的那些块，正如我们在例 3.7 所做的那样。为了对位向量求交，我们必须把它们读进内存，它需要给这两个位向量之一所占据的每个块一个磁盘 I/O。如上所述，我们稍后将讲述两个问题：3.7.4 节介绍按给定记录号访问记录，3.7.2 节证实位向量并不占太多的空间。　□

位图索引也能够帮助回答范围查询。下面我们将考虑一个例子：它不仅阐述了它们在范围查询中的使用，而且用一些短的位向量详细地显示了位向量的逐位与/或如何能够被用来找到查询的答案，它只查找我们所要的记录而不会查找任何其他记录。

例 3.41　先考虑例 3.27 的金首饰数据。假定例子中的 12 个点是如下编号从 1 到 12 的记录：

1：(25, 60)　　　2：(45, 60)　　　3：(50, 75)　　　4：(50, 100)
5：(50, 120)　　6：(70, 110)　　7：(85, 140)　　8：(30, 260)
9：(25, 400)　　10：(45, 350)　　11：(50, 275)　　12：(60, 260)

对第一个分量年龄，它有 7 个不同值，因此年龄的位图索引由下面 7 个向量组成：

25：100000001000　　　30：000000010000　　　45：010000000100
50：001110000010　　　60：000000000001　　　70：000001000000
85：000000100000

对于薪水分量，它有 10 个不同值，因而薪水的位图索引有下面的 10 个向量：

60：110000000000　　　75：001000000000　　　100：000100000000
110：000001000000　　　120：000010000000　　　140：000000100000

260：000000010001   275：000000000010   350：000000000100

400：000000001000

假定我们要找出年龄范围在 45～55 且薪水范围在 100～200 的所有首饰购买者。我们先找出在这个范围内的年龄值向量：在这个例子中它们是 010000000100 和 001110000010，分别对应于年龄 45 和 50。如果我们取它们的按位或，我们就得到一个新向量：当且仅当第 i 个记录的年龄在给定范围内时它的位置 i 上取值为 1，且该向量为 011110000110。

下一步，我们找出范围在 100K 到 200K 之间的薪水值向量：它们有 4 个，分别对应于薪水100、110、120 和 140，它们的按位或结果是 000111100000。

最后一步是取我们通过"或"运算得到的两个位向量的按位与，即：

011110000110 AND 000111100000 = 000110000000

于是我们找到只有第 4 和第 5 个记录(50，100)和(50，120)是在所要求的范围内。   □

3.7.2 压缩位图

假定我们在一个有 n 个记录的文件的字段 F 上建有位图索引，且在文件中出现的字段 F 的不同值的数目为 m。那么该索引的所有位向量的二进制位数就是 mn。如果说块的大小为 4096 个字节，那么在一个块中我们可存放 32 768 位，因此所需块数是 $mn/32\ 768$。这个数比存放文件本身所需的块数要小，但是随着 m 的变大，位图索引所需空间也就越多。

但是如果 m 很大，那么位向量中的 1 将会很少。精确地说，任何一位出现 1 的概率为 $1/m$。如果 1 很少，那么我们就有机会编码位向量以便它们平均所占用的位比 n 少得多。一个常用的方法叫做分段长度编码，段是由 i 个 0 后跟一个 1 所组成的序列，通过对整数 i 适当的二进制编码来表示一个段。我们把每个段的代码拼接在一起，则这个位序列就是整个位向量的编码。

我们可能会想到我们可以就把 i 表达成二进制数来表示 i。不过，如此简单的方法是不行的，因为把编码序列分成多个部分后要唯一地确定各个段的长度是不可能的(请看"二进制数不能用作分段长度编码"框)。因此，表示段长度的整数 i 的编码一定比简单的二进制表示更复杂。

二进制数不能用作分段长度编码

假设我们用整数 i 的二进制形式来表示 i 个 0 后跟一个 1 的段，那么位向量 000101 由长度分别为 3 和 1 的两个段组成。这两个整数的二进制表示为 11 和 1，这样 000101 的分段长度编码是 111。可是，采用类似的计算，位向量 010001 也被编码成 111；而位向量 010101 是编码为 111 的第三个向量。因此，111 不能够被唯一地解码成一个位向量。

我们将介绍多种可选编码方法中的一种。还有一些更好、更复杂的方法能够按 2 的倍数来提高压缩的量。但只有当一般的段很长时才行。在我们的方法中，我们首先需要确定 i 的二进制表示是多少位，这个数字 j 近似地等于 $\log_2 i$，被表示成"一元"：$j-1$ 个 1 和一个 0。然后，我们在它后面加上 i 的二进制表示 $^{\ominus}$。

例 3.42   如果 $i = 13$，那么 $j = 4$。即我们需要 4 位二进制来表示 i。因此，i 的编码开始部分为 1110。我们把 i 的二进制数 1101 加上，这样，13 的编码就是 11101101。

$i = 1$ 的编码是 01，而 $i = 0$ 的编码是 00。在这两种情况下，$j = 1$，因此我们以一个 0 开始且 0 后面为表示 i 的一位二进制数。   □

如果我们拼接了一个整数的编码序列，我们总能够恢复段的长度序列，且据此可以恢复原

⊖ 事实上，除了 $j = 1$(即 $i = 0$ 或 $i = 1$)的情况，我们可以确定 i 的二进制表示以 1 开始。因此如果我们省略掉这个1，而只使用剩余的 $j-1$ 位，则我们可以大约每个数字节约一位。

始位向量。假设我们已经扫描了一些编码位，且我们正处在这个某个整数 i 的编码位序列的开始位置上。我们向前扫描到第一个 0 并确定 j 的值。即，j 等于我们找到第一个 0 所扫描过的位数（在计算位时包括 0 本身）。一旦我们知道 j，我们查找后 j 位，该 j 位的二进制表示的数就是 i。此外，一旦我们扫描过表示的 i 的二进制位，我们便知道下一个整数编码的开始位置。所以我们可以重复这个过程。

例 3.43 让我们来对序列 11101101001011 进行解码。从头开始，我们在第四位上找到第一个 0，因而 $j = 4$，下面四位为 1101，因而我们确定第一个整数是 13。现在我们剩下 001011 要解码。

由于第一位是 0，我们知道下一位表示整数本身，该整数为 0。因此我们已经解码的序列为 13，0，而且我们必须解码剩下的序列 1011。

我们在第二个位置上找到第一个 0，于是我们下结论：最末两位表示最后的整数 3。我们的整个分段长度序列是这样：13，0，3。从这些数字，我们能够重新构造实际的位向量：00000000000000110001。 □

从技术上讲，每个这样解码的位向量都以 1 结尾，且任何的尾数 0 串都不会被恢复。由于我们可能知道文件中记录的数目，附加的 0 串能够被加上。不过，既然在位向量中 0 表示相应的记录不在所描述的集中，我们甚至不必知道记录的总数，并且可以忽略这个尾数 0 串。

例 3.44 让我们把例 3.42 中的某些位向量转换成我们的分段长度码。前三个年龄 25、30 和 45 的位向量分别为 100000001000，000000010000 和 010000000100。第一个位向量的分段长度序列为 (0，7)。0 的编码是 00，7 的编码是 11011。这样，年龄 25 的位向量变成了 0011011。

类似地，年龄 30 的位向量只有一个 7 个 0 的段。因此，它的代码是 110111。年龄 45 的位向量有两个段 (1，7)，由于 1 的编码是 01，且我们确定的 7 的编码是 110111，则第三个位向量的编码是 01110111。 □

例 3.44 中的压缩并不大。不过，当记录数 n 很小时，我们看不到真正的好处。为了认识这种编码的价值，假定 $m = n$，即建有位图索引的属性的值都只出现过一次。注意到长度为 i 的段大约有 $2\log_2 i$ 位。如果每个位向量只有一个 1，那它是一个单一段，且那个段的长度不可能比 n 长。这样，在这种情况下，位向量编码的上限长度为 $2\log_2 n$ 位。

由于在索引中有 n 个位向量，则表示这个索引的位总数最多为 $2n\log_2 n$。而没有压缩的位向量时却需要 n^2 位。

3.7.3 分段长度编码位向量的操作

当我们需要在编码位向量上执行逐位与/或操作时，我们除了解码它们且在原始的位向量上操作之外没有别的选择，不过，我们不必同时全部解码。我们描述的压缩方法使我们可以一次解码一个段，且我们能因此确定操作数位向量的下一个 1 在什么位置。如果我们进行或操作，我们在输出的相应位置生成 1；而如果我们进行与操作，当且仅当两个操作对象在相同的位置有下一个 1 时，我们才能生成 1。涉及的算法很复杂，但下面的例子可能使这个思想清晰明了。

例 3.45 考虑我们在例 3.44 中得到的年龄为 25 和 30 的编码位向量：0011011 和 110111。我们能够容易地解码它们的第一个段：我们找出它们分别为 0 和 7。也就是 25 的位向量的第一个 1 出现在位置 1，而 30 的位向量的第一个 1 出现在位置 8。因此我们在位置 1 生成 1。

下一步，我们必须解码年龄 25 的位向量的下一个段，因为该向量可能在年龄 30 的位向量在位置 8 上生成 1 之前生成另外一个 1。年龄 25 的位向量的下一个段是 7，它说明该位向量生成下一个 1 的位置为 9。因此我们生成一个 6 个 0 的串和一个位置 8 上的 1，它是来自于年龄 30 的位向量。位置 9 上生成一个 1，它是来自于年龄 25 的位向量。这两个向量都没有了后续的 1 串生成。

我们得出结论,这两个位向量的或(OR)是 100000011。既然在本例中,未压缩的位向量的长度都为 12,技术上我们就必须追加 000。 □

3.7.4 位图索引的管理

我们已经描述了位图索引上的操作,但还有三个重要问题没有谈到:

1. 当我们想查找一个给定值的位向量,或者给定范围内的值对应的多个位向量时,我们如何有效地找到它们?

2. 当我们已经选择好回答查询的记录集时,我们如何有效地检索这些记录?

3. 当数据文件由于记录的插入或删除发生改变时,我们如何调整给定字段上的位图索引?

查找位向量

把位向量看成记录,它们的键是对应于该位向量的字段值(虽然值本身不在"记录"中出现)。然后任何辅助索引技术都可以使我们有效地按值找到它们的位向量。

我们也需要在某处存储位向量。最好是把它们看作可变长记录,因为随着数据文件中记录的增加,它们一般会增长。在这时,2.7 节的技术很有用。

查找记录

现在,让我们来考虑第二个问题:一旦我们确定了我们所需要的文件中的记录 k,我们如何找到它。同样,我们已经学过的技术可以被采用。把第 k 个记录看作索引键值为 k(虽然该键实际上并不在记录中出现)。然后我们可在数据文件上创建辅助索引,它的索引键是记录号。

数据文件修改的处理

在位图索引中,要反映数据文件的修改有两个方面的问题:

1. 一旦分配后,记录数必须保持一定。

2. 数据文件的改变需要位图索引也做相应改变。

第(1)点的后果是当我们删除记录 i 时,"隐去"其记录号是最容易的。它在数据文件中的空间用"删除标记"代替。位图索引也必须改变,因为在位置 i 上为 1 的位向量必须把这个 1 改成 0。注意:因为在删除之前,我们知道记录 i 的值,所以我们能够找到适当的位向量。

接下来考虑新记录的插入。我们保留了下一个可用记录号,并且把它分派给新记录。然后,对于每个位图索引,我们必须确定新记录在相应字段的值且在该值的位向量后面追加 1。从技术上讲,在这个索引的其他位向量的末端都加上一个新 0,但是如果我们使用了像 3.7.2 节的压缩技术,则对于压缩值就不需要做任何改变。

作为一种特殊的情况,新记录可能有一个索引字段以前没有出现过的值。在这种情况下,我们需要给这个值一个新的位向量,且这个位向量和它的相应值需要被插入到辅助索引结构中,该结构被用来按给定值查找它的相应的位向量。

最后,让我们来考虑对数据文件中记录 i 的修改,即把一个有位图索引的字段的值从值 v 改为值 w。我们必须找到 v 的位向量并把位置 i 上的 1 改为 0。如果存在一个值 w 的位向量,那我们把它的位置 i 上的 0 改为 1;如果还不存在值 w 的位向量,那我们就像前一段落为这种情况讨论的那样创建一个位向量。

3.7.5 习题

习题 3.7.1 针对下列属性,分别用(i)非压缩方式和(ii)使用 3.7.2 节的压缩方式给图 3-36 中的数据画出位图索引:a)速度;b)内存;c)硬盘。

习题 3.7.2 利用例 3.41 中的位图,找出年龄范围为 40 ~ 60 且薪水为 100 ~ 200 的首饰买主。

习题 3.7.3 考虑一个有 100 000 个记录的文件,且字段 F 有 m 个不同值:

a) 作为 m 的函数，F 的位图索引有多少个字节？

!b) 假定编号从 1 到 100,000 的记录的字段 F 的值按循环方式被给出。因此，每个值每隔 m 个记录出现一次。使用压缩索引需要多少个字节？

习题 3.7.4 使用 3.7.2 节的方法，编码下列位图：

a) 01100000010000000100

b) 10000001000001001010001

c) 000100000000000001000010000

!! **习题 3.7.5** 我们在 3.7.2 节中建议：把编码数 i 占用的位数从我们在那一节里使用的 $2\log_2 i$ 减少到接近 $\log_2 i$ 是可能的。当 i 很大时，指出如何尽可能地接近该极限。提示：我们使用一元编码——我们用来对 i 的二进制编码的长度进行编码的方法。你能用二进制码的长度编码吗？

3.8 小结

- **顺序文件**：几种简单的文件组织，其产生方式是将数据文件按某个排序键排序并在该文件上建立索引。

- **稠密索引和稀疏索引**：稠密索引为数据文件的每个记录设一个键 - 指针对，而稀疏索引为数据文件的每个存储块设一个键 - 指针对。

- **多级索引**：在索引文件上再建索引，在索引的索引上再建索引……这在有时候是很有用的。高级索引必须是稀疏的。

- **辅助索引**：即使数据文件没有按查找键 K 排序，我们也可在键 K 上建立索引。这样索引必须是稠密的。

- **倒排索引**：文件及其包含的词之间的关系通常可通过一个词 - 指针对的索引结构来表示。指针指向"桶"文件的某个位置，该位置上有一个指向文件中该词出现的地方的指针列表。

- **B - 树**：这些结构实质上是有着很好的扩充性能的多级索引。带有 N 个键和 $N+1$ 个指针的存储块被组织成一棵树。叶结点指向记录。任何时候所有非根索引块都在半满与全满之间。

- **散列表**：同我们创建主存散列表一样，我们也可以基于辅存的存储块来建立散列表。散列函数将键值映射到桶，有效地将数据文件的记录分配到多个小组（桶）。桶用一个存储块和可能出现的溢出块表示。

- **可扩展散列**：这种方法允许在存在记录数太多的桶时将桶的数目加倍。它使用指向块的指针数组来表示桶。为了避免块过多，几个桶可以用同一个块表示。

- **线性散列**：这种方法每当桶中的记录比例超出阈值时增加一个桶。由于单个桶的记录不会引起表的扩展，所以在某些情形下需要溢出块。

- **需要多维索引的查询**：在多维数据上需要被支持的查询种类包括：部分匹配（在维的子集上指定值的点集）、范围查询（在每一维的范围内的点集）、最近邻查询（离给定点最近的点）和 where-am-I（包含一个给定点的区域或区域集）查询。

- **最近邻查询的执行**：许多数据结构允许通过执行一个围绕给定点的范围查询来执行最近邻查询。要是在该范围内不存在点，则扩大这个范围。因为在矩形范围内找到了点并不排除在矩形外有更近点的可能性，所以我们必须小心。

- **网格文件**：网格文件在每一维上切分点空间。网格线间的距离可以不同，且每一维上的网格线也可以不同。只要数据分布得相当均匀，网格文件就能很好地支持范围查询、部分匹配查询和最邻近查询。

- **分段散列表**：分段散列函数从每一维上构造桶号的一些二进制位。它们支持部分匹配查询较好，且不依赖于数据的均匀分布。

- 多键索引：一个简单的多维结构有一个根，根是某个属性的索引，它导入第二个属性上的索引集合，而第二个属性的索引又导入第三个属性的索引集合等等。它们对于范围和最近邻查询有用。

- kd-树：这些树像二叉搜索树，但它们按不同层次在不同属性上分支。它们较好地支持部分匹配、范围和最近邻查询。为了使该结构适合二维辅存操作，需要把多个树结点压缩到一个块。

- 四叉树：四叉树划分多维立方体成四个象限，且若它们有太多的点，则递归地用同样的方式划分这些象限。它们支持部分匹配、范围和最近邻查询。

- R-树：这种树的结构通常表示成区域的集合，且通过聚集它们成一个更大区域的层次结构。它对于 where-am-I 查询有帮助。如果原子区域实际上是点，它将同样支持在本章中研究的其他类型的查询。

- 位图索引：这种索引结构支持多维查询。它排序点或记录并且通过位向量表示记录的位置。这些索引支持范围、最近邻和部分匹配查询。

- 压缩位图：为了节省由很少个 1 的向量组成位的图索引的空间，通过采用分段长度编码来对位图索引进行压缩。

3.9 参考文献

B-树最初是由 Bagert 和 Mccreight[2] 提出来的。与本章里描述的 B+树不同，B-树的内部结点和叶结点都有指向记录的指针。文献[8]是对 B-树变体的一个综述。

散列用作数据结构可追溯到 Peterson[19]。可扩展散列在文献[9]中提出，而线性散列则来自文献[15]。Kunth 写的书[14]包含了有关数据结构方面的许多内容，包括选择散列函数和设计散列表的技术以及关于 B-树变体的许多思想。B+树(内部结点没有键值)的明确陈述出现在文献[14]的 1973 版中。

文献[23]中讨论了索引和文档检索的技术，而文献[1]和[10]是有关文本文档索引方法的综述。

kd-树来自文献[4]。为适合辅存所作的修改出现在文献[5]和[21]。分段散列和它在部分匹配检索的使用来自文献[20]和[7]，不过，习题 3.5.6 的设计思想来自文献[22]。

网格文件首先出现在文献[16]中。四叉树出自文献[11]。R-树来自文献[13]。且文献[24]和[3]中的两个扩展很有名。

位图索引有一段有趣的历史。有一个由 Ted Glaser 创立、名为 Nucleus 的公司，它申请了这个构想的专利并开发了一个 DBMS，在该系统中位图索引既是索引结构又是数据表示。该公司在 20 世纪 80 年代后期倒闭，但这种构想最近才被结合到几个主要的商业数据库系统中去。第一本关于这个主题的出版著作是文献[17]。文献[18]是这个构想的最新的发展。

有许多关于多维存储结构的综述。文献[6]是最早的文献之一，最近的综述可在文献[25]和[12]找到。前者还包括几个其他重要的数据库主题的综述。

1. R. Baeza-Yates, "Integrating contents and structure in text retrieval," *SIGMOD Record* **25**:1 (1996), pp. 67–79.

2. R. Bayer and E. M. McCreight, "Organization and maintenance of large ordered indexes," *Acta Informatica* **1**:3 (1972), pp. 173–189.

3. N. Beckmann, H.-P. Kriegel, R. Schneider, and B. Seeger, "The R*-tree: an efficient and robust access method for points and rectangles," *Proc. ACM SIGMOD Intl. Conf. on Management of Data* (1990), pp. 322–331.

4. J. L. Bentley, "Multidimensional binary search trees used for associative searching," *Comm. ACM* **18**:9 (1975), pp. 509–517.

5. J. L. Bentley, "Multidimensional binary search trees in database applications," *IEEE Trans. on Software Engineering* **SE-5**:4 (1979), pp. 333-340.

6. J. L. Bentley and J. H. Friedman, "Data structures for range searching," *Computing Surveys* **13**:3 (1979), pp. 397–409.

7. W. A. Burkhard, "Hashing and trie algorithms for partial match retrieval," *ACM Trans. on Database Systems* **1**:2 (1976), pp. 175–187.

8. D. Comer, "The ubiquitous B-tree," *Computing Surveys* **11**:2 (1979), pp. 121–137.

9. R. Fagin, J. Nievergelt, N. Pippenger, and H. R. Strong, "Extendible hashing — a fast access method for dynamic files," *ACM Trans. on Database Systems* **4**:3 (1979), pp. 315–344.

10. C. Faloutsos, "Access methods for text," *Computing Surveys* **17**:1 (1985), pp. 49–74.

11. R. A. Finkel and J. L. Bentley, "Quad trees, a data structure for retrieval on composite keys," *Acta Informatica* **4**:1 (1974), pp. 1–9.

12. V. Gaede and O. Gunther, "Multidimensional access methods," *Computing Surveys* **30**:2 (1998), pp. 170–231.

13. A. Guttman, "R-trees: a dynamic index structure for spatial searching," *Proc. ACM SIGMOD Intl. Conf. on Management of Data* (1984), pp. 47–57.

14. D. E. Knuth, *The Art of Computer Programming, Vol. III, Sorting and Searching, Second Edition,* Addison-Wesley, Reading MA, 1998.

15. W. Litwin, "Linear hashing: a new tool for file and table addressing," *Intl. Conf. on Very Large Databases,* pp. 212–223, 1980.

16. J. Nievergelt, H. Hinterberger, and K. Sevcik, "The grid file: an adaptable, symmetric, multikey file structure," *ACM Trans. on Database Systems* **9**:1 (1984), pp. 38–71.

17. P. O'Neil, "Model 204 architecture and performance," *Proc. Second Intl. Workshop on High Performance Transaction Systems,* Springer-Verlag, Berlin, 1987.

18. P. O'Neil and D. Quass, "Improved query performance with variant indexes," *Proc. ACM SIGMOD Intl. Conf. on Management of Data* (1997), pp. 38–49.

19. W. W. Peterson, "Addressing for random access storage," *IBM J. Research and Development* **1**:2 (1957), pp. 130–146.

20. R. L. Rivest, "Partial match retrieval algorithms," *SIAM J. Computing* **5**:1 (1976), pp. 19–50.

21. J. T. Robinson, "The K-D-B-tree: a search structure for large multidimensional dynamic indexes," *Proc. ACM SIGMOD Intl. Conf. on Mamagement of Data* (1981), pp. 10–18.

22. J. B. Rothnie Jr. and T. Lozano, "Attribute based file organization in a paged memory environment, *Comm. ACM* **17**:2 (1974), pp. 63–69.

23. G. Salton, *Introduction to Modern Information Retrieval*, McGraw-Hill, New York, 1983.

24. T. K. Sellis, N. Roussopoulos, and C. Faloutsos, "The R+-tree: a dynamic index for multidimensional objects," *Intl. Conf. on Very Large Databases*, pp. 507–518, 1987.

25. C. Zaniolo, S. Ceri, C. Faloutsos, R. T. Snodgrass, V. S. Subrahmanian, and R. Zicari, *Advanced Database Systems*, Morgan-Kaufmann, San Francisco, 1997.

第4章 查询执行

查询处理的这个大的话题将在这一章与第5章中讨论。查询处理器是 DBMS 中的一个部件集合，它能够将用户的查询和数据修改命令转变为数据库上的操作序列并且执行这些操作。既然 SQL 允许我们在很高的层次上表达查询，那么查询处理器必须提供关于查询将被如何执行的大量的细节。此外，查询的一个朴素的执行策略可能导致采用的查询执行算法所用时间比必需的高出许多倍。

图 4-1 表明了第 4 章与第 5 的主题的划分。在本章中，我们将集中在查询执行上面，也就是操作数据库数据的算法。我们将重点放在《数据库系统基础教程(原书第 3 版)》5.2 节中描述的扩展的关系代数操作上。因为 SQL 使用包模型，我们也假设关系是包，因此将使用《数据库系统基础教程(原书第 3 版)》5.1 节中提到的包模型中的操作。

我们将讨论执行关系代数操作的基本方法。这些方法的基本策略有所不同，扫描、散列、排序和索引是我们要讨论的主要方法。这些方法对可得到的主存容量所做的假设也有所不同。一些算法假设可得到的主存至少能够容纳参加操作的一个关系；另一些算法假设操作对象太大以至于不能装在主存中。这些算法在代价和结构上有明显的差别。

查询编译预览

为了建立查询执行所需的背景，我们给出了下一章内容的简短概要。正如图 4-2 所描绘的，查询编译可以分为三大步骤：

a)分析，建立查询的分析树。

b)查询重写，分析树被转化为初始查询计划，这种查询计划通常是查询的代数表达式。然后初始查询计划被转化为一个预期所需执行时间较小的等价的计划。

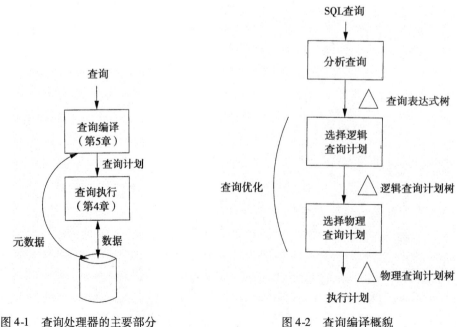

图 4-1 查询处理器的主要部分　　　　　图 4-2 查询编译概貌

c）物理计划生成，通过为 b）中抽象的查询计划，即通常所谓逻辑查询计划的每一个操作符选择实现算法并选择这些操作符的执行顺序，逻辑计划被转化为物理查询计划。与分析结果和逻辑计划一样，物理计划用表达式树来表示。物理计划还包含许多细节，如被查询的关系是怎样被访问的，以及一个关系何时或是否应当被排序。

（b）和（c）部分常被称作查询优化器，它们是查询编译的难点。为了选择最好的查询计划，我们需要判断：

1. 查询的哪一个代数等价形式会为回答查询带来最有效的算法？
2. 对选中形式的每一个操作，我们应当使用什么算法来实现？
3. 数据如何从一个操作传到另一个操作，比如使用流水线方式，主存缓冲区还是通过磁盘？

这些选择中的每一个都依赖于关于数据库的元数据。查询优化可利用的典型的元数据包括：每个关系的大小，统计数据如一个属性的不同值的近似数目和频率，某些索引的存在，以及数据在磁盘上的分布。

4.1 物理查询计划操作符介绍

物理查询计划由操作符构成，每一个操作符实现计划中的一步。物理操作符常常是一个关系代数操作符的特定的实现。但是，我们也需要用物理操作符来完成另一些与关系代数操作符无关的任务。例如，我们经常需要“扫描”一个表，即将作为关系代数表达式的操作对象的某个关系的每个元组调入内存。这个关系是对某个其他的操作的典型操作数。

这一节中我们将介绍物理查询计划的基本构造块，后面的节中包括有效地实现关系代数操作符的更复杂的算法，这些算法也是物理查询计划的一个必不可少的部分。我们还在这里介绍"迭代器"概念，它是使包含在一个物理查询计划中的操作符之间能够传递对元组的请求以及结果的一个重要方法。

4.1.1 扫描表

可能我们在一个物理查询计划中可以做的最基本的事情是读一个关系 R 的整个内容。这个操作符的一个变体包含一个简单的谓词，我们仅读出关系 R 中那些满足这个谓词的元组。定位关系 R 中元组的基本方法有两种：

1. 在很多情况下，关系 R 存放在二级存储器的某个区域中，它的元组排放在块中。系统知道包含 R 的元组的块，并且可以一个接一个得到这些块。这个操作叫做表-扫描。

2. 如果 R 的任意一个属性上有索引，我们可以使用这个索引来得到 R 的所有元组。比如，R 上的一个像 3.1.3 节中所讨论的那样的稀疏索引，可以用来引导我们得到所有的包含 R 的块，即使除此之外我们就不知道这些块是什么。这个操作叫做索引-扫描。

我们将在 4.6.2 节讨论选择操作的实现时再次考虑索引-扫描。然而就目前来说，可以看到的最重要的事实是我们不仅可以通过索引得到它索引的关系的所有元组，还可以通过索引得到在构成索引的属性或属性组合上具有特定值（或有时是一个特定的值的范围）的那些元组。

4.1.2 扫描表时的排序

在我们读一个关系的元组时，有很多原因促使我们将关系排序。其中一个是查询可能包含一个 ORDER BY 子句，要求对关系排序。另一个原因是的关系代数操作的许多种算法要求一个或所有的操作对象是排序的关系。这些算法在 4.4 节和其他一些地方出现。

物理查询计划操作符排序-扫描接受关系 R 和对作为排序依据的属性组的说明，并产生排

好顺序的 R。实现排序-扫描的方法有多种。如果我们想产生按照属性 a 排序的关系 R，并且 a 上有一个 B-树索引或 R 是作为按 a 排序的索引顺序文件来存储的，那么对索引进行扫描使我们得到具有所需顺序的 R。如果排序的关系 R 很小的，可以装进内存，那么我们可以使用表扫描或索引扫描来得到它的元组，再使用主存排序算法。如果 R 太大以至于不能装进内存，那么 4.4.1 节中的多路归并方法是一个好的选择。

4.1.3 物理操作符计算模型

一个查询通常包括几个关系代数操作，相应的物理查询计划由几个物理操作符组成。既然明智地选择物理计划操作符是一个好的查询处理器所必不可少的，我们必须能够估价我们使用的每个操作符的"代价"。我们将使用磁盘 I/O 的数目作为衡量每个操作的代价的标准。这个衡量标准与我们的一个观点（见 2.3.1 节）是一致的，即从磁盘中得到数据的时间比对内存中的数据做任何有用操作花费的时间都长。

在比较相同操作的算法时，我们将做一个假设，它可能会使我们在开始时感到惊讶：

- 假设任何操作符的操作对象都位于磁盘上，但操作符的结果放在内存中。

如果操作符产生一个查询的最终结果，这个结果需要写到磁盘上，那么保存结果的代价仅仅依赖于结果的大小，而不依赖于结果是怎样被计算的。我们可以简单地将最后的回写代价加到这个查询的总代价上。但是，在许多应用中，结果根本不存放到磁盘上，而是打印或传送到某个格式化程序。于是，在输出上耗费的磁盘 I/O 或者是零，或者依赖于某个未知的程序对数据所做操作。不管哪种情况，对结果写的代价都不会影响我们对查询执行操作算法的选择。

同样，形成一个查询的部分（而非整个查询）的操作符的结果通常也不写到磁盘上。在 4.1.6 节中我们将讨论"迭代器"，其中一个操作符 O_1 的结果在内存中构造，每次可能是一小部分，并作为操作对象传递给另一个操作符 O_2。在这种情况下，我们不必将 O_1 的结果写到磁盘上，而且，我们还节省了使用这一结果作为操作对象的操作符 O_2 从磁盘上读取该操作对象的开销。这一节省为查询优化器提供了极好的机会。

4.1.4 衡量代价的参数

现在，让我们引入用来表达一个操作符代价的参数（有时被称为统计数据）。如果优化器打算确定许多查询计划中的哪一个执行最快，那么估计代价是必需的。5.5 节介绍这些代价估算的利用。

我们需要一个参数来表达操作符使用的内存大小，我们还需要其他参数来衡量它的操作对象的大小。假设内存被分成缓冲区，缓冲区的大小与磁盘块的大小相同。那么 M 表示一个特定的操作符执行时可以获得的内存缓冲区的数目。有时候，我们可以认为 M 是整个内存或内存的绝大部分。但是，我们也将看到几个操作共享内存的情况，这时 M 比整个内存要小得多。事实上，就像我们将在 4.7 节中讨论的那样，一个操作可得到的缓冲区的数目可能不是一个可以预计的常数，而可能在执行过程中根据同时执行的其他进程来决定。如果是这样，M 实际上是对一个操作可得到的缓冲区数目的估计。

接下来，让我们来考虑衡量与访问相关的关系所需代价的参数。这些衡量关系中数据的多少和分布的参数经常被定期地计算，以便帮助查询优化器选择物理操作符。

我们将做一个简化的假设，即在磁盘上一次访问一个块的数据。实际上，如果我们能够一次读一个关系的许多块，这些块可能来自一个磁道上连续的块，那么 2.3 节中讨论的某个技术可能会提高算法的速度。有三类参数 B、T 和 V：

- 当描述一个关系 R 的大小时，绝大多数情况下，我们关心包含 R 的所有元组所需的块的数目。这个块的数目表示为 $B(R)$，如果我们知道指的是关系 R，就可以仅仅表示为 B。通常，我们假设 R 是聚集的，即 R 存储在 B 个块中或近似 B 个块中。
- 有时候，我们也需要知道 R 中的元组的数目，我们将这个数量表示为 $T(R)$，或在我们知道所指关系为 R 时简记为 T。如果我们需要一个块中能容纳的 R 的元组数，我们可以使用比例式 T/B。
- 最后，我们有时候希望参考出现在关系的一个列中的不同值的数目。如果 R 是一个关系，它的一个属性是 a，那么 $V(R, a)$ 是 R 中 a 对应列上不同值的数目。更一般地，如果 $[a_1, a_1, \cdots, a_n]$ 是一个属性列表，那么 $V(R, [a_1, a_1, \cdots, a_n])$ 是 R 中属性 $a_1, a_1, \cdots, a_n$ 对应列上不同的 n - 元组的数目。换言之，它是 $\delta(\pi a_1, a_1, \cdots, a_n(R))$ 中的元组数目。

4.1.5 扫描操作符的 I/O 代价

作为前面介绍的参数的一个简单应用，我们可以表示迄今为止讨论过的每个表 - 扫描操作符的磁盘 I/O 数目。如果关系 R 是聚集的，那么表 - 扫描操作符的磁盘 I/O 数目近似为 B。同样，如果 R 能够全部装入主存，那么我们可以通过将 R 读入主存并做内排序，从而实现排序 - 扫描，所需磁盘 I/O 数仍是 B。

但是，如果 R 不是聚集的，那么所需磁盘 I/O 数通常要高得多。如果 R 分布在其他关系的元组之间，那么表 - 扫描所需读的块数可能与 R 的元组一样多；即 I/O 代价为 T。类似地，如果我们想把 R 排序，但是 R 能被内存容纳，那么将 R 的全部元组调入内存所需磁盘 I/O 数 T 就是我们所需要的。

最后，让我们考虑索引 - 扫描的代价。通常，关系 R 的一个索引需要的块数比 $B(R)$ 少许多。因此，扫描整个 R(至少需 B 次磁盘 I/O)比查看整个索引需要更多的 I/O。这样，即便索引 - 扫描既需要检查关系又需要检查它的索引：

- 我们继续用 B 或 T 作为使用索引时访问整个聚集或不聚集的关系的代价估算。

但是，如果我们不只想要 R 的一部分，我们通常能够避免查看整个索引和整个 R。我们将对索引的这些使用推迟到 4.6.2 节中分析。

4.1.6 实现物理操作符的迭代器

许多物理操作符可以实现为迭代器。迭代器是三个方法的集合，这三个方法允许物理操作符结果的使用者一次一个元组地得到这个结果。这三个形成一个操作的迭代器的方法是：

1. Open( )。这个方法启动获得元组的过程，但并不获得元组。它初始化执行操作所需的任何数据结构并为操作的任何操作对象调用 Open( )。

2. GetNext( )。这个方法返回结果中的下一个元组，并且对数据结构做必要的调整以得到后续元组。在获取结果的下一元组时，它通常在操作对象上一次或更多次地调用 GetNext( )。如果再也没有元组返回了，GetNext( ) 将返回特殊值 NotFound，这个值肯定不会与任何元组混淆。

3. Close( )。这个方法在所有的元组或使用者想得到的所有元组都获得后终结迭代。它通常为操作符的每个操作对象调用 Close( )。

为何使用迭代器?

我们将在 5.7 节中看到在查询计划中,迭代器如何组合起来以支持有效的执行。它们与物化策略相反,物化策略产生每个操作符的整个结果,或者将它存放到磁盘上,或者允许它在内存中占据空间。在使用迭代器时,同一时刻活跃的操作有许多。元组按照需要在操作符之间传递,这样就减少了存储要求。当然,正如我们将见到的那样,并非所有物理操作符对迭代方法或"流水线"的支持都是有意义的。在某些情况下,几乎所有的工作都需要 Open( ) 方法来完成,这样就等效于物化方法了。

当描述迭代器和它们的函数时,我们假设每一类迭代器(例如,实现为迭代器的每一类物理操作符)都有一个"类",这个"类"在它的实例上定义了 Open( )、GetNext( ) 和 Close( ) 方法。

例 4.1 最简单的迭代器可能是表扫描操作符的实现。迭代器由类 TableScan 实现,它在查询计划中是 TableScan 类用我们希望扫描的关系 R 进行参数化后的实例。我们假设 R 是聚集在某个块序列中的关系,我们可以很方便地访问它。也就是说,我们假设"得到 R 的下一个块"这一想法由存储系统实现,不需要详细描述。此外,我们假设块内有一个记录(元组)的目录,这样可以容易地得到块中的下一个元组或者判断是否到达最后一个元组。

图 4-3 简略描述了这个迭代符的三个方法。我们设想有块指针 b 和指向块 b 中元组的元组指针 t。我们假设这两个指针分别可以"超出"最后一个块和最后一个元组,并且在这两种情况发生时能够指明。注意在这个例子中 Close( ) 没做什么事。实际上,迭代符的 Close( ) 方法可能以各种方式清理DBMS 的内部结构。它可能通知缓冲区管理器某些缓冲区已不再需要,或者通知并发管理器关系的读操作已经完成。

```
Open(){
    b: =R的第一块;
    t: =b的第一个元组;
}

GetNext(){
    IF(t已超过块b的最后一个元组){
        将b前进到下一块
        IF(没有下一块)
            RETURN NotFound;
        ELSE/* b是一个新块* /
            t: =块b上的第一个元组;
    }/* 现在我们已准备好返回t并前进* /
    oldt: =t;
    将t前进到b的下一元组;
    RETURN oldt;
}

Close(){
}
```

图 4-3 关系 R 上表-扫描操作符的一个迭代器

例 4.2 现在,让我们考虑一个迭代器在它的 Open( ) 方法中执行大部分工作的例子。操作符是排序-扫描,其中我们读一个关系 R 的元组,按照排好的顺序将它们返回。在我们检查完 R 的每一个元组之前,我们甚至连第一个元组也不能返回。为了简单起见,我们假设 R 很小,能够直接装进内存。

Open( )会将这个关系 R 放入内存中。它可能会对 R 中的元组进行排序,这样 GetNext( )只需要对元组进行依次返回,便能得到有序的结果。Open( )也可能不对 R 中的元组进行排序,Get-Next( )可以对剩下的第一个元组进行选择,执行一趟的选择排序操作。

例 4.3 最后,我们考虑一个关于多个迭代器怎样通过调用其他迭代器而结合起来的简单例子。我们的操作是包的并 $R \cup S$,这里我们首先产生 R 的所有元组,再产生 S 的所有元组,而不必考虑是否存在重复。我们用 R 和 S 表示生成关系 R 和 S 的迭代器,因此它们是查询计划中并操作 $R \cup S$ 的子结点。如果 R 和 S 是存储的关系,那么迭代器 R 和 S 可能是施加于 R 和

S 上的表扫描操作，否则可能是调用其他迭代器的网络来计算 R 和 S 的迭代器。不管怎样，重点是我们有了可用的 R. Open( )、R. GetNext( ) 和 R. Close( ) 方法，对迭代器 S 来说也有类似的方法。

这一并操作的迭代器方法在图 4-4 中进行了描述。巧妙之处在于方法使用了一个共享变量 CurRel，它是 R 还是 S 取决于当前正在读哪一个关系。   □

```
Open(){
        R. Open();
        CurRel: = R;
}
 GetNext(){
     IF (CurRel = R){
        t: = R. GetNext();
        IF (t < > Found)/* R 尚未消耗完* /
          RETURN t;
        ELSE   /* R 已消耗完* /{
            S. Open();
            CurRel: = S;
            }
}
/* 这里我们必须读 S* /
RETURN S. GetNext();
/* 注意，如果 S 已消耗完，S. GetNext 将会返回 NotFound，对 GetNext 来说这也是正确的动作* /
}
Close(){
    R. Close();
    S. Close();
}
```

图 4-4　用迭代器 R 和 S 构建一个并迭代器

4.2　一趟算法

我们现在将开始学习查询优化中一个非常重要的问题：我们怎样执行逻辑查询计划中的每个单独的步骤（例如，连接或选择）？每一个操作符的算法的选择是将逻辑查询计划转变成物理查询计划过程中的一个必不可少的部分。关于各种操作符已提出了很多算法，它们大体上分为三类：

1. 基于排序的方法（4.4 节）。
2. 基于散列的方法（4.5 节、9.1 节）。
3. 基于索引的方法（4.6 节）。

另外，我们可以将操作符算法按照难度和代价分成三种"等级"：

a）一些方法仅从磁盘读取一次数据，这就是一趟（one-pass）算法。它们是这一节的主题。它们通常要求操作的至少一个操作对象能完全装入内存，尽管存在例外，尤其是像 4.2.1 节讨论的选择和投影。

b）一些方法处理的数据量太大以至于不能装入可利用的内存，但又不是可想象的最大的数据集合。这些两趟算法的特点是首先从磁盘读一遍数据，用某种方式处理，将全部或绝大部分写回磁盘，然后在第二趟中为了进一步处理，再读一遍数据。我们将在4.4节和4.5节中见到这些算法。

c）某些方法对处理的数据量没有限制。这些方法用三趟或更多趟来完成工作，它们是对两趟算法的自然的递归的推广。我们将在4.8节学习多趟方法。

这一节中，我们主要讨论一趟算法。然而，无论在这一节中还是在后面，我们都将把操作符分为三大类：

1. 一次单个元组，一元操作。这类操作（选择和投影）不需要一次在内存中装入整个关系，甚至也不需要关系的大部分。这样，我们一次可以读一个块，使用内存缓冲区，并产生我们的输出。

2. 整个关系，一元操作。这些单操作对象的操作需要一次从内存中看到所有或大部分元组，因此，一趟算法局限于大小约为 M（内存中可用缓冲区的数量）或更小的关系。这里我们考虑的属于这一类的操作是 γ（分组操作符）和 δ（去重操作符）。

3. 整个关系，二元操作。其他所有的操作可以归为这一类：并、交、差、连接和积的集合形式以及包形式。我们将发现如果要用一趟算法，那么这类操作中的每一个都要求至少一个操作对象的大小限制在 M 以内。

4.2.1 一次单个元组操作的一趟算法

无论关系 R 能否被内存容纳，一次单个元组的运算 $\sigma(R)$ 和 $\pi(R)$ 都有显而易见的算法。正如图4-5所示，我们一次读取 R 的一块到输入缓冲区，对每一个元组进行操作，并将选出的元组或投影得到的元组移至输出缓冲区。由于输出缓冲区可能是其他操作的输入缓冲区，或正在向用户或应用发送数据，因而我们不把输出缓冲区算在所需空间内。因此，无论 B 有多大，我们只要求输入缓冲区满足 $M \geqslant 1$。

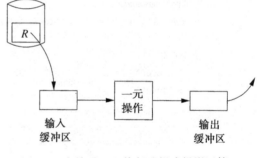

这一过程的磁盘 I/O 需求取决于作为操作对象的关系 R 是怎样提供的。如果 R 最初在磁盘上，那么代价就是执行一个表 - 扫描或索引 - 扫描所需代价。这一代价已在4.1.5节中讨论过，通常，

图4-5 在关系 R 上执行选择或投影运算

如果 R 是聚集的，代价就是 B，如果 R 不是聚集的，代价就是 T。然而，当执行的操作是一个选择，且其条件是比较一个常量和一个带索引的属性时，这是一个重要的例外。这种情况下，我们可以使用索引来检索 R 所在块的一个子集，这样通常会显著地提高执行效率。

额外的缓冲区可以加快操作

正如图4-5所示，尽管一次单个元组的操作只通过一个输入缓冲区和一个输出缓冲区就可以实现，但如果我们分配更多的缓冲区可以加速处理过程。这个想法最初在2.3.2节中出现。如果 R 存储在柱面上连续的块中，那么我们可以读取完整的柱面到缓冲区，而仅为每一个柱面付出了一个块的查询时间和旋转延迟代价。类似地，如果操作的输出可以存储在全部的柱面上，我们在写上几乎不会浪费时间。

4.2.2 整个关系的一元操作的一趟算法

现在让我们考虑施加于整个关系上而非施加于单个元组上的一元操作：消除重复（δ）和分组（γ）。

消除重复

为了消除重复,我们可以一次一个地读取 R 的每一块,但是对每一个元组,我们需要判定:

1. 这是我们第一次看到这个元组,这时将它复制到输出。

2. 我们从前见过这个元组,这时不必输出它。

为支持这个判定,我们需要为见过的每一个元组在内存中保存一个备份,如图 4-6 所示。用一个内存缓冲区保存 R 的元组的一个块,其余的 $M-1$ 个缓冲区可以用来保存目前为止我们见过的每个元组的一个副本。

当存储已经见过的元组时,我们必须注意所使用的内存数据结构。我们可以简单地列出我们见过的所有元组。当考虑 R 中的一个新元组时,我们将它与迄今为止看到的所有元组比较,如果它与这些元组当中的任何一个都不相等,我们把它复制到输出并将它加入到存在于内存中的我们所看到的元组的列表中。

然而,如果内存中有 n 个元组,每一个新元组占用的处理器时间与 n 成比例。因此整个操作占用的处理器时间与 n^2 成比例。由于 n 可能会非常大,对于我们所做的只有磁盘 I/O 需要大量时间这一假

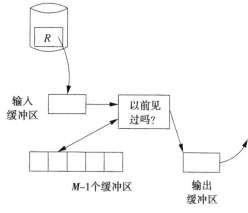

图 4-6 消除重复

设来说,这样的时间量将带来严重的问题。因此,我们需要一个主存结构,它允许我们增加一个新元组并能够辨别一个给定的元组是否存在,它缓慢地依赖于元组数量 n 增长。

例如,我们可以使用具有大量桶的散列表或某种形式的平衡二叉查找树 [注]。每一种结构除了需要存储元组的空间外,还需要一些开销。例如,一个主存散列表需要一个桶数组和连接桶内元组的指针空间。然而,所需额外空间开销与存储元组所需空间相比一般较小。因此我们在本章里面忽略了这种开销。

基于这个假设,我们可以在主存的 $M-1$ 个可用缓冲区存储与 R 的 $M-1$ 个块所能容纳的一样多的元组。如果我们希望 R 的每个不同的元组的一个副本能装在主存中,那么 $B(\delta(R))$ 肯定不能超过 $M-1$。因为我们预计 M 远远大于 1,我们将经常用到的这个规则的一个简单近似是:

$$B(\delta(R)) \leqslant M$$

注意,通常在没有计算出 $\delta(R)$ 本身时,我们不能一般地计算出 $\delta(R)$ 的大小。如果我们低估了这个大小,而 $B(\delta(R))$ 实际上大于 M,那么我们将为系统颠簸付出惨重的代价,因为保存 R 中不同元组的块必须频繁地出入主存。

分组

分组操作 γ_L 给我们零个或多个分组属性以及可能的一个或多个聚集属性。如果我们在主存中为每一个组(也就是为分组属性的每一个值)创建一个项,那么我们可以一次一块地扫描 R 的元组。每个组的项包括分组属性的值和每个聚集的一个或多个累计值。如下:

- (对 MIN(a) 或 MAX(a) 聚集来说,分别记录组内迄今为止见到的任意元组在属性 a 上的最小或最大值。每当见到组中的一个元组时,如果合适,就改变这个最小值或最大值。

- 对于任意 COUNT 聚集来说,为组中见到的每个元组加 1。

⊖ 关于合适的内存数据结构的讨论,请参见 A. V. Aho、J. E. Hopcroft 和 J. D. Ullman 的《Data Structure and Algorithms》,Addison-Wesley, 1983。特别地,散列平均花费 $O(n)$ 的时间来处理 n 项,平衡树花费 $O(n\log n)$ 的时间;这两者都能足够接近我们的线性目标。

- 对 SUM（a）来说，如果 a 不为 NULL 的话，在它的组里扫描到的累加值上增加属性 a 的值。
- AVG（a）的情况复杂。我们必须保持两个累计值：组内元组个数以及这些元组在 a 上的值的和。二者的计算分别与我们为 COUNT 和 SUM 聚集所做的一样。当 R 中所有元组都被扫描后，我们计算总和和个数的商以得到平均值。

当 R 的全部元组都已经读到输入缓冲区中，并且已用于各自组中聚集的计算，我们就可以通过为每个组写一个元组来产生输出。注意，直到扫描最后一个元组后，我们才开始为 γ 操作创建输出。因此这种算法并不太适合迭代器结构；在 GetNext 能获得第一个元组之前，Open 方法必须将全部分组做好。

为了使每一个元组在内存的处理过程更有效，我们需要使用一个内存数据结构来帮助我们在已知分组属性值时找到各分组的项。就像前面讨论的 δ 操作那样，通常的内存数据结构（如散列表和平衡二叉检索树）能发挥很好的作用。然而我们应该记住，这种结构的查找关键字只能是分组属性。

非聚簇数据上的操作

我们所有关于操作所需磁盘 I/O 数的计算都是在操作对象是聚簇的这一假设基础上进行的预测。在操作对象 R 没有聚簇的情况下（通常较罕见），读取 R 的全部元组可能需要我们进行 $T(R)$ 次而非 $B(R)$ 次磁盘 I/O。然而请注意，任何作为操作结果的关系总是可以被设想为聚簇的，因为我们没有理由以非聚簇的形式存储临时关系。

这个一趟算法所需磁盘 I/O 数是 B，与任何一元运算的一趟算法相同。尽管通常情况下 M 将小于 B，但所需内存缓冲区数 M 与 B 的关系不是任何一种简单的形式。问题在于组的项可能比 R 的元组长一些或短一些，并且组的数目可能是等于或小于 R 元组的数目的任意一种情况。然而大多数情况下，组的项不会比 R 的元组长，而且组的数目远小于元组数目。

4.2.3 二元操作的一趟算法

现在我们开始讨论二元操作：并、交、差、积和连接。为了区分这些操作符对集合和对包的版本，我们用 B 和 S 来分别表示包和集合，例如 $\cup_B$ 是求包的并集，而 $-_S$ 是求集合的差集。为了简化连接的讨论，我们将仅考虑自然连接。将属性适当地重命名后，等值连接可以按照相同方式实现，并且 theta - 连接可以被认为是在积或等值连接后再跟上在等值连接中不能表达的条件。

包的并可以通过一种非常简单的一趟算法计算出来。为了计算 $R \cup_B S$，我们复制元组 R 的每一个元组到输出，然后复制 S 的每一个元组，就像我们在例 4.3 中所做的那样。磁盘 I/O 数是 $B(R) + B(S)$，正如操作对象 R 和 S 上的一趟算法所必需的那样，并且不管 R 和 S 多么大，M = 1 就足够了。

其他的二元操作需要将 R 和 S 中较小的那个操作数读到内存中并且建立一个合适的数据结构，就像 4.2.2 节中讨论的那样，使元组不仅可以被快速插入还可以被快速检索到。和前面一样，散列表或平衡树就可以满足要求。因此，在关系 R 和 S 上用一趟执行一个二元操作的近似需求是：

$$\min(B(R), B(S)) \leqslant M$$

更精确地讲，一个缓冲区将被用来读取较大关系的块，而大约 M 个缓冲区用来容纳整个较小的关系和它的内存数据结构。

现在我们将给出各种操作的细节。在每一种情况下，我们假定 R 是两个关系中较大的一个，并且我们将把 S 放在内存中。

集合并

我们将 S 读到内存的 $M-1$ 个缓冲区中并且建立一个查找结构，其查找关键字是整个元组。所有的这些元组也都复制到输出。然后我们一次一块地将 R 的每一块读到第 M 个缓冲区。对于 R 的每一个元组 t，我们观察 t 是否在 S 中，如果不在，我们就将 t 复制到输出。如果 t 也在 S 中，我们就跳过 t。

集合交

将 S 读到 $M-1$ 个缓冲区中并建立将整个元组作为查找关键字的查找结构。读取 R 的每一个块，并且对 R 的每个元组 t，观察 t 是否也在 S 中。如果在，我们将 t 复制到输出，而如果不在，则忽略 t。

集合差

既然差不是一种可交换的，我们必须区别 $R -_S S$ 和 $S -_S R$，并继续假设 R 是较大的关系。在两种情况下，我们都将 S 读到 $M-1$ 个缓冲区中并建立将整个元组作为查找关键字的查找结构。

为了计算 $R -_S S$，我们读取 R 的每一个块并且检查块中的每一个元组 t。如果 t 在 S 中，那么忽略 t；如果 t 不在 S 中，则将 t 复制到输出。

为了计算 $S -_S R$，我们还是读取 R 的每一个块，并依次检查每一个元组 t。如果 t 在 S 中，那么我们从主存中 S 的副本里删掉 t，而如果 t 不在 S 中，则我们不做任何处理。在考虑完 R 的每一个元组后，我们将 S 中剩余的那些元组复制到输出。

包交

我们将 S 读到 $M-1$ 个缓冲区中，但是我们把每一个不同的元组与一个计数联系起来，其初值是该元组在 S 中出现的次数。元组 t 的多个副本并不分别存储。相反地我们存储 t 的一个副本并且将它与一个计数联系起来，计数值等于 t 出现的次数。

如果很少有重复的话，这种结构将占用比 $B(S)$ 块稍大的空间，尽管结果经常是 S 被压缩。因此，我们将继续假设 $B(S) \leqslant M-1$ 足以运行一趟算法，尽管这个条件只是一个近似。

接着，我们读取 R 的每一块，并且对于 R 的每一个元组 t，我们观察 t 是否在 S 中出现。如果不出现，那么我们忽略 t；它不会出现在交中。然而，如果 t 在 S 中出现，并且与 t 对应的计数仍为正值，那么我们输出 t 并将计数减 1。如果 t 在 S 中出现，但是它的计数器已经到 0，那么我们不输出 t；我们在输出中已经产生的 t 的副本和 S 中的一样多。

包差

为了计算 $S -_B R$，我们将 S 的元组读到内存中，并且像我们在计算包交集时那样统计每一个不同的元组出现的次数。当我们读取 R 时，对每一个元组 t，我们观察 t 是否在 S 中出现，如果是，那么我们将与之对应的计数递减 1。最后，我们将内存中计数是正数的每一个元组复制到输出，并且我们复制它的次数等于其计数。

为了计算 $R -_B S$，我们也将 S 的元组读到内存中，并且统计每一个不同的元组出现的次数。当我们读取 R 的元组时，我们可以把具有计数是 c 的元组 t 看作是不将 t 复制到输出的 c 个理由。也就是说，当我们读取 R 的一个元组 t 时，我们观察 t 是否在 S 中出现。如果不出现，那么我们将 t 复制到输出。如果 t 确实在 S 中出现，那么我们看与 t 对应的计数 c 的当前值。如果 $c=0$，那么我们将 t 复制到输出。如果 $c>0$，那么不将 t 复制到输出，但是将 c 值减 1。

积

将 S 读到主存的 $M-1$ 个缓冲区中，不需要特殊的数据结构。然后读取 R 的每一个块，并且对 R 中的每一个元组 t，将 t 与主存中 S 的每一个元组连接。在每一个连接而成的元组一形成后即将其输出。

对 R 的每一元组，这种算法都可能占用相当多的处理器时间，因为每一个这样的元组必须和装满元组的 $M-1$ 个块相匹配。然而，输出所占空间也很大，而输出每个元组的时间很小。

自然连接

在这一连接算法和其他连接算法中，我们沿袭惯例，即 $R(X,Y)$ 与 $S(Y,Z)$ 连接，Y 表示 R 和 S 的所有公共属性，X 是 R 的所有不在 S 的模式中的属性，并且 Z 是 S 的所有不在 R 的模式中的属性。我们继续假设 S 是较小的关系。要计算自然连接，执行以下步骤：

1. 读取 S 的所有元组，并且用它们构造一个以 Y 的属性为查找关键字的内存查找结构。将内存的 $M-1$ 块用于这一目的。

2. 将 R 的每一块读到内存中剩下的那一个缓冲区中。对于 R 的每一个元组 t，利用查找结构找到 S 中与 t 在 Y 的所有属性上相符合的元组。对于 S 中每一个匹配的元组，将它与 t 连接后形成一个元组，并且将结果元组移到输出。

和所有一趟的二元操作算法一样，这一算法读取操作对象需要使用 $B(R)+B(S)$ 次磁盘I/O。只要 $B(S) \le M-1$ 或近似地 $B(S) \le M$，它就能正常工作。

我们不打算讨论自然连接以外的连接。记住，等值连接以与自然连接基本相同的方式执行，但是我们必须考虑两个关系的"相等"属性可能有不同的名字这一事实。不是等值连接的 theta - 连接可以用在等值连接或积之后加以选择来代替。

4.2.4 习题

习题 4.2.1 对于下面的每一个操作，利用这一节中描述的算法为其书写一个迭代器：a)消除重复(δ)；b)分组(γ_L)；c)集合并；d)集合交；e)集合差；f)包交；g)包差；h)积；i)自然连接。

习题 4.2.2 对于习题4.2.1中的每一个操作符，判别它是否是阻塞的，阻塞意味着直到所有的输入都读入以后才能产生第一个输出。换句话说，阻塞操作符唯一可行的迭代器是由 Open 完成所有重要的工作。

! 习题 4.2.3 给出下列连接操作符的一趟算法。

a) $R \overset{\circ}{\underset{L}{\bowtie}} S$，假设 R 可装入内存（见《数据库系统基础教程（原书第 3 版）》5.2.7 节提及的外连接的定义）。

b) $R \overset{\circ}{\underset{L}{\bowtie}} S$，假设 S 可装入内存。

c) $R \overset{\circ}{\underset{R}{\bowtie}} S$，假设 R 可装入内存。

d) $R \overset{\circ}{\underset{R}{\bowtie}} S$，假设 S 可装入内存。

e) $R \overset{\circ}{\bowtie} S$，假设 R 可装入内存。

f) $R \ltimes S$，假设 R 可装入内存（见《数据库系统基础教程（原书第 3 版）》习题 2.4.8 半连接的定义）。

g) $R \ltimes S$，假设 S 可装入内存。

h) $R \overline{\ltimes} S$，假设 R 可装入内存（见《数据库系统基础教程（原书第 3 版）》习题 2.4.9 反半连接的定义）。

i) $R \overline{\ltimes} S$，假设 S 可装入内存。

习题 4.2.4 图 4-9 概括了这一节和下一节中的算法的内存和磁盘 I/O 需求。然而，它假设所有操作对象都是聚集的。如果一个或两个操作对象不是聚集的，图中的项将怎样变化？

4.3 嵌套循环连接

在讨论下一节中更为复杂的算法之前，我们将注意力转向一个称为"嵌套循环"连接的连接操作符算法系列。这些算法，在某种意义来说需要"一趟半"，因为在其中的各种算法中，两个操作对象中有一个的元组仅读取一次，而另一个操作对象将重复读取。嵌套循环连接可以用于任何大小的关系；没有必要要求有一个关系必须能装入内存中。

4.3.1 基于元组的嵌套循环连接

嵌套循环系列中最简单的形式是其中的循环是对所涉及关系的各个元组来进行的。在这个我们称为基于元组的嵌套循环连接算法中，我们将计算连接 $R(X, Y) \bowtie S(Y, Z)$ 如下：

```
For S 中的每个元组 s DO
    For R 中的每个元组 r DO
        IF r 与 s 连接形成元组 t THEN
            output t;
```

如果我们不注意关系 R 和 S 的块的缓冲方法，那么这种算法需要的磁盘 I/O 可能多达 $T(R)$ $T(S)$。然而，在很多情况下这种算法都可以修改，使代价低得多。一种情况是当我们可以使用 R 的连接属性上的索引来查找与给定的 S 元组匹配的 R 元组时，这样的匹配不必读取整个关系 R。我们在 4.6.3 节讨论基于索引的连接。第二种改进更加注重 R 和 S 的元组在各个块中的分布方式，并且在我们执行内层循环时，要尽可能多地使用内存，以减少磁盘 I/O 的数目。我们将在 4.3.3 节考虑基于块的嵌套循环连接形式。

4.3.2 基于元组的嵌套循环连接的迭代器

嵌套循环连接的一个优点是它非常适合用于迭代器结构，因此，就像我们将在 5.7.3 节中看到的那样，某些情况下它能使我们避免将中间关系存储到磁盘上。$R \bowtie S$ 的迭代器很容易用 R 和 S 的迭代器构造起来，我们用 R. Open( ) 等表示这些迭代器，就像 4.1.6 节中那样。嵌套循环连接的 3 个迭代函数的代码如图 4-7 所示，它假定关系 R 和 S 都是非空的。

```
Open(){
    R. Open();
    S. Open();
s: = S. GetNext();
}

GetNext(){
    REPEAT{
        r: = R. GetNext();
        IF(r = NotFound){/* 对于当前的 S 来说 R 已消耗完 * /
            R. Close();
            s: = S. GetNext();
            IF(s = NotFound)RETURN; /* R 和 S 都已消耗完 * /
                R. Open();
                r: = R. GetNext();
        }
    }
UNTIL(r 与 s 能连接);
RETURN r 和 s 的连接;
}

Close(){
    R. Close();
    S. Close();
}
```

图 4-7 基于元组的嵌套循环连接的迭代器函数

4.3.3 基于块的嵌套循环连接算法

如果我们按以下步骤计算 $R \bowtie S$，我们可以改进 4.3.1 节中基于元组的嵌套循环连接：

1. 对作为操作对象的两个关系的访问均按块组织。

2. 使用尽可能多的内存来存储属于关系 S 的元组，S 是外层循环中的关系。

第 1 点确保了当在内层循环中处理关系 R 的元组时，我们可以用尽可能少的磁盘 I/O 来读取 R。第 2 点使我们不是将读到的 R 的每一个元组与 S 的一个元组连接，而是与能装入内存的尽可能多的 S 元组连接。

像 4.2.3 节中一样，让我们假设 $B(S) \leqslant B(R)$，但是现在让我们再假定 $B(S) > M$；也就是说，任何一个关系都不能完整地装入内存。我们重复地将 $M-1$ 个块读到内存缓冲区中。为 S 在内存中的元组创建一个查找结构，它的查找关键字是 R 和 S 的公共属性。然后我们浏览 R 的所有块，依次读取每一块到内存的最后一块中。我们在读入 R 的一个块后将块中所有元组与 S 在内存中的所有块的所有元组进行比较。对于那些能连接的元组，我们输出连接得到的元组。这种算法的嵌套循环结构可以在图 4-8 中看到，在那里我们更加正式地描述此算法。图 4-8 中的算法有时被称作"嵌套块连接"。我们将继续将其简单地称为嵌套循环连接，因为它是嵌套循环思想在实践中使用最广泛的实现形式。

```
FOR S 中每个大小为 M-1 块的 chunk
    将这些块读入主存缓冲区中；
    将其元组组织为查找结构，查找关键字是 R 和 S 的公共属性；
    FOR R 的每个块 b
        将 b 读入主存；
        FOR 块 b 的每一个元组 t DO BEGIN
            找出 S 在主存中的元组中那些能与 t 连接的元组；
            输出 t 与这些元组中每一个的连接；
        END；
    END；
END；
```

图 4-8   嵌套循环连接算法

图 4-8 的程序似乎有三重嵌套循环。然而，如果我们从正确的抽象层次上看代码，实际上仅有两重循环。第一重循环或外层循环是对 S 元组进行的，其他的两层循环对 R 的元组进行。然而，我们将此过程表达为两层循环是为了强调我们访问 R 的元组的顺序不是任意的。相反地，我们需要一次一块地处理这些元组（第二层循环的作用），并且在继续移动到下一个块之前，我们要处理当前块内的所有元组（第三层循环的作用）。

例 4.4   假定 $B(R) = 1000$ 且 $B(S) = 500$，并令 $M = 101$。我们将使用 100 个内存块来按照大小为 100 块的 chunk 对 S 进行缓冲，因此图 4-8 中的外层循环需迭代 5 次。每一次迭代中，我们用 100 个磁盘 I/O 读取 S 的 chunk，并且在第二层循环中我们必须用 1000 个磁盘 I/O 来完整地读取 R。因此，磁盘 I/O 的总的数量是 5500。

注意，如果我们颠倒 R 和 S 的角色，算法使用的磁盘 I/O 要略多一些。我们将在外层循环中迭代 10 次，并且每一次迭代使用 600 次磁盘 I/O，总共是 6000 次。一般来说，在外层循环中使用较小的关系略有优势。   □

4.3.4   嵌套循环连接的分析

例 4.4 的分析可以重复应用在任何 $B(R)$、$B(S)$ 和 M 上。假设 S 是较小的关系，chunk 数或外层循环的迭代次数是 $B(S)/(M-1)$。每一次迭代时，我们读取 S 的 $M-1$ 个块和 R 的 $B(R)$ 个块。这样，磁盘 I/O 的数量是 $B(S)(M-1+B(R))/(M-1)$，或者 $B(S)+(B(S)B(R))/(M-1)$。

设想 M、$B(S)$ 和 $B(R)$ 都很大，但 M 是其中最小的，上面公式的一个近似值是 $B(S)B(R)/M$。也就是说，代价与两个关系的大小的乘积再除以可用内存容量得到的商成比例。当两个关系都很大时我们可以做得比嵌套循环连接好得多。尽管我们应当注意对于像例 4.4 中那样的相当小的实例来说，嵌套循环连接的代价并不比一趟连接的代价（对于该例子来说是 1500 次磁盘 I/O）大多少。实际上，如果 $B(S) \leqslant M - 1$，嵌套循环连接与 4.2.3 节中的一趟连接算法是一样的。

尽管嵌套循环连接通常并不是可能的连接算法中最有效的算法，我们应该注意在一些早期的关系 DBMS 中，它是唯一可用的方法。即使今天，某些情况下在更有效的连接算法中，仍然需要把它作为一个子程序，例如，当各个关系中的大量元组在连接属性上具有相同的值时。关于嵌套循环是必不可少的一个例子，参见 4.4.6 节。

4.3.5 迄今为止的算法的总结

图 4-9 中给出了 4.2 节和 4.3 节中我们已经讨论过的算法的内存和磁盘 I/O 需求。γ 和 δ 的内存需求实际上比给出的更复杂，并且 $M = B$ 仅是一个大致的近似。对于 γ，M 随组的数量增长，而对于 δ，M 随不同的元组的数量增长。

操作符	大致需要的 M	磁盘 I/O	章节
σ，π	1	B	4.2.1
γ，δ	B	B	4.2.2
$\cup$，$\cap$，$-$，$\times$，∞	$\min(B(R)，B(S))$	$B(R) + B(S)$	4.2.3
∞	任意 $M \geqslant 2$	$B(R)B(S)/M$	4.3.3

图 4-9   一趟算法和嵌套循环算法的内存以及磁盘 I/O 需求

4.3.6 习题

习题 4.3.1   假设 $B(R) = B(S) = 10\ 000$，并且 $M = 1000$。计算嵌套循环连接的磁盘 I/O 代价。

习题 4.3.2   对于习题 4.3.2 中的关系，使用嵌套循环连接算法计算 $R \bowtie S$ 时我们需要什么样的 M 值，磁盘 I/O 才不超过：a)200 000；!b)25 000；!c)15 000。

习题 4.3.3   给出基于块的嵌套循环连接形式的三个迭代器函数。

!习题 4.3.4   如果 R 或 S 是空的，图 4-7 的迭代器将无法正确地工作。重写这些函数，使得即使一个关系为空或两个关系都是空时，它们仍能工作。

!习题 4.3.5   如果 R 和 S 都是非聚集的，似乎嵌套循环连接将需要大约 $T(R)T(S)/M$ 次磁盘 I/O 时间。

a) 你怎样做才能明显好于这个代价？

b) 如果 R 和 S 中只有一个是非聚集的，你怎样执行嵌套循环连接？考虑两种情况：较大的关系是非聚集的和较小的是非聚集的。

4.4   基于排序的两趟算法

现在，我们开始学习在关系上执行关系代数操作的多趟算法，这里的关系大于 4.2 节的一趟算法能够处理的关系。我们的重点在两趟算法上，其中来自于操作对象关系中的数据被读到内存，以某种方式处理，再写回到磁盘，然后重新读取磁盘以完成操作。我们可以自然地将这种想法扩展到任何趟数，其中数据被多次读取到内存。然而，我们将重点放在两趟算法上，这是因为：

a) 即使对于很大的关系，两遍通常也就足够了。

b) 将两趟算法推广到多趟并不难；我们将在 4.4.1 节讨论这些扩展，并在 4.8 节中做普遍性的讨论。

我们开始用排序操作符 T 的实现来阐述普通的方法：对于 $B(R) > M$ 的关系 R，将它分成大小为 M 的 chunk 并排序，然后以某种对于任意子表在任意时刻只占用一个内存块的方式，对排好序的子表进行排序。

4.4.1 两阶段多路归并排序

假设我们有 M 个内存缓冲区来进行排序，可以通过两趟的算法对非常大的关系进行排序，这种算法叫两阶段多路归并排序(Two-Phase，Multiway Merge-Sort，TPMMS)。TPMMS 用如下的方式对关系 R 进行排序：

- 阶段 1：不断地将 R 中的元组放入 M 个缓冲区，利用主存排序算法对它们进行排序，并将排序得到的子表存到外存中。
- 阶段 2：将排好序的子表进行归并。在这个阶段，至多能对 $M-1$ 个有序的子表进行归并，这就限制了 R 的大小。我们为每个有序子表分配一个输入的缓冲块，并使用一个缓冲块用于输出。图 4-10 给出了对缓冲区的使用方法。指向每个输入块的指针表示排好序但尚未被移到输出块的第一个元素。我们将有序的子表用如下的方式归并为一个包含所有记录的列表。

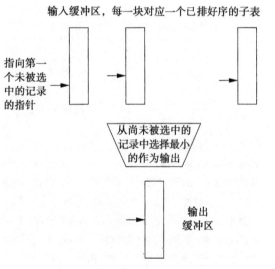

输入缓冲区，每一块对应一个已排好序的子表

指向第一个未被选中的记录的指针

从尚未被选中的记录中选择最小的作为输出

输出缓冲区

1. 找到所有子表中第一个元素的最小值。因为比较是在内存中完成的，因此线性的搜索就足够了，搜索执行的机器指令的数量与子表的数量成正比。但是，如果我们需要的话，可以利用基于"优先队列"[⊖]的方法，使找到子表第一个元素的最小值的时间与子表数量的对数成正比。

2. 将最小的元素移到输出块中的第一个可用的位置。

3. 如果输出块已满，则将它写入硬盘，并对内存中该缓冲块进行重新初始化，以便存放下一个输出块。

4. 如果刚被取出最小元素的缓冲块的元素已耗尽，将同一个有序子表中的下一个块读入到元素耗尽的缓冲块。如果子表中没有块了，则使它的缓冲区保持空，并在以后的选取最小的列表的第一个元素的操作中不对它进行考虑。

图 4-10 多路归并在主存中的组织情况

为了使 TPMMS 能正常工作，子表不能超过 $M-1$ 个。假设 R 占用 B 个块。因为每个子表包含 M 个块，于是子表的数目为 B/M。因此我们要求 $B/M \leqslant M-1$，或者 $B \leqslant M(M-1)$（或者近似表示为 $B \leqslant M^2$）。

算法要求我们在第一趟时读入 B 个块，此外还有 B 次磁盘 I/O 用于写回排好序的子表。每个子表在第二个阶段都会被再次读入到内存，因此总的磁盘 I/O 次数为 $3B$。如果按照惯例，我们不计算将结果写回到磁盘的代价（因为此结果可能是用于流水线操作而不用写回到磁盘），那么 $3B$ 就是排序操作符 τ 所需的总的代价。但是，如果我们需要将结果保存到磁盘，那么总的代价就是 $4B$。

⊖ 参见 A. V. Aho and J. D. Ullman, *Foundations of Computer Science*, Computer Science Press，1992。

例 4.5　假设块的大小是 64k 字节，而我们有 1G 的内存。那么我们可以提供的 M 为 16k。于是，要能对一个有 B 个块的关系进行排序，则要求 B 的大小不超过 $(16k)^2 = 2^{28}$。因为块的大小是 $64k = 2^{14}$，那么大小不超过 2^{42} 字节或 4T 字节的关系都能进行排序。　　　　　□

例 4.5 告诉我们即便是使用普通的机器，2PMMS 可以利用两趟对相当大的关系进行排序。但是，如果你有更大的关系，相同的思想可以递归式地使用。将关系分成 $M(M-1)$ 个片段，使用 2PMMS 对其中的每一个片段进行排序，并将排序的结果作为第三趟需要用到的子表。这个思想可以被扩展到更多的趟数。

4.4.2　利用排序去除重复

为了用两趟执行 $\delta(R)$ 操作，我们像在 2PMMS 中一样在子表中将 R 的元组排序。在第二趟中，我们将采取与 2PMMS 相同的方法，在可用内存中为每个有序子表分配一个缓冲块，并保持一个输出缓冲块。但是，我们将在第二趟时不断地复制每一块的第一个未考虑的元组 t 到输出并忽略与它相同的所有元组，而不是进行排序。我们将 t 拷贝到输出块，并将输入块中所有的 t 删除。因此，输出块对 R 中的任何一个元组都只有一个实例；而它们是按序产生的。如果缓冲块已满或者输入块已空，我们用 2PMMS 中相同的方法进行处理。

和平常一样忽略对输出的处理，执行这个算法的磁盘 I/O 数与排序一样，也是 $3B(R)$。这个数字可以与 4.2.2 节中的一趟算法的 $B(R)$ 进行比较。另一方面，我们可以用两趟算法处理比一趟算法所能处理的文件大得多的文件。对 2PMMS 来说，与一趟算法的 $B \leqslant M$ 相比，要使两趟算法可行，需要使 $B \leqslant M^2$。换言之，用两趟算法计算 $\delta(R)$ 仅需要 $\sqrt{B(R)}$ 个内存块，而不是 $B(R)$ 个内存块。

4.4.3　利用排序进行分组和聚集

$\gamma_L(R)$ 的两趟算法与 $\delta(R)$ 或是 2PMMS 的算法非常相似。我们将它概括如下：

1. 将 R 的元组每次读取 M 块到内存中。用 L 的分组属性作为排序关键字，对每 M 块排序。将每一个排好序的子表写到磁盘。

2. 为每一个子表使用一个主存缓冲区，并且首先将每一个子表的第一个块装入其缓冲区。

3. 在缓冲区可以获得的第一个元组中反复查找排序关键字（分组属性）的最小值。这个最小值 v 成为下一分组，我们为它：

a）准备在这个分组的列表 L 上计算所有的聚集。就像 4.2.2 节中那样，使用计数和求和来代替求平均。

b）检查每个排序关键字为 v 的元组，并且累计所需聚集。

c）如果一个缓冲区空了，则用同一子表中的下一个块替换它。

当不再有排序关键字为 v 的元组时，输出一个由 L 的分组属性和对应的我们已经为这个组计算出的聚集值构成的元组。

正如 δ 算法那样，γ 的这种两趟算法使用 $3B(R)$ 次磁盘 I/O，而且只要 $B(R) \leqslant M^2$ 就可以正常工作。

4.4.4　基于排序的并算法

当需要包的并时，4.2.3 节中简单地复制两个关系的一趟算法就可以。这一算法的正常工作与操作对象的大小无关，因而我们不必考虑 $\cup_B$ 的两趟算法。然而，只有当至少一个关系小于可用的主存时，$\cup_S$ 的一趟算法才起作用，因此，我们应该考虑集合并操作的两趟算法。正如我们将要在 4.4.5 节看到的那样，我们提出的方法对于集合和包的交和差也都适合。为计算 $R \cup_S S$，我们对 2PMMS 做下如下的修改：

1. 在第一趟的时候，创建关系 R 和 S 的排序子表。

2. 为 R 和 S 的每个子表使用一个内存缓冲区，用对应子表的第一块初始化各缓冲区。

3. 重复地在所有缓冲区中查找剩余的第一个元组 t。将 t 复制到输出，并且从缓冲区中删除 t 的所有的副本（如果 R 和 S 都是集合则至多有两个副本）。当输入缓冲区变空或者输出缓冲变满时，采用与 2PMMS 相同的方法进行处理。

我们看到，R 和 S 的每一个元组被两次读进内存，一次是当子表创建时，第二次是作为子表的一部分。元组还写回磁盘一次，作为新建子表的一部分。因此，磁盘 I/O 的代价是 $3(B(R) + B(S))$。

因为我们对每一个子表需要一个缓冲区，输出也需要一个缓冲区，所以只要两个关系的子表总数不超过 $M-1$。这样，近似的，两个关系的大小之和不能超过 M^2；即 $B(R) + B(S) \leq M^2$。

4.4.5 基于排序的交和差算法

无论是要计算集合形式还是包形式，除了我们在处理排序子表前部的元组 t 的副本时有区别以外，算法基本上与 4.4.4 节中的算法相同。对每一种算法，我们不断考虑所有缓冲区内剩余的元组中最小的元组 t。我们用如下的方式产生结果，并将输入缓冲里所有 t 的拷贝移除。

- 对于集合交，如果 t 在 R 和 S 中都出现就输出 t。
- 对于包交，输出 t 的次数是它在 R 和 S 中出现的最小次数。注意，如果两个计数中有一个为 0，就不输出 t；也就是说，当 t 在一个或两个关系中未出现时就不输出它。
- 对于集合差，$R -_S S$，当且仅当 t 出现在 R 中但不在 S 中时输出 t。
- 对于包差，$R -_B S$，输出 t 的次数是 t 在 R 中出现的次数减去在 S 中出现的次数。当然，如果 t 在 S 中出现的次数至少等于在 R 中的出现次数，那么根本就不要输出 t。

对于包的操作，有个微妙的地方需要注意。当计算 t 的出现次数时，可能一个输入缓冲块的所有剩余的元组都是 t。如果是这样，在子表的下一块中可能还有更多的 t。因此，当一个块中仅有 t 剩余时，我们必须读入子表的下一块继续计算 t 的次数。这个过程可能需要在若干个块中继续，还可能需要对若干个子表进行。

这一类算法的分析和 4.4.4 节中对集合并算法所做分析相同：

- $3(B(R) + B(S))$ 次磁盘 I/O。
- 为使算法能工作，近似地要求 $B(R) + B(S) \leq M^2$。

4.4.6 基于排序的一个简单的连接算法

将排序用于连接大的关系的方法有多种。在讨论连接算法之前，我们来看一个在计算连接时可能出现的问题，但这个问题不是迄今为止考虑过的二元操作的问题。在计算连接时，两个关系中在连接属性上具有相同的值，因而需要同时放入内存中的元组，但这可能超过内存所能容纳的数量。极端的例子是当连接属性仅有一个值时，这时一个关系中的每个元组与另一关系的每个元组都能连接。这种情况下，除了对在连接属性上值相等的两个元组集合进行嵌套循环连接外，就真的没有其他选择了。

为了避免面对这种情形，我们可以尽量减少为算法中其他方面使用的内存，因而可以用大量缓冲区保存具有给定连接属性值的元组。这一节中我们将要讨论一个算法，它可以为具有共同的值的元组连接获取最大量的可用的缓冲区。在 4.4.8 节中，我们考虑另一个使用较少的磁盘 I/O 的，基于排序的算法，但该算法在大量的元组在连接属性上具有共同的值时可能会出现问题。

已知将要连接的关系 $R(X, Y)$ 和 $S(Y, Z)$，并且已知有 M 块内存用作缓冲区，我们做下面的事情：

1. 用 Y 作为排序关键字，使用 2PMMS 对 R 进行排序。

2. 类似地对 S 做排序。

3. 归并排好序的 R 和 S。我们仅用两个缓冲区，一个给 R 的当前块，另一个给 S 的当前块。重复执行以下步骤：

a) 在当前 R 和 S 的块的前端查找连接属性 Y 的最小值 y。

b) 如果 y 在另一个关系的前部没有出现，那么删除具有排序关键字 y 的元组。

c) 否则，找出两个关系中具有排序关键字 y 的所有元组。如果需要，从排序的 R 和/或 S 中读取块，直到我们确定每一个关系中都不再有 y 的副本。最多可以用 M 个缓冲区来做这件事情。

d) 输出通过连接 R 和 S 中具有共同的 Y-值 y 的元组所能形成的所有元组。

e) 如果一个关系在内存中已没有未考虑的元组，就重新加载为那个关系而设的缓冲区。

例 4.6 让我们考虑例 4.4 的关系 R 和 S。回想一下这两个关系分别占用 1000 个块和 500 个块，并且有 $M=101$ 个内存缓冲区。当我们在一个关系上使用 2PMMS 时，对每一个块我们使用 4 次磁盘 I/O，每个阶段有两次。那么，对 R 和 S 排序我们要使用 $4(B(R)+B(S))$ 次磁盘 I/O，或 6000 次磁盘 I/O。

当我们归并 R 和 S 以得到连接的元组时，我们用另外的 1500 次磁盘 I/O 来第五次读取 R 和 S 的每一个块。这个归并中，我们通常仅需要 101 个内存块中的两个。然而，如果需要，我们可以使用所有 101 个块来容纳具有公共的 Y-值 y 的 R 和 S 的元组。因此，只要对于任意的 y，R 和 S 中 Y 值为 y 的元组占用的空间不超过 101 块，这就足够了。

注意，这个算法执行的磁盘 I/O 总数量是 7500，而例 4.4 中嵌套的循环连接的是 5500。然而，嵌套循环连接是一个天生的二次方的算法，占用的时间与 $B(R)B(S)$ 成比例，而排序连接具有线性的 I/O 代价，占用的时间与 $B(R)+B(S)$ 成比例。仅仅是因为常数因子以及较小的示例关系（每一个关系只不过比一个能完全装入分配的缓冲区中的关系大 5 或 10 倍），嵌套循环连接才更可取。□

4.4.7 简单的排序连接的分析

就像我们在例 4.6 中注意到的那样，对于操作对象的每一个块，4.4.6 节中的算法执行 5 次磁盘 I/O。我们还需要考虑为了使简单的排序连接能够运行，M 需要多大。主要的限制在于我们必须能够在 R 和 S 上执行两阶段多路归并排序。就像我们在 4.4.1 节看到的那样，为执行这些排序，我们需要 $B(R) \le M^2$ 和 $B(S) \le M^2$。另外，我们要求具有一个公共的 Y-值的所有元组必须全部装入 M 个缓冲区中。总之：

- 简单排序连接使用 $5(B(R)+B(S))$ 次磁盘 I/O。
- 为了能工作，它要求 $B(R) \le M^2$ 且 $B(S) \le M^2$。
- 它也要求用于连接的属性具有公共的值的所有元组必须能全部装入 M 个缓冲区中。

4.4.8 一种更有效的基于排序的连接

如果我们不必担心在连接属性上具有公共的值的元组太多，那么我们可以将排序的第二阶段和连接本身合并，这样对每个块而言可以节约两次磁盘 I/O。我们称这个算法为排序-连接；还有一些其他的名字如"归并-连接"和"排序-归并-连接"也指这个算法。为了用 M 个缓冲区计算 $R(X, Y) \bowtie S(Y, Z)$，我们：

1. 用 Y 作为排序关键字，为 R 和 S 创建大小为 M 的排序的子表。

2. 将每一个子表的第一块调进缓冲区；我们假设总共不超过 M 个子表。

3. 重复地在所有子表的第一个可以得到的元组中查找最小的 Y-值 y。识别两个关系中具有 Y-值 y 的所有元组，如果子表数少于 M，可能使用 M 个缓冲区中的一部分来容纳这些元组。输出 R 和 S 中具有此公共 Y-值的所有元组的连接。如果一个子表的缓冲区处理完毕，则重新将磁盘上的块装入其中。

例 4.7   让我们再次考虑例 4.4 中的问题：使用 101 个缓冲区连接关系 R 和 S，它们分别有 1000 块和 500 块。我们将 R 分成 10 个子表，将 S 分成 5 个子表，每一个子表长度为 100，并且对它们排序 ⊖。然后我们用 15 个缓冲区来容纳各子表的当前块。如果我们面临着许多元组都有某个固定的 Y–值的情况，我们可以用剩下的 86 个缓冲区来存储这些元组。

我们为数据的每个块执行三次磁盘 I/O。其中两次是为了创建排序的子表。然后，在多路归并过程中，每一个排序子表的每一块被再次读取到内存中。因此，总的磁盘 I/O 数是 4500。   □

这个排序连接算法在能够使用时比 4.4.6 节中的算法更有效。就像我们在例 4.7 中所看到的那样，磁盘 I/O 的数目是 $3(B(R)+B(S))$。我们可以在几乎和前面算法中一样多的数据上执行这个算法。排序子表的长度是 M 块，而且两个关系总的子表数至多是 M。因此，$B(R)+B(S) \leqslant M^2$ 就足够了。

4.4.9   基于排序的算法的总结

图 4-11 中的表格是对 4.4 节中我们讨论过的算法的分析。就像在 4.4.6 节和 4.4.8 节讨论过的那样，连接算法对在连接属性上有相同的值的元组个数有限制。如果超出了限制，我们将采用嵌套循环连接。

操作符	大致需要的 M	磁盘 I/O	章节
τ, γ, δ	$\sqrt{B}$	$3B$	4.4.1、4.4.2、4.4.3
$\cup, \cap, -$	$\sqrt{B(R)+B(S)}$	$3(B(R)+B(S))$	4.4.4、4.4.5
$\bowtie$	$\sqrt{\max(B(R),B(S))}$	$5(B(R)+B(S))$	4.4.6
$\bowtie$	$\sqrt{B(R)+B(S)}$	$3(B(R)+B(S))$	4.4.8

图 4-11   基于排序算法的内存和磁盘 I/O 需求

4.4.10   习题

习题 4.4.1   使用这一节中描述的算法，为下面的每个操作编写迭代器：a)分组(γ_L)；b)集合交；c)包差；d)自然连接；e)消除重复(δ)。

习题 4.4.2   如果每个关系有 20 000 个块，并且使用基于排序的两趟算法，对于以下运算：a)δ。b)γ。c)一个二元操作，比如连接或并我们各需要多少内存？

习题 4.4.3   对于习题 4.2.3 中类连接操作符中的每一个，描述一种基于排序的两趟算法。

习题 4.4.4   如果 $B(R)=B(S)=10\ 000$ 并且 $M=500$，以下情况中磁盘 I/O 的需求是多少：a)简单的排序 – 连接；b)4.4.8 节中更有效的排序 – 连接；c)集合并。

!习题 4.4.5   假设这节中所描述算法的第二趟不需要所有的 M 个缓冲区，因为子表数小于 M。我们怎样通过使用额外的缓冲区来节省磁盘 I/O？

!习题 4.4.6   在例 4.6 中我们讨论了分别有 1000 块和 500 块的两个关系 R 和 S 的连接，$M=101$。但是，如果有许多给定值的元组使得任何关系的元组都不能适合内存，我们就需要增加额外的磁盘 I/O。计算磁盘 I/O 的总数，如果：

a)只有两个 Y–值，一半在关系 R 中，另一半在 S 中(记住 Y 是连接属性或属性组)。

b)有 5 个 Y–值，在每个关系中几乎相等。

⊖ 从技术上来说，我们可以使每个子表的长度为 101 块，并且 R 的最后一个子表有 91 块，S 的最后一个子表有 96 块，但代价完全相同。

c) 有 10 个 Y - 值, 在每个关系中几乎相等。

! 习题 4.4.7 用 4.4.8 节中更有效的排序 - 连接重复习题 4.4.6。

!! 习题 4.4.8 有时, 如果我们将最后一个子表留在内存中, 可能会节省部分磁盘 I/O。为利用这一效果而应使用少于 M 块的子表, 这甚至也是有意义的。这种方法能节省多少磁盘 I/O?

! 习题 4.4.9 假设记录可以大于块, 也就是说, 我们可以有跨块记录。基于排序算法的内存需求将怎样变化?

4.5 基于散列的两趟算法

有一个基于散列的算法系列来处理与 4.4 节中相同的问题。所有这些算法的基本思想如下。如果数据量太大以至于不能存入内存缓冲区中, 就使用一个合适的散列关键字散列一个或多个操作对象的所有元组。对于所有通常的操作, 都有一种选择散列关键字的方法, 它能使在我们执行该操作时需要一起考虑的所有元组分配到相同的桶。

然后, 我们通过一次处理一个桶(或者在二元操作运算的情况下, 通过一次处理具有相同散列值的一对桶)的方式执行操作。实际上, 我们已经减小了操作对象的大小, 减小的比例等于桶的数目, 它的数量大致为 M。注意, 4.4 节中基于排序的算法通过预处理也获得了一个因子 M, 尽管排序和散列这两种方法达到这一相似比例的方法各不相同。

4.5.1 通过散列划分关系

首先我们回顾接受关系 R 并使用 M 个缓冲区将 R 划分成大小大致相等的 $M-1$ 个桶的方式。我们将假设 h 是散列函数, 并且 h 将 R 的整个元组作为参数(也就是说, R 的所有属性都是散列关键字的一部分)。我们将每一个桶和一个缓冲区联系起来。最后一个缓冲区用来每次一块地装入 R 的块。块中的每个元组 t 被散列到桶 $h(t)$ 并且被复制到适当的缓冲区中。如果缓冲区满了, 我们就将它写到磁盘并且为同一个桶初始化另一个块。最后, 对于每个桶的最后一块, 如果它不空的话, 我们就把它写到磁盘。图 4-12 更详细地描述这一算法。

```
用 M-1 个空的缓冲区初始化 M-1 个桶;
FOR 关系 R 的每个块 b DO BEGIN
    将块 b 读入第 M 个缓冲区中;
    FOR b 中的每个元组 t DO BEGIN
        IF 桶 h(t) 的缓冲区中没有容纳 t 的空间 THEN
            BEGIN
                将该缓冲区复制到磁盘;
                用一个新的空块初始化该缓冲区;
            END;
            将 t 复制到桶 h(t) 的缓冲区中;
    END;
END;
FOR 每个桶 DO
    IF 此桶的缓冲块非空 THEN
        将该缓冲区写到磁盘;
```

图 4-12 将一个关系划分到 $M-1$ 个桶中

4.5.2 基于散列的消除重复算法

现在, 对于各种可能需要两趟算法的关系代数操作, 我们来考虑基于散列的算法的细节。首先考虑重复的消除，即操作 $\delta(R)$。按照图 4-12，我们将 R 散列到 $M-1$ 个桶。注意，相同元组 t 的两个副本将散列到同一个桶中。因此，我们可以一次检查一个桶，在该桶中独立地执行 δ，并且把 $\delta(R_i)$ 的并作为结果，其中 R_i 是 R 中散列到第 i 个桶的那一部分。4.2.2 节中的一趟算法可以用来依次去除每个 R_i 中的重复，并将产生的唯一元组写回磁盘。

只要每一个 R_i 小到能装入内存因而允许使用一趟算法，这个方法就可行。因为我们可以假设散列函数 h 将 R 划分到大小相同的桶中，那么每一个 R_i 的近似大小为 $B(R)/M-1$ 个块。如果这一块数小于等于 M，即 $B(R)\leqslant(M(M-1))$，那么基于散列的两趟算法就可行。事实上，就像我们在 4.2.2 节讨论的那样，只要每个桶中不同元组的数量能被 M 个缓冲区容纳就可以。所以，一个保守的估计是 $B(R)\leqslant M^2$（认为 M 和 $M-1$ 本质上相同），和 δ 的基于排序的两趟算法一样。

磁盘 I/O 的数量也与基于排序的算法相似。当我们散列元组时，我们读取 R 的每个块一次，并且将每个桶的每个块写到磁盘上。然后在针对各个桶的一趟算法中，我们再次读取每一个桶的每一个块。因此，磁盘 I/O 的总数量是 $3B(R)$。

4.5.3　基于散列的分组和聚集算法

为了执行 $\gamma_L(R)$ 操作，我们也是首先将 R 的所有元组散列到 $M-1$ 个桶中。然而，为了确保同一分组的所有元组最终都在同一个桶内，我们选择的散列函数依赖于表 L 中的分组属性。

将 R 分到桶中以后，接下来，我们可以用 4.2.2 节中 γ 的一趟算法依次处理每一个桶。和我们在 4.5.2 节对 δ 的讨论一样，只要 $B(R)\leqslant M^2$，我们就可以在内存中处理每一个桶。

然而，在第二趟中，我们在处理每一个桶时仅需要每组一个记录。因此，即使桶的大小大于 M，只要桶内所有分组的记录需要的缓冲区数不超过 M，我们就可以在一趟中处理该桶。因此，如果分组很少，那么我们实际上能处理的关系 R 可能比 $B(R)\leqslant M^2$ 规则所指出的更大。另一方面，如果 M 超过了分组的数量，那么，我们不能填充所有的桶。所以，作为 M 的一个函数，R 的大小的实际限制很复杂，但 $B(R)\leqslant M^2$ 是一个保守的估计。最后，和 δ 一样，我们观察到 γ 的磁盘 I/O 数是 $3B(R)$。

4.5.4　基于散列的并、交、差算法

当操作是二元的时，我们必须保证使用相同的散列函数来散列两个操作对象的元组。例如，为了计算 $R\cup_S S$，我们将 R 和 S 各自散列到 $M-1$ 个桶，例如 R_1, R_2, …, R_{M-1} 和 S_1, S_2, …, S_{M-1}。然后，对于所有的 i，我们计算 R_i 和 S_i 的集合并，并且输出结果。注意，如果一个元组 t 在 R 和 S 中都出现，那么对于某 i，我们在 R_i 和 S_i 中都将发现 t。这样，当我们计算这两个桶的并时，我们将仅输出 t 的一个副本，不可能将重复引入结果中。对于 $\cup_B$ 而言，4.2.3 节中简单的包－并算法胜于执行这一操作的任何其他方法。

为了计算 R 和 S 的交或差，我们像计算集合并时一样创建 $2(M-1)$ 个桶，并且在每对对应的桶上运用适当的一趟算法。注意，所有这些一趟的算法需要 $B(R)+B(S)$ 次磁盘 I/O。在这个数目上，我们还必须加上每个块的两次磁盘 I/O，这是用来散列两个关系中的元组并将桶存储到磁盘上，一共是 $3(B(R)+B(S))$ 次磁盘 I/O。

为了使算法可行，我们必须能一趟计算 R_i 和 S_i 的并、交或差，R_i 和 S_i 的大小分别约为 $B(R)/M-1$ 和 $B(S)/M-1$。回忆一下，这些操作的一趟算法要求较小的操作对象至多占用 $M-1$ 个块。因此，基于散列的两趟算法近似地要求 $\min(B(R), B(S))\leqslant M^2$。

4.5.5　散列连接算法

为了使用基于散列的两趟算法计算 $R(X, Y)\bowtie S(Y, Z)$，我们所要做的与 4.5.4 节中讨论的其他二元操作几乎一样。唯一的区别是我们必须用连接属性 Y 作散列关键字。这样我们就能确

定，如果 R 与 S 的元组能连接，那么它们必然出现在具有某个 i 值的对应的桶 R_i 和 S_i 中。所有对应桶对的一个一趟连接最后完成这个我们称为散列连接 $^\ominus$ 的算法。

例 4.8 让我们再次讨论例 4.4 中的两个关系 R 和 S，它们的大小分别为 1000 块和 500 块，并且有 101 个内存缓冲区是可用的。我们可以将每一个关系散列到 100 个桶中，所以一个桶的平均大小对于 R 是 10 个块，对于 S 是 5 个块。因为较小的数 5 远远小于可得到的缓冲区的数量，我们预计在每一个桶对上执行一趟连接不会有困难。

当散列到桶中时，读取 R 和 S 共需要 1500 次磁盘 I/O，将所有的桶写到磁盘又需要 1500 次，执行对应桶的一趟连接时再次将每一个桶对读到内存需要第三个 1500。因此，需要的磁盘 I/O 数是 4500，和 4.4.8 节中高效的排序连接一样。 □

我们可以对例 4.8 进行推广而得到如下结论：

- 散列连接需要 $3(B(R) + B(S))$ 次磁盘 I/O 来完成它的任务。
- 只要近似地有 $\min(B(R), B(S)) \leq M^2$，两趟散列连接算法就是可行的。

后一点的操作对象与其他二元操作相同：每一个桶对中必须有一个能全部装入 $M-1$ 个缓冲区中。

4.5.6 节省一些磁盘 I/O

在第一趟时，如果可用内存比容纳每一个桶的一个块所需内存更多，那么，我们有可能能节省磁盘 I/O。一个选择是为每一个桶使用若干块，并且将它们整体写出到磁盘中连续的块上。严格地说，这项技术不能节省磁盘 I/O，但是它使得 I/O 执行得快一些，因为我们写磁盘时能减少寻道时间和旋转延迟时间。

然而，有一些技巧曾被用来避免将一些桶中内容写到磁盘并且接着再次读它们。其中最有效的技巧，称为混合散列连接，它的工作方式如下。一般地，假设我们要做连接 $R \bowtie S$，且 S 是较小的关系，我们需要建立 k 个桶，这里的 k 远远小于可用的内存 M。当我们散列 S 时，我们可以选择将 k 个桶中的 m 个完全保留在内存中，而对于其他 $k-m$ 个桶中的每一个，则仅保留一个块。只要内存中的桶的预计大小加上其他每个桶的一个块不超过 M；即

$$\frac{mB(S)}{k} + k - m \leq M \tag{4-1}$$

我们就能努力做到这一点。解释一下，一个桶的预期大小是 $B(S)/k$，并且有 m 个桶在内存中。

现在，当我们读取另一个关系 R 的元组，以将这个关系散列到桶中时，我们在内存中保留：

1. S 的 m 个从未写到磁盘的桶，以及
2. R 的 $k-m$ 个桶中每一个的一块，这 $k-m$ 个桶对应的 S 桶是被写到磁盘上的。

如果 R 的一个元组 t 散列到最开始的 m 个桶中的一个里，那么我们立刻将它和相应的 S-桶的元组连接，就好像正在做一趟散列连接那样。和一趟散列连接一样，为了加速这个连接，S 在内存中的各个桶有必要组织成某种有效的查找结构。如果 t 散列到对应的 S-桶位于磁盘上的某个桶中，那么和基于散列的两趟连接一样，t 被送到该桶在内存中的块中，而且最终将移到磁盘上。

在第二趟中，我们像通常一样连接 R 和 S 的相应的桶。然而，不必对留在内存中的 S 桶的相应桶对做连接，因为这些桶对已经被连接而且结果也已输出。

对于留在内存的 S 桶和相应的 R-桶中的每一个块，节省的磁盘 I/O 的数目等于 2。因为在内存中的桶的比率为 m/k，所以 I/O 节省为 $2(m/k)(B(R) + B(S))$。因此，我们肯定会问在满

$\ominus$ 有时候，术语"散列–连接"专门指 4.2.3 节中一趟连接算法的一个变种，其中用一个散列表作为内存中的查找结构。这时，这里描述的两趟散列–连接算法就称作"划分散列–连接"。

足等式(4-1)的约束前提下，如何最大限度地增大 m/k。令人惊奇的是，答案为 $m=1$，而 k 尽可能小。

直观的论证如下。内存缓冲区中除了 $k-m$ 个以外的所有缓冲区都可以用来容纳 S 在内存中的元组，并且这样的元组越多，磁盘 I/O 的数量越少。因此，我们想使 k，即桶的总数量最小。我们通过使每个桶在能被内存容纳的前提下尽可能大来做到这一点；也就是说，桶的大小为 M，因此 $k=B(S)/M$。如果是这样，那么，额外的内存中只有存放一个桶的空间，即 $m=1$。

事实上，我们真正需要使桶稍小于 $B(S)/M$，否则，我们就没有足够的空间来同时容纳一个满的桶和其他 $k-1$ 个桶各自的一块。为简化起见，假设 k 大约是 $B(S)/M$，$m=1$，节省的磁盘 I/O 是：

$$2M(B(R)+B(S))/B(S)$$

而且总的代价为：$(3-2M/B(S))(B(R)+B(S))$

例 4.9 考虑例 4.4 的问题，在那里我们使用 $M=101$，来连接关系 R 和 S，其大小分别为 1000 块和 500 块。如果我们使用混合散列连接，那么我们希望桶的数量 k 大约为 500/101。假设我们选定 $k=5$，那么，平均每个桶将有 S 的元组的 100 个块。如果我们试图在内存中容纳这些桶中的一个以及对应于其他 4 个桶的 4 个额外的块，那么我们需要 104 个内存块，而我们不能冒内存中的桶溢出内存这个险。

因此，我们建议选择 $k=6$。现在，当在第一趟中散列 S 时，我们有对应于 5 个桶的 5 个缓冲区，而且，对于留在内存中的桶，我们已经有高达 96 个缓冲区，桶大小的预期是 500/6 或 83。对于 S，在第一趟中我们用来读取 S 的所有内容所使用的磁盘 I/O 的数目是 500，并且 $500-83=417$ 个 I/O 用来将 5 个桶写到磁盘。当我们在第一趟中处理 R 时，我们需要读取 R 的所有内容 (1000 次磁盘 I/O)，并将它的 6 个桶中的 5 个写到磁盘上 (833 个磁盘 I/O)。

在第二趟中，我们读取写到磁盘上的所有的桶，或再进行 $417+833=1250$ 个磁盘 I/O。总的磁盘 I/O 的数量就是 1500 个用于读取 R 和 S，1250 个用于将这些关系中的 5/6 写出，再有 1250 个用于再次读取那些元组，或者说总数是 4000 个磁盘 I/O。这个数字可与直接的散列连接或排序连接所需的 4500 个磁盘 I/O 比较。 □

4.5.7 基于散列的算法的总结

图 4-13 给出了这节中讨论的每一个算法的内存需求和磁盘 I/O 的数量。就像其他类型的算法一样，我们应该注意到对于 γ 和 δ 的估计可能是保守的，因为它们实际上分别决定于副本和组的数量，而不是操作对象关系的元组的数量。

操作符	大致需要的M	磁盘I/O	章节
γ, δ	$\sqrt{B}$	$3B$	4.5.2、4.5.3
$\cup, \cap, -$	$\sqrt{B(S)}$	$3(B(R)+B(S))$	4.5.4
$\bowtie$	$\sqrt{B(S)}$	$3(B(R)+B(S))$	4.5.5
$\bowtie$	$\sqrt{B(S)}$	$(3-2M/B(S))(B(R)+B(S))$	4.5.6

图 4-13 基于散列的算法的内存和磁盘 I/O 需求；对于二元操作，假设 $B(S) \le B(R)$

请注意基于排序的算法和相应的基于散列的算法的需求几乎是相同的。两种方法明显的区别是：

1. 二元操作的基于散列的算法有一个关于大小的需求，它仅依赖于两个操作对象中较小的一个，而不像基于排序的算法那样是两个操作对象大小之和。

2. 基于排序的算法有时允许我们产生一个有序序列的结果，而且以后利用那个排序序列。

结果可能在后继操作符的另一个基于排序的算法中使用，也可能它可以作为一个需要以有序序列输出的查询的回答。

3. 基于散列的算法依赖于相等大小的桶。由于通常在大小上至少有较小的差异，因此就不可能使用平均占用 M 块的桶；我们必须将它们限制在一个较小的数字。如果不同散列关键字的数量小的时候，这一现象尤其显著。例如，在一个关系上执行一个具有少数组的 group-by 或者执行一个在连接属性上有很少的值的连接。

4. 在基于排序的算法中，如果我们适当地组织磁盘，排序子表可能被写到磁盘上连续的块中。因此，每个块的三个磁盘 I/O 中的一个可能需要较短的旋转延迟时间或检索时间，所以可能比基于散列的算法中需要的 I/O 快得多。

5. 此外，如果 M 比排序子表的数量大得多，那么，我们可以从一个排序子表一次读一些连续的块，再一次节省了一些延迟和检索时间。

6. 另一方面，在一个基于散列的算法中，如果我们能够选择桶的数量小于 M，那么，我们可以一次写出一个桶的若干个块。因而在散列的写这一步上，我们可以得到与我们在 (5) 中看到的基于排序算法的第二次读相同的利益。类似地，我们可以组织磁盘使得一个桶处于磁道连续的块上。如果是这样，就如 (4) 中所看到的排序子表被有效地写出一样，桶可以用较短的延迟或检索时间来读取。

4.5.8 习题

习题 4.5.1 如果 $B(S) = B(R) = 10\,000$，$M = 500$，对于一个混合散列连接需要多少磁盘 I/O？

习题 4.5.2 对于 a) $\cap_B$；b) $-_S$；c) $\bowtie$；d) δ；e) γ。写出实现它们的两趟的基于散列的算法的迭代器。

习题 4.5.3 在内存中存储一个桶的混合-散列-连接的思想也可以用于其他的操作。当执行下列的一个两趟的基于散列的算法时，说明怎样节省从每一个关系中存储和读取一个桶的代价？a) $\cap_B$；b) $-_S$；c) δ；d) γ。

！习题 4.5.4 设想我们正在一个大小合适的关系 R 上，执行一个两趟的基于散列的分组操作。也就是说，$B(R) \leqslant M^2$。然而，组太少了，一些组大于 M，也就是说，它们不能一次装入内存中。对这里给定的算法，需要做怎样的修改？

！习题 4.5.5 设想我们正使用一个磁盘，它将磁头移动到一个块的时间是 100ms，而且它用 1/2ms 读取一个块。所以，一旦磁头定位，它用 $k/2$ms 去读取 k 个连续的块。假设我们想计算一个两趟的散列连接 $R \bowtie S$，这里 $B(R) = 1000$，$B(S) = 500$，而且 $M = 101$。为了加快连接，我们想使用尽量少的桶（假设元组最后都分配到桶中），而且，将尽量多的块读和写到磁盘连续的位置上。一个随机的磁盘 I/O 计为 100.5ms，从磁盘读或写到磁盘 k 个连续的块计为要 $100 + k/2$ms：

a) 磁盘 I/O 占用多少时间？

b) 如果我们使用例 4.9 中描述的混合散列连接，磁盘 I/O 占用多少时间？

c) 在相同的条件下，一个基于排序的连接将占用多少时间？（假设我们将排序子表写到磁盘连续的块中）

4.6 基于索引的算法

一个关系中在一个或多个属性上索引的存在使得一些没有索引就不可行的算法可行了。基于索引的算法对于选择操作尤其有用，但是，连接和其他二元操作符的算法也使用索引获得好处。这节中，我们将介绍这些算法。我们也继续在 4.5.1 节中开始的、对于访问一个带索引的表时索引扫描操作的讨论。为了理解问题，我们首先需要离开主题去考虑"聚簇"索引。

4.6.1 聚簇和非聚簇索引

回忆 4.1.3 节，如果一个关系的元组紧缩到能存储这些元组的尽可能少的块中，那么这个关系就是"聚簇"的。我们迄今为止所做的所有的分析都假设关系是聚簇的。

我们也可能谈到在一个或多个属性上的聚簇索引，具有这个索引查询关键字的一个固定值的所有元组都出现在能容纳它们的尽可能少的块中。请注意一个非聚簇的关系不能够有一个聚簇索引 [⊖]，但是一个聚簇的关系可以有非聚簇索引。

例 4.10 一个关系 $R(a, b)$ 按属性 a 排序并且按此序列存储，装入到块中，肯定是聚簇的。因为对于一个给定的 a – 值 a_1，所有的具有那个 a 值的元组是连续存放的，所以在 a 上的索引是一个聚簇索引。因而除了如图 4-14 所示的包含 a – 值 a_1 的第一块和最后一块以外，它们都出现在组装好的块中。然而，在 b 上的一个索引未必是聚簇的，因为有一个固定的 b – 值的元组将分布到文件中，除非 a 和 b 的值有很紧密的相互关系。 □

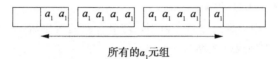

所有的a_1元组

图 4-14 一个聚簇索引中具有一个固定值的所有元组组装到最小可能数量的块中

4.6.2 基于索引的选择

在 4.1.1 节中，我们讨论了通过读取关系 R 的所有的元组来执行一个选择 $\sigma_C(R)$，看哪些元组满足条件 C，而且输出它们。如果 R 上没有索引，那么，那就是我们所能做的最好的。操作所用的磁盘 I/O 的数目是 $B(R)$；或者如果 R 不是一个聚簇的关系，操作所用的磁盘 I/O 的数目甚至是 $T(R)$，即 R 中元组的数目 [⊖]。然而，设想条件 C 是 $a = v$ 的形式，这里的 a 是一个存在着索引的属性，v 是一个值。于是就可以用 v 值来查找索引并且得到恰好指向 R 中具有 a – 值 v 的那些元组。这些元组组成了 $\sigma_C(R)$ 的结果，于是我们所需要的就只是取回它们。

如果 $R.a$ 上的索引是聚簇的，那么取回集合 $\sigma_{a=v}(R)$ 所需的磁盘 I/O 的数目将大约是 $B(R)/V(R, a)$。实际的数目可能会高一些，原因如下：

1. 通常，索引并不是完全保存在内存中，需要一些磁盘 I/O 支持索引的查找。

2. 即使 $a = v$ 的所有的元组都可以装入 b 个块中，那么它们也可能分布到 $b+1$ 个块中，因为它们不在一个块的起始处开始。

3. 尽管 R 关系的元组是聚簇的，它们不可能都尽可能地填满块，例如，正如 3.1.6 节中所讨论的，元组有额外的空间以便以后往 R 中插入元组，或者 R 存在聚簇文件中。

此外，如果比例 $B(R)/V(R, a)$ 不是一个整数，我们当然必须向上取整。最有意义的是，如果 a 是 R 的一个关键字，那么 $V(R, a) = T(R)$，可以假定它一定比 $B(R)$ 大得多，然而，我们确实需要一个磁盘 I/O 去取回具有关键字值 V 的元组，加上访问索引需要的磁盘 I/O。

现在，让我们考虑当 $R.a$ 上的索引是非聚簇的时候会发生什么。作为第一个近似，我们取回的每一个元组将在不同的块上，而且，我们必须访问 $T(R)/V(R, a)$ 个元组。因此，$T(R)/V(R, a)$ 是我们估计的所需要的磁盘 I/O 的数目。这个数字可能会更高，因为我们可能也需要从磁盘上读一些索引块；它也可能会低一些，因为存取的元组偶然地会出现在同一个块中，而且那个块留在内存缓冲区中。

例 4.11 假设 $B(R) = 1000$，$T(R) = 20\ 000$，也就是，R 有 20 000 个元组存放到 20 个块中，令 a 是 R 的一个属性，假设在 a 上有一个索引，并且考虑 $\sigma_{a=0}(R)$ 操作。以下是一些可能的情形

⊖ 技术上，如果索引建在关系的一个关键字上，因此给定一个索引关键字值，只存在一个具有给定值的元组，那么即便这个关系不是聚簇的，这个索引也总是"聚簇"的。但是，如果每个索引 – 关键字值都只有一个元组，那么聚簇没有益处，并且对这样的索引的性能度量与假设把它当作非聚簇的一样。

⊖ 回忆 4.1.3 节我们建立的记号：R 中元组的数目 $T(R)$ 和 $\pi_L(R)$ 中不同元组的数目 $V(R, L)$。

及最坏情况的磁盘 I/O 的数目。所有情况中，我们将忽略访问索引块的代价。

1. 如果 R 是聚簇的，但是我们不使用索引，那么代价是 1000 个磁盘 I/O。也就是，我们必须取回 R 的每一个块。

2. 如果 R 不是聚簇的而且我们不使用索引，那么代价是 20 000 个磁盘 I/O。

3. 如果 $V(R, a) = 100$ 并且索引是聚簇的，那么，基于索引的算法需要 1000/100 = 10 个磁盘 I/O，加上访问索引所需的代价。

4. 如果 $V(R, a) = 100$ 并且索引是非聚簇的，那么，基于索引的算法需要 20 000/100 = 2000 个磁盘 I/O。请注意，如果 R 是聚簇的而索引不是的时候，这个代价将高于扫描整个关系 R 的代价。

5. 如果 $V(R, a) = 20\,000$，也就是说，a 是一个关键字，那么，基于索引的算法，不管索引是聚簇的或是非聚簇的，将需要 1 个磁盘 I/O 加上访问索引所需要的 I/O。 □

索引扫描作为一种访问的方法，对几个其他种类的选择操作也有所帮助。

a) 一个索引，比如一个 B 树，让我们能有效地访问在一个给定范围内的查询关键字。如果关系 R 的属性 a 上的这样一个索引存在，那么对于比如 $\sigma_{a \geq 10}(R)$ OR $\sigma_{a \geq 10}(R)$ AND$_{a \leq 20}(R)$ 这样的选择，我们可以使用索引取回所需的范围内的 R 元组。

b) 一个具有复杂条件 C 的选择，有时可以通过这种方法实现：在索引扫描后，对索引扫描检索到的元组进行另一个选择。如果 C 的形式是 $a = v$ AND C'，其中 C' 可以是任何条件，那么，我们可以将选择分割成为两个选择的一个串联，第一个仅检查 $a = v$，而第二个检查 C'。第一个很可能使用索引扫描操作。查询优化器在产生一个逻辑查询计划时可以做许多改进，这种选择操作的分割是其中的一种；这将在 5.7.1 节中专门讨论。

4.6.3 使用索引的连接

我们已经考虑的所有的二元操作，以及 γ 和 δ 这两个一元的全关系的操作，都可以使用某些索引而得益。我们将留下这些算法的大部分作为习题，而集中于关于连接的讨论。特别地，让我们考虑自然连接 $R(X, Y) \bowtie S(Y, Z)$；回忆 X、Y 和 Z 可以代表属性的集合，尽管把它们看作单个属性就够了。

对于我们的第一个基于索引的连接算法，假设 S 有一个属性 Y 上的索引。那么计算这个连接的一种方式是检查 R 的每一个块，并在每一个块中考虑每一个元组 t。令 t_Y 是 t 的对应于属性 Y 的部分。使用索引来找 S 中所有在 Y - 部分上具有 t_Y 的元组。这些恰好是 S 中与 R 的元组 t 连接的元组，因此我们输出这些元组中每一个与 t 的连接。

磁盘 I/O 的数量依赖于几个因素。首先，假设 R 是聚簇的，我们将需要读取 $B(R)$ 个块来得到 R 的所有元组。如果 R 是非聚簇的，那么可能会需要达到 $T(R)$ 个磁盘 I/O。

对 R 的每一个元组，我们必须平均读取 S 的 $T(S)/V(S, Y)$ 个元组。如果 S 在 Y 上有一个非聚簇的索引，那么所需的磁盘 I/O 的数量是 $T(R)T(S)/V(S, Y)$，但如果索引是聚簇的，那么仅 $T(R)B(S)/V(S, Y)$ 个磁盘 I/O 就足够了 $^\ominus$。对上述每一种情况，我们可能都需要为每个 Y - 值增加几个磁盘 I/O，用于读取索引本身。

不管 R 是否是聚簇的，访问 S 的元组的代价是占主导地位的，忽略读入 R 的代价，我们可以采用 $T(R)T(S)/V(S, Y)$ 或者 $T(R)(\max(1, B(S)/V(S, Y)))$ 分别作为 S 上非聚簇的和聚簇的情况下的连接方法的代价。

例 4.12 让我们考虑我们一个运行的例子，$R(X, Y)$ 和 $S(Y, Z)$ 分别是包括 1000 和 500 个块的关系。假设一个块可以容纳每个关系的 10 个元组，因而 $T(R) = 10\,000$，$T(S) = 5000$。同

$\ominus$ 但是记住，就像在 4.6.2 节中讨论的，如果 $B(S)/V(S, Y)$ 很小，就用 1 来替代。

样，假设 $V(S, Y) = 100$；那就是说，在 S 的元组中有 100 个不同的 Y 值。

假设 R 是聚簇的，并且 S 在 Y 上有一个聚簇索引。那么磁盘 I/O 的近似值，排除掉访问索引本身所需的后，是 1000 个磁盘 I/O 用来读取 R 的块，再加上 $10\,000 \times 500/100 = 50\,000$ 个磁盘 I/O。对于前面讨论的同样的数据，这个数字明显超过了其他方法的代价。如果 R 是非聚簇的或 S 上的索引是非聚簇的，代价就会变得更高。 □

虽然例 4.12 使得索引 – 连接看起来像是一个很差的办法，但在另一些情况下用这种方法连接 $R \bowtie S$ 就有意义得多了。最常见的情况是与 S 相比，R 是很小的，$V(S, Y)$ 是很大的。我们在习题 4.6.5 中讨论一个典型的查询，这个查询在连接前的选择使得 R 很小。在那种情况下，S 的大部分将不再被算法检查，因为大多数 Y – 值根本不出现在 R 中。但是，不论基于排序的还是基于散列的连接方法都将检查 S 的每一个元组至少一次。

4.6.4 使用有序索引的连接

当索引是一个 B – 树或者其他的可以容易地按照排序序列提取关系的元组的结构时，我们可以有若干种其他的方法来利用该索引。可能最简单的情况是当我们想计算 $R(X, Y) \bowtie S(Y, Z)$ 时，对于 R 或 S，我们在 Y 上有一个有序的索引。我们可以执行一个普通的排序 – 连接，但我们不必执行在 Y 上对其中一个关系排序的中间步骤。

作为一个极端的情况，不论是 R 还是 S，如果我们都有在 Y 上的有序索引，那么我们仅需要执行 4.4.6 节中简单的基于排序的连接的最后一步。这个方法有时叫做 zig-zag 连接，因为我们在索引之间跳来跳去地查找它们共享的 Y – 值。注意：R 中具有不出现在 S 中的 Y – 值的元组不需要取回，同样，S 中具有不出现在 R 中的 Y – 值的元组也不需要取回。

例 4.13 假设我们有关系 $R(X, Y)$ 和 $S(Y, Z)$，两个关系都有在 Y 上的索引。在一个极小的例子中，让 R 的元组的查询关键字的值（Y – 值）是有序的 1，3，4，4，4，5，6，让 S 的元组的查询关键字的值是 2，2，4，4，6，7。我们以 R 和 S 的第一个关键字开始，它们分别是 1 和 2。因为 $1 < 2$，我们跳过 R 的第一个关键字，看它的第二个关键字 3。现在，S 当前的关键字小于 R 当前的关键字，因此我们跳过 S 的两个 2，到达 4。

在这一刻，R 的关键字 3 小于 S 的关键字，因此我们跳过 R 的关键字。现在，两个关系的当前关键字值都是 4。我们在两个关系中沿着所有关键字值 4 相关的指针，检索相应的元组，并将它们连接。注意：直到我们遇到共同的关键字 4 之前，没有检索关系中的元组。

处理完 4 之后，我们走到 R 的关键字 5 和 S 的关键字 6，由于 $5 < 6$，我们跳到 R 的下一个关键字。现在关键字都是 6，因而我们检索相应的元组并连接它们。既然 R 现在已经空了，我们知道两个关系中已经没有连接的元组了。 □

如果索引是 B – 树，那么我们像图 4-15 那样，使用 B – 树结构中的从叶结点到叶结点的指针，按照顺序从左边开始扫描两个 B – 树的叶结点。如果 R 和 S 是聚簇的，那么根据一个给定的关键字对所有元组的检索将带来一个与读取两个关系的片段成比例的磁盘 I/O 数目。注意在极端情况下，从 R 和 S 中检索的元组都太多以至于没有一个能装入可用的内存，我们将不得不使用类似 4.4.5 节的修正方法。但是，在一般的情况下，使用公共的 Y – 值来连接所有的元组的这一步，可以使用与读它们同样多的磁盘 I/O 来运行。

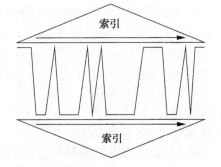

图 4-15 使用两个索引的 zig-zag 连接

例 4.14 让我们继续例 4.12，看一看使用排序和索引相结合来做连接将怎样在这个数据上执行。首先，假设 S 有一个在 Y 上的索引，允许我们来检索按照 Y 排序的 S 的元组。在这个例子中，我们将假设关系和索引都是聚簇的。暂时，我们假设 R 上没有索引。

假设内存有 101 个可用的块，我们可以使用它们来为关系 R 的 1000 个块建立 10 个排序的子表。磁盘 I/O 的数量是 2000，用来读和写 R 的全部内容。我们再使用内存的 11 个块——10 个用于排序的子表，一个用于经过索引检索到的 S 的元组的块。我们忽略操纵索引所需的磁盘 I/O 和内存缓冲区，但如果索引是 B - 树，这些数目将非常小。在这个第二趟中，我们读 R 和 S 的所有的元组，使用总共 1500 个磁盘 I/O，加上一次一块地读取索引块所需的少量磁盘 I/O。这样我们估计总共的磁盘 I/O 在 3500，这少于迄今为止考虑过的其他方法的代价。

现在，假设 R 和 S 都有 Y 上的索引。那么就不需要对任何一个关系排序。我们使用恰好 1500 个磁盘 I/O 来通过 R 和 S 的索引读它们的块。实际上，如果我们单从索引上确定 R 或 S 的一个大的片段不能与另一个关系的元组匹配，那么总的代价将远远低于 1500 磁盘 I/O。但是，不管哪一种情况，我们都应该增加读索引自身所需的少量的磁盘 I/O。　　□

4.6.5 习题

习题 4.6.1 假设 $B(R) = 10\,000$，$T(R) = 500\,000$。$R.a$ 上有一个索引，令 $V(R, a) = k$，k 是某个常数。在下面的情况下，给出 $\sigma_{a=0}(R)$ 的代价，作为 k 的一个函数。你可以忽略访问索引自身所需的磁盘 I/O。

a) 索引是非聚簇的。

b) 索引是聚簇的。

c) R 是聚簇的，并且不使用索引。

习题 4.6.2 如果操作是范围查询 $\sigma_{C \leqslant a\ \text{AND}\ a \leqslant D}(R)$，重复习题 4.6.1。你可以假设 C 和 D 是使得 $k/10$ 的值在范围内的常量。

习题 4.6.3 假设属性 $R.a$ 上有一个索引。描述怎样将这个索引用来提高下面操作的执行。在什么情况下，基于索引的算法比基于排序或基于散列的算法更有效？

a) $\delta(R)$。

b) $R \cup_S S$（假设 R 和 S 没有重复，尽管它们可以有公共的元组）。

c) $R \cap_S S$（同样，使用 R 和 S 集合）。

! 习题 4.6.4 如果 R 是聚簇的，但 $R.a$ 上的索引是非聚簇的，那么依赖于 k，我们可能愿意通过执行一个 R 的表扫描，或者愿意使用索引来实现一个查询。对于什么样的 k 值，我们更愿使用索引，如果关系和查询与：a) 习题 4.6.1 相同；b) 习题 4.6.2 相同。

习题 4.6.5 考虑 SQL 查询：

```
SELECT birthdate FROM StarsIn, MovieStar
WHERE movieTitle = 'King Kong' AND starName = name;
```

这个查询使用"movie"关系：

```
StarsIn(movieTitle, movieYear, starName)
MovieStar(name, address, gender, birthdate)
```

如果我们把它翻译成关系代数，核心是一个在

$$\sigma_{movieTitle='King\ Kong'}(StarsIn)$$

和 MovieStar 之间的等值连接，这可以像自然连接 $R \bowtie S$ 一样来实现。既然仅有三个名为"King Kong"的电影，$T(R)$ 就非常小。假设 S，即关系 MovieStar，有一个在 name 上的索引。比较 $R \bowtie S$ 的索引连接和基于排序或基于散列连接的代价。

! 习题 4.6.6 在例 4.14 中，我们讨论了连接 $R \bowtie S$ 的磁盘 I/O 代价，这里的 R 和 S 中的一个或两个都有在连接属性上的排序索引。但是，如果有太多的在连接属性上值相等的元组，那么在那个例子中描述的方法可能会失败。所描述的方法在什么条件下（用具有相同值的元组所占用的块数来刻画）将不再需要额外

的磁盘 I/O 呢?

4.7　缓冲区管理

我们已经假设关系上的操作符可以得到某个数量 M 的内存缓冲区,它们可以用来存储所需的数据。实际上,这些缓冲区很少预先分配给操作符,并且 M 的值将依赖于系统的条件而变化。为数据库上的查询那样的处理过程提供可用的内存缓冲区,这样一个中心任务就交给了缓冲区管理器。缓冲区管理器的职责是使处理过程得到它们所需的内存,并且尽可能缩小延迟和减少不可满足的要求。缓冲区管理器的角色在图 4-16 中进行了说明。

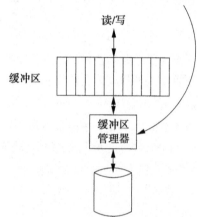

4.7.1　缓冲区管理结构

有两个主要的缓冲区管理结构:

1. 在大多数关系型 DBMS 中,缓冲区管理器直接控制内存。

2. 缓冲区管理器在虚拟内存中分配缓冲区,允许操作系统来决定哪些缓冲区在任何时候都真正在内存,以及哪些缓冲区在操作系统管理的磁盘上的"交换空间"。许多"内存"DBMS 和"面向对象"DBMS 按这种方式操作。

不管 DBMS 使用哪种方法,都会引起同样的问题:缓冲区管理器应当限制使用的缓冲区数使得它们能够适合内存的容量。当缓冲区管理器直接控制内存,并且要求超过了可得到的空间时,就不得不通过将缓冲区的内容返回到磁盘上来清空缓冲区。如果缓冲的块没有改变,就简单地将它在内存

图 4-16　缓冲区管理器响应内存访问磁盘块的要求

中消除掉,但如果块已经发生改变,它就必须写回到磁盘它自己的位置上。当缓冲区管理器在虚拟内存中分配空间时,它有机会来分配更多的可以超过内存容量的缓冲区。但是,如果这些缓冲区都真正使用,那就将会"颠簸",这是一个操作系统常见的问题,即有许多块在磁盘交换空间移进移出。在这种情况下,系统花费大部分时间来交换块,而只能完成很少的有用的工作。

通常,当 DBMS 初始化时,缓冲区的数目是一个参数设置。我们期望这个数目的设置使得缓冲区占用可用的内存,而不管缓冲区是被分配到内存或虚拟内存。在下面的讨论中,我们不关心采用的哪种缓冲方式,只简单假设有一个固定的缓冲池,即查询或其他数据库操作可用的缓冲区的集合。

4.7.2　缓冲区管理策略

缓冲区管理必须做出的关键的选择是当一个新近要求的块需要一个缓冲区时,应该将什么块丢出缓冲池。从其他的诸如操作系统的调度策略中,你可能已经对通常使用的缓冲 - 替换策略非常熟悉了。它们包括:

查询处理的内存管理

我们假设缓冲区管理器分配给一个操作符 M 个内存缓冲块,M 的大小由系统的情况(包括其他的操作符和它表示的查询)决定,并可能动态变化。当一个操作符有 M 个缓冲块时,它可能用其中的一些来读入磁盘上的页,用其他的缓冲块来存储索引页面,还有的被用来做排序或是存放散列表。在某些 DBMS 中,内存并不是在一个独立的池中分配的,而是在多个独立的内存池中,它们有用于不同目的的缓冲区管理器。举例来说,一个操作符从池中分配 D 个缓冲块用于存放磁盘页面,H 个缓冲块存放散列表。这种方法更适于系统配置和调整,但不一定能让内存得到全局最高效的使用。

最近最少使用(LRU)

LRU 规则是丢出最长时间没有读或写过的块。这种方法要求缓冲区管理器保持一张表明每个缓冲区的块被访问的最后一次时间的表。它还要求每个数据库访问在这个表中生成一个表项，因此维护这个信息需要相当的工作量。但是，LRU 是一个有效的策略；直觉上，长时间没有使用的缓冲区比那些最近访问过的缓冲区有更小的最近访问的可能性。

先进先出(FIFO)

在 FIFO 策略中，当需要一个缓冲区时，被同一个块占用时间最长的缓冲区被清空，并用来装入新的块。在这种方法中，缓冲区管理器仅需要知道当前占用一个缓冲区的块装入缓冲区的时间。当块从磁盘读入内存的时候，可以生成表中的一个表项，当块被访问时，不需要修改这个表。与 LRU 相比，FIFO 需要较少的维护，但它会造成更多的错误。被重复使用的，即被称作 B - 树索引的根块的块，将最终变成一个缓冲区中最旧的块。它将被写回到磁盘上，很快又被重新读入另一个缓冲区。

"时钟"算法(第二次机会)

这个算法是 LRU 的一个普遍实现的、有效的近似。正如在图 4-17 中所显示的，将缓冲区看作是排好的一个环。一个"指针"指向这些缓冲区中的一个，如果想找到一个缓冲区来放置一个磁盘的块，就按顺时针旋转。每一个缓冲区有一个相应的"标志"，它或者是 0，或者是 1。带有 0 标志的缓冲区容易被选中，将其内容写回磁盘；具有 1 标志的缓冲区就不是。当一个块读进缓冲区时，它的标志就设为 1。同样，当缓冲区的内容被访问过后，它的标志也设为 1。

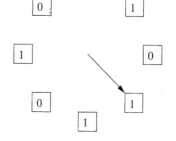

当缓冲区管理器需要为一个新块分配缓冲区时，就按照顺时针旋转，查找能够找到的第一个 0。如果它通过标志 1 的缓冲区，就将它设为 0。这样，如果一个缓冲区从指针执行一个完全的旋转，将它的标志置为 0，到接着再做另一个完整旋转来找没有改变的带标志 0 的缓冲区为止，都保持没有被访问，那么这个块被丢出缓冲区。举例来说，见图 4-17，指针将把它左边的缓冲区由 1 置为 0，再顺时针移动找到带 0 的缓冲区，它的块将被替换，标志将被置为 1。

图 4-17　时钟算法按轮转方式访问缓冲区，替换掉第一个具有 0 标志的缓冲区

使用时钟算法的进一步的技巧

选择要释放掉的缓冲区的"时钟"算法并不局限于第 4.7.2 节所描述的，标志取值为 0 和 1 的模式。例如，对于一个重要的页面，在开始时可以赋予它一个大于 1 的数字作为标志，然后每当"指针"经过这个页面时，标志的值就减 1。事实上，被钉住的块的概念可以通过如下的方法来具体实现：赋予被钉住的块一个无限大的值作为标志，然后当系统在适当的时机要释放被钉住的块时，将它的标志置为 0 就可以了。

系统控制

查询优化器或者其他的 DBMS 部件可以给缓冲区管理器提供建议来避免像 LRU、FIFO 或者时钟这样的严格的策略引起的错误。回忆 2.6.5 节，有时候内存中的一些块如果不首先修改某些其他的指向它的块就不能移到磁盘上，这是由某些技术原因造成的。这些块叫做"被钉住的"，任何缓冲区管理器都不得不修改缓冲替代策略来避免驱除被钉住的块。举例来说，对于上面提到的关于 B - 树的根的问题的一个补救是"钉住"根，强迫它在任何时候都保持在内存中。同样，

对于像一趟散列连接那样的算法，查询处理器可以"钉住"较小的关系的块，以确保在全部时间内它都将留在内存中。

4.7.3   物理操作符选择和缓冲区管理的关系

查询优化器将最终选择一个将被用来执行给定查询的物理操作符的集合。物理操作符的选择可以假设能得到执行每一个操作符所需的一定数目的缓冲区 M。但是，就像我们已经看到的，当执行查询时，缓冲区管理器不愿意或不能够保证它能得到这 M 个缓冲区。于是，关于物理操作符，有如下两个相关的问题要问：

1. 这个算法能够适应可得到的内存缓冲区数目 M 的值的变化吗？

2. 当不能够得到所期望的 M 个缓冲区，并且期望留在内存中的块实际上已被缓冲区管理器移到了磁盘上时，缓冲区管理器使用的缓冲区替换策略是怎样影响必须执行的额外的磁盘 I/O 数量的？

例4.15   作为这个问题的一个例子，我们考虑图 4-8 基于块的嵌套循环连接。基本的算法不真正依赖于 M 的值，尽管它的性能依赖于 M。这样，在执行开始前找出 M 的值就足够了。

甚至有可能在外循环的不同迭代中改变 M 的值。那就是，每次我们将关系 S（外循环的关系）的一部分装入内存时，我们可以使用除了一个以外的所有可用的缓冲区；保留的缓冲区是留给 R 的块的，R 是内循环中的关系。这样，我们执行外循环的次数依赖于每一次迭代可用的缓冲区个数的平均数。但是，只要平均有 M 个缓冲区可用，那么就 4.3.4 节分析的代价就成立。在极端情况下，我们可能有幸在第一个迭代找到足够的可用缓冲区来装入 S 所有的内容，在这种情况下，嵌套循环连接就变成了 4.2.3 节的一趟连接。

作为嵌套循环连接如何与缓冲区管理进行交互的另外一个例子，假设我们使用 LRU 缓冲区替换策略，并且有 k 个可用的缓冲区来容纳 R 的块。当我们依次读 R 的块的时候，在外循环这次迭代的最后留在缓冲区中的块将是 R 的最后的 k 个块。我们接着往 S 的 $M-1$ 个缓冲区中重新装入 S 的新块，并且开始在外循环的下一个迭代中再次读 R 的块。但是，如果我们再次从 R 的头开始，R 的 k 个缓冲区将需要替换，我们不能仅仅因为 $k>1$ 就节省磁盘 I/O 数量。

如果使用 LRU 缓冲区替换策略，嵌套循环连接的一个较好的实现将按照一个交替的序列（第一到最后，再最后到第一个）来访问 R 的块（称为摇摆的）。在这种方式下，如果 R 有 k 个可用的缓冲区，我们将在外循环的每次迭代中（第一次除外）节省 k 个磁盘 I/O 数目。那就是说，第二次和后续的迭代对 R 仅需要 $B(R)-k$ 次磁盘 I/O。注意即便 $k=1$（那就是说，对 R 没有额外的缓冲区），我们也能每次迭代节省一次磁盘 I/O。   □

其他的算法也受到 M 可以变化的事实和缓冲区管理器使用的缓冲区替换策略的影响。这里是一些有用的经验。

- 如果我们对一些操作符使用基于排序的算法，那么适应 M 的变化是可能的。如果 M 减少，我们可以改变子表的长度，因为我们讨论的基于排序的算法不依赖与同样大小的子表。主要的局限是当 M 减小时，我们被迫不得不建立许多子表，使得在合并过程中，我们不可能为每一个子表分配一个缓冲区。

- 如果算法是基于散列的，如果 M 减少，我们可以减少桶的数目，只要桶不会变得太大以至于它们不能装入分配的内存即可。但是，与基于排序的算法不同，当算法运行时，我们不能对 M 的变化做出反应。一旦桶的数目选定了，在整个第一趟中，它都保持固定的数目，如果缓冲区变为不可用了，属于某些桶的块将不得不被交换出去。

4.7.4   习题

习题4.7.1   假设我们想执行连接 $R \bowtie S$，可用的内存在 M 和 $M/2$ 之间变化。用 M、$B(R)$ 和 $B(S)$，来给出

我们可以保证下面算法可以执行的条件:

a)两趟的，基于散列的连接。

b)两趟的，基于排序的连接。

c)一趟连接。

! 习题4.7.2 如果额外的缓冲区可用并且是下面的缓冲区替换策略，嵌套循环连接的磁盘I/O数目将怎样改进:

a)时钟算法。

b)先进先出。

!! 习题4.7.3 在例4.15中，我们表明了利用额外的缓冲区的可能，方法是缓冲存储R的不止一个块和在外层循环中偶数的迭代上按照反序访问R的块。但是，还可以仅为R保持一个缓冲区并增加供S使用的缓冲区数目。哪一个策略产生最小的磁盘I/O数量?

4.8 使用超过两趟的算法

虽然两趟对于除了最大关系外的所有关系上的操作已经足够了，但我们应当看出，4.4节和4.5节讨论的主要的技术，通过对算法进行推广，根据需要使用多趟，就可以处理任意大小的关系。在这一节中，我们将考虑基于排序的和基于散列的方法的推广。

4.8.1 基于排序的多趟算法

在4.4.1节中，我们提到了2PMMS扩展成三趟算法。事实上，有一个简单的递归的排序方法，它允许我们不必管关系多么大，都能完整地排序，或者如果我们愿意，对任意给定的n，可以建立n个排序的子表。

假设我们有M个可用的内存缓冲区来对关系R排序，我们假设R是按照聚簇存储的。那么，按如下方式做:

基础 如果R可装入M个块中(那就是说，$B(R) \leqslant M$)，那么将R读入内存，使用你最喜爱的排序算法来对它排序，并将排好序的关系写到磁盘上。

归纳 如果R不能装入内存，将R的块分成M个组，称作R_1，R_2，$\cdots$，R_M。对每个$i = 1$，2，$\cdots$，M，递归地将R_i排序。接着，像4.4.1节那样，将M个排序的子表合并。

如果我们不仅仅对R排序，而是要在R上执行一个一元操作，如γ或δ，那么我们对上面的算法进行修改，使得在最后的归并中，我们在排序子表的前端的元组上执行操作。即

- 对于δ，输出每一个不同元组的一个副本，并跳过这个元组的其他副本。
- 对于γ，仅在分组属性上排序，然后像在4.4.3节讨论的，将那些在分组属性上具有一个给定值的元组以适当的方式进行结合。

当我们想执行一个二元操作的时候，比如交或连接，我们基本上使用同样的思想，所不同的只是这两个关系首先分成总数为M的子表。然后，每一个子表通过上面的递归算法排序。最后，我们读M个子表中的每一个，将每一个放入一个缓冲区，并且我们按照4.4节相应部分描述的方式来执行操作。

我们可以按照我们的愿望将M个缓冲区在关系R和S间分配。但是，为了使总的趟数最少，我们通常根据关系的块数，按比例地划分缓冲区。那就是说，R得到缓冲区的$M(B(R)/(b(R) + B(S))$，S得到剩余部分。

4.8.2 基于排序的多趟算法的性能

现在，让我们探讨所需的磁盘I/O数目、被操作的关系的大小和内存大小之间的关系。令$s(M, k)$是我们使用M个缓冲区和k趟能排序的最大的关系的大小。那么我们可以按照下面的方

法计算 $s(M, k)$：

基础   如果 $k=1$，即允许进行一趟，那么我们有 $B(R) \leqslant M$。换句话说，$s(M, 1) = M$。

归纳   假设 $k > 1$。那么我们将 R 分成 M 片，每一片必须是通过 $k-1$ 趟可排序的。如果 $B(R) = s(M, k)$，那么 R 的 M 个片的每一片的大小 $s(M, k)/m$，不能超过 $s(M, k-1)$，即 $s(M, k) = M s(M, k-1)$。

如果展开上面的递归，我们发现

$$s(M, k) = M s(M, k-1) = M^2 s(M, k-2) = \cdots = M^{k-1} s(M, 1)$$

既然 $s(M, 1) = M$，我们得出结论 $s(M, k) = M^k$。那就是，如果 $B(R) \leqslant M^k$，那么通过 k 趟，我们可以将关系 R 排序。换句话说，如果我们想在 k 趟中将 R 排序，那么我们可以使用的缓冲区的最小数目是 $M = (B(R))^{1/k}$。

排序算法的每一趟从磁盘上读取所有数据再将它们写回。这样，一个 k 趟排序算法需要 $2kB(R)$ 次磁盘 I/O。

现在，让我们将多趟连接 $R(X, Y) \bowtie S(Y, Z)$ 作为关系上二元操作的代表，考虑它的代价。令 $j(M, k)$ 是 k 趟的，使用 M 个缓冲区的最大的块数，即我们可以连接的关系中的块的总数等于或小于 $j(M, k)$。也就是说，如果 $B(R) + B(S) \leqslant j(M, k)$，连接就可以实现。

最后一趟中，我们归并两个关系的 M 个排序的子表。每个子表是使用 $k-1$ 趟排序的，所以它们中的每一个的大小都不会超过 $s(M, k-1) = M^{k-1}$，或者总的大小是 $M s(M, K-1) = M^K$，即 $B(R) + B(S) \leqslant M^K$。颠倒参数的角色，我们也可以说 k 趟计算连接需要 $(B(R) + B(S))^{1/k}$ 个缓冲块。

为了计算多趟算法所需的磁盘 I/O 数量，我们应当记住，不像排序那样，我们不计为连接或其他关系操作将最终结果写到磁盘上的代价。这样，我们使用 $2(k-1)(B(R) + B(S))$ 次磁盘 I/O 来将子表排序，另外 $B(R) + B(S)$ 次磁盘 I/O 在最后一趟中读取排序的子表。最后的结果是总共 $(2k-1)(B(R) + B(S))$ 次磁盘 I/O。

4.8.3 基于散列的多趟算法

对于大关系上的操作，有一个递归的使用散列的方法。我们将一个或两个关系散列到 $M-1$ 个桶中，M 是可用的内存缓冲区的数目。对于一元操作，我们再将操作分别应用到每一个桶。如果操作是二元的，比如连接，我们将操作应用到每一对相应的桶上，就像它们是整个的关系。我们可以递归地将这个方法描述为：

基础   对于一元操作，如果关系能装到 M 个缓冲区中，将它读入内存并执行操作。对于二元操作，如果有一个关系能装到 $M-1$ 个缓冲区中，将这个关系读入内存，再将第二个关系一次一块地装入第 M 个缓冲区，这样来执行操作。

归纳   如果没有一个关系能够装入内存，那么就像 4.5.1 节中所讨论的，将每个关系散列到 $M-1$ 个桶中。在每个桶上或每个相应的桶对上递归地执行操作，并将每个桶或桶对的输出积累起来。

4.8.4 基于散列的多趟算法的性能

在下面，我们将做一个假设，即当我们散列一个关系时，要将元组尽可能平均地分到桶中。事实上，如果我们选择一个真正随机散列的函数，将会近似地符合这个假设，但在将元组分布到桶的过程中总会有某些不均衡。

首先，考虑一个一元操作，例如关系 R 上使用 M 个缓冲区的 γ 或 δ。令 $u(M, k)$ 是 k 趟散列算法能够处理的最大的关系的块数。我们可以通过如下方式递归地定义 u：

基础 $u(M, 1) = M$，因为关系 R 必须能装入到 M 个缓冲区中，这就是说，$B(R) \leqslant M$。

归纳 我们假设第一步将 R 分到 $M-1$ 个大小相等的桶中。这样，我们可以按照如下方式计算 $u(M, k)$。为下一趟准备的桶必须足够小，使得它们能够在 $k-1$ 趟中处理；那就是，桶的大小是 $u(M, k-1)$。既然 R 被分到 $M-1$ 个桶中，我们一定有 $u(M, k) = (M-1)u(M, k-1)$。

如果我们展开上面的递归，我们发现 $u(M, k) = M(M-1)^{k-1}$，或者近似地，假设 M 很大，$u(M, k) = M^k$。换句话说，如果 $M \le (B(R))^{1/k}$，我们可以用 M 个缓冲区经过 k 趟来执行关系 R 上的一元关系操作。

我们可以为二元操作做一个简单的分析。就像在4.8.2节一样，让我们考虑连接。令 $j(M, k)$ 是 $R(X, Y) \bowtie S(Y, Z)$ 涉及的两个关系 R 和 S 中较小者的大小的上限。这里，就像以前一样，M 是可用的缓冲区的数目，k 是我们可以使用的趟。

基础 $j(M, 1) = M-1$；就是说，像我们在4.2.3节讨论的，如果我们使用一趟算法来连接，那么或者 R 或者 S 一定能够装入 $M-1$ 个块中。

归纳 $j(M, k) = (M-1)j(M, k-1)$；那就是，在 k 趟的第一趟中，我们可以将每一个关系分到 $M-1$ 个桶中，我们可能期望每个桶是整个关系的 $1/(M-1)$，但我们必须能够在 $M-1$ 个趟中，连接每一个相应的桶对。

通过展开 $j(M, k)$ 的循环，我们得到结论 $j(M, k) = (M-1)^k$。再次假设 M 很大，我们可以近似地说 $j(M, k) = M^k$。那就是说，如果 $\min(B(R), B(S)) \le M^k$，我们可以使用 k 趟和 M 个缓冲区来连接 $R(X, Y) \bowtie S(Y, Z)$。

4.8.5 习题

习题4.8.1 设 $B(R) = 10\,000$，$B(S) = 40\,000$，并且 $M = 101$。描述下面计算 $R(X, Y) \bowtie S(Y, Z)$ 的算法的执行。

a) 基于散列的三趟算法。

b) 基于排序的三趟算法。

! 习题4.8.2 有几个我们已经讨论过的用来提高两趟算法性能的"技巧"。辨别下面的技巧是否可以用于多趟算法，如果可以，应该怎样用？

a) 通过在磁盘上连续地存储块(4.5.7节)来提高基于排序的算法。

b) 通过在磁盘上连续地存储块(4.5.7节)来提高基于散列的算法。

c) 4.5.6节中的混合-散列-连接技巧。

4.9 小结

- **查询处理**：查询被编译，其中涉及大量的优化，然后被执行。查询执行的研究包括认识与 SQL 能力匹配的扩充的关系代数上的执行操作的方法。

- **查询计划**：查询首先被编译为逻辑查询计划，通常就像关系代数表达式，然后像在第5章中将要讨论的，通过为每一个操作符选择一个实现，对连接排定顺序并做出一些其他的决定，来将逻辑查询计划转化成物理查询计划。

- **表扫描**：为了访问关系的元组，有几个可行的物理操作符。表扫描操作符简单地读取存放关系的元组的块。索引扫描使用索引来找到元组，排序扫描产生排好顺序的元组。

- **物理操作符的代价度量**：通常，执行一个操作占用的磁盘 I/O 的数量是消耗时间的主要部分。在我们的模型中，我们只计磁盘 I/O 时间，并且我们计算读操作对象所需的时间和空间，而不管写出结果的代价。

- **迭代器**：如果我们把一个查询的执行看作是由迭代器来操作的话，那么一个查询执行涉及的几个操作可以很方便地吻合起来。这个机制包含三个函数：打开关系的结构，得到关系的下一个元组，关上这个结构。

- 一趟算法：只要关系代数操作符的一个操作对象能够装入内存，我们就可以将小的关系读进内存，并一次一个块地读另一个操作对象来执行这个操作符。

- 嵌套循环连接：这个简单的连接算法甚至在两个操作对象都不能装入内存时也能运转。它将较小的关系尽可能多地读进内存，并将它与整个的另一个作对象比较；这个过程重复执行直到较小的关系的所有元组都进过内存。

- 两趟算法：除了嵌套循环连接，对于不能装入内存的操作对象的大多数算法，或者是基于排序的，基于散列的，或者是基于索引的。

- 基于排序的算法：这些算法将它们的操作对象分割成内存大小的、排序的子表。然后排序的子表被适当地归并来产生所需的结果。例如，我们对所有的有序子表进行归并，我们可以使用重要的两趟多路归并排序。

- 基于散列的算法：这些算法使用一个散列函数将操作对象分割到桶中。然后操作被分别应用到桶(对一元操作)和桶对(对二元操作)上。

- 散列与排序：基于散列的算法常常优于基于排序的算法，因为它仅要求一个操作对象是"小的"。在另一方面，当有另外的原因需要保持数据排序时，基于排序的算法表现得很好。

- 基于索引的算法：对于条件是索引属性等于常量的选择来说，使用索引是提高性能的一种极好的方式。当一个关系是小的，且另一个具有连接属性上的索引时，基于索引的连接也是很好的。

- 缓冲区管理器：内存块的可用性是由缓冲区管理器来控制的。当内存中需要一个新的缓冲区时，缓冲区管理器使用读者所熟悉的某一个替换策略，如最近最少使用，来决定哪一个缓冲区的内容返回到磁盘上。

- 缓冲区数目变化应策：通常，用于一个操作的可用的内存缓冲区的数目是不可预测的。如果是这样，当可用缓冲区数目减少时，用于实现操作的算法会大大降级。

- 多趟算法：基于排序的或基于散列的两趟算法可以自然地递推到三趟或更多趟，用来运行更大的数据量。

4.10   参考文献

文献[6]和文献[2]是两个查询优化的综述。文献[8]是一个关于分布式查询优化的综述。

文献[5]中有一个对连接方法早期的研究。文献[3]对缓冲区管理进行了分析、综述和改进。

基于排序技术的使用最早由文献[1]提出。文献[7]和文献[4]提出了基于散列的连接算法的优点，后者是混合散列连接的起源。

1. M. W. Blasgen and K. P. Eswaran, "Storage access in relational data-bases," *IBM Systems J.* **16**:4 (1977), pp. 363–378.

2. S. Chaudhuri, "An overview of query optimization in relational systems," *Proc. Seventeenth Annual ACM Symposium on Principles of Database Systems*, pp. 34–43, June, 1998.

3. H.-T. Chou and D. J. DeWitt, "An evaluation of buffer management strategies for relational database systems," *Proc. Intl. Conf. on Very Large Databases*, pp. 127–141, 1985.

4. D. J. DeWitt, R. H. Katz, F. Olken, L. D. Shapiro, M. Stonebraker, and D. Wood, "Implementation techniques for main-memory database systems," *Proc. ACM SIGMOD Intl. Conf. on Management of Data* (1984), pp. 1–8.

5. L. R. Gotlieb, "Computing joins of relations," *Proc. ACM SIGMOD Intl. Conf. on Management of Data* (1975), pp. 55–63.

6. G. Graefe, "Query evaluation techniques for large databases," *Computing Surveys* **25**:2 (June, 1993), pp. 73–170.

7. M. Kitsuregawa, H. Tanaka, and T. Moto-oka, "Application of hash to data base machine and its architecture," *New Generation Computing* **1**:1 (1983), pp. 66–74.

8. D. Kossman, "The state of the art in distributed query processing," *Computing Surveys* **32**:4 (Dec., 2000), pp. 422–469.

第5章 查询编译器

本章我们讲解查询编译器及其优化器的体系结构。正如在图 4-2 中提到的那样，查询处理器必须采取三个大的步骤：

1. 对使用诸如 SQL 的某种语言书写的查询进行语法分析，亦即将查询语句转换成按某种有用方式表示查询语句结构的语法树。

2. 把语法分析树转换成关系代数表达式树（或某种类似标记），我们称之为逻辑查询计划。

3. 逻辑查询计划必须转换成物理查询计划，物理查询计划不仅指明了要执行的操作，而且也找出了这些操作执行的顺序、执行每步所用的算法、获得所存储数据的方式以及数据从一个操作传递给另一个操作的方式。

第(1)步(语法分析)是 5.1 节的主题。这一步的结果是查询语句的一棵语法分析树。另外两步涉及许多选择。在挑选一个逻辑查询计划时，我们有机会应用多个不同的代数运算，其目标是得到最佳的逻辑查询计划。5.2 节在理论上讨论关系代数的代数定律。接着在 5.3 节讲述如何将语法分析树转换成初始的逻辑查询计划，并说明 5.2 节中的代数定律如何应用到改进初始逻辑查询计划的策略中去。

当从一个逻辑计划产生物理计划时，我们必须估计每个可能选项的预计代价。代价估计本身就是一门科学，我们在 5.4 节讨论。在 5.5 节我们讲述如何使用代价估计来评价一个计划。考虑多个关系的连接顺序时会引出许多特殊问题，这是 5.6 节的话题。最后，5.7 节讨论了其他有关选择物理查询计划的各种问题与策略：算法选择以及采用流水线处理还是物化方法。

5.1 语法分析和预处理

查询编译的开始几个阶段如图 5-1 所示。图中的四个方框对应于图 4-2 的初始的两个阶段。

本节我们讨论 SQL 的语法分析，并给出可用于该语言的基本语法要素。我们还会讨论如何处理包含有一个虚拟视图的查询和其他的预处理步骤。

5.1.1 语法分析与语法分析树

语法分析器的工作是接收用类似 SQL 这样的语言编写的文本并将之转换成语法分析树，该树的结点对应于以下两者之一：

1. 原子：它们是词法成分，例如关键字（如 SELECT）、关系或属性的名字、常数、括号、运算符（如 + 或 <），以及其他模式成分。

2. 语法类：在一个查询中起相似作用的查询子成分所形成族的名称。我们用尖括号将描述性的名称括起来表示语法类。例如，< Query > 用于表示常用 select-from-where 形式的查询，而 < Condition > 将用于表示属于条件的任何表达式，如那些跟在 SQL 语句中的 WHERE 之后的表达式。

如果结点是一个原子，则该结点没有子结点。然而，若该结点是一个语法类，则其子结点通

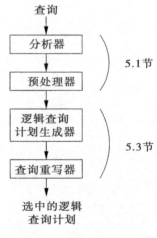

图 5-1 从一个查询到一个逻辑查询计划

过该语言的语法规则之一进行描述。我们将通过例子来说明这些思想。关于如何设计一个语言的语法以及如何进行语法分析，如将一个程序或查询语句转换成语法分析树，这些细节当属编译课程的内容[⊖]。

5.1.2　SQL 的一个简单子集的语法

通过给出描述一个小的 SQL 查询语句子集的某些规则，我们来说明语法分析的过程。

查询

语法类 < Query > 用于表示(某些)SQL 查询语句。我们只给出它的一条规则：

```
<Query> ::= SELECT <SelList> FROM <FromList> WHERE <Condition>
```

"::="符号表示"可以表述为"的意思。语法类 < SelList > 与 < FromList > 表示可以分别跟在 SELECT 与 FROM 之后的列表。很快我们就会讲述这类列表的受限形式。语法类 < Condition > 表示 SQL 条件(那些要么为真要么为假的表达式)；后面我们将给出该语法类的简化规则。

注意这条规则不接受多种可选子句，如 GROUP BY，HAVING 或 ORDER BY 子句，也不接受 SELECT 之后的 DISTINCT 选项，还不接受使用 UNION、JOIN 或者其他二元操作符的查询表达式。

选择列表

```
<SelList> ::= <Attribute> , <SelList>
<SelList> ::= <Attribute>
```

这两条规则说明一个选择列表可为任何由逗号分隔的属性列表：要么是单个属性，要么是一个属性、一个逗号以及一个或多个属性的任意列表。注意，在完整的 SQL 语法中，我们在选择列表中还需提供接纳表达式与聚集函数以及属性与表达式别名的规则。

from 列表

```
<FromList> ::= <Relation> , <FromList>
<FromList> ::= <Relation>
```

这里的 from 列表可由任意用逗号分隔的关系列表组成。为简便起见，我们省略了 from 列表元素中可以是表达式的可能性，例如连接或子查询。类似地，完整的 SQL 语法应当允许关系的元组变量。

条件

我们将使用的规则有：

```
<Condition> ::= <Condition> AND <Condition>
<Condition> ::= <Attribute> IN ( <Query> )
<Condition> ::= <Attribute> = <Attribute>
<Condition> ::= <Attribute> LIKE <Pattern>
```

虽然我们在条件类中列出了比其他语法类更多的语法规则，但是这些规则对于各种形式的条件而言只不过触及皮毛而已。我们省略了涉及下列运算符的规则：OR、NOT、EXISTS、除了等值与 LIKE 之外的其他比较运算符、常量操作数，以及许多其他结构，这些结构在完整的 SQL 语法中是需要的。

基本语法类

语法类 < Attribute >、< Relation >、< Pattern > 是较为特殊的，因为它们不是通过语法规则定义的，而是通过它们所代表的原子的规则来定义的。例如，在语法分析树中，< Attribute > 的一个子类可以是任意的字符串，该字符串表示一个当前数据库模式的属性。类似地，< Relation > 可以被当前模式中作为关系而言任何有意义的字符串所替代；< Pattern > 可以用任何一个用引号

⊖　对这方面内容不熟悉的读者可以参阅 A. V. Aho, M. Lam, R. Sethi, and J. D. Ullman, *Compilers: Principles, Techniques, and Tools*, Addison-Wesley, 2007。当然 5.1.2 节的例子用于表示查询处理器中的语法分析是足够了。

括起的字符串替换，该字符串是一个合法的 SQL 匹配模式。

例 5.1 回想一下在演电影例子中的两个关系。

```
StarsIn(movieTitle, movieYear, starName)
MovieStar(name, address, gender, birthdate)
```

在语法分析和查询重写阶段，我们的研究主要围绕一个查询语句的两个版本来进行，这两个版本都是询问那些至少有一个在 1960 年出生的影星的电影名字。我们通过使用 LIKE 运算符来判定其出生日期（一个 SQL 字符串）是否以'1960'结尾，从而找出那些出生于 1960 年的影星。

发起该查询的一种方式是用子查询来构造那些出生于 1960 年的影星名字的集合，并查看每个 StarsIn 元组中的 star-Name 是否是该子查询返回的集合的一个成员。这个查询版本的 SQL 语句如图 5-2 所示。

```
SELECT movieTitle
FROM StarsIn
WHERE starName IN (
    SELECT name
    FROM MovieStar
    WHERE birthdate LIKE '%1960'
);
```

图 5-2 找出有出生于 1960 年影星的电影

按照我们所描绘的语法，图 5-2 所示查询语句的语法分析树如图 5-3 所示。根是语法类 < Query >，任何一个查询语句的语法树都必然是这种情况。顺着树往下走，我们可知该查询语句是 select-from-where 形式的；选择列表仅由属性 movieTitle 构成，from 列表只有一个关系 StarsIn。

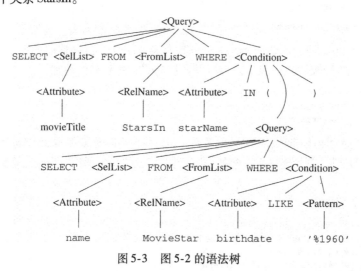

图 5-3 图 5-2 的语法树

在 WHERE 子句外层的条件比较复杂。它属于"属性 – IN – 用括号括起的查询"的形式。该子查询有其自身的单个 select 列表与 from 列表，以及含有 LIKE 运算符的简单条件。 □

例 5.2 现在我们看看图 5-2 所示查询的另一个版本，这次我们不使用子查询，而是采用 StarsIn 与 MovieStar 两个关系的等值连接，利用条件 starName = name 来规定两个关系中提到的影星是相同的影星。注意，starName 是关系 StarsIn 的属性，而 name 是 MovieStar 的一个属性。图 5-2 中所示查询的这个版本如图 5-4 所示。⊖

```
SELECT movieTitle
FROM StarsIn, MovieStar
WHERE starName = name AND
    birthdate LIKE '%1960';
```

图 5-4 询问有出生于 1960 年影星的电影的另一种方法

对应于图 5-4 的语法树如图 5-5 所示。该语法树所使用的许多规则与图 5-3 是相同的。不过，

⊖ 这两个查询有一点小小的区别。图 5-4 所示的查询在一部电影中有一个以上的影星出生于 1960 年时，会产生重复。严格地说，我们应当把 DISTINCT 加到图 5-4 中，但我们所举的语法例子作了简化，省去了该选项。

请注意多于一个关系的 from 列表和两个由 AND 连接起来的条件。　　☐

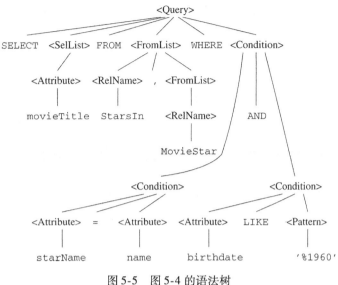

图 5-5　图 5-4 的语法树

5.1.3　预处理器

预处理器有多个重要的功能。如果查询语句中用到的关系实际上是一个虚视图，则在 from 列表中用到该关系的地方必须用描述该视图的语法树来替换。这棵语法树由视图的定义得到，本质上就是一个查询语句。下一节将讨论视图引用的预处理。

预处理器也负责语义检查。即使该查询语句语法上有效，它实际上也可能在名称使用上违反了一条或多条语义规则。例如，预处理器必须：

1. 检查关系的使用。FROM 子句中出现的关系必须是当前模式中的关系或视图。

2. 检查与解析属性的使用。在 SELECT 子句或 WHERE 子句中提到的每个属性必须是当前范围中某个关系的属性。例如，在图 5-3 所示的第一个 select 列表中的属性 movieTitle 是在仅有的一个关系 StarsIn 的范围中。幸运的是，movieTitle 确实是 StarsIn 的一个属性，因此预处理器核实了 movieTitle 属性的使用。如果在查询语句中没有把关系显式地附加到属性上（如 StarsIn. movieTitle），典型的查询处理器此时通过给属性加上它所引用关系的信息来解析（resolve）每一属性。预处理器同时也检查二义性，如果某属性属于两个或多个具有该属性的关系的范围，则报错。

3. 检查类型。所有属性的类型必须与其使用相适应。例如，图 5-3 中的 birthdate 被用于 LIKE 比较中，而这种比较要求 birthdate 是一个字符串或是可被强制转换成字符串的某种类型。由于 birthdate 是一个日期型，而在 SQL 中日期型通常作字符串处理，因此该属性的使用是合法的。类似地，要对运算符进行检查，确保它们作用到适当的且相兼容的类型的值上。

5.1.4　预处理涉及视图的查询

如果一个查询当中的运算对象是一个虚视图，预处理器需要将这个运算对象替换成表示这个视图是怎样由基本表构造出来的语法树。如图 5-6 所示。一个查询 Q 由它在关系代数中的表达式树表示，这棵树可能有一些叶结点是视图。我们假定有这样的两个视图——视图 V 和视图 W。为了将 Q 按照基本表来解释，我们找到视图 V 和视图 W 的定义。这些定义也是查询，因此它们可以用关系代数或者语法树表示。

为了用基本表来表示一个查询，我们对每个在 Q 中的是视图的叶结点进行替换，替换成定义对应视图的树的根的一个拷贝。因此，在图 5-6 中，我们将叶结点 V 和 W 替换成这些视图的定义。结果树是一个在基本表上的、和关于视图的原查询等价的查询。

例 5.3 考虑视图的定义和在《数据库系统基础教程（原书第 3 版）》例 8.3 当中的查询。视图 ParamountMovies 的定义是：

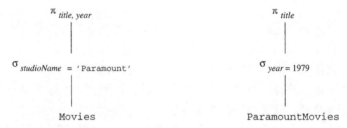

```
CREATE VIEW ParamountMovies AS
    SELECT title, year
FROM Movies
WHERE studioName = 'Paramount';
```

图 5-6   将视图的引用替换成视图的定义

图 5-7 所示的树是这个查询的关系代数表示；我们在这里使用关系代数，是因为和语法树相比这种方式更加紧凑。

《数据库系统基础教程（原书第 3 版）》例 8.3 中的查询是：

```
SELECT title
FROM ParamountMovies
WHERE year = 1979;
```

查询在 1979 年制作的 Paramount 的电影。这个查询的表达式树如图 5-8 所示。注意这棵树当中的一个叶结点是视图 ParamountMovies。   □

$\pi_{title,\ year}$

|

$\sigma_{studioName\ =\ 'Paramount'}$

|

Movies

π_{title}

|

$\sigma_{year\ =\ 1979}$

|

ParamountMovies

图 5-7   视图 ParamountMovies 的表达式树   图 5-8   查询的表达式树

我们用图 5-7 当中的树替换图 5-8 当中的叶结点 ParamountMovies。结果树如图 5-9 所示。

这棵树作为视图预处理的正式结果，并不是一种很好的表达查询的形式。在 5.2 节中我们会讨论改进类似图 5-9 当中的表达式树的方式。具体来讲，可以将选择和投影向树的底层移动，并且在很多情况下将它们合并。图 5-10 是一个使用标准查询处理技术可以获得的改进的形式。

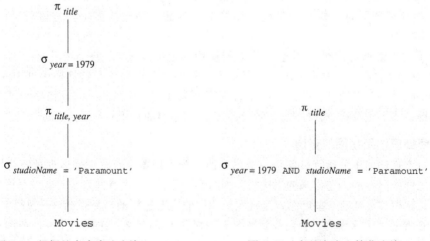

图 5-9   根据基本表表达查询   图 5-10   在基本表上简化查询

5.1.5　习题

习题 5.1.1　增加或修改 < Query > 的规则，使其包含以下各种 SQL select-from-where 表达式的特性的简单版本：

a) 没有 where 子句的查询语句

b) 产生包含 DISTINCT 关键字的集合的能力

c) GROUP BY 子句和 HAVING 子句

d) 用 ORDER BY 子句对结果排序

习题 5.1.2　给 < Condition > 增加规则，使其包含以下 SQL 条件表达式的特性：

a) 除了 ' = ' 之外的比较运算

b) 带括号的条件

c) EXISTS 表达式

d) 逻辑运算符 OR 和 NOT

习题 5.1.3　使用本节中所给出的简单 SQL 语法，画出如下关于关系 $R(a, b)$ 与 $S(b, c)$ 的查询语句的语法树：

a) SELECT a FROM R WHERE b IN

　　(SELECT a FROM R, S WHERE R. b = S. b);

b) SELECT a, c FROM R, S WHERE R. b = S. b;

5.2　用于改进查询计划的代数定律

我们将在 5.3 节继续查询编译器的讨论；在那里，我们将把语法树转换成一个表达式，该表达式由扩充关系代数运算符组成。在 5.3 节，我们将看到如何应用启发式规则，使用关系代数中多个代数定律中的某一些定律来改进查询语句的代数表达式。作为准备，本节列出一些代数定律，用于将一个表达式树转换成一个等价的表达式树，后者可能有更有效的物理查询计划。应用这些代数变换式的结果是逻辑查询计划，它是查询重写阶段的输出。

5.2.1　交换律与结合律

有关某个运算符的交换律是指提供给该运算符的参数的顺序是无关紧要的，其结果总是相同。例如，+ 与 × 是算术运算中可交换的运算符。更准确地说，对于任意的数 x 与 y，$x + y = y + x$ 与 $x \times y = y \times x$ 成立。但是，"−"不是一个可交换的运算符：$x - y \neq y - x$。

一个运算符的结合律是指该运算符出现的两个地方既可以从左边进行组合也可以从右边进行组合。例如，+ 与 × 是满足结合律的运算符，意味着 $(x + y) + z = x + (y + z)$ 和 $(x \times y) \times z = x \times (y \times z)$ 成立。但是，"−"运算符不满足结合律：$(x - y) - z \neq x - (y - z)$。当一个运算符既满足结合律又满足交换律时，我们可以对用这个运算符连接起来的任意多个操作数进行随意组合与排列，而不会改变结果。例如，$((w + x) + y) + z = (y + x) + (z + w)$。

关系代数的多个运算符同时满足结合律与交换律。具体如下：

- $R \times S = S \times R$；$(R \times S)T = R \times (S \times T)$
- $R \bowtie S = S \bowtie R$；$(R \bowtie S) \bowtie T = R \bowtie (S \bowtie T)$
- $R \cup S = S \cup R$；$(R \cup S) \cup T = R \cup (S \cup T)$
- $R \cap S = S \cap R$；$(R \cap S) \cap T = R \cap (S \cap T)$

注意，这些定律对于集合与包也是成立的。我们不对每一个定律都一一加以证明，不过在下面给出了一个定律的证明。

例 5.4　我们来证明 $\bowtie$ 的交换律：$R \bowtie S = S \bowtie R$。

首先假设元组 t 在 $R \bowtie S$ 的结果中，即在左边的表达式中。则必存在 R 中的元组 r，和 S 中

的元组 s，它们在 t 的公共属性上值相同。因此，当我们计算右边的表达式 $S \bowtie R$ 时，元组 s 与 r 又会组合形成 t。

我们可能会想象 t 的各分量在左边公式与右边公式中的顺序是不同的，但形式上，关系代数的元组没有固定不变的属性次序。相反，我们可以自由地对元组属性重新进行排列，只要在列标题中有相应的属性名即可，正如我们在《数据库系统基础教程（原书第 3 版）》2.2.5 节讨论的那样。

我们还没有证完。由于我们的关系代数是一个包的代数，而不是集合的代数，因此我们必须证明，如果 t 在左边出现了 n 次，则 t 在右边也出现了 n 次，反之亦然。假设 t 在左边出现了 n 次。那么与 t 相对应来自关系 R 的元组 r 必须出现某个值 n_R 次，与 t 相对应来自 S 的元组 s 出现 n_S 次，其中 $n_R n_S = n$。当我们计算右边表达式 $S \bowtie R$ 时，应有 s 出现 n_S 次，r 出现 n_R 次，从而得到 $n_R n_S$ 份 t 的拷贝，即有 n 个 t 元组拷贝。

我们仍没有证完。我们已完成了证明的一半，即左边出现的每个元组也出现在右边，但我们还必须证明出现在右边的每个元组也出现在左边。由于明显的对称性，论证本质上是一样的，在这里恕不赘述。　　　　□

我们在可结合 – 可交换的运算符中没有包括 θ 连接。是的，θ 连接是可交换的。
$$R \bowtie_C S = S \bowtie_C R$$
此外，如果条件所在位置是有意义的，则 θ 连接也满足结合律。但是，正如下面例子所指出的那样，在某些情况下，结合律不成立，因为条件不能作用到参与连接的属性上去。

包与集合的定律可能不同

在把我们所熟悉的有关集合的定律应用到属于包的关系上时，应当小心。例如，你可能已经学过集合论中的定律如 $A \cap_S (B \cup_S C) = (A \cap_S B) \cup_S (A \cap_S C)$，它就是"交对并的分配律"。该定律对集合成立，而对包不成立。

举个例子来说，假设包 A、B、C 均为 $\{x\}$，则 $A \cap_B (B \cup_B C) = \{x\} \cap_B \{x, x\} = \{x\}$，然而表达式 $(A \cap_B B) \cup_B (A \cap_B C) = \{x\} \cup_B \{x\} = \{x, x\}$，这与左边的结果 $\{x\}$ 是不同的。

例 5.5　假设有 3 个关系 $R(a, b)$，$S(b, c)$，$T(c, d)$。表达式
$$(R \bowtie_{R.b > S.b} S) \bowtie_{a < d} T$$
可按假设的结合律转换成：
$$R \bowtie_{R.b > S.b} (S \bowtie_{a < d} T)$$
然而，我们不能使用条件 $a < d$ 对 S 与 T 进行连接，因为 a 既不是 S 的属性也不是 T 的属性。所以 θ 连接的结合律不可随意使用。　　　　□

5.2.2　涉及选择的定律

由于选择可以明显地减少关系的大小，因此进行有效查询处理最重要的规则之一就是只要不改变表达式的结果，就把选择在语法树上尽可能地下移。确实，早期的查询优化器将这个变换的各种变型作为其选择良好逻辑计划的首要策略。正如我们稍后指出的那样，"在语法树上下推选择"这个变换并不十分通用，但"下推选择"的思想仍是查询优化的一个主要手段。

作为开始，当选择条件较复杂（如涉及用 AND 或 OR 连接起来的条件）时，将条件分解为其组成部分是有所裨益的。其动机是部分条件涉及的属性比整个条件少，可移到某个方便的地方，而整个条件则不一定能够移入。因此，有关 σ 运算符的头两条定律是分解定律：

- $\sigma_{C_1 \text{ AND } C_2}(R) = \sigma_{C_1}(\sigma_{C_2}(R))$

- $\sigma_{C_1 \text{ OR } C_2}(R) = (\sigma_{C_1}(R)) \cup_S (\sigma_{C_2}(R))$

不过，第二条定律只有在 R 为集合时才成立。注意，如果 R 为包，集合并会不正确地消除重复。

注意，C_1 与 C_2 的顺序是灵活的。例如，我们还可将上面的第一条定律写成 C_2 作用在 C_1 之后，$\sigma_{C_2}(\sigma_{C_1}(R))$。事实上，更一般地，我们可以任意交换 σ 运算符的顺序：

- $\sigma_{C_1}(\sigma_{C_2}(R)) = \sigma_{C_2}(\sigma_{C_1}(R))$

例 5.6 令 $R(a, b, c)$ 是一个关系，则 $\sigma_{(a=1\ \mathrm{OR}\ a=3)\ \mathrm{AND}\ b<c}(R)$ 可分解为 $\sigma_{a=1\ \mathrm{OR}\ a=3}(\sigma_{b<c}(R))$。接着我们又可将这个表达式在 OR 处分解为 $\sigma_{a=1}(\sigma_{b<c}(R)) \cup \sigma_{a=3}(\sigma_{b<c}(R))$。在这种情形下，由于一个元组不可能同时满足 $a=1$ 与 $a=3$，因此不论 R 是否是一个集合，只要并是 $\cup_B$，该变换总是成立的。然而，总的说来对 OR 的分解要求其参数是集合并且使用 $\cup_S$。

另一种分解方法是把 $\sigma_{b<c}$ 作为外层运算，即 $\sigma_{b<c}(\sigma_{a=1\ \mathrm{OR}\ a=3}(R))$。然后对 OR 进行分解，得到 $\sigma_{b<c}(\sigma_{a=1}(R) \cup \sigma_{a=3}(R))$，它与我们得到的第一个表达式等价，但略有不同。□

涉及 σ 的另一类定律允许我们对二元运算符进行下推选择：积、并、交、差、连接。有 3 种类型的定律，这取决于下推选择到每个参数是可选的还是必需的：

1. 对于并，选择必须下推到两个参数中。
2. 对于差，选择必须下推到第一个参数，下推到第二个参数是可选的。
3. 对于其他运算符，只要求选择下推到其中一个参数。对于连接和积，将选择下推到两个参数是没有意义的，因为参数可能有也可能没有选择所要求的属性。即使可以同时下推到两者，该做法也不一定能改进计划；参见习题 5.2.6。

因此，对于并的定律是：

- $\sigma_C(R \cup S) = \sigma_C(R) \cup \sigma_C(S)$

这里，将选择移入语法树的两个分支是必需的。

对于差，定律之一是：

- $\sigma_C(R - S) = \sigma_C(R) - S$

然而，把选择下推到两参数上也是允许的：

- $\sigma_C(R - S) = \sigma_C(R) - \sigma_C(S)$

下面这些定律允许将选择下推到一个或两个参数中。对于选择 σ_C，我们只能将其下推到一个包含 C 中涉及的全部属性的关系中（如果存在的话）。假设关系 R 具有 C 中提及的全部属性，我们列出如下定律：

- $\sigma_C(R \times S) = \sigma_C(R) \times S$
- $\sigma_C(R \bowtie S) = \sigma_C(R) \bowtie S$
- $\sigma_C(R \bowtie_D S) = \sigma_C(R) \bowtie_D S$
- $\sigma_C(R \cap S) = \sigma_C(R) \cap S$

如果 C 只涉及 S 的属性，则我们可有：

- $\sigma_C(R \times S) = R \times \sigma_C(S)$

对于其他 3 个运算符 $\bowtie$、$\bowtie_D$ 和 $\cap$ 类似。如果关系 R 与 S 恰好都包含了 C 的属性，则我们可使用诸如下面所列的定律：

- $\sigma_C(R \bowtie S) = \sigma_C(R) \bowtie \sigma_C(S)$

注意，如果运算符是×或⋈₀，则不可能应用这个定律的变种，因为在这种情形下 R 与 S 没有公共的属性。但是，对于∩而言，这种形式的定律总是适用的，因为此时 R 与 S 的模式必须相同。

例 5.7 考虑关系 $R(a, b)$ 与 $S(b, c)$ 以及表达式

$$\sigma_{(a=1\ OR\ a=3)\ AND\ b<c}(R \bowtie S)$$

条件 $b<c$ 只能用到 S 上，而条件 $a=1$ 与 $a=3$ 只能用到 R 上。这样我们可像例 5.6 第一种可供选择的方法那样从分解两个条件的 AND 开始：

$$\sigma_{a=1\ OR\ a=3}(\sigma_{b<c}(R \bowtie S))$$

接着，我们可把选择 $\sigma_{b<c}$ 下推到 S，得到表达式：

$$\sigma_{a=1\ OR\ a=3}(R \bowtie \sigma_{b<c}(S))$$

最后，我们下推第一个条件到 R，得到 $\sigma_{a=1\ OR\ a=3}(R) \bowtie \sigma_{b<c}(S)$。 □

一些平凡的定律

我们不去陈述关系代数的每一个真值定律。读者应当小心，尤其是对于那些极端情形的定律：空关系，条件总为真或总为假的选择或 θ 连接，包含全部属性的投影等。举例来说，下面是许多可能的特殊情形定律中的一些定律：

1. 任何对空关系的选择为空。

2. 如果 C 是总为真的条件(如：$x>10$ OR $x\leq10$ 应用到不允许 x = NULL 的关系上)，则 $\sigma_c(R)=R$。

3. 如果 R 为空，则 $R\cup S=S$。

5.2.3 下推选择

正如例 5.3 中那样，在表达式树中下推选择——用 5.2.2 节所述规则右边表达式替换其左边的表达式——是查询优化器最强有力的工具。然而，当查询包含虚视图时，有时首先将选择尽可能往树的上部移是很必要的，然后再把选择下推到所有可能的分支。用一个例子来说明如何适当地移动选择。

例 5.8 假设我们有如下关系：

```
StarsIn(title, year, starName)
Movies(title, year, length, genre, studioName, producerC#)
```

注意我们为了使这个例子更加简单，对 StarsIn 中的前两个属性通常的名称 movieTitle 和 movieYear 进行了修改。定义视图 MoviesOf1996 为：

```
CREATE VIEW MoviesOf1996 AS
    SELECT *
    FROM Movies
    WHERE year = 1996;
```

我们可用 SQL 进行如下查询"在 1996 年有哪些影星为哪些电影制作公司工作？"：

```
SELECT starName, studioName
FROM MoviesOf1996 NATURAL JOIN StarsIn;
```

视图 MoviesOf1996 用关系代数表达式定义为：

$$\sigma_{year=1996}(Movies)$$

因此，以上查询是这个表达式与 StarsIn 的自然连接，然后在属性 starName 与 studioName 上投影，它具有如图 5-11 所示的表达式。

这里，选择已经位于它可移入的树的最下面了，因此已无法"在树中下推选择"了。然而，规则 $\sigma_C(R \bowtie S) = \sigma_C(R) \bowtie S$ 可以"反过来"用，把选择 $\sigma_{year=1996}$ 放到图 5-11 的连接之上。然后，由于 year 是 Movie 与 StarsIn 两者的属性，我们可以把选择下推到连接结点的两个子结点。所得逻辑查询计划如图 5-12 所示。它很可能得到了改进，因为在 StarsIn 与 1996 年的电影连接之前已减少了关系 StarsIn 的大小。 □

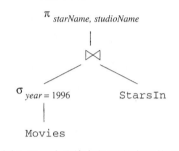

图 5-11　由查询与视图的定义构造
的逻辑查询计划

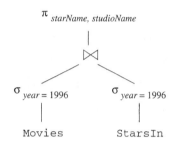

图 5-12　通过在树上上移和下移选择
来改进查询计划

5.2.4　涉及投影的定律

投影可以像选择一样下推到多个其他运算符中。下推投影与下推选择不同，当下推投影时，投影留在原处是相当平常的。换句话说，"下推"投影确实涉及在一个已存在的投影之下的某个地方引入一个新的投影。

下推投影是有用的，但一般而言不如下推选择那么有用。原因是选择通常以较大的因子减少关系的大小，而投影不改变元组数，只减少元组的长度。事实上，《数据库系统基础教程（原书第 3 版）》5.2.5 节中的扩展投影运算符实际上增加了元组的长度。

为描述使用扩展投影的转换，我们需要引入一些术语。考虑投影列表中的项 $E \to x$，其中 E 是一个属性或含有属性与常量的一个表达式。我们称 E 中提到的全部属性是投影的输入属性，x 是一个输出属性。若一个项是单个属性的，则它既是输入属性又是输出属性。如果一个投影列表的属性构成不包含更名或不是单个属性的表达式，则我们称该投影是简单的。

例 5.9　投影 $\pi_{a,b,c}(R)$ 是简单的；a、b、c 既是其输入属性又是其输出属性。但是 $\pi_{a+b \to x,c}(R)$ 不是简单的。其输入属性是 a、b、c，而其输出属性是 x 和 c。 □

投影定律之后隐藏的原理是：

- 我们可以在表达式树上的任何地方引入投影，只要它所消除的属性是其上的运算符从来不会用到的，并且也不在整个表达式的结果之中。

在这些定律的最基本形式中，所引入的投影总是简单的，尽管已经存在的投影（比如下面的 L）没有必要这样：

- $\pi_L(R \bowtie S) = \pi_L(\pi_M(R) \bowtie \pi_N(S))$，其中 M 和 N 是连接属性，以及分别包含在 R 和 S 中的 L 的输入属性。
- $\pi_L(R \bowtie_C S) = \pi_L(\pi_M(R) \bowtie_C \pi_N(S))$，其中 M 和 N 是连接属性（如在条件 C 中提到的属性），和分别包含在 R 和 S 中的 L 的输入属性。
- $\pi_L(R \times S) = \pi_L(\pi_M(R) \times \pi_N(S))$，其中 M 和 N 分别是包含在 L 的输入属性中的 R 与 S 的全部属性。

例 5.10　令 $R(a, b, c)$ 与 $S(c, d, e)$ 是两个关系。考虑表达式 $\pi_{a+e \to x, b \to y}(R \bowtie S)$。投影的

输入属性是 a、b、e，而 c 是仅有的连接属性。我们可以应用下推投影到连接之下的定律得到以下等价表达式：

$$\pi_{a+e\to x,\ b\to y}\left(\pi_{a,b,c}(R)\bowtie\pi_{c,e}(S)\right)$$

注意，投影 $\pi_{a,b,c}(R)$ 是平凡的；它是对 R 全部属性的投影。我们可以消除这个投影，得到第三个等价表达式：$\pi_{a+e\to x,b\to y}(R\bowtie\pi_{c,e}(S))$。也就是说，与原始表达式相比仅有的变化是我们在连接之前把属性 d 从 S 移走了。　□

我们可在包并之前进行投影。即

$$\pi_L(R\cup_B S)=\pi_L(R)\cup_B\pi_L(S)$$

与此相反，投影不能被推到集合并或集合、包的交或差之下。

例 5.11　令 $R(a,b)$ 由一个元组 $\{(1,2)\}$ 组成，$S(a,b)$ 由一个元组 $\{(1,3)\}$ 组成。则 $\pi_a(R\cap S)=\pi_a(\varnothing)=\varnothing$。然而，$\pi_a(R)\cap\pi_a(S)=\{(1)\}\cap\{(1)\}=\{(1)\}$。　□

如果投影涉及一些计算，并且投影列表中某一项的输入属性全部属于投影下面连接或积的其中的某一参数，则我们可选择直接在那个参数上进行计算，尽管这不是必需的。下面的例子有助于说明这一点。

例 5.12　再令 $R(a,b,c)$ 与 $S(c,d,e)$ 是关系，考虑连接与投影 $\pi_{a+b\to x,d+e\to y}(R\bowtie S)$。我们可以把和 $a+b$ 及其更名为 x 直接移到关系 R 上，类似地把和 $d+e$ 移到 S 上。所得到的等价表达式是

$$\pi_{x,y}\left(\pi_{a+b\to x,\ c}(R)\bowtie\pi_{d+e\to y,\ c}(S)\right)$$

要处理的一种特别的情形是如果 x 或 y 是 c。此时，我们不能将求和式更名为 c，因为一个关系不能同时有两个同名为 c 的属性。因此，我们必须采用一个临时的名字，然后在连接之上的投影中再做一次更名。例如，$\pi_{a+b\to c,d+e\to y}(R\bowtie S)$ 可变为 $\pi_{z\to c,y}(\pi_{a+b\to z,c}(R)\bowtie\pi_{d+e\to y,c}(S))$。　□

下推投影到选择之下也是可能的。

- $\pi_L(\sigma_C(R))=\pi_L(\sigma_C(\pi_M(R)))$，其中 M 是 L 的输入属性列表或是条件 C 中提到的属性列表。

像在例 5.12 中一样，我们可以将在列表 L 上的计算移到列表 M 上去计算，只要条件 C 不需要那些包含在计算中的 L 的输入属性即可。

5.2.5　有关连接与积的定律

我们在 5.2.1 节中已看到许多有关连接与积的重要定律：交换律与结合律。当然还有另外一些定律直接来自连接的定义，正如在《数据库系统基础教程（原书第 3 版）》2.4.12 节当中提到的：

a）$R\bowtie_C S=\sigma_C(R\times S)$。

b）$R\bowtie S=\pi_L(\sigma_C(R\times S))$，条件 C 的意思是 R 和 S 中具有相同名字的属性对进行等值比较，L 是包含 R 与 S 中每一个等值对中的一个属性以及其他所有属性的列表。

在实际中，我们通常想从右到左使用这些规则。即我们把后面跟着选择的积认为是某个连接。这样做的原因是计算连接的算法通常比计算积之后跟着一个对该积的（很大的）结果的选择之算法要快得多。

5.2.6　有关消除重复的定律

运算符 δ 用于从包中消除重复，它可下推到多个运算符中，但不是全部运算符。一般而言，将 δ 移到树的下边减少了中间关系的大小从而可能是有益的。此外，我们有时会把 δ 移到一个可

以完全消除的位置，因为它作用于一个不含重复元组的关系上。

- 若 R 没有重复，则 $\delta(R) = R$。这样的关系 R 的几个重要情形包括：

  a) 声明了主键的一个存储的关系。

  b) 属于 γ 运算结果的一个关系，因为分组创建一个没有重复的关系。

  c) 集合的一个并、交、差运算的结果。

在其他运算符中"下推" δ 的几个定律如下：

- $\delta(R \times S) = \delta(R) \times \delta(S)$

- $\delta(R \bowtie S) = \delta(R) \bowtie \delta(S)$

- $\delta(R \bowtie_C S) = \delta(R) \bowtie_C \delta(S)$

- $\delta(\sigma_C(R)) = \sigma_C(\delta(R))$

我们也可以把 δ 移到交运算的其中一个参数或两个参数上：

- $\delta(R \cap_B S) = \delta(R) \cap_B S = R \cap_B \delta(S) = \delta(R) \cap_B \delta(S)$

与此相反，一般而言 δ 不能移入 $\cup_B$，$-_B$、或 π 等运算符中。

例 5.13 令 R 有元组 t 的两个拷贝，S 有 t 的一个拷贝。则 $\delta(R \cup_B S)$ 有 t 的一份拷贝，而 $\delta(R) \cup \delta(S)$ 有 t 的两份拷贝。同时，$\delta(R -_B S)$ 有 t 的一份拷贝，而 $\delta(R) -_B \delta(S)$ 不含 t 的拷贝。

现在考虑关系 $T(a, b)$，含有元组 $(1, 2)$ 与 $(1, 3)$ 各一份拷贝，此外不再有其他元组。则 $\delta(\pi_a(T))$ 有元组 (1) 的一份拷贝，而 $\pi_a(\delta(T))$ 则有元组 (1) 的两份拷贝。   □

5.2.7 涉及分组与聚集的定律

考虑运算符 γ 时，我们发现很多变换的应用取决于所用聚集运算符的细节。因此，我们不能像用于其他运算符定律那样陈述它的通用定律。其中的一个例外是在 5.2.6 节中提到的定律，即 γ 吸收 δ。准确地说：

- $\delta(\gamma_L(R)) = \gamma_L(R)$

另一个通用规则是：在应用 γ 运算符之前，只要我们需要，我们就可以用投影在参数中去除无用的属性。该定律可写为：

- $\gamma_L(R) = \gamma_L(\pi_M(R))$，其中 M 是至少包含 L 中提到的所有的 R 属性的列表。

其他变换依赖于 γ 运算符之中的聚集之原因是某些聚集，尤其是 MIN 与 MAX，不受重复是否存在的影响。而另一些聚集，如 SUM、COUNT、AVG，如果在计算聚集之前消除重复，一般会得到不同的值。

因此，我们称运算符 γ_L 是不受重复影响的，如果 L 中仅有的聚集是 MIN 与/或 MAX。于是有：

- $\gamma_L(R) = \gamma_L(\delta(R))$，成立的条件是 γ_L 是不受重复影响的。

例 5.14 假设我们有如下关系

```
MovieStar(name, addr, gender, birthdate)
StarsIn(movieTitle, movieYear, starName)
```

我们想知道每一年中出现在一部该年电影中最年轻影星的生日。我们将这个查询表达为：

```
SELECT movieYear, MAX(birthdate)
FROM MovieStar, StarsIn
WHERE name = starName
GROUP BY movieYear;
```

直接由查询语句构造而得的初步逻辑查询计划如图 5-13 所示。FROM 列表是一个积，WHERE 子句是在该积之上的一个选择。分组与聚集是用在它们之上的 γ 运算符表示的。如果我们愿意的话，可应用到图 5-13 之上的变换是：

图 5-13 例 5.14 查询的初步逻辑查询计划

1. 将选择与积组合成一个等值连接。

2. 在 γ 之下引入 δ，因为 γ 是不受重复影响的。

3. 在 γ 与所引入的 δ 之间引入 π，投影到 movieYear 与 birthdate 上，与 γ 相关的仅有的两个属性。

所得的计划如图 5-14 所示。

现在我们可以下推 δ 到 $\bowtie$ 之下，并且如果需要的话可在 δ 之下引入 π。新得到的查询计划如图 5-15 所示，如果 name 是 MovieStar 的键，延伸到这个关系的分支上的 δ 可以去除。 □

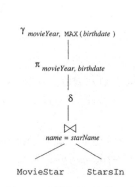

图 5-14 例 5.14 查询语句的另一个查询计划

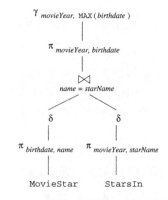

图 5-15 例 5.14 的第 3 个查询计划

5.2.8 习题

习题 5.2.1 给出例子证明：

a) 重复消除 (δ) 不能下推到投影之下。

b) 重复消除不能下推到包并或包差之下。

c) 投影不能下推到集合并之下。

d) 投影不能下推到集合差或包差之下。

习题 5.2.2 证明我们总是可以下推投影到包并的两个分支之下。

!习题 5.2.3 某些集合的定律也适用于包；某些则不然。下面每条定律对于集合都是正确的，判定对包是否也正确。对包是正确的定律给出证明，或给出一个反例。

a) $R - R = \varnothing$

b) $R \cup (S \cap T) = (R \cup S) \cap (R \cup T)$（并对交的分配律）

c) $R \cup R = R$（并的幂等律）

d) $R \cap R = R$（交的幂等律）

!习题 5.2.4 我们可按以下方式定义包的 $\subseteq$：$R \subseteq S$ 当且仅当对于每个元素 x，x 在 R 中出现的次数少于或等于它在 S 中出现的次数。判定以下陈述（对于集合全真）对于包是否全真；给出证明或反例：

a) 若 $R \subseteq S$ 且 $S \subseteq R$，则 $R = S$

b) 若 $R \subseteq S$，则 $R \cup S = S$

c) 若 $R \subseteq S$，则 $R \cap S = R$

习题 5.2.5 针对表达式 $\pi_L(R(a, b, c) \bowtie S(b, c, d, e))$，尽可能下推投影，其中 L 是：

a) $a, b, a + d \rightarrow z$

b) $b + c \rightarrow x, c + d \rightarrow y$

习题 5.2.6 当可以下推选择到二元运算符的两个参数上时，我们需要决定是否这样做。其中某个参数存在索引时如何影响我们的选择？例如，考虑表达式 $\sigma_C(R \cap S)$，其中 S 上有一索引。

! 习题 5.2.7 下面是有关关系 $R(a, b)$ 运算的一些等式。判定它们是否为真；给出证明或举出反例。

a) $\gamma_{MIN(a) \to y, x}(\gamma_{a, SUM(b) \to x}(R)) = \gamma_{y, SUM(b) \to x}(\gamma_{MIN(a) \to y, b}(R))$

b) $\gamma_{MIN(a) \to y, x}(\gamma_{a, MAX(b) \to x}(R)) = \gamma_{y, MAX(b) \to x}(\gamma_{MIN(a) \to y, b}(R))$

!! 习题 5.2.8 习题 4.2.3 中类似连接的运算符服从某些熟知的定律，其他的运算符则不然。判定下面每一个式子是否成立。对于成立的定律给出证明，否则给出反例。

a) $R \ltimes S = S \ltimes R$

b) $\sigma_C(R \ltimes S) = \sigma_C(R) \ltimes S$

c) $\sigma_C(R \mathbin{\overset{\circ}{\bowtie}} S) = \sigma_C(R) \mathbin{\overset{\circ}{\bowtie}} S$

d) $\sigma_C(R \mathbin{\overset{\circ}{\bowtie}_L} S) = \sigma_C(R) \mathbin{\overset{\circ}{\bowtie}_L} S$，其中 C 只包含 R 的属性

e) $\sigma_C(R \mathbin{\overset{\circ}{\bowtie}_L} S) = R \mathbin{\overset{\circ}{\bowtie}_L} \sigma_C(S)$，其中 C 只包含 S 的属性

f) $\pi_L(R \mathbin{\overline{\bowtie}} S) = \pi_L(R) \mathbin{\overline{\bowtie}} S$

g) $(R \mathbin{\overset{\circ}{\bowtie}} S) \mathbin{\overset{\circ}{\bowtie}} T = R \mathbin{\overset{\circ}{\bowtie}} (S \mathbin{\overset{\circ}{\bowtie}} T)$

h) $R \mathbin{\overset{\circ}{\bowtie}} S = S \mathbin{\overset{\circ}{\bowtie}} R$

i) $R \mathbin{\overset{\circ}{\bowtie}_L} S = S \mathbin{\overset{\circ}{\bowtie}_L} R$

!! 习题 5.2.9 尽管下面所示并不是一个精确的代数定律，因为它包含了一个不能确定数量的操作对象，但通常来说，这是真的：

$$\text{SUM}(a_1, a_2, \ldots, a_n) = a_1 + a_2 + \cdots + a_n$$

SQL 中既有 SUM 运算符，也有整数和实数的加法。考虑 a_i 中的一个或多个可能是 NULL 而不是一个整数或实数的可能性，这条"定律"在 SQL 上成立吗？

! 习题 5.2.10 我们曾在例 5.14 中提到我们所给出的计划没有一个是必然最佳的计划。你能想出一个较好的计划吗？

5.3 从语法分析树到逻辑查询计划

我们现在继续查询编译器的讨论。在 5.1 节中已经构造了一个查询语句的语法分析树，下一步我们需要把语法树转换成所希望的逻辑查询计划。这需要分两步，正如图 5-1 中所提示那样。

第一步，按适当的群组用一个或多个关系代数运算符替换语法树上的结点与结构。我们将提示这些规则中的某一些，其余的一些留作习题。第二步，利用第一步中产生的关系代数表达式，将其转换成我们所期望的一个表达式，它可被换转成最有效的物理查询计划。

5.3.1 转换成关系代数

现在我们非正式地说明将 SQL 语法树转换成代数的逻辑查询计划的一些规则。第一条规则，可能也是最重要的，使我们能够直接将所有"简单的" select-from-where 结构转换成关系代数。非正式地陈述为：

- 如果我们有一个包含 < Condition > 的没有子查询的 < Query >，则可以用一个关系代数表达式来替换整个成分——选择列表、from 列表以及条件，其中代数表达式自底向上由以下内容组成：

  a) < FromList > 中提及的全部关系的积是以下运算符的参数。

  b) 选择 σ_C，其中 C 就是要被替换成分中的 < Condition > 表达式，同时选择又是下面运算符的参数。

  c) 投影 π_L，其中 L 是 < SelList > 中的属性列表。

例 5.15 让我们考虑如图 5-5 所示的语法分析树。select-from-where 变换应用到图 5-5 的整

棵语法树上。我们取 from 列表中两个关系 StarsIn 与 MovieStar 的积，用根为 < Condition > 的子树中的条件进行选择，并投影到选择列表 movieTitle 上。所得关系代数表达式如图 5-16 所示。

图 5-16   把语法分析树转换成代数表达式树

同样的变换不能应用到图 5-3 所示的外层查询上。原因是条件中包含一个子查询，我们推迟到 5.3.2 节中讨论。然而，我们可以将变换应用到图 5-3 中的子查询上。我们从子查询得到的关系代数表达式是 $\pi_{name}(\sigma_{birthdate \; LIKE'\%1960'}(MovieStar))$。   □

5.3.2   从条件中去除子查询

对于 < Condition > 中包含子查询的语法树，我们将引入运算符的中间形式，它介于语法分析树的语法类与作用到关系上的关系代数运算符之间。该运算符通常被称为两参数选择。我们将用不带参数的标签为 σ 的结点表示经转换后的语法树中的两参数选择。该结点之下有一个左子结点，它表示要对其做选择运算的关系 R，以及一个右子结点，它表示作用到关系 R 的每个元组上的条件表达式。两个参数均可表示为语法树、表达式树或两者的混合。

例 5.16   图 5-17 所示的是图 5-3 使用两参数选择树语法树的重写。由图 5-3 构造图 5-17 时进行了多种变换：

1. 图 5-3 中的子查询被一个关系代数表达式所替换，已在例 5.15 的末尾讨论过。

2. 外层查询用 5.3.1 节的 select – from – where 表达式规则也已经进行了替换。不过，我们已将必需的选择表示为两参数选择，而不是常规的关系代数运算符 σ。因此，标有 < Condition > 的语法树的上层结点没有被替换，而仍旧作为选择的一个参数，其圆括号和 < Query > 按第 1 点被关系代数替换。

这棵树需要做进一步转换，在后面讨论。   □

我们需要规则使我们能够用单参数选择与其他关系代数运算符来替换两参数选择。每种形式的条件可能需要其自身的规则。在普通情形，去除两参数选择并得到纯关系代数表达式是可能的。然而，在一些极端情形，两参数选择可任其原样保留并认为是逻辑查询计划的一部分。

选择条件的限制

有人可能感到疑惑，为什么我们不允许选择运算符 σ_C 中的 C 包含子查询。在关系代数中，一个运算符的自变量——不在下标中出现的成分——习惯上是可以产生关系的表达式。与此相反，参数——出现在下标中的成分——具有不同于关系的类型。例如，σ_C 中的参数 C 是布尔值条件，π_L 中的参数 L 是属性列表或公式。

如果我们遵从这个习惯，则一个参数所隐含的无论是什么计算均可应用到关系自变量的每一个元组上。这种对参数使用的限制简化了查询优化。作为对比，假定我们允许像 $\sigma_C(R)$ 这样的一个运算符，其中 C 包含一个子查询，则将 C 应用到 R 的每个元组涉及计算子查询。我们要为 R 的每个元组重新计算它吗？那将是不必要的且代价昂贵，除非该子查询是相关的，例如其值依赖于查询语句之外所定义的某些值，如图 5-3 所示的子查询依赖于 starName 的值。大部分情形下，即便是相关子查询也无需对每个元组重新计算，条件是我们正确地组织计算。

作为一个例子，我们将给出处理图 5-17 中涉及 IN 运算符条件的规则。注意，这个条件中的子查询是不相关的，即该子查询的关系可以只计算一次，与要被检测的元组无关。消除这种条件

的规则非正式地陈述如下：

- 假设我们有一个两参数选择，其中第一个参数代表某个关系 R，第二个参数是一个形如
  t IN S的 < Condition >，其中表达式 S 是一

  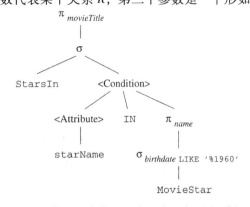

  个非相关子查询，t 是 R 的（某些）属性组
  成的一个元组。我们按如下方式对树作
  变换：

  a) 用 S 的表达式的树替换 < Condition >。
     如果 S 有重复，则在 S 的表达式的根部
     有必要包含一个 δ 运算，因此所形成的
     表达式所产生的元组数不会多于原始查
     询产生的元组数。

  b) 用一个单参数选择 σ_C 替换两参数选择，
     其中 C 是元组 t 的每个分量与关系 S 中
     相应的属性取等值的条件。

  c) 给 σ_C 一个参数，它是 R 与 S 的积。

图 5-18 描绘了这个转换。

图 5-17　使用两参数 σ 的表达式，介于语法树与关系代数之间

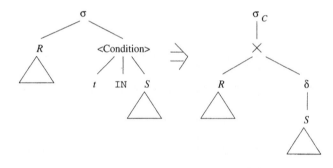

图 5-18　本规则处理涉及 IN 条件的两参数选择

例 5.17　考虑图 5-17 中的树，我们将上面所描述的用于 IN 条件的规则应用到该树上。在这个图中，关系 R 是 StarsIn，关系 S 是由以 π_{name} 为根的子树所构成的关系代数表达式的结果。元组 t 有一个分量，即属性 starName。

两参数选择被 $\sigma_{starName=name}$ 所替换；它的条件 C 是元组 t 的一个分量与查询 S 的结果的属性取等值。σ 结点的子结点是一个 × 结点，× 结点的参数是标有 StarsIn 的结点以及 S 的表达式的根。注意，由于 name 是 MovieStar 的键，没有必要在 S 的表达式中引入消除重复运算符 δ。新的表达式如图 5-19 所示。它完全是关系代数，且等价于图 5-16 中的表达式，尽管其结构是很不相同的。　　□

当子查询相关时，将子查询翻译成关系代数的策略更为复杂。由于相关子查询涉及在其之外定义的未知值，它们不能进行孤立的翻译。确切地，我们需要对子查询进行翻译，使得它能产生一个出现了某些特定的额外属性的关系，这些属性在以后将与外部定义的属性相比较。然后把从子查询到外部属性的相关属性的条件应用到这个关系上，不再需要的额外属性可以投影消除。在这个过程中，如果该查询在最后没有消除重复，我们必须避免引入重复元组。下面这个例子说明了这个技术。

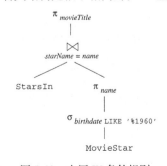

图 5-19　应用 IN 条件规则

例 5.18　图 5-20 是查询"找出那些在制作时影星的平均年

龄至多为 40 的电影"的 SQL 表示。为简化起见，我们将 birthdate 作为出生年，这样我们可以取
其平均得到一个值，用于与 StarsIn 的属性 movie-
Year 相比较。我们所写查询中对 3 个关系引用的每
一个都有其自身的元组变量，其目的是提醒我们各
个属性来自何处。

　　图 5-21 显示了对查询进行语法分析以及部分
翻译成关系代数后的结果。在这个初步翻译过程
中，我们把子查询的 WHERE 子句分解成两个，并
使用该子句的一部分把关系的积转换成等值连接。

```
SELECT DISTINCT m1.movieTitle, m1.movieYear
FROM StarsIn m1
WHERE m1.movieYear - 40 <= (
    SELECT AVG(birthdate)
    FROM StarsIn m2, MovieStar s
    WHERE m2.starName = s.name AND
        m1.movieTitle = m2.movieTitle AND
        m1.movieYear = m2.movieYear
);
```

图 5-20　找出影星年龄高的电影

我们在这棵树的结点上保留了别名 m1、m2 与 S，目的是使每个属性的来源更清晰。另一种方法
是，我们还可使用投影来更新属性名从而避免属性名的冲突，但其结果将更加难以理解。

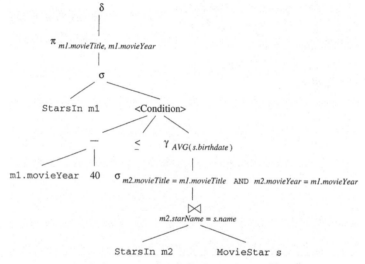

图 5-21　图 5-20 经部分转换后的语法树

　　为了移去 < Condition > 结点并消除两参数 σ，我们需要创建一个用于描述 < Condition > 右分
支上关系的表达式。然而，由于子查询是相关的，无法从子查询所涉及的关系 StarsIn（别名是
m2）与 MovieStar 中获得属性 m1、movieTitle 或 m1. movieYear 。因此，我们需要延迟选择

$$\sigma_{m2.movieTitle=m1.movieTitle \text{ AND } m2.movieYear=m1.movieYear}$$

直到子查询中的关系与外层查询中 StarsIn 的拷贝（其别名为 m1 的拷贝）相结合之后。为按这种方
式转换逻辑查询计划，我们需要修改 γ 按属性 m2. movieTitle 与 m2. movieYear 进行分组，所以当
需要这些属性进行选择时，它们便可获得。最后的效果是我们为子查询计算一个由电影组成的
关系，其每个元组由 title、year 以及该电影的平均影星出生年份组成。

　　修改后的 group-by 运算符出现在图 5-22 中；除了两个分组属性外，我们需要把平均出生日
期更名为 abd（average birthdate），以便我们后面引用。图 5-22 也显示了完全翻译后的关系代数。
在 γ 之上，外层关系的 StarsIn 与子查询的结果相连接。子查询的选择接着作用到 StarsIn 与子查
询结果的积上；我们把这个选择作为 θ 连接表示，在正常应用代数定律后就会如此。在 θ 连接之
上是另一个选择，这个选择对应于外层查询的选择，在这个选择中，我们把电影的 year 与它的
影星平均出生年份进行比较。代数表达式在语法树顶部结束，这类似于图 5-21 所示表达式，投
影到所期望的属性上并消除重复。

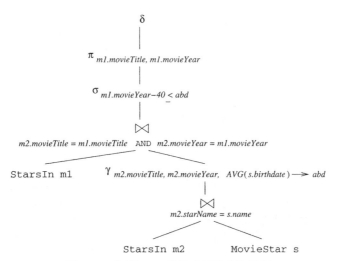

图 5-22 把图 5-21 转换成逻辑查询计划

正如我们将在 5.3.3 节看到的那样，一个查询优化器改进查询计划还有许多可做的事情。这个特殊的例子满足了三个条件使我们可以对查询计划作很大的改进。这些条件是：

1. 重复是最后消除的。

2. StarsIn m1 中的影星名字被投影掉了。

3. StarsIn m1 与表达式的其余部分之间的连接将 StarsIn m1 中的 title、year 属性与 StarsIn m2 中的属性取等值。

由于这些条件成立，我们可以分别用m2. movieTitle 与 m2. movieYear 替换 m1. movieTitle 与 m1. movieYear。因此，图 5-22 中上部的连接是不必要的，参数 StarsIn m1 亦如此。这个逻辑查询计划如图 5-23 所示。 □

5.3.3 逻辑查询计划的改进

当我们把我们的查询语句转换为关系代数时我们获得了一个可能的逻辑查询计划。下一步是用在 5.2 节中列出的代数定律重写计划。另外，我们可能产生多个逻辑计划，表示不同的运算符顺序或组合。但是在这本书中我们假设查询重写模块选取它认为"最佳"的单个逻辑查询计划，其含义是该计划很可能最终得到最便宜的物理计划。

图 5-23 图 5-22 的简化

然而，我们没有考虑被称为"连接顺序"的问题，因此，涉及多个连接关系的一个逻辑查询计划可视为一族计划，与不同的方法相对应，连接可被排序和分组。在 5.6 节我们讨论如何选择连接顺序。类似地，一个查询计划涉及 3 个或更多关系作为其他满足结合律和分配律的运算符的参数，例如，并，当我们把逻辑计划转换为物理计划时应当假定允许重新排序或重新分组。我们在 5.4 节中讨论有关排序与物理计划选择等问题。

5.2 节中有许多代数定律有望改进逻辑查询计划。下列定律是优化器中最常用到的：

- 选择可尽可能深地推入表达式树中。如果一个选择条件是多个条件的 AND，则我们可以把该条件分解并分别将每个条件下推。这个策略很可能是最有效的改进技术，但我们应当记起 5.2.3 节中的讨论,在那里我们看到在某些情形下首先在树中上推选择是必要的。

- 类似地,投影可被下推到树中,或新的投影可被加入。至于有选择时下推投影应当小心,如 5.2.4 节所述。
- 重复消除有时可以消去,或移到树中更方便的位置,如 5.2.6 节所述。
- 某些选择可以与其下面的积相结合以便把运算对转换成等值连接。一般而言,计算等值连接比分别计算两个运算要有效得多。我们已在 5.2.5 节讨论过这些定律。

图 5-24 查询重写的结果

例 5.19 我们考虑如图 5-16 所示的查询。首先,我们可以把选择的两部分分解成 $\sigma_{starName = name}$ 和 $\sigma_{birthdate\ like\ '\%1960'}$。后者可以下推到树中,因为所涉及的仅有属性 birthdate 来自关系 MovieStar。第一个条件涉及积两边的属性,但它们取等值,因此积与选择恰为一个等值连接。这个变换的结果如图 5-24 所示。□

5.3.4 可结合/可分配的运算符的分组

满足结合律与交换律的运算符可视为具有任意多个操作对象。诸如将连接的运算符看作多路运算符使得我们可以重新对操作对象排序,这样当连接作为一个二元连接序列执行时,它们所花时间将比按语法树所隐含的连接顺序的执行时间少。我们在 5.6 节讨论多路连接的排序。

这样,我们在产生最终的逻辑查询计划之前进行最后一步:对于子树的由相同的可结合和可分配的运算符结点所组成的每一个部分,我们将这些运算符的结点组成单个具有多子女的结点。回想一下,常用的满足结合律与分配律的运算符是自然连接、并与交。在特定情形下,自然连接与 θ 连接可以相互结合:

1. 我们必须用 θ 连接替换自然连接,将具有相同名字的属性取等值。

2. 我们必须增加一个投影以便消除已变为 θ 连接的自然连接中涉及的重复属性。

3. 连接的条件必须是可结合的。回忆一下,如 5.2.1 节曾讨论的,存在 θ 连接不满足结合律的情形。

此外,积被认为是自然连接的特例,并且,如果在树中与连接相邻则与连接相结合。图5-25 说明了这种变换,该变换进行的情景是其逻辑查询计划中有由两个并运算符聚簇成的族以及由三个自然连接运算符聚簇成的族。注意,字母 R 到 W 代表任意表达式,不一定是存储的关系。

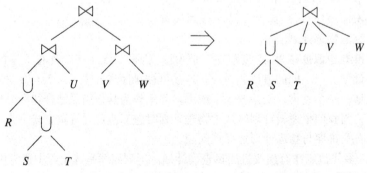

图 5-25 产生逻辑查询计划的最后一步:组合结合律与交换律的运算符

5.3.5　习题

习题 5.3.1　将习题 5.1.3(a) 与 (b) 的语法树转换成关系代数。对于 (a)，写出两参数选择形式以及最终转换成单参数(常规 σ_c)选择的形式。

习题 5.3.2　将下述表达式中的自然连接用等价的 θ 连接与投影替换。说明所得 θ 连接是否形成了一个满足交换律与结合律的分组：

a) $(R(a,b) \bowtie S(b,c)) \bowtie (T(c,d) \bowtie U(d,e))$

b) $(R(a,b) \bowtie S(b,c)) \bowtie (T(c,d) \bowtie U(a,d))$

c) $(R(a,b) \bowtie S(b,c)) \bowtie_{R.a<T.c} T(c,d)$

！习题 5.3.3　给出一条规则用于把下面形式的每一 <Condition> 转换成关系代数。所有条件均可假定是(通过一个两参数选择)作用到一个关系 R 上。你可以假设子查询与 R 不相关。小心不要引入或消除有悖于 SQL 正式定义的重复。

a) 形如 a = ANY <Query> 的条件，其中 a 是 R 的一个属性。

b) 形如 a = ALL <Query> 的条件，其中 a 是 R 的一个属性。

c) 形如 EXISTS(<Query>) 的条件。

！！习题 5.3.4　重复习题 5.3.3，但允许子查询与 R 相关。为简便起见，你可假定子查询具有本节所述的简单的 select-from-where 形式，没有进一步的子查询。

！！习题 5.3.5　在图 5-25 右边的分组树可由多少种不同的表达式树而得到？记住分组后子结点的次序未必反映了原始表达式树的次序。

5.4　运算代价的估计

已对一个查询进行了语法分析并将之转换成一个逻辑查询计划，下一步我们必须把逻辑计划转换成物理计划。通常我们考察由逻辑计划派生而得的多个不同物理计划，并对每个物理计划进行评价，或估计实现这个转换的代价。经过这种评价，通常称为基于代价的枚举，我们选择具有最小估计代价的物理查询计划。当对由给定逻辑计划导出的可能的物理计划进行枚举时，我们为每个物理计划做出以下选择：

1. 满足结合律与分配律的运算，如连接、并、交的次序与分组。

2. 在逻辑计划中每个运算符的算法，例如，决定使用嵌套循环连接或散列连接。

3. 其他运算符，如扫描、排序等，它们是物理计划所需要的但在逻辑计划中都不显式地存在。

4. 参数从一个运算符传送到下一个运算符的方式，例如，通过在磁盘上保存的中间结果或者通过使用选代算子(iterator)并每次传送一个参数的一个元组或一个主存缓冲区。

为了做出每项选择，我们需要知道各个物理计划的代价是多少。在没有执行计划的情况下，我们不能准确知道其代价。执行一个查询计划几乎总是比查询编译器选择一个计划所做的工作多得多。因此，我们不想对一个查询执行多个计划，这迫使我们不执行计划而估计该计划的代价。

在我们讨论物理计划枚举之前，首先必须考虑如何准确估计这些计划的代价。这种估计是基于数据的参数来做的(参见"概念回顾"框)，这些参数要么精确地由数据计算而得，要么是我们在 5.5.1 节讨论的"统计量收集"过程来估计。在给定这些参数值的情况下，我们可以对关系大小进行许多合理的估计，它们可用于估计完整物理计划的代价。

5.4.1　中间关系大小的估计

对物理计划做出选择的目的是最小化执行查询的估计代价。无论使用什么方法执行查询计划，无论查询计划的代价是怎样估计的，计划中中间关系的大小对开销有重大的影响。理想的情况是我们可得到估计中间关系中元组数的规则，使得这些规则：

1. 给出准确的估计。
2. 易于计算。
3. 逻辑上一致，即一个中间关系大小的估计不依赖于该关系的计算方式。例如，多个关系连接的大小估计不应当依赖于我们计算这些关系连接的次序。

但是不存在同时满足这三个条件的一致认同的方法。我们将给出一些适合于大多数情况的简单规则。幸好，大小估计的目标不是准确估计大小，而是帮助选择一个物理查询计划。即便是一个不准确的大小估计方法也可很好地达到这个目的，只要该方法产生的误差是稳定的，也就是说，如果大小估计方法赋予最佳物理查询计划最小的代价，即使该计划的实际代价与所估计的代价不同。

概念回顾

回忆一下4.1.3节中我们用来表示关系大小的惯用记法：

- $B(R)$是容纳关系R所有元组所需的块数。
- $T(R)$是关系R的元组数。
- $V(R, a)$是关系R的属性a的值计数，即关系R中属性a上所具有的不同值的数目。并且，$V(R, [a_1, a_2, \cdots, a_n])$表示关系$R$中属性$a_1, \cdots, a_n$作为一起考虑时所出现的不同值的数目，即$\pi_{a_1,a_2,\cdots,a_n}(R)$中的不同元组数。

5.4.2 投影运算大小的估计

在《数据库系统基础教程（原书第3版）》5.2.5节中的扩展投影是包投影并且不去除重复。我们将一个传统的去除重复的投影当作一个跟着δ运算符的包投影。包的扩展投影不同于其他运算符，因为结果的大小是可精确计算的。通常，投影时元组大小缩减，因为某些成分被消除。然而扩展投影允许产生新的成分，它们是已有属性的组合，因此存在这样的情形，其π运算符实际上增加了关系的大小。

例5.20 假设$R(a, b, c)$是一个关系，其中a、b是4字节长的整数，c是长为100字节的字符串。设元组头需要12字节。这样每个R元组占120字节。设块为1024字节长，其中块首部占24字节。因此每块可存放8个元组。假设$T(R) = 10\ 000$，即R中有10 000个元组，则$B(R) = 1250$。

考虑$S = \pi_{a+b\to x, c}(R)$，即我们用a与b的和替代a和b。S的元组占116字节：首部占12字节，和占4字节，字符串占100字节。虽则S的元组比R的元组略小，但我们可以仍然在一个块中存放8个元组。因此，$T(S) = 10\ 000$，$B(S) = 1250$。

现在考虑$U = \pi_{a,b}(R)$，其中去掉了字符串成分。U的元组仅占20字节长。$T(U)$仍为10 000。但是，我们现在可在一个块中放入50个元组，故$B(U) = 200$。从而该投影缩减了关系约6成还多。 □

5.4.3 选择运算大小的估计

当我们执行选择时，一般而言是减少元组的数目，尽管元组的大小保持原样。最简单的选择情形即一个属性等于某个常量，有一个比较容易的方法估计结果的大小，前提是我们知道或可估计该属性不同取值的数目。令$S = \sigma_{A=c}(R)$，其中A是R的属性，c是一个常量。则我们推荐如下的一个估计：

- $T(S) = T(R)/V(R, A)$

如果属性 A 的值是从所有可能的取值当中随机选取的，以上规则必然成立。

当选择中涉及非等值比较时，大小估计更困难，如 $S = \sigma_{a<10}(R)$。有人可能会认为平均而言有一半元组满足比较条件而另一半不满足，因此 $T(R)/2$ 是 S 大小的估计。然而，直觉上涉及非等值比较的查询倾向于产生更小量的可能的元组[⊖]。因此，我们提议承认这种倾向的规则，并假设典型的不等值比较将返回约三分之一的元组而不是一半元组。如果 $S = \sigma_{a<c}(R)$，则我们对 $T(S)$ 的估计是：

- $T(S) = T(R)/3$

"不等"比较的情形是比较少的。但是，如果我们遇到像 $S = \sigma_{a \neq 10}(R)$ 这样的选择，我们建议假设所有的元组将满足这个条件，即取 $T(S) = T(R)$ 作为估计。另外，我们也可用 $T(S) = T(R)(V(R, a) - 1)/V(R, a)$ 作为估计，由于承认约有 $1/V(R, a)$ 个 R 元组不满足条件，因为它们的 a 值确实等于该常量，它比前一估计略小。

Zipfian 分布

在估计 $\sigma_{A=c}$ 这样的选择时，没有必要假定所有 A 的值都均匀地出现。事实上，许多属性其值出现遵从 Zipfian 分布，其中第 i 个最公共值的出现频率正比于 $1/\sqrt{i}$。例如，如果最公共值出现 1000 次，则第二最公共值将预期出现 $1000/\sqrt{2}$ 次，或 707 次，而第三最公共值将出现约 $1000/\sqrt{3}$ 次或 577 次。原先该分布用于描述单词在英语句子中出现的相对频率，后来发现该分布出现在许多种数据中。例如，在美国，州人口遵从一个近似的 Zipfian 分布。人口最多的三个州，加利福尼亚、得克萨斯和纽约，人口数量的比例接近 1:0.62:0.56，对比 Zipfian 分布的理想值为 1:0.71:0.58。因此，如果 State 是描述美国人口的关系的属性，比如说杂志订阅者清单，我们预期 state 的诸值按 Zipfian 分布而不是均匀分布。

只要选择条件的常量随机选定，所涉及属性诸值是否是均匀分布、Zipfian 分布或其他分布是无关紧要的；匹配集合的平均大小仍将是 $T(R)/V(R, a)$。然而，如果常量的选定也遵从 Zipfian 分布，则我们期望所选择集合的平均大小会比 $T(R)/V(R, a)$ 稍大。

当选择条件 C 是多个等值与不等值比较的 AND 时，我们可把选择 $\sigma_C(R)$ 作为多个简单选择的级联，其中的每一个选择只检查其中的一个条件。注意，我们安排这些选择的次序是没有关系的。其效果是结果的大小估计是原始关系的大小乘以每个条件的选中率因子。该因子对于任何不等值比较是 $1/3$，对于 $\neq$ 是 1，对于条件 C 中与一个常量相比较的任何属性 A 取 $1/V(R, A)$。

例 5.21 令 $R(a, b, c)$ 是一个关系，$S = \sigma_{a=10 \text{ AND } b<20}(R)$。同时，令 $T(R) = 10\ 000$，$V(R, a) = 50$。则我们的最佳 $T(S)$ 估计是 $T(R)/(50 \times 3)$，或 67。即 R 的元组的 $1/50$ 将满足 $a = 10$ 的过滤，其中 $1/3$ 将满足 $b < 20$ 过滤。

一个有兴趣的特别情形是当条件矛盾时，此时我们的分析失效。例如，考虑 $S = \sigma_{a=10 \text{ AND } a>20}(R)$。根据我们的规则，$T(S) = T(R)/3V(R, a)$，或 67 个元组。然而，很清楚，没有元组能同时满足 $a = 10$ 和 $a > 20$，因此正确答案是 $T(S) = 0$。当重写逻辑查询计划时，查询优化器可查找许多特殊情形规则的实例。在上面的例子中，优化器可应用那些用于查找逻辑上等值于 FALSE 选择条件的规则，并且用空集代替 S 表达式。   □

当选择涉及 OR 条件时，比如说 $S = \sigma_{c1 \text{ OR } c2}(R)$，则我们关于结果的大小更难确定。一个简

⊖ 例如，如果你拥有关于教职工工资的数据，你是更可能查询那些挣钱小于 20 万美元的教职工还是那些挣钱多于 20 万美元的教职工？

单的假设是没有同时满足两个条件的元组，因此结果的大小是分别满足各条件的元组数之和。该度量一般是过高估计，并且事实上有时会引出荒谬的结论：S 中的元组数比原始关系 R 中的还多。

一个稍复杂但可能更准确的对下式大小的估计是假设 C_1 与 C_2 相互独立：

$$S = \sigma_{C1 \text{ OR } C2}(R)$$

则如果 R 有 n 个元组，其中有 m_1 个满足 C_2，有 m_2 个满足 C_2，我们估计 S 中元组的数目为：$n(1 - (1 - m_1/n)(1 - m_2/n))$。解释如下：$1 - m_1/n$ 是不满足 C_1 的那部分元组，$1 - m_2/n$ 是不满足 C_2 的那部分元组。这两数之积是不在 S 中的那部分 R 的元组，1 减去这个积就是那部分属于 S 的元组。

例 5.22   假设 $R(a, b)$ 有 $T(R) = 10\ 000$ 个元组，且

$$S = \sigma_{a = 10 \text{ OR } b < 20}(R)$$

令 $V(R, a) = 50$，则满足 $a = 10$ 的元组数我们估计为 200，即 $T(R)/V(R, a)$。满足 $b < 20$ 的元组数我们估计为 $T(R)/3$，或 3333。

对 S 大小的最简单的估计是取该二数之和，或 3533。基于条件 $a = 10$ 与 $b < 20$ 的独立性的更为复杂的估计是：$10\ 000(1 - (1 - 200/10\ 000)(1 - 3333/10\ 000))$ 或 3466。在这个例子中，在这两个估计之间没有多少差别，从而对两种估计的选择不可能改变我们对最佳物理查询计划的估计。   □

可能出现在选择条件中的最后一个运算符是 NOT。满足条件 NOT C 的 R 的元组的估计数是 $T(R)$ 减去满足 C 的元组估计数。

5.4.4   连接运算大小的估计

我们在此只考虑自然连接。其他连接可按以下纲要进行处理：

1. 等值连接结果中的元组数在考虑到变量名的变化后可按自然连接那样计算，例 5.24 将说明这一点。

2. 其他 θ 连接可看成积之后跟一个选择来进行估计。积中的元组数是所涉及关系的元组数之积。

在开始我们的研究之前假定两个关系的自然连接只涉及两个属性的等值比较。即，我们研究连接 $R(X, Y) \bowtie S(Y, Z)$，但初步地我们假定 Y 是单个属性，当然 X、Z 可代表任何属性集。

问题在于我们不知道 R 中的 Y 值与 S 中的 Y 值是如何联系的。例如：

1. 两个关系可能有不相交的 Y 值集合，在这种情况下，连接是一个空集且 $T(R \bowtie S) = 0$。

2. Y 可能是 S 的键并且是 R 的外键，因此 R 的每个元组正好与 S 中的一个元组连接，且 $T(R \bowtie S) = T(R)$。

3. 几乎所有 S 与 R 的元组都具有相同的 Y 值，在这种情况下，$T(R \bowtie S)$ 约为 $T(R)T(S)$。

针对最通用的情形，我们做两个简化的假设：

- **值集的包含**。如果 Y 是出现在多个关系中的一个属性，则每个关系从值 y_1，y_2，$\cdots$ 的一个固定列表的前头选择其值并且取尽前面的所有值。因此，如果 R 与 S 是具有属性 Y 的两个关系，且 $V(R, Y) \leqslant V(S, Y)$，则 R 的每个 Y 值将是 S 的一个 Y 值。

- **值集的保持**。如果我们把关系 R 与另一个关系连接，则不是连接属性的属性 A（即两个关系中不同时拥有）不会在其可能的值集中丢失值。更准确地说，如果 A 是 R 的一个属性但不是 S 的属性，则 $V(R \bowtie S, A) = V(R, A)$。

假设(1)很显然会被违反，但当 Y 是 S 中的键且是 R 中的外键时，假设(1)是满足的。在许多其他情形也近似为真，因为直觉上我们预期，如果 S 有许多 Y 值，则一个出现在 R 中的给定 Y

值有较大的机会出现在 S 中。

假设(2)也可能被违反，但当 $R \bowtie S$ 的连接属性是 S 的键且是 R 的外键时它为真。事实上，(2)被违反只有当 R 中存在"悬挂元组"，即 R 中不与 S 中的元组相连接的元组；并且即便 R 中存在"悬挂元组"，该假设也可能仍然成立。

在这些假设下，我们可以对 $R(X, Y) \bowtie S(Y, Z)$ 的大小做如下估计。设 r 是 R 中的一个元组，s 是 S 中的一个元组。r 和 s 在属性 Y 上相等的概率是多少？假定 $V(R, Y) \geqslant V(S, Y)$。由值集的包含假定，则 s 的 Y 的值肯定出现在 R 的 Y 值当中。因此 r 有和 s 相同的 Y 值的概率为 $1/V(R, Y)$。类似地，如果 $V(R, Y) < V(S, Y)$，那么 r 的 Y 值将会出现在 S 中，并且有 $1/V(S, Y)$ 的概率 r 和 s 有相同的 Y 值。一般而言，我们将在 Y 上相等的概率当作 $1/\max(V(R, Y), V(S, Y))$，因此：

- $T(R \bowtie S) = T(R) T(S) / \max(V(R, Y), V(S, Y))$

例 5.23 让我们来考虑如下三个关系及其重要统计值：

$R(a, b)$	$S(b, c)$	$U(c, d)$
$T(R) = 1000$	$T(S) = 2000$	$T(U) = 5000$
$V(R, b) = 20$	$V(S, b) = 50$	
	$V(S, c) = 100$	$V(U, c) = 500$

假定我们要计算自然连接 $R \bowtie S \bowtie U$。方法之一是把 R 与 S 分为一组，即 $(R \bowtie S) \bowtie U$。我们对 $T(R \bowtie S)$ 的估计是 $T(R) T(S) / \max(V(R, b), V(S, b))$，其值为 $1000 \times 2000/50$，或 40 000。

然后我们把 $R \bowtie S$ 与 U 连接。我们对结果大小的估计是 $T(R \bowtie S) T(U) / \max(V(R \bowtie S, c), V(U, c))$。根据我们值集保持的假设，$V(R \bowtie S, c)$ 与 $V(S, c)$ 相同，或 100；也就是说，当我们做连接时属性 c 的值不会消失。在这种情况下，我们对 $R \bowtie S \bowtie U$ 中的元组数作估计为 $40\ 000 \times 5000/\max(100, 500)$，或 400 000。

我们亦可以 S 与 U 连接来开始。如果这样，我们得到估计 $T(S \bowtie U) = T(S) T(U) / \max(V(S, c), V(U, c)) = 2000 \times 5000/500 = 20\ 000$。根据值集保持的假设，$V(S \bowtie U, b) = V(S, b) = 50$，因此结果大小的估计是：

$$T(R) T(S \bowtie U) / \max\big(V(R, b), V(S \bowtie U, b)\big)$$

即为 $1000 \times 20\ 000/50$，或 400 000。 □

5.4.5 多连接属性的自然连接

当连接 $R(X, Y) \bowtie S(Y, Z)$ 中的属性集 Y 包含多于一个属性时，我们在用一个 Y 属性进行连接时的参数被应用到 Y 的每个属性上，即

- $R \bowtie S$ 的大小估计是通过 $T(R)$ 乘以 $T(S)$，对于每一个 R 与 S 的公共属性 y，除以 $V(R, y)$ 与 $V(S, y)$ 中较大者来计算。

例 5.24 下面这个例子使用上面的规则。它同时说明了我们一直在做的对自然连接的分析适用于任何等值连接。考虑连接：

$$R(a, b, c) \bowtie_{R.b=S.d \text{ AND } R.c=S.e} S(d, e, f)$$

假设我们有以下大小参数：

$R(a, b, c)$	$S(d, e, f)$
$T(R) = 1000$	$T(S) = 2000$
$V(R, b) = 20$	$V(S, d) = 50$
$V(R, c) = 100$	$V(S, e) = 50$

如果我们把 $R.b$ 与 $S.d$ 看成相同的属性，同时也把 $R.c$ 与 $S.e$ 看成相同的属性，则我们可把这个连接看成自然连接。从而上面给出的规则告诉我们 $R \bowtie S$ 的大小估计是积 1000×2000 除以 20 与 50 中较大的一个，再除以 100 与 50 中较大的数。因此，连接的大小估计是 $1000 \times 2000 / (50 \times 100) = 400$ 个元组。□

例 5.25   我们重新考虑例 5.23，但是考虑第三种可能的连接次序，其中我们首先做 $R(a, b) \bowtie U(c, d)$。这个连接实际上是一个积，结果中的元组数是 $T(R)T(U) = 1000 \times 5000 = 5\,000\,000$。注意，积中不同 b 的数目是 $V(R, b) = 20$，不同 c 的数目是 $V(U, c) = 500$。

当我们将这个积与 $S(b, c)$ 相连接时，我们乘上元组数并除以 $\max(V(R, b), V(S, b)$ 与 $\max(V(U, c), V(S, c))$。这个数是 $2000 \times 5\,000\,000 / (50 \times 500) = 400\,000$。注意，第三种连接方法得到的结果大小估计与我们在例 5.23 中得到的相同。□

5.4.6 多个关系的连接

最后，我们来考虑自然连接的一般情形：

$$S = R_1 \bowtie R_2 \bowtie \cdots \bowtie R_n$$

假设属性 A 出现在 k 个 Ri 中，在这 k 个关系中值的集合的个数（即 $V(R_i, A)$ 的各个值，其中 $i = 1, 2, \cdots, k$）是 $v_1 \le v_2 \le \cdots \le v_k$，次序从最小到最大。假设我们从每个关系中选一个元组。所选元组在属性 A 上相同的概率是多少？

为回答这个问题，考虑从具有最小数目的 A 值 v_1 的关系中选取的元组 t_1。根据值集包含的假设，这 v_1 个值中的每一个值在其他具有属性 A 的关系中所发现的 A 值中。考虑属性 A 上有 v_i 个值的关系。它所选的元组 t_i 在属性 A 上与 t_1 相同的概率是 $1/v_i$。由于这个结论对于所有 $i = 2, 3, \cdots, k$ 均为真，则所有 k 个元组在 A 上相同的概率是积 $1/v_2 v_3 \cdots v_k$。这个分析为我们估计任何连接的大小给出了一条规则。

- 从每个关系中元组数的积出发，然后，对于至少出现两次的属性 A，除以除了 $V(R, A)$ 中最小值之外的所有值。

类似地，我们可以对连接后属性 A 的值的数目进行估计。根据值集保持假设，该值就是这些 $V(R, A)$ 中最小的一个。

例 5.26   考虑连接 $R(a, b, c) \bowtie S(b, c, d) \bowtie U(b, e)$，假定重要的统计值如图 5-26 所示。为估计这个连接的大小，我们由各个关系大小的乘积开始，即 $1000 \times 2000 \times 5000$。接着，我们查找那些出现多于两次的属性。$b$ 出现 3 次，c 出现 2 次。我们将积除以 $V(R, b)$、$V(S, b)$、$V(U, b)$ 中较大的两个值，它们是 50 与 200。最后，再除以 $V(R, c)$ 与 $V(S, c)$ 中较大的一个，它是 200。估计结果是：

$$1000 \times 2000 \times 5000 / (50 \times 200 \times 200) = 5\,000$$

我们也可估计连接中每个属性的值的个数。每个估计值就是该属性所出现的所有关系中最小值计数。对于 a、b、c、d、e 它们各自的估计值是：100、20、100、400 和 500。□

基于我们所做的两个假设——值集的包含与保持——我们得到上面给出的估计规则的一个令人惊讶的且方便的特性：

$R(a,b,c)$	$S(b,c,d)$	$U(b,e)$
$T(R) = 1000$	$T(S) = 2000$	$T(U) = 5000$
$V(R,a) = 100$		
$V(R,b) = 20$	$V(S,b) = 50$	$V(U,b) = 200$
$V(R,c) = 200$	$V(S,c) = 100$	
	$V(S,d) = 400$	
		$V(U,e) = 500$

图 5-26   例 5.26 的参数

- 不管我们如何对几个关系的自然连接中各项进行组合与排序，分别对每个连接应用估计规则所得到的结果大小是相同的。此外，这个估计与我们对几个关系作为一个整体来连接并应用估计规则所得到的结果大小估计是相同的。例 5.23 与例 5.25 是对 3 个关系的 3 种组合方式应用规则的一个说明，其中包括了连接之一是积的组合情形。

5.4.7 其他运算大小的估计

我们已经有两个运算——选择与连接——和它们合理的估计技术。进一步，投影并不减少关系中的元组个数，积将参数关系中的元组个数相乘。然而，对于其余的运算，结果大小却不易确定。我们来看看其他关系代数运算符并给出一些如何进行估计的建议。

并

如果采用包的并，则其大小正好是参数大小之和。集合的并可以大至两参数大小之和，也可小至两参数之较大者。我们建议取其中间值，例如，取较大者加上较小者的一半。

交

结果可以少至 0 个元组或多至两参数之较小者，无论采用集合的交还是包的交。方法之一是取两极端的平均值，即较小值的一半。

差

当我们计算 $R - S$ 时，结果中可具有 $T(R)$ 至 $T(R) - T(S)$ 个元组。我们建议估计值取其平均值：$T(R) - T(S)/2$。

消除重复

若 $R(a_1, a_2, \cdots, a_n)$ 是一关系，则 $V(R, [a_1, a_2, \cdots, a_n])$ 的大小为 $\delta(R)$。然而，通常我们得不到这个统计值，因此必须取近似值。在极端情形下，$\delta(R)$ 的大小可与 R 的大小相同（R 无重复元组）或为 1（R 中全部元组相同）[⊖]。$\delta(R)$ 中元组数的另一个上限是可能存在的不同元组的最大数：$V(R, a_i)$ 之积，$i = 1, 2, \cdots, n$。该数可能比 $T(R)$ 的其他估计更小。有多条规则可用于估计 $T(\delta(R))$。一个合理的估计是取 $T(R)/2$ 与所有 $V(R, a_i)$ 之积中较小的一个。

分组与聚集

假设我们有一个表达式 $\gamma_L(R)$，要估计其结果的大小。若统计值 $V(R, [g_1, g_2, \cdots g_k])$ 已知，其中 g_i 是 L 中的分组属性，则它就是我们的答案。然而，这个统计值很可能得不到，因此我们需要寻找另一种方法估计 $\gamma_L(R)$ 的大小。$\gamma_L(R)$ 中的元组数与分组数相同。结果中的数目可能只有一个分组，也可能有 R 中元组数那么多的分组。与 δ 一样，我们也可据 $V(R, A)$ 之积取分组数的上界，不过这里的属性 A 只取 L 中的分组属性。我们仍然建议该估计值取 $T(R)/2$ 与这个积中的较小者。

5.4.8 习题

习题 5.4.1 下面是 4 个关系 W、X、Y、Z 的关键统计值：

$W(a, b)$	$X(b, c)$	$Y(c, d)$	$Z(d, e)$
$T(W) = 400$	$T(X) = 300$	$T(Y) = 200$	$T(Z) = 100$
$V(W, a) = 50$	$V(X, b) = 60$	$V(Y, c) = 50$	$V(Z, d) = 10$
$V(W, b) = 40$	$V(X, c) = 100$	$V(Y, d) = 20$	$V(Z, e) = 50$

估计下列表达式结果关系的大小：

a) $W \bowtie X \bowtie Y \bowtie Z$ b) $\sigma_{a=10}(W)$ c) $\sigma_{c=20}(Y)$
d) $\sigma_{c=20}(Y) \bowtie Z$ e) $W \times Y$ f) $\sigma_{d>10}(Z)$
g) $\sigma_{a=1 \text{ AND } b=2}(W)$ h) $\sigma_{a=1 \text{ AND } b>2}(W)$ i) $X \bowtie_{X.c < Y.c} Y$

习题 5.4.2 下面是 4 个关系 E、F、G、H 的统计值：

⊖ 严格地说，若 R 为空则 R 或 $\delta(R)$ 中没有元组，因此下界为 0。但是我们很少对这种特殊情形感兴趣。

$E(a,b,c)$	$F(a,b,d)$	$G(a,c,d)$	$H(b,c,d)$
$T(E)=1000$	$T(F)=2000$	$T(G)=3000$	$T(H)=4000$
$V(E,a)=500$	$V(F,a)=50$	$V(G,a)=500$	$V(H,b)=400$
$V(E,b)=100$	$V(F,b)=200$	$V(G,c)=300$	$V(H,c)=200$
$V(E,c)=20$	$V(F,d)=100$	$V(G,d)=100$	$V(H,d)=800$

利用这一节中的估计技术，估计这些元组的连接会产生多少结果元组？

!! 习题5.4.3 假设我们计算 $R(a,b) \bowtie S(a,c)$，其中 R 与 S 每个有 1000 个元组。每个关系的 a 属性均有 100 个不同的值，并且它们是相同的 100 个值。如果值的分布是均匀的，如每个 a 值正好在每个关系的 10 个元组中出现，则连接结果中有 10 000 个元组。进而假设 100 个 a 值在每个关系中有相同的 Zipfian 分布。更准确地，令这些值是 a_1，a_2，…，a_{100}。则 R 与 S 有 a 值为 a_i 的元组数正比于 $1/\sqrt{i}$。在这种情形下，连接有多少个元组？你应当忽略给定 a 值的元组数不是一个整数的情况。

! 习题5.4.4 你如何估计一个半连接的大小？

5.5 基于代价的计划选择介绍

无论是选取一个逻辑查询计划还是从一个逻辑计划构造一个物理计划，查询优化器都需要估计特定表达式的代价。在此我们对有关基于代价的计划选择问题加以研究，并在 5.6 节中我们详细探讨基于代价的计划选择中最重要也是最为困难问题：多个关系的连接次序选择。

与以前一样，我们假设计算表达式的代价可用所执行的磁盘 I/O 数来加以近似。而磁盘 I/O 又受以下因素影响：

1. 所选取用于实现查询的特定逻辑运算符，这是在我们选择逻辑查询计划时所选定的。

2. 中间关系的大小，其估计我们已在 5.4 节中讨论过。

3. 用于实现逻辑运算符的物理运算符，例如，对一趟或两趟连接的选择，对给定关系是否加以排序的选择；这个问题在 5.7 节中讨论。

4. 相似运算的排序，尤其是在 5.6 节中讨论的连接。

5. 由一个物理运算符向下一物理运算符传递的参数，这个问题也在 5.7 节中讨论。

为进行有效的基于代价的计划选需要解决许多问题。在这一节中，我们首先考虑如何从数据库中有效地获得大小参数，在 5.4 节中它们对估计关系大小是很关键的。然后我们重新回顾为找到所希望的逻辑查询计划而引入的代数定律。基于代价的分析证实了我们使用许多通用的启发式转换逻辑查询计划的合理性，诸如在树中下推选择。最后，我们考虑可由所选逻辑计划导出的物理查询计划的各种方法。特别重要的是为减少所需评价的计划数的方法，而同时又保证很有可能考虑到最小代价的计划。

5.5.1 大小参数估计值的获取

5.4 节的公式是以知道某些重要参数为基础的，特别是 $T(R)$，即关系 R 中的元组数，以及 $V(R,a)$，关系 R 中属性 a 列的不同值的数目。现代 DBMS 一般允许用户或管理员显式地要求做统计信息的收集，例如 $T(R)$ 和 $V(R,a)$。这些统计值用到以后的查询优化中，统计量仅在下一个统计量收集命令发出时才被更新。

通过对整个关系 R 的扫描，显然可以得到元组数 $T(R)$ 的计数，并且找出每个属性 A 的不同值数目 $V(R,A)$。R 所占用的块数 $B(R)$ 可通过实际所用块数计数（若 R 是聚簇存放）或通过 $T(R)$ 除以一个磁盘块可以容纳的 R 的元组个数。

此外，DBMS 可以计算一个给定属性诸值的直方图。如果 $V(R,A)$ 不是太大，则该直方图由具有属性 A 的每个值的元组的数目（或比例）组成。如果这个属性存在大量不同值，则只有最常出现的值被单独记录，而其他值则分组统计。最常用的直方图类型是：

1. 等宽。选定宽度 w 以及常量 v_0。提供值为 v 的元组数计数，v 的范围是 $v_0 \leqslant v < v_0 + w$，$v_0 + w \leqslant v < v_0 + 2w$，等等。值 v_0 是最小可能值或当前所知的下界。在后一种情况，若见到一个新的更小的值，我们就把 v_0 减少 w 并在直方图中增加一个计数。

2. 等高。它们是公共的"百分点"。我们选择某个小数 p，列出最小值、比最小值多 p 的值、比最小值多 $2p$ 的值，直到最大值。

3. 最频值。我们列出最为公共的值以及它们的出现次数。这个信息可以连同所有其他值作为一组的出现次数计数一起提供，或除了其他值的等宽或等高直方图之外，我们再记录常出现的值。

使用直方图的一个优点是连接的大小估计比按 5.4 节中的简化方法估计更准确。尤其当连接属性的值显式地出现在参加连接的两个关系的直方图上时，我们可以准确地知道结果中有多少元组将具有该值。对于那些没有显式地出现在一个或两个关系直方图上的连接属性的值，我们按 5.4 节中的方法估计其连接后的结果。然而，如果我们使用等宽直方图，两个关系的连接属性有相同的带宽，则我们可以估计相应带宽上连接的大小并对这些估计值求和。这个结果是好的估计，因为只有在相应带宽上的元组才能连接。以下例子说明了如何进行基于直方图的估计；我们在后面不使用直方图做估计。

例 5.27 考虑关于 3 个最频值及其计数，以及对其余值进行分组的直方图。假设我们想要计算连接 $R(a, b) \bowtie S(b, c)$。令 $R.b$ 的直方图是：

$$1：200, 0：150, 5：100, 其他值：550$$

即 R 的 1000 个元组中，有 200 个 b 值为 1，150 个 b 值为 0，100 个 b 值为 5。此外，有 550 个元组的 b 值不为 0、1、5，且其余值中的任一值出现次数不超过 100。

令 $S.b$ 的直方图是：

$$0：100, 1：80, 2：70, 其余值：250$$

并且假设 $V(R, b) = 14$，$V(S, b) = 13$。即，R 的未知 b 值的 550 个元组被分成 11 个值，每个值平均有 50 个元组，S 的未知 b 值的 250 个元组被分成 10 个值，每个值平均有 25 个元组。

值 0 和 1 在两个直方图中显式地出现，因此我们可以计算出 R 的 150 个 $b = 0$ 的元组与 S 的 100 个具有相同 b 值的元组连接结果有 15 000 个元组。类似地，200 个 $b = 1$ 的 R 元组与 80 个 $b = 1$ 的 S 元组连接结果有 16 000 个元组。

对其余元组影响的估计则更为复杂。我们将继续做如下假设：在具有较小值集的关系（本例是 S）中出现的每个值将在其他关系的值集中出现。因此，在 S 的其余 11 个 b 值中，我们可知其中值之一是 2，并且我们假定另一个值是 5，因为它是 R 中最常出现的值之一。我们估计 2 在 R 中出现 50 次，5 在 S 中出现 25 次。这些估计是分别通过假设该值是它的关系的直方图中"其他"值中的一个而获得的。B 值为 2 额外的元组数是 $70 \times 50 = 3500$，b 值为 5 的其余元组数是 $100 \times 25 = 2500$。

最后，在两个关系中还有其他 9 个 b 值，我们估计它们每一个值在 R 中出现 50 次，在 S 中出现 25 次。因此 9 个值中的每一个给结果中增加的元组数是 $50 \times 25 = 1250$。因而结果大小的估计是：

$$15\,000 + 16\,000 + 3500 + 2500 + 9 \times 1250$$

或 48 250 个元组。注意，5.4 节中较为简单的估计是 $1000 \times 500/14$，或者 35 714，它是基于每个关系中的每个值出现次数均等的假设。 □

例 5.28 在这个例子中，我们假定直方图等宽。我们还将说明在知道两个关系的值几乎不相交的情况下，如何影响对连接结果大小的估计。关系是：

```
Jan(day, temp)
July(day, temp)
```

查询是：

```
SELECT Jan.day, July.day
FROM Jan, July
WHERE Jan.temp = July.temp;
```

即找出在 1 月份和 7 月份中有相同温度的日期对。这个查询计划是对 Jan 与 July 在温度上做等值连接，然后投影到每个 day 属性上。

假设关系 Jan 与 July 有关温度的直方图由如图 5-27 所示的表给定。[⊖]一般而言，如果两个连接属性有相同带宽集的等宽直方图，则我们可以通过估计相应带宽的每一对的连接的大小并求和来估计连接的大小。

如果相应带宽分别有 T_1 与 T_2 个元组，且在这一带宽中值的个数是 V，则在那些带宽上连接的元组数估计是 $T_1 T_2/V$，遵从 5.4.4 节中制定的原则。对于图 5-27 的直方图，许多积是 0，因为 T_1 与 T_2 之中的某一个为 0。仅有的两个均不是 0 的带宽是 $40 \sim 49$ 与 $50 \sim 59$。因为 $V = 10$ 是带宽的宽度，$40 \sim 49$ 的带宽产生 $10 \times 5/10 = 5$ 个元组，而 $50 \sim 59$ 带宽则产生 $5 \times 20/10 = 10$ 个元组。

范围	1月	7月
0~9	40	0
10~19	60	0
20~29	80	0
30~39	50	0
40~49	10	5
50~59	5	20
60~69	0	50
70~79	0	100
80~89	0	60
90~99	0	10

图 5-27 温度的直方图

因此这个连接大小估计是 $5 + 10 = 15$ 个元组。如果我们没有直方图，只知道每个关系有 245 个元组分布于 $0 \sim 99$ 的 100 个值之中，则我们对连接大小的估计是 $245 \times 245/100 = 600$ 个元组。　　□

5.5.2 统计量的计算

在查询优化器中，统计量通常仅是周期性地加以计算，原因如下。首先，这些统计量在短时间内不会发生剧烈变化。第二，即使不太确的统计量也是有用的，只要它们被一致地应用到所有的计划中。第三，另一个可选的办法是保持统计量为当前最新状态，这会使统计自身成为数据库中的"热点"；因为统计量被频繁读取，我们倾向于不对它们也做频繁更新。

统计量的重新计算会在一段时间后或者一定数目的更新后自动被触发。但是，当数据库管理员注意到性能很差的查询计划会经常被查询优化器选中时，他们可能会要求重新计算统计量，以期纠正该问题。

为整个关系 R 计算统计量可能会开销很大，尤其是当我们为关系中的每个属性 a 计算 $V(R, a)$ 时(或者更坏的情况，为每个 a 计算直方图)。一个通用的方法是通过取样小部分数据来计算大约的统计量。例如，让我们假设我们想要取样元组中的一小部分来得到 $V(R, a)$ 的估计值。一个统计学的可靠计算可能是复杂的，它依赖于许多假设，如一个属性的各个值是否均匀分布，是按 Zipfian 分布，还是按某个其他分布。不过，直观上是这样的，如果我们考察 R 的一小部分抽样，比如说 R 的 1% 元组，并且我们发现我们所看到的大部分 a 值是不同的，则 $V(R, a)$ 很可能接近于 $T(R)$。如果我们发现样本中只有很少不同的 a 值，则很可能我们已经看到了当前关系中存在的大部分 a 值。

⊖ 赤道南部的朋友应当将 1 月份与 7 月份的列对调。

5.5.3 减少逻辑查询计划代价的启发式估计

有关查询、子查询的代价估计的一个重要用途是应用查询的启发式变换。在 5.3.3 节我们已经看到，某些启发式，例如在树中下推选择，可期望几乎肯定会改善逻辑查询计划的代价，而无需考虑关系的大小。然而，在查询优化处理中还存在其他方法，据一个转换之前与之后的代价估计，当该转换呈低代价时我们就应用这个转换，否则避免使用这个转换。尤其是当正在产生所想要的逻辑查询计划时，我们可能考虑许多可能的转换以及这些转换之前与之后的代价。

因为我们正在评估逻辑查询计划的代价，因此，我们还没有决定使用哪些将被用于实现关系代数操作符的物理操作符，我们的代价估计不能建立在磁盘 I/O 上。恰恰相反，我们要用 5.4 节的技术来估计中间结果的大小，它们的和是整个逻辑查询计划代价的启发式估计。举个例子来说明这些问题及其过程。

例 5.29 考虑如图 5-28 所示初步的逻辑查询计划，并令关系 R 与 S 的统计量如下所示：

$R(a,b)$	$S(b,c)$
$T(R) = 5000$	$T(S) = 2000$
$V(R,a) = 50$	
$V(R,b) = 100$	$V(S,b) = 200$
	$V(S,c) = 100$

为从图 5-28 产生最终的逻辑查询计划，我们坚持尽可能下推选择。不过，我们不能确信下推 δ 到连接下面是否有意义。因此，我们由图 5-28 产生了如图 5-29 所示的两个查询计划；它们的不同之处在于，是在连接之前还是在连接之后消除重复。注意，在计划 a 中 δ 被下推到树的两个分支中。如果 R 与 S 已知无重复，则分支中的 δ 可以去除。

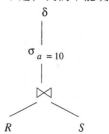

图 5-28 例 5.29 的逻辑查询计划

在 5.4.3 节中，我们已经知道如何估计选择结果的大小；我们将 $T(R)$ 除以 $V(R, a) = 50$。并且我们也知道如何估计连接的大小；我们将参数的大小相乘并除以 $\max(V(R, b), V(S, b))$，即 200。我们所不知道的是重复消除之后关系大小的估计。

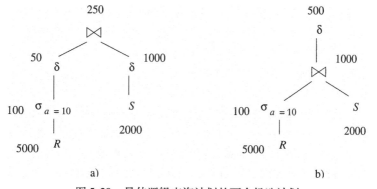

图 5-29 最佳逻辑查询计划的两个候选计划

首先考虑 $\delta(\sigma_{a=10}(R))$ 的大小估计。由于 $\sigma_{a=10}(R)$ 只有一个 a 值却有 100 个 b 值，并且这个关系估计有 100 个元组，5.4.7 节的规则告诉我们，每个属性的值计数之积不是一个限定因子。因此，我们估计 δ 结果大小是 $\sigma_{a=10}(R)$ 元组数的一半。所以，图 5-29a 说明了 $\delta(\sigma_{a=10}(R))$ 元组数估计是 50。

现在考虑图 5-29b 中 δ 结果的估计。连接有一个 a 值，b 值个数估计是 $\min(V(R, b)$,

$V(S, b)) = 100$，c 值个数估计是 $V(S, c) = 100$。因此值计数的乘积不限制 δ 的结果大小。我们估计这个结果是 500 个元组，或连接中一半的元组数。

为比较图 5-29 中的两个计划，我们把除了根结点与叶结点之外的所有结点的大小估计相加。我们排除根结点与叶结点，是因为这些结点的大小不依赖于计划的选取。对于计划 a，这个代价，即内部结点估计大小之和，是 $100 + 50 + 1000 = 1150$，而计划 b 的和是 $100 + 1000 = 1100$。因此，根据这个小差额我们推知延迟重复消除到最后是一个较好的计划。我们可能得出相反的结论，比如说如果 R 或 S 只有少量 b 值。此时连接的尺寸会更大，使得计划 b 的代价更大。   □

结果大小的估计不必相同

注意，在图 5-29 中，两树根部的估计不同：一个是 250，另一个是 500。因为估计是一个不精确的科学，这类异常必然发生。事实上，这是我们保证一致性的一个例外，如我们在 5.4.6 节中所做的那样。

直观上，计划 b 的估计较高是因为如果 R 与 S 中有重复，这些重复在连接中会相乘。例如，对于 R 中出现 3 次、S 中出现 2 次的元组，它们的连接在 $R \bowtie S$ 中会出现 6 次。我们用于估计 δ 结果大小的简单公式没有考虑重复的效果被先前的运算放大的可能性。

5.5.4 枚举物理计划的方法

现在我们来考虑在逻辑查询计划到物理查询计划的转换中如何使用代价估计。底线方法称为穷尽法(exhaustive)，它对 5.4 节开始部分列出的各种问题中的每一个选择加以组合(连接的次序或运算符的物理实现等等)。每个可能的物理计划被赋予一个估计的代价，并选择具有最小代价的一个计划。

不过，存在多种选择物理计划的方法。在这一节，我们将概述已被使用的各种方法，5.6 节主要关注选择连接次序。在继续讲解之前，我们先对搜索可能的物理计划空间的两个主要方法加以说明：

- 自顶向下：这里，我们从逻辑查询计划树的根部开始向下进行。对于根结点的运算的每个可能的实现，我们考虑计算其参数的每种可能的方法，并计算每种组合的代价，取最优的一个。⊖

- 自底向上：对于逻辑查询树的每个子表达式，我们计算用于计算该子表达式的所有可能方法的代价。通过考虑子表达式 E 的各种选项，并按所有可能的方式与 E 的根运算符的实现相结合，可以计算子表达式 E 的可能性与代价。

实际上，在最概括的解释方面两种方法之间没有太大的区别，因为每一方法都考虑了实现查询树中各运算符各种方式的组合。下面我们集中在自底向上的方法中。

实际上，你可能已经注意到自底向上方法已有明显的简化，其中我们在计算较大子表达式的计划时只考虑每个子表达式的最佳计划。这个方法，在下面的方法表中称为动态规划(dynamic programming)，不保证产生整体最优计划，尽管它常常可获得最优。后面也列出了称为 Selinger风格(或 System-R 风格)的优化方法，它利用了一个子表达式计划中的某些计划所具有的特性，目的是为了从对于某些子表达式不是最优的计划中得到总体上最优的计划。

启发式选择

方法之一是使用通常用于选择逻辑计划的方法选择物理计划：基于启发式规则做一系列选

⊖ 记得在 5.3.4 节中讲到逻辑查询计划树的单个结点可能表示单个可交换、可结合运算符的各种使用方法，如连接。因此，考虑单个结点的所有可能计划本身可能涉及非常多选择的枚举。

择。在 5.6.6 节中，我们将讨论连接次序的"贪婪"启发式，该方法中我们从连接两个具有最小估计大小的关系开始，然后对这个连接结果以及参与连接的关系集合重复这个过程。有许多可应用的启发式规则；下面是一些最常用的：

1. 如果逻辑计划需要选择 $\sigma_{A=c}(R)$，且保存的关系 R 在属性 A 上有索引，则执行一个索引扫描（像 4.1.1 节中那样），获得 A 值等于 c 的 R 元组。

2. 更一般地，如果选择涉及像上面 $A=c$ 那样的一个条件以及其他条件，我们可以先进行一次索引扫描，然后对元组中进一步选择来实现这个选择，我们将用物理运算符 filter 来表示。有关这个问题在 5.7.1 节中做进一步讨论。

3. 如果连接的一个参数在连接属性上有索引，则采用索引连接，其中该关系在内层循环中。

4. 如果连接的一个参数是排序的，则采用排序连接比用散列连接好，尽管未必比用索引连接好，如果可能的话。

5. 当计算三个或多个关系的并或交时，先对最小关系进行组合。

分支界定计划枚举

这个方法在实际中经常使用，它通过使用启发式为整个逻辑查询计划找到一个好的物理计划开始。令这个计划的代价为 C。然后当我们考虑这个子查询的其他计划时，我们可以去除那些代价大于 C 的子查询的计划，因为这个子查询的计划不可能参与到比我们已知计划更好的完整查询的计划中。类似地，如果我们构造出代价小于 C 的完整查询的一个计划，则我们在此后的物理查询计划空间搜索中用较好计划的代价替换 C。

这种方法一个重要的好处在于我们可以判定何时中止搜索并得到目前为止最优的计划。例如，如果代价 C 较小，即便可以发现更好的计划，但为找到这些计划所花费的时间可能超过 C，因此继续搜索是没有意义的。但是，如果 C 较大，则花点时间希望找到一个更快的计划是明智的。

爬山法

这个方法从一个根据启发式选定的物理计划开始，实际上我们是在物理计划与代价的一个"峡谷"中进行搜索。接着我们可以对计划做小的修改，如用另一种方法替换执行一个运算符的一个方法，或通过使用结合律与/或交换律对连接重新排序，找到具有较低代价的"邻近"计划。当我们找到一个计划，小小的修改已不能产生代价更低的计划，则选择这个计划作为选定的物理查询计划。

动态规划

在这个一般性自底向上策略的变种策略中，对于每个子表达式，我们仅保留最小代价的计划。当我们自底向上对这棵树进行处理时，假定每个子表达式使用了最佳计划，我们对每个结点的可能实现加以考虑。我们在 5.6 节深入研究这个方法。

Selinger 风格的优化

这个方法改进了动态规划方法，不仅记录了每个子表达式的最小代价的计划，而且也记录了那些具有较高代价但所产生结果的顺序对表达式树中较高层很有用的计划。这类感兴趣顺序的例子是当子表达式的结果按以下属性排序：

1. 在根结点上排序(Γ)运算符中说明的属性。

2. 稍后的分组运算符(γ)的分组属性。

3. 稍后的连接运算的连接属性。

如果我们把一个计划的代价视为是中间关系大小之和，则对一个参数进行排序似乎没有什么优点。然而，如果我们使用更准确的度量，如磁盘 I/O 数，作为代价，则当我们使用 4.4 节中基于排序的算法之一对某一参数排序，其优点就变得清晰了，为已排序的参数节省了第一趟工作。

5.5.5 习题

习题 5.5.1 使用 $R.b$ 与 $S.b$ 的直方图估计连接 $R(a, b) \bowtie S(b, c)$ 的大小。假设 $V(R, b) = V(S, b) = 20$，两个属性的直方图给出了 4 个最公共的值的频率，列表如下：

	0	1	2	3	4	其他
$R.b$	5	4	10	5		36
$S.b$	10	8	5		7	50

假定所有 20 个值等可能发生，其中 $T(R) = 60$ 且 $T(S) = 80$，这个估计与较简单的估计相比怎样？

习题 5.5.2 如果我们有如下直方图信息，估计连接 $R(a, b) \bowtie S(b, c)$ 的大小：

	$b < 0$	$b = 0$	$b > 0$
R	400	100	200
S	400	300	800

! 习题 5.5.3 在例 5.29 中，我们建议减少两个名为 b 的属性的值的数目，这可能使图 5-29 中的计划（a）比计划（b）更好。对于什么样的值：

a）$V(S, b)$

b）$V(R, b)$

将使计划（a）比计划（b）的代价更低？

! 习题 5.5.4 考虑 4 个关系 R、S、T 与 V。它们各自分别有 100、200、300 与 400 个元组，随机并相互独立地从 1000 个元组的同一池中选取。（例如，给定元组在 R 中的概率是 1/10，在 S 中是 1/5，同时在 R 与 S 中的概率是 1/50）。

a）$R \cap S \cap T \cap V$ 所期望的大小是多少？

b）什么样的交的顺序得到最小的代价（估计中间关系大小的总和）？

c）$R \cup S \cup T \cup V$ 所期望的大小是多少？

d）什么样的并的顺序得到最小的代价（估计中间关系大小的总和）？

! 习题 5.5.5 如果 4 个关系有从 1000 个元组中随机抽取的 250 个元组，重复习题 5.5.4。

!! 习题 5.5.6 假设我们希望计算表达式

$$\tau_b(R(a,b) \bowtie S(b,c) \bowtie T(d,a))$$

即我们把 3 个关系做连接得到在属性 b 上排序的结果。我们做简化的假设：

i. 我们不会先对 R 与 T 做连接，因为那是一个积。

ii. 任何其他连接可用一个两趟排序连接或散列连接进行，但不采用其他的方式。

iii. 任何关系，或任何表达式的结果，可用两阶段、多路排序归并算法排序，但不采用任何其他算法。

iv. 第一次连接的结果将作为参数传送给最后的连接，一次一块，在磁盘上不临时存放。

v. 每个关系占 1000 块，两个关系的任一连接结果占 5000 块。

基于这些假设回答以下问题：

a）Selinger 风格的优化将考虑所有什么样的子表达式与顺序？

b）哪个查询计划得到最小的磁盘 I/O 数？[⊖]

!! 习题 5.5.7 对于某些表达式 E、F（你可以选择），给一个形如 $E \bowtie F$ 的逻辑查询计划的例子，其中使用最佳计划计算 E 与 F 不允许为最后的连接选择算法，该算法用于最小化计算整个表达式的总的代价。对于可用的主存缓冲区数目与 E、F 中所提及的关系大小做你所希望的假设。

⊖ 注意，由于我们做了使用连接方法某些特别的假设，我们可以估计磁盘 I/O 数，而不是依赖于更简单的但更不正确的元组计数作为代价估计。

5.6　连接顺序的选择

在这一节中，我们着眼于基于代价的优化中的关键问题：为三个或三个以上关系的（自然）连接选择顺序。该思想同样适用于其他像并和交这样的二元运算，但是在实际应用中这些运算并不是那么重要，因为他们与连接相比，只需要很少的时间，并且它们很少以连续三个或三个以上的形式出现。

5.6.1　连接的左右参数的意义

当选择连接顺序时，我们应该记住在第 4 章中提到的连接方法中大多数是不对称的，在这种意义上来说，两个参数关系所代表的意义是不同的，这些连接的代价取决于哪种关系代表何种意义。可能最为重要的连接是在 4.2.3 节介绍的一趟连接，它将一个关系（较小的优先）读入主存，并形成一种结构，例如一个散列表，从而可以便利地匹配来自其他关系中的元组。然后该连接再读入其他关系，每次一块，并将关系中的元组和已存储在内存中的元组进行连接运算。

例如，假设当我们选择一个物理计划时，我们决定用一趟连接。然后我们应该假定将连接的左参数作为较小的关系存储在主存的数据结构中。该关系称为构造用关系。每次一块读入连接的右参数，称为探查用关系，并将它的元组与已存储的关系进行匹配。以参数作为区分的其他连接算法包括：

1. 嵌套循环连接，在这种连接中我们认为左参数是外部循环关系。
2. 索引连接，我们认为这种连接的右参数有索引。

5.6.2　连接树

当有两个关系的连接时，我们需要对参数排序。按照惯例，我们应该选择估计值较小的参数作为左参数。各个参数的大小具有重要的并且可辨别的差别，这是非常普遍的，因为一个涉及连接的查询往往会涉及至少一个属性上的选择，并且这个选择使得一个关系的估计值大大减少。

例 5.30　回忆以下查询

```
SELECT movieTitle
FROM StarsIn, MovieStar
WHERE starName = name AND
    birthdate LIKE '%1960';
```

在图 5-4 中，我们将关系 StarsIn 与关系 MovieStar 的选择进行连接，从而可以推导出图 5-24 所示的首选逻辑查询计划。我们并没有给出关系 StarsIn 和 MovieStar 的大小估计值，但是我们可以认为选择在一年中出生的明星中将会得到 MovieStar 中大约 1/50 的元组。由于每一部电影通常有几个明星，我们假设 StarsIn 在开始将大于 MovieStar，这样，连接的第二个参数，$\sigma_{birthdate}$ LIKE '%1960'(MovieStar)，会远小于第一个参数 StarsIn。我们得出的结论与图 5-24 中所示的参数的顺序应该是相反的，这样，就选择 MovieStar 为左参数。　　　　　□

当有两个关系时，对于连接树只有两种选择——选两个关系中的一个作为左参数。当连接有两个以上的关系时，可能的连接树的数量会迅速增长。比如，图 5-30 所示为四个关系 R、S、T、U 进行连接时三种可能的树的形状。由于有着参数顺序，并且对于 n 个事物将会有 $n!$ 种方法对其进行排序，当考虑树叶的各种可能的标识时，每棵树将会代表 4! ＝24 棵不同的树。

5.6.3　左深连接树

图 5-30a 是称之为左深树的一个例子。一般来说，一棵二叉树如果所有的右子女都是树叶的

话，它就是左深树。同样，如图 5-30c 所示的树，所有左子女都是树叶，这样的树称为右深树。
如图 5-30b 所示的树既不是左深树也不是右深树，称之为浓密树。下面我们将论述只考虑以左深
树作为可能的连接顺序具有双重优点。

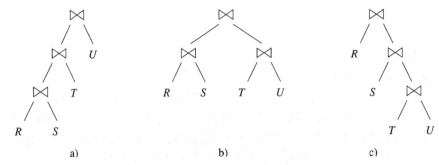

图 5-30　对四个关系进行连接的方法

1. 对于给定树叶的可能的左深树的数目是很大的，但不会像所有树的数目那样大。因此，
如果我们将搜索限制在左深树时，查询计划的搜索将可以用于比较大的查询。

2. 用于连接的左深树可以和通用的连接算法很好地交互，尤其是嵌套循环连接和一趟连接。
基于左深树和这些算法的查询计划将会比非左深树所用的同样的算法更有效。

实际上，一个左深树或右深树中的树叶可以是带有除连接之外的运算符的内部结点。例如
图 5-24 所示，在技术上就是一棵具有一个连接运算的左深树。将一个选择应用于连接的右操作
对象的事实并没有将树排除在左深树类之外。

对于给定数目的关系的多路连接，左深树的数目的增长不会像所有树的数目增长那样快。
对于 n 个关系，我们只有一种左深树的形状，可以以 $n!$ 种方法来分配关系。对这 n 个关系有同
样数目的右深树。然而，n 个关系的树形状 $T(n)$ 的所有数目由以下的递归给出：

$$T(1) = 1$$
$$T(n) = \sum_{i=1}^{n-1} T(i)T(n-i)$$

对于第二个等式的解释是：我们可以任选一个 1 和 $n-1$ 之间的数 i，作为根的左子树中的树
叶数目，这些树叶可以按具有 i 个树叶的 $T(i)$ 种排列方法中的任意一种方法进行排列。同样，对
右子树中的 $n-i$ 个树叶，也用 $T(n-i)$ 种方法中的任意一种对其进行排列。

$T(n)$ 的头几个值为：

n	1	2	3	4	5	6
$T(n)$	1	1	2	5	14	42

我们将 $T(n)$ 乘上 $n!$，就得到当树叶表示各个关系时所有树的数目。因此，带有 6 个树叶且
各树叶均被标识的树的数目为 $42 \times 6!$，即 30 240，其中有 6!（即 720）棵是左深树，另外还有
720 棵是右深树。

现在，让我们考虑以上曾经提到的左深连接树的第二个优点：有利于形成有效的计划。我们
将给出两个例子：

1. 如果用的是一趟连接，并且"构造用关系"在左边，则任何时候所需的内存都将比对同样
关系用右深树或浓密树的情况要小。

2. 如果是用嵌套循环连接，外层循环的关系在左边，则我们避免多于一次地构建任意中间
关系。

例 5.31 考虑如图 5-30a 中的左深树，假设对三个 ⋈ 运算中的每一个进行简单的一趟连接。和大部分情况一样，以左参数作为构造用关系，也就是说左参数将会存储在主存中，要计算 $R \bowtie S$，我们需要在主存中保留 R，并且在计算 $R \bowtie S$ 的过程中，我们还需要在主存中保留结果。这样，我们需要 $B(R) + B(R \bowtie S)$ 的主存缓冲区。如果选择最小的关系作为 R，并且有一个选择运算使 R 变得更小，则有可能得到所需的缓冲区容量。

算出 $R \bowtie S$ 后，我们需要将该关系与 T 进行连接。然而，此时 R 所使用的缓冲区不再需要，可以用它来存储 $(R \bowtie S)T$ 的结果。同样，将该关系与 U 进行连接时，不再需要保留关系 $R \bowtie S$，其缓冲区可以用于存储连接的最终结果。一般说来，以一趟连接方法计算的左深树需要的主存空间至多是任何时候两个临时关系所需的空间。

现在，让我们考虑如图 5-30c 中右深树的实现。我们首先应将 R 载入主存缓冲区，因为左参数往往是"构造用关系"。然后，构建 $S \bowtie (T \bowtie U)$ 并将其用于根连接的探查用关系。要计算 $S \bowtie (T \bowtie U)$，我们需要将 S 放入缓冲区，然后计算出 $T \bowtie U$ 作为 S 的探查用关系。但是 $T \bowtie U$ 需要我们先将 T 读入缓冲区。现在，内存中同时有了 R、S 和 T。一般的，如果我们试图计算一个有 n 个树叶的右深连接树，我们必须将 $n-1$ 个关系同时读入内存。

缓冲区管理器的作用

读者也许注意到我们在一系列例子中介绍的方法有一个不同点，例如在例 4.4 和例 4.6 中，我们假设一个连接可以获得的主存缓冲区的个数有固定的限制，如果为了计算更加灵活，则我们假设可以获得足够多的缓冲区满足我们的需要，但我们尽量不要用"太多"缓冲区。回忆 4.7 节我们知道缓冲区管理器可以非常灵活地为运算分配缓冲区。然而，如果一次分配太多的缓冲区，就会使所用算法的性能降低。

当然，整个 $B(R) + (S) + B(T)$ 的大小可能会小于我们在对左深树进行计算的任意两个中间阶段中所需的空间的数目，这两个数目分别为 $B(R) + B(R \bowtie S)$ 和 $B(R \bowtie S) + B((R \bowtie S) \bowtie T)$。尽管如此，正如我们在例 5.30 中指出的，涉及几个连接的查询常常会有一个小的关系，我们可以在一个左深树中，首先以该关系作为最左边的参数。如果 R 很小，我们可以预期 $R \bowtie S$ 远小于 S，以及 $(R \bowtie S) \bowtie T$ 小于 T，从而更加证实了左深树的作用。 □

例 5.32 现在，假设我们将要通过嵌套循环连接来实现图 5-30 中的四路连接，并且对于所包括的三个连接中的每一个有一个迭代器（正如在 4.1.6 节中那样）。另外，为简便起见，假设关系 R、S、T 和 U 都是已存储的关系而不是表达式。如果我们采用如图 5-30a 中的左深树，则在树根的迭代器会为左参数 $(R \bowtie S) \bowtie T$ 获得主存大小的块。只要 U 是已存储的关系，它会将该块和全部 U 进行连接，它只需要对 U 进行扫描，而不必构建它。一旦获得左参数的下一块，就将其放入内存，则将再次对 U 进行读操作，但是如果两边的参数都是很大的，嵌套循环连接就不可避免地需要进行这样的重复。

类似地，为了获得 $(R \bowtie S) \bowtie T$ 的块，我们将 $R \bowtie S$ 的块放入内存并对 T 进行扫描。对 T 进行几次扫描最终也许是必要的，而且也不可能避免。最后，要获得 $R \bowtie S$ 的块需要读入 R 的块并将它与 S 进行比较，也许要进行几次。尽管如此，在所有这些过程中，只有已存储的关系要读入几次，当主存不足以保留整个关系时，这种反复读入会使嵌套循环连接的工作方式出现人为的痕迹。

现在，将左深树的循环行为与如图 5-30c 中的右深树的循环行为进行比较。树根的循环以读入 R 的块作为开始。然后它必须构建整个关系 $S \bowtie (T \bowtie U)$ 并将其与 R 进行比较。当我们将下一个 R 的块读入内存时，必须再次构建 $S \bowtie (T \bowtie U)$。其后每一个 R 的块同样需要构建这同一关系。

当然，我们可以一次构建 $S \bowtie (T \bowtie U)$，并将其存储在内存或磁盘。如果将其存储在磁盘，与左深树计划相比我们就要使用额外的磁盘 I/O，如果存储在内存，则我们就会遇到曾在例 5.31 中讨论的关于过度使用内存的问题。□

5.6.4　通过动态规划来选择连接顺序和分组

要为多个关系选择连接顺序，我们有以下三个选择：

1. 考虑全部。

2. 考虑一个子集。

3. 采用启发式方法选取一个。

在这里我们将考虑一个明智的称之为动态规划的方法来进行枚举。它可以用于或者考虑所有顺序，或者只考虑特定子集，例如限制于左深树的顺序。在 5.6.6 节我们为选择一个单一的顺序考虑一个启发式方法。动态规划是一种通用的算法范型[⊖]。动态规划的思想是：我们填写一个代价表，只记住我们推出结论所需的最少的信息。

假设我们想对 $R_1 \bowtie R_2 \bowtie R_n$ 进行连接。在动态规划算法中，我们为包含 n 个关系中的一个或多个关系的每一个子集构建带有一个表项的表。在这个表中我们将记录：

1. 这些关系的连接的大小估计值。我们可以利用 5.4.6 节中介绍的公式。

2. 计算这些关系的连接的最小代价。在我们的例子中我们将使用中间关系大小的和（不包括 R_i 本身或与该表项相关的所有关系集合的连接）。

3. 得到最小代价的表达式。这个表达式对有待求解的关系集合进行分组连接。我们可以选择性地只考虑左深表达式，在这种情况下表达式仅仅是关系的顺序。

这个表的构建是一个关于子集大小的归纳。有两个变量，依赖于我们是否希望考虑所有可能的树的形状或只考虑左深树。当我们在下面讨论表构建的归纳步骤时我们会对这个不同进行解释。

基础　一个单一关系 R 的表项包括 R 的大小，其值为 0 的代价，以及 R 本身的表达式。一对关系 $\{R_i, R_j\}$ 的表项也容易计算。代价为 0，是因为没有涉及中间关系，并且大小估计值由 5.4.6 节中介绍的规则给出；它是 R_i 与 R_j 的乘积再除以 R_i 与 R_j 的每一个共同属性的较大的值集的大小，如果有公共属性的话。表达式要么是 $R_i \bowtie R_j$，要么是 $R_j \bowtie R_i$。按照在 5.6.1 节中介绍过的思想，我们挑选 R_i 与 R_j 中较小的一个作为左参数。

归纳　现在，我们可以建立表，并为大小是 3、4 等的所有子集计算表项，直到我们得到大小为 n 的子集的表项。此表项告诉我们对所有关系的连接进行计算的最佳方法；它还告诉我们这个方法的估计代价，该值在计算以后的表项时需要用到。我们需要看看如何计算有 k 个关系的集合 $\mathcal{R}$ 的表项。

如果我们希望只考虑左深树，那么对 $\mathcal{R}$ 中的 k 个关系 R 中的每一个，我们考虑首先计算 $\mathcal{R} - \{R\}$ 的连接并将它与 R 再进行连接的可能性。对 $\mathcal{R}$ 进行连接计算的代价等于 $\mathcal{R} - \{R\}$ 的代价加上 $\mathcal{R} - \{R\}$ 的结果大小。我们选取能生成最小代价的 R。对 $\mathcal{R}$ 的表达式以 $\mathcal{R} - \{R\}$ 的最佳连接表达式作为最终的连接的左参数，以 R 作为右参数。$\mathcal{R}$ 的大小由 5.4.6 节中的公式给出。

如果我们希望考虑所有的树，则关系集合 $\mathcal{R}$ 的表项的计算会更加复杂。我们需要考虑所有的将 $\mathcal{R}$ 分解成不相交的集合 $\mathcal{R}_1$ 和 $\mathcal{R}_2$ 方法。对每一个这样的子集，我们考虑以下两项的和：

1. $\mathcal{R}_1$ 和 $\mathcal{R}_2$ 的最佳代价。

2. $\mathcal{R}_1$ 和 $\mathcal{R}_2$ 的结果大小。

⊖　动态规划的一般处理请参阅：Aho, Hopcroft and Ullman，《Data Structures and Algorithms》，Addison-Wesley, 1983.

对给出最佳代价的划分，我们利用这个和值作为 $\mathcal{R}$ 的代价，并且 $\mathcal{R}$ 的表达式是 $\mathcal{R}_1$ 和 $\mathcal{R}_2$ 的最佳连接顺序的连接。

例 5.33 考虑四个关系 R、S、T 和 U 的连接。为了简单起见，我们假设每个关系有 1000 个元组。它们的属性以及每个关系中的这些属性的值集的估计大小如图 5-31 所示。

$R(a,b)$	$S(b,c)$	$T(c,d)$	$U(d,a)$
$V(R,a)=100$			$V(U,a)=50$
$V(R,b)=200$	$V(S,b)=100$		
	$V(S,c)=500$	$V(T,c)=20$	
		$V(T,d)=50$	$V(U,d)=1000$

图 5-31　例 5.33 的参数

对于单个的集合，它们的大小、代价以及最佳计划如图 5-32 所示。即对每一个单独的关系，给定它们每个的大小为 1000，代价为 0，这是因为它们不需要中间关系，并且最佳（唯一的）表达式就是关系本身。

现在，考虑关系对。由于两个关系的连接中仍然没有中间关系，所以每对关系的代价为 0。两个关系中的任意一个都可以作为左参数，因此有两种可能的计划，但由于

	$\{R\}$	$\{S\}$	$\{T\}$	$\{U\}$
大小	1000	1000	1000	1000
代价	0	0	0	0
最优计划	R	S	T	U

图 5-32　单个集合的表

恰好每个关系的大小都相等，我们没有根据来选择哪一个计划。于是对于每一个关系对，我们都按照字母的顺序选择在前面的作为左参数。结果关系的大小由一般的公式算出。结果如图 5-33 所示。

	$\{R,S\}$	$\{R,T\}$	$\{R,U\}$	$\{S,T\}$	$\{S,U\}$	$\{T,U\}$
大小	5000	1,000,000	10,000	2000	1,000,000	1000
代价	0	0	0	0	0	0
最优计划	$R \bowtie S$	$R \bowtie T$	$R \bowtie U$	$S \bowtie T$	$S \bowtie U$	$T \bowtie U$

图 5-33　关系对的表

现在，考虑四个关系中的三个关系的连接的表。计算三个关系的连接的唯一方法是首先选择两个进行连接。结果的估计大小由标准公式计算出，在此我们省略计算的细节；记住不管我们用什么方法计算连接，我们都会得到同样的大小。

关系的每个元组的代价估计等于中间关系的大小——这个中间关系是最先选取的两个关系的连接。由于我们希望这个代价尽可能小，我们考虑三个关系中的每一对并且取最小的一对。

对于公式，我们首先将被选中的两个关系组成一组，但它们可以是左参数或者右参数。让我们假设我们只对左深树感兴趣，于是我们总是用头两个关系的连接作为左参数。由于在所有的情况下四个关系中的两个的连接的估计大小至少为 1000（相当于每单个关系的大小），如果我们允许非左深树的话，我们常常会选择一个关系作为这个例中的左参数。三个关系为一组的概要表如图 5-34 所示。

	$\{R,S,T\}$	$\{R,S,U\}$	$\{R,T,U\}$	$\{S,T,U\}$
大小	10,000	50,000	10,000	2,000
代价	2,000	5,000	1,000	1,000
最优计划	$(S \bowtie T) \bowtie R$	$(R \bowtie S) \bowtie U$	$(T \bowtie U) \bowtie R$	$(T \bowtie U) \bowtie S$

图 5-34　三个关系为一组表

让我们考虑 $\{R,S,T\}$ 作为计算的例。我们必须依次考虑三对中的每一个。如果我们以 $R \bowtie S$ 开始，则代价就是这个关系的大小为 5000（参见图 5-33）。以 $R \bowtie T$ 开始使得中间关系的代价为 1 000 000，以 $S \bowtie T$ 开始则代价为 2000。由于后者是三个选择中最小的，我们选择了这个计

划。该选择不仅反映在{R, S, T}列的代价表项中，而且也反映在最佳计划行，在这一行中，将 S 和 T 组成一组的计划首先出现。

现在，我们必须考虑全部四个关系连接的情况。有两种通用的方法我们可以计算全部四个关系的连接：

1. 以可能的最佳方法选择三个进行连接，然后与第四个连接。
2. 将四个关系划分为两对，将每一对进行连接，再将两个结果进行连接。

当然，如果我们只考虑左深树则第二种计划被排除，因为它会生成浓密树。图 5-35 的表在图 5-33 和图 5-34 中的较好的分组方法的基础上总结了 7 种可能的分组连接的方法。

例如考虑图 5-35 中的第一个表达式。它表示首先将 R、S 和 T 进行连接，再将所得结果与 U 进行连接。从图 5-34 我们知道将 R、S 和 T 进行连接的最佳方法是先将 S 和 T 进行连接。我们使用了这个表达式的左深形式，并在右边连接 U 以继续使用左深形式。如果我们只考虑左深树，则这个表达式以及关系顺序就是唯一的选择。如果我们允许浓密树，则我们要在左边连接 U，因为它将小于其他三个关心的连接。该连接的代价为 12 000，等于代价值加上 $(S \bowtie T) \bowtie R$ 的大小，它们分别为 2000 和 10 000。

分组	代价
$((S \bowtie T) \bowtie R) \bowtie U$	12 000
$((R \bowtie S) \bowtie U) \bowtie T$	55 000
$((T \bowtie U) \bowtie R) \bowtie S$	11 000
$((T \bowtie U) \bowtie S) \bowtie R$	3 000
$(T \bowtie U) \bowtie (R \bowtie S)$	6 000
$(R \bowtie T) \bowtie (S \bowtie U)$	2 000 000
$(S \bowtie T) \bowtie (R \bowtie U)$	12 000

图 5-35 分组连接以及它们的代价

图 5-35 中的最后三个表达式表示如果我们包含浓密树时的额外选择。这些表达式首先是由两对关系的连接组成。例如，最后一行表示首先对 $R \bowtie U$ 和 $S \bowtie T$ 进行连接，然后再将两个结果进行连接。该表达式的代价等于两对关系的大小与代价之和。任意一对的代价都为 0，这是必然的，它们的大小分别为 10 000 和 2000。由于我们通常选择较小的关系作为左参数，故我们的表达式为 $(S \bowtie T) \bowtie (R \bowtie U)$。

在这个例子中，我们看到所有代价中的最小值与第四个表达式 $((T \bowtie U) \bowtie S) \bowtie R$ 相关。我们选择该表达式来计算连接；它的代价为 3000。不管我们的动态规划策略是否考虑所有的计划或者仅考虑左深计划，由于它是左深树，它就是被选择的逻辑查询计划。 □

5.6.5 带有更具体的代价函数的动态规划

利用关系的大小作为代价的估计可以简化动态规划算法的计算。然而，这个简化将会带来一个缺点，这就是它在计算中没有考虑连接的实际代价。举一个极端的例子，如果有一个可能的连接 $R(a, b) \bowtie S(b, c)$ 涉及只有一个元组的关系 R 和另一个在连接属性 b 上有索引的关系 S，则该连接几乎不花费任何时间。与此相反，如果 S 上没有索引，则我们必须对它进行扫描，即使 R 是一个单元组的关系，这也会花费 $B(S)$ 次磁盘 I/O。只考虑 R、S 以及 $R \bowtie S$ 的大小的代价度量不可能区分这两种情况，所以在分组中利用 $R \bowtie S$ 的代价要么会估计过高，要么会被估计不足。

然而，对动态规划算法进行修改以便将连接算法考虑进去是不难的。首先，用磁盘 I/O 作为我们所采用的代价度量。计算 $\mathcal{R}_1 \bowtie \mathcal{R}_2$ 的代价时，我们将 $\mathcal{R}_1$ 的代价、$\mathcal{R}_2$ 的代价，以及利用可获得的最佳算法对这两个关系进行连接所需的最小代价相加。由于后一个代价一般依赖于 $\mathcal{R}_1$ 和 $\mathcal{R}_2$ 的大小，我们还必须计算这些大小的估值，正如我们在例 5.33 中所做的那样。

动态规划的一个功能更强大的版本是基于在 5.5.4 节中所提到的 Selinger 风格优化。现在，对每一个可能被连接的关系集合，我们保持的不是只有一个代价，而是几个代价。Selinger 风格优化不仅考虑算出连接结果的最小代价，还考虑生成以几个"感兴趣"的顺序中的任意一个顺序存储的关系的最小代价。这些感兴趣的顺序包括任何对以后的排序连接有利或者能够生成以用户所期望的顺序排列的全部查询的输出的顺序。当必须生成排序的关系时，必须考虑选择排序连接，或者是一趟的或者是多趟的，而当不考虑将一个结果进行排序的价值时，散列表连接至少常常与相应的排序连接一样好。

5.6.6 选择连接顺序的贪婪算法

如例 5.33 所建议的，即使是动态规划的仔细限定范围的搜索也会导致计算量与被连接的关系数成指数关系。采用像动态规划或者分支限制范围的搜索这样的方法来寻找五个或六个关系的最佳连接顺序，是合理的。然而，当连接数超过范围，或者如果我们选择不想把时间花费在穷尽的搜索上，则我们可以在查询优化中采用启发式连接顺序。

启发式的最普遍的选择是贪婪算法，在这个算法中，我们一次为连接的顺序做一个决定，并且从不返回，或者说一旦做出决定便不再重新考虑。我们将考虑只选择左深树的贪婪算法。"贪婪"是基于这样的思想——我们希望在树的每一级保持尽可能少的中间关系。

基础 以估计连接大小是最小的关系对开始。这些关系的连接成为当前树。

介绍 在所有还没有包含在当前树中的关系中，寻找与当前树进行连接能生成估计大小最小的关系。以旧的当前树作为左参数，被选中的关系作为右参数来形成新的当前树。

连接的选择性

一个查看诸如为选择一个左深连接树的贪婪算法的启发式的有效方式是，每个关系 R 与当前树进行连接时有一个选择性，它是连接结果的大小和当前树大小的比例。由于我们经常不能获得任意关系的确切大小，我们就像以前所做的来估计这些大小值。一个连接顺序的贪婪算法将选取有着最小选择性的那个关系。

例如，如果一个连接属性是 R 的一个关键字，则选择性几乎为 1，这常常是有利的情况。注意，从图 5-31 的统计可以判断，属性 d 是 U 的一个关键字，并且其他关系没有关键字，这表明了为什么将 T 和 U 进行连接是启动连接的最好方式。

例 5.34 将贪婪算法应用于例 5.33 中的关系。基本的步骤是找出连接结果最小的一对关系。考虑图 5-33，可以看出是连接 $T \bowtie U$，其代价为 1000。因此，$T \bowtie U$ 是"当前树"。

我们现在考虑下一步是否将 R 和 S 连接进入树。我们比较 $(T \bowtie U) \bowtie R$ 和 $(T \bowtie U) \bowtie S$ 的大小。图 5-34 告诉我们后者的大小为 2000，好于前者，其代价为 10 000。因此，我们将 $(T \bowtie U) \bowtie S$ 作为当前树。

现在没有选择了；我们必须在最后一步连接 R，这将使得总的代价为 3000，相当于两个中间关系大小的和。注意，由贪婪算法得到的树和在例 5.33 中用动态规划算法所得到的树是相同的。然而，也有贪婪算法寻找最佳结果失败的例子，而动态规划算法能保证找到最佳结果；参看习题 5.6.4。

5.6.7 习题

习题 5.6.1 对习题 5.4.1 中的关系，给定评价以下所有可能的连接顺序的动态规划表表项：

a) 只有左深树。

b) 所有树。

在每一种情况下什么是最佳选择？

习题 5.6.2 除了以下的修改，其他与习题 5.6.1 相同：

i. Z 的计划改为 $Z(d, a)$。

ii. $V(Z, a) = 50$。

习题 5.6.3 用习题 5.4.2 中的关系重复习题 5.6.1。

习题 5.6.4　考虑关系 $R(a, b)$、$S(b, c)$、$T(c, d)$ 以及 $U(a, d)$ 的连接，其中 R 和 U 都有 1000 个元组，而 S 和 T 有 200 个元组。另外，对于属性 c，有 $V(S, c) = V(T, c) = 20$，除此之外，所有关系的所有属性都有 200 个值。

a)用贪婪算法选择什么样的顺序？其代价是多少？

b)什么是最佳连接顺序以及其代价是多少？

！习题 5.6.5　假设我们希望按图 5-30 中的树结构之一对关系 R、S、T 和 U 进行连接，并且我们希望在内存中保存所有的中间关系，直到不再需要它们为止。在我们的一般假设情况下，所有 4 个关系的连接的结果将会被产生结果的其他过程冲掉，因此那个关系不需要内存。从被存储关系以及中间关系（例如 $B(R)$ 或者 $B(R \bowtie S)$）所需块数的角度说，图 5-30 中每个树所需内存的块数 M 的下限是多少？什么假设使我们得出这样的结论：一棵树一定比另一棵树使用较少的内存？

！习题 5.6.6　如果我们利用动态规划来对 k 个关系的选择连接顺序，我们必须填充表中的多少个表项？

习题 5.6.7　对以下连接有多少棵树？a)8 个关系；b)9 个关系。既不是左深树也不是右深树的有多少？

5.7　物理查询计划选择的完成

　　我们已经分析了查询，将它转化为初始的逻辑查询计划，并采用 5.3 节中所描述的转换来提高逻辑查询计划的性能。选择物理查询计划的过程中一部分是我们在 5.5 节中所讨论到的所有选项的枚举和代价估计。5.6 节着眼于枚举问题、代价估计，以及为几个关系的连接排序。经扩展，我们可以利用同样的技术为多个并、交或它们的任意结合/交换运算进行排序。

　　要将逻辑计划变成一个完整的物理查询计划仍需要几个步骤。我们还必须包括的几个原则性论点为：

　　1. 在一些早期步骤例如通过动态规划选择连接顺序中还没有进行算法选择的情况下，对执行查询计划的算法的选择。

　　2. 关于何时中间结果将会被物化（被整个创建并被存储在磁盘上），何时它们将会被流水操作（只在主存中被创建，并且任何时候都不需要被完整地保存）的决定。

　　3. 物理查询计划运算符的注释，它必须包括有关被存储关系的访问方法的细节以及相关代数运算的执行算法的细节。

　　我们不会讨论全部运算符的选择算法。我们只选择性地讨论最重要的两个运算符：在 5.7.1 节中讨论选择以及在 5.7.2 节中讨论连接。然后，我们在 5.7.3 节一直到 5.7.5 节中将考虑流水操作和物化的选择。5.7.6 节将给出物理查询计划的注释。

5.7.1　选取一个选择方法

　　选取一个物理查询计划最重要的步骤之一是为每个选择运算符精选算法。在 4.2.1 节中我们提到 $\sigma_C(R)$ 操作的执行，在这个操作中我们访问完整的关系 R 并且看哪一个元组满足条件 C。然后在 4.6.2 节中我们考虑了 C 是 "属性等于常数" 的形式，并且对那个属性我们有一个索引的概率。如果是这样的话，我们可以找出满足条件 C 的元组，而不必查看 R 的全部。现在，让我们考虑这个问题的广义性，即我们有一个选择条件，它是几个条件的 AND。假定至少有一个条件是 $A\theta c$ 的形式，其中 A 是一个有索引的属性，c 是一个常数，并且是一个比较运算符 = 或 <。

　　每个物理计划使用一些属性，这些属性：

　　a)有一个索引。

　　b)与选择项之一的一个常量相比较。

　　然后我们利用这些索引来识别满足每一个条件的元组集。3.1.7 节和 3.4.3 节讨论了在将元组从磁盘读出之前，我们如何可以利用通过这些索引所得到的指针来找出满足所有条件的元组。

为简便起见，我们将不以这种方式来考虑利用几个索引。我们将讨论限制在以下的算法：

1. 采用在 4.5.1 节中所讨论的索引扫描物理操作，对所有满足(1)中的比较的元组进行检索。

2. 考虑在(1)中所选中的每个元组，看它是否满足剩下的选择条件。执行这一步的物理操作叫做过滤器。

除了这种形式的物理计划，我们还必须考虑没有利用任何索引，但它读取全部关系（采用表扫描物理操作）并且将每个元组传递给过滤器操作来检查选择条件是否满足的计划。

我们通过估计读取每一个可能的选项的数据的代价，从诸多可能的物理计划中决定用哪一个来执行给定的选择。为了比较不同算法的代价，我们不能继续使用经过简化的中间关系大小的代价估计。原因是我们现在正考虑逻辑查询计划的一个单一步骤的执行，并且中间关系与具体执行是相互独立的。

因此，我们将再次计算磁盘 I/O，如我们在第 4 章中讨论算法和它们的代价一样。如前，为简便起见，我们将只计算访问数据块的代价，而不考虑索引块。所需的索引块的数目一般远小于所需的数据块的数目，因此磁盘 I/O 代价的这个近似经常足够准确。

以下是对于不同的计划所估计的代价大小的概要。我们假设操作是 $\sigma_C(R)$，其中条件 C 是一个或多个项的 AND。

1. 表扫描算法与一个过滤器步骤相结合的代价是：

a) 如果 R 被聚集，则为 $B(R)$。

b) 如果 R 没有被聚集，则为 $T(R)$。

2. 选出一个等值选项，例如 $a=10$，存在关于属性 a 的索引，并且利用索引扫描来找出匹配元组，然后将被浏览的元组进行过滤来看它们是否满足全部条件 C，这样的一个算法的代价是：

a) 如果索引是聚集的，为 $B(R)/V(R, a)$。

b) 如果索引不是聚集的，则为 $T(R)/V(R, a)$。

3. 选出一个不等值选项，例如 $b<20$，存在关于属性 b 的索引，并且利用索引 – 扫描来搜索匹配元组，然后将被浏览的元组进行过滤来看它们是否满足全部条件 C，这样的一个计划的代价是：

a) 如果索引是聚集的，则为 $B(R)/3$。⊖

b) 如果索引不是聚集的，则为 $T(R)/3$。

例 5.35　考虑选择 $\sigma_{x=1 \text{ AND } y=2 \text{ AND } z<5}(R)$，其中 $R(x, y, z)$ 有以下的参数：$T(R)=5000$，$B(R)=200$，$V(R, x)=100$，以及 $V(R, y)=500$。另外，假设 R 是聚集的，并且所有 x、y 以及 z 都有索引，只有 z 的索引是聚集的。以下是执行这个选择的选项：

1. 表扫描后进行过滤。其代价为 $B(R)$，或者是 200 次磁盘 I/O，因为 R 是聚集的。

2. 使用 x 的索引以及索引扫描来找出 $x=1$ 的元组，然后利用过滤操作来检测 $y=2$ 以及 $z<5$。由于有大约 $T(R)/V(R, x)=50$ 个元组的 $x=1$，并且索引是不聚集的，我们需要大约 50 次 I/O。

3. 使用 y 的索引以及索引扫描来找出 $y=2$ 的元组，然后对这些元组进行过滤来检测 $x=1$ 以及 $z<5$。使用这个非聚集索引的代价大约为 $T(R)/V(R, y)$，或者是 10 次磁盘 I/O。

4. 使用 z 的索引以及索引扫描来找出 $z<5$ 的元组，然后对这些元组进行过滤来检测 $x=1$ 以及 $y=2$。磁盘 I/O 数大约为 $B(R)/3=67$。

我们看到代价最小的计划是第三种，估计代价为 10 次磁盘 I/O。因此，这个选择的最佳物理计划搜索所有 $y=2$ 的元组，然后为另外两个条件进行过滤。　　□

5.7.2　选取连接方法

在第 4 章中我们看到与各种连接算法相联系的代价。假设我们知道（或者可以估计）执行连

⊖　回想一下，我们假设典型的不等式检索 1/3 的等式，在 5.4.3 节中讨论了原因。

接可用的缓冲区的容量,则我们可以对排序连接使用4.4.9节中的公式,对散列连接使用4.5.7节中的公式,以及对索引连接使用4.6.3节和4.6.4节中的公式。

然而,如果我们不能确定,或者不知道执行这个查询可用的缓冲区的容量(因为我们不知道DBMS同时在做什么其他的事情),或者如果我们没有重要的大小参数,比如 $V(R, a)$ 的估计值,则仍有一些重要的原则使我们可以用来选择一个连接方法。同样的思想适用于其他二元运算,例如并,以及完全关系、一元运算符、γ 和 δ。

- 一个方法是调用一趟连接,希望缓冲区管理器可以为连接分配足够的缓冲区,或者缓冲区管理器可以关闭,所以颠簸不是一个主要的代价。另一个可替代的方法(只用于连接,而不用于其他二元运算符)是选择一个嵌套循环连接,希望如果不能保证为左参数分配足够的缓冲区立刻装入内存,则参数将不会被分解成太多的片,并且结果连接将仍是合理的和有效的。

- 当以下两点中的任意一点成立时排序连接就是一个好的选择:
  a)一个或两个参数已经在它们的连接属性上排序。
  b)对于同样的属性有两个或多个连接,例如

  $$(R(a,b) \bowtie S(a,c)) \bowtie T(a,d)$$

  其中基于 a 对 R 和 S 进行排序将会引起 $R \bowtie S$ 的结果在 a 上被排序,并且在第二个排序连接中被直接使用。

- 如果有一个索引的机会,例如一个连接 $R(a, b) \bowtie S(b, c)$,其中 R 被期望是很小的(也许是基于键的一个选择,它的结果是一个元组),并且有一个连接属性 $S.b$ 上的索引,则我们应该选择一个索引连接。

- 如果没有机会利用已经排序的关系或索引,并且需要多遍连接,则散列连接也许是最佳选择,因为它所需要的扫描次数取决于较小参数的大小而不是两个参数的大小。

5.7.3 流水操作与物化

我们将讨论与物理查询计划有关的最后一个主要的话题,那就是结果的流水操作。执行一个查询计划的原始方法是对运算进行适当的排序(即直到位于一个运算下面的参数已经被执行后它才被执行),并且将每个运算的结果存储在磁盘上直到它被另一个运算所需要。这个策略叫做物化,因为每个中间关系在磁盘上被物化。

执行一个查询计划的一个更巧妙、更有效的方法是一次同时交错进行几个运算。由一个运算产生的元组直接传递给使用它的运算,不需要将中间元组存储在磁盘上。这个方法叫做流水操作,一般由一个迭代器网络(参见4.1.6节)执行,该迭代器网络的方法在适当的时候互相调用。由于它节省了磁盘I/O,流水操作有明显的优点,但是也有相应的缺点。由于任何时候几个运算必须共享内存,就有可能必须选择有更高磁盘I/O需求的算法,或者将会发生颠簸,从而耗费掉由流水操作所节省的所有磁盘I/O,甚至可能更多。

内存中的物化

可以想象在流水操作与物化之间有一个中间方法,在该方法中一个操作的整个结果在被传递给消费操作之前被存储在主存缓冲区(不是磁盘)。我们视操作的这种可能的模式为流水操作,消费操作所做的第一件事情是在内存中对整个关系,或者关系的大部分进行组织。这种行为的一个例子是一个这样的选择,该选择的结果是作为左参数被送给几个连接算法中的一个,包括简单的一趟连接、多趟无序连接或者排序连接。

5.7.4　一元流水运算

一元运算——选择和投影——是流水操作极好的选择物。由于这些运算是一次一个元组，我们从不需要有多个块的输入输出。图 4-5 给出了这种运算模式。

我们可以通过迭代器来执行一个一元流水操作，正如 4.1.6 节中所讨论的。每次需要另一个元组时，流水操作结果的消费者就调用GetNext()。在投影的情况下，只需要对元组源调用 GetNext() 一次，对那个元组进行适当的投影，并将结果返回给消费者。对于选择 σ_C（从技术上是物理操作 Filter (C)），也许需要对源调用 GetNext() 若干次，直到找到一个满足条件 C 的元组。图 5-36 给出了这个过程。

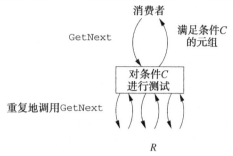

图 5-36　使用迭代器执行一个选择的流水操作

5.7.5　二元运算的流水操作

二元运算的结果也可以进行流水操作。我们使用一个缓冲区将结果传递给消费者，一次一块。然而，计算结果和消费结果所需的其他缓冲区数目是不同的，它们取决于结果的大小以及参数的大小。我们将使用一个扩展的例子来演示折中和机会。

例 5.36　让我们考虑下列表达式的物理查询计划

$$(R(w,x) \bowtie S(x,y)) \bowtie U(y,z)$$

我们假设以下条件成立：

1. R 占据 5000 块；S 和 U 各占用 10 000 块。
2. 对某些 k，中间结果 $R \bowtie S$ 占用 k 块。
3. 将两个连接作为散列连接来执行，或者是一趟连接或者是两趟连接，这取决于 k。
4. 有 101 个可用的缓冲区。这个数目，人为地被设得较低。

图 5-37 是带有关键参数的表达式的一个框架。

首先，考虑连接 $R \bowtie S$。在主存中没有任何关系存在，所以我们需要一个两趟的散列连接。如果较小关系在第一趟 R 被分成最大的可能值 100 块，那么每个 R 的桶占据 50 块。[⊖] 如果 R 的桶中有 50 块，则散列连接 $R \bowtie S$ 的第二趟将使用 51 个缓冲区，其中的 50 个缓冲区用于 $R \bowtie S$ 的结果与 U 的连接。

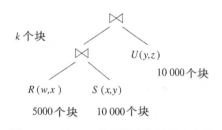

图 5-37　例 5.36 的逻辑查询计划和参数

现在，假设 $k \leqslant 49$；即 $R \bowtie S$ 的结果最多占用 49 块。那么我们可以将 $R \bowtie S$ 的结果流水操作进入 49 个缓冲区，将它们进行组织以便作为一个散列表来查看，并且我们利用一个缓冲区来依次读入 U 的每一块。我们可以将第二趟连接作为一趟连接来执行。磁盘 I/O 的总数为：

a)45 000，执行 R 和 S 的两趟散列连接。

b)10 000，在 $(R \bowtie S)U$ 的一趟散列连接中读入 U。

总的为 55 000 次磁盘 I/O。

现在，假设 $k > 49$，但是 $k \leqslant 5000$。我们仍可以将 $R \bowtie S$ 的结果进行流水操作，但我们需要使

⊖　按照惯例，我们假设元组在装入所有桶时，每个桶都正好装满。

用另一个策略,在这个策略中,该关系与 U 进行一个 50 个桶的两趟散列连接。

1. 在开始 $R \bowtie S$ 之前,我们将 U 装进每个 200 块的 50 个桶。

2. 接下来,我们像前面一样用 51 个桶对 R 和 S 进行一个两趟的散列连接,但是当 $R \bowtie S$ 的每个元组产生时,我们将它放入用于形成 50 桶来将 $R \bowtie S$ 和 U 进行连接的 50 个剩余缓冲区中的一个。当这些缓冲区装满时就写入磁盘,对一个两趟散列连接来说这是很正常的。

3. 最后,我们一桶一桶地将 $R \bowtie S$ 和 U 进行连接。由于 $k \leqslant 5000$,$R \bowtie S$ 的桶的大小最多为 100 块,因此这个连接是可行的。U 的桶的大小为 200 块这不是一个问题,因为在桶的一趟连接中,我们用 $R \bowtie S$ 的桶作为构造用关系,而 U 的桶作为探查用关系。

这个流水操作的连接的磁盘 I/O 数为:

a) 20 000,用于读取 U 并将它的元组写入桶。

b) 45 000,用于执行 $R \bowtie S$ 的两趟散列连接。

c) k 用于写出 $R \bowtie S$ 的桶。

d) $k + 10\,000$ 用于读取最终连接中的 $R \bowtie S$ 和 U 的桶。

全部代价为 $75\,000 + 2k$。注意,当 k 从 49 增长到 50 时有明显的不连续性,因为我们必须将最终连接从一趟改变为两趟。在实际应用中,该代价不会如此剧烈地变化,因为即使没有足够的缓冲区以及发生小的抖动,我们也可以使用一趟连接。

最后,让我们考虑当 $k > 5000$ 时会有什么情况发生。现在,如果 $R \bowtie S$ 的结果被流水操作,则我们不能在所得到的 50 个桶中执行一个两趟连接。我们可以使用一个三趟连接,但是那样的话一个参数的每块需要额外的 2 次磁盘 I/O,或者是 $20\,000 + 2k$ 个更多的磁盘 I/O。如果我们改为不对 $R \bowtie S$ 进行流水操作,则我们可以做得更好。现在,连接计算的要点是这样的:

1. 用一个两趟散列连接计算 $R \bowtie S$,并且将结果存储在磁盘。

2. 将 $R \bowtie S$ 和 U 进行连接,仍然使用一个两趟散列连接。注意由于 $B(U) = 10\,000$,我们可以用 100 个桶执行一个两趟散列连接,而不考虑 k 的值的大小。从技术上说,如果我们决定将 U 作为散列连接的构造用关系的话,那么 U 应该作为其在图 5-37 中的连接的左参数。

这个算计划的磁盘 I/O 数为:

a) 45 000,用于 R 和 S 的两趟连接。

b) k,用于将 $R \bowtie S$ 存储在磁盘上。

c) $30\,000 + 3k$,用于 U 和 $R \bowtie S$ 的两趟散列连接。

全部代价为 $75\,000 + 4k$,它要小于在最后一步进行一个三趟连接时的代价。图 5-38 所示的表总结了这 3 个完整的计划。   □

k 的范围	流水线 或物化	最后的连接 的算法	总的磁盘 I/O
$k \leqslant 49$	流水线	一趟	55 000
$50 \leqslant k \leqslant 5000$	流水线	50 个桶, 两趟	$75\,000 + 2k$
$5000 < k$	物化	100 个桶, 两趟	$75\,000 + 4k$

图 5-38 作为 $R \bowtie S$ 大小的函数的物理计划的代价

5.7.6 物理查询计划的符号

我们已经看到了许多可以用于形成一个物理查询计划的运算符的例子。一般来说,逻辑计划的每个运算符成为物理计划的一个或多个运算符,逻辑计划的叶子成为物理计划的适用于那个关系的一个扫描运算符。另外,当物化结果被其消费者访问时,物化会被一个存储 Store 运算符指示为应用于将要被物化的中间结果，跟随着一个合适的扫描运算符（常为 TableScan，因为中间关系没有索引直到明确地创建一个）。然而，为简便起见，在物理查询计划树中我们将指出一个特定的中间关系被一个与在那个关系和其消费者之间的边交叉的双线进行物化。所有其他边则表示元组的提供者和消费者之间的流水操作。

我们现在把通常出现在物理查询计划中的各种不同的运算符进行分类。不像关系代数，它的符号一般是标准的，对物理查询计划来说，每个 DBMS 将利用其本身的内部符号。

叶子的运算符

作为逻辑查询计划树的叶子操作对象的每个关系 R 将被一个扫描运算符所替代。这些运算符为：

1. TableSan(R)：以任意顺序读入所有存放 R 的元组的块。

2. SortScan(R, L)：按照顺序读入 R 的元组，并以列 L 中的属性进行排列。

3. IndexScan(R, C)：这里 C 是形如 $A\theta c$ 的一个条件，其中 A 是 R 的一个属性，θ 是一个比较运算符例如 = 或者 <，c 是一个常量。可以通过属性 A 上的一个索引来访问 R 的元组。如果比较运算符 θ 不是 =，则索引必须是一个支持范围查询的索引，例如 B - 树。

4. IndexScan(R, A)：这里 A 是 R 的一个属性。关系 R 通过 $R.A$ 上的一个索引被检索。这个运算符看起来像 TableScan，但是如果 R 不是聚集的，该运算符也许会更有效。

选择的物理运算符

当 R 是一个存储关系时，关系 R 的访问方法常常与逻辑运算符 $\sigma_C(R)$ 进行联合或部分联合。其他参数不是存储关系或者没有一个合适的索引的选择，将被相应的称作 Filter 的物理运算符所替代。我们在 5.7.1 节中讨论过对选择运算的实现方法进行选取的策略。用于不同的选择运算实现方法的符号有：

1. 我们可以简单地用运算符 Filter(C) 替代 $\sigma_C(R)$。如果 R 上没有索引，或者没有条件 C 提到的属性上的索引，则该选择是有意义的。如果选择运算的参数 R 实际上是一个被流水操作进入该选择的中间关系，则除了 Filter 以外，不需要其他的运算符。如果 R 是一个存储关系或物化关系，则我们必须使用一个运算符（TableScan 或者 SortScan(L)）来访问 R。如果 $\sigma_C(R)$ 的结果以后将被传递给一个需要其参数被排序的运算符，则我们也许偏向于排序扫描。

2. 如果条件 C 能够被表示为 $A\theta c$ AND D（D 是某个其他条件），并且有一个 $R.A$ 上的索引，则我们可以：

a) 使用运算符 IndexScan(R, $A\theta c$) 来访问 R。

b) 使用 Filter(D) 来替代选择 $\sigma_C(R)$。

物理排序运算符

一个关系的排序可能发生在物理查询计划中任何一点。我们已经介绍了 SortScan(R, L) 运算符，该运算读取一个经过排序的关系 R，并且根据属性 L 的列表对它进行排序。当我们在诸如连接或分组的运算中采用一个基于排序的算法时，有一个我们根据某些属性列表对参数进行排序的初始化过程。一般使用一个显式的物理运算符 Sort(L) 来对没有排序的一个操作对象关系进行排序。如果是由于在原始查询中的 ORDER BY 子句使得结果需要被排序时，则该运算符也可以用于物理查询计划的顶层，从而起到和《数据库系统基础教程（原书第 3 版）》5.2.6 节中的 $\mathscr{T}$ 运算符同样的作用。

其他关系代数运算

所有其他运算被一个适当的物理运算符所替代。这些运算符可以被给予标识的名称用以指明：

1. 被执行的运算，例如，并或分组。

2. 必不可少的参数，例如，θ 连接中条件或分组中的元素列表。

3. 算法的一般策略：基于排序的、基于散列的，或者基于索引的，等等。

4. 关于要用到的遍历数的一个决定：一趟，两趟，多趟(递归，依据手头的数据需要多少趟就做多少趟)。或者，该选择可以保留直到运行时。

5. 操作所需的预期缓冲区数。

例5.37 图5-39所示为例5.36中在 $k > 5000$ 的情况下所生成的物理计划。在这个计划中，我们通过表扫描来访问3个关系中的每一个。我们对第一个连接使用两趟散列连接，对它进行物化，并且对第二个连接使用两趟散列连接。由表示物化的双线符号的暗示，顶部连接的左参数也是通过表扫描获得的，并且使用 Store 运算符来存储第一个连接的结果。

相反，如果 $k <= 49$，则在例5.36中所生成的物理计划如图5-40所示。注意第二个连接使用了不同的趟数、不同数目的缓冲区，并且左参数是被流水化而没有被物化的。

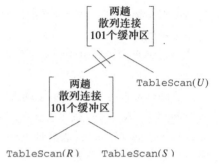

图5-39 例5.36的一个物理计划

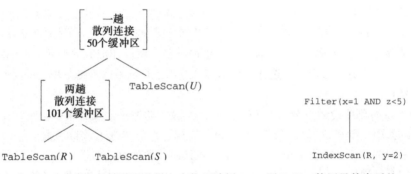

图5-40 在 $R \bowtie S$ 非常小的情况下的另一个物理计划　　图5-41 使用最佳索引的一个选择

例5.38 考虑例5.35中的选择运算，该例中我们决定最佳选择是使用 y 上的索引来寻找 $y = 2$ 的那些元组，然后用其他条件 $x = 1$ 和 $z < 5$ 来检查这些元组。如图5-41所示为物理查询计划。叶子表示 R 将通过 y 上的索引被访问，只找出 $y = 2$ 的元组。过滤器运算符表明我们通过进一步选择找出满足 $x = 1$ 以及 $z < 5$ 的元组来完成选择运算。

5.7.7 物理运算的排序

我们关于物理查询计划的最后一个主题是运算的排序。通常物理查询计划被表示为一棵树，树表示了一些关于运算顺序的东西，因为数据必须沿着树流动。然而，由于浓密树可以有内部结点，它们互相既不是祖先也不是后代，计算内部结点的顺序并不总是清楚的。另外，由于可以使用迭代器来执行流水操作方式的运算，有可能不同结点的执行时间会交叠，结点顺序的概念就没有意义了。

如果以明显的存储和稍晚再检索(store-and-later-retrieve)方式执行物化，并以迭代器执行流水操作，则我们可以建立一个物理计划的每一个运算被执行的固定的事件序列。以下的规则总结了在一个物理查询计划树中所隐含的事件的顺序：

1. 在每一条表示物化的边处将树分解为子树。子树将一次一个地被执行。

2. 以从下到上，从左到右的顺序依次执行各子树。精确地说，执行整棵树的一个前序遍历。

以前序遍历在子树中存在的顺序对子树进行排序。

3. 使用一个迭代器网络来执行每一棵子树的所有结点。因此，在一棵子树中所有结点被同步地执行，在它们的运算符间用 GetNext 调用来决定事件的确切顺序。

根据这个策略，查询优化现在能够为查询生成执行代码，也许是一个函数调用序列。

5.7.8 习题

习题 5.7.1 考虑一个关系 $R(a, b, c, d)$，该关系有一个 a 上的聚簇索引以及每一个其他属性上的非聚簇索引。相关参数为：$B(R) = 500$，$T(R) = 5000$，$V(R, a) = 50$，$V(R, b) = 1000$，$V(R, c) = 5000$，$V(R, d) = 500$。给出最佳查询计划（索引扫描或者表扫描然后进行一个过滤器步骤）以及下列选择运算的每一个的磁盘 I/O 开销：

a) $\sigma_{a=1 \text{ AND } b=2 \text{ AND } c \geq 3}(R)$。

b) $\sigma_{a=1 \text{ AND } b \leq 2 \text{ AND } c \geq 3}(R)$。

c) $\sigma_{a=1 \text{ AND } b=2 \text{ AND } d=3}(R)$。

习题 5.7.2 如果关系 R 的大小不是 5000 块，而是以下数值时，在例 5.36 中关于何时进行流水操作的结论将会如何变化：a) 1000 块；! b) 100 块；! c) 10 000 块。

! 习题 5.7.3 用 $B(R)$、$T(R)$、$V(R, x)$ 和 $V(R, y)$ 来表示以下关于 R 上选择运算的执行代价的如下条件：

a) 通过 x 上的一个非聚簇索引以及使 x 等于一个常量的条件来使用索引扫描，要比通过 y 上的一个聚簇索引以及使 y 等于一个常量的条件来使用索引扫描好。

b) 通过 x 上的一个非聚簇索引以及使 x 等于一个常量的条件来使用索引扫描，要比通过 y 上的一个聚簇索引以及对某个常量 C 使 $y > C$ 的条件来使用索引扫描好。

c) 通过 x 上的一个非聚簇索引及使 x 等于一个常量的条件来使用索引扫描，要比通过 y 上的一个非聚簇索引以及使 y 等于一个常量的条件来使用索引扫描好。

! 习题 5.7.4 假设我们想以给定的顺序计算 $(R(a, b) \bowtie S(a, c)) \bowtie T(a, d)$。我们有 $M = 101$ 的内存缓冲区，并且 $B(R) = B(S) = 2000$。由于连接属性 a 对两个连接来说是相同的，我们决定通过一个两趟排序连接来执行第一个连接 $R \bowtie S$，并且我们将对第二个连接使用合适的趟数，先将 T 分为一些在 a 上排序的子列，再将它们与连接 $R \bowtie S$ 的经过排序和流水操作的元组流进行归并。对于 T 与 $R \bowtie S$ 连接我们应该为 $B(T)$ 选择什么值：

a) 一趟连接；即我们将 T 读入内存，当 $R \bowtie S$ 的元组被生成时将它们与 $R \bowtie S$ 的元组进行比较。

b) 两趟连接；即当我们生成 $R \bowtie S$ 的元组时，我们为 T 创建经过排序的子列并且为每一个排序子列在内存中保留一个缓冲区。

5.8 小结

- **查询的编译**：编译将一个查询变成一个物理查询计划，即一个能够由查询执行引擎执行的运算序列。查询编译的主要步骤是：分析，语义检查，选择较优的逻辑查询计划（代数表达式），以及基于以上步骤生成最佳物理计划。

- **分析器**：处理一个 SQL 查询过程中的第一个步骤是对其进行分析，就像任何编程语言中需要对源代码所做的一样。分析的结果是其结点与 SQL 结构相对应的一棵语法分析树。

- **视图展开**：引用虚视图的查询必须将语法分析树中的引用替换成定义对应视图的表达式的树。这个展开通常可以创造一些优化整个查询的机会。

- **语义检查**：一个预处理器检查语法分析树，检查其属性、关系名以及类型是有意义的，并且解决属性参照的问题。

- **转换为逻辑查询计划**：查询处理器必须将经过语义检查的语法分析树转换为一个代数表

达式。转换为关系代数工作的绝大部分是简单的，但是子查询是一个问题。一个方法是引进一个两参数的选择，将子查询放入选择条件中，然后使用恰当的覆盖常见的特殊情况的转换。

- **代数转换**：使用代数转换规则，有许多方法来将一个逻辑查询计划转换为一个更好的计划。5.2 节罗列了基本的规则。

- **选择一个逻辑查询计划**：查询处理器必须选择最有可能成为一个有效物理计划的查询计划。除了使用代数转换，将可合并且可交换的运算符，尤其是连接运算符，进行分组是有利的，所以物理查询计划可以选择最佳顺序并对这些运算进行分组。

- **估计关系的大小**：当选择最优逻辑计划时，或者当对连接或其他可合并 – 交换运算进行排序时，我们使用中间关系的估计大小，代替我们最终选择的物理计划的真正运行时间。已知的或估计的关系的大小(元组数)和每个关系的每个属性的相异值的数目，两者都帮助我们获得中间关系大小的较好的估计。

- **直方图**：一些系统保持一个给定属性的值的直方图。该信息可以被用来获得中间关系大小的估计，这个估计要好于这里所提到的简单方法。

- **基于代价的优化**：当选择最佳物理计划时，我们必须估计每一个可能计划的代价。使用不同的策略来生成所有或一些执行一个给定逻辑计划的可能的物理计划。

- **计划枚举策略**：在物理计划空间中选择最佳的通用方法包括动态规划（为给定逻辑计划的每一个子表达式的最佳计划列成表格）、Selinger 风格的动态规划（包括作为表的一部分的结果的顺序，为每一个排序的以及未排序的结果给出最佳计划）、贪婪方法（做出一系列局部最优的决定，从已有的物理计划中选择一个）以及分支和边界(branch-and-bound)法（只枚举那些还不能立即知道是否比现有的最佳计划更差的计划）。

- **左深连接树**：当为几个关系的连接选取一个分组和排序时，通常将搜索限制在左深树，即只沿着左侧的边向下延伸，右子女全为叶子的二叉树。这种形式的连接表达式将有利于生成有效的计划，并且还大大限制了需要被考虑的物理计划的数目。

- **选择运算的物理计划**：如果可能的话，一个选择应该被分解成要进行选择运算的关系的索引扫描（通常使用一个被索引的属性等于一个常量的条件），接着进行一个过滤器运算。过滤器检查通过索引扫描搜索到的元组，并且只传递那些满足选择条件的元组，而不是那些基于索引扫描的元组。

- **流水操作与物化**：理想的情况下，每个物理运算符的结果被另一个运算符消费，结果在主存中的两者之间传递（"流水操作"），也许使用一个迭代器来控制数据从一个流向另一个。然而，有时存储（"物化"）一个运算符的结果是有利的，它节约了另一个运算符所需的主存空间。因此，物理计划的生成应该考虑中间关系的流水操作以及物化。

5.9 参考文献

在第 4 章的文献目录的注释中所提到的概况包含与查询编译有关的资料。另外，我们推荐综述[1]，它包含与商业系统的查询优化有关的资料。

文献[4]、[5]和[3]是关于查询优化的 3 篇最早的研究。文献[7]是另一个较早的研究，它把依靠树获得选择的思想与用贪婪算法获得连接顺序的选择结合在一起。文献[2]介绍"Selingr 风格优化"以及描述系统 R 优化，是当今对查询优化费了最大努力的著作之一。

1. G. Graefe (ed.), *Data Engineering* **16**:4 (1993), special issue on query processing in commercial database management systems, IEEE.

2. P. Griffiths-Selinger, M. M. Astrahan, D. D. Chamberlin, R. A. Lorie, and T. G. Price, "Access path selection in a relational database system," *Proc. ACM SIGMOD Intl. Conf. on Management of Data* (1979), pp. 23–34.

3. P. A. V. Hall, "Optimization of a single relational expression in a relational database system," *IBM J. Research and Development* **20**:3 (1976), pp. 244–257.

4. F. P. Palermo, "A database search problem," in: J. T. Tou (ed.) *Information Systems COINS IV*, Plenum, New York, 1974.

5. J. M. Smith and P. Y. Chang, "Optimizing the performance of a relational algebra database interface," *Comm. ACM* **18**:10 (1975), pp. 568–579.

6. E. Wong and K. Youssefi, "Decomposition — a strategy for query processing," *ACM Trans. on Database Systems* **1**:3 (1976), pp. 223–241.

第 6 章　系统故障对策

从这一章开始，我们集中考虑 DBMS 中控制数据访问的那些部分。我们要考虑的主要有两大问题：

1. 当系统故障发生时数据必须受到保护。本章讲述支持可恢复性这一目标的相应技术，可恢复性指系统发生某些故障时数据的完整性。

2. 数据不能仅仅因为几个本身无错的查询或数据库更新同时进行就受到破坏。这一问题在第 7 章和第 8 章讨论。

支持可恢复性的基础技术是日志，日志以一种安全的方式记录数据库变更的历史。我们将讨论三种不同类型的日志，分别称为"undo"、"redo"和"undo/redo"。我们还将讨论恢复，恢复是故障发生后使用日志重建对数据库所做更新的过程。日志和恢复的一个重要方面是要避免需要追溯到很久以前的日志这一情形。因此，我们将要学习称为"检查点"的重要技术，它限制了恢复时必须检查的日志长度。

在最后一节中，我们讨论"备份"，它使得数据库不仅能经受暂时的系统故障，并且能经受整个数据库丢失的情况。在这种情况下，我们必须依赖于数据库的一个近期拷贝(备份)以及所有幸存的日志信息，将数据库恢复到最近某个时刻的状态。

6.1　可恢复操作的问题和模型

我们从可能发生的问题以及 DBMS 针对这些问题能做什么、该做什么着手，讨论如何对付故障。首先我们主要讨论"系统故障"或"崩溃"，日志和恢复机制的设计正是用来修复这几类错误的。在 6.1.4 节我们还将引入缓冲区管理模型，它是对系统错误恢复的所有讨论的基础。下一章我们讨论几个事务并发访问数据库时仍需要这个模型。

6.1.1　故障模式

在数据库被查询和更新时可能发生多种多样的问题。问题的范围从键盘输入错误数据到存储数据库的磁盘所在房间发生爆炸。下面列出最重要的故障模式及 DBMS 对这些故障所能采取的行动。

错误数据输入

有的数据错误是不可能被检测到的。例如，如果某个职员把你的电话号码中的一位输错了，数据仍然看起来可能是你的电话号码。但是，如果职员遗漏了你的电话号码中的一位，数据就显然是错的了，因为它不具有电话号码应有的格式。处理数据输入错误的主要技术就是编写约束和触发器来找出被认为是错误的数据。

介质故障

磁盘的局部故障，即只改变一位或少数几位的故障，通常能通过与磁盘扇区相关联的奇偶校验检测到，正如我们在 2.4.2 节中讨论的那样。磁头损坏，使整个磁盘都不再能被访问，这时通常用下述方法中的一个或两个来处理：

1. 采用 2.4 节讨论的某种 RAID 模式，这样丢失的磁盘就可以被恢复。

2. 维护一个备份，即数据库在诸如磁带或光盘这样的某种介质上的一个拷贝。备份周期性创建，可以是完全的或增量式的，存储在远离数据库自身的某个安全的距离以外。我们将在 6.5 节讨论备份。

3. 我们可以不采用备份，而是联机保存数据库的冗余拷贝，这些拷贝分布在几个结点上。我们将在 9.6 节讨论维护这些拷贝一致性的机制。

灾难性故障

这类故障包括容纳数据库的介质完全毁坏的多种情况，例如数据库所在结点发生爆炸或大火以及恶意破坏。RAID 不会带来任何帮助，因为所有的数据盘及其奇偶校验盘同时失去作用。但是，用于防止介质故障的其他方法(备份和冗余、分布的拷贝)也可以用来防止灾难性故障。

系统故障

查询和修改数据库的进程称为事务。事务和其他任何程序一样执行一系列步骤，通常这些步骤中的一部分将修改数据库。每个事务有一个状态，代表该事务中到目前为止已发生了什么。状态包括所执行事务代码中的当前位置和所有以后将会需要的事务局部变量的值。

系统故障是导致事务状态丢失的问题。典型的系统故障包括掉电和软件错误。由于内存是"易失性的"，正如我们在 2.1.3 节讨论的那样，于是掉电会导致主存中的内容消失，只保存于主存中的任何事务步骤的结果也同时消失了，这和磁盘(非易失性)的情况不同。类似地，一个软件错误可能覆盖主存的一部分内容，也许包括构成程序状态的值。

当主存丢失时，事务状态就丢失了；也就是说，我们不再能确定事务的哪些部分(包括它对数据库的修改)已经进行。重新运行事务不一定能修复问题。例如，如果事务必须将数据库中的某个值加 1，我们并不知道到底是否应该再重复加 1。解决由系统错误所引起问题的基本方法是在分离的、非易失性的日志中记录所有数据库更新，必要时加以恢复。但是，要保证这样的日志记载能以一种不受故障干扰的方式进行，其机制非常复杂，正如我们将在 6.2 节看到的那样。

6.1.2　关于事务的进一步讨论

在《数据库系统基础教程(原书第 3 版)》6.6 节中我们从 SQL 编程者的观点介绍了事务的基本概念。在进入对数据库可恢复性和故障恢复的讨论之前，我们需要更详细地讨论有关事务的基本思想。

事务是数据库操作执行的单位。例如，如果我们正在向一个 SQL 系统提交即席(ad-hoc)的命令，那么每一个查询或数据库更新语句(加上所引起的任何触发器行为)就是一个事务。当我们使用嵌入式 SQL 接口时，事务的范围就由编程者控制，它既可以包括若干查询和更新，又可以包括在宿主语言中进行的操作。在典型的嵌入式 SQL 系统中，一旦对数据库进行的操作开始执行，事务就随之开始，而事务的结束使用显式的 COMMIT 或 ROLLBACK("中止")命令。

正如我们将在 6.1.3 节中讨论的那样，事务必须原子地执行，即全做或全不做，并且在时间上看起来似乎它是在某个时刻一下子就执行完了一样。保证事务正确执行是事务管理器的工作，这一子系统完成的功能包括：

1. 给日志管理器(下面讲述)发信号，使必需的信息能以"日志记录"的形式存储在日志中。
2. 保证并发执行的事务不会以引入错误的方式相互干扰(见 7.1 节"调度")。

事务管理器及其相互作用如图 6-1 所示。事务管理器将关于事务动作的消息传给日志管理器，将关于何时可以或必须将缓冲区拷回磁盘的消息传给缓冲区管理器，并传消息给查询处理器使之能执行查询以及其他构成事务的数据库操作。

日志管理器维护日志。它必须同缓冲区管理器打交道，因为日志的空间最初出现在主存缓冲区中，在一定的时候这些缓冲区必须被拷贝到磁盘上。日志和数据一样占用磁盘上的空间，正如我们在图 6-1 中表示的那样。

最后，我们在图 6-1 中给出了恢复管理器。当发生崩溃时，恢复管理器就被激活。它检查日志并在必要时利用日志恢复数据。和平常一样，对磁盘的访问是通过缓冲区管理器来进行的。

6.1.3　事务的正确执行

在我们讨论如何纠正系统的错误之前，我们必须理解事务"正确"执行意味着什么。我们首先假设数据库由"元素"组成。我们并不打算精确定义什么是"元素"，而只是指出元素具有一个值并且能被事务访问或修改。不同的数据库系统使用不同的元素概念，但它们常常是下述的一个或多个：

1. 关系。
2. 磁盘块或页。
3. 关系中的单个元组或对象。

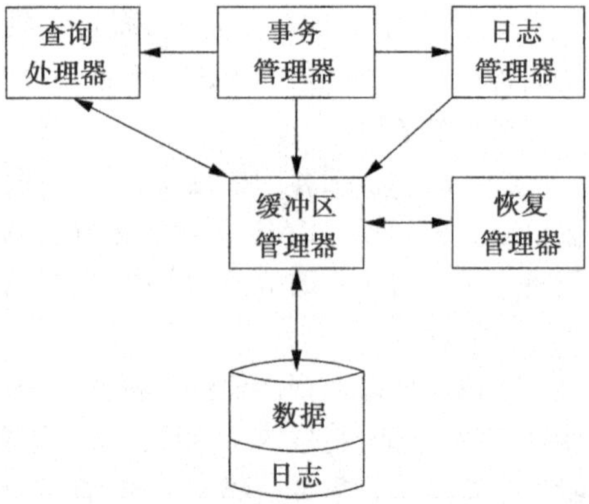

在接下来的例子中，读者可以将数据库元素设想

为元组，在许多例子中甚至可以设想为整数。但是，实践中选择选项 2（磁盘块或页）作为数据库元素有几个很好的理由。这样，缓冲区内容成为单个元素，使我们可以避开一些有关日志和事务的严重问题，这些问题在我们学习不同技术的过程中会不断发现。避免大于磁盘块的数据库元素还可以避开崩溃发生时元素的一部分已被放到非易失性存储中的情况。

数据库具有其状态，即对应于其各个元素的取值。[^1]直觉地，我们认为某些状态是一致的，而另一些是不一致的。一致的状态满足数据库模式的所有约束，例如键约束和值的约束。但是，一致的状态还必须满足数据库设计者心目中的隐式约束。隐式约束可能通过作为数据库模式一部分的触发器来维护，但也可能仅仅通过有关数据库的策略说明或用于进行更新的用户界面的相关警告信息来维护。

关于事务的一个基本假设是：

* **正确性原则**：如果事务在没有其他任何事务和系统错误的情况下执行，并且在它开始执行时数据库处于一致的状态，那么当事务结束时数据库仍然处于一致的状态。

正确性原则的另一种表述方式构成了这一章所讨论的日志技术以及将在第 7 章讨论的并发控制机制的动机。这一表述方式包括两点：

1. 事务是原子的；即事务必须作为整体执行或根本不执行。如果仅有事务的部分被执行，那么很有可能所产生的数据库状态是不一致的。

2. 事务的同时执行可能导致状态的不一致，除非我们设法控制它们之间的相互影响，正如我们将在第 7 章中所做的那样。

图 6-1　日志管理器与事务管理器

正确性原则可信吗？

如果数据库事务可以是在某个终端上提交的即席修改命令，而提交命令的人并不知道数据库设计者心目中隐式的约束，那么所有事务都将数据库从一个一致的状态转换到另一个一致的状态这一假设合理吗？显式的约束由数据库体现，所以任何违背这些约束的事务都会被系统拒绝，因而根本不会改变数据库。而对于隐式的约束，在任何情况下都没人能准确地刻画它们。我们认为正确性原则合理的理由是，如果一个人被赋予修改数据库的权利，那么他也有权决定隐式的约束是什么。

---

[^1]: 我们不能混淆数据库状态与事务状态；后者是事务局部变量的取值，而不是数据库元素的取值。

6.1.4 事务的原语操作

我们现在详细考虑事务如何同数据库交互。有 3 个地址空间，它们在重要的方面相互影响：

1. 保存数据库元素的磁盘块空间。
2. 缓冲区管理器所管理的虚存或主存地址空间。
3. 事务的局部地址空间。

事务要读取数据库元素，该元素首先必须被取到主存的一个或多个缓冲区中，除非它已经在那里了。接下来，缓冲区中的内容可以被事务读到其局部地址空间中。事务为数据库元素写入一个新值的过程与此相反。事务首先在自己的局部空间中创建新值，然后该值被拷贝到适当的缓冲区中。

缓冲区中的内容可能是也可能不是被立即拷贝到磁盘，这一决定通常是缓冲区管理器的任务。正如我们即将看到的那样，保证可恢复性的基本工具之一是强制缓冲区管理器在适当的时候将缓冲区中的块写回磁盘。但是，为了减少磁盘 I/O 次数，数据库系统可以允许并且将会允许更新只存在于易失性的主存储器中，至少在某些时间段中以及适当的条件组合下。

为了研究日志算法和其他事务管理算法的细节，我们需要一种记法来描述所有使数据在地址空间之间移动的操作。我们将使用的原语包括：

1. INPUT(X)：将包含数据库元素 X 的磁盘块拷贝到主存缓冲区。
2. READ(X, t)：将数据库元素 X 拷贝到事务的局部变量 t。更准确地说，如果包含数据库元素 X 的块不在主存缓冲区中，则首先执行 INPUT(X)，接着将 X 的值赋给局部变量 t。
3. WRITE(X, t)：将局部变量 t 的值拷贝到主存缓冲区中的数据库元素 X。更准确地说，如果包含数据库元素 X 的块不在主存缓冲区中，则首先执行 INPUT(X)，接着将 t 的值拷贝到缓冲区中的 X。
4. OUTPUT(X)：将包含 X 的缓冲区中的块拷贝回磁盘。

查询处理中的缓冲区与事务中的缓冲区

如果你已经习惯于有关查询处理的章节中对缓冲区使用的分析，你或许会发现在这里我们的视点有所改变。在第 4 章和第 5 章中我们对缓冲区的兴趣点在于在查询求值中它们用于计算临时关系时。这是缓冲区的一个重要用途，但由于临时值从不需要保存，因此这些缓冲区的值通常不记入日志。但是，包含从数据库中检索出的数据的缓冲区需要保存其中的值，特别是当事务更新这些值时。

只要数据库元素存在于单个磁盘块中（因而也就存在于单个缓冲区中），上述操作就是有意义的。如果一个数据库元素占据多个块，我们就把该元素中每个具有块大小的部分看作一个元素。我们将使用的日志机制保证只有在把写 X 作为原子的时候事务才能完成；即要么 X 的所有块都被写到磁盘上，要么都没有写到磁盘上。因此，我们在对日志进行讨论的整个过程中将假定：

- 数据库元素的大小不超过一个块。

不同的 DBMS 部件发出我们刚才介绍的各种命令。READ 和 WRITE 由事务发出。INPUT 和 OUTPUT 通常由缓冲区管理器发出，尽管在某些情况下 OUTPUT 也能由日志管理器发起，正如我们将看到的那样。

例 6.1 为了明白上述原语操作如何同事务所要做的事情联系起来，我们来看具有两个元素

A 和 *B* 的数据库,这两个元素要满足的约束是在任何一致的状态中它们的值相等。[⊖]

事务 *T* 逻辑上由下述两步构成:

```
A := A*2;
B := B*2;
```

如果 *T* 从一个一致的状态(即 *A* = *B*)开始,在其完成动作的过程中没有其他事务以及系统故障的干扰,那么最终的状态也必然是一致的。也就是说,*T* 将两个相等的元素加倍,得到两个新的、相等的元素。

T 的执行包括从磁盘读 *A* 和 *B*,在 *T* 的局部地址空间中执行算术运算,以及将 *A* 和 *B* 的新值写入其缓冲区中。我们可以将 *T* 表述为 6 个相关步骤的序列:

```
READ(A,t); t := t*2; WRITE(A,t); READ(B,t); t := t*2; WRITE(B,t);
```

此外,缓冲区管理器最终将执行 OUTPUT 步骤,将这些缓冲区写回磁盘。图 6-2 给出了 *T* 的原语步骤,其后跟随着缓冲区管理器的两个 OUTPUT 命令。我们假设最初 *A* = *B* = 8。图中给出了每一步中 *A* 和 *B* 的内存拷贝的值、磁盘拷贝的值以及事务 *T* 地址空间中局部变量 *t* 的值。

动作	*t*	内存中的*A*	内存中的*B*	磁盘中的*A*	磁盘中的*B*
READ(A,t)	8	8		8	8
t := t*2	16	8		8	8
WRITE(A,t)	16	16		8	8
READ(B,t)	8	16	8	8	8
t := t*2	16	16	8	8	8
WRITE(B,t)	16	16	16	8	8
OUTPUT(A)	16	16	16	16	8
OUTPUT(B)	16	16	16	16	16

图 6-2 一个事务的步骤及其对主存和磁盘的影响

第一步,*T* 读 *A*,如果 *A* 的块还不在缓冲区中,这将导致缓冲区管理器产生 INPUT(*A*)命令。READ 命令还将 *A* 的值拷贝到 *T* 的地址空间中的局部变量 *t*。第二步将 *t* 加倍,这一步对 *A* 没有任何影响,不管是缓冲区中还是磁盘上。第三步将 *t* 写到缓冲区的 *A* 中;它不会影响磁盘上的 *A*。接下来的 3 步对 *B* 做同样的事,而最后两步将 *A* 和 *B* 拷贝到磁盘。

不难发现,只要所有这些步骤都执行,数据库的一致性就能得到保持。如果在执行 OUTPUT(*A*)前发生了系统故障,那么磁盘上存储的数据库不会受到任何影响,就仿佛 *T* 从未发生,而一致性得到保持。但是,如果系统故障在 OUTPUT(*A*)之后和 OUTPUT(*B*)之前发生,那么数据库就会处于不一致的状态。我们不能防止这种情况的发生,但我们可以安排当这种情况发生时对问题进行修复——或者 *A* 和 *B* 被重置为 8,或者二者都更新为 16。 □

6.1.5 习题

习题 6.1.1 假设数据库上的一致性约束是 0 ≤ *A* ≤ *B*。判断以下各事务是否保持一致性。

a) B := A+B; A := A+B;

b) A := B+1; B := A+1;

c) A := A+B; B := A+B;

⊖ 读者可能会问为什么我们要自寻烦恼,使用两个不同的元素而且约束它们必须相等,而不是只维护一个元素,这是很有道理的。但是,这个简单的数量约束抓住了很多更加现实的约束的核心,例如,一次航班售出的座位数不能超过飞机上的座位数的 10%,或者银行贷款余额总和必须等于该银行的总债务。

习题 6.1.2 对习题 6.1.1 中的每个事务,在计算中加入读写动作,并给出各步骤对主存和磁盘产生的影响。假设最初 A = 50 且 B = 25。此外,请说明当 OUTPUT 动作顺序恰当时,是否可能即使在事务执行过程中发生了故障,一致性仍能得到保持。

6.2 undo 日志

日志是日志记录构成的文件,每个日志记录记载有关某个事务已做的事的某些情况。如果日志记录出现在非易失性的存储器中,那么在系统崩溃之后,我们就可以使用它们来将数据库恢复到一个一致性状态。我们的第一种日志类型是 undo 日志,它通过撤销事务在系统崩溃前可能还没有完成的影响来修复数据库状态。

另外,在这一节里我们要介绍日志记录的基本思想,包括提交(事务的成功完成)动作及其对数据库状态和日志的影响。我们还将考虑日志自身如何在主存中创建并被"刷新日志"操作拷贝到磁盘上。最后,我们要具体地看一看 undo 日志,懂得从崩溃中恢复时如何利用它。为了避免在恢复时不得不检查整个日志,我们引入"检查点"这一想法,它使得我们可以抛弃日志中旧的部分。

为什么事务可能中止?

读者可能会疑惑为什么事务会中止而不是提交。事实上原因有几个。最简单的是在事务自身的代码中有某些错误情况,例如试图用零做除数。DBMS 也可能由于一个或多个原因需要中止事务。例如,事务可能陷入死锁中,这时该事务和其他的一个或多个事务各自占有其他事务等待的某个资源。于是,系统必须强迫一个或多个事务中止(见 8.2 节)。

6.2.1 日志记录

不妨将日志看作一个按只允许附加的方式打开的文件。当事务执行时,日志管理器负责在日志中记录每个重要的事件。每次日志的一个块被填满日志记录,每个日志记录对应于这些事件中的一个。日志块最初在主存中创建,和 DBMS 所需的其他任何块一样由缓冲区管理器分配。一有可能,日志块就被写到磁盘的非易失性存储中;关于这个问题我们在 6.2.2 节中有进一步的讨论。

这一章我们所讨论的各种日志类型用到的日志记录有几种形式,包括:

1. < START T >:这一记录表示事务 T 已开始。

2. < COMMIT T >:事务 T 已成功完成并且对数据库元素不再会有修改。T 对数据库所做的任何更新都应反映到磁盘上。然而,由于我们不能控制缓冲区管理器何时决定将块从主存拷贝到磁盘,当看到 < COMMIT T > 日志记录时,我们通常不能确定更新已经在磁盘上。如果我们坚持要更新已经在磁盘上,那么这一要求必须由日志管理器来体现(正如 undo 日志的情况那样)。

3. < ABORT T >:事务 T 不能成功完成。如果事务 T 中止,它所做的更新都不能被拷贝到磁盘上,并且事务管理器有责任保证这样的更新决不出现在磁盘上,或者如果已经出现就要消除对磁盘的影响。我们将在 8.1.1 节讨论消除中止事务的影响这一问题。

对 undo 日志而言,我们唯一需要的其他日志记录类型是更新记录,更新记录是一个三元组 < T, X, v >。这一记录的含义是:事务 T 改变了数据库元素 X,而 X 原来的值是 v。更新记录所反映的改变通常发生在主存中而不是磁盘上;即日志记录是对写入内存的 WRITE 动作做出的反应,而不是对写入磁盘 OUTPUT 动作做出的反应。此外还请注意 undo 日志不记录数据库元素的新值,而只记录旧值。正如我们将看到的那样,如果在使用 undo 日志的系统中需要进行恢复时,恢复管理器要做的唯一事情是通过恢复旧值消除事务可能在磁盘上造成的影响。

6.2.2 undo 日志规则

只要事务和缓冲区管理器遵从以下两条规则，undo 日志就能保证从系统故障中恢复。

U_1：如果事务 T 改变了数据库元素 X，那么形如 $<T, X, v>$ 的日志记录必须在 X 的新值写到磁盘之前写到磁盘中。

U_2：如果事务提交，则其 COMMIT 日志记录必须在事务改变的所有数据库元素先写到磁盘之后写到磁盘中，但应尽快。

其他日志方式预览

在"redo 日志"（6.3 节）中，恢复时我们重做所有有 COMMIT 记录的事务并忽略所有其他事务。redo 日志的规则保证我们可以忽略那些 COMMIT 记录尚未写入磁盘上日志中的事务。"undo/redo 日志"（6.4 节）在恢复时撤销所有未提交的事务，重做已提交的事务。同样，关于日志和缓冲区管理的规则保证这些步骤能成功地修复数据库的任何损坏。

简要概括规则 U_1 和 U_2，与一个事务相关的内容必须按如下顺序写到磁盘：

a) 指明所改变数据库元素的日志记录。

b) 改变的数据库元素自身。

c) COMMIT 日志记录。

然而，(a) 和 (b) 的顺序是对各个数据库元素单独适用，而不是对事务的更新记录集合整个适用。

为了强制将日志记录写到磁盘上，日志记录需要一条刷新日志命令来告诉缓冲区管理器将以前没有拷贝到磁盘的日志记录或从上一次拷贝以来已发生修改的日志记录拷贝到磁盘。在动作的序列中，我们将显式地给出 FLUSH LOG。事务管理器还需要以某种方式告诉缓冲区管理器在某个数据库元素上执行 OUTPUT 动作。在事务步骤的序列中我们将继续给出 OUTPUT 动作。

例 6.2 让我们按照 undo 日志来重新考虑例 6.1 中的事务。图 6-3 对图 6-2 进行了扩展，以给出必须和事务 T 的动作一起发生的日志项以及刷新日志动作。注意，我们将"A 在主存缓冲区中的拷贝"简记为 M-A，将"B 在磁盘上的拷贝"简记为 D-B，依此类推。

图 6-3 的第 1 行，事务 T 开始。发生的第一件事是 $<$START $T>$ 记录被写到日志中。第 2 行表示 T 读 A。第 3 行是在本地对 t 做修改，既不影响存储在磁盘上的数据库，也不影响主存缓冲区中数据库的任何部分。第 2 行与第 3 行都不需要日志项，因为它们对数据库没有影响。

第 4 行将 A 的新值写到缓冲区。对 A 的这一修改由日志项 $<T, A, 8>$ 反映，它表示 A 被 T 修改，其改前值为 8。注意，新值 16 在 undo 日志中并没有提到。

第 5 行到第 7 行重复同样的三个步骤，不过是对 B 而非对 A。这时，T 已经完成并且必须提交。修改后的 A 和 B 必须转到磁盘上，但为了遵从 undo 日志的两条规则，一系列固定的事件必须发生。

首先，A 和 B 只有在关于修改的日志记录先写到磁盘上后才能被拷贝到磁盘。因此，在第 8 步日志被刷新，以保证这些记录出现在磁盘上。接着，第 9 步和第 10 步将 A 和 B 拷贝到磁盘。事务管理器为了提交 T，需要请求缓冲区管理器执行这些步骤。

现在可以提交 T 了，于是 $<$COMMIT $T>$ 记录被写到日志中，这就是第 11 步。最后在第 12 步，我们必须再次刷新日志，以保证 $<$COMMIT $T>$ 记录出现在磁盘上。注意，如果这一记录没有写到磁盘上，我们就可能遇到这样的情况，即事务已经提交，但在很长一段时间内查看日志我们都看不出它已经提交。这种情况可能在崩溃发生时带来一些奇怪的行为，因为正如我们将在6.2.3节看到的那样，一个在用户看来早已完成的事务这时将被撤销因而在效果上等同于被中止。 □

步骤	动作	t	M-A	M-B	D-A	D-B	日志
1)							$<$START $T>$
2)	READ(A,t)	8	8		8	8	
3)	t := t*2	16	8		8	8	
4)	WRITE(A,t)	16	16		8	8	$<T,A,8>$
5)	READ(B,t)	8	16	8	8	8	
6)	t := t*2	16	16	8	8	8	
7)	WRITE(B,t)	16	16	16	8	8	$<T,B,8>$
8)	FLUSH LOG						
9)	OUTPUT(A)	16	16	16	16	8	
10)	OUTPUT(B)	16	16	16	16	16	
11)							$<$COMMIT $T>$
12)	FLUSH LOG						

图6-3 动作及其日志项

影响日志和缓冲区的后台活动

当我们看到图6-3中那样的一系列动作和日志项，很容易将这些动作看作是孤立发生的。然而，DBMS 可能同时处理多个事务。因此，日志中事务 T 的四条日志记录可能和其他事务的记录相互交错。此外，如果这些事务中的一个刷新日志，那么 T 的日志记录出现在磁盘上可能比图6-3中刷新日志记录所示的要早。反映数据库改变的日志记录比所需更早地出现并没有坏处。对于 undo 日志来说最本质的方针是，我们必须等到 T 的 OUTPUT 动作完成后才写 $<$ COMMIT $T>$ 记录。

如果 A 和 B 共用一个块，情况会更棘手。这时，将它们中的一个写到磁盘也就将另一个写到磁盘。最坏的情况下，我们可能由于将其中的一个元素过早地写到磁盘而违反规则 U_1。为了能让 undo 日志发挥作用，我们可能有必要在事务上采用一些附加的约束。例如，我们可以将磁盘块作为数据库元素，使用封锁机制，像7.3节描述的那样，以防止两个事务同时访问同一块。数据库元素是块的部分时出现的这一问题以及其他问题促使我们建议以块作为数据库元素。

6.2.3 使用 undo 日志的恢复

现在假设系统故障发生了。有可能给定事务的某些数据库更新已经写到磁盘上，而同一事务的另一些更新尚未到达磁盘。如果这样，事务的执行就不是原子的，数据库状态就可能不一致。恢复管理器必须使用日志来将数据库恢复到某个一致的状态。

这一节我们只考虑恢复管理器最简单的形式，这样的恢复管理器不管日志有多长，都要查看整个日志，作为检查的结果它还会对数据库做一些改变。在6.2.4节我们考虑一种更合乎情理的方式，其中日志上定期做"检查点"，以限制恢复管理器必须回溯的历史长度。

恢复管理器的第一个任务是将事务划分为已提交事务和未提交事务。如果有日志记录 $<$ COMMIT $T>$，那么根据 undo 规则 U_2，事务 T 所做的全部改变在此之前已写到磁盘上。因此当系统故障发生时，T 自身不可能使数据库处于不一致的状态。

然而，假设我们在日志上发现了 $<$ START $T>$ 记录，但未发现 $<$ COMMIT $T>$ 记录，那么有可能在崩溃前 T 对数据库所做的某些修改已经写到磁盘上，而 T 的另一些修改在主存缓冲区中都还没有进行，或者在缓冲区中进行了但还未拷贝到磁盘上。在这种情况下，T 是一个未完成的事务因而必须被撤销。也就是说，T 所做的任何改变都必须重置为其原有的值。幸运的是，规则 U_1 保证如果 T 在崩溃前改变了磁盘上的 X，那么日志中会有 $<T, X, v>$ 记录，并且该记录在崩溃发生前已被拷贝到磁盘。因此，恢复时我们必须为数据库元素 X 写入值 v。注意，这一规则避开了 X 在数据库中值是否为 v 的问题；我们甚至不必检查。

由于日志中可能有多个未提交的事务，并且甚至可能有多个未提交的事务修改了 X，所以我们在恢复值的顺序上必须是有计划的。恢复管理器必须从尾部开始扫描日志（即从最近写的记录到最早写的记录）。在扫描过程中，恢复管理器记住所有有 $<COMMIT\ T>$ 或 $<ABORT\ T>$ 记录的事务 T。同时在其向后扫描过程中，如果它看见记录 $<T, X, v>$，则

1. 如果 T 的 COMMIT 记录已被扫描到，则什么也不做。T 已经提交因而不需要撤销。

2. 否则，T 是一个未完成的事务或一个中止的事务。恢复管理器必须将数据库中 X 的值改为 v，以防万一恰好在系统崩溃前 X 已经被修改了。

在做了这些改变后，恢复管理器必须为以前未中止的且未完成的每个事务 T 写入一个日志记录 $<ABORT\ T>$，然后刷新日志。现在，数据库的可以恢复正常操作，新的事务可以开始执行。

例 6.3 让我们考虑图 6-3 与例 6.2 中的动作序列。系统可能是在几个不同的时间发生崩溃的；让我们来考虑每一个有明显差别的时间。

1. 崩溃在第 12 步后发生。$<COMMIT\ T>$ 记录在崩溃前已到达磁盘。当进行恢复时，我们不撤销 T 的结果，所有与 T 相关的日志记录被恢复管理器忽略。

2. 崩溃发生在第 11 步和第 12 步之间。包含 COMMIT 的日志记录可能已被刷新到磁盘；例如，缓冲区管理器可能需要把包含日志结尾的缓冲区提供给另一事务，或者另外的某个事务已请求刷新日志。如果这样，那么就 T 而言其恢复和情况 1 一样。但是，如果 COMMIT 记录尚未到达磁盘，那么恢复管理器认为 T 未完成。当它向后扫描日志时，首先遇到记录 $<T, B, 8>$。于是它将 B 在磁盘上的值存为 8。接着它遇到记录 $<T, A, 8>$，并将 A 在磁盘上的值置为 8。最后，记录 $<ABORT\ T>$ 被写到日志中且日志被刷新。

3. 崩溃发生在第 10 步和第 11 步之间。现在，COMMIT 记录肯定没有写入，因此 T 未完成并且会像情况 2 中那样撤销。

4. 崩溃发生在第 8 步和第 10 步之间。于是 T 也被撤销。在这种情况下，A 和/或 B 的更新可能尚未到达磁盘。不管怎样，这些数据库元素中的每一个都被存为正确的值 8。

5. 崩溃发生在第 8 步以前。现在，关于 T 的日志记录是否已到达磁盘上并不确定。然而，根据规则 U_1 我们知道，如果对 A 和/或 B 所做更新已到达磁盘，则相应的日志记录也已到达磁盘。因而如果 T 在磁盘上改变了 A 和/或 B，那么相应的日志记录将使恢复管理器撤销这些改变。   □

恢复过程中的崩溃

假设当我们从上一次崩溃中恢复时系统又一次崩溃。由于 undo 日志记录的设计方式，所给的是旧值而不是数据库元素值的改变，因此恢复步骤是幂等的（idempotent），即将它们重复多次与执行一次效果完全相同。我们已经注意到，如果我们发现记录 $<T, X, v>$，X 的值是否已经为 v 是无关紧要的——不管怎样我们都可以为 X 写入 v。类似地，如果我们重复恢复的过程，那么第一个恢复的企图是否已恢复某些旧值也是无关紧要的；我们只需再次恢复它们。同样的推理对本章讨论的其他日志方式也成立。由于恢复操作是幂等的，我们再次进行恢复时不必考虑前一次恢复所做的更改。

6.2.4　检查点

正如我们看到的那样，恢复原则上需要检查整个日志。当采用 undo 类型的日志时，一旦事务的 COMMIT 日志记录被写到磁盘上，该事务的日志记录在恢复时就不再需要。我们可以设想在 COMMIT 前删除日志，但有时却不能。原因在于，常常是很多事务同时在执行。如果我们在一个事务提交后将日志截断，关于另外的某个活跃事务 T 的日志记录就可能丢失，从而不能在需要进行恢复时用来撤销 T。

解决潜在的问题最简单的方法是周期性地对日志做检查点。在一个简单的检查点中，我们可以：

1. 停止接收新的事务。
2. 等到所有当前活跃的事务提交或中止并且在日志中写入了 COMMIT 或 ABORT 记录。
3. 将日志刷新到磁盘。
4. 写入日志记录 <CKPT>，并再次刷新日志。
5. 重新开始接收事务。

所有在检查点前执行的事务将已经完成，并且根据规则 U_2 其更新将已经到达磁盘。因此，恢复时这些事务中的任何一个都不需要撤销。在恢复中，我们从日志尾部开始向后扫描，确定未完成的事务，就像 6.2.3 节中那样。然而，当我们看到 <CKPT> 记录时，我们知道我们已经看到了所有未完成的事务。由于只有在检查点结束后事务才能开始，我们必然已经看到了关于未完成事务的所有日志记录。因此，没有必要扫描 <CKPT> 以前的部分，并且事实上将该点以前的日志删除或覆盖是安全的。

例 6.4　假设日志这样开始：

```
<START T₁>
<T₁, A, 5>
<START T₂>
<T₂, B, 10>
```

这时，我们决定做一个检查点。由于 T_1 和 T_2 是活跃的(未完成的)事务，我们将不得不等到它们完成后才能在日志中写入 <CKPT> 记录。

日志后续部分一种可能的情况如图 6-4 所示。假设这时发生崩溃。从尾部开始扫描日志，我们确定 T_3 是唯一的未完成事务，并且分别将 E 和 F 恢复到其改前值 25 和 30。当我们到达 <CKPT> 记录时，我们知道没有必要再检查以前的日志记录，并且数据库状态的恢复已经完成。　　□

```
<START T₁>
<T₁, A, 5>
<START T₂>
<T₂, B, 10>
<T₂, C, 15>
<T₁, D, 20>
<COMMIT T₁>
<COMMIT T₂>
<CKPT>
<START T₃>
<T₃, E, 25>
<T₃, F, 30>
```

图 6-4　一个 undo 日志

6.2.5　非静止检查点

6.2.4 节所述检查点技术的一个问题是，效果上相当于我们在进行检查点时必须关闭系统。由于活跃事务可能需要很长时间来提交或中止，在用户看来系统似乎停止了。因此，一种称为非静止检查点的更复杂的技术通常更受欢迎，它在系统进行检查点时允许新事务进入。非静止检查点的步骤包括：

1. 写入日志记录 <START CKPT(T_1, …, T_k)> 并刷新日志。其中 T_1, …, T_k 是所有活跃事务(即尚未提交和将其修改写到磁盘的事务)的名字或标识符。
2. 等待 T_1, …, T_k 中的所有事务提交或中止，但允许其他事务开始。
3. 当 T_1, …, T_k 都已完成时，写入日志记录 <END CKPT> 并刷新日志。

> **最后一条日志记录的发现**
>
> 　　通常我们会回收磁盘上日志文件中的块，因为检查点允许我们扔掉日志中陈旧的部分。但是，如果我们覆盖旧的日志记录，那么我们需要为每条记录保存一个只增不减的序列号，如下所示：

1 9	2 10	3 11	4	5	6	7	8

> 　　于是，我们可以找到序列号比下一记录大的那条记录；二者中靠后的记录将是日志当前的结尾，而通过将当前记录按照它们现在的序列号排序，整个日志就可以被找到。
>
> 　　实践中，一个大的日志可能由多个文件构成，其中有一个"顶层"文件，该文件的记录指明构成日志的文件。那么在恢复时，我们找到顶层文件的最后一条记录，来到它所表明的文件，并在那里找到最后一条记录。

　　采用这种类型的日志，我们可以按照如下所述从系统故障中恢复。和通常一样，我们从尾部开始扫描日志，在进行过程中找到所有未完成的事务，并将这些事务所改变的数据库元素恢复为其旧值。根据在向后扫描时我们先遇到 $<$ END CKPT $>$ 记录还是 $<$ START CKPT$(T_1, \cdots, T_k)>$ 记录，有两种情况。

- 如果我们先遇到 $<$ END CKPT $>$ 记录，那么我们知道所有未完成事务在前一 $<$ START CKPT$(T_1, \cdots, T_k)>$ 记录后开始。因此我们可以向后扫描直到下一个 START CKPT 记录，然后就停止；以前的日志没有用处，因而也是可以抛弃的。

- 如果我们先遇到 $<$ START CKPT$(T_1, \cdots, T_k)>$ 记录，那么崩溃发生在检查点过程中。但是，未完成的事务只有在向后扫描过程中到达 START CKPT 前遇到的那些以及 $T_1, \cdots, T_k$ 中在发生崩溃前还没有完成的那些。因此，我们扫描到这些未完成事务中最早的那个事务的开始就不必再继续向后扫描。前一个 START CKPT 记录当然比这些事务的开始都早，但通常我们发现这些未完成事务的开始比到达上一检查点要早得多。[⊖] 此外，如果我们用指针将属于同一事务的日志记录链在一起，那么我们不需要搜索整个日志来找到属于活跃事务的记录；我们只需要沿着它们的链向后查看日志。

　　一个通常的规律是，一旦 $<$ END CKPT $>$ 记录写到了磁盘，我们就可以将上一个 START CKPT 记录前的日志删除。

　　例 6.5　假设和例 6.4 中一样，日志开始是：

$<$ START $T_1>$
$<T_1, A, 5>$
$<$ START $T_2>$
$<T_2, B, 10>$

　　现在，我们决定做一个非静止检查点。由于 T_1 和 T_2 在这时是活跃的(未完成的)事务，我们写入日志记录

$<$ START CKPT $(T_1, T_2)>$

　　假设在等待 T_1 和 T_2 完成时，另一个事务 T_3 开始了。日志后续部分一种可能的情况如图 6-5 所示。

⊖　但请注意，由于检查点是非静止的，未完成事务中可能有事务在上一检查点开始和结束之间开始。

假设这时发生了系统崩溃。从尾部开始检查日志，我们发现 T_3 是未完成的事务因而必须被撤销。最后一条日志记录告诉我们将数据库元素 F 恢复为值 30。当我们发现 < END CKPT > 记录，我们知道所有未完成事务在前一个 START CKPT 后开始。进一步向后扫描，我们发现记录 $<T_3, E, 25>$，它告诉我们将 E 恢复为值 25。在该记录与 START CKPT 之间没有其他已开始但尚未提交的事务，所以对数据库不再做进一步的改变。

```
<START T₁>
<T₁, A, 5>
<START T₂>
<T₂, B, 10>
<START CKPT (T₁, T₂)>
<T₂, C, 15>
<START T₃>
<T₁, D, 20>
<COMMIT T₁>
<T₃, E, 25>
<COMMIT T₂>
<END CKPT>
<T₃, F, 30>
```

```
<START T₁>
<T₁, A, 5>
<START T₂>
<T₂, B, 10>
<START CKPT (T₁, T₂)>
<T₂, C, 15>
<START T₃>
<T₁, D, 20>
<COMMIT T₁>
<T₃, E, 25>
```

图 6-5　一个使用非静止检查点的 undo 日志　　图 6-6　检查点过程中发生系统崩溃时的 undo 日志

现在假设崩溃发生在检查点过程中，崩溃后日志的结尾如图 6-6 所示。向后扫描，我们先确定 T_3 然后又确定 T_2 是未完成事务并撤销它们所做的修改。当我们发现 < START CKPT (T_1, T_2) > 记录时，我们知道其他可能未完成的事务只有 T_1。但是，我们已经扫描到了 < COMMIT T_1 > 记录，所以我们知道 T_1 不是未完成的。我们也已经看到了 < START T_3 > 记录。因此，我们只需要继续向后扫描到遇到 T_2 的 START 记录，并在此过程中将数据库元素 B 恢复为值 10。　　□

6.2.6　习题

习题 6.2.1　对每一个表示事务 T 动作的日志记录系列，说明所有合乎 undo 日志规则的事件系列，其中我们关心的事件是将包含数据库元素的块以及包含更新和提交记录的日志块写到磁盘。你可以假定日志记录按所示顺序写磁盘，即不可能在前一记录还没有写到磁盘时将下一记录写到磁盘。

a) <START T>; <T, A, 10>; <T, B, 20>; <COMMIT T>。

b) <START T>; <T, A, 10>; <T, B, 20>; <T, C, 30><COMMIT T>。

！习题 6.2.2　习题 6.2.1 引入的模式可以扩展到事务为 n 个数据库元素写入新值的情况。如果遵从 undo 日志规则，这样的一个事务有多少合法的事件系列？

习题 6.2.3　下面是两个事务 T 和 U 的一系列日志记录：<START U>; <T, A, 10>; <START T>; <T, B, 20>; <U, C, 30>; <T, D, 40>; <COMMIT T>; <U, E, 50>; <COMMIT U>。请描述恢复管理器的行为，包括对磁盘和日志所做的改变，假设故障发生且出现在磁盘上的最后一条日志记录为：

a) <START T>　　　b) <COMMIT T>　　　c) <U, E, 50>　　　d) <COMMIT U>

习题 6.2.4　对于习题 6.2.3 描述的每种情况，T 和 U 所写的哪些值必然出现在磁盘上？哪些值可能出现在磁盘上？

！习题 6.2.5　假设改变习题 6.2.3 中的事务 U，使 <U, D, 40> 记录变为 <U, A, 40> 记录。如果在事件系列中的某个时刻发生故障，对 A 在磁盘上的值有什么影响？这个例子对 undo 日志自身在保持事务原子性能力方面说明了什么？

习题 6.2.6　给出习题 6.1.1 中各个事务（将每一个都称为 T）的 undo 日志，假设最初 $A = 50$ 且 $B = 25$。

习题 6.2.7　考虑如下日志记录序列：<START S>; <S, A, 60>; <COMMIT S>; <START T>; <T, A, 10>; <START U>; <U, B, 20>; <T, C, 30>; <START V>; <U, D, 40>; <V, F, 70>;

< COMMIT U > ; < T, E, 50 > ; < COMMIT T > ; < V, B, 80 > ; < COMMIT V > 。假设我们在如下日志记录中的某一条写入(主存)后立即开始一个非静止检查点:

a) < S, A, 60 >

b) < T, A, 10 >

c) < U, B, 20 >

d) < U, D, 40 >

e) < T, E, 50 >

对其中的每一个,说明:

i. 何时写入 < END CKPT > 记录。

ii. 对于每一个可能发生故障的时刻,为了找到所有可能未完成的事务,我们需要在日志中回溯多远。

6.3 redo 日志

undo 日志有一个潜在的问题,即我们在将事务改变的所有数据写到磁盘前不能提交该事务。有时,如果让数据库修改暂时只存在于主存中,我们可以节省磁盘 I/O;只要在崩溃发生时有日志可以用来修复,这样做是安全的。

如果我们使用一种称为 redo 日志的日志机制,立即将数据库元素备份到磁盘的需要就可以被避免。redo 日志和 undo 日志的主要区别是:

1. undo 日志在恢复时消除未完成事务的影响并忽略已提交事务,而 redo 日志忽略未完成的事务并重复已提交事务所做的改变。

2. undo 日志要求我们在 COMMIT 日志记录到达磁盘前将修改后的数据库元素写到磁盘,而 redo 日志要求 COMMIT 记录在任何修改后的值到达磁盘前出现在磁盘上。

3. 当遵循 undo 规则 U_1 和 U_2 时,在恢复时我们需要的是发生改变的数据库元素的旧值,而使用 redo 日志恢复时,我们需要的是新值。

6.3.1 redo 日志规则

在 redo 日志中,日志记录 < T, X, v > 的含义是"事务 T 为数据库元素 X 写入新值 v"。在这个记录中没有指出 X 的旧值。每当一个事务 T 修改一个数据库元素 X 时,必须往日志中写入一条形如 < T, X, v > 的记录。

对于 redo 日志,数据和日志项到达磁盘的顺序可以用一条"redo 规则"描述,这条规则称为先写日志规则。

R_1:在修改磁盘上的任何数据库元素 X 以前,要保证与 X 的这一修改相关的所有的日志记录,包括更新记录 < T, X, v > 及 < COMMIT T > 记录,都必须出现在磁盘上。

事务的 COMMIT 记录只有在事务完成后才能写入日志,因而提交记录必然在所有更新日志记录后,所以当使用 redo 日志时,与一个事务相关的材料写到磁盘的顺序为:

1. 指出被修改元素的日志记录。

2. COMMIT 日志记录。

3. 改变的数据库元素自身。

例 6.6 让我们考虑与例 6.2 中相同的事务 T。图 6-7 给出了该事务一个可能的事件系列。

图 6-7 与图 6-3 的主要区别如下。首先,我们注意到在图 6-7 的第 4 行和第 7 行,反映修改的日志记录具有 A 和 B 的新值,而不是旧值。其次,我们看到 < COMMIT T > 记录出现较早,在第 8 步。然后日志被刷新,因此所有与事务 T 的更新相关的日志记录出现在磁盘上。只有等到这时 A 和 B 的新值才能写到磁盘。我们紧接着在第 10 和 11 步就写出了这些值,而实际中它们的发生可能比这要晚。□

步骤	动作	t	M-A	M-B	D-A	D-B	日志
1)							$<\text{START } T>$
2)	READ(A,t)	8	8		8	8	
3)	t := t*2	16	8		8	8	
4)	WRITE(A,t)	16	16		8	8	$<T, A, 16>$
5)	READ(B,t)	8	16	8	8	8	
6)	t := t*2	16	16	8	8	8	
7)	WRITE(B,t)	16	16	16	8	8	$<T, B, 16>$
8)							$<\text{COMMIT } T>$
9)	FLUSH LOG						
10)	OUTPUT(A)	16	16	16	16	8	
11)	OUTPUT(B)	16	16	16	16	16	

图 6-7　动作及其在使用 redo 日志时的日志项

6.3.2　使用 redo 日志的恢复

redo 规则 R_1 的一个重要的推论是，只要日志中没有 < COMMIT T > 记录，我们就知道事务 T 对数据库所做的更新都没有写到磁盘上。因此，恢复时对未完成事务的处理就可以像它们从未发生过似的。然而，已提交的事务存在问题，因为我们不知道它们的哪些数据库改变已经写到磁盘。幸运的是，redo 日志正好有我们需要的信息：新值。我们可以将新值写到磁盘而不管它们是否已经在磁盘上。在系统崩溃后要使用 redo 日志恢复，我们需要做以下事情：

1. 确定已提交的事务。

2. 从首部开始扫描日志。对遇到的每一 < T, X, v > 记录：

a) 如果 T 是未提交的事务，则什么也不做。

b) 如果 T 是提交的事务，则为数据库元素 X 写入值 v。

3. 对每个未完成的事务 T，在日志中写入一个 < ABORT T > 记录并刷新日志。

例 6.7　让我们考虑图 6-7 中的日志，看一看在动作序列的不同步骤之后发生故障时恢复如何进行。

1. 如果故障发生在第 9 步后的任何时候，那么 < COMMIT T > 记录已被刷新到磁盘。恢复系统认定 T 是一个提交的事务。当向前扫描日志时，日志记录 < T, A, 16 > 和 < T, B, 16 > 使恢复管理器为 A 和 B 写入值 16。请注意，如果故障发生在第 10 和第 11 步之间，那么写 A 是多余的，而写 B 还未发生，因而将 B 改变为 16 是恢复数据库的一致状态所必需的。如果故障发生在第 11 步以后，那么写 A 和写 B 都是多余的但也是无害的。

2. 如果故障发生在第 8 和第 9 步之间，那么尽管 < COMMIT T > 记录写入了日志，但可能还没有到达磁盘(依赖于日志是否因其他某种原因而刷新)。如果该记录已到达磁盘，则恢复如情况 1 那样进行，而如果该记录没能到达磁盘，那么恢复和下面的情况 3 一样。

3. 如果故障发生在第 8 步以前，那么 < COMMIT T > 记录肯定没有到达磁盘。因此，T 被看作一个未完成的事务。磁盘上的 A 和 B 不为 T 做任何改变，而最后一条 < ABORT T > 记录被写到日志中。　　　　　　　　　　　　　　　　　　　　　　　　　　□

6.3.3　redo 日志的检查点

对于 redo 日志的检查点，这儿有一个 undo 日志中所没有的问题。由于已提交事务所做的数据库修改拷贝到磁盘的时间可能比事务提交的时间晚得多，因此我们不能仅仅考虑在我们决定创建检查点时活跃的事务。不管检查点是静止的还是非静止的，在检查点的开始和结束之间我们必须将已被提交事务修改的所有数据库元素写到磁盘。要做到这样，需要缓冲区管理器明了哪些缓冲区是脏的，即它们已经被修改但还没有写到磁盘。还需要知道哪些事务修改了哪些缓冲区。

另一方面，我们不需要等待活跃事务提交或中止就能完成检查点，因为它们无论如何都不被允许在那个时候将它们的页写到磁盘。进行 redo 日志的非静止检查点步骤如下：

1. 写入日志记录 $<$ START CKPT$(T_1, \cdots, T_k)>$ ，其中 $T_1, \cdots, T_k$ 是所有活跃（即未提交的）事务，并刷新日志。

2. 将 START CKPT 记录写入日志时所有已提交事务已经写到缓冲区但还没有写到磁盘的数据库元素写到磁盘。

3. 写入日志记录 $<$ END CKPT$>$ 并刷新日志。

例 6.8　图 6-8 给出了一个可能的 redo 日志，其中发生了一个检查点。当我们开始检查点时，只有 T_2 是活跃的，但 T_1 所写的 A 值可能已经到达磁盘。如果没有，那么我们必须在检查点结束前将 A 拷贝到磁盘。我们表明检查点的结束在几个其他的事件后发生：T_2 为数据库元素 C 写入一个值，一个新事务 T_3 开始并为 D 写入一个值。在检查点结束后发生的唯一的事情是 T_2 和 T_3 提交。□

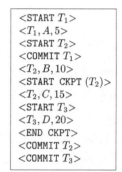

```
<START T_1>
<T_1, A, 5>
<START T_2>
<COMMIT T_1>
<T_2, B, 10>
<START CKPT (T_2)>
<T_2, C, 15>
<START T_3>
<T_3, D, 20>
<END CKPT>
<COMMIT T_2>
<COMMIT T_3>
```

图 6-8　一个 redo 日志

6.3.4　使用带检查点 redo 日志的恢复

正如 undo 日志那样，插入表明检查点开始和结束的记录可以帮助我们缩小在需要恢复时检查日志的范围。根据最后一个检查点记录是 START 还是 END，有两种不同的情况，这也和 undo 日志一样。

首先假设在崩溃发生前日志中的最后一条检查点记录是 $<$ END CKPT$>$ 。现在，我们知道在对应的 $<$ START CKPT $(T_1, \cdots, T_n)>$ 前提交的事务已经将其修改写到了磁盘，因此我们不必关心如何恢复这些事务的影响。但是，T_i 中的任一事务或检查点开始后启动的任一事务即使已经提交，都仍可能未将其所做修改转到磁盘上。因此，我们必须像 6.3.2 节描述的那样进行恢复，但可以只关心最后一个 START CKPT$(T_1, \cdots, T_k)$ 中提到的事务 T_i 与该日志记录在日志中出现后开始的事务。在搜索日志时，我们在找到最早的 $<$ START $T_i>$ 记录后就不必继续向后看。但请注意，这些 START 记录可能出现在任意多个检查点前。将一个事务的所有日志记录向后链接在一起可以帮助我们找到所需记录，正如 undo 日志中那样。

现在，假设日志中的最后一条检查点记录是

$<$ START CKPT $(T_1, \ldots, T_k)>$

我们不能确定在此检查点开始前提交的事务是否已经将其修改写到磁盘上。因此，我们必须搜索到前一 $<$ END CKPT$>$ 记录，找到与之匹配的 $<$ START CKPT$(S_1, \cdots, S_m)>$ 记录，⊖并重做这些已经提交的事务，这些事务要么在 START CKPT 后开始要么在 S_i 中。

例 6.9　重新考虑图 6-8 中的日志。如果故障在尾部发生，我们向后搜索，找到 $<$ END CKPT$>$ 记录。我们只需知道将所有在写记录 $<$ START CKPT $(T_2)>$ 后开始的事务以及出现在该记录的列表中的事务（即 T_2）作为重做的候选者。因此，我们的候选集合是 $\{T_2, T_3\}$ 。我们找到了记录 $<$ COMMIT $T_2>$ 和 $<$ COMMIT $T_3>$ ，于是我们知道它们都必须重做。我们向后搜索日志直到 $<$ START $T_2>$ 记录，为提交的事务找到更新记录 $<T_2, B, 10>$ ，$<T_2, C, 15>$ 和 $<T_3, D, 20>$ 。由于我们不知道这些改变是否已到达磁盘，我们分别为 B、C 和 D 重新写入值 10、15

⊖　一个小的技术细节是，由于上次的故障，有的 START CKPT 记录可能没有匹配的 $<$ END CKPT$>$ 。这就是我们为什么不能只找前一 START CKPT 记录，而要先找 $<$ END CKPT$>$ 然后找前一 START CKPT 的原因。

和 20。

现在，假设崩溃在记录 < COMMIT T_2 > 和 < COMMIT T_3 > 之间发生。恢复与上述过程类似，只不过 T_3 不再是已提交的事务。因此，其修改 < T_3，D，20 > 不能被重做，并且在恢复中不对 D 做任何改变，尽管此日志记录处于被检查的记录范围内。恢复后我们也要在日志中写入一条 < ABORT T_3 > 记录。

最后，假设崩溃正好在 < END CKPT > 记录前发生。原则上，我们必须向后搜索到倒数第二个 START CKPT 记录并得到其活跃事务列表。但是，这种情况下没有前一检查点，因而我们必须一直走到日志的开头。因此，我们确定已提交的事务只有 T_1，重做其动作 < T_1，A，5 >，并在恢复后将记录 < ABORT T_2 > 和 < ABORT T_3 > 写入日志中。　　　□

由于事务可能在几个检查点都活跃，因此在 < START CKPT(T_1，…，T_k) > 记录中不仅包括事务的名字，并且包括指向事务在日志中开始的地方的指针，这样做会比较方便。这样做，我们就知道什么时候删除日志中较早的部分是安全的。当我们写入 < END CKPT > 记录时，我们就会知道我们不再需要向后查看到比所有活跃事务 T_i 中最早的 < START T_i > 记录更早的日志记录。因此，早于该 START 记录的所有记录都可以被删除。

6.3.5　习题

习题 6.3.1　给出习题 6.1.1 中各个事务(每个事务都称为 T)的 redo 日志记录，假设最初 $A = 50$ 并且 $B = 25$。

习题 6.3.2　使用习题 6.2.7 的数据，对该习题中(a)到(e)的各个位置，回答：

i. 何时能写入 < CKPT > 记录。

ii. 对每一个可能发生故障的时刻，为了找到所有可能未完成的事务，我们需要在日志中向后看多远。请考虑 < END CKPT > 记录在崩溃发生以前写入和未写入的两种情况。

习题 6.3.3　使用 redo 日志，重复习题 6.2.1。

习题 6.3.4　使用 redo 日志，重复习题 6.2.3。

习题 6.3.5　使用 redo 日志，重复习题 6.2.4。

6.4　undo/redo 日志

我们已经看到了两种不同的日志方式，它们的差别在于当数据库元素被修改时日志中保存旧值还是新值。它们各有其缺陷：

- undo 日志要求数据在事务结束后立即写到磁盘，可能增加需要进行的磁盘 I/O 数。
- 另一方面，redo 日志要求我们在事务提交和日志记录刷新以前，将所有修改过的块保留在缓冲区中，这样可能增加事务需要的平均缓冲区数。
- 如果数据库元素不是完整的块或块集，在检查点过程中 undo 日志和 redo 日志在如何处理缓冲区方面都存在矛盾。例如，如果一个缓冲区中包含被提交的事务修改过的数据库元素 A 和同一缓冲区中被尚未将其 COMMIT 记录写到磁盘的事务修改过的数据库元素 B，那么由于 A 我们需要将缓冲区拷贝到磁盘，但将规则 R_1 运用到 B，又不能这样做。

我们现在要看一种称为 undo/redo 日志的日志类型，这一日志类型通过在日志中维护更多信息的方式(这是一种代价)，提供了动作顺序上的更大灵活性。

6.4.1　undo/redo 规则

undo/redo 日志与其他日志类型有同样种类的日志记录，只有一个例外。当数据库元素修改其值时我们写入的更新日志记录有 4 个成分。记录 < T，X，v，w > 的含义是，事务 T 改变了数

据库元素 X 的值；其改前值为 v，新值为 w。undo/redo 日志系统必须遵从的约束可用如下规则概括：

UR_1：在由于某个事务 T 所做改变而修改磁盘上的数据库元素 X 前，更新记录 $<T, X, v, w>$ 必须出现在磁盘上。

于是 undo/redo 日志的规则 UR_1 只实施 undo 日志和 redo 日志都有的约束。具体地说，$<COMMIT\ T>$ 日志记录可以在磁盘上任何数据库元素的修改之前或之后。

例 6.10 图 6-9 是我们最后在例 6.6 中看到的事务 T 的一个变体，其中与事务相关的动作顺序发生了变化。请注意，更新日志记录中现在同时包括 A 和 B 的旧值和新值。在这个序列中，我们在将数据库元素 A 和 B 输出到磁盘之间写入日志记录 $<COMMIT\ T>$。第 10 步也可以出现在第 8 或第 9 步之前，或第 11 步之后。   □

步骤	动作	t	M-A	M-B	D-A	D-B	日志
1)							$<START\ T>$
2)	READ(A,t)	8	8		8	8	
3)	t := t*2	16	8		8	8	
4)	WRITE(A,t)	16	16		8	8	$<T, A, 8, 16>$
5)	READ(B,t)	8	16	8	8	8	
6)	t := t*2	16	16	8	8	8	
7)	WRITE(B,t)	16	16	16	8	8	$<T, B, 8, 16>$
8)	FLUSH LOG						
9)	OUTPUT(A)	16	16	16	16	8	
10)							$<COMMIT\ T>$
11)	OUTPUT(B)	16	16	16	16	16	

图 6-9   动作及使用 undo/redo 日志的日志项的一个可能序列

6.4.2   使用 undo/redo 日志的恢复

当我们需要用 undo/redo 日志恢复时，我们拥有的信息既允许我们通过恢复事务 T 所改变数据库元素的旧值来撤销事务 T，也允许我们通过重复 T 所做的改变来重做 T。undo/redo 日志恢复策略是：

1. 按照从前往后做顺序，重做所有已提交的事务。

2. 按照从后往前做顺序，撤销所有未提交的事务。

请注意这两件事都做对我们来说是必要的。由于 undo/redo 日志在 COMMIT 日志记录与数据库修改本身拷贝到磁盘的相对顺序方面提供的灵活性，我们既可以让一个已提交事务的部分或全部修改不在磁盘上，也可以让一个未提交事务的部分或全部修改在磁盘上。

例 6.11 考虑图 6-9 中的动作序列。下面是假设崩溃发生在序列中不同的点时进行恢复的不同方式。

1. 假设崩溃发生在 $<COMMIT\ T>$ 记录刷新到磁盘后。这时 T 被认为是已提交的事务。我们为 A 和 B 往磁盘上写入值 16。由于事件实际的顺序，A 已经具有值 16，而 B 可能没有，这决定于崩溃发生在第 11 步之前还是之后。

2. 如果崩溃在 $<COMMIT\ T>$ 记录到达磁盘前发生，则 T 被作为未完成的事务。A 和 B 原来的值被写到磁盘，两种情况下这个值都是 8。如果崩溃发生在第 9 和 10 步之间，则 A 在磁盘上的值是 16，将其恢复到值 8 是必要的。在这个例子中，B 的值不需要撤销，而如果崩溃发生在第 9 步前，则 A 的值也不需要撤销。然而，通常我们不能确定恢复是否必要，因此我们总是执行撤销操作。   □

推迟提交的一个问题

和 undo 日志一样，使用 undo/redo 日志的系统中可能出现这样的行为：事务在用户看来已经提交(例如，他们在网上预订了一个航班座位然后断开连接)，但由于 < COMMIT T > 记录尚未刷新到磁盘，后来的一次崩溃使该事务被撤销而不是重做。如果这样的可能性是一个问题，我们建议为 undo/redo 日志使用一条附加的规则：

UR_2：< COMMIT T > 记录一旦出现在日志中就必须被刷新到磁盘上。

例如，在图 6-9 中我们将在第 10 步后加入 FLUSH LOG。

6.4.3 undo/redo 日志的检查点

undo/redo 日志的非静止检查点在某种程度上比其他日志方式简单一些。我们只需要做如下事情：

1. 写入日志记录 < START CKPT(T_1, …, T_k) >，其中 T_1, …, T_k 是所有的活跃事务，并刷新日志。

2. 将所有脏缓冲区写到磁盘，脏缓冲区即包含一个或多个修改过的数据库元素的缓冲区。和 redo 日志不同的是，我们刷新所有的脏缓冲区，而不是仅刷新那些被提交事务写过的缓冲区。

3. 写入日志记录 < END CKPT > 并刷新日志。

关于第 2 点需要注意的是，由于 undo/redo 日志在数据何时到达磁盘方面提供的灵活性，我们可以容忍将未完成事务写入的数据写到磁盘。所以，我们能够容忍小于完整块的数据库元素，并因此可以共享缓冲区。我们必须对事务做出的唯一要求是：

- 事务在不确定其不会中止之前不能写入任何值(甚至连写到主存缓冲区也不允许)。

事务在恢复中奇怪的行为

你可能已经注意到，我们并没有指明在使用 undo/redo 日志恢复时先撤销还是先重做。事实上，不管我们先撤销还是先重做，我们都会面临如下情况：事务 T 提交了并被重做了，然而，T 读取了一个值 X，该值是由某个未提交并被撤销的事务 U 写入的。问题不在于我们先重做，使 X 具有 U 对它写入之前的值；还是先撤销，使 X 具有由 T 写入的值，不管哪种方式，这种情况都没有意义，因为数据库的最终状态不对应于任何原子的事务序列的结果。

在实际中，DBMS 必须要做的不仅仅是把改变记入日志中。它必须保证上述的情况绝不会发生。我们在第 7 章中讨论隔离像 T 和 U 这样的事务的方法，使它们通过数据库元素 X 产生的相互影响不会发生。在 8.1 节中，我们明确地讨论防止 T 读入 X 的"脏"的值(即尚未提交的值)这样的情况发生的方法。

正如我们将在 8.1 节看到的那样，为了避免事务间不一致的相互影响，这一约束无论如何都几乎是必需的。请注意，在 redo 日志下，上面的条件并不充分，因为即使写入 B 的事务一定会提交，规则 R_1 要求事务的 COMMIT 记录在 B 写到磁盘以前写到磁盘。

例 6.12 图 6-10 给出了类似于图 6-8 中 redo 日志的一个 undo/redo 日志。我们仅仅改变了更新记录，不仅给了它们新值，还给了旧值。简单起见，我们假设各种情况下旧值比新值小 1。

和例 6.8 中一样，T_2 被确定为检查点开始时唯一的已提交事务。由于这一日志是 undo/redo 日志，有可能 T_2 写入的 B 的新值

```
<START T₁>
<T₁, A, 4, 5>
<START T₂>
<COMMIT T₁>
<T₂, B, 9, 10>
<START CKPT (T₂)>
<T₂, C, 14, 15>
<START T₃>
<T₃, D, 19, 20>
<END CKPT>
<COMMIT T₂>
<COMMIT T₃>
```

图 6-10 一个 undo/redo 日志

10 已写到磁盘，而这在 redo 日志中是不可能的。但是，这一磁盘写是否已经发生是无关紧要的。在检查点过程中，如果 B 的新值还不在磁盘上，则我们肯定会将 B 刷新到磁盘上，因为我们刷新所有的脏缓冲区。同样，如果由已提交的事务 T_1 写入的 A 的新值还不在磁盘上，我们将刷新 A。

如果崩溃在这一事件系列的末尾发生，则 T_2 和 T_3 被确定为已提交的事务。事务 T_1 在检查点前。由于我们在日志中发现 <END CKPT> 记录，我们可以正确地假设 T_1 已经完成并已将其改变写到磁盘上。我们因此重做 T_2 和 T_3，就像在例 6.8 中那样，并忽略 T_1。但是，当我们重做像 T_2 这样的事务时，我们并不需要查看比 <START CKPT(T_2)> 还早的记录，即使 T_2 在那时是活跃的，因为我们知道 T_2 在检查点开始前的改变在检查点过程中已经被刷新到磁盘。

在另一种情况下，假设崩溃正好在 <COMMIT T_3> 记录写到磁盘前发生。那么我们确定 T_2 是提交的而 T_3 是未提交的。我们通过将磁盘上的 C 置为 15 来重做 T_2；没有必要将 B 置为 10，因为我们知道这一改变在 <END CKPT> 前已到达磁盘。但是，和 redo 日志的情况不一样，我们还要撤销 T_3；也就是说，我们将磁盘上的 D 置为 19。如果 T_3 在检查点开始时是活跃的，我们将不得不查看比 START-CKPT 记录更早的记录，以确定 T_3 是否有更多的动作已到达磁盘因而需要撤销。   □

6.4.4 习题

习题 6.4.1 对每一个表示事务 T 动作的日志记录序列，说出所有合乎 undo/redo 日志规则的事件系列，我们关心的事件是将包含数据库元素的块以及包含更新和提交记录的日志块写到磁盘。你可以假定日志记录按所示顺序写磁盘，即不可能在前一记录还没有写到磁盘时将下一记录写到磁盘。

a) <START T>; <$T, A, 10, 11$>; <$T, B, 20, 21$>; <COMMIT T>。

b) <START T>; <$T, A, 10, 21$>; <$T, B, 20, 21$>; <$T, C, 30, 31$>; <COMMIT T>。

习题 6.4.2 下面是两个事务 T 和 U 的一系列日志记录：<START U>；<$U, A, 10, 11$>；<START T>；<$T, B, 20, 21$>；<$U, C, 30, 31$>；<$T, D, 40, 41$>；<COMMIT T>；<$U, E, 50, 51$>；<COMMIT U>。描述恢复管理器的行为，包括对磁盘和日志所做的改变，假设故障发生且出现在磁盘上的最后一条日志记录如下：

a) <START T>   b) <COMMIT T>   c) <$U, E, 50, 51$>   d) <COMMIT U>

习题 6.4.3 对于习题 6.4.3 描述的每种情况，T 和 U 所写的哪些值必然出现在磁盘上？哪些值可能出现在磁盘上？

习题 6.4.4 考虑如下日志记录序列：<START S>；<$S, A, 60, 61$>；<COMMIT S>；<START T>；<$T, A, 61, 62$>；<START U>；<$U, B, 20, 21$>；<$T, C, 30, 31$>；<START V>；<$U, D, 40, 41$>；<$V, F, 70, 71$>；<COMMIT U>；<$T, E, 50, 51$>；<COMMIT T>；<$V, B, 21, 22$>；<COMMIT V>。假设我们在如下日志记录中的一条写入（主存）后立即开始一个非静止检查点：

a) <$S, A, 60, 61$>   b) <$T, A, 61, 62$>   c) <$U, B, 20, 21$>
d) <$U, D, 40, 41$>   e) <$T, E, 50, 51$>

对其中的每一个，说明：

i. 何时写入 <END CKPT> 记录。

ii. 对每一个可能发生故障的时刻，为了找到所有可能未完成的事务，我们需要在日志中回溯多远。请考虑 <END CKPT> 记录在崩溃发生以前写入和未写入的两种情况。

习题 6.4.5 给出习题 6.1.1 中各个事务（称其为 T）的 undo/redo 日志记录，假设最初 $A = 50$ 且 $B = 25$。

6.5 针对介质故障的防护

日志可以提供针对系统故障的数据保护，系统故障发生时磁盘上不会丢失任何东西，而主存中的临时数据会丢失。但是，正如我们在 6.1.1 节讨论的那样，更严重的故障涉及一个或多个磁盘的丢失。下面将要讨论的备份系统可以使当驻留在磁盘上的数据丢失时，数据库也能进行恢复。

6.5.1 备份

为了针对介质故障提供数据保护，我们采用一种涉及备份 (archiving) 的解决方法，即维护与数据库自身分离的一个数据库拷贝。如果有可能暂时关闭数据库，我们可以在某种存储介质 (如磁带或光盘) 上创建一个备份拷贝，并将拷贝存放在远离数据库的某个安全的地方。备份保存数据库在备份时的状态，而当介质故障发生时，数据库就可以被恢复到这一状态。

要前进到一个更近的状态，我们可以使用日志，前提是备份拷贝的日志得到保存，并且日志自身在故障之后仍存在。为了防止日志的丢失，我们可以在日志几乎刚刚创建时就将它的一个拷贝传送到与备份一样的远程结点。那么，如果日志与数据都丢失，我们就可以使用备份和远程存储的日志进行恢复，至少恢复到日志最后被传送到远程结点的那一时刻。

由于建立备份是一个冗长的过程，因此我们试图避免在备份的每个步骤中都拷贝整个数据库。这样，我们区别两个级别的备份：

1. 完全转储，这时需要拷贝整个数据库。

2. 增量转储，这时只需要拷贝上一次完全转储或增量转储后改变的那些数据库元素。也可以有多个级别的转储，其中完全转储被认为是 "0 级" 转储，而 "i 级" 转储拷贝最后一个小于等于 i 级的转储之后改变过的所有内容。

我们可以用一个完全转储及其后续的增量转储恢复数据库，其过程与用 redo 或 undo/redo 日志来修复系统故障所带来损害的方式非常相似。我们将完全转储拷贝回数据库，然后以从前往后做的顺序，做后续增量转储所记录的改变。

为什么不是仅仅备份日志？

我们可能会对备份的必要性提出疑问，因为如果我们不想停滞在上次做备份时的数据库状态的话，则无论如何我们都要在安全的地方对日志进行备份。虽然可能不太明显，答案在于大型数据库变化的典型速率。尽管一天中数据库只有很少一部分会发生变化，但一年以上的时间中改变会比数据库自身大得多，而每个变化都需要在日志中记录。如果我们从不做备份，那么日志永远也不能被截短，而存储日志的开销很快就会超过存储数据库拷贝的开销。

6.5.2 非静止转储

6.5.1 节中讲了备份的简单概念，其问题在于：大多数数据库不能在做备份拷贝所需的一段时间 (可能是几个小时) 内关闭。因此，我们需要考虑非静止转储，它与非静止检查点类似。请回忆一下，非静止检查点试图在磁盘上建立检查点开始时 (近似的) 数据库状态的一个拷贝。我们可以依赖于检查点附近一段时间内的很小一部分日志，弥补和该状态之间的任何偏差，而偏差的存在是由于这样一个事实：在检查点过程中，新事务可能开始并写磁盘。

类似地，非静止转储试图建立转储开始时数据库的一个拷贝，而在转储进行的数分钟甚至数小时中，数据库活动可能改变磁盘上的许多数据库元素。如果需要从备份中恢复数据库时，在转储过程中记录的日志项可以用来整理数据，使数据库到达一个一致的状态。二者的类比如图 6-11 所示。

非静止转储按某种固定的顺序拷贝数据库元素，有可能正好在这些元素被执行中的事务改变时发生。其结果是，拷贝到备份中的数据库元素可能是也可能不是转储开始时的值。只要在转储持续过程中的日志得到保留，这样的差异可以通过日志来纠正。

例 6.13 举一个非常简单的例子，假设我们的数据库由 A、B、C 和 D 4 个元素构成，当转储开始时它们分别具有 1 到 4 这几个值。在转储过程中，A 改变为 5，C 改变为 6，而 B 改变为 7。然而，数据库元素的拷贝是按顺序的，而发生的事件序列如图 6-12 所示。那么尽管数据库在转储开始时具有值 $(1，2，3，4)$，在转储结束时具有值 $(5，7，6，4)$，但是在备份中的数据库拷贝具有值 $(1，2，6，4)$，这是在转储过程中任何时候都不存在的数据库状态。　□

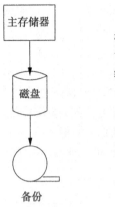

检查点将数据从主存送到磁盘；日志使得能从系统故障中恢复

转储将数据从磁盘送到备份；备份加上日志使得能从介质故障中恢复

磁盘	备份
A := 5	拷贝 A
	拷贝 B
C := 6	拷贝 C
B := 7	拷贝 D

图 6-11　检查点与转储的类比　　　　图 6-12　非静止转储中的事件

更详细地，建立备份的过程可以被划分为以下步骤。我们假设日志方式是 redo 或 undo/redo 日志；undo 日志不适合与备份一起使用。

1. 写入日志记录 <START DUMP>。

2. 根据采用的日志方式执行一个适当的检查点。

3. 根据需要执行完全转储或增量转储，确定数据的拷贝已经到达安全的远程结点。

4. 确定足够的日志已经拷贝到安全的远程结点，至少保证第 2 项中的检查点以前且包括该检查点的日志在数据库介质故障后仍能存在。

5. 写入日志记录 <END DUMP>。

在转储结束后，抛弃上述第 2 项所进行的检查点的前一个检查点开始以前的日志是安全的。

例 6.14 假设对例 6.13 中简单的数据库所做改变由事务 T_1（写 A 和 B）和 T_2（写 C）引起，而它们在转储开始时是活跃的。图 6-13 给出了转储过程中事件的一个可能的 undo/redo 日志。

请注意，我们没有表示 T_1 提交。事务在转储进行的整个过程中保持活跃并不是通常的情况，但这并不影响我们下面要讨论的恢复机制的正确性。　□

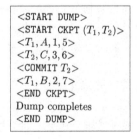

```
<START DUMP>
<START CKPT (T_1,T_2)>
<T_1,A,1,5>
<T_2,C,3,6>
<COMMIT T_2>
<T_1,B,2,7>
<END CKPT>
Dump completes
<END DUMP>
```

图 6-13　转储中记载的日志

6.5.3　使用备份和日志的恢复

假设发生了介质故障，并且我们要通过此前已到达安全的远程结点、在崩溃中未丢失的日志和最近的备份重建数据库。我们执行下列步骤：

1. 根据备份恢复数据库。

a) 找到最近的完全转储，并根据它来恢复数据库（即将备份拷贝到数据库）。

b) 如果有后续的增量转储，按照从前往后做的顺序，根据各个增量转储修改数据库。

2. 用保留下来的日志修改数据库。使用对应所用日志方式的合适的恢复机制。

例 6.15 假设在例 6.14 所示转储完成后发生了介质故障，而图 6-13 所示日志得以保存。为了让过程更有意思一些，假设留下来的部分日志中尽管如该图中所示包括 < COMMIT T_2 > 记录，但不包括 < COMMIT T_1 > 记录。数据库首先恢复到备份中的值，即对数据库元素 A、B、C 和 D 来说，分别是(1，2，6，4)。

现在，我们必须查看日志。由于 T_2 已完成，我们重做将 C 置为 6 的步骤。在这个例子中，C 已经具有值 6，但有可能：

a)C 的备份在 T_2 改变 C 以前产生。

b)备份实际捕获的是 C 的一个更靠后的值，而该值可能是也可能不是由一个提交记录得以保留的事务所写入。如果该事务提交，则后面的恢复中 C 将被恢复为在备份中找到的值。

由于 T_1 没有 COMMIT 记录，我们必须撤销 T_1。使用 T_1 的日志记录，我们确定 A 必须被恢复为值 1 而 B 必须被恢复为值 2。在备份中它们碰巧具有这些值，但实际的备份值可能由于修改后的 A 和/或 B 被包括在备份中而不同。　　□

6.5.4　习题

习题 6.5.1　如果在例 6.14 和例 6.15 中使用的是 redo 日志而不是 undo/redo 日志，那么：

　a)日志会是怎样的?

!b)如果我们需要使用备份以及这一日志进行恢复，T_1 未提交的后果是什么?

　c)恢复后数据库的状态是什么?

6.6　小结

- **事务管理**：事务管理器的两个主要任务是通过日志保证数据库动作的可恢复性，以及通过调度器保证事务正确的并发行为(将在下一章讨论)。

- **数据库元素**：数据库被划分为元素，通常是磁盘块，但也可以是诸如关系或元组。数据库元素是记日志和进行调度的单位。

- **日志**：关于事务的每个重要动作(开始、改变数据库元素、提交或中止)的一条记录被存储在日志中。日志在某个时候必须被备份到磁盘上，这一时刻同对应的数据库改变转移到磁盘上的时刻相关，但依赖于所采用的日志方式。

- **恢复**：当系统崩溃发生时，日志被用来修复数据库，将其恢复到一个一致的状态。

- **日志方式**：日志的 3 种主要方式是 undo、redo 和 undo/redo，其命名是根据恢复时它们可以进行恢复的方式。

- **undo 日志**：每当数据库元素被修改时，这种方式只在日志中记录旧值。使用 undo 日志，数据库元素的新值必须在关于该改变的日志记录到达磁盘后，并且在做出这一改变的事务的提交记录到达磁盘前写到磁盘。恢复通过为每个未提交事务恢复旧值来完成。

- **redo 日志**：这里，只有数据库元素的新值被记录在日志中。采用这种日志形式，数据库元素的值只有在这一改变的日志记录与其事务的提交记录都已到达磁盘后才能写到磁盘。恢复要做的是为每个已提交的事务重新写入新值。

- **undo/redo 日志**：在这种方式中，旧值和新值都被记录在日志中。undo/redo 日志比其他方式更灵活，因为它只要求关于改变的日志记录比改变自身先出现在磁盘上。对于提交记录何时出现并没有要求。恢复通过重做已提交的事务并撤销未提交的事务来进行。

- **检查点**：由于当需要进行恢复时，原则上所有的恢复方式都需要查看整个日志，DBMS 必须不时地对日志做检查点，以保证检查点以前的日志记录在恢复中不再需要。因此，旧的日志记录最终可以被丢弃，而其磁盘空间也可以被重用。

- **非静止检查点**：为了避免做检查点时关闭系统，与每一种日志方式相关的技术使检查点可以在系统运作且数据库改变发生时进行。唯一的代价是恢复时非静止检查点前的某些日志记录可能需要检查。

- **备份**：日志仅提供针对引起主存丢失的系统故障的数据保护，为在引起磁盘内容丢失的故障的情况下保护数据，有必要使用备份。备份是在安全的地方存储的数据库拷贝。
- **增量备份**：与周期性地将整个数据库拷贝到备份中相反，一个完整备份后可以跟着几个增量备份，其中只有改变的数据被拷贝到备份中。
- **非静止备份**：在数据库运作中建立数据备份的技术是存在的。它们涉及记载备份开始和结束的日志记录，以及在备份时为日志执行一个检查点。
- **从介质故障中恢复**：当磁盘丢失时可以通过如下过程恢复，首先用数据库的一个完整备份恢复，然后根据后续的增量备份进行修改，最后通过使用日志的一个备份拷贝恢复到某个一致的数据库状态。

6.7 参考文献

关于事务处理的各个方面，包括日志和恢复，最重要的文献[5]是 Gray 和 Reuter 编写的。这本书部分材料来自 Jim Gray 关于事务的一些非正规的、广为传播的文献[3]；后者以及文献[4]和[8]是许多日志和恢复技术的主要来源。

文献[2]是对事务处理技术一个更早、更简洁的描述。文献[7]是对这一主题的较近期的论述。

两个早期的综述(文献[1]和[6])都描绘了关于恢复的大量基础性工作，并且将这一主题按照 undo-redo-undo/redo3 部分来组织，而我们在这里也跟随其后采用了这一组织方式。

1. P. A. Bernstein, N. Goodman, and V. Hadzilacos, "Recovery algorithms for database systems," *Proc. 1983 IFIP Congress*, North Holland, Amsterdam, pp. 799–807.

2. P. A. Bernstein, V. Hadzilacos, and N. Goodman, *Concurrency Control and Recovery in Database Systems*, Addison-Wesley, Reading MA, 1987.

3. J. N. Gray, "Notes on database operating systems," in *Operating Systems: an Advanced Course*, pp. 393–481, Springer-Verlag, 1978.

4. J. N. Gray, P. R. McJones, and M. Blasgen, "The recovery manager of the System R database manager," *Computing Surveys* **13**:2 (1981), pp. 223–242.

5. J. N. Gray and A. Reuter, *Transaction Processing: Concepts and Techniques*, Morgan-Kaufmann, San Francisco, 1993.

6. T. Haerder and A. Reuter, "Principles of transaction-oriented database recovery — a taxonomy," *Computing Surveys* **15**:4 (1983), pp. 287–317.

7. V. Kumar and M. Hsu, *Recovery Mechanisms in Database Systems*, Prentice-Hall, Englewood Cliffs NJ, 1998.

8. C. Mohan, D. J. Haderle, B. G. Lindsay, H. Pirahesh, and P. Schwarz, "ARIES: a transaction recovery method supporting fine-granularity locking and partial rollbacks using write-ahead logging," *ACM Trans. on Database Systems* **17**:1 (1992), pp. 94–162.

第7章 并发控制

并发执行的事务之间的相互影响可能导致数据库状态的不一致，即使各个事务能保持状态的正确性，而且也没有任何故障发生。因此，不同事务各个步骤的执行顺序必须以某种方式进行规范。该规范是由 DBMS 的调度器部件完成，而保证并发执行的事务能保持一致性的整个过程称为并发控制。调度器的作用如图7-1所示。

当事务请求对数据库中的元素进行读写时，这些请求被传递给调度器。大多数情况下调度器将直接执行读写，如果所需数据库元素不在缓冲区中就首先调用缓冲区管理器。但是在某些情况下，立即执行请求是不安全的。调度器必须推迟请求的执行；有的并发控制技术中，调度器甚至可能中止提交请求的事务。

我们首先讨论如何保证并发执行的事务能保持数据库状态的正确性。抽象的要求称为可串行性，另外还有一个更强的、重要的条件称为冲突可串行性，它是大多数调度器所真正实现的。我们考虑实现调度器

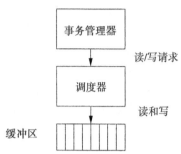

图7-1 调度器接收事务的读/写请求，或者在缓冲区中执行，或者将其推迟

最重要的技术：封锁、时间戳和有效性确认。我们对基于封锁的调度器的讨论包括"两阶段封锁"这一重要概念，这是广泛使用的一个保证可串行性的要求。

7.1 串行调度和可串行化调度

回顾6.1.3节所说的"正确性原则"：每个事务如果在隔离的情况下执行（即没有其他任何事务与之同时执行），将把任何一致的状态转换到另一个一致的状态。在实践中，事务通常和其他事务并发执行，因而正确性原则并非直接适用。本节介绍了调度的概念和由事务和"可串行化调度"完成的产生结果与一次执行一个事务所产生结果相同的动作序列。

7.1.1 调度

调度是一个或多个事务的重要动作的一个序列。当研究并发控制时，重要的读写动作发生在主存缓冲区中，而不是磁盘上。也就是说，某个事务 T 放入缓冲区中的数据库元素 A 在该缓冲区中可能不仅被 T 还被其他访问 A 的事务读或写。

例7.1 让我们考虑两个事务以及它们的动作按某些顺序执行时的数据库的影响。T_1 和 T_2 重要的动作如图7-2所示。变量 t 和 s 分别是 T_1 和 T_2 的局部变量；它们不是数据库元素。

我们将假设数据库上唯一的一致性约束是 $A = B$。由于 T_1 给 A 和 B 都加上100，而 T_2 将 A 和 B 都乘2，我们知道这两个事务隔离运行时各自都能保持一致性。 □

7.1.2 串行调度

如果一个调度的动作组成首先是一个事务的所有动作，然后是另一事务的所有动作，依此类推，那么这一调度是串行的。不允许动作的混合。

例7.2 对图7-2中的事务而言，有两个串行调度，一个 T_1 在 T_2 前，而另一个 T_2 在 T_1 前。图7-3给出了 T_1 在 T_2 前时的事件序列，初态为 $A = B = 25$。遵照惯例，当我们竖直显示时，在

页面中靠下的在时间上靠后。此外，所给 A 和 B 值指的是它们在主存缓冲区中的值，而不一定是它们在磁盘上的值。

T_1	T_2	A	B
		25	25
READ(A,t)			
t := t+100			
WRITE(A,t)		125	
READ(B,t)			
t := t+100			
WRITE(B,t)			125
	READ(A,s)		
	s := s*2		
	WRITE(A,s)	250	
	READ(B,s)		
	s := s*2		
	WRITE(B,s)		250

图 7-3　T_1 在 T_2 前的串行调度

T_1	T_2
READ(A,t)	READ(A,s)
t := t+100	s := s*2
WRITE(A,t)	WRITE(A,s)
READ(B,t)	READ(B,s)
t := t+100	s := s*2
WRITE(B,t)	WRITE(B,s)

图 7-2　两个事务

图 7-4 给出了 T_2 在 T_1 前的另一个串行调度，初态仍假设为 $A = B = 25$。请注意，两个调度 A 和 B 最终的值是不同的；A 和 B 在先做 T_1 时都是 250，而在先做 T_2 时都是 150。通常，我们不能期望数据库终态与事务顺序无关。　□

我们可以像图 7-3 和图 7-4 中那样，通过按发生顺序列出所有动作来表示串行调度。但是，由于串行调度中动作的顺序只依赖于事务本身的顺序，我们有时通过事务列表来表示串行调度。因此，图 7-3 中的调度表示为 (T_1, T_2)，而图 7-4 中的调度表示为 (T_2, T_1)。

T_1	T_2	A	B
		25	25
	READ(A,s)		
	s := s*2		
	WRITE(A,s)	50	
	READ(B,s)		
	s := s*2		
	WRITE(B,s)		50
READ(A,t)			
t := t+100			
WRITE(A,t)		150	
READ(B,t)			
t := t+100			
WRITE(B,t)			150

图 7-4　T_2 在 T_1 前的串行调度

7.1.3　可串行化调度

事务的正确性原则告诉我们，每个串行调度都将保持数据库状态的一致性。但是还有其他能保证可保持一致性的调度吗? 有，下面的例子可以说明。通常，如果存在串行调度 S'，使得对于每个数据库初态，调度 S 和调度 S' 的效果相同，我们就说这个调度 S 是可串行化的。

例 7.3　图 7-5 给出了例 7.1 中事务的一个调度，此调度是可串行化的，但不是串行的。在这个调度中，T_2 在 T_1 作用于 A 后而在 T_1 作用于 B 前作用于 A。但是，我们看到两个事务按这种方式调度，结果和在图 7-3 中看到的串行调度 (T_1, T_2) 一样。为了说服自己这一陈述是正确的，我们必须不仅考虑像图 7-5 中那样从数据库状态 $A = B = 25$ 开始产生的结果，还要考虑从任何一致的状态开始的情况。由于所有一致的数据库状态满足 $A = B = c$，不难推断在图 7-5 的调度中，A 和 B 得到的值都是 $2(c + 100)$，因此从任意一致的状态开始一致性都能得到保持。

另一方面，考虑图 7-6 的非可串行化的调度。我们之所以能确定它不是可串行化的，原因在于它从一致的状态 $A = B = 25$ 开始，最后使数据库处于不一致的状态 $A = 250$ 而 $B = 150$。请注意，按照这个动作的顺序，即 T_1 先作用于 A，而 T_2 先作用于 B，我们实际上在 A 和 B 上实施了不同的运算，也就是说 $A:=2(A+100)$，而 $B:=2B+100$。图 7-6 的调度是并发控制机制必须避免的行为类型。　□

T_1	T_2	A	B
		25	25
READ(A,t)			
t := t+100			
WRITE(A,t)		125	
	READ(A,s)		
	s := s*2		
	WRITE(A,s)	250	
READ(B,t)			
t := t+100			
WRITE(B,t)			125
	READ(B,s)		
	s := s*2		
	WRITE(B,s)		250

图 7-5　一个非串行的可串行化调度

T_1	T_2	A	B
		25	25
READ(A,t)			
t := t+100			
WRITE(A,t)		125	
	READ(A,s)		
	s := s*2		
	WRITE(A,s)	250	
	READ(B,s)		
	s := s*2		
	WRITE(B,s)		50
READ(B,t)			
t := t+100			
WRITE(B,t)			150

图 7-6　一个非可串行化的调度

7.1.4　事务语义的影响

目前为止我们对可串行性的学习中，我们详细地考虑了事务执行的操作，以确定一个调度是否可串行化的。事务细节确实是有关系的，正如我们将在下面的例子中看到的那样。

例 7.4　考虑图 7-7 中的调度，它和图 7-6 中调度唯一不同的地方在于 T_2 所执行的运算。也就是说，T_2 并非将 A 和 B 乘 2，而是对每个加 200。我们很容易验证，不管初态是什么，终态是由串行调度 (T_1, T_2) 产生的结果。很巧的是，这也是由另一个串行调度 (T_2, T_1) 产生的结果。　□

不幸的是，调度器考虑事务所进行计算的细节是不现实的。由于事务通常不仅包括 SQL 或其他高级语言语句书写的代码，还包括通用编程语言编写的代码，不可能确切地说出事务在做什么事。但是，调度器的确能看到来自事务的读写请求，于是能够知道每个事务读哪些数据库元素，以及它可能改变哪些元素。为了简化调度器的工作，通常假定：

T_1	T_2	A	B
		25	25
READ(A,t)			
t := t+100			
WRITE(A,t)		125	
	READ(A,s)		
	s := s+200		
	WRITE(A,s)	325	
	READ(B,s)		
	s := s+200		
	WRITE(B,s)		225
READ(B,t)			
t := t+100			
WRITE(B,t)			325

图 7-7　一个仅仅由于事务细节行为而可串行化的调度

- 事务 T 所写的任意数据库元素 A 被赋予的值不发生任何算术巧合地依赖于数据库状态。

例 7.4 是一个"巧合"的例子，尽管两次操作在两个变量上以不同的顺序执行，因为 $A + 100 + 200 = B + 200 + 100$，所以有 $A = B$。换句话说，如果 T 对数据库元素做某件事情能使数据库状态不一致，则 T 将会做这件事。

7.1.5　事务和调度的一种记法

如果我们假设"没有巧合"，那么只有事务执行的读和写需要考虑，而不涉及真实的值。因此，我们将用一种简写的记法来表示事务和调度，其中动作为 $r_T(X)$ 和 $w_T(X)$，分别表示事务 T 读和写数据库元素 X。此外，由于我们经常将我们的事务称为 T_1，T_2，…，我们采用惯用记法 $r_i(X)$ 和 $w_i(X)$ 分别作为 $r_{T_i}(X)$ 和 $w_{T_i}(X)$ 的同义词。

例 7.5　图 7-2 的事务可以写为：

T_1: $r_1(A)$; $w_1(A)$; $r_1(B)$; $w_1(B)$;
T_2: $r_2(A)$; $w_2(A)$; $r_2(B)$; $w_2(B)$;

举另一个例子，

$$r_1(A); \ w_1(A); \ r_2(A); \ w_2(A); \ r_1(B); \ w_1(B); \ r_2(B); \ w_2(B);$$

是图 7-5 中的可串行化调度。   □

为使这一记法更精确：

1. 动作是形如 $r_i(X)$ 或 $w_i(X)$ 的表达式，分别表示事务 T_i 读或写数据库元素 X。

2. 事务 T_i 是具有下标 i 的动作序列。

3. 事务集合 T 的调度 S 是一个动作序列，其中对 T 中的每个事务 T_i，T_i 中的动作在 S 中出现的顺序和其在 T_i 自身定义中出现的顺序一样。我们说 S 是组成它的事务动作的一个交错。

例如，例 7.5 的调度中，所有下标为 1 的动作出现的顺序和它们在 T_1 定义中的顺序一样，而所有下标为 2 的动作出现的顺序和它们在 T_2 定义中的顺序一样。

7.1.6 习题

*习题 7.1.1   航班预订系统执行的一个事务 T_1 执行以下步骤：

   i. 询问顾客希望的航班时间和城市。所需航班信息位于数据库元素（可能是磁盘块）A 和 B 中，系统在磁盘上检索所需信息。

   ii. 告诉顾客供选择的选项，顾客选择一个航班，该航班的数据在 B 中，包括该航班的预订号。为该顾客预订该航班。

   iii. 顾客为该航班选择一个座位；该航班的座位信息位于数据库元素 C 中。

   iv. 系统获得顾客的信用卡号，并将该航班的账单附加到数据库元素 D 的账单列表上。

   v. 顾客的电话和航班数据被加到数据库元素 E 上的另一个列表中，这是为了向顾客发确认航班的传真。

将事务 T_1 表示为 r 和 w 动作的一个序列。

*!习题 7.1.2   如果两个事务分别有 5 个动作，它们的交错有多少？

7.2   冲突可串行化

商用系统中的调度器通常强制执行被称为"冲突可串行化"的条件，该条件比在 7.1.3 节中介绍的可串行化的一般概念要强。它基于冲突这一概念，即调度中一对连续的动作，它们满足：如果它们的顺序交换，那么涉及的事务中至少有一个的行为会改变。

7.2.1 冲突

首先我们要看一下，大多数动作不冲突。在接下来的内容中，我们假设 T_i 和 T_j 是不同的事务，即 $i \neq j$。

1. $r_i(X)$；$r_j(Y)$ 从不会是冲突，即使 $X = Y$。原因是这些步骤都不改变任何数据库元素的值。

2. $r_i(X)$；$w_j(Y)$ 不会是冲突的，只要 $X \neq Y$。原因是 T_j 如果在 T_i 读 X 以前写 Y，X 的值不会改变。而且 T_i 读 X 对 T_j 没有影响，因此它不会影响 T_j 为 Y 写的值。

3. $w_i(X)$；$r_j(Y)$ 不会是冲突的，只要 $X \neq Y$。原因和 2 一样。

4. 类似的还有，$w_i(X)$；$w_j(Y)$ 不会是冲突，只要 $X \neq Y$。

与此相反，有三种情况下我们不能交换动作的顺序：

a) 同一事务的两个动作，如 $r_i(X)$；$w_i(Y)$，总是冲突的。原因在于，单个事务的动作顺序是固定的，而且是不能被重新排列的。

b) 不同事务对同一数据库元素的写冲突。也就是说，$w_i(X)$；$w_j(X)$ 是一个冲突。原因在于，在被写入时，X 的值在 T_j 计算出它是多少后就一直保持。如果我们交换顺序为 $w_j(X)$；$w_i(X)$，那么我们最后使 X 具有 T_i 计算出的值。我们关于"没有巧合"的假设告诉我们，T_i 和 T_j 写入值可能不同，至少对于某些数据库初态而言。

c)不同事务对同一数据库元素的读和写也冲突。也就是说，$r_i(X)$；$w_j(X)$是冲突的，$w_i(X)$；$r_j(X)$也是。如果我们将$w_j(X)$移到$r_i(X)$前，那么T_i读到的X的值将是被T_j写入的值，而我们认为这个值不一定等于X原有的值。因此，交换$r_i(X)$和$w_j(X)$的顺序影响T_i读到的X的值，而且可能因此影响T_i所做的事。

我们得到的结论是，不同事务的任何两个动作可以交换，除以下情况外：

1. 它们涉及同一数据库元素。

2. 至少有一个是写。

将这一想法进行扩展，我们可以接受任一调度，进行任意非冲突的交换，目标是将该调度转换为一个串行调度。如果我们能做到这一点，那么初始的调度是可串行化的，因为它对数据库状态的影响在我们做每一个非冲突交换时是不变的。

如果通过一系列相邻动作的非冲突交换能将它们中的一个转换为另一个，我们说两个调度是冲突等价的。如果一个调度冲突等价于一个串行调度，那么我们说该调度是冲突可串行化的。请注意，冲突可串行化是可串行化的一个充分条件；即冲突可串行化调度是可串行化调度。冲突可串行化对一个可串行化调度来说并不是必要的，但它是商用系统中的调度器在需要保证可串行化时通常使用的条件。

例 7.6　考虑例 7.5 中的调度

$$r_1(A); \ w_1(A); \ r_2(A); \ w_2(A); \ r_1(B); \ w_1(B); \ r_2(B); \ w_2(B);$$

我们说这个调度是冲突可串行化的。图 7-8 给出了将这一调度转换为串行调度（T_1，T_2）的一系列交换，在此串行调度中T_1的所有动作在T_2的所有动作之前。我们在每一步中要交换的相邻动作对上加了下划线。　□

$$
\begin{aligned}
&r_1(A); \ w_1(A); \ r_2(A); \ \underline{w_2(A)}; \ \underline{r_1(B)}; \ w_1(B); \ r_2(B); \ w_2(B); \\
&r_1(A); \ w_1(A); \ \underline{r_2(A)}; \ \underline{r_1(B)}; \ w_2(A); \ w_1(B); \ r_2(B); \ w_2(B); \\
&r_1(A); \ w_1(A); \ \underline{r_1(B)}; \ r_2(A); \ \underline{w_2(A)}; \ \underline{w_1(B)}; \ r_2(B); \ w_2(B); \\
&r_1(A); \ w_1(A); \ r_1(B); \ \underline{r_2(A)}; \ \underline{w_1(B)}; \ \underline{w_2(A)}; \ r_2(B); \ w_2(B); \\
&r_1(A); \ w_1(A); \ r_1(B); \ w_1(B); \ r_2(A); \ w_2(A); \ r_2(B); \ w_2(B);
\end{aligned}
$$

图 7-8　通过交换相邻动作将冲突可串行化调度转换为串行调度

7.2.2　优先图及冲突可串行化判断

检查调度S并决定它是否是冲突可串行化相对而言比较简单。不管在S的什么地方出现了冲突动作，执行这些动作的事务在任何冲突等价的串行调度中出现的顺序必须和这些动作在S中出现的顺序一样。因此，冲突动作对假定的、冲突等价的串行调度中事务的顺序加上了限制。如果这些限制不是相互矛盾的，那么我们就能找到一个冲突等价的串行调度。如果存在相互矛盾，我们就知道不存在这样的串行调度。

已知调度S，其中涉及事务T_1和T_2，可能还有其他事务，我们说T_1优先于T_2，写作$T_1 <_S T_2$，如果有T_1的动作A_1和T_2的动作A_2，满足：

1. 在S中A_1在A_2前。

2. A_1和A_2都涉及同一数据库元素。

3. A_1和A_2中至少有一个是写动作。

请注意，这正是我们不能交换A_1和A_2顺序的情况。因此，在任何冲突等价于S的调度中A_1将出现在A_2前。所以，冲突等价的串行调度必然使T_1在T_2前。

我们可以在优先图中概括这样的先后次序。优先图的结点是调度S中的事务。当这些事务是

具有不同的 i 的 T_i 时，我们将仅用整数 i 来标记 T_i 的结点。如果 $T_i <_s T_j$，则有一条从结点 i 到结点 j 的弧。

例 7.7 下面的调度 S 涉及三个事务 T_1、T_2 和 T_3。

S: $r_2(A)$; $r_1(B)$; $w_2(A)$; $r_3(A)$; $w_1(B)$; $w_3(A)$; $r_2(B)$; $w_2(B)$;

如果我们观察关于 A 的动作，我们可以找到 $T_2 <_s T_3$ 的多个原因。例如，在 S 中 $r_2(A)$ 在 $w_3(A)$ 前，而 $w_2(A)$ 既在 $r_3(A)$ 前又在 $w_3(A)$ 前。这三个发现中的任何一个就足以说明图 7-9 的优先图中从 2 到 3 的弧是正确的。

类似地，如果我们观察关于 B 的动作，我们可以找到 $T_1 <_s T_2$ 的多个原因。例如，动作 $r_1(B)$ 在 $w_2(B)$ 前。因此，S 的优先图中也有从 1 到 2 的弧。然而，我们能用调度 S 的动作顺序来说明其合理性的弧也就只有这些。 □

为什么冲突可串行化对可串行化来说不是必要的

考虑事务 T_1、T_2 和 T_3，它们各为 X 写入一个值。T_1 和 T_2 在为 X 写入值以前还都为 Y 写入值。一个可能的、恰好是串行的调度是：

$$S_1: w_1(Y); w_1(X); w_2(Y); w_2(X); w_3(X);$$

S_1 最后使 X 具有 T_3 写入的值，而 Y 具有 T_2 写入的值。而调度

$$S_2: w_1(Y); w_2(Y); w_2(X); w_1(X); w_3(X);$$

也如此。直观地说，T_1 和 T_2 写入的 X 值是无效的，因为 T_3 覆盖了它们的值。因此 X 不论在调度 S_1 或调度 S_2 后具有相同的值，同样，Y 不论在调度 S_1 或调度 S_2 后具有相同的值。由于 S_1 是串行的，而对任何数据库状态而言，S_2 具有和 S_1 一样的效果，所以我们知道是 S_2 可串行化的。然而，由于我们不能交换 $w_1(Y)$ 和 $w_2(Y)$，并且我们不能交换 $w_1(X)$ 和 $w_2(X)$，因此我们不能通过交换将 S_2 转换为串行调度。也就是说，S_2 是可串行化的，但不是冲突可串行化的。

我们可以构造 S 的优先图，并判断其中是否有环来判断调度 S 是否冲突可串行化。如果有，那么 S 不是冲突可串行化的。如果该图是无环的，那么 S 是冲突可串行化的，而且结点的任何一个拓扑顺序[⊖]都是一个冲突等价的串行顺序。

例 7.8 图 7-9 是无环的，因此例 7.7 中的调度 S 是冲突可串行化的。与该图相符的结点顺序或事务顺序只有一个：(T_1, T_2, T_3)。注意，将 S 转换成这三个事务中每一个的所有动作都按这个顺序发生确实是可能的；这一串行顺序是：

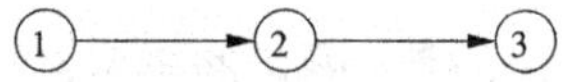

图 7-9 例 7.7 中调度的优先图

$$S': r_1(B); w_1(B); r_2(A); w_2(A); r_2(B); w_2(B); r_3(A); w_3(A);$$

为了说明我们可以通过相邻元素的交换从 S 得到 S'，首先请注意我们可以将 $r_1(B)$ 无冲突地移到 $r_2(A)$ 前。接着，通过三次交换，我们可以将 $w_1(B)$ 移到紧随 $r_1(B)$ 的地方，因为涉及的每个动作都是关于 A 而不是关于 B 的。然后我们可以将 $r_2(B)$ 和 $w_2(B)$ 移到紧随 $w_2(A)$ 的位置，移动中涉及的动作都是关于 A 的；结果是 S'。 □

例 7.9 考虑调度

$$S_1: r_2(A); r_1(B); w_2(A); r_2(B); r_3(A); w_1(B); w_3(A); w_2(B);$$

它和 S 的区别仅仅在于动作 $r_2(B)$ 被向前移动了三个位置。查看关于 A 的动作，我们仍然只能得

⊖ 无环图的拓扑顺序是满足如下条件的任何顺序：对每条弧 $a\rightarrow b$，在拓扑顺序中都有结点 a 在结点 b 前。通过重复地去除在剩余结点中没有前驱的结点，我们可以为任何无环图找到一个拓扑顺序。

到先后次序 $T_2 <_{s_i} T_3$。但是，当我们检查 B 时，我们不仅得到 $T_1 <_{s_i} T_2$（因为 $r_1(B)$ 和 $w_1(B)$ 出现在 $w_2(B)$ 前），还得到 $T_2 <_{s_i} T_1$（因为 $r_2(B)$ 出现在 $w_1(B)$ 前）。因此，我们得到图7-10中调度 S_1 的优先图。

该图中显然有环。我们断定 S_1 不是冲突可串行化的。直观地说，任何冲突等价的串行调度都必须既使 T_1 在 T_2 前又使 T_1 在 T_2 后，因而这样的调度是不存在的。 □

图7-10 一个有环的优先图；其调度不是冲突可串行化的

7.2.3 优先图测试发挥作用的原因

如果有一个涉及 n 个事务的环 $T_1 \rightarrow T_2 \rightarrow \cdots T_n \rightarrow T_1$，那么在假想的串行调度中，$T_1$ 的动作必须位于 T_2 的动作前，而 T_2 的动作必须位于 T_3 的动作前，依此类推，一直到 T_n。而因此应该位于 T_1 的动作之后的 T_n 的动作却又因为存在弧 $T_n \rightarrow T_1$ 而被要求位于 T_1 的动作之前。因此，我们的结论是如果在优先图中存在环，则该调度不是冲突可串行化的。

反过来要稍微难一些。我们必须证明只要优先图中无环，那么我们就可以通过相邻动作的合法交换来改变调度中动作的顺序，直到调度成为一个串行调度。如果我们能做到这一点，那么我们就能证明任意一个具有无环优先图的调度都是冲突可串行化的。我们的证明是对调度所涉及的事务数进行归纳。

基础 如果 $n = 1$，即调度中只有一个事务，那么调度已经是串行的，而因此也肯定是冲突可串行化的。

归纳 设调度 S 由 n 个事务

$$T_1, \ T_2, \ \cdots, \ T_n$$

的动作构成。我们假设 S 有一个无环的优先图。如果一个有限图是无环的，那么至少有一个结点没有到达该结点的弧；设对应于事务 T_i 的结点 i 是这样的一个结点。由于没有弧到达结点 i，S 中不可能有这样的动作 A：

1. 涉及 T_i 以外的某个事务 T_j。
2. 位于 T_i 的某个动作前。
3. 与这个动作冲突。

因为如果存在这样的 A，我们应该在优先图中加入从结点 j 到结点 i 的弧。

因此我们可以交换 T_i 的所有动作，保持它们的顺序，但将它们移到 S 的最前部。该调度现在具有如下形式

$$(T_i \text{ 的动作})(其他 n-1 个事务的动作)$$

我们现在考虑 S 的后半部分——T_i 以外所有事务的动作。由于这些动作保持了与它们在 S 中相同的顺序，除了没有结点 T_i 以及从该结点出发的所有弧以外，后半部分的优先图和 S 的一样。

由于原始的优先图是无环的，删除结点和弧不可能使其成为有环的，我们断定后半部分的优先图无环。此外，由于后半部分涉及 $n-1$ 个事务，归纳假设对它来说是适用的。因此，我们可以通过相邻动作的合法交换重新排列后半部分中动作的顺序来将其转换为串行调度。现在，S 自身已经被转换为了一个串行调度，其中首先是 T_i 的动作，然后跟着其他事务按照某种串行顺序的动作。归纳证明完成，我们的结论是每个具有无环优先图的调度都是冲突可串行化的。

7.2.4 习题

习题7.2.1 下面是用对数据库元素 A 和 B 的影响来描述的两个事务，我们可以假设数据库元素 A 和 B

是整数。

T_1: READ(A,t); t:=t+2; WRITE(A,t); READ(B,t); t:=t*3; WRITE(B,t);
T_2: READ(B,s); s:=s*2; WRITE(B,s); READ(A,s); s:=s+3; WRITE(A,s);

我们假设不管数据库上的一致性约束是什么，这些事务在隔离的情况下能够保持这些约束。注意，$A = B$ 不是一致性约束。

　　a)给出上面 12 个动作的一个串行调度的例子和一个非串行调度的例子。

　　b)这 12 个动作共有多少串行调度？

*!! c)这 12 个动作共有多少可串行化调度？

　　d)这两个串行顺序对数据库的影响是相同的，即(T_1，T_2)与(T_2，T_1)等价。通过给出任意数据库初态时这两个事务的结果，说明这一事实。

习题 7.2.2　用我们的只给出读写动作的记法，习题 7.2.1 中的两个事务可以写作：

T_1: $r_1(A)$; $w_1(A)$; $r_1(B)$; $w_1(B)$;
T_2: $r_2(A)$; $w_2(A)$; $r_2(B)$; $w_2(B)$;

回答以下问题：

　　a)这 8 个动作的调度中，有多少个等价于串行顺序(T_1，T_2)？

!b)在上述 8 个动作的可能的调度中，有多少个冲突等价于串行顺序(T_2，T_1)？

!!c)这 8 个动作的调度中，有多少个等价于(不一定是冲突等价于)串行调度(T_1，T_2)，假设事务具有习题 7.2.1 中描述的对数据库的影响？

!d)为什么上述(c)的答案与习题 7.2.1(c)的答案不同？

!习题 7.2.3　假设习题 7.2.2 中的事务改为：

$$T_1: r_1(A); w_1(A); r_1(B); w_1(B);$$
$$T_2: r_2(A); w_2(A); r_2(B); w_2(B);$$

也就是说，事务保持它们在习题 7.2.1 中的语义，但 T_2 改为在处理 B 以前处理 A。给出：

　　a)可串行化的调度数，假设事务对数据库状态的影响同习题 7.2.1。

　　b)冲突可串行化的调度数。

!习题 7.2.4　解释怎样对任意 $n > 1$ 找到一个调度，其优先图中具有长度为 n 的环，但没有更小的环。

习题 7.2.5　对以下的每个调度：

　　a) $w_3(A)$; $r_1(A)$; $w_1(B)$; $r_2(B)$: $w_2(C)$; $r_3(C)$;

　　b) $r_1(A)$; $r_2(A)$; $w_1(B)$; $w_2(B)$; $r_1(B)$; $r_2(B)$; $w_2(C)$; $w_1(D)$;

　　c) $r_1(A)$; $r_2(A)$; $r_1(B)$; $r_2(B)$; $r_3(A)$; $r_4(B)$; $w_1(A)$; $w_2(B)$;

　　d) $r_1(A)$; $r_2(A)$; $r_3(B)$; $w_1(A)$; $r_2(C)$; $r_2(B)$; $w_2(B)$; $w_1(C)$;

　　e) $r_1(A)$; $w_1(B)$; $r_2(B)$: $w_2(C)$; $r_3(C)$; $w_3(A)$;

回答如下问题：

　　i. 调度的优先图是什么？

　　ii. 调度是冲突可串行化的吗？如果是，等价的串行调度有哪些？

　!iii. 是否有等价的调度(不管事务对数据做什么)，但又不是冲突等价的？

!! 习题 7.2.6　如果调度 S 中事务 T 的每个动作都在事务 U 的所有动作之前，我们说事务 T 位于事务 U 前。注意，如果 T 和 U 是 S 中仅有的事务，那么说 T 位于 U 前等同于说 S 是串行调度(T，U)。但是，如果 S 还涉及 T 和 U 以外的事务，那么 S 可能不是可串行化的，而事实上，由于其他事务的影响，甚至可能不是冲突可串行化的。给出一个调度 S 的例子，满足：

　　i. 在 S 中，T_1 位于 T_2 前。

　　ii. S 是冲突可串行化的。

　　iii. 在每个冲突等价于 S 的串行调度中，T_2 位于 T_1 前。

7.3 使用锁的可串行化实现

这一节中，我们考虑调度器最常用的体系结构，这种结构在数据库元素上维护"锁"以防止非可串行化的行为。直观地说，事务获得在它所访问的数据库元素上的锁，以防止其他事务几乎在同一时间访问这些元素并因而引入非可串行化的可能。

在这一节中，我们用一个(过于)简单的封锁模式来介绍封锁的概念。这种模式中只有一种锁，它是事务想要在数据库元素上执行任何操作时都必须在该数据库元素上获得的。在第 7.4 节中，我们将学习更现实的封锁模式，这样的封锁模式使用多种锁，包括常用的分别对应于读权限和写权限的共享/排他锁。

7.3.1 锁

在图 7-11 中我们看到一个使用锁表来协助自己工作的调度器。回忆一下，调度器的责任是接受来自事务的请求，或者允许它们在数据库上操作，或者将它们推迟直到允许它们继续执行是安全的时候。锁表用来指导这一决策，其方式我们将详细讨论。

理想情况下，调度器转发请求，当且仅当该请求的执行不可能在所有活跃事务提交或中止后使数据库处于不一致的状态。封锁调度器像大多数调度器种类一样，事实上实现的是冲突可串行化，而我们已经知道这是一个比可串行化更苛刻的条件。

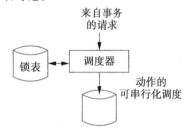

图 7-11　使用锁表指导决策的调度器

当调度器使用锁时，事务在读写数据库元素以外还必须申请和释放锁。锁的使用必须在两种意义上都是正确的，一种适用于事务的结构，而另一种适用于调度的结构。

- 事务的一致性：动作和锁必须按预期的方式发生联系：

  a) 事务只有先前已经在数据库元素上被授予了锁并且还没有释放锁时，才能读或写该数据库元素。

  b) 如果事务封锁某个数据库元素，它以后必须为该元素解锁。

- 调度的合法性：锁必须具有其预期的含义：任何两个事务都不能封锁同一元素，除非其中一个事务已经先释放其锁。

我们将扩展关于动作的记法，以加入封锁和解锁动作。

$l_i(X)$：事务 T_i 请求数据库元素 X 上的锁。

$u_i(X)$：事务 T_i 释放它在数据库元素 X 上的锁(解锁)。

因此，事务的一致性条件可以表述为："只要事务 T_i 有动作 $r_i(X)$ 或 $w_i(X)$，那么前面必然有一个动作 $l_i(X)$，且二者之间没有 $u_i(X)$，并且后面将会有一个 $u_i(X)$。"调度的合法性表述为："如果调度中在动作 $l_i(X)$ 后有 $l_j(X)$，那么这些动作之间的某个地方必然有一个动作 $u_i(X)$。"

例 7.10　让我们考虑在例 7.1 中介绍的两个事务 T_1 和 T_2。回忆一下，T_1 给数据库元素 A 和 B 加上 100，而 T_2 将它们加倍。下面是这些事务的说明，我们在其中包含了锁的动作，还包含了算术动作，以帮助我们记起这些事务是做什么的。[⊖]

⊖　请记住，事务实际的计算在我们现在的记法中通常是不被表示出来的，因为调度器在决定是同意事务请求还是拒绝时并不考虑它们。

T_1: $l_1(A)$; $r_1(A)$; A := A+100; $w_1(A)$; $u_1(A)$; $l_1(B)$; $r_1(B)$; B := B+100; $w_1(B)$; $u_1(B)$;

T_2: $l_2(A)$; $r_2(A)$; A := A*2; $w_2(A)$; $u_2(A)$; $l_2(B)$; $r_2(B)$; B := B*2; $w_2(B)$; $u_2(B)$;

这些事务中每一个都是一致的。它们都释放它们在 A 和 B 上持有的锁。此外，它们对 A 和 B 的操作都只是在前面已经获得了该元素上的锁且尚未释放该锁的那些步骤中。

图 7-12 给出了这两个事务的一个合法调度。为了节省空间，我们在一行上放了多个动作。这个调度是合法的，因为这两个事务从未同时在 A 上持有锁，并且对 B 也一样。具体地说，T_2 一直等到 T_1 执行 $u_1(A)$ 后才执行 $l_2(A)$，而 T_1 一直等到 T_2 执行 $u_2(B)$ 后才执行 $l_1(B)$。正如我们在所计算值的序列中看到的那样，这个调度尽管是合法的，却不是可串行化的。我们将在 7.3.3 节中来阐述保证合法调度冲突可串行所需要附加的条件"两阶段封锁"。□

T_1	T_2	A	B
		25	25
$l_1(A)$; $r_1(A)$;			
A := A+100;			
$w_1(A)$; $u_1(A)$;		125	
	$l_2(A)$; $r_2(A)$;		
	A := A*2;		
	$w_2(A)$; $u_2(A)$;	250	
	$l_2(B)$; $r_2(B)$;		
	B := B*2;		
	$w_2(B)$; $u_2(B)$;		50
$l_1(B)$; $r_1(B)$;			
B := B+100;			
$w_1(B)$; $u_1(B)$;			150

图 7-12 一致事务的一个合法调度；但不幸它不是可串行化的

7.3.2 封锁调度器

基于封锁的调度器的任务是，当且仅当请求将产生合法调度时同意请求。如果请求未被同意，发出请求的事务被延迟，直到调度器某时刻同意了该请求。为了帮助进行决策，调度器有一个锁表，对于每个数据库元素，如果其上有锁，那么锁表指明当前持有该锁的事务。我们将在 7.5.2 节更详细地讨论锁表的结构。但是，当像我们目前为止所假设的那样只有一种锁时，该表可以被看作是关系 Locks(element, transaction)，由满足事务 T 当前具有数据库元素 X 上的锁的 (X, T) 对组成。调度器只需要访问和修改这一关系。

例 7.11 图 7-12 中的调度是合法的，正如我们提到的那样，所以封锁调度器将按照所示请求到达的顺序同意每个请求。但是，有时不能同意请求。下面是来自例 7.10 的 T_1 和 T_2，我们只做了简单的，但也是重要的修改，其中 T_1 和 T_2 都在释放 A 上的锁以前封锁 B。

T_1: $l_1(A)$; $r_1(A)$; A := A+100; $w_1(A)$; $l_1(B)$; $u_1(A)$; $r_1(B)$; B := B+100; $w_1(B)$; $u_1(B)$;

T_2: $l_2(A)$; $r_2(A)$; A := A*2; $w_2(A)$; $l_2(B)$; $u_2(A)$; $r_2(B)$; B := B*2; $w_2(B)$; $u_2(B)$;

在图 7-13 中，当 T_2 请求 B 上的锁时，调度器必须拒绝此封锁，因为 T_1 仍持有 B 上的锁。因此，T_2 被延迟，而接下来的动作是来自 T_1 的。最后，T_1 执行 $u_1(B)$，这将解锁 B。现在，T_2 可以获得它在 B 上的锁，这是在下一步所执行的。请注意，由于 T_2 被迫等待，它推迟到 T_1 给 B 加 100 后再将其乘 2，因而得到一个一致的数据库状态。□

7.3.3 两阶段封锁

有一种条件叫做两段锁(two-phase locking，2PL)，在这种令人吃惊的条件下，我们可以保证一致事务的合法调度是冲突可串行化的。

- 在每个事务中，所有封锁请求先于所有解锁请求。

2PL 中所指的"两阶段"是获得锁的第一阶段和放弃锁的第二阶段。两阶段封锁像一致性一样，是对一个事务中动作的顺序进行限制的条件。服从 2PL 条件的事务被称为两阶段封锁事务，或 2PL 事务。

T_1	T_2	A	B
		25	25
$l_1(A); r_1(A);$			
A := A+100;			
$w_1(A); l_1(B); u_1(A);$		125	
	$l_2(A); r_2(A);$		
	A := A*2;		
	$w_2(A);$	250	
	$l_2(B)$ 被拒绝		
$r_1(B); B := B+100;$			
$w_1(B); u_1(B);$		125	
	$l_2(B); u_2(A); r_2(B);$		
	B := B*2;		
	$w_2(B); u_2(B);$		250

图 7-13　封锁调度器推迟将导致非法调度的请求

例 7.12　在例 7.10 中，事务不遵从两阶段封锁规则。例如，T_1 在封锁 B 以前解锁 A。但是，在例 7.11 中看到的事务版本确实遵从 2PL 条件。注意，T_1 在前五个动作中封锁 A 和 B，并且在接下来的五个动作中解锁；T_2 的行为类似。如果我们比较图 7-12 和图 7-13，我们可以看到两阶段封锁事务如何同调度器进行正确的交互以保证一致性，而非 2PL 事务允许不一致的（因而非冲突可串行化）行为。　　　　　　　　　　　　　　　　　　　　　　　□

7.3.4　两阶段封锁发挥作用的原因

直观地说，每个两阶段封锁事务可以被认为是在其提出第一个解锁请求的瞬间完整执行，如图 7-14 所示。与 2PL 事务的调度 S 冲突等价的串行调度是事务顺序与其第一个解锁顺序相同的串行调度。

我们将说明如何把由一致的两阶段封锁事务构成的任意合法调度 S 转换为冲突等价的串行调度。这一转换最好用 S 中事务数 n 上的归纳来描述。在下面的内容中，牢记冲突等价问题只针对读写动作是非常重要的。一旦我们将读和写串行排序，我们就可以根据不同事务的需要在它们周围加上封锁和解锁动作。由于每个事务在其结束前释放所有锁，我们知道该串行调度是合法的。

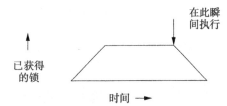

图 7-14　每个两阶段封锁事务有一个可以认为它瞬间执行的时刻

基础　如果 $n=1$，没有什么需要做的；S 已经是一个串行调度。

归纳　假设 S 涉及 n 个事务 T_1，T_2，$\cdots$，T_n，并设 T_i 是在整个 S 中有第一个解锁动作，例如 $u_i(X)$，的事务。我们断言，将 T_i 的所有动作不经过任何有冲突的读或写而向前移动到调度的开始是可能的。

考虑 T_i 的某个动作，例如 $w_i(Y)$。S 中这一动作前可能有冲突的动作，例如 $w_j(Y)$ 吗？如果有，那么在调度 S 中，$u_j(Y)$ 和 $l_i(Y)$ 必然交错出现在这样一个动作序列中

$$\cdots w_j(Y); \cdots ; u_j(Y); \cdots ; l_i(Y); \cdots ; w_i(Y); \cdots$$

既然 T_i 是第一个解锁的，S 中 $u_i(X)$ 必然在 $u_j(Y)$ 前；也就是说，S 可能形如：

$$\cdots ; w_j(Y); \cdots ; u_i(X); \cdots ; u_j(Y); \cdots ; l_i(Y); \cdots ; w_i(Y); \cdots$$

或 $u_i(X)$ 甚至可能出现在 $w_j(Y)$ 前。不管哪种情况，$u_i(X)$ 出现在 $l_i(Y)$ 前，这意味着 T_i 不像我们假定的那样是两阶段封锁的。尽管我们只证明了冲突的写对不存在，同样的证明也适用于任意一对由来自 T_i 的一个动作和来自 T_j 的一个动作构成的可能冲突的动作。

我们的结论是，我们确实能够通过先使用非冲突的读写动作的交换，然后恢复 T_i 的封锁和解锁动作，将 T_i 的所有动作向前移动到 S 的开始。也就是说，S 能被写作如下形式：

$$(T_i \text{ 的动作})(\text{其他 } n-1 \text{ 个事务的动作})$$

由 $n-1$ 个事务构成的后半部分仍然是一致的 2PL 事务的一个合法调度，因此归纳假设在其上适用。我们将后半部分转换为冲突等价串行调度，而我们现在已经证明整个 S 是冲突可串行化的。

7.3.5 习题

习题 7.3.1 下面是两个事务，其中给出了封锁请求和事务的语义。回忆一下习题 7.2.1 中，这些事务具有特殊的性质，即它们被调度的方式可以是非冲突可串行化的，但由于其语义又是可串行化的。

T_1: $l_1(A)$; $r_1(A)$; A := A+2; $w_1(A)$; $u_1(A)$; $l_1(B)$; $r_1(B)$; B := B*3; $w_1(B)$; $u_1(B)$;

T_2: $l_2(B)$; $r_2(B)$; B := B*2; $w_2(B)$; $u_2(B)$; $l_2(A)$; $r_2(A)$; A := A+3; $w_2(A)$; $u_2(A)$;

在下面的问题中，只考虑读写动作的调度，而不要考虑封锁、解锁或赋值步骤。

a) 给出被锁禁止的调度的一个例子。

!b) 在 8 个读写动作的 $\binom{8}{4}=70$ 种顺序中，有多少是合法的调度（即它们被锁所允许）？

!c) 在那些合法的可串行化调度中，有多少是冲突可串行化的？

!d) 在合法调度中，有多少是可串行化的（根据所给事务语义）？

!!e) 由于 T_1 和 T_2 不是两阶段封锁的，我们能够预见某些非可串行化行为可能发生。是否有非可串行化的合法调度？如果有，给出一个例子；如果没有，解释原因。

!习题 7.3.2 下面是习题 7.3.1 中的事务，但所有解锁都移到了末尾而使它们成为两阶段封锁的事务。

T_1: $l_1(A)$; $r_1(A)$; A := A+2; $w_1(A)$; $l_1(B)$; $r_1(B)$; B := B*3; $w_1(B)$; $u_1(A)$; $u_1(B)$;

T_2: $l_2(B)$; $r_2(B)$; B := B*2; $w_2(B)$; $l_2(A)$; $r_2(A)$; A := A+3; $w_2(A)$; $u_2(B)$; $u_2(A)$;

这些事务的所有动作的合法调度有多少？

习题 7.3.3 对习题 7.2.5 中的每个调度，假设每个事务刚好在读或写每个数据库元素以前获得该元素上的锁，并且每个事务在最后一次访问一个元素后立即释放其锁。说一说封锁调度器对这些调度中的每一个会怎么做；即哪些请求将被推迟，而什么时候它们又将被允许继续？

!习题 7.3.4 对下面描述的每个事务，假设我们为每个被访问的数据库元素插入一个封锁动作和一个解锁动作。

a) $r_2(A)$; $w_2(A)$; $w_2(B)$。

b) $r_1(A)$; $w_1(B)$。

说明如下几种情况封锁、解锁、读和写动作各有多少顺序：

i. 一致的并且两阶段封锁的。

ii. 一致的但不是两阶段封锁的。

iii. 不一致的但是两阶段封锁的。

vi. 既不是一致的也不是两阶段封锁的。

死锁的风险

两阶段封锁一个未解决的问题是死锁的可能性，即调度器迫使几个事务永远地等待另一个事务持有的锁。例如，考虑例 7.11 中的 2PL 事务，但将 T_2 改为先对 B 操作：

T_1: $l_1(A)$; $r_1(A)$; A := A+100; $w_1(A)$; $l_1(B)$; $u_1(A)$; $r_1(B)$; B := B+100; $w_1(B)$; $u_1(B)$;

T_2: $l_2(B)$; $r_2(B)$; B := B*2; $w_2(B)$; $l_2(A)$; $u_2(B)$; $r_2(A)$; A := A*2; $w_2(A)$; $u_2(A)$;

这些事务动作一个可能的交错为：

T_1	T_2	A	B
		25	25
$l_1(A)$; $r_1(A)$;			
	$l_2(B)$; $r_2(B)$;		
A := A+100;			
	B := B*2;		
$w_1(A)$;		125	
	$w_2(B)$;		50
$l_1(B)$ 被拒绝	$l_2(A)$ 被拒绝		

现在，两个事务都不能继续进行，而它们将永远等待。在 8.2 节，我们将讨论这种情况的补救方法。但是，请注意让两个事务都继续进行是不可能的，因为如果我们这样做数据库的最终状态就不可能满足 $A=B$。

7.4　有多种锁模式的封锁系统

7.3 节的封锁模式阐明了在封锁背后的重要思路，但它过于简单因而不是一个实用的模式。主要的问题在于，事务 T 即使只想读数据库元素 X 而不写它，也必须获得 X 上的锁。我们不能避开锁的获得，因为如果不获得，当 T 活跃时另一个事务可能为 X 写入一个新值而导致非可串行化行为。但另一方面，只要几个事务都不允许写 X，不允许几个事务同时读 X 就是毫无理由的。

这促使我们介绍最常用的封锁模式，这种模式中有两种不同种类的锁，一种用于读（称作"共享锁"或"读锁"），一种用于写（称作"排他锁"或"写锁"）。接着我们要看一种改进的模式，其中事务允许获得共享锁并在以后将其"升级"为排他锁。我们还将考虑"增量锁"，它专门处理对数据库元素进行增量的写操作；重要的区别在于增量操作可交换，而通常的写操作并非如此。这些例子把我们引到封锁模式一种使用"相容性矩阵"的通用记法，"相容性矩阵"表明当数据库元素上存在其他锁时该数据库元素上可以被授予什么样的锁。

7.4.1　共享锁与排他锁

在写时我们需要的锁比在读时我们需要的锁要"强"，因为它既禁止读又禁止写。因此让我们考虑使用两种不同类型的锁——共享锁和排他锁——的封锁调度器。直观地说，对任何数据库元素 X，其上或者可以有一个排他锁，或者没有排他锁而有任意数目的共享锁。如果我们想要写 X，我们需要有 X 上的一个排他锁。可以推测，如果我们想要读 X 而不写它，那么我们倾向于只获得共享锁。

我们将使用 $sl_i(X)$ 来表示"事务 T_i 申请数据库元素 X 上的一个共享锁"，而用 $xl_i(X)$ 来表示"事务 T_i 申请数据库元素 X 上的一个排他锁"。我们继续用 $u_i(X)$ 表示 T_i 解锁 X；即它释放自己

在 X 上持有的不管什么样的锁。

事务的一致性、事务的 2PL 和调度的合法性这三类要求中的每一个在共享/排他封锁系统中都有各自的对应关系。这里我们将这些要求概括为：

1. 事务的一致性。如果不是持有排他锁就不能写，并且如果不是持有某个锁就不能读。更精确地说，在任何事务 T_i 中：

a) 读动作 $r_i(X)$ 之前必须有 $sl_i(X)$ 或 $xl_i(X)$，而且它们中间没有 $u_i(X)$。

b) 写动作 $w_i(X)$ 之前必须有 $xl_i(X)$，而且它们中间没有 $u_i(X)$。

2. 事务的两阶段封锁。封锁必须在解锁之前。更精确地说，对任意的 Y，在任何两阶段封锁事务 T_i 中，任何 $sl_i(X)$ 或 $xl_i(X)$ 动作前不能有 $u_i(Y)$ 动作。

3. 调度的合法性。一个元素或者可以被一个事务排他地封锁，或者可以被几个事务共享地封锁，但不能二者兼而有之。更精确地：

a) 如果 $xl_i(X)$ 出现在调度中，那么对 $j \neq i$，后面不能再有 $xl_j(X)$ 或 $sl_j(X)$，除非中间间隔了 $u_i(X)$。

b) 如果 $sl_i(X)$ 出现在调度中，对于 $j \neq i$，那么后面不能再有 $xl_j(X)$，除非中间间隔了 $u_i(X)$。

请注意，我们允许一个事务在同一个元素上既申请并持有共享锁又申请并持有排他锁，只要它这样做不与其他事务的锁发生冲突。如果事务能预先知道自己对锁的需求，那么肯定只会请求排他锁，但如果锁的需求是不可预测的，那么可能事务在不同的时候申请共享锁和排他锁。

例 7.13 让我们看一下使用共享锁和排他锁时，以下是两个事务的一个可能的调度：

T_1: $sl_1(A)$; $r_1(A)$; $xl_1(B)$; $r_1(B)$; $w_1(B)$; $u_1(A)$; $u_1(B)$;
T_2: $sl_2(A)$; $r_2(A)$; $sl_2(B)$; $r_2(B)$; $u_2(A)$; $u_2(B)$;

T_1 和 T_2 都读 A 和 B，但只有 T_1 写 B。二者都不写 A。

图 7-15 中为 T_1 和 T_2 动作的一个交错，其中 T_1 从获得 A 上的共享锁开始。接着，T_2 跟随其后获得 A 和 B 上的共享锁。现在，T_1 需要 B 上的一个排他锁，因为它既要读 B 又要写 B。但是，它不能获得排他锁，因为 T_2 已经有 B 上的共享锁。因此，调度器迫使 T_1 等待。最终 T_2 释放 B 上的锁。这时，T_1 才能得以完成。 □

请注意图 7-15 中产生的调度是冲突可串行化的。冲突等价的串行顺序是 (T_2, T_1)，尽管 T_1 先开始。我们在 7.3.4 节证明一致性的 2PL 事务的合法调度冲突可串行化的论证也适用于具有共享锁和排他锁的系统。在图 7-15 中，T_2 在 T_1 前解锁，所以我们能够预期在串行顺序中 T_2 位于 T_1 前。

T_1	T_2
$sl_1(A)$; $r_1(A)$;	
	$sl_2(A)$; $r_2(A)$;
	$sl_2(B)$; $r_2(B)$;
$xl_1(B)$ 被拒绝	
	$u_2(A)$; $u_2(B)$
$xl_1(B)$; $r_1(B)$; $w_1(B)$;	
$u_1(A)$; $u_1(B)$;	

图 7-15 使用共享锁和排他锁的一个调度

7.4.2 相容性矩阵

如果我们使用几种封锁方式，那么调度器需要一个关于在已知同一数据库元素上可能已经持有的锁的情况下何时能同意封锁请求的策略。相容性矩阵是一个描述锁 - 管理策略的简单方法。每个封锁方式有一行和一列。行对应于数据库元素 X 上另一事务已经持有的锁，而列对应于 X 上申请的锁方式。使用相容性矩阵做出锁授予决定的规则是：

- 我们能够授予 C 方式的锁，当且仅当对于其他事务在 X 上已经有的每个 R 方式锁对应的每一行 R，在 C 列上有一个"是"。

例 7.14 图 7-16 是共享锁 (S) 和排他锁 (X) 的相容性矩阵。关于 S 的列说明如果一个数据库元素上当前被持有的锁只有共享锁，那么我们可以授予该元素上的共享锁。关于 X 的列说明只有在当前其他任何锁都不被持有时，我们才能授予一个排他锁。　□

		申请的锁	
		S	X
持有锁 的模式	S	是	否
	X	否	否

图 7-16　共享锁和排他锁的相容性矩阵

7.4.3　锁的升级

占有 X 上的共享锁的事务 T 对其他事务来说是"友好的"，因为其他事务在 T 被允许访问 X 的同时也被允许访问 X。因此，我们可能很想知道如果一个想要读 X 并写入新值的事务 T 首先获得 X 上的一个共享锁，而仅在后来当 T 准备好写入新值时将锁升级为排他的(即除了它在 X 上已经持有的共享锁外再申请 X 上的一个排他锁)，这样做是否更友好一些。没有理由阻止事务在同一数据库元素上对不同方式的锁提出申请。我们沿袭 $u_i(X)$ 释放 X 上事务 T_i 持有的所有锁的惯例，尽管在需要用到的时候我们可以引入与该方式相关的解锁动作。

例 7.15　在下面的例子中，事务 T_1 可以和 T_2 并发地执行其计算，而如果 T_1 最初在 B 上取得排他锁的话，这是不可能的。这两个事务是：

T_1: $sl_1(A)$; $r_1(A)$; $sl_1(B)$; $r_1(B)$; $xl_1(B)$; $w_1(B)$; $u_1(A)$; $u_1(B)$;
T_2: $sl_2(A)$; $r_2(A)$; $sl_2(B)$; $r_2(B)$; $u_2(A)$; $u_2(B)$;

这里，T_1 读 A 和 B 并对它们执行某种(可能很冗长的)计算，最终使用其结果来为 B 写入新值。请注意，T_1 先获得 B 上的一个共享锁，而后来，当它完成涉及 A 和 B 的计算后，再申请 B 的一个排他锁。事务 T_2 只读 A 和 B，而并不写。

图 7-17 给出了这些动作一个可能的调度。T_2 在 T_1 前获得 B 上的共享锁，但在第 4 行，T_1 也能以共享方式封锁 B。因此，T_1 有了 A 和 B，能够使用它们的值进行其计算。只有等到 T_1 试图将其在 B 上的锁升级为排他的时，调度器才必须拒绝这一请求并迫使 T_1 等待 T_2 释放它在 B 上的锁。那时候，T_1 获得它在 B 上的排他锁，然后完成。

请注意，如果 T_1 最初在读 B 前就请求 B 上的排他锁，那么这一请求将被拒绝，因为 T_2 已经有 B 上的共享锁。T_1 在没有读到 B 的情况下就不能执行其计算，因此在 T_2 释放其锁后 T_1 有更多的事情需要做。所以，只使用排他锁时 T_1 完成得比它使用升级策略时晚。　□

例 7.16　不幸的是，不加区别地使用升级将会引入新的并且可能更严重的死锁。假设 T_1 和 T_2 分别读数据库元素 A，并为 A 写入新值。如果两个事务都使用升级方法，首先获得 A 上的共享锁，然后将其升级为排他锁。那么只要 T_1 和 T_2 几乎同时开始，图 7-18 所示的事件序列就将会发生。

T_1	T_2
$sl_1(A)$; $r_1(A)$;	
	$sl_2(A)$; $r_2(A)$;
	$sl_2(B)$; $r_2(B)$;
$sl_1(B)$; $r_1(B)$;	
$xl_1(B)$ 被拒绝	
	$u_2(A)$; $u_2(B)$
$xl_1(B)$; $w_1(B)$;	
$u_1(A)$; $u_2(B)$;	

图 7-17　锁的升级允许更多的并发操作

T_1	T_2
$sl_1(A)$	
	$sl_2(A)$
$xl_1(A)$ 被拒绝	
	$xl_2(A)$ 被拒绝

图 7-18　两个事务的升级可能导致死锁

T_1 和 T_2 都能得到 A 上的共享锁。接着，它们都试图升级到排他锁，但是由于另一个事务在 A 上有共享锁，调度器迫使它们中的每一个都等待。因此，二者都不能取得进展，它们各自都会永远等待，或者等到系统发现死锁的存在，中止两个事务中的一个，而给另一个事务 A 上的排

他锁。　　　　　　　　　　　　　　　　　　　　　　　　　　　　　　　　　□

7.4.4　更新锁

通过使用第三种称为更新锁的封锁方式，我们可以避免例 7.16 中的死锁问题。更新锁 $ul_i(X)$ 只给予事务 T_i 读 X 而不是写 X 的权限。但是，只有更新锁能在以后升级为写锁；读锁是不能升级的。当 X 上已经有共享锁时我们可以授予 X 上的更新锁，但是一旦 X 上有了更新锁，我们就禁止在 X 上加其他任何种类（共享、更新或排他）的锁。其原因是，如果我们不拒绝这样的锁，那么更新者可能由于 X 上总有其他的锁而永远没有机会升级到排他锁。

这一规则导致一个不对称的相容性矩阵，因为更新锁（U）在我们申请它时看起来像共享锁，而当我们已经持有它时看起来像排他锁。因此，关于 S 和 U 的列相同，关于 U 和 X 的行相同。该矩阵如图 7-19 所示。⊖

	S	X	U
S	是	否	是
X	否	否	否
U	否	否	否

图 7-19　共享锁、排他锁和更新锁的相容性矩阵

例 7.17　更新锁的使用对例 7.15 不会产生影响。作为其第 3 个动作，T_1 将申请 B 上的更新锁，而不是共享锁。而更新锁可以被授予，因为 B 上被持有的只有共享锁，与图 7-17 中相同的动作序列将发生。

但是，更新锁解决了例 7.16 中的问题。现在，T_1 和 T_2 都首先申请 A 上的更新锁而只在后来获得排他锁。T_1 和 T_2 可能的描述为：

$$T_1: ul_1(A);\ r_1(A);\ xl_1(A);\ w_1(A);\ u_1(A);$$
$$T_2: ul_2(A);\ r_2(A);\ xl_2(A);\ w_2(A);\ u_2(A);$$

与图 7-18 对应的事件序列如图 7-20 所示。现在，请求 A 上的更新锁的第二个事务 T_2 被拒绝。T_1 被允许完成，然后 T_2 可以执行。这一封锁系统实际上阻碍了 T_1 和 T_2 的并发执行，但在这个例子中，任何相当数量的并发执行或者会导致死锁，或者会导致不一致的数据库状态。　　　　　　　□

T_1	T_2
$ul_1(A);\ r_1(A);$	
	$ul_2(A)$ 被拒绝
$xl_1(A);\ w_1(A);\ u_1(A);$	
	$ul_2(A);\ r_2(A);$
	$xl_2(A);\ w_2(A);\ u_2(A);$

图 7-20　使用更新锁的正确执行

7.4.5　增量锁

另一类有趣的、在某些情况下很有用的锁是"增量锁"。很多事务都只通过增加或减少存储的值来对数据库进行操作。例如，一个将钱从一个银行账户转到另一个账户的事务。

增量动作一个有用的性质是这些动作相互之间是可交换的，因为如果两个事务都给同一个数据库元素加上常数，谁先做是无关紧要的，正如图 7-21 的数据库状态转换图所表明的那样。另一方面，增量与读或写都不能交换；如果你在 A 增加以前或以后读它，得到的值是不同的，而如果你在其他事务为 A 写入新值以前或以后增加 A，你在数据库中也会得到不同的 A 值。

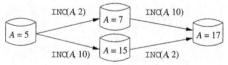

图 7-21　两个增量动作可交换，因为最终数据库状态不依赖于哪个先做

让我们将增量动作作为事务中一种可能的动作引入，写作 $\mathrm{INC}(A, c)$。非正规地表述，这一

⊖ 但请记住，还有一个关于调度合法性的条件在这个矩阵中是没有反映出来的：尽管我们通常并不禁止一个事务在同一元素上持有多个锁，在元素 X 上持有共享锁而不是更新锁的事务不能被授予 X 上的排他锁。

动作将常数 c 加到数据库元素 A 上，我们假设 A 是单独的一个数。请注意 c 可以是负的，这种情况下我们实际上是在减少 A。在实践中，我们将 INC 施加到元组的一个组成成分上，元组自身而并非其成分之一是可封锁的元素。更正规一些，我们使用 $INC(A, c)$ 表示以下步骤的原子执行：$READ(A, t)$；$t: = t+c$；$WRITE(A, t)$。

与增量动作对应，我们需要一个增量锁。我们将用 $il_i(X)$ 表示 T_i 请求 X 上的增量锁这一动作。对事务 T_i 在数据库元素 X 上增加某个常数的动作，我们还将使用简记法 $inc_i(X)$；具体常数无关紧要。

增量动作和增量锁的存在需要我们对关于事务的一致性、冲突和合法调度的定义做一些修改。这些修改包括：

a) 一致的事务只有在它持有 X 上的增量锁时才能在 X 上进行增量动作。但增量锁并不能赋予读或写动作的权力。

b) 在一个合法的调度中，任何时候都可以有任意多个事务在 X 上持有增量锁。但是，如果某个事务持有 X 上的增量锁，那么其他事务同时在 X 上既不能持有共享锁又不能持有排他锁。这些要求可以用图 7-22 的相容性矩阵表示，其中 I 表示一个增量方式的锁。

c) 对 $j \neq i$，$inc_i(X)$ 动作既与 $r_j(X)$ 冲突又与 $w_j(X)$ 冲突，但与 $inc_j(X)$ 不冲突。

例 7.18 考虑两个事务，每一个都读数据库元素 A 然后增加 B。

$$T_1: sl_1(A); r_1(A); il_1(B); inc_1(B); u_1(A); u_1(B);$$
$$T_2: sl_2(A); r_2(A); il_2(B); inc_2(B); u_2(A); u_2(B);$$

请注意这些事务都是一致的，因为它们只在有增量锁时执行增量操作，而且只在有共享锁时执行读操作。图 7-23 给出 T_1 和 T_2 一种可能的交错。T_1 首先读 A，但接着 T_2 读 A 且增加 B。但是，T_1 在这时允许获得它在 B 上的增量锁并继续执行。

请注意，在图 7-23 中调度器不需要推迟任何请求。例如，我们假设 T_1 将给 B 增加 A，而 T_2 将给 B 增加 $2A$。它们可以按照两种顺序中的任何一种执行，因为 A 的值不变，因而增量动作也可以按照两种顺序中的任何一种执行。

	S	X	I
S	是	否	否
X	否	否	否
I	否	否	是

图 7-22 共享锁、排他锁和增量锁的相容性矩阵

T_1	T_2
$sl_1(A); r_1(A);$	
	$sl_2(A); r_2(A);$
	$il_2(B); inc_2(B);$
$il_1(B); inc_1(B);$	
	$u_2(A); u_2(B);$
$u_1(A); u_1(B);$	

图 7-23 有增量动作和增量锁的事务调度

换句话说，我们可以看一看图 7-23 中没有封锁动作的序列，它们是：

$$S: r_1(A); r_2(A); inc_2(B); inc_1(B);$$

我们可以把最后一个动作 $inc_1(B)$ 移到第二个位置，因为它与同一元素的另一个增量动作不冲突，而且肯定与另一个元素的读动作不冲突。这一系列交换表明 S 冲突等价于串行调度 $r_1(A)$；$inc_1(B)$；$r_2(A)$；$inc_2(B)$。类似地，我们可以通过交换把第一个动作 $r_1(A)$ 移到第三个位置，得到一个 T_2 在 T_1 前的串行调度。 □

7.4.6 习题

习题 7.4.1 对下面事务 T_1、T_2 和 T_3 的每一个调度：

a) $r_1(A);\ r_2(B);\ r_3(C);\ w_1(B);\ w_2(C);\ w_3(A)$

b) $r_1(A);\ r_2(B);\ r_3(C);\ r_1(B);\ r_2(C);\ r_3(D);\ w_1(C);\ w_2(D);\ w_3(E)$

c) $r_1(A);\ r_2(B);\ r_3(C);\ r_1(B);\ r_2(C);\ r_3(A);\ w_1(A);\ w_2(B);\ w_3(C)$

d) $r_1(A);\ r_2(B);\ r_3(C);\ w_1(B);\ w_2(C);\ w_3(D)$

e) $r_1(A);\ r_2(B);\ r_3(C);\ r_1(B);\ r_2(C);\ r_3(D);\ w_1(A);\ w_2(B);\ w_3(C)$

做以下各件事情：

i. 插入共享锁和排他锁，并插入解锁动作。如果一个读动作后没有同一事务对同一元素的写动作，请在该读动作前紧靠它的地方放一个共享锁。在其他的每一个读动作或写动作前放一个排他锁。在每个事务的末尾放上必需的解锁。

ii. 说一说支持共享锁和排他锁的调度器运行每个调度时会发生什么。

iii. 以一种允许升级的方式插入共享锁和排他锁。在每个读动作前放一个共享锁，在每一个写动作前放一个排他锁，并在事务的末尾放上必需的解锁。

iv. 说一说支持共享锁、排他锁和升级的调度器运行(iii)中的每个调度时会发生什么。

v. 插入共享锁、排他锁和更新锁以及解锁动作。在每一个不会升级的读动作前放一个共享锁，在每一个将升级的读动作前放一个更新锁，并在每一个写动作前放一个排他锁。在事务的末尾照例放上解锁。

vi. 说一说支持共享锁、排他锁和更新锁的调度器运行(v)中的每个调度时会发生什么。

习题 7.4.2 对下面的每个调度，在每个动作前插入适当的锁(读、写或增量)，并在事务末尾插入解锁动作。然后说明该调度在一个支持这三类锁的调度器上运行时会发生什么。

a) $r_1(A);\ r_2(B);\ inc_1(B);\ inc_2(A);\ w_1(C);\ w_2(D)$

b) $inc_1(A);\ inc_2(B);\ inc_1(B);\ inc_2(C);\ w_1(C);\ w_2(D)$

c) $r_1(A);\ r_2(B);\ inc_1(B);\ inc_2(C);\ w_1(C);\ w_2(D)$

习题 7.4.3 在习题 7.1.1 中，我们讨论了关于航班预订的一个假想事务。如果事务管理器可以获得的锁包括共享锁、排他锁、更新锁和增量锁，那么在事务的每一步你推荐使用什么锁？

习题 7.4.4 乘上一个常数因子的动作可以用一个它自己的动作来建模。假设 MC(X, c) 表示以下步骤的原子执行：READ(X, t)；$t: = c*t$；WRITE(X, t)。我们也可以引入只允许乘常数因子的一种封锁方式。

a) 给出读、写和乘常数锁的相容性矩阵。

! b) 给出读、写、增量和乘常数锁的相容性矩阵。

! 习题 7.4.5 考虑两个事务：

$T_1:\ r_1(A);\ r_1(B);\ inc_1(A);\ inc_1(B);$
$T_2:\ r_2(A);\ r_2(B);\ inc_2(A);\ inc_2(B);$

回答以下问题：

a) 这些事务的交错中有多少是可串行化的？

b) 如果 T_2 中增量动作的顺序反过来[即 $inc_2(B)$ 后面是 $inc_2(A)$]，有多少可串行化的交错？

! 习题 7.4.6 为了便于讨论，假设数据库元素是二维向量。我们在向量上可以执行的操作有 4 个，每一个有它自己的锁类型。

i. 改变沿 x 轴的值($X-$锁)。

ii. 改变沿 y 轴的值($Y-$锁)。

iii. 改变向量的角度($A-$锁)。

iv. 改变向量的大小($M-$锁)。

回答以下问题。

a) 哪些操作对可交换？例如，如果我们先旋转向量使其角度为 120°，然后将 x 坐标变为 10，这和先将 x 坐标变为 10，再将角度变为 120°一样吗？

b) 根据你对(a)的回答,这四类锁的相容性矩阵是怎样的?

!!c) 假设我们改变这四个操作,不是把新的值赋给一个量,而是在量上增加(即"在 x 坐标上加 10"或"顺时针将向量旋转 30°")。这时相容性矩阵又是怎样的?

! 习题 7.4.7　这里有一个丢失了一个动作的调度:

$r_1(A); r_2(B); ???; w_1(C); w_2(A)$

你的问题是要指出某种类型的什么操作可以替代???,并将使调度不可串行化。对以下的每类动作,说明所有可能的非可串行化替代:

a) 读

b) 增量

c) 更新

d) 写

7.5　封锁调度器的一种体系结构

看过几种不同的封锁机制后,我们接下来考虑使用这些模式之一的调度器如何操作。在这里我们只打算考虑基于以下几个原则的一个简单调度器:

1. 事务自身不会申请封锁,或我们不能依赖于事务做这件事。在读、写以及其他访问数据的动作流中插入锁的动作是调度器的任务。

2. 事务不释放锁,而是调度器在事务管理器告诉它事务将提交或中止时释放锁。

7.5.1　插入锁动作的调度器

图 7-24 所示为一个由两部分构成的调度器,它接受来自事务的诸如读、写、提交以及中止这样的请求。调度器维护一个锁表,尽管在图中锁表是作为二级存储器数据,但它可能部分地或全部位于主存中。通常,锁表使用的主存不是用于查询执行和日志的缓冲池的一部分。锁表是 DBMS 的另一组成部分,并且将像 DBMS 的其他代码和数据那样由操作系统为其分配空间。

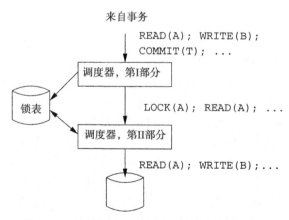

图 7-24　在事务请求流中插入封锁请求的调度器

事务请求的动作通常通过调度器传送并在数据库上执行。但是在某些情况下,事务等待一个锁而被推迟,其请求(暂时)不被传送到数据库。调度器的两个部分执行如下动作:

1. 第 I 部分接受事务产生的请求流,并在所有数据库访问操作如读、写、增量和更新前插入适当的锁动作。数据库访问操作接下来被传送到第 II 部分。不管调度器使用什么样的封锁模式集合,调度器的第 I 部分必须从其中选择适当的封锁方式。

2. 第 II 部分接受由第 I 部分传来的封锁和数据库访问动作序列，并正确地执行它们中的每一个。如果第 II 部分接收到一个封锁或数据库访问请求，那么它要决定提出请求的事务 T 是否由于某个锁不能被授予因而已经被推迟。如果是，这个动作自身被推迟并被加入一个最终必须为事务 T 执行的动作列表中。如果 T 不被推迟（即前面它所申请的所有锁已经被授予），那么

a) 如果动作是数据库访问，这一动作被传送到数据库并被执行。

b) 如果第 II 部分收到一个封锁动作，它将查看锁表以决定锁是否能被授予。

    i. 如果是，修改锁表，将刚刚授予的锁包括进去。

    ii. 如果不是，那么锁表中必须加入一项以表明该锁已经被申请。调度器的第 II 部分接着推迟事务 T 直到锁被授予时。

3. 当事务 T 提交或中止时，事务管理器将通知第 I 部分，第 I 部分于是释放 T 持有的所有的锁。如果有事务等待这些锁中的任何一个，第 I 部分将通知第 II 部分。

4. 当第 II 部分被告知某个数据库元素 X 上的锁可以获得时，它决定接下来能获得 X 上的锁的一个或多个事务。获得锁的这个（或这些）事务被允许尽可能多地执行它们被推迟的动作，直到它（们）完成或到达另一个不能被授予的封锁请求。

例 7.19 如果像 7.3 节中那样只有一种锁，那么调度器第 I 部分的工作很简单。只要它看见数据库元素 X 上的动作，并且它还没有为该事务插入 X 上的封锁请求，那么它就插入这样的一个请求。当事务提交或中止时，第 I 部分释放该事务的锁后就可以遗忘关于该事务的一切，所以第 I 部分所需要的主存不会无限增长。

当有几种锁时，调度器可能需要预先知道同一数据库元素上将发生什么动作。让我们用例 7.15 中的事务重新考虑共享 – 排他 – 更新锁的情况，这里我们写这些事务时没有给出其中的任何锁：

T_1: $r_1(A)$; $r_1(B)$; $w_1(B)$;
T_2: $r_2(A)$; $r_2(B)$;

传给调度器第 I 部分的消息不仅必须包括读或写请求，还必须包括关于同一元素上将有动作的指示。特别地，当 $r_1(B)$ 被送来时，调度器需要知道后面会有 $w_1(B)$ 动作（或可能有这样的动作）。获得这一信息的方法有多种。例如，如果事务是一个查询，那么我们知道它不会写任何东西。如果事务是一个 SQL 数据库更新命令，那么查询处理器能预先确定既可能被读又可能被写的数据库元素。如果事务是一个采用嵌入式 SQL 的程序，那么编译器能访问所有的 SQL 语句（这是唯一能访问数据库的语句），并且能确定可能被写的数据库元素。

在我们的例子中，假设事件按图 7-17 的顺序发生。那么 T_1 首先发出 $r_1(A)$。由于将来不会将该锁升级，调度器在 $r_1(A)$ 前插入 $sl_1(A)$。下一步，来自 T_2 的请求（$r_2(A)$ 和 $r_2(B)$）到达调度器。由于将来仍不会有升级，所以第 I 部分发出动作序列 $sl_2(A)$; $r_2(A)$; $sl_2(B)$; $r_2(B)$。

接着，动作 $r_1(B)$ 以及该锁可能升级的警示信息到达调度器。调度器第 I 部分因此发送 $ul_1(B)$; $r_1(B)$ 给第 II 部分。后者查阅锁表，发现它可以把 B 上的更新锁授予 T_1，因为 B 上只有共享锁。

当动作 $w_1(B)$ 到达调度器时，第 I 部分发送 $xl_1(B)$; $w_1(B)$。但是，第 II 部分不能同意 $xl_1(B)$ 请求，因为 B 上有一个 T_2 的共享锁。来自 T_1 的这一动作以及后续动作被推迟，第 II 部分将它们存储起来等待将来执行。最后，T_2 提交，第 I 部分释放 T_2 持有的 A 和 B 上的锁。这时，T_1 被发现在等待 B 上的锁。调度器第 II 部分被告知这一信息，并且它发现 $xl_1(B)$ 锁现在可以获得了。它将此锁加入锁表中，并继续最大限度地执行存储的来自 T_1 的动作。在这个例子中，T_1

被执行完。 □

7.5.2 锁表

抽象地说，锁表是将数据库元素与有关该元素的封锁信息联系起来的一个关系表，如图 7-25 所示。举例来说，这个表可以用一个散列表来实现，使用数据库元素（地址）作为散列码。任何未被封锁的元素在表中不出现，因此表的大小只与被封锁元素的数目成正比，而不是与整个数据库的大小成正比。

图 7-26 是我们在锁表项中所能找到信息种类的例子。这个示例结构假设调度器使用 7.4.4 节的共享 – 排他 – 更新锁模式。图中所示一个典型数据库元素 A 的表项是由以下成分构成的一个元组：

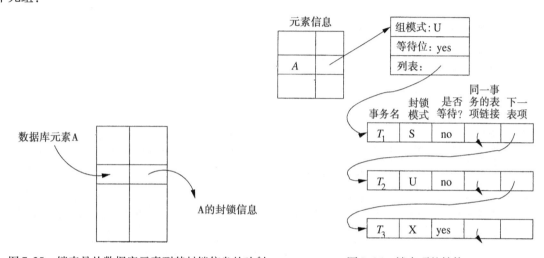

图 7-25　锁表是从数据库元素到其封锁信息的映射 　　图 7-26　锁表项的结构

1. 组模式概括事务申请 A 上的一个新锁时所面临的最苛刻的条件。我们并不是将封锁请求和同一元素上其他事务持有的锁一个个比较，而可以通过只比较请求与组模式来简化授予/拒绝决定。在共享 – 排他 – 更新（SXU）封锁模式中，规则很简单：组模式：

a)S 表示被持有的只有共享锁。

b)U 表示有一个更新锁，而且可能有一个或多个共享锁。

c)X 表示有一个排他锁，并且没有其他的锁。

其他封锁模式中，总是存在使用组模式的一个适当的概括系统，我们把例子留作习题。

2. 等待位说明至少有一个事务等待 A 上的锁。

3. 一个列表描述所有或者在 A 上当前持有锁，或者在等待 A 上的锁的那些事务。每个列表项中的有用信息可能包括：

a)持有锁或等待锁的事务名。

b)该锁的方式。

c)事务是持有锁还是等待锁。

在图 7-26 中对每一项我们还给出了两个链接。一个将列表项自身链接起来，另一个将一个具体事务的所有项链接起来（图中的 Tnext）。后一个链接在事务提交或中止时会用到，以使得我

⊖　但是，封锁管理器必须处理发出请求的事务在同一元素上已经持有其他方式的锁的可能性。例如，在所讨论的 SXU 封锁系统中，如果发出请求的事务在同一元素上有 U 锁，封锁管理器或许可以同意其 X – 锁请求。在不支持一个事务在同一元素上有多个锁的系统中，组模式总能为封锁管理器提供所需信息。

们能比较容易地找到需要释放的所有锁。

封锁请求的处理

假设事务 T 请求 A 上的锁。如果没有 A 的锁表项,那么肯定在 A 上无锁,于是相应表项被创建并且请求被同意。如果存在 A 的锁表项,我们就用它来指导我们做出有关封锁请求的决定。我们找到组模式,这在图 7-26 中是 U 或"更新"。一旦元素上有更新锁,其他锁就不能被授予(除了 T 自己持有 U 锁和其他与 T 的请求相容的锁这一情况)。因此,T 的这一请求被拒绝,而在列表中将加入表示 T 申请锁(其方式由 T 的申请而定)的一项,并且 Wait? ='Yes'。

如果组模式是 X(排他的),则同样的事情将发生,但如果组模式是 S(共享的),则另一个共享锁或更新锁可以被授予。这种情况下,T 在列表中的项将有 Wait? ='No',并且如果新锁是更新锁则组模式被改为 U;否则组模式保持 S。不管锁是否被授予,新的列表项通过 Tnext 和 Next 字段正确地链接起来。请注意,不管锁是否被授予,调度器可以从锁表得到所需信息而不必检查锁的列表。

解锁的处理

现在假设事务 T 解锁 A。列表中 T 关于 A 的项被删除。如果 T 持有的锁与组模式不同(例如,T 持有 S 锁,而组模式为 U),则不需要改变组模式。另一方面,如果 T 的锁处于组模式,我们可能不得不检查整个列表以找出新的组模式。在图 7-26 的例子中,我们知道在一个元素上只能有一个更新锁,因此当该锁被释放时,新的组模式只能是 S(如果还存在共享锁的话)或什么也没有(如果当前没有其他锁被持有的话)。$^\ominus$如果组模式是 X,我们知道不会有其他锁,而如果组模式是 S,我们需要判定是否有其他共享锁。

如果 Waiting 的值为'yes',我们需要授予申请锁列表中的一个或多个锁。有几种不同的方法,它们各有其优点:

1. 先来先服务。同意等待时间最长的封锁请求。这种策略保证不会饿死,即一个事务永远等待锁的情况。

2. 共享锁优先。首先授予所有等待的共享锁。接着,如果有等待的更新锁,则授予一个更新锁。只在没有其他锁等待时才授予排他锁。这一策略允许等待 U 或 X 锁的事务饿死。

3. 升级优先。如果有一个持有 U 锁的事务等待将其升级到 X 锁,则首先授予该锁。否则,采用已经提到的策略中的一个。

7.5.3　习题

习题 7.5.1　对习题 7.2.5 中的各个调度,说明这一节中描述的封锁调度器将要执行的步骤。

习题 7.5.2　锁表中合适的组模式是哪些,如果使用的锁方式为:

a)共享锁与排他锁。

!b)共享锁、排他锁和增量锁。

!!c)习题 7.4.6 中的封锁方式。

7.6　数据库元素的层次

让我们现在回到我们从 7.4 节开始的对于不同封锁模式的探索。特别地,我们将主要关注在数据中存在树结构时出现的两个问题。

1. 我们遇到的第一类树结构是可封锁元素的层次结构。在这一节中,我们讨论如何才能既

$\ominus$　我们永远也不会看到组模式是"nothing"的情况,因为如果元素上既没有锁也没有锁请求,那么锁表中就没有关于该元素的项。

允许大的元素，如关系上的锁，又允许包含于其中的较小元素（如容纳关系中几个元组的块，或单个元组）上的锁。

2. 并发控制系统中另一类重要的层次是本身就组织为一棵树的数据。一个重要的例子是 B – 树索引。我们可以将 B – 树的结点看作数据库元素，但如果我们这样做，那么就像我们将在 7.7 节中看到的那样，目前为止所研究的封锁模式性能就会很低，而我们需要使用一种新的方法。

7.6.1 多粒度的锁

回忆一下，我们故意地不给出"数据库元素"这一术语的定义，因为不同的系统用不同大小的数据库元素封锁，例如元组、页或块，以及关系。有的应用受益于小的数据库元素如元组，而另一些使用大的元素时最好。

例 7.20 考虑银行的数据库。如果我们将关系作为数据库元素，并因而对整个关系（如给出账户余额的关系）只有一个锁，那么系统只能允许极少的并发。由于大多数事务都将或正或负地改变账户余额，大多数事务都需要账户关系上的一个排他锁。因此，同一时间只有一个存款或取款能进行，不管我们有多少处理器可以用来执行这些事务。一种比较好的方式是给单独的页或数据块上锁。这样，对应元组位于两个不同块上的账户就可以同时被更新，提供了系统中几乎所有可能的并发。极端的情况是为每个元组提供一个锁，那么不管什么样的账户集合都可以同时更新，但这样细的锁粒度或许不值得必须付出的特别大的代价。

作为对照，考虑文档的一个数据库。这些文档可能不时地被编辑，但大多数事务将检索整个文档。明智的选择是将整个文档作为数据库元素。由于大多数事务是只读的（即它们不会执行任何写动作），封锁只是为了避免读一个正在被编辑中的文档。如果我们使用粒度更小的锁，例如图、语句或单词，基本上不会带来好处而只会增加开销。较小粒度的锁可以支持的唯一的活动是，两人同时修改文档的两个不同的部分。□

一些应用既能使用大粒度锁又能使用小粒度锁。例如，例 7.20 讨论的银行数据库显然需要块级或元组级封锁，但也可能在某些时候为了审计账户（例如，检查账户的总和是否正确）而需要整个账户关系上的锁。但是，为了计算账户关系上的某个聚集而获得该关系上的一个共享锁，而同时在单个的账户元组上有排他锁，这很可能导致非可串行化行为。原因是聚集查询在读假设被冻结的关系拷贝时，此关系事实上正在改变。

7.6.2 警示锁

解决管理不同粒度锁这一问题的方法牵涉一种新的锁，称为"警示"。这样的锁在数据库元素形成嵌套或层次结构时很有用，如图 7-27 所示。其中，我们可以看到三个级别的数据库元素：

1. 关系是最大的可封锁元素。

2. 每个关系由一个或多个块或页组成，每个块或页上存储了关系的元组。

3. 每个块包含一个或多个元组。

在数据库元素的层次上管理锁的规则由警示协议构成，它既包括"普通"锁又包括"警示"锁。我们将描述普通锁是 S 和 X（共享和排他）时的封锁模式。警示锁将通过在普通锁前加前缀 I（意为"意向"）表示；例如 IS 表示获得子元素上的一个共享锁的意向。警示协议的规则是：

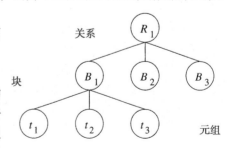

图 7-27 层次组织的数据库元素

1. 要在任何元素上加 S 或 X 锁，我们必须从层次结构的根开始。

2. 如果我们处于我们将要封锁的元素的位置，则不需要进一步查找。我们请求该元素上的 S 或 X 锁。

3. 如果我们希望封锁的元素在层次结构中更靠下，那么我们在这一结点上加一个警示锁；也就是说，如果我们想要获得其子元素上的共享锁，我们请求该结点上的 *IS* 锁，如果我们想要获得其子元素上的排他锁，我们请求该结点上的 *IX* 锁。当前结点上的锁被授予后，我们继续向适当的子结点(其子树包含我们希望上锁的结点)行进。接下来我们适当地重复步骤2和步骤3，直到我们到达所需结点。

为了决定这些锁中的一个是否能授予，我们使用图 7-28 的相容性矩阵。为了明白为什么这个矩阵是有意义的，我们首先考虑 *IS* 列。当我们请求结点 *N* 上的 *IS* 锁时，我们打算读 *N* 的一个后裔。这个意向唯一会产生问题的时候是另外的某个事务已经声明了为 *N* 表示的整个数据库元素写入新拷贝的权利时；因此我们在关于 *X* 的行上看到"否"。请注意，如果另外的某个事务只打算写一个子元素，这通过 *N* 上的 *IX* 锁表明，那么我们能够承受在 *N* 授予 *IS* 锁，而如果写意向与读意向恰好涉及共同的元素时，我们允许在较低的层次上解决冲突。

	IS	*IX*	*S*	*X*
IS	是	是	是	否
IX	是	是	否	否
S	是	否	是	否
X	否	否	否	否

图 7-28　共享锁、排他锁和意向锁的相容性矩阵

现在考虑 *IX* 列。如果我们打算写结点 *N* 的一个子元素，那么我们必须防止对 *N* 所表示的整个元素的读和写。因此，我们在关于 *S* 和 *X* 的项中看到"否"。但是，按照我们对 *IS* 列的讨论，读或写一个子元素的另一个事务潜在的冲突可以在该子元素的层次上解决，所以 *IX* 与 *N* 上的另一个 *IX* 或 *N* 上的 *IS* 不冲突。

接下来考虑 *S* 列。读对应于结点 *N* 的元素不会与 *N* 上的另一个读锁或 *N* 的某个子元素上的读锁发生冲突，后者由 *N* 处的 *IS* 表示。因此，我们在关于 *S* 和 *IS* 的行上都看到"是"。然而，*X* 或 *IX* 都表示另外的某个事务至少会写由 *N* 表示的数据库元素的部分。因此，我们不能授予读整个 *N* 的权利，这解释了 *S* 列上为"否"的项。

最后，*X* 列上只有"否"。如果另外的某个事务已经有权利读写 *N* 或获得一个子元素上的读写权限，我们就不能允许写整个结点 *N*。

意向锁的组模式

图 7-28 中的相容性矩阵展示了我们以前尚未见过的关于封锁模式能力的一种情况。在前面的封锁模式中，只要有可能同时将数据库元素以 *M* 或 *N* 方式封锁，其中一种方式必然在这样的意义上优于另一种方式：只要后者在行或列上有"否"，那么前者分别在对应行或列的位置上有"否"。例如，在图 7-19 中，我们看到 *U* 优于 *S*，而 *X* 优于 *U* 和 *S*。知道元素上总存在优势锁的好处是，我们可以用一个组模式概括多个锁的效果，正如 7.5.2 节讨论的那样。

正如我们从图 7-28 中看到的那样，*S* 和 *IX* 方式相互不优于对方。此外，一个元素可能同时以 *S* 方式和 *IX* 方式封锁，只要这些锁是同一个事务申请的(回忆一下，相容性矩阵中的"否"项只适用于其他某个事务持有的锁)。事务可能申请这两个锁，如果它希望读整个元素然后写其少量的子元素。如果事务在元素上既有 *S* 锁又有 *IX* 锁，那么它对其他事务的限制程度是其他的任一个锁都做不到的。也就是说，我们可以设想另一个封锁方式 *SIX*，它的行和列除了关于 *IS* 的项以外全是"否"。如果一个事务有 *S* 和 *IX* 方式的锁而没有 *X* 方式的锁时，封锁方式 *SIX* 将充当组模式。

顺便说说，我们可以设想在图 7-22 关于增量锁的矩阵中发生同样的情况。也就是说，一个事务可以既有 *S* 方式的锁又有 *I* 方式的锁。但是，这种情况等价于持有 *X* 方式的锁，于是在这种情况下我们可以使用 *X* 作为组模式。

例 7.21 考虑关系

`Movie(title, year, length, studioName)`

让我们假设有整个关系上的锁和单个元组上有锁。接着，由查询

```
SELECT *
FROM Movie
WHERE title = 'King Kong';
```

构成的事务 T_1 从获得整个关系上的 IS 锁开始，然后该事务转到单个的元组(有 3 个名字为 King Kong 的影片)，并在它们中的每一个上获得 S 锁。

现在，假设当我们在执行第一个查询时，事务 T_2 开始，它改变一个元组中的年这一成分：

```
UPDATE Movie
SET year = 1939
WHERE title = 'Gone With the Wind';
```

T_2 需要该关系上的一个 IX 锁，因为它打算为其中的一个元组写入新值。T_1 在关系上的 IS 锁是相容的，因此锁被授予。当 T_2 来到关于 Gone With the Wind 的元组，发现那里没有锁，于是得到其 X 锁并重写元组。如果 T_2 试图在 King Kong 影片之一的元组中写入新值，它将必须等到 T_1 释放其 S 锁，因为 S 和 X 是不相容的。锁的集合如图 7-29 所示。 □

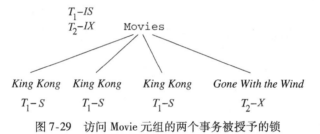

图 7-29 访问 Movie 元组的两个事务被授予的锁

7.6.3 幻象与插入的正确处理

当事务创建一个可封锁元素的新的子元素时，有时候可能出错。问题在于我们只能封锁已经存在的项；封锁并不存在但以后可能被插入的数据库元素没有简单的方法。下面的例子说明了这一点。

例 7.22 假设我们有和例 7.21 中一样的关系 Movie，而首先执行的事务是 T_3，它是查询

```
SELECT SUM(length)
FROM Movie
WHERE studioName = 'Disney';
```

T_3 需要读 Disney 影片的所有元组，所以它可能首先在 Movie 关系上获得 IS 锁，并在 Disney 影片的每个元组上获得 S 锁。[⊖]

现在，事务 T_4 出现并插入一个新的 Disney 影片。看起来似乎 T_4 不需要锁，但它已经使 T_3 的结果不正确。这一事实本身并不是并发的问题，因为串行顺序(T_3, T_4)与真正发生的等价。但是，也可能有其他某个 T_3 和 T_4 都写但 T_4 先写的元素 X，因此在更复杂的事务中可能有不可串行化的行为。

为了更精确地说明，假设 D_1 和 D_2 是原来已经存在的 Disney 影片，而 D_3 是 T_4 插入的新 Disney 影片。设 L 是 T_3 计算出的 Disney 影片长度之和，并假设数据库上的一致性约束是 L 应该等于

⊖ 但如果有很多 Disney 影片，则只在整个关系上获得一个 S 锁可能效率更高。

最后一次计算 L 时存在的所有 Disney 影片长度之和。那么下面是在警示协议下合法的一个事件序列：

$$r_3(D_1); r_3(D_2); w_4(D_3); w_4(X); w_3(L); w_3(X);$$

这里，我们用 $w_4(D_3)$ 表示事务 T_4 创建 D_3。上面的调度不是可串行化的。特别地，L 的值不是 D_1、D_2 和 D_3 长度之和，而这 3 个是当前的 Disney 影片。此外，X 具有由 T_3 写入而非 T_4 写入的值这一事实，排除了在假定的等价串行调度中 T_3 位于 T_4 前的可能性。   □

例 7.22 中的问题是，新 Disney 影片有一个幻象元组，该元组应该被上锁却没有上锁，因为在获得锁时它还不存在。但是，有一种避免幻象发生的简单方法。我们必须将元组的插入或删除看作整个关系上的写操作。因此，例 7.22 中的事务 T_4 必须获得关系 Movie 上的 X 锁。由于 T_3 已经以 IS 方式封锁了这个关系，而该方式与方式 X 不相容，T_4 必须等到 T_3 完成。

7.6.4 习题

习题 7.6.1 修改例 7.22 中动作序列，使 $w_4(D_3)$ 成为 T_4 对整个 Movie 关系所做的一个写动作。接下来给出基于警示协议的调度器针对此请求序列的动作。

习题 7.6.2 为了有多样性，我们考虑一个面向对象的数据库。类 C 的对象存在两个块 B_1 和 B_2 上。块 B_1 包含对象 O_1 和 O_2，而块 B_2 包含对象 O_3、O_4 和 O_5。类 C 的对象的全集、块和个别对象构成可封锁数据库元素的一个层次结构。对下面的请求序列，说明封锁请求和基于警示协议的调度器所做反映构成的序列。你可以假设所有请求正好在它们被需要前发生，而所有解锁发生在事务末尾。

a)$r_1(O_5); w_2(O_5); r_2(O_3); w_1(O_4);$

b)$r_1(O_1); r_1(O_3); r_2(O_1); w_2(O_4); w_2(O_5);$

c)$r_1(O_1); w_2(O_2); r_2(O_3); w_1(O_4);$

d)$r_1(O_1); r_2(O_2); r_3(O_1); w_1(O_3); w_2(O_4); w_3(O_5); w_1(O_2);$

!! **习题 7.6.3** 说明如何在基于警示协议的调度器中加入增量锁。

7.7 树协议

如 7.6 节一样，本节处理树模式的数据。然而，这里树的结点没有形成基于包含关系的层次。在一定程度上，数据库元素是不相交的数据片段，但到达结点的唯一方式是通过其父结点；B - 树是这类数据的重要例子。知道我们必须沿着通向元素的特定路径，这给了我们以不同于目前为止所看到的两阶段封锁方式管理锁的重要自由。

7.7.1 基于树的封锁的动机

让我们考虑 B - 树索引，这一系统中将单个结点（即块）看作可封锁数据库元素。结点是正确的封锁粒度，因为将更小的片段看作元素不会带来好处，而将整个 B - 树看作一个数据库元素阻止了在使用锁时通过构成本节主题的机制所能获得的那一类并发。

如果我们使用标准的诸如共享、排他和更新锁这样的封锁方式集合，并且使用两阶段封锁，那么 B - 树的并发使用几乎是不可能的。原因在于，每个使用索引的事务必须从封锁 B - 树根结点开始。如果事务是 2PL 的，那么在它不能解锁根，直到它获得 B - 树结点和其他数据库元素上所有需要的锁。[○] 此外，由于原则上任何插入或删除的事务可能最终重写 B - 树的根，事务至少需要根结点上的一个更新锁，或更新锁不能获得时的一个排他锁。因此，任何时刻都只有一个非只读的事务能访问 B - 树。

○ 另外，事务将持有所有锁直至它准备提交，这是有充分的理由的；见 8.1 节。

但是，在大多数情况下，我们几乎可以立即推断B–树结点不会被重写，即使事务插入或删除元组。例如，如果事务插入一个元组，但我们所访问的根的子结点并不是全满的，那么我们知道插入不会向上传播到根。类似地，如果事务删除单独的一个元组，而我们所访问的根的子结点中键和指针的数目超过最小数目，那么我们可以肯定根不会改变。

因此，一旦事务移到根的子结点并观察到(非常常见的)排除重写根可能性的情况，我们非常乐意释放根上的锁。同样的发现适用于B–树任何内部结点上的锁。不幸的是，提早释放根上的锁会违背2PL，因此我们不能确定访问B–树的几个事务的调度是可串行化的。解决方法是为访问像B–树这样的树结构数据的事务采用专门的协议。这一协议违背2PL，但使用访问元素必须沿树向下这样一个事实来保证可串行性。

7.7.2 访问树结构数据的规则

以下对锁的限制构成了树协议。我们假设只有一种锁，由形式为$l_i(X)$的封锁请求表示，但这一思路可以推广到其他任何封锁方式集合。我们假设事务是一致的，且调度必须是合法的(即调度器在一个结点上只有与已有锁不冲突时才对该结点授予锁来实施约束)，但事务上没有两阶段提交的要求。

1. 事务的第一个锁可以在树的任何结点上。[○]
2. 只有事务当前在父结点上持有锁时才能获得后续的锁。
3. 结点可以在任何时候解锁。
4. 事务不能对一个它已经解锁的结点重新上锁，即使它在该结点的父结点上仍持有锁。

例7.23 图7-30给出了结点的一个层次结构，而图7-31说明三个事务在这一数据上的动作。T_1从根A开始，继续向下进行到B、C和D。T_2从B开始，并试图移到E，但其移动最初由于T_3在E上的锁而被拒绝。事务T_3从E开始并移到F和G。请注意，T_1不是2PL事务，因为A上的锁在D上的锁获得以前释放。类似地，T_3不是2PL事务，尽管T_2恰好是2PL的。 □

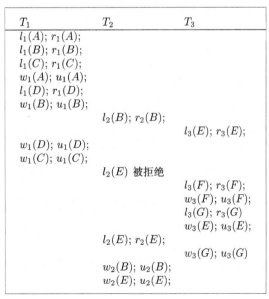

T_1	T_2	T_3
$l_1(A); r_1(A);$		
$l_1(B); r_1(B);$		
$l_1(C); r_1(C);$		
$w_1(A); u_1(A);$		
$l_1(D); r_1(D);$		
$w_1(B); u_1(B);$		
	$l_2(B); r_2(B);$	
		$l_3(E); r_3(E);$
$w_1(D); u_1(D);$		
$w_1(C); u_1(C);$		
	$l_2(E)$ 被拒绝	
		$l_3(F); r_3(F);$
		$w_3(F); u_3(F);$
		$l_3(G); r_3(G)$
		$w_3(E); u_3(E);$
	$l_2(E); r_2(E);$	
		$w_3(G); u_3(G)$
	$w_2(B); u_2(B);$	
	$w_2(E); u_2(E);$	

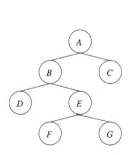

图7-30 可封锁元素的树　　　　图7-31 3个遵循树协议的事务

7.7.3 树协议发挥作用的原因

树协议在调度中锁涉及的事务上必然包含一个串行顺序。我们可以定义先后次序如下：如果在调度 S 中，事务 T_i 和 T_j 封锁一个共同的结点，而 T_i 先封锁该结点，我们就说 $T_i <_s T_j$。

例 7.24   在图 7-31 的调度 S 中，我们发现 T_1 和 T_2 都封锁 B，而 T_1 先封锁。因此 $T_1 <_s T_2$。我们还发现 T_2 和 T_3 都封锁 E，而 T_3 先封锁。因此 $T_3 <_s T_2$。但是，在 T_1 和 T_3 之间没有先后次序，因为它们不封锁共同的结点。所以，由这些先后次序关系派生的优先图见图 7-32 所示。   □

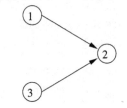

如果根据我们上面定义的先后次序关系画出的优先图中没有环，那么我们断言事务的任何拓扑顺序都是一个等价串行调度。例如，(T_1, T_3, T_2) 或 (T_3, T_1, T_2) 都是图 7-31 的一个等价串行调度。原因在于这样一个串行调度中所有结点被触及的顺序与它们在原始调度中一样。

图 7-32   图 7-31 的调度所派生的优先图

为了理解如果遵循树协议的话为什么上面描述的优先图必须总是无环的，让我们首先看一看下面的事实：

- 如果两个事务有几个二者都要封锁的元素，那么这些元素被封锁的顺序相同。

要知道为什么，考虑某两个事务 T 和 U，它们封锁两个或更多共同的项。首先注意每个事务封锁一个形成一棵树的元素集合，并且两棵树的交自身也是一棵树。因此，T 和 U 都封锁的元素中有某个最高的元素 X。假设 T 先锁 X，但还有另外的某个元素 Y 是 U 在 T 前锁的。那么在元素的树中有一条从 X 到 Y 的路径，并且 T 和 U 二者都必须封锁沿着路径的每个元素，因为除非在结点的父结点上有锁，否则二者都不能封锁该结点。

考虑沿着这条路径上 U 先封锁的第一个元素，例如说是 Z，如图 7-33 所示。那么 T 比 U 先锁 Z 的父结点 P。但是这样当 T 封锁 Z 时它仍持有 P 上的锁，因此 U 在锁 Z 时还没有锁 P。Z 不可能是 U 与 T 共同封锁的第一个元素，因为它们都有锁祖先 X（也可能是 P，但不会是 Z）。因此，U 锁 Z 必须等到获得 P 上的锁后，这是在 T 锁 Z 后。我们的结论是，在每一个 T 和 U 共同封锁的结点上，T 都在 U 前。

现在，我们考虑任意事务集合 T_1，T_2，$\cdots T_n$，它们遵循树协议并且根据调度 S 封锁树中的某些结点。首先，封锁根的那些事务按照某个顺序来做这件事，并且按照我们刚刚发现的规则：

- 如果 T_i 在 T_j 前封锁根，那么 T_i 在 T_j 前封锁每一个 T_i 与 T_j 都要封锁的结点。也就是 $T_i <_s T_j$，但不是 $T_j <_s T_i$。

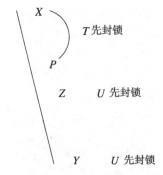

图 7-33   两个事务封锁元素的一条路径

我们可以通过对树中结点数进行归纳来证明对于整个事务集合上的调度 S 必然有某个与之等价的串行调度。

基础   如果只有一个结点，即根，那么正如我们已经观察到的那样，事务封锁根的顺序就可以承担这样的角色。

归纳   如果树中不止一个结点，对根的每一棵子树考虑在该子树中封锁一个或多个结点的事务集合。注意，封锁根的事务可能属于多棵子树，但不封锁根的事务只会属于一棵子树。例如，在图 7-31 的事务中，只有 T_1 封锁根，而它属于两棵子树——以 B 为根的树和以 C 为根的树。然而，T_2 和 T_3 只属于以 B 为根的树。

根据归纳假设，封锁任一子树中结点的所有事务有一个串行的顺序。我们只需要将不同子树的串行顺序混合起来。由于这些事务列表中共有的唯一事务在封锁根的那些事务，而我们已经证明这些事务封锁每一个公共结点的顺序都与它们封锁根的顺序一样，封锁根的两个事务不可能在两个子列表中出现的顺序不同。具体地说，如果 T_i 和 T_j 出现在根的某个子结点 C 的列表中，那么它们封锁 C 的顺序与它们封锁根的顺序一样，故在该列表中也以该顺序出现。因此，我们可以从封锁根的事务开始建立所有事务的一个串行顺序，在将这些事务按照正确顺序排放后，我们把不封锁根的那些事务按照某种与其子树的串行顺序不冲突的顺序散布其中。

例 7.25 假设有 10 个事务 T_1，T_2，…T_{10}，并且在这些事务中 T_1、T_2 和 T_3 以此顺序封锁根。我们还假设根有两个子结点，第一个被 T_1 到 T_7 封锁，第二个被 T_2、T_3、T_8、T_9 和 T_{10} 封锁。假设第一棵子树的串行顺序是 $(T_4, T_1, T_5, T_2, T_6, T_3, T_7)$；注意这一顺序中必须按顺序包括 T_1、T_2 和 T_3。还假设第二棵子树的串行顺序是 $(T_8, T_2, T_9, T_{10}, T_3)$。封锁根的事务 T_2 和 T_3 在这个序列中的顺序必然和它们封锁根的顺序相同。

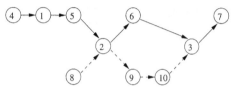

图 7-34 将子树的串行顺序组合成所有事务的串行顺序

这些事务上的串行顺序受到的约束如图 7-34 所示。实线表示由根的第一个子结点导致的约束，而虚线表示第二个子结点中的顺序。$(T_4, T_8, T_1, T_5, T_2, T_9, T_6, T_{10}, T_3, T_7)$ 是该图的众多拓扑顺序中的一个。 □

7.7.4 习题

习题 7.7.1 假设我们在图 3-13 的 B–树上执行下列动作。如果我们使用树协议，什么时候我们可以释放各个被搜索结点上的写锁？

a) 插入 4　　b) 插入 30　　c) 删除 37　　d) 删除 7

! 习题 7.7.2 考虑在图 7-30 的树上操作的如下事务。

T_1: $r_1(A)$; $r_1(B)$; $r_1(E)$;
T_2: $r_2(A)$; $r_2(C)$; $r_2(B)$;
T_3: $r_3(B)$; $r_3(E)$; $r_3(F)$;

如果调度遵循树协议，有几种方式我们可以交错：

a) T_1 和 T_3　　b) T_2 和 T_3　　!! c) 三者

!! 习题 7.7.3 假设我们使用具有分别用于读和写的共享锁和排他锁的树协议。要求获得一个结点上的锁需要持有其父结点上的锁的规则 2 必须做出修改，以防止非可串行化行为。关于共享锁和排他锁正确的规则 2 是什么？提示：父结点上的锁必须和其子结点上的锁类型相同吗？

! 习题 7.7.4 假设有 8 个事务 T_1，T_2，…，T_8，其中序号为奇数的事务 T_1、T_3、T_5 和 T_7 按此顺序封锁树的根。根有 3 个子结点，第一个被 T_1、T_2、T_3 和 T_4 按此顺序封锁，第二个被 T_3、T_6 和 T_5 按此顺序封锁，第 3 个被 T_8 和 T_7 按此顺序封锁。这些事务和以上陈述一致的串行顺序有多少？

7.8 使用时间戳的并发控制

接下来，我们将考虑封锁以外的、某些系统中用来保证事务可串行性的两种方法：

1. 时间戳。为每个事务分配一个"时间戳"。记录上次读和写每个数据库元素的事务时间戳，将这些数值与事务时间戳比较，根据事务的时间戳以确保串行调度等价于实际事务的调度。该方法是本节的内容。

2. 有效性确认。当要提交一个事务时，检查事务和数据库元素的时间戳；这一过程被称为事务的"有效性确认"。根据事务的有效性确认时间排列的串行调度必须等同于实际调度。验证方法将在7.9节中讨论。

这两种方法都假设没有非可串行化行为发生，并且只在违例很明显时做修复，在这个意义上它们是乐观的。与此相反，所有封锁方法假设如果不预防事务陷入非可串行化行为中，事情就会出错。乐观的方法不同于封锁的地方在于，当确实发生问题时唯一的补救措施是中止并重启试图参与非可串行化行为的事务。与此相反，封锁调度器推迟事务，但不中止它们。⊖通常，当很多事务只读时乐观的调度器比封锁好，因为这些事务自己永远不会导致非可串行化行为。

7.8.1 时间戳

为了使用时间戳作为并发控制方式，调度器需要赋给每个事务 T 一个唯一的数，即其时间戳 $\text{TS}(T)$。时间戳必须在事务首次通知调度器自己将开始时按升序发出。产生时间戳的两种方法是：

a)我们可以使用系统时间作为时间戳，只要调度器操作不会快到在一个时钟周期内给两个事务赋予时间戳。

b)调度器维护一个计数器。每当一个事务开始时，计数器加1，而新的值成为该事务的时间戳。这种方法中，时间戳与"时间"无关，但它们具有任何时间戳产生系统都需要的重要性质：开始较晚的事务比开始较早的事务具有的时间戳要高。

不管使用什么时间戳产生方法，调度器都必须维护当前活跃事务及其时间戳的一张表。

为了使用时间戳来作为并发控制方式，我们需要将每个数据库元素 X 与两个时间戳以及一个附加的位联系起来：

1. $\text{RT}(X)$，X 的读时间，它是读 X 的事务中最高的时间戳。

2. $\text{WT}(X)$，X 的写时间，它是写 X 的事务中最高的时间戳。

3. $\text{C}(X)$，X 的提交位，该位为真，当且仅当最近写 X 的事务已经提交。这一位的目的是为了避免出现事务 T 读另一事务 U 所写数据然后 U 中止这样的情况。T 脏读"未提交数据"这一个问题肯定有可能导致数据库状态变得不一致，而任何调度器都需要防止脏读的机制。

7.8.2 事实上不可实现的行为

为了理解时间戳调度器的体系结构和规则，我们需要记住：调度器假设事务的时间戳顺序也必须是它们看起来执行的串行顺序。因此，调度器的任务除了分配时间戳和更新数据库元素的 RT、WT 和 C 外，还要检查是否在读写发生的任何时候，如果每个事务在对应其时间戳的那一刻瞬时执行的话，事实上发生的事可能会发生。如果不是，我们说这一行为是事实上不可实现的。可能发生的问题有两类：

1. 过晚的读：事务 T 试图读数据库元素 X，但 X 的写时间表明 X 现有的值是 T 理论上执行以后写入的；即 $\text{TS}(T) < \text{WT}(X)$。图 7-35 说明了这一问题。水平轴表示事件发生的实际时间。虚线将实际的事件与其理论上发生的时间(即执行事件的事务的时间戳)连起来。因此，我们看到事务 U 在事务 T 后开始，但在 T 读 X 前为 X 写入一个值。T 应该不能读 U 写入的值，因为理论上 U 在 T 后执行。但是，T 别无选择，因为 U 关于 X 的值是 T 现在所看到的。遇到这一问题时，解决办法是中止 T。

2. 过晚的写：事务 T 试图写数据库元素 X。但是，X 的读时间表明另外的某个事务应该读到 T 写入的值但却读到另外的某个值。也就是 $\text{WT}(X) < \text{TS}(T) < \text{RT}(X)$。图 7-36 说明这一问题。其中我们看到事务 U 在事务 T 后开始，但在 T 有机会写 X 前读 X。当 T 试图写 X 时，我们发现

⊖ 这并不是说使用封锁调度器的系统永远不会中止事务；例如，8.2节讨论中止事务以修复死锁。但是，封锁调度器从不简单地把中止事务当作封锁请求不能被同意时的回应。

RT(X) > TS(T)，意味着 X 已经被一个理论上在 T 后执行的事务 U 所读。我们还发现 WT(X) < TS(T)，意味着没有其他事务往 X 中写入能覆盖 T 所写值的值，因此取消 T 将其值写入 X 这一任务，使 U 能读它。

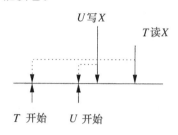

图 7-35　事务 T 试图做过晚的读

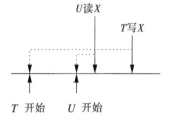

图 7-36　事务 T 试图做过晚的读

7.8.3　脏数据的问题

提交位的设计是为了帮助解决一类问题。这些问题中的一个是"脏读"，如图 7-37 所示。其中，事务 T 读 X，而 X 最近是被 U 写入的。U 的时间戳小于 T 的时间戳，且在实际中 T 的读发生在 U 的写之后，因此这一事件看来在事实上是可实现的。但是，有可能在 T 读 U 写入的 X 值后，事务 U 中止；或许是 U 在自己的数据中遇到了一个错误的情况，如除 0，或许像我们将在 7.8.4 节看到的那样，调度器由于事务 U 试图做事实上不可实现的事而将其中止。因此，尽管关于 T 读 X 并没有什么是事实上不可实现的，最好将 T 的读推迟到 U 提交或中止后。我们可以断定 U 尚未提交，因为提交位 C(X) 为假。

另一个潜在的问题如图 7-38 所示。其中，时间戳比 T 晚的事务 U 先写 X。当 T 试图写时，正确的动作是什么也不做。显然不会有另一个事务 V 应该读 T 的 X 值却读到 U 的值，因为如果 V 试图读 X，它将因为过晚的读而中止。以后对 V 执行的读将需要 U 的 X 值或一个更晚写入的 X 值，而不是 T 的。这一想法，即写操作在写时间更晚的写操作已发生时可以被跳过，称为Thomas 写法则。

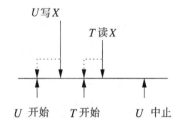

图 7-37　如果 T 在所示时候读 X 则可能
　　　　　进行的是脏读

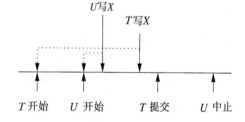

图 7-38　写操作由于一个具有较晚时间戳的写操作
　　　　　被取消，而执行的事务此后中止

但是，Thomas 写法则有一个潜在的问题。如果像图 7-38 所示的那样，U 后来中止，那么它的 X 应该被删掉，并且前一个值和写时间应该被恢复。由于 T 已提交，看起来似乎 T 所写入的 X 值应该是以后读到的值。但是，我们已经跳过 T 的写而且损坏已经来不及修复了。

尽管有多种处理上述问题的方法，我们将采用一个相对简单的策略，它基于下面假设的基于时间戳的调度器所具有的能力。

- 当事务 T 写数据库元素 X 时，写是"尝试性的"，且在 T 中止时可以被撤销。提交位C(X) 被设为假，调度器保存 X 的旧值和原有 WT(X) 的一个拷贝。

7.8.4　基于时间戳调度的规则

我们现在可以概括使用时间戳的调度器为了保证不会发生事实上不可实现的事所必须遵守

的规则。作为对来自事务 T 的读写请求的反应,调度器可以有如下选择:

a)同意请求。

b)中止 T(如果 T 违背现实)并重启具有新时间戳的 T(中止再加上重启常称为回滚)。

c)推迟 T,并在以后决定是中止 T 还是同意请求(如果请求是读并且此读可能是脏的,正如 7.8.3 节那样)。

规则如下:

1. 假设调度器收到请求 $r_T(X)$。

a)如果 $TS(T) \geqslant WT(X)$,此读是事实上可实现的。

    i. 如果 $C(X)$ 为真,同意请求。如果 $TS(T) > RT(X)$,置 $RT(X):= TS(T)$;否则不改变 $RT(X)$。

    ii. 如果 $C(X)$ 为假,推迟 T 直到 $C(X)$ 为真或写 X 的事务中止。

b)如果 $TS(T) < WT(X)$,此读是事实上不可实现的。回滚 T;即中止 T 并以一个新的更大的时间戳重启它。

2. 假设调度器收到请求 $w_T(X)$。

a)如果 $TS(T) \geqslant PT(X)$,并且 $TS(T) \geqslant WT(X)$,此写是事实上可实现的并且必须执行。

    i. 为 X 写入新值。

    ii. 置 $WT(X):= TS(T)$。

    iii. 置 $C(X):= false$。

b)如果 $TS(T) \geqslant RT(X)$,但是 $TS(T) < WT(T)$,此写是事实上可实现的,但 X 中已经有一个更晚的值。如果 $C(X)$ 为真,那么前一个 X 的写已经提交,我们只要忽略 T 的写;我们允许 T 不对数据库做任何改变而继续进行下去。但是,如果 $C(X)$ 为假,那么我们必须像 1(a)ii 中那样推迟 T。

c)如果 $TS(T) < RT(X)$,那么此写是事实上不可实现的,而 T 必须被回滚。

3. 假设调度器收到提交 T 的请求。它必须(使用调度器维护的一个列表)找到 T 所写的所有数据库元素 X,并置 $C(X):= true$。如果有任何等待 X 被提交的事务(从调度器维护的另一个列表中找到),这些事务被允许继续进行。

4. 假设调度器收到中止 T 的请求,或决定像在 1b 和 2c 中那样回滚 T。那么任何等待 T 所写元素 X 的事务必须重新尝试读或写,看这一动作现在 T 的写被中止后是否合法。

例 7.26　图 7-39 给出了的 3 个事务 T_1、T_2 和 T_3 的一个调度,这 3 个事务访问 3 个数据库元素 A、B 和 C。事件发生的实际时间照常随页面向下而增大。但是,我们还指明了事务的时间戳以及元素的读写时间。在开始时,每个数据库元素具有的读时间和写时间均为 0。事务的时间戳是在它们通知调度器自己开始执行时获得的。请注意,尽管 T_1 执行第一个数据访问,它并不具有最小的时间戳。假设 T_2 第一个通知调度器自己开始执行,接着是 T_3,而 T_1 最后开始。

在第一个动作中,T_1 读 B。由于 B 的写时间小于 T_1 的时间戳,此读在事实上可实现因而允许发生。B 的读时间被置为 T_1 的时间戳 200。第 2 和第 3 个读动作类似地是合法的,导致各数据库元素的读时间被置为读它的事务的时间戳。

在第 4 步,T_1 写 B。由于 B 的写时间不大于 T_1 的时间戳,此写在事实上可实现。由于 B 的写时间不大于 T_1 的时间戳,我们必须真正执行此写。我们这样做时,B 的写时间增加到 200,即执行写操作的事务 T_1 的时间戳。

接下来,T_2 试图写 C。但是,C 已经被事务 T_3 所读,T_3 理论上的执行时间是 175,而 T_2 将在时间 150 写它的值。因此,T_2 试图做的事将导致事实上不可实现的,因而 T_2 必须回滚。

最后一步 T_3 写 A。由于 A 的读时间 150 小于 T_3 的时间戳 175,此写是合法的。但是,已经有一个较晚的 A 值存储在该数据库元素中,即由 T_1 理论上在时间 200 写入的值。因此,T_3 不回滚,但它也不写入自己的值。　□

T_1	T_2	T_3	A	B	C
200	150	175	RT=0 WT=0	RT=0 WT=0	RT=0 WT=0
$r_1(B)$;				RT=200	
	$r_2(A)$;		RT=150		
		$r_3(C)$;			RT=175
$w_1(B)$;				WT=200	
$w_1(A)$;			WT=200		
	$w_2(C)$; 中止				
		$w_3(A)$;			

图 7-39 3 个事务在基于时间戳的调度器下执行

7.8.5 多版本时间戳

时间戳的一个重要变体除了维护数据库元素当前的、存储在数据库自身中的版本外，还维护数据库元素的旧版本。目的是允许其他情况下将导致事务 T 中止(由于 T 的当前版本应在 T 以后写入)的读操作 $r_T(X)$ 继续进行，这是通过让具有 T 时间戳的事务读适合它的 X 的版本来达到的。如果数据库元素是块或页，这种方法特别有用，因为这时所需做的只是让缓冲区管理器在主存中容纳对当前活跃的某个事务来说可能有用的某些块。

例 7.27 考虑图 7-40 所示访问数据库元素 A 的事务集合。这些事务在基于时间戳的普通调度器下操作，且当 T_3 试图读 A 时，它发现 WT(A) 比自己的时间戳大，因此必须中止。但是，A 有一个由 T_1 写入而被 T_2 覆盖的旧值适合 T_3 去读；A 的这一版本写时间为 150，它小于 T_3 的时间戳 175。如果 A 的这一旧值可以获得，T_3 就可以被允许去读它，尽管它不是 A 的"当前"值。 □

多版本时间戳调度器与 7.8.4 节所述调度器的差别有以下几个方面：

1. 当新的写 $w_T(X)$ 发生时，如果它合法，那么数据库元素 X 的一个新版本被创建。其写时间为 TS(T)，并且我们将用 X_t 来指代它，其中 $t =$ TS(T)。

2. 当读 $r_T(X)$ 发生时，调度器找到 X 的版本 X_t，它满足 $t \leq$ TS(T)，并且不存在满足 $t < t' \leq$ TS(T) 的版本 $X_{t'}$。也就是说，恰好在 T 理论上执行前写入的 X 版本是 T 所读的版本。

3. 写时间与元素的版本相关，且永不改变。

4. 读时间也与版本相关。它们被用来拒绝某些写操作，例如时间小于原有版本读时间的写操作。图 7-41 表示了这一问题，其中 X 有版本 X_{50} 和 X_{100}，前者被一个时间戳为 80 的事务所读，又发生了一个新的由具有时间戳 60 的事务 T 执行的写操作。这一写操作必然使 T 中止，因为如果 T 被允许执行的话，它关于 X 的值应该被具有时间戳 80 的事务读到。

T_1	T_2	T_3	T_4	A
150	200	175	225	RT=0 WT=0
$r_1(A)$ $w_1(A)$				RT=150 WT=150
	$r_2(A)$ $w_2(A)$			RT=200 WT=200
		$r_3(A)$ 中止		
			$r_4(A)$	RT=225

图 7-40 T_3 由于不能访问 A 的旧值因而必须中止

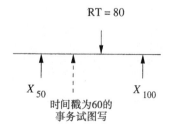

图 7-41 事务试图写入使事件事实上不可实现的 X 版本

5. 当版本 X_t 的写时间 t 满足任何活跃事务的时间戳都不小于 t 时，我们就可以删除 X 的任

何早于 X_t 的版本。

例 7.28   让我们重新考虑图 7-40 中的动作在使用多版本时间戳时的情况。首先，A 有 3 个版本：这些事务开始前存在的版本 A_0，T_1 写入的 A_{150}，以及 T_2 写入的 A_{200}。图 7-42 给出了事件序列，版本何时被创建，以及它们何时被读取。特别注意 T_3 不必中止，因为它可以读 A 的一个较早的版本。   □

T_1	T_2	T_3	T_4	A_0	A_{150}	A_{200}
150	200	175	225			
$r_1(A)$				Read		
$w_1(A)$					Create	
	$r_2(A)$				Read	
	$w_2(A)$					Create
		$r_3(A)$			Read	
			$r_4(A)$			Read

图 7-42   使用多版本并发控制的事务执行

7.8.6   时间戳与封锁

在大多数事务只读或并发事务极少试图读写同一元素的情况下，时间戳通常比较优越。在高冲突的情况下，封锁的性能比较好。对这一经验规律的论证为：

- 封锁在事务等待锁时通常推迟事务。
- 但如果并发事务频繁读写公共元素，那么回滚在一个时间戳调度器中就会很频繁，导致甚至比封锁系统中更多的延迟。

几个商用系统中做出了有趣的折中。调度器将事务分为只读事务和读/写事务。读/写事务使用两阶段封锁执行，以避免所有事务相互间访问对方封锁的元素。

只读事务使用多版本时间戳执行。当读/写事务创建数据库元素的新版本时，这些版本按7.8.5 节所述进行管理。只读事务允许读适合于其时间戳的任何数据库元素版本。因此只读事务从不会被中止，只在极少时候被推迟。

7.8.7   习题

习题 7.8.1   下面是几个事件序列，包括开始事件，其中 st_i 表示事务 i 开始。这些序列表示真实时间，并且时间戳的调度器将按照事务开始的顺序为其分配时间戳。说明当各序列执行时将发生什么。

a) st_1; $r_1(A)$; st_2; $w_2(B)$; $r_2(A)$; $w_1(B)$

b) st_1; st_2; $r_1(A)$; $r_2(B)$; $w_2(A)$; $w_1(B)$

c) st_1; st_3; st_2; $r_1(A)$; $r_3(B)$; $w_1(C)$; $r_2(B)$; $r_2(C)$; $w_3(B)$; $w_2(A)$

d) st_1; st_2; st_3; $r_1(A)$; $r_3(B)$; $w_1(C)$; $r_2(B)$; $r_2(C)$; $w_3(B)$; $w_2(A)$

!! 习题 7.8.2   在对基于锁的调度器的学习中，我们发现获得锁的事务发生死锁的原因有几个。使用提交位 $C(X)$ 的时间戳的调度器可能有死锁吗？

习题 7.8.3   说明下列事件序列过程中将发生什么，如果使用的是多版本的时间戳调度器。而如果调度器不维护多个版本时，又将发生什么？

a) st_1; st_2; st_3; st_4; $w_1(A)$; $w_3(A)$; $r_4(A)$; $r_2(A)$

b) st_1; st_2; st_3; st_4; $w_1(A)$; $w_4(A)$; $r_3(A)$; $r_2(A)$

c) st_1; st_2; st_3; st_4; $w_1(A)$; $w_2(A)$; $w_3(A)$; $r_2(A)$; $r_4(A)$

7.9　使用有效性确认的并发控制

有效性确认是另一种乐观的并发控制类型，其中我们允许事务不经封锁访问数据，而在适当的时候我们检查事务是否以一种可串行化的方式运转。有效性确认与时间戳的主要区别在于调度器维护关于活跃事务正在做什么的一个记录，而不是为所有数据库元素保存读时间和写时间。事务开始为数据库元素写入值前的一刹那，它经过一个"有效性确认阶段"，这时用它已经读的和将写的元素集合与其他活跃事务的写集合做比较。如果存在事实上不可实现行为的风险，该事务就被回滚。

7.9.1　基于有效性确认调度器的结构

当有效性确认被用作并发控制机制时，对每个事务 T，调度器必须被告知 T 所读和写的数据库元素集合，分别是读集合 $RS(T)$ 和写集合 $WS(T)$。事务分三个阶段来执行：

1. 读。在第一阶段，事务从数据库中读其读集合中的所有元素。事务还在其局部地址空间中计算它将要写的所有值。

2. 有效性确认。在第二阶段，调度器通过比较该事务与其他事务的读写集合来确认该事务的有效性。我们将在 7.9.2 节描述有效性确认过程。如果有效性确认失败，则事务回滚；否则它继续进入第三阶段。

3. 写。在第三阶段，事务往数据库中写入其写集合中元素的值。

直观地说，我们可以认为每个成功确认的事务是在其有效性确认的瞬间执行的。因此，基于有效性确认的调度器对事务的进行有一个假定的串行顺序，并且它根据事务行为是否与这一串行顺序一致来决定确认事务是否有效。

为了支持做出是否确认事务有效性的决定，调度器维护三个集合：

1. START，已经开始但尚未完成有效性确认的事务集合。对这个集合中的每个事务 T，调度器维护 $START(T)$，即事务 T 开始的时间。

2. VAL，已经确认有效性但尚未完成第 3 阶段写的事务。对这个集合中的每个事务 T，调度器维护 $START(T)$ 和 $VAL(T)$，即 T 确认的时间。请注意，$VAL(T)$ 也是在假设的串行执行顺序中所设想的 T 的执行时间。

3. FIN，已经完成第 3 阶段的事务。对这样的事务 T，调度器记录 $START(T)$、$VAL(T)$ 和 $FIN(T)$，即 T 完成的时间。原则上这个集合将增长，但正如我们将看到的，如果对任意活跃事务 U（即对任何在 START 或 VAL 中的 U），事务 T 满足 $FIN(T) < START(U)$，这样的 T 我们不必记住。调度器因此可以周期性地清理 *FIN* 集合，以防止其增大到超过限度。

7.9.2　有效性确认规则

如果调度器维护 7.9.1 节中的信息，这些信息足以使它能够监测出任何违反假设的事务串行顺序的潜在可能，假设的事务串行顺序即事务有效性确认的顺序。为了理解这些规则，让我们首先考虑当我们想要确认一个事务有效性时可能发生什么错误。

1. 假设存在事务 U 满足：

a) U 在 *VAL* 或 *FIN* 中；即 U 已经过有效性确认。

b) $FIN(U) > START(T)$；即 U 在 T 开始前没有完成。⊖

c) $RS(T) \cap WS(U)$ 非空；特别地，设其包含数据库元素 X。

⊖　请注意，如果 U 在 VAL 中，那么当 T 确认时 U 尚未完成。这种情况下，$FIN(U)$ 在技术上是未定义的。但是，这种情况下我们知道它必然大于 $START(T)$。

那么 U 有可能在 T 读 X 后写 X。事实上，U 甚至可能还没有写 X。U 写了 X 但并不及时的一种情况，如图 7-43 所示。为了解释这个图，请注意虚线将实际时间的事件与事务在其有效性确认瞬间执行时这些事件发生的时间联系起来。由于我们不知道 T 是否读到 U 的值，我们必须回滚 T 以避免 T 和 U 的动作与假设串行顺序不一致的风险。

2. 假设存在事务 U 满足:

a) U 在 VAL 中；即 U 有效性已经成功确认。

b) $\mathrm{FIN}(U) > \mathrm{VAL}(T)$；即 U 在 T 进入其有效性确认阶段以前没有完成。

c) $\mathrm{WS}(T) \cap \mathrm{WS}(U) \neq \varnothing$；特别地，设 X 同时在两个写集合中。

这时潜在的问题如图 7-44 所示。T 和 U 都必须写 X 的值，而如果我们确认 T 的有效性，它就可能在 U 前写 X。由于我们不能确定，我们回滚 T 以保证它不会违反假设的 T 在 U 后的串行顺序。

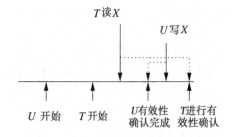

图 7-43　如果一个较早的事务现在正在写入 T 应该读过的某些东西，则 T 有效性不能确认

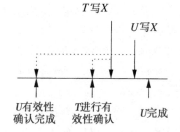

图 7-44　如果 T 在有效性确认后可能比一个较早的事务先写某个东西，则 T 不能确认

上面描述的两个问题是 T 的写可能事实上不可实现的唯一情形。在图 7-43 中，如果 U 在 T 开始前完成，那么 T 肯定应该读到 U 或某个更晚的事务所写的 X 值。在图 7-44 中，如果 U 在 T 有效性确认前完成，那么 U 肯定在 T 前写 X。因此我们可以用下面关于事务 T 有效性确认的规则来概括这些发现。

- 对于所有已经过有效性确认且在 T 开始前没有完成的 U，即对于满足 $\mathrm{FIN}(U) > \mathrm{START}(T)$ 的 U，检测是否 $\mathrm{RS}(T) \cap \mathrm{WS}(U) = \varnothing$。

- 对于所有已经过有效性确认且在 T 有效性确认前没有完成的 U，即对于满足 $\mathrm{FIN}(U) > \mathrm{VAL}(T)$ 的 U，检测是否 $\mathrm{WS}(T) \cap \mathrm{WS}(U) = \varnothing$。

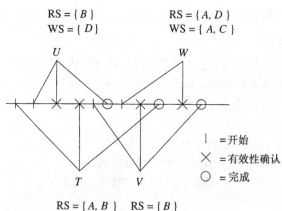

图 7-45　4 个事务及其有效性确认

例 7.29 图 7-45 给出了 4 个事务 T、U、V 和 W 试图执行并确认有效性的时间线。每个事务的读写集合在图中标明。T 第一个开始,尽管 U 最先进行有效性确认。

1. U 的有效性确认:当确认 U 的有效性时没有其他已确认事务,因而什么也不需要检测。U 的有效性成功确认并为数据库元素 D 写入一个值。

2. T 的有效性确认:当确认 T 的有效性时,U 已确认但尚未完成。因此,我们必须检测 T 的读写集合是否都满足与 $\text{WS}(U) = \{D\}$ 没有公共元素。由于 $\text{RS}(T) = \{A, B\}$,而 $\text{WS}(T) = \{A, C\}$,两个检测都成功,因而确认 T 的有效性。

3. V 的有效性确认:当确认 V 的有效性时,U 已确认和完成,T 已确认但尚未完成。并且 V 在 U 完成前开始。因此,我们必须用 $\text{RS}(V)$ 与 $\text{WS}(V)$ 二者来和 $\text{WS}(T)$ 比较,但只需用 $\text{RS}(V)$ 来和 $\text{WS}(U)$ 比较。我们发现:

- $\text{RS}(V) \cap \text{WS}(T) = \{B\} \cap \{A, C\} = \varnothing$
- $\text{WS}(V) \cap \text{WS}(T) = \{D, E\} \cap \{A, C\} = \varnothing$
- $\text{RS}(V) \cap \text{WS}(U) = \{B\} \cap \{D\} = \varnothing$

因此,V 的有效性也成功确认。

4. W 的有效性确认:当确认 W 的有效性时,我们发现 U 在 W 开始前已结束,因此在 W 与 U 之间不执行任何比较。T 在 W 确认前完成但未在 W 开始前完成,因此我们只比较 $\text{RS}(W)$ 和 $\text{WS}(T)$。V 已确认但尚未完成,因此我们需要用 $\text{RS}(W)$ 与 $\text{WS}(W)$ 二者来和 $\text{WS}(V)$ 比较。检测如下:

- $\text{RS}(W) \cap \text{WS}(T) = \{A, D\} \cap \{A, C\} = \{A\}$
- $\text{RS}(W) \cap \text{WS}(V) = \{A, D\} \cap \{D, E\} = \{D\}$
- $\text{WS}(W) \cap \text{WS}(V) = \{A, C\} \cap \{D, E\} = \varnothing$

由于交集并非都为空,W 的有效性不能确认。相反地,W 被回滚且不为 A 或 C 写入值。 □

瞬时行为

你可能已经注意到确认这一动作在片刻间或不可分的瞬间发生这一概念。例如,我们想象我们能够确定在我们开始确认事务 T 前事务 U 是否已经确认。U 可能在我们正在确认 T 时完成确认吗?

如果我们在单处理器的系统上运行,并且只有一个调度器进程,我们确实可以将确认或调度器的其他动作看作是在瞬间发生的。原因在于,如果调度器正在确认 T,它就不可能也正在确认 U,所以在 T 确认的整个过程中,U 的确认状态不会改变。

如果我们运行在多处理器上,并且有多个调度器进程,那么就有可能一个在确认 T,而另一个在确认 U。如果这样,我们需要依赖多处理器系统所提供的某种同步机制来使确认成为原子的动作。

7.9.3 三种并发控制机制的比较

我们已经考虑过的三种可串行性方法(封锁、时间戳和有效性确认)各有其优点。首先,它们可以在对存储的利用上进行比较:

- 封锁:锁表空间与被封锁元素个数成正比。
- 时间戳:在不成熟的实现中,每个数据库元素的读时间和写时间都需要空间,不管该元素当前是否被访问。但是,更精细的实现会将最早的活跃事务以前的所有时间戳看作"负无穷",并且不记录它们。在这种情况下,我们可以类似锁表那样将读时间和写时间记录在一张表中，其中只给出那些最近已经被访问过的数据库元素。

- 有效性确认：空间用于每个当前活跃事务以及少量几个在某当前活跃事务开始后完成的事务的时间戳和读/写集合。

因此，每种方法使用的空间数量大致正比于所有活跃事务访问的数据库元素总和。时间戳和有效性确认可能使用空间略微多一些，因为它们记录最近提交事务的某些访问，而这是锁表所不记录的。有效性确认的一个潜在问题是，事务的写集合必须在写发生以前（但在事务的局部计算已经完成后）知道。

我们还可以在不推迟事务完成的能力方面比较这些方法的成效。这三种方法的性能依赖于事务间的相互影响（事务访问一个并发事务所访问元素的可能性）是高还是低。

- 封锁推迟事务但避免回滚，即使当相互影响高时。时间戳和有效性确认不推迟事务，但能导致其回滚，而这是推迟的一种更严重的形式，并且也浪费资源。
- 如果相互影响低，那么时间戳和有效性确认都不会导致太多的回滚，并且因为它们通常比封锁调度器开销小而更受欢迎。
- 当回滚必要时，时间戳比有效性确认更早地捕获某些问题，或者在考虑一个事务是否必须回滚前常常让其做完所有的内部工作。

7.9.4 习题

习题 7.9.1 在下列时间序列中，我们用 $R_i(X)$ 表示"事务 T_i 开始，且其读集合是数据库元素列表 X"。此外，V_i 表示"T_i 试图确认有效性"，而 $W_i(X)$ 表示"事务 T_i 完成，且其写集合是 X"。说明当一个基于有效性确认的调度器处理每个序列时会发生什么。

a) $R_1(A,B); R_2(B,C); R_3(C); V_1; V_2; V_3; W_1(A); W_2(B); W_3(C)$

b) $R_1(A,B); R_2(B,C); R_3(C); V_1; V_2; V_3; W_1(C); W_2(B); W_3(A)$

c) $R_1(A,B); R_2(B,C); R_3(C); V_1; V_2; V_3; W_1(A); W_2(C); W_3(B)$

d) $R_1(A,B); R_2(B,C); V_1; R_3(C,D); V_3; W_1(A); V_2; W_2(A); W_3(B)$

e) $R_1(A,B); R_2(B,C); V_1; R_3(C,D); V_3; W_1(A); V_2; W_2(A); W_3(D)$

f) $R_1(A,B); R_2(B,C); V_1; R_3(C,D); V_3; W_1(C); V_2; W_2(A); W_3(D)$

7.10 小结

- **一致的数据库状态**：遵循设计者想要的所有隐含的或声明的约束的数据库状态被称为是一致的。数据库上的操作保持一致性，即它们将一个一致的数据库状态转换到另一个，这非常重要。
- **并发事务一致性**：多个事务同时访问一个数据库是很正常的。隔离执行的事务是假定能保持数据库一致性的。保证并发操作的事务也保持数据库一致性是调度器的任务。
- **调度**：事务被划分为动作，只要是对数据库的读和写。来自一个或多个事务的这些动作的一个序列称为一个调度。
- **串行调度**：如果一次执行一个事务，则该调度被称为是串行的。
- **可串行化调度**：在对数据库的效果上等价于某个串行调度的调度被称为是可串行化的。在一个可串行化的但非串行的调度中，来自几个事务的动作相互交错是可能的，但是我们对于我们允许哪些动作序列小心谨慎，否则一个交错将使数据库处于不一致的状态。
- **冲突可串行化**：可串行化的一个易于判断的充分条件是调度能通过一系列相邻动作的非冲突交换转变为串行的。这样的调度称为冲突可串行化调度。如果我们试图交换同一事务的两个动作，或者交换访问同一数据库元素的两个动作而其中至少一个动作是写，那么冲突将发生。

- 优先图：冲突可串行化的一种简单的测试方法是为调度构造一个优先图。结点对应于事务，而如果某个动作 T 在调度中与一个比较靠后的动作 U 冲突，那么就有一条弧 $T \to U$。调度是冲突可串行化的当且仅当优先图无环。

- 封锁：保证可串行化调度最常用的方法是在访问数据库元素前先封锁，并在完成对该元素的访问后释放其锁。元素上的锁禁止其他事务访问该元素。

- 两阶段封锁：封锁自身并不能保证可串行化。但是，两阶段封锁能保证可串行化，在两阶段封锁中所有事务首先进入一个只申请锁的阶段，然后进入一个只释放锁的阶段。

- 封锁模式：为了避免不必要地将事务封锁在外，系统通常使用多种封锁方式，对每种方式什么时候可以授予锁有不同的规则。最常用的系统中包含用于只读访问的共享锁和用于包括写访问的排他锁。

- 相容性矩阵：相容性矩阵是对已知同一元素上可能有另一方式或同一方式的锁情况下，授予某种方式的锁什么时候合法的一种有用的汇总。

- 更新锁：调度器允许一个先读再写一个元素的事务首先获得一个更新锁，而在以后将该锁升级为排他的。更新锁在元素上已经有共享锁时可以被授予，但一旦元素上有了一个更新锁，它就禁止在该元素上授予其他锁。

- 增量锁：对于事务只想在元素上增加或减少一个常数这一常见的情况，增量锁非常适合。同一元素上的增量锁相互不冲突，尽管它们同共享锁以及排他锁冲突。

- 有粒度层次元素的封锁：当大的元素和小的元素(或许是关系、磁盘块和元组)都可能需要被封锁时，警示封锁系统保证可串行性。事务在大的元素上加意向锁，以警示其他事务自己打算访问该元素的一个或多个子元素。

- 组织成树的元素的封锁：如果数据库元素只在沿着树向下时被访问，如同 B - 树中那样，那么一个非两阶段封锁策略可以用来保证可串行性。其规则要求在子结点上上锁时需要持有父结点上的锁，尽管父结点上的锁可以随后释放而且以后可以获得其他的锁。

- 乐观的并发控制：调度器可以不使用封锁，而假设事务是可串行化的，并在看到某个潜在的非可串行化行为时将事务中止。这种被称为是乐观的方法分为基于时间戳的调度和基于有效性确认的调度。

- 基于时间戳的调度器：这类调度器在事务开始时为其赋予时间戳。数据库元素有相关的读写时间，它们是最近执行这些操作的事务的时间戳。如果一个不可能的情况被检测到，例如一个事务读到在该事务的将来写入的一个值，那么违例的事务被回滚，即中止并重启。

- 多版本时间戳：实践中用于只读事务的一种常用技术是使用时间戳，但有多个版本，其中对一个元素的写不覆盖先前为该元素写入的值，直到所有可能需要先前的值的事务已经完成。写事务通过传统的封锁来调度。

- 基于有效性确认的调度器：这些调度器在事务已经读完所有它们所需要的东西以后，但在它们写以前确认事务有效性。事务如果已经读或将要写另外的某个事务正在写的元素，那么将产生有歧义的结果，所以该事务有效性不能确认。确认失败的事务被回滚。

7.11 参考文献

文献[6]是有关调度和封锁的重要资料来源。文献[3]是另一个重要的来源。文献[12]和[11]是近期关于并发控制的两个综述。

关于两阶段封锁的文献[4]可能是事务处理领域中意义最重大的文章。粒度层次的警示协议来自文献[5]。树的非两阶段封锁来自文献[10]。为了研究封锁方式的行为，文献[7]中引入了相容性矩阵。

时间戳作为一种并发控制方法出现在文献[2]和[1]中。使用有效性确认的调度来自文献[8]。文献[9]研究了多版本的使用。

1. P. A. Bernstein and N. Goodman, "Timestamp-based algorithms for concurrency control in distributed database systems," *Intl. Conf. on Very Large Databases*, pp. 285–300, 1980.

2. P. A. Bernstein, N. Goodman, J. B. Rothnie, Jr., and C. H. Papadimitriou, "Analysis of serializability in SDD-1: a system of distributed databases (the fully redundant case)," *IEEE Trans. on Software Engineering* **SE-4**:3 (1978), pp. 154–168.

3. P. A. Bernstein, V. Hadzilacos, and N. Goodman, *Concurrency Control and Recovery in Database Systems*, Addison-Wesley, Reading MA, 1987.

4. K. P. Eswaran, J. N. Gray, R. A. Lorie, and I. L. Traiger, "The notions of consistency and predicate locks in a database system," *Comm. ACM* **19**:11 (1976), pp. 624–633.

5. J. N. Gray, F. Putzolo, and I. L. Traiger, "Granularity of locks and degrees of consistency in a shared data base," in G. M. Nijssen (ed.), *Modeling in Data Base Management Systems*, North Holland, Amsterdam, 1976.

6. J. N. Gray and A. Reuter, *Transaction Processing: Concepts and Techniques*, Morgan-Kaufmann, San Francisco, 1993.

7. H. F. Korth, "Locking primitives in a database system," *J. ACM* **30**:1 (1983), pp. 55–79.

8. H.-T. Kung and J. T. Robinson, "Optimistic concurrency control," *ACM Trans. on Database Systems* **6**:2 (1981), pp. 312–326.

9. C. H. Papadimitriou and P. C. Kanellakis, "On concurrency control by multiple versions," *ACM Trans. on Database Systems* **9**:1 (1984), pp. 89–99.

10. A. Silberschatz and Z. Kedem, "Consistency in hierarchical database systems," *J. ACM* **27**:1 (1980), pp. 72–80.

11. A. Thomasian, "Concurrency control: methods, performance, and analysis," *Computing Surveys* **30**:1 (1998), pp. 70–119.

12. B. Thuraisingham and H.-P. Ko, "Concurrency control in trusted database management systems: a survey," *SIGMOD Record* **22**:4 (1993), pp. 52–60.

第 8 章 再论事务管理

这一章我们讨论第 6 章和第 7 章所没有谈到的几个关于事务管理的问题。首先我们要协调一下前两章中的观点：错误恢复、允许事务中止以及维护可串行性这三种需要如何相互影响？接着我们讨论事务间的死锁管理，死锁通常由几个事务引起，这些事务各自需要等待一个被另一事务占用的资源，例如锁。

最后我们考虑由"长事务"引起的问题。某些应用中人和计算机进程需要进行交互，例如 CAD 系统和"工作流"系统，这样的交互可能长达数天。这些系统和短事务系统（如银行系统和机票预订系统）一样需要保持数据库状态的一致性。但是，第 7 章讨论的并发控制机制不能很好地工作，因为锁需要被占用数天，或者人的决策是"事务"的一部分。

8.1 可串行性和可恢复性

在第 6 章中我们讨论了日志的创建以及在系统崩溃时如何使用日志恢复数据库状态。我们引入了看待数据库计算的一种方式，即值在非易失性磁盘、易失性主存以及事务的局部地址空间之间移动。各种日志方式所给的保证是，当崩溃发生时，它能在数据库的磁盘拷贝中重建已提交事务的动作。日志系统不试图支持可串行性；它盲目地重建数据库状态，即使该状态是由动作的非可串行化调度产生的。事实上，商用数据库系统不一定总是坚持可串行性，在有的系统中，仅在用户显式要求时才实现可串行性。

另一方面，第 7 章只讨论可串行性。根据第 7 章的原则设计的调度器可能做出日志管理器所不能容忍的事。例如，可串行性定义不禁止封锁元素 A 的事务在提交前为 A 写入新值，因而违反日志策略的规则。更糟糕的是，即使没有发生系统崩溃，并且调度器理论上维护可串行性，事务也可能在写数据库后中止且此前的写入并未撤销，而这很容易导致数据库状态不一致。

8.1.1 脏数据问题

回忆一下《数据库系统基础教程（原书第 3 版）》6.6.5 节中提到的，如果数据被未提交事务写入，那么该数据就是"脏的"。脏数据可能出现在缓冲区中、磁盘上或兼而有之；不管哪一种都可能导致问题。

例 8.1 我们重新考虑图 7-13 中的可串行化调度，但假设在 T_1 读 B 后由于某个原因不得不中止。事件系列如图 8-1 所示。在 T_1 中止后，调度器释放 T_1 所获得的对 B 的锁；这一步骤很关键，否则别的事务就永远也不能获得 B 上的锁了。

但是，T_2 现在已读入了不代表任何一致数据库状态的数据。也就是说，T_2 读到的 A 值是 T_1 修改后的值，而它读到的 B 值是 T_1 采取动作以前的值。在这种情况下，T_1 是否将 A 值 125 写到磁盘无关紧要；不管怎样，T_2 都从缓冲区中得到该值。因为 T_2 读到不一致状态，因此使得数据库（或磁盘）处于不一致的状态，其中 $A \neq B$。

图 8-1 中的问题在于，T_1 写入的 A 是脏数据，不管它在主存中还是在硬盘上。T_2 读 A，然后又在自己的计算中使用该值，这就使 T_2 的动作变得不可靠。正如我们将在 8.1.2 节看到的那样，如果允许这样的情况发生，就有必要中止和回滚 T_1 与 T_2。 □

T_1	T_2	A	B
		25	25
$l_1(A); r_1(A);$			
A := A+100;			
$w_1(A); l_1(B); u_1(A);$		125	
	$l_2(A); r_2(A);$		
	A := A*2;		
	$w_2(A);$	250	
	$l_2(B)$ 被拒绝		
$r_1(B);$			
Abort; $u_1(B);$			
	$l_2(B); u_2(A); r_2(B);$		
	B := B*2;		
	$w_2(B); u_2(B);$		50

图 8-1 T_1 写入脏数据后中止

例 8.2 现在考虑图 8-2，它给出了 7.8 节中基于时间戳的调度器下的一个动作序列。但是，我们假设这一调度器不使用 7.8.1 节中所引入的提交位。回忆一下，提交位的目的是防止未提交事务写入的值被其他事务读取。因此，当 T_1 在第 2 步读取 B 时，没有提交位来告诉 T_1 它需要等待。T_1 可以继续执行，甚至可以写磁盘并提交；我们没有进一步给出 T_1 的详细步骤。

T_1	T_2	T_3	A	B	C
200	150	175	RT=0	RT=0	RT=0
			WT=0	WT=0	WT=0
	$w_2(B);$			WT=150	
$r_1(B);$					
	$r_2(A);$		RT=150		
		$r_3(C);$			RT=175
	$w_2(C);$				
	中止			WT=0	
		$w_3(A);$	WT=175		

图 8-2 T_1 从 T_2 读到脏数据，因而当 T_2 中止时也必须中止

最后，T_2 试图以一种物理上不可实现的方式写 C，T_2 因而中止。T_2 以前写 B 所产生的效果被撤销；B 的值和写时间分别重置为 T_2 写以前的值和写时间。然而，T_1 已被允许使用这一撤销的 B 值并能用该值做任何事情，例如用它来计算 A、B 和/或 C 的新值并将它们写回磁盘。因此，T_1 在读 B 的脏值后可能导致不一致的数据库状态。请注意，如果记录并使用提交位，那么第 2 步的 $r_1(B)$ 将被推迟，必须等到 T_2 中止并且 B 的值已恢复为原（假设已提交的）值后，这一动作才允许发生。   □

8.1.2 级联回滚

正如我们在上面的例子中看到的那样，如果事务可以获得脏数据，那么有时候我们需要执行级联回滚。也就是说，当事务 T 中止时，我们必须确定哪些事务读了由 T 写入的数据，中止这些事务，然后递归地中止读了被中止事务所写数据的所有事务。如果日志是提供改前值的某类日志（undo 日志或 undo/redo 日志），那么我们可以利用日志来撤销中止事务的影响。如果脏数据的影响还没有到达磁盘，我们也可以使用数据库的硬盘拷贝来恢复数据。

正如我们已经提到的那样，使用提交位的基于时间戳的调度器禁止可能已读到脏数据的事务继续执行，因而使用这样的调度器时不可能产生级联回滚。基于有效性确认的调度器也能避免级联回滚，因为写数据库（甚至缓冲区）只有在确定事务将提交后才发生。

8.1.3 可恢复的调度

对于我们在第 6 章中讨论的任何支持恢复的日志方式，恢复后处于提交状态的事务集必须是

一致的。也就是说，如果事务 T_1 在恢复后处于提交状态，而 T_1 用到了事务 T_2 写入的值，那么 T_2 在恢复后也必须是提交状态。这样，我们给出如下定义：

- 如果调度中每一个事务都在它所读取的所有事务提交之后才提交，则该调度是可恢复的。

例 8.3 在下面读写动作调度序列示例中，我们用 c_i 表示动作："事务 T_i 提交"。下面是一个可恢复调度的例子：

$$S_1: w_1(A); w_1(B); w_2(A); r_2(B); c_1; c_2;$$

注意，T_2 读取了 T_1 写入的 B 的值，因此为了使该调度为可恢复的，T_2 必须在 T_1 之后提交。

显然，上面的调度 S_1 既是可恢复的也是串行的(因此也是可串行化的)，但是这两个概念是互不相关的。比如，我们在 S_1 上做些改动，得到调度 S_2，它仍是可恢复的，但不是可串行化的。

$$S_2: w_2(A); w_1(B); w_1(A); r_2(B); c_1; c_2;$$

在调度 S_2 中，因为 A 的写入，在串行序列中 T_2 必须在 T_1 之前；但又因为 B 的读取，T_1 必须在 T_2 之前。

最后，我们来看一下在 S_1 上做改动后得到的调度 S_3，它是可串行化的，但却不是可恢复的：

$$S_3: w_1(A); w_1(B); w_2(A); r_2(B); c_2; c_1;$$

在调度 S_3 中，T_1 在 T_2 之前，但是它们的提交顺序是错误的。如果崩溃发生之前，T_2 的提交记录到达磁盘，而 T_1 的提交记录没有达到，那么不管是使用 undo、redo 还是 undo/redo 日志，恢复后，T_2 都将处于提交状态，但 T_1 不是。 □

为了使可恢复调度在三种日志方式中的任一方式下都是真正可恢复的，我们必须对调度增加一前提条件：

- 日志的提交记录到达磁盘的顺序必须和它们被写入的顺序一致。

正如我们在例 8.3 的调度 S_3 中所看到的，一旦提交记录按照错误的次序到达磁盘，那么一致性恢复就将是不可能的了。我们将在 8.1.6 节中再来讨论该原则。

8.1.4 避免级联回滚的调度

可恢复调度有时会需要级联回滚。比如例 8.3 的调度 S_1，如果执行完前四步之后，T_1 必须回滚，那么 T_2 也必须回滚。为了保证级联回滚不发生，我们需要一个比可恢复性更严格的条件：

- 如果调度中的事务只读取已提交事务写入的数据，则称该调度为避免级联回滚(avoid cascading rollback)的调度(或 ACR 调度)。

换句话说，ACR 调度避免了脏数据的读取。至于可恢复调度，我们认为"已提交"即表示日志的提交数据已到达磁盘。

例 8.4 例 8.3 中的调度都不是 ACR 调度。因为在每一个调度中，T_2 都从未提交事务 T_1 中读取了 B。然而，考虑以下调度：

$$S_4: w_1(A); w_1(B); w_2(A); c_1; r_2(B); c_2;$$

现在，T_2 仅在最后写 B 的事务 T_1 提交，且其日志记录写入磁盘后才读取 B，因此，调度 S_4 是 ACR 调度，同时也是可恢复的。 □

注意，既然一个事务，比如 T_2，只在 T_1 提交之后才读取 T_1 写入的数据，那么可以肯定的是，T_2 无论是提交还是撤销都将是在 T_1 提交之后。因此：

- 每一个 ACR 调度都是可恢复的。

8.1.5 基于锁对回滚的管理

我们此前的讨论可以用于任意类型调度器所生成的调度。大多数情况下，调度器都是基于锁的，有一种简单常用的方法可以保证不产生级联回滚：

- **严格封锁**：直到事务提交或中止且提交或中止日志记录已被刷新到磁盘之后，事务才允许释放排他锁（或其他允许值发生改变的锁，如增量锁）。

遵循严格封锁规则的事务调度称为严格调度。这种调度有两个重要的特性：

1. 每一个严格调度都是ACR调度。这是因为事务T_2无法读取T_1所写入的元素X的值，直到T_1释放所有排他锁（或可以改变X的类似的锁）。在严格封锁下，事务提交之后才能释放。

2. 每一个严格调度都是可串行化的。不难发现，严格调度和事务即刻提交即刻执行的串行调度是等价的。

根据这些观察，我们可以得到迄今为止我们了解的不同种类调度之间的关系图。它们之间的包含关系如图8-3所示。

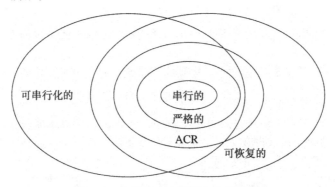

图8-3　各类调度之间的包含关系图

显然，严格调度中不可能有事务读到脏数据，因为未提交事务写入缓冲区中的数据在事务提交前总保持封锁状态。然而，事务中止时修复缓冲区中数据的问题仍然存在，因为这些改变所产生的效果必须撤销。修复缓冲数据的难度依赖于数据库元素是块还是更小的东西。我们将分别考虑这两种情况。

块的回滚

如果可封锁数据库元素是块，那么我们有一种不需要使用日志的回滚方法。假设事务T获得块A上的排他锁，在缓冲区中为A写入新值，然后不得不中止。由于A在T写入其值以来一直是被锁住的，其他事务都不会读A。如果遵循下面的规则，则恢复A的旧值就很简单：

- 未提交事务所写的块被钉在主存中，即不允许它们的缓冲区写到磁盘。

在这种情况下，我们通过让缓冲区管理器忽略A值来"回滚"T。也就是说，A占据的缓冲区不写到任何地方去，且该缓冲被加入到可用缓冲区池中。我们可以确定磁盘上的A值是已提交事务最近写入的值，这正是我们希望A具有的值。

如果我们使用7.8.5节和7.8.6节的多版本系统，我们还有另一种简单的回滚方法。我们必须再次假设未提交事务所写的块被钉在主存中。那么，我们只要从A的可用值列表中去掉T所写入的值即可。注意，由于T是写事务，其A值从写入该值那一刻起到T中止这一段时间内是被锁住的（假设使用7.8.6节的时间戳/封锁模式）。

小的数据库元素的回滚

如果可封锁数据库元素是块的部分（例如元组或对象），那么为恢复中止事务而修改缓冲区的简单方法就行不通了。问题在于，一个缓冲区中可能包含两个甚至更多事务修改的数据；如果其中之一中止，我们仍然必须保留其他事务所做的修改。当我们需要恢复中止事务修改过的一个小的数据库元素A的旧值时，我们可以有几种选择：

1. 我们可以从存储在磁盘上的数据库中读取 A 原来的值，并对缓冲区内容做适当的修改。

2. 如果日志是 undo 日志或 undo/redo 日志，那么我们可以从日志中获得改前值。从崩溃中恢复的代码也可以同样用于"自动"回滚。

3. 我们可以为每个日志所做的修改维护一个单独的主存日志，该日志仅在对应事务活跃时保留。旧值可以从这一"日志"中获得。

这些方法都不理想。第一种方法显然需要一次磁盘访问。第二种(查看日志)方法在相关的日志部分仍在缓冲区中时可能不需要访问磁盘，但是，这种方法也可能需要查看磁盘上的大量日志，以找到给出正确改前值的更新记录。最后一种方法不需要访问磁盘，但主存"日志"可能消耗很大一部分主存。

8.1.6　成组提交

在某些情况下，即使我们不立即将日志中的提交记录刷新到磁盘，我们也可以避免读脏数据。只要我们按写日志记录的顺序刷新它们，我们就可以在提交记录写到位于缓冲区的日志中以后立即释放锁。

例 8.5　假设事务 T_1 写 X，完成，并将其 COMMIT 记录写入日志，但日志记录仍保留在缓冲区中。虽然 T_1 的提交记录能否在崩溃后依然存在尚未知晓，且从这种意义上来说 T_1 还没有提交，但我们仍将释放 T_1 的锁。接下来，T_2 读 X 并"提交"，但它的提交记录也仍然保留在缓冲区中，位于 T_1 的提交记录之后。由于我们按写日志记录的顺序将它们刷新到磁盘，恢复管理器只有在认为 T_1 也已经提交(因为其提交记录已到达磁盘)时才会认为 T_2 已经提交。因此，恢复管理器可能遇到以下两种情况之一：

1. T_1 的提交记录到达磁盘。那么不管 T_2 的提交记录是否到达磁盘，我们都可以确定 T_2 没有从未提交事务读 X。

2. T_1 没有提交到磁盘。那么 T_2 也没有提交，这两个事务都被恢复管理器中止。这种情况下，T_2 从未提交事务读 X，这对数据库没有任何影响。

相反地，假设包含 T_2 提交记录的缓冲区已刷新到磁盘(例如，由于缓冲区管理器决定将该缓冲区用于别的目的)，但包含 T_1 提交记录的缓冲区尚未刷新到磁盘。如果在这时发生崩溃，那么在恢复管理器看来 T_1 未提交而 T_2 已提交。T_2 所产生的影响将在数据库中得到永久的反映，然而这一影响建立在 T_2 对 X 的脏读上。　　　　　　　　　　　　　　　　　　　　　　　　□

从例 8.5 我们可以得到这样的结论：我们可以在事务提交记录刷新到磁盘前释放锁。这一策略通常称为成组提交，它指的是：

- 在事务完成且提交日志记录至少出现在缓冲区中以前不能释放锁。
- 日志记录按创建的顺序刷新。

与 8.1.3 节所讨论的要求"可恢复调度"的策略一样，成组提交保证从不读脏数据。

8.1.7　逻辑日志

我们在 8.1.5 节中看到，如果封锁的单位是块或页，那么脏读的修复比较容易。但是，当数据库元素是块时至少有两个问题。

1. 所有日志方式都要求在日志中记录数据库元素的新值、旧值或二者都记录。如果块中变化较小，例如改写一个元组的某个属性或插入、删除一个元组，那么将有大量的冗余信息写入日志中。

2. 对于调度可恢复的要求，即只有提交后才能释放锁，可能严重抑制并发性。例如，回忆一下 7.7.1 节中对使用 B-树访问数据时提前释放锁的好处所进行的讨论。如果我们要求事务占有锁直到提交，就得不到这一好处，并且实际上在任何时刻我们都只允许一个写事务访问 B-树。

什么时候事务真正提交?

　　成组提交的微妙之处提醒我们，已经完成的事务在它完成工作到它真正"提交"之间可以有几种不同的状态，所谓真正提交指在任何情况下(包括系统故障发生时)事务所产生的影响都不会丢失。正如我们在第6章提到的那样，事务可能已经完成工作，甚至已将 COMMIT 记录写到位于主存缓冲区的日志中，但当系统故障发生并且 COMMIT 记录尚未到达磁盘时，该事务所产生的影响仍可能丢失。此外，我们在6.5节中看到，即使 COMMIT 记录已在磁盘上，但如果还没有转储到备份中，那么介质故障仍可能导致事务被撤销，且事务所产生的影响丢失。

　　在没有故障发生时，各事务必然都会从完成工作开始进一步推进，直到使自己产生的影响甚至在介质故障后也能得到保留，从这一意义上来说，所有的这些状态都是等价的。然而，当我们需要考虑故障和恢复时，认识这些在无故障情况下都可以被非正规地认为"已提交"的状态之间的差别是很重要的。

　　这些因素推动了逻辑日志的使用。逻辑日志中只描述块中的变化。根据所发生变化的性质，复杂程度也有所不同。

　　1. 数据库元素的少量字节改变，例如更新一个定长字段。这一情况可以用一种直截了当的方式来处理，即我们只记录改变的字节及其位置。例8.6将说明这一情况以及合适的更新记录形式。

　　2. 数据库元素的改变描述简单，易于恢复，但它产生的影响是改变了该数据库元素的大多数或全部字节。一种常见的情况是，记录的一个变长字段改变，该记录的大部分甚至其他记录需要在块内滑动。这种情况在例8.7中讨论。块的新值和旧值看来差别很大，除非我们发现并指明导致变化的简单原因。

　　3. 变化影响到数据库元素的许多字节，且进一步的改变可能使这一变化变得不可撤销。这种情况是真正的"逻辑"日志，因为我们不能将 undo/redo 过程视为发生在数据库元素上，而应视为发生在数据库元素所代表的高层"逻辑"结构上。在例8.8中，我们将以 B - 树为例来说明逻辑日志的这一复杂形式，B - 树就是一种用磁盘块这样的数据库元素表示的逻辑结构。

　　例8.6　假设数据库元素是块，每块中包含某个关系的一个元组集合。我们可以用一个日志记录来表述一个属性的更新，这一日志记录说明"元组 t 的属性 a 的值从 v_1 变到 v_2"。在块的空闲空间中插入一个新元组，可以表述为"具有值$(a_1, a_2, \cdots, a_k)$的元组被插入，其起始偏移量为 p"。除非改变的属性或插入的元组与块大小相当，否则这些记录占据的空间将远远小于整个块。此外，它们既能服务于 undo 操作，又能服务于 redo 操作。

　　注意，这些操作都是幂等的；在块上将这样的一个操作执行多次，其效果等同于执行一次。类似地，它们所隐含的逆操作即将 $t[a]$ 的值从 v_2 恢复成 v_1 以及删除元组 t 也是幂等的。因此，这种类型的记录在恢复中就可以像整个第6章中的更新日志记录那样使用。　　　　　　　□

　　例8.7　再次假设数据库元素是存储元组的块，但元组中存在变长字段。如果像例8.6所描述的那样的改变发生，我们可能需要移动块中的大部分东西，以给变长后的字段腾出空间或在字段变短时维护空间。在极端的情况下，我们可能还必须创建溢出块(回忆一下2.8节)以容纳原块中的部分内容，或由于字段变短而使我们可以将两块的内容合为一块时，我们还可以删除溢出块。

　　只要块及其溢出块被看作一个数据库元素，使用被改变字段的旧值和/或新值来撤销或重建修改就比较容易。但是，块及其溢出块必须看作是在一个"逻辑"的层次上容纳了某些元组。在 undo 和 redo 后，我们甚至不能将这些块中的字节恢复到原有状态，因为可能由于其他字段长度改变而导致块的重组。然而，如果我们认为表示某些元组的块的集合是数据库元素，那么 redo 和 undo 可以真正地恢复元素的逻辑"状态"。   □

但是，正如我们在例 8.7 中提到的那样，通过溢出块机制将块当作可扩展的来看待时是不可能的。这样我们只能在一个比块高的层次上执行 undo 和 redo 动作。下一个例子讨论 B – 树索引中块的管理不允许溢出块这一重要情况，这时我们必须认为 undo 和 redo 发生在 B – 树自身这一"逻辑"层次上而不是发生在块上。

例 8.8 我们考虑为 B – 树结点记录逻辑日志的问题。我们并不将整个结点（块）的新值和/或旧值写入日志中，而是写入一个描述变化的简短记录。这样的变化包括：

1. 插入和删除子结点的一个键/指针对。
2. 改变对应于指针的键值。
3. 分裂和合并结点。

这些变化中的每一个都可以用简短的日志记录来表示，即使是分裂操作也只需要指明分裂发生在哪里而新结点又在哪里。类似地，合并只需要指明涉及的结点，因为合并方式由所使用的 B – 树管理算法决定。

在满足可恢复调度的要求时，使用这几类逻辑更新记录可以比不用的情况下更早地释放锁。原因在于，只要事务只利用 B – 树来定位所需访问数据的位置，B – 树块的脏读对读这些块的事务来说就永远也不是问题。

例如，假设事务 T 读取叶结点 N，而最后写入 N 的事务 U 后来中止，N 上的某些改变（例如，由于 U 插入一个元组而导致 N 中插入一个新的键/指针对）需要撤销。如果 T 也向 N 中插入了键/指针对，那么 N 就不可能恢复到 U 修改它以前的状态。但是，U 对于 N 的影响可以撤销；在这个例子中我们将删除 U 插入的键/指针对。所得到的 N 与 U 执行操作前不一样；它已包含由 T 所进行的插入。然而，数据库并没有不一致，因为整个 B – 树仍从反映提交事务所做的改变。也就是说，我们已经在一个逻辑层次上而不是物理层次上恢复了 B – 树。   □

8.1.8　从逻辑日志中恢复

如果逻辑动作是幂等的，例如，它们可以被重复任意次而不造成任何损失，那么我们就能很容易地通过逻辑日志进行恢复。例如，我们在例 8.6 中讨论的如何在逻辑日志中用元组和元组在块中所处的位置来表示一次元组的插入操作。如果我们在相同的位置写入该元组两次或者多次，那么其效果和它被写入一次是等效的。因此，在进行恢复时，当我们需要对包含一个插入元组操作的事务进行 redo 操作时，我们可以在恰当块中的恰当位置上插入多次，而不需要考虑我们是否已经插入了该元组。

与此相反，考虑一下例 8.7 和例 8.8 中元组可以在块中或是块间移动的情况。那么，我们无法将一个特定的位置和需要插入的元组进行关联；我们能做的最好的办法就是在日志中加入类似"元组 t 在块 B 中的某处被插入"的动作。如果我们在恢复的时候需要对 t 的插入进行 redo，我们可能会在块 B 中加入 t 的两个副本。更糟糕的是，我们可能无法知道含有 t 的第一个副本的块 B 是否被写到磁盘。例如，另一个对块 B 上另一个数据库元素进行写入的事务可能导致块 B 被写入磁盘。

为了在我们利用逻辑日志进行恢复时消除类似这种情况的歧义，一种叫日志序号的技术被提了出来。

- 每条日志记录被赋予比前一条记录大 1 的编号[⊖]。那么，一条典型的逻辑日志记录的形式

_____

⊖ 事实上日志序号必须从 0 开始编号，而序号重新编号的时间非常长因而不会引起歧义。

为 $<L, T, A, B>$，其中：

- L 是表示日志序号的整数。
- T 是涉及的事务。
- A 是事务 T 的动作，例如，"插入元组 t"。
- B 是动作执行的块。

- 对于每一种动作，都用一个补偿动作来在逻辑上对这个动作进行 undo。例如在例8.8中讨论的，对于一个动作，补偿动作并不一定能让数据库恢复到这个动作没有发生的相同的状态 S，但它能将数据库恢复到逻辑上与 S 等价的状态。例如，"插入元组 t"的补偿动作为"删除元组 t"。

- 如果事务 T 中止，T 中执行的每一个动作的补偿动作都会被执行，而补偿动作的执行也会被记录到日志中。

- 每一个块在块首维护最后对该块产生影响的动作的日志序号。

假设我们现在需要在系统崩溃后利用逻辑日志进行恢复。下面是对需要采取的步骤的概述。

1. 我们的第一步是对崩溃时数据库的状态进行重建，包括当前的数据值在缓存中因而被丢失的块。我们要做的是：

a) 找到日志中最近的检查点，并由它确定当时处于活动状态的事务的集合。

b) 对于每一条日志记录 $<L, T, A, B>$，比较块 B 上的日志序号 N 和当前日志记录的日志序号 L。如果 $N < L$，则 redo 动作 A；该动作没有在块 B 上执行。反之，当 $N \geq L$ 时，就什么也不做；动作 A 已经对块 B 产生了影响。

c) 当遇到所有关于事务 T 开始、提交或是中止的日志记录，对活动事务集合进行相应的调整。

2. 当我们到达日志结束位置时事务集合中依旧处于活动状态的事务需要被中止。我们要做的是：

a) 再次对日志进行扫描，这次扫描从末尾逐个向前扫描直到上一个检查点。每当我们遇到一个需要被中止的事务 T 的日志记录 $<L, T, A, B>$，在块 B 上对 A 做补偿动作，并将补偿动作的执行记录到日志中。

b) 如果我们需要中止一个在最近的检查点之前开始的事务（例如，那个事务属于该检查点的活动列表中），那么继续向前扫描日志直到每个事务的起始记录都被找到。

c) 为每一个我们需要中止的事务在日志中写入中止的记录。

8.1.9　习题

习题 8.1.1　往如下动作序列

$$r_1(A); r_1(B); w_1(A); w_1(B);$$

中插入（像7.3节中那样的单一类型）锁，并使事务 T_1 满足以下条件的所有的方式有哪些？

a) 两阶段封锁但不是严格的。

b) 两阶段封锁且是严格的。

习题 8.1.2　假设下面的各个动作序列后面都跟着事务 T_1 的中止动作。说说哪些事务需要回滚。

a) $r_1(A); w_1(B); r_3(B); w_3(C); r_2(C); w_2(D);$

b) $r_3(A); r_2(A); r_1(A); w_1(B); r_3(B); r_2(B); w_3(C); r_2(C);$

c) $r_3(A); r_2(A); r_1(A); w_1(B); r_2(B); w_3(C); r_2(C);$

d) $r_1(A); r_3(B); w_1(B); w_3(C); r_2(B); r_2(C); w_2(D);$

习题 8.1.3 给出一个有共享和排他锁但并不是严格的 ACR 调度的例子。

习题 8.1.4 考虑习题 8.1.2 中的各个动作序列,但现在假设三个事务都提交并在它们的最后一个动作后立即将提交记录写入日志中。但是,崩溃发生了,并且在崩溃发生以前日志尾部尚未写到磁盘,因而丢失。根据丢失日志尾部的起始点,说明:

i. 哪些事务可以认为是未提交的?

ii. 在恢复过程中是否产生脏读?如果是,哪些事务需要回滚?

iii. 如果丢失的日志不是尾部,而是中间的一部分,那么还可能产生哪些脏读?

!习题 8.1.5 考虑以下两个事务:

T_1: $w_1(A)$; $w_1(B)$; $r_1(C)$; c_1;
T_2: $w_2(A)$; $r_2(B)$; $w_2(C)$; c_2;

a) T_1 和 T_2 中有多少调度是可恢复的?

b) 有多少是 ACR 调度?

c) 有多少既是 ACR 调度又是可串行化调度?

d) 有多少既是可恢复的又是可串行化的?

8.2 死锁

我们已经几次观察到并发执行的事务由于竞争资源而到达一个存在死锁的状态:若干事务中的每一个都在等待被其他事务占有的资源,因而每个事务都不能取得进展。

- 即使是两阶段封锁事务的普通操作也可以导致死锁,在 7.3.4 节中我们看到了这是怎样发生的,其原因在于一个事务封锁了另一事务也需要封锁的东西。
- 将锁从共享升级为排他的能力可能导致死锁,在 7.4.3 节中我们看到了这是怎样发生的,其原因在于每个事务在同一元素上持有共享锁并且希望将锁升级。

处理死锁的方法大致分为两种。我们可以检测死锁并进行修复,也可以对事务进行管理,使死锁永远都不可能形成。

8.2.1 超时死锁检测

当存在死锁时,对该状态进行修复以使所有涉及的事务都能继续执行通常是不可能的。因此,至少一个事务必须中止并重新开始。

检测并解决死锁最简单的方法是利用超时。对事务活跃的时间作出限制,如果事务超过这个时间就将其回滚。例如,在一个典型事务执行时间为几毫秒的简单事务系统中,以一分钟为超时时间只会影响到陷于死锁中的事务。

注意,当一个死锁事务超时并回滚后,该事务将释放锁和其他资源。因此,死锁涉及的其他事务有可能在到达超时限制前完成。然而,由于死锁涉及的事务可能几乎在同一时间开始(否则,一个事务可能在另一事务开始前已经完成),不再陷于死锁中的事务假超时也是可能发生的。

8.2.2 等待图

由于事务等待另一事务持有的锁而导致的死锁问题可以用等待图来检测,等待图表明哪些事务在等待其他事务持有的锁。这种图可以用来在死锁形成后检测死锁,也可以用来预防死锁的形成。我们假设是后一种,在任何时候我们都需要维护等待图,并拒绝在图中产生环的动作。

回忆一下,在 7.5.2 节中,锁表为每个数据库元素 X 维护等待 X 上的锁以及当前持有 X 上的锁的事务列表。等待图中对应当前持有锁和等待锁的每个事务有一个结点。对于结点(事务) T 和结点 U,如果存在某个数据库元素使:

1. U 持有 A 上的一个锁。

2. T 等待 A 上的一个锁。

3. 除非 U 先释放它在 A 上持有的锁，否则 T 不能获得所需封锁方式的锁。[⊖]
则图中有从 T 到 U 的弧。

如果在等待图中无环，那么每个事务最终都能完成。至少有一个事务不在等待其他事务，该事务肯定能完成。这时，至少有另一个事务不在等待，这个事务又能完成；依此类推。

然而，如果图中有环，那么环中的任何事务都不能取得进展，因此存在死锁。这时，避免死锁的一种策略是回滚所提请求将导致等待图中出现环的任一事务。

例 8.9　假设我们有下面的四个事务，每个事务都读一个元素和写另一元素：

$$T_1: l_1(A); r_1(A); l_1(B); w_1(B); u_1(A); u_1(B);$$

$$T_2: l_2(C); r_2(C); l_2(A); w_2(A); u_2(C); u_2(A);$$

$$T_3: l_3(B); r_3(B); l_3(C); w_3(C); u_3(B); u_3(C);$$

$$T_4: l_4(D); r_4(D); l_4(A); w_4(A); u_4(D); u_4(A);$$

我们使用一个只有一种封锁方式的简单封锁系统，实际上如果我们使用共享/排他系统，我们也会发现同样的效果。图 8-4 是这四个事务的一个调度最开始的部分。在前四步中，每个事务都获得了该事务要读的元素上的锁。在第 5 步，T_2 试图封锁 A，但由于 T_1 已持有 A 上的锁，所以这一请求被拒绝。因此，T_2 等待 T_1，我们画一条从 T_2 的结点到 T_1 的结点的弧。

	T_1	T_2	T_3	T_4
1)	$l_1(A); r_1(A);$			
2)		$l_2(C); r_2(C);$		
3)			$l_3(B); r_3(B);$	
4)				$l_4(D); r_4(D);$
5)		$l_2(A);$ 被拒绝		
6)			$l_3(C);$ 被拒绝	
7)				$l_4(A);$ 被拒绝
8)	$l_1(B);$ 被拒绝			

图 8-4　一个有死锁的调度的开始部分

类似地，在第 6 步，T_3 对 C 的封锁请求由于 T_2 而被拒绝；在第 7 步，T_4 对 A 的封锁请求由于 T_1 而被拒绝。这时的等待图如图 8-5 所示，此图中无环。

在第 8 步，T_1 必须等待 T_3 在 B 上持有的锁。如果我们允许 T_1 等待，那么等待图中将有一个包含 T_1、T_2 和 T_3 的环，如图 8-6 所示。由于每一个事务都等待另一事务完成，它们都不能取得进展，因此存在涉及这 3 个事务的死锁。T_4 碰巧也不能完成，尽管它不在环中，但它的进展依赖于 T_1 所取得的进展。

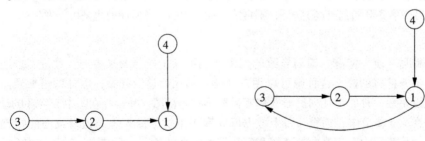

图 8-5　图 8-4 第 7 步后的等待图　　　图 8-6　有环的等待图，该环由图 8-4 中第 8 步导致

⊖ 通常情况下，例如在共享锁和排他锁的情况下，每个等待的事务都必须等到当前的所有锁持有者释放其锁，但在某些封锁方式的系统中，事务可以在某个当前被持有的锁释放后就能获得其锁；见习题 8.2.5。

既然我们需要回滚导致环的任一事务，T_1 必须回滚，所产生的等待图如图 8-7 所示。T_1 放弃自己在 A 上锁，该锁可以给 T_2 或 T_4。假设给 T_2，那么 T_2 可以完成，然后 T_2 释放自己在 A 和 C 上的锁。现在需要封锁 C 的 T_3 和需要封锁 A 的 T_4 都可以完成。在某个时候，T_1 重新开始，但在 T_2、T_3 和 T_4 完成以前它不能获得 A 和 B 上的锁。 □

8.2.3 通过元素排序预防死锁

现在，我们考虑预防死锁的几种其他的方法。第一种方法需要我们将数据库元素按某种任意但固定的顺序排列。例如，如果数据库元素是块，我们可以将它们按物理地址的字典顺序排列。

如果每个事务申请元素上的锁都必须按顺序，那么就不会由于事务等待锁而导致死锁。为了证明这一点，假设 T_2 等待 T_1 在 A_1 上持有的锁；T_3 等待 T_2 在 A_2 上持有的锁；依此类推；而 T_n 在等待 T_{n-1} 在 A_{n-1} 上持有的锁；并且 T_1 在等待 T_n 在 A_n 上持有的锁。由于 T_2 持有 A_2 上的锁而又等待 A_1，在元素的顺序中必然有 $A_2 < A_1$。类似地，对 $i = 3, 4, \cdots, n$，有 $A_i < A_{i-1}$。但是，由于 T_1 持有 A_1 上的锁而又等待 A_n，这说明 $A_1 < A_n$。我们现在有 $A_1 < A_n < A_{n-1} < \cdots < A_2 < A_1$，这是不可能的，因为这蕴含着 $A_1 < A_1$。

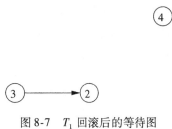

图 8-7 T_1 回滚后的等待图

例 8.10 我们假设元素按字母顺序排列。那么，如果例 8.9 中的四个事务要按字母顺序封锁元素的话，则 T_2 和 T_4 需要重写，把封锁元素的顺序反过来。因此，这四个事务现在是：

$$T_1: l_1(A); r_1(A); l_1(B); w_1(B); u_1(A); u_1(B);$$

$$T_2: l_2(A); l_2(C); r_2(C); w_2(A); u_2(C); u_2(A);$$

$$T_3: l_3(B); r_3(B); l_3(C); w_3(C); u_3(B); u_3(C);$$

$$T_4: l_4(A); l_4(D); r_4(D); w_4(A); u_4(D); u_4(A);$$

图 8-8 给出了执行时机与图 8-4 相同时这些事务的执行情况。T_1 开始并获得 A 上的锁。T_2 接着开始并试图获得 A 上的锁，但必须等待 T_1。然后，T_3 开始并获得 B 上的锁，但 T_4 不能开始，它也需要封锁 A，因此它必须等待。

	T_1	T_2	T_3	T_4
1)	$l_1(A); r_1(A);$			
2)		$l_2(A);$ 被拒绝		
3)			$l_3(B); r_3(B);$	
4)				$l_4(A);$ 被拒绝
5)			$l_3(C); w_3(C);$	
6)			$u_3(B); u_3(C);$	
7)	$l_1(B); w_1(B);$			
8)	$u_1(A); u_1(B);$			
9)		$l_2(A); l_2(C);$		
10)		$r_2(C); w_2(A);$		
11)		$u_2(A); u_2(C);$		
12)				$l_4(A); l_4(D);$
13)				$r_4(D); w_4(A);$
14)				$u_4(A); u_4(D);$

图 8-8 按字母顺序封锁元素可预防死锁

由于 T_2 停顿，不能继续执行下去，而按照图 8-4 中的顺序，接下来是 T_3。T_3 可以获得 C 上的锁，然后它在第 6 步完成。现在，由于 T_3 在 B 和 C 上的锁释放，T_1 在第 8 步得以完成。这时，A 上的锁成为可获得的，而我们假定按先来先服务的原则将此锁给 T_2。那么，T_2 获得它所需要的两个锁并在第 11 步完成。最后，T_4 获得其锁并完成。　　　　　　　　　　　　　　　　□

8.2.4 通过时间戳检测死锁

正如在 8.2.2 节讨论的那样，我们可以通过维护等待图来检测死锁。然而，等待图可能很大，而每次事务需要等待锁时分析等待图看是否有环可能很耗时。维护等待图的另一种可选方案是将每个事务与一个时间戳关联起来。该时间戳只用于死锁检测；它和 7.8 节中用于并发控制的时间戳不同，甚至与使用基于时间戳的并发控制机制也不同。特别地，如果事务回滚，那么它以一个新的、较晚的并发时间戳重新开始，但其用于死锁检测的时间戳从不改变。

时间戳在事务 T 必须等待另一事务 U 持有的锁时使用。根据是 T 还是 U 更老一些(时间戳更早)，可能发生两种不同的情况。两种不同的策略可以用于管理事务和检测死锁。

1. 等待 – 死亡方案：

a) 如果 T 比 U 老(即 T 的时间戳比 U 的时间戳小)，那么允许 T 等待 U 持有的锁。

b) 如果 U 比 T 老，那么 T "死亡"；T 将回滚。

2. 伤害 – 等待方案：

a) 如果 T 比 U 老，它将"伤害"U；这样的伤害通常是致命的：U 必须回滚并放弃 T 需要从 U 得到的所有锁。一个例外是在"伤害"生效前 U 已经完成并释放自己的锁。在这种情况下，U 得以存活并且不需要回滚。

b) 如果 U 比 T 老，那么 T 等待 U 持有的锁。

	T_1	T_2	T_3	T_4
1)	$l_1(A); r_1(A);$			
2)		$l_2(A);$ 死亡		
3)			$l_3(B); r_3(B);$	
4)				$l_4(A);$ 死亡
5)			$l_3(C); w_3(C);$	
6)			$u_3(B); u_3(C);$	
7)	$l_1(B); w_1(B);$			
8)	$u_1(A); u_1(B);$			
9)				$l_4(A); l_4(D);$
10)		$l_2(A);$ 等待		
11)				$r_4(D); w_4(A);$
12)				$u_4(A); u_4(D);$
13)		$l_2(A); l_2(C);$		
14)		$r_2(C); w_2(A);$		
15)		$u_2(A); u_2(C);$		

图 8-9　用等待 – 死亡方案检测死锁的事务动作

例 8.11 以例 8.10 中的事务为例，我们来考虑等待 – 死亡方案。我们将假设 T_1、T_2、T_3、T_4 是时间的顺序；即 T_1 是最老的事务。我们还假设当事务回滚时，该事务的重新启动不会很快，不会在其他事务完成前变得活跃。

图 8-9 给出了等待 – 死亡方案下一个可能的动作序列。T_1 首先获得 A 上的锁。当 T_2 请求 A 上的锁时，T_2 死亡，因为 T_1 比 T_2 老。在第 3 步，T_3 获得 B 上的锁，但在第 4 步 T_4 请求 A 上的锁，由于 A 上锁的持有者 T_1 比 T_4 老，因而 T_4 死亡。接下来，T_3 获得 C 上的锁并完成。当 T_1 继续时，它发现 B 上的锁可以获得，因而也在第 8 步完成。

现在，回滚的两个事务 T_2 和 T_4 重新开始。就死锁而言，它们的时间戳不变；T_2 仍然比 T_4 老。但是，我们假设在第 9 步 T_4 首先重启，因此在第 10 步当 T_2 请求 A 上的锁时，T_2 被迫等待

但不必中止。T_4 在第 12 步完成，然后 T_2 得以运行至结束，正如最后 3 步所给出的那样。　□

基于时间戳的死锁检测发挥作用的原因

我们断言在等待 – 死亡方案和伤害 – 等待方案下等待图中都不会出现环，因而不存在死锁。假设存在环，$T_1 \rightarrow T_2 \rightarrow T_3 \rightarrow T_1$，有一个事务最老，假设是 T_2。

在等待 – 死亡方案中只会等待比较新的事务。因此，T_1 不可能等待 T_2，因为 T_2 肯定比 T_1 老。在伤害 – 等待方案中只会等待比较老的事务。因此，T_2 不可能等待比较新的 T_3。我们断定环不可能存在，因此不存在死锁。

　　例 8.12　下面，我们考虑同样的事务在伤害 – 等待策略下的运行，如图 8-10 所示。和图 8-9 中一样，T_1 首先封锁 A。当第 2 步中 T_2 请求 A 上的锁时，它需要等待，因为 T_1 比 T_2 老。在第 3 步 T_3 获得在 B 上的锁后，T_4 也不得不等待 A 上的锁。

	T_1	T_2	T_3	T_4
1)	$l_1(A); r_1(A);$			
2)		$l_2(A);$ 等待		
3)			$l_3(B); r_3(B);$	
4)				$l_4(A);$ 等待
5)	$l_1(B); w_1(B);$		被伤害	
6)	$u_1(A); u_1(B);$			
7)		$l_2(A); l_2(C);$		
8)		$r_2(C); w_2(A);$		
9)		$u_2(A); u_2(C);$		
10)				$l_4(A); l_4(D);$
11)				$r_4(D); w_4(A);$
12)				$u_4(A); u_4(D);$
13)			$l_3(B); r_3(B);$	
14)			$l_3(C); w_3(C);$	
15)			$u_3(B); u_3(C);$	

图 8-10　用伤害 – 等待方案检测死锁的事务动作

　　接着，假设 T_1 继续执行并在第 5 步请求 B 上的锁。该锁已被 T_3 持有，但 T_1 比 T_3 老。因此，T_1"伤害"T_3。由于 T_3 尚未完成，这一伤害是致命的：T_3 放弃自己的锁并回滚。因此，T_1 得以完成。

　　当 T_1 使 A 上的锁可用后，假设该锁被 T_2 得到，这样 T_2 就能够继续执行。在 T_2 后，该锁被 T_4 获得，T_4 继续执行至完成。最后，T_3 重启并在不受干扰的情况下完成。　□

8.2.5　死锁管理方法的比较

　　在等待 – 死亡方案和伤害 – 等待方案中，较老的事务杀死较新的事务。由于事务以旧时间戳重启，最终每个事务都将变成系统中最老的事务而必然能完成。每个事务最终都能完成的这一保证称为无饿死。注意，本节描述的其他方法不一定能防止饿死；如果不采取额外的措施，事务可能不断重启，陷入死锁，然后回滚。参见习题 8.2.6。

　　然而，等待 – 死亡方案和伤害 – 等待方案的行为有着细微的差别。在伤害 – 等待中，只要老事务请求较新的事务持有的锁，较新的事务就被杀死。如果我们假设事务在开始后较近的时间内获得锁，那么老事务抢夺新事务持有的锁的情况就很少发生。因此，我们可以预见在伤害 – 等待中回滚比较少见。

　　另一方面，当回滚发生时，等待 – 死亡方案回滚仍处于获得锁这一阶段的事务，这一阶段被假定是事务中最早的阶段。因此，尽管等待 – 死亡可能比伤害 – 等待回滚的事务多，但这些事务常常只做了极少的工作。与此相比，当伤害 – 等待方案回滚事务时，该事务可能已经获得自己的锁并且它的活动可能已经占用了大量的处理器时间。因此，根据处理事务的数量不同，两种方案都可能比另一种浪费的工作更多。

我们还应该比较等待 – 死亡和伤害 – 等待与直接构造和使用等待图的优缺点。最重要的几点为：

- 等待 – 死亡和伤害 – 等待的实现都比维护或周期性构造等待图更容易。
- 使用等待图能极小化由于死锁而必须中止事务的次数。如果我们中止事务，则必定是真的存在死锁。另一方面，等待 – 死亡和伤害 – 等待有时都会在并不存在死锁的情况下回滚事务。

8.2.6　习题

习题 8.2.1　在下面的每个动作序列中，假设共享锁恰好在每个读动作前申请，而排他锁恰好在每个写动作前申请。此外，解锁恰好发生在事务执行的最后一个动作后。说明哪些动作被拒绝以及是否有死锁发生，并说明在动作执行过程中等待图怎样演变。如果存在死锁，选择一个事务并将其中止，说明动作序列将怎样继续下去。

a) $r_1(A)$; $r_3(B)$; $r_2(C)$; $w_1(B)$; $w_3(C)$; $w_2(D)$;

b) $r_1(A)$; $r_3(B)$; $r_2(C)$; $w_1(B)$; $w_3(C)$; $w_2(A)$;

c) $r_1(A)$; $r_3(B)$; $w_1(C)$; $w_3(D)$; $r_2(C)$; $w_1(B)$; $w_4(D)$; $w_3(A)$;

d) $r_1(A)$; $r_3(B)$; $w_1(C)$; $r_2(D)$; $r_4(E)$; $w_2(B)$; $w_3(C)$; $w_4(A)$; $w_1(D)$;

习题 8.2.2　对习题 8.2.1 中的每个动作序列，说明在伤害 – 等待死锁避免系统下将会发生什么。假设死锁时间戳的顺序与事务下标相同，即 T_1、T_2、T_3、T_4。还假设事务的重启按照这些事务回滚的顺序来进行。

习题 8.2.3　对习题 8.2.1 中的每个动作序列，说明在等待 – 死亡死锁避免系统下将会发生什么。所做假设同习题 8.2.2。

!! 习题 8.2.4　避免死锁的一种方法是要求每个事务在开始时声明自己需要的所有锁，然后或者授予该事务需要的所有锁，或者都不授予而让该事务等待。这种方式能避免由于封锁造成的死锁吗？如果能，解释原因；如果不能，举出一个可能发生死锁的例子。

! 习题 8.2.5　考虑 7.6 节的意向锁系统。描述如何为这种封锁方式的系统构造等待图。特别地，请考虑数据库元素 A 被不同事务以 IS 和 S 方式或 IS 和 IX 方式封锁这种可能性。如果一个对 A 封锁的请求需要等待，那么我们应该画什么弧？

! 习题 8.2.6　在 8.2.5 节中，我们指出伤害 – 等待和等待 – 死亡以外的死锁检测方法不一定能防止饿死，即事务可能重复回滚而永远不能完成。举例说明，如果使用的策略是回滚任一可能导致环的事务，这将怎样导致饿死。要求事务以固定的顺序申请元素上的锁一定能防止饿死吗？超时这一死锁处理机制又怎样呢？

! 习题 8.2.7　对任意整数 $n > 1$，是否存在这样的等待图，其中有一个长度为 n 的环却没有更小的环？当 $n = 1$ 时即一个结点上的环时又怎样？

8.3　长事务

有这样一类应用，它们的数据可以用数据库管理系统来管理，但是作为数据库并发控制机制基础的多个短事务的模型对它们不适合。本节中我们将讨论一些这类应用的例子和所引起的问题。然后，我们将讨论一个基于"补偿事务"的解决方法，用来取消已经提交但不应该提交的事务的影响。

8.3.1 长事务的问题

大致说来，长事务是需要太长时间因而不允许它们保持其他事务所需要的锁的事务。根据环境，"太长"可以是若干秒、分或者小时。可能出现长事务的 3 大类应用为：

1. 传统的 DBMS 应用。尽管通常的数据库应用主要运行短事务，但许多应用偶尔需要长事务。例如，一个事务可能检查银行的所有账户以确定总的余额是正确的。另一个事务可能要求偶尔地重构索引以保持效率最高。

2. 设计系统。不管设计的东西是机械的（如汽车）、电的（如微处理器）还是软件系统，设计系统共同的一个要素是，设计被划分为一系列组件（例如，软件项目中的文件），且不同的设计者同时工作在不同的组件上。我们不希望两个设计者各自获得文件的一个副本，通过编辑各自的副本来修改设计，然后将新的文件版本写回，因为这样将导致一组修改被另一组修改覆盖。因此，检入检出系统使用户能"检出"文件并在修改文件后"检入"该文件，而这可能是在若干小时或若干天后。即使第一个设计者正在修改文件，其他设计者仍可能希望阅读该文件，以获得关于其内容的信息。如果检出操作相当于排他锁，那么一些合理的、切合实际的动作就可能被延迟，可能长达数天。

3. 工作流系统。这样的系统涉及过程集合，有的过程由软件单独执行，有的过程需要人的交互，而有的过程可能只涉及人的活动。我们马上要给出办公室中报销时所需文书工作的例子。这样的应用可能需要执行很多天，并且在此期间某些数据库元素可能会改变。如果系统为事务中涉及的数据授排他锁，那么其他事务在很多天内都被锁在外面。

例 8.13 考虑职员报销差旅费的问题。该职员希望从账户 A123 中获得相应的补偿，付账的过程如图 8-11 所示。这一过程从动作 A_1 开始，即出差者的秘书在线填写一张表格，描述旅途、付账的账户以及金额。我们假设在这个例子中账户为 A123 而金额为 1000 元。

该职员的收据物理地送到部门的相应授权机构，而表格则在线传送到一个自动的动作 A_2。这一过程检查付款账户 A123 中是否有足够的钱并为这笔费用预留出钱来；也就是说，这一过程尝试从账户中减去 1000 元，但并不发出具有此金额的支票。如果该账户中没有足够的钱，则此事务中止，或许它会在账户中金额足够或改变付款账户后重启。

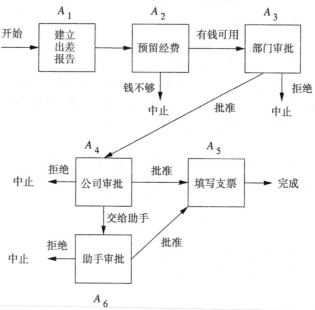

图 8-11 出差者请求报销差旅费的工作流图

动作 A_3 由部门主管执行，部门主管检查收据和在线表格。这一动作可能发生在下一天。如果一切正常，部门主管就批准该表格，并将表格和物理的收据一起送给公司主管；否则事务中止。或许出差者需要对申请做某些修改并重新提交表格。

动作 A_4 可能发生在若干天以后。在这一动作中，公司主管或者批准该申请，或者拒绝，或者将表格交给一个助手去处理，而此助手将在动作 A_5 中做出决定。如果表格被拒绝，事务又需要中止，表格也需要重新提交。如果表格被批准，那么动作 A_6 中将书写支票并完成从账户 A123 中减去 1000 元的操作。

但是，假设我们只能用传统的封锁方法来实现这一工作流。特别地，由于账户 A123 的余额可能由整个事务修改，该账户必须在动作 A_2 时以排他方式封锁并且要等到事务中止或动作 A_6 完成后才能释放。这个锁可能需要保持若干天，而在这段时间内只有负责批准报销的人能够查看相应的情况。如果这样，那么其他费用就不能使用账户 A123，即使是尝试性的也不允许。另一方面，如果对账户 A123 的访问根本不加以控制，那么可能有多个事务同时从该账户中预留和减去一些金额，因而导致透支。因此，我们需要在严格的长期封锁和无控制这两个极端之间进行折中。   □

8.3.2 saga(系列记载)

saga 是构成长"事务"的一系列动作，例如例 8.13 中的那些动作。也就是说，saga 包括：

1. 一系列动作。

2. 一个图，其结点是动作结点或终止结点：Abort 及 Complete 结点。不存在从终止结点发出的弧。

3. 关于动作从哪个结点开始的指示，这一结点称为开始结点。

图中从开始结点到终止结点之间的路径表示可能的动作序列。通向 Abort 结点的路径表示导致整个事务回滚的动作序列，这些动作序列不应改变数据库。通向 Complete 结点的路径表示成功的动作序列，这些动作对数据库所做的改变都将保留在数据库中。

例 8.14 图 8-11 的图中通向 Abort 结点的路径是 A_1A_2、$A_1A_2A_3$、$A_1A_2A_3A_4$ 和 $A_1A_2A_3A_4A_5$。通向 Complete 结点的路径是 $A_1A_2A_3A_4A_6$ 和 $A_1A_2A_3A_4A_5A_6$。注意，在这个例子里，图中没有环，因此通向终止结点的路径数是有限的。但是，通常情况下图中可能有环并且路径数可能是无限的。   □

saga 的并发控制通过两方面的能力来管理：

1. 可以认为每个动作自身是一个(短)事务，在执行时使用传统的并发控制机制，如封锁。例如，A_2 可以实现为在账户 A123 上(短暂地)获得锁，减去差旅费单据上的金额，然后释放锁。这样的封锁可以防止两个事务同时为账户余额写入新值并因而丢失第一个写操作的结果，使钱"魔术般地出现"。

2. 整个事务即任何通向终止结点的路径通过"补偿事务"机制来管理，"补偿事务"是 saga 在各个结点上的事务的逆。它们的工作是回滚已提交的动作，回滚方式不依赖于在该动作执行时刻和补偿事务执行时刻之间数据库上发生了什么。

8.3.3 补偿事务

在 saga 中，每个动作 A 都有一个补偿事务，我们记为 A^{-1}。直观地说，如果我们执行 A，后来又执行 A^{-1}，那么所产生的数据库状态同 A 和 A^{-1} 都未执行前一样。更形式化地：

- 如果 D 是任一数据库状态，$B_1B_2\ldots B_n$ 是动作和补偿事务的任一序列(不管是来自所讨论的 saga 还是来自在数据库上合法执行的任何其他的 saga 或事务)，那么在数据库状态 D

上开始运行序列 $B_1B_2\ldots B_n$ 和 $AB_1B_2\ldots B_n A^{-1}$ 所产生的数据库状态一样。

如果 saga 的执行通向 Abort 结点,那么我们通过为每个已执行的动作执行补偿事务来回滚该 saga,补偿事务执行的顺序与对应动作执行的顺序相反。根据上面描述的补偿事务的性质,该 saga 的影响被消除,而数据库状态就和 saga 没有发生一样。8.3.4 节中将解释为什么能保证消除影响。

数据库状态什么时候"一样"

在讨论补偿事务时,我们必须小心对待使数据库回复到和以前"一样"的状态的含义。当我们在例 8.8 中讨论 B - 树的逻辑日志时,我们已经领略过这个问题。在那里我们看到,如果我们"废除"一个操作,B - 树的状态可能和执行该操纵以前不完全相同,但就 B - 树上的访问操作而言它们是等价的。更一般地,执行一个动作及其补偿事务或许不能将数据库恢复到与以前完全相同的状态,但它们的差异对数据库所支持的应用来说应该是不能察觉的。

例 8.15 我们来考虑图 8-11 中的动作,看一看 A_1 到 A_6 的补偿事务各是什么。首先,A_1 创建一个在线文档。如果该文档存储在数据库中,那么 A_1^{-1} 必须将其从数据库中删除。注意,这一补偿遵循补偿事务的基本性质:如果我们创建文档,执行任意动作序列 α(如果我们愿意,其中也可以包括删除该文档),然后 $A_1\alpha A_1^{-1}$ 的效果和 α 的效果一样。

A_2 的实现必须非常小心。我们通过从账户中减去相应金额来"预留"钱。这些钱一直保持被消除的状态,除非补偿事务 A_2^{-1} 对其进行恢复。如果通常管理账户的规则得到遵循,那么我们就说该 A_2^{-1} 是正确的补偿事务。为了理解这一点,有必要考虑一个类似的事务,对这个事务来说明显的补偿不能起到应有的作用;我们稍后在例 8.16 中考虑这样的一个例子。

动作 A_3、A_4 和 A_6 都包括在表格上添加批准意见,因此它们的补偿事务可以将批准意见删除。[⊖]

最后,动作 A_5 写支票,这个动作没有明显的补偿事务。实际上也不需要,因为一旦 A_5 被执行,这个 saga 就不能回滚了。但是,从技术上来说 A_5 根本不影响数据库,因为支票金额由 A_2 减去。如果我们需要在更宽的范围内考虑"数据库",这时像兑现支票这样的结果将影响数据库,那么我们必须将 A_5^{-1} 设计为首先取消支票,然后写封信给领款人要求归还钱;如果所有补救措施都失败,则恢复账户中的金额并申报由于呆账而造成的损失。 □

下面我们继续看例 8.15 中隐含的例子,其中对账户的改变不能通过一个逆向的改变来补偿。问题在于账户通常不允许为负。

例 8.16 假设事务 B 为一个账户中增加 1000 元,该账户原来有 2000 元,而 B^{-1} 是消除同样数额的钱的补偿事务。此外,假设在试图从账户中消除钱而这将导致余额为负时事务失败是合理的。设 C 是从同一账户中消除 2500 元的事务,那么 $BCB^{-1} \neq C$。原因在于只执行 C 时会失败,账户中保持为 2000 元,而如果先执行 B 再执行 C,账户余额为 500 元,这时再执行 B^{-1} 会失败。

我们的结论是,只使用补偿事务不能同时支持在账户间任意转账的 saga 和不允许账户余额为负的规则。系统必须进行某些修改,例如允许账户中出现负的余额。 □

8.3.4 补偿事务发挥作用的原因

如果两个动作序列将任意数据库状态 D 转换为同一状态,那么我们说这两个序列是等价的($\equiv$)。补偿事务的基本假设可以表述为:

⊖ 在图 8-11 的 saga 中,补偿这些动作的唯一时机是当我们将删除表格时,但补偿事务的定义要求它们各自独立地工作,不管其他补偿事务是否可能使其所做的改变变得无关紧要。

- 如果 A 是任一动作，α 是合法动作和补偿事务的任一序列，那么 $A\alpha A^{-1} \equiv \alpha$。

现在，我们需要证明如果执行 $A_1 A_2 \ldots A_n$ 这一 saga 后，再以相反的次序执行它们的补偿事务 $A_n^{-1} \cdots A_2^{-1} A_1^{-1}$，其间无论有什么样的动作介入，执行效果同动作与补偿事务都没有执行过一样。证明的方法是对 n 进行归纳。

基础　如果 $n=1$，那么 A_1 和其补偿事务 A_1^{-1} 之间的动作序列形如 $A_1 \alpha A_1^{-1}$。根据补偿事务的基本假设，$A_1 \alpha A_1^{-1} \equiv \alpha$；即此 saga 对数据库状态没有影响。

归纳　假设这一陈述对长度不超过 $n-1$ 个动作的路径成立，考虑一条 n 个动作的路径，其后跟随着反序的补偿事务，中间可以有任何事务介入。此序列的形式为

$$A_1 \alpha_1 A_2 \alpha_2 \cdots \alpha_{n-1} A_n \beta A_n^{-1} \gamma_{n-1} \cdots \gamma_2 A_2^{-1} \gamma_1 A_1^{-1} \tag{8.1}$$

其中所有希腊字母都表示零个或多个动作的序列。根据补偿事务的定义，$A_n \beta A_n^{-1} \equiv \beta$。因此 (8.1) 式等价于

$$A_1 \alpha_1 A_2 \alpha_2 \cdots A_{n-1} \alpha_{n-1} \beta \gamma_{n-1} A_{n-1}^{-1} \gamma_{n-2} \cdots \gamma_2 A_2^{-1} \gamma_1 A_1^{-1} \tag{8.2}$$

因为在 (8.2) 式中只有 $n-1$ 个动作，根据归纳假设，(8.2) 式等价于

$$\alpha_1 \alpha_2 \cdots \alpha_{n-1} \beta \gamma_{n-1} \cdots \gamma_2 \gamma_1$$

也就是说，该 saga 及其补偿事务使数据库状态跟 saga 从未发生一样。

8.3.5　习题

!习题 8.3.1　"卸载"软件的过程可以被认为是安装该软件的动作的补偿事务。在安装和卸载的一个简单模型中，假设动作包括将一个或多个文件从源（如 CD-ROM）装载到机器的硬盘上。为了装载文件 f，我们从 CD-ROM 上复制 f，如果已经存在相同路径名的文件 f'，则备份 f'，然后替代它。为了区别路径名相同的文件，我们可以假设每个文件有一个时间戳。

a) 装载文件 f 这一动作的补偿事务是什么？考虑两种情况，即不存在相同路径名的文件和存在相同路径名的文件 f' 这两种情况。

b) 解释为什么你在 (a) 中的答案能保证补偿。提示：仔细考虑用 f 取代 f' 后又用具有相同路径名的另一文件取代 f 的情况。

!习题 8.3.2　用 saga 描述预订航班座位的过程。考虑顾客可能查询座位但并不预订；顾客可能预订座位，后来却又取消，或者在规定的期限内没有付款；顾客可能乘坐预订的航班也可能不乘坐；对于每个动作，描述相应的补偿事务。

8.4　小结

- **脏数据**：由未提交事务写入主存缓冲区或硬盘上的数据称为"脏"数据。

- **级联回滚**：允许事务读脏数据的日志和并发控制组合可能需要回滚那些从稍后中止的事务中读取了数据的事务。

- **严格封锁**：严格封锁策略要求事务一直持有锁（除共享锁外）直到事务提交且日志中的提交记录已刷新到磁盘。严格封锁保证事务不会读到脏数据，即使崩溃和恢复后回头再看时也如此。

- **成组提交**：如果我们保证日志记录到达磁盘的顺序和写入顺序一样，那么我们可以放松严格封锁中要求提交记录到达磁盘这一条件。这时仍能保证不存在脏读，即使有崩溃和恢复发生。

- **在中止后恢复数据库状态**：如果事务中止但已经往缓冲区中写入了值，那么我们可以用日志或磁盘上的数据库拷贝恢复原来的值。如果新值已到达磁盘，那么我们仍可以用日

志来恢复旧值。

- 逻辑日志：对于大的数据库元素如磁盘块来说，如果我们在日志中增量地记录新值和旧值，即只表示变化，那么我们可以节省许多空间。在某些情况下，通过块中所含内容的抽象逻辑地记录改变，这使我们在事务中止后可以逻辑地恢复状态，即使数据库状态不能精确恢复。

- 死锁：当事务集里每一个事务都在等待该事务集里另一事务当前占有的资源（例如）锁时，就会发生死锁。

- 等待图：为每个等待中的事务创建一个结点，结点上有一条指向该事务所等待的事务的弧。存在死锁等同于等待图中存在一个或多个环。如果我们维护等待图并中止将导致死锁的等待事务中的任一个，那么我们可以避免死锁。

- 通过资源排序避免死锁：要求事务在获得资源时必须按照资源的某种字典顺序，这可以防止死锁的产生。

- 基于时间戳的死锁避免：另一种方法是维护时间戳，并根据请求资源的事务比占有资源的事务新还是老来决定事务的中止/等待。在等待－死亡方案下，较老的请求事务等待，而较新的请求事务以原时间戳回滚。在伤害－等待方案下，较新的事务等待，而较老的事务迫使占有资源的事务回滚并释放资源。

- saga：当事务中包括持续时间很长、可能需要几小时或几天的步骤时，传统封锁机制可能极大地限制并发。saga 由一个动作网络构成，其中的每个动作可能通向一个或多个其他动作，可能使整个 saga 完成，也可能使 saga 需要中止。

- 补偿事务：要使 saga 有意义，每个动作都必须有一个补偿动作，该补偿动作能取消原动作对数据库状态的影响，并且不影响已完成的 saga 或运行中的 saga 所做的任何其他动作。如果 saga 中止，那么对应的补偿动作序列将被执行。

8.5 参考文献

文献[2]、[1]和[7]是这里所讨论话题的一些有用的、全面的资料来源。逻辑日志取材于文献[6]。

文献[5]对死锁预防进行了综述；等待图就来自该文献。等待－死亡和伤害－等待方式来自文献[8]。

长事务由文献[4]引入。文献[3]中描述了 saga。

1. N. S. Barghouti and G. E. Kaiser, "Concurrency control in advanced database applications," *Computing Surveys* **23**:3 (Sept., 1991), pp. 269–318.

2. S. Ceri and G. Pelagatti, *Distributed Databases: Principles and Systems*, McGraw-Hill, New York, 1984.

3. H. Garcia-Molina and K. Salem, "Sagas," *Proc. ACM SIGMOD Intl. Conf. on Management of Data* (1987), pp. 249–259.

4. J. N. Gray, "The transaction concept: virtues and limitations," *Intl. Conf. on Very Large Databases* (1981), pp. 144–154.

5. R. C. Holt, "Some deadlock properties of computer systems," *Computing Surveys* **4**:3 (1972), pp. 179–196.

6. C. Mohan, D. J. Haderle, B. G. Lindsay, H. Pirahesh, and P. Schwarz, "ARIES: a transaction recovery method supporting fine-granularity locking and partial rollbacks using write-ahead logging," *ACM Trans. on Database Systems* **17**:1 (1992), pp. 94–162.

7. M. T. Ozsu and P. Valduriez, *Principles of Distributed Database Systems*, Prentice-Hall, Englewood Cliffs NJ, 1999.

8. D. J. Rosenkrantz, R. E. Stearns, and P. M. Lewis II, "System-level concurrency control for distributed database systems," *ACM Trans. on Database Systems* **3**:2 (1978), pp. 178–198.

第9章 并行与分布式数据库

一台机器上可以有许多数据库,同时一个数据库也可以分布在多个机器上,还有的数据库是位于一台高度并行的机器上。当计算是并行的或分布式的时候,就有许多数据库实现问题需要重新考虑。

在本章中,我们首先考察已经使用的各类并行体系结构。在一台并行机器上,很重要的一点是最昂贵的操作要利用并行的优势,对于数据库来说,这类操作就是全关系操作,例如连接操作。然后我们讨论用来表示大规模计算的map-reduce范型。这种算法形式特别适合在大规模并行机器上执行,并且可以简单地用这种方式表示重要的数据库处理。

接着我们转向分布式体系结构,包括工作站的网格和网络,以及分布在世界范围的公司数据库。现在,我们不仅要关注为执行查询操作运用许多可用的处理器,而且还要关注很多数据库操作在分布式环境下变得很难正确执行,其中比较显著的就是事务的分布式提交和分布式加锁。

分布式体系结构的一种极端情况是独立的机器的集合,常被称作"对等"网络。在这种网络中,甚至数据的查找都变成问题了。因此我们将讨论分布式的散列表和在对等网络中的分布式查找。

9.1 关系的并行算法

数据库操作经常大量消耗时间并且涉及大量数据,因而通常采用并行处理。在这一节中,我们将回顾并行机的基本结构。然后,我们关注"无共享"结构,尽管它不比其他的并行应用更优越,但它表现出对数据库操作是最有效的。对于大多数关系数据库操作的标准算法的一个简单修改将能够极好地利用并行机制。那就是,在一个有 p 个处理器的机器上完成一个操作的时间大约是在一个单处理器机器上完成这个操作的时间的 $1/p$。

9.1.1 并行模型

所有并行机的核心都是一个处理器的集合。处理器的数量 p 经常是很大的,成百上千。我们将假设每个处理器有它自己的局部高速缓存,这在我们的图示中不再明确显示了。在大多数的组织结构中,每个处理器还有局部内存,我们已经标明了。对数据库处理极其重要的是还有连同这些处理器一起的许多磁盘,可能每个处理器有一个或多个,或者在某些结构中,所有的处理器可以直接访问一个大的磁盘集合。

另外,并行计算机都有某些在处理器之间传送信息的通信设备。在我们的图示中,所显示的通信方式好像对于所有的机器部件都有一个共享的总线。但是,实际上在最大的机器中,总线不能连接所有的处理器或其他部件,因此在许多结构中,互连系统是一个强大的交换机,辅之以连接局部簇中处理器子集的总线。例如,一个机架上的处理器被连接起来。

我们可以把并行结构分为3个大类。连接最紧密的结构共享它们的内存,连接较不紧密的结构共享硬盘而不共享内存。常用于数据库的结构甚至不共享硬盘,这被称作"无共享"结构,尽管通过信息传递,处理器事实上是互连且共享数据的。

共享内存机器

在图 9-1 所示的结构中，每一个处理器可以访问所有处理器的所有内存。也就是说对整个机器，有一个单一的物理地址空间，而不是每个处理器一个地址空间。图 9-1 实际上太极端，它表明每个处理器根本没有私有的内存。每个处理器应当有某些局部的能单独使用的内存。但是，当需要时，它可以直接访问其他处理器的内存。这一类的大型机是 NUMA（nonuniform memory access）类型的，这意味着一个处理器访问"属于"其他处理器内存的数据所花的时间在一定程度上多于访问它"自己"的内存或它的局部簇中处理器内存的时间。但是，当前结构中最大的差异不是内存访问时间，而是不管数据在哪里，内存访问的时间都远远大于一个高速缓存访问的时间，因此关键的问题是，处理器所需的数据是否在它自己的高速缓存中。

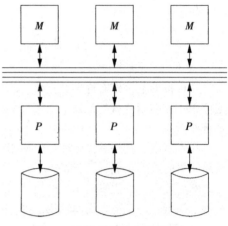

图 9-1   一个共享内存的机器

共享磁盘机器

在图 9-2 所示的结构中，每一个处理器有它自己的内存，其他的处理器不能直接访问到。但是，磁盘可以由任何一个处理器通过通信网络访问到。磁盘控制器管理来自不同处理器的潜在的竞争需求。磁盘和处理器的数目不必像图 9-2 所示的那样是相同的。

现在这种结构根据硬盘与处理器之间转移的数据单位不同可以分为两类。一类是称作网络附加存储（NAS）的特大容量磁盘存储，它转移的是文件。另一类是存储区域网络（SAN），它在硬盘与存储器之间转移的是硬盘块。

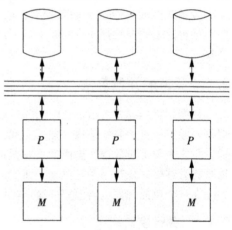

图 9-2   一个共享磁盘的机器

无共享机器

如图 9-3 所示，所有的处理器都有它们自己的内存和一个或多个磁盘。所有的通信都经过从处理器到处理器的通信网络。举例来说，如果一个处理器 P 想从另一个处理器 Q 的磁盘上读元组，那么处理器 P 向 Q 发送请求数据的消息。接着，Q 从它的磁盘上获得元组，并用另一条消息把它们通过网络发送给 P。

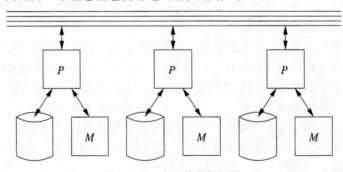

图 9-3   一个无共享的机器

如前所述，无共享的体系结构是数据库系统最常用的结构。无共享机的建造相对较便宜，可以购买几台成架的商品机，一个架上的机器用网络连接起来，架与架之间用另外一个网络连接起来。

但是我们为这些机器设计算法的时候，必须注意从一个处理器向另一个处理器发送数据代价是很高的。通常，数据必须在处理器之间的消息中发送，需要可观的系统开销。两个处理器必须都执行一个支持消息传送的程序，这里会有一个与通信网络相关的竞争或延迟。消息的代价通常可以被分为一个大的固定的系统开销加上每个字节传送的少量的时间。这样，设计一个并行算法使得在处理器之间的通信包括大数据量的发送将很有益处。举例来说，我们可将处理器 P 中将要发送到处理器 Q 的数据的若干个块进行缓冲。如果 Q 不立即需要数据，那么等到我们在 P 中有一个长消息时再将它发到 Q 将是非常有效的。幸运的是，最常用的数据库操作并行算法可以有效地使用长消息。

9.1.2 一次一个元组的操作的并行

让我们通过考虑选择操作符来开始我们的无共享机的并行算法的讨论。首先，我们必须考虑怎样最好地存储数据。就像首先在 2.3.3 节中建议的，将我们的数据分布到尽可能多的磁盘上将是很有用的。为了方便起见，我们将假设一个处理器只有一个磁盘。那么如果有 p 个处理器，就将任意一个关系 R 的元组平均地分到 p 个处理器的磁盘上。

为了计算 $\sigma_C(R)$，我们可以使用每一个处理器来检查分布在它自己磁盘上的元组。每一个处理器找到满足 C 条件的元组，将它们复制到输出。为了避免处理器之间的通信，我们将 $\sigma_C(R)$ 中的元组 t 存储到那些磁盘上有 t 的处理器中。这样，关系 $\sigma_C(R)$ 的结果就像 R 一样分布在各个处理器上。

因为 $\sigma_C(R)$ 可以是另一个操作的输入关系，又因为我们想使空闲时间最小并且在任何时间都让所有的处理器保持繁忙，所以我们希望将 $\sigma_C(R)$ 平均地分到各个处理器中。如果我们是在做一个投影，而不是选择，那么每个处理器上 $\pi_L(R)$ 中元组的数目与处理器上 R 的元组的数目相同。这样，如果 R 是平均分布的，那么它的投影也是平均分布的。但是，与 R 的分布相比，选择将大大改变结果中元组的分布。

例 9.1 设选择是 $\sigma_{a=10}(R)$，即找出 R 中所有属性 a 的值是 10 的元组。还假设我们已经按照属性 a 的值将 R 进行了划分。那么所有具有 $a=10$ 的元组在一个处理器上，那么整个的关系 $\sigma_{a=10}(R)$ 就在一个处理器上。 □

为了避免例 9.1 表明的问题，我们需要仔细考虑在处理器之间分布存储关系的策略。可能我们所能做的就是使用涉及一个元组的所有成分的散列函数 h，使得元组 t 中一个成分的改变就可以将 $h(t)$ 改变到任何可能的桶号。举例来说，如果我们想要 B 个桶，可以将每一个成分转化为 0 到 $B-1$ 之间的一个整数，将每一个成分的这个整数加起来，结果用 B 除，余数作为桶号。如果 B 也是处理器的数目，那么我们可以将每个处理器与一个桶关联，并把桶的内容传给那个处理器。

9.1.3 整个关系的操作的并行算法

首先，我们考虑操作 $\delta(R)$。如果按照 9.1.2 节建议的那样使用一个散列函数分布 R 的元组，那么将 R 的重复元组放在同一个处理器上。我们通过在每一个处理器的 R 的部分上使用一个标准的单处理器算法(就像 4.4.2 节和 4.5.2 节的例子)来并行地产生 $\delta(R)$。同样，如果我们使用同一个散列函数来分发所有 R 和 S 的元组，那么我们可以通过在每一个处理器的 R 和 S 的部分上并行工作来取 R 和 S 的并、交或差。

　　但是，假设 R 和 S 不是使用同一个散列函数来分布的，并且我们希望执行它们的并 [⊖]。在这种情况下，我们必须生成 R 和 S 的所有元组的副本，并按照单一的散列函数 h [⊖] 来分发它们。

　　我们使用散列函数 h，并行地将 R 和 S 的元组散列到每一个处理器上。散列过程就像 4.5.1 节那样进行，但当一个处理器 j 上相应于桶 i 的缓冲区满了时，并不是将它移动到 j 上的磁盘，而是将缓冲区的内容输送到处理器 i。如果我们在内存中有空间存放每个桶的几个块，那么在将它们输送到处理器 i 之前，我们可以等待用桶 i 的元组填满几个缓冲区。

　　这样，处理器 i 接收 R 和 S 的所有属于桶 i 的元组。在第二阶段，每个处理器对属于它的桶中的 R 和 S 的元组执行并操作。作为结果，关系 $R \cup S$ 将分布在所有处理器上。如果散列函数 h 真正随机产生桶中元组的位置，那么我们可以期望 $R \cup S$ 在每一个处理器上的元组的数目近似相等。

　　交和差的操作可以和并一样来执行；它并不管这些操作是集合还是包的形式。进一步地：

- 为了计算 $R(X, Y) \bowtie S(Y, Z)$，我们将 R 和 S 的元组散列到与处理器数目相同的桶中。但是，我们使用的散列函数必定仅依赖于 Y 的属性，而不是全部的属性，这使得连接元组总是被送到同一个桶中。就像并那样，我们将桶 i 的元组送到处理器 i。那么我们就可以在每一个处理器上使用任何单处理器连接算法来执行连接了。
- 为了计算分组和聚集 $\gamma_L(R)$，我们使用一个仅依赖于列表 L 中的分组属性的散列函数 h 来分发 R 的元组。如果每个处理器具有对应于 h 的一个桶的所有元组，那么我们可以使用任何单处理器 γ 算法来在这些元组上局部地执行 γ_L 操作。

9.1.4　并行算法的性能

　　现在，让我们考虑在 p 个处理器的机器上一个并行算法的运行时间与使用单处理器在同样数据、同样操作上的算法的执行时间的比较。总的工作量，即磁盘 I/O 和处理器周期，并行机不可能比单处理器机更小。但是，因为有 p 个处理器与 p 个磁盘一起运转，我们可以期望多处理器耗费的时间比单处理器小得多。

　　如果关系 R 是均匀分布的（就像我们在 9.1.2 节中建议的那样），那么完成一元操作，如 $\sigma_C(R)$，花费的时间为单处理器执行这个操作的时间的 $1/p$。磁盘 I/O 的数目与单处理器上的选择操作必然是一样的。唯一的差别是，平均每个处理器上有 R 的 p 个半满的块，而不是将 R 的所有元组存储在一个处理器的磁盘上，从而只有单个半满的块。

　　现在考虑二元操作，如连接。我们在连接属性上使用一个散列函数，它将每一个元组传送到 p 个桶中的一个，其中 p 是处理器的数目。为了分配一个处理器上的元组，我们必须将每个元组从磁盘上读入内存，计算散列函数，并将所有这些元组（除去碰巧属于它自己处理器上的桶的那 p 分之一的元组外）传送出去。

　　如果我们正在计算 $R(X, Y) \bowtie S(Y, Z)$，那么我们需要 $B(R) + B(S)$ 个磁盘 I/O 来读取 R 和 S 的所有元组并且确定它们的桶。接着我们必须经过机器内部互连的网络将 $((p-1)/p)$ $(B(R) + B(S))$ 个数据块传送到适当的处理器上；仅有 $(1/p)$ 个已在正确处理器上的元组不需要传输。依赖于机器的体系结构，传送的代价可以大于或小于同样的磁盘 I/O 数目的代价。但是，我们将假设网络上的传送比磁盘和内存之间数据移动的代价小得多，因为网络上的传送没有包含物理动作，但是磁盘 I/O 中包括。

⊖ 在原理上，这个并可以是基于集合的，也可以是基于包的。但是 4.2.3 节的包并技术是并行工作的，它复制所有的操作对象的元组，因此我们可能不希望使用这里描述的算法来执行包并。

⊖ 如果用来分发 R 或 S 的元组的散列函数是已知的，那么我们可以使用那个散列函数来分发另一个关系，而不用分发两个关系。

原理上，我们可以假设接收处理器必须首先在它自己的磁盘上存储数据，然后在收到的元组上执行一个局部连接。举例来说，如果我们在每一个处理器上使用两趟的排序连接，朴素的并行算法将在每一个处理器上使用 $3(B(R) + B(S))/p$ 个磁盘 I/O，因为每一个桶中关系的大小近似为 $B(R)/p$ 和 $B(S)/p$，并且这种连接类型将对每个操作对象关系占用的块花费 3 个磁盘 I/O。对于这个代价，我们将在每个处理器上增加另外的 $2(B(R) + B(S))/p$ 个磁盘 I/O，用于每个元组的第一次读和在元组的散列和分布的过程中接收元组的处理器对每一个元组进行存储。还应当加上传送数据的代价，但我们已经确定了与同样数据的磁盘 I/O 代价相比，这个代价是可以忽略的。

上面的比较说明了多处理器的价值。尽管总体上我们做了更多的磁盘 I/O（每个数据块 5 个磁盘 I/O，而不是 3 个），但所消耗的时间，以在每个处理器上执行磁盘 I/O 的数目来计，从 $3(B(R) + B(S))$ 降到了 $5(B(R) + B(S))/p$，对于大的 p 来说，这是一个显著的提高。

大 错 误

当使用基于散列的算法来在处理器之间分布关系并执行操作时，就像例 9.2 那样，我们必须当心不要过度使用一个散列函数。举例来说，假设为了计算 R 和 S 的连接，我们使用散列函数 h 在处理器之间将关系 R 和 S 的元组进行散列。我们可能想尝试使用 h 将 S 的元组局部地散列到桶中，就像我们在每个处理器上执行一趟的散列连接那样。但如果我们这样做了，所有的那些元组都会跑到一个桶中，例 9.2 中建议的内存连接将极端低效。

此外，有许多提高并行算法的速度的方法，使得总的磁盘 I/O 的数量不多于单处理器算法所需的磁盘 I/O 数量。事实上，因为我们在每个处理器上对一个小关系操作，所以能够使用一个对每个数据块使用较少的磁盘 I/O 的局部连接算法。举例来说，即便 R 和 S 很大，使得在单处理器上需要两趟算法，我们仍能够在 $(1/p)$ 的数据上使用一趟算法。

如果当我们将一个块传送到它的桶的处理器时，处理器能够立即使用这个块作为它的连接算法的一部分的话，我们就可以避免每个块的两个磁盘 I/O。大多数已知的连接和其他关系操作符允许这种使用，在这种情况下，并行算法看起来就像 4.8.3 节中在第一趟时使用散列技术的多趟算法。

例 9.2　考虑第 4 章中连接的例子 $R(X, Y) \bowtie S(Y, Z)$，其中 R 和 S 各占用 1000 个和 500 个块。现在，设有一个 10 个处理器的机器，每个处理器有 101 个缓冲区。而且，假设 R 和 S 是在这 10 个处理器上均匀分布的。

我们开始时使用仅依赖于连接属性 Y 的散列函数 h，将 R 和 S 的每一个元组散列到 10 个"桶"中的一个。这 10 个"桶"代表 10 个处理器，元组被传送到对应它们"桶"的处理器上。读 R 和 S 的元组的总共的磁盘 I/O 的数目是 1500，或者说每个处理器 150 个。每个处理器有大约 15 个块的数据散列到它自身，用于其他处理器数据的块，因此，它将 135 个块传送到其他的 9 个处理器上。这样，总的通信量是 1350 个块。

我们将安排处理器在传送 R 的元组之前传送 S 的元组。因为每一个处理器接收大约 50 个 S 的元组的块，这样它能够使用它的 101 个缓冲区中的 50 个在内存数据结构中存储这些元组。然后，当处理器开始发送 R 的元组时，将每一个元组与局部的 S 的元组比较，任何连接元组的结果都将作为输出。

在这种方式中，连接唯一的代价是 1500 个磁盘 I/O。而且，在每个处理器上操作所消耗的时间大致上是 150 个磁盘 I/O，加上在处理器之间传送元组和执行内存计算所需的时间。注意到 150 个磁盘 I/O 少于在单处理器上执行同样算法所花时间的 1/10。我们赢得这些并不仅仅因为我们有 10 个运行的处理器，而且在 10 个处理器中总共 1010 个缓冲区为我们赢得了额外的效率。　□

9.1.5　习题

习题 9.1.1　假设一个磁盘 I/O 占用 100ms。令 $B(R)=200$，所以在一个单处理器的机器上计算 $\sigma_C(R)$ 的磁盘 I/O 将占用 20s。如果这个选择在一个有 p 个处理器的机器上执行，效率会提高多少?

　　a) $p=1000$; b) $p=12$; c) $p=100$。

!习题 9.1.2　在例 9.2 中，我们描述了一个算法，它通过首先将元组散列分布到多个处理器上，再在处理器上执行一趟连接算法来并行地计算 $R \bowtie S$。按照 $B(R)$ 和 $B(S)$，即相关的关系的大小，p(处理器的数目) 和 M(每一个处理器上内存的块数)，请给出算法可以成功执行的条件。

9.2　map-reduce 并行架构

　　map-reduce 是一个高水平的编程系统，它可以使许多重要的数据库处理写起来很简单。用户需要为两个函数编写代码：映射(map)和归约(reduce)。主控制器把输入数据分成大的块，并指派不同的处理器对每个块执行映射函数。其他处理器(也许是同一批的处理器)被指派对映射函数的输出片段执行归约函数。

9.2.1　存储模式

　　为使 map-reduce 架构易于理解，我们应该假设有一个大规模的并行机器，它最像无共享机器。通常，处理器是一些成品计算机，安装在机架上并且一排处理器用简单的通信网络连接。若机架多于一个，则机架之间也要用简单的网络连接。

　　假设数据存储在文件里。特别是，与传统系统中的文件相比这些文件非常大。例如，一个文件也许包含了一个非常大的关系表中的所有元组，或者这个文件是如 11.1.4 节讨论的 1TB 的"市场篮子"。另一个单文件的例子是我们将在 12.2.2 节讨论的"Web 转移矩阵"，它表示了一个以网页作为结点且以超链接作为边的图。

　　文件被分割成大块，它也许是一个磁盘的几个完整的柱面，通常又有许多兆字节。为实现可恢复性，每个大块都被复制几次，所以当块所在的磁盘崩溃之后它不会丢失。

9.2.2　映射函数

　　图 9-4 显示了用户定义的映射与归约函数所做的事情的要点。尽管实际上输入可以是任何类型[⊖]的对象，但一般情况下将输入看作关键字 - 值的记录集合。映射函数被位于许多处理器上的一个或多个进程执行，每个进程工作在整个输入数据的一个大块上。

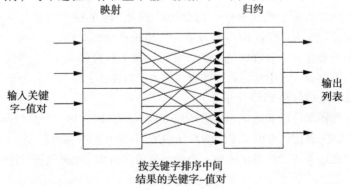

映射　　　　　　　　　　归约

输入关键
字–值对

按关键字排序中间
结果的关键字–值对

输出
列表

图 9-4　映射与归约函数的执行

⊖　我们将要看到，map-reduce 算法的输出总是关键字 - 值对的集合。由于在一些应用中构造两个或多个 map-reduce 操作是有用处的，习惯上就假设输入和输出都是关键字 - 值对的集合。

映射函数的设计是以一个关键字 – 值对作为输入，并产生一组关键字 – 值对作为输出，不过：

- 映射函数输出的关键字和值的类型不需要与输入的关键字和值的类型相同。
- 映射函数输出的"关键字"并不是数据库意义上的真正的关键字，也就是说，可以有许多关键字 – 值对有相同的关键字。然而，输出对中的关键字域在随后要解释的归约过程中具有特殊的作用。

所有映射进程的执行结果是一个关键字 – 值对的集合，称作中间结果。这些关键字 – 值对是映射函数作用于每个输入对的输出，每个输出对出现在产生它的处理器上。记住，可能有很多映射进程在不同的处理器上针对输入文件的不同部分执行相同的算法。

例 9.3　我们将考虑一个例子，如 3.1.8 节中所讨论的，为文档中的单词做倒排索引。就是说，我们的输入是一个文档的集合，我们希望为文档中每个单词构造一个包含这个词至少一次的文档的列表作为最后的输出（不是映射的输出）。输入是关键字 – 值对的集合，对中关键字是文档的标识，值是对应的文档。

映射函数把一个由文档标识 i 和文档 d 构成的对作为输入。映射函数逐字符地扫描 d，每发现一个单词 w 它就输出一个对 (w, i)。注意在输出中，关键字是这个单词，而对应的值是文档标识。每一个标识 – 文档对的映射函数输出是一组单词 – 标识对。没有必要关注文档中的重复单词，消除重复可以在稍后的归约阶段完成。中间结果是所有的单词 – 标识对的集合，该集合由输入数据库中的所有文档生成。

9.2.3　归约函数

第二个用户定义的函数——归约，也是被位于许多处理器上的一个或多个进程执行。归约函数的输入是一个来自中间结果的关键字，连同中间结果中所有与这个关键字成对出现的值的清单。重复的值还没有被消除。

在图 9-4 中，我们建议 4 个处理器中每一个的映射函数输出都被分布在 4 个处理器上，每个处理器将在中间结果的一个子集上执行归约操作。不过，有很多方法可以完成这种分布。例如，每个映射进程可以把它的输出留在本地磁盘上，一个归约进程可以通过任何连接处理器的网络或总线取回中间结果中它需要的那一部分。

归约函数自己会把与一个给定关键字 k 相关联的值组合成列表，结果是 k 和某种类型的一个值构成对。在许多简单的情形中，归约函数是可结合且可交换的，并且整个值列表被归约成单个与列表元素类型相同的值。例如，如果归约是加法，结果就是一些数字的列表。

当归约是可结合和可交换的时候，就有可能通过在映射进程结束之前把归约操作应用于映射进程计算出来的结果对来加速归约的执行。此外，如果一个映射进程计算出来的结果中有超过一个中间结果对有相同的关键字，则归约操作就立即把这些对组合起来，不需要等到将它们传递给该关键字的归约进程。

例 9.4　让我们考虑完成例 9.3 的归约函数，计算出倒排索引。中间结果由 $(w, [i_1, i_2, \cdots, i_n])$ 形式的对组成，其中 i 是文档标识的列表，每一个都代表着单词 w 出现一次。我们需要的归约函数接收标识的列表，消除重复，并对无重复的标识列表排序。

注意这种充分利用任何可用的并行性的组织计算的方式。映射函数作用于单个文档，所以数据库中有多少文档我们就可以有多少进程和处理器。归约函数作用于一个单词，所以数据库中有多少单词我们就可以有多少进程和处理器。当然，实际中是不可能使用这么多处理器的。□

例 9.5　假如我们不是要创建倒排索引，而是要创建单词计数。也就是说，对于每一个在我们数据库的文档中至少出现一次的单词 w，我们想要输出这样的对 (w, c)，其中 c 是单词 w 在所有文档中出现的次数。映射函数接收一个文档作为输入，逐字符遍历文档，每次遇到另外一个单词 w，就输出对 $(w, 1)$。中间结果就是数据对 $(w_1, 1)$，$(w_2, 1)$，…的一个列表。

在这个例子中，归约函数是整数的加法，也就是说，归约函数的输入是 $(w, [1, 1, …, 1])$，每个 1 就是单词 w 的一次出现。归约函数把 1 加起来得出计数。 □

例 9.6 在 map-reduce 架构中表示关系的连接需要一点技巧，在这个简单的特殊情形中，我们要进行关系 $R(A, B)$ 和关系 $S(B, C)$ 的自然连接。首先，映射函数的输入是关键字–值对 (x, t)，其中 x 是 R 或 S，t 是关系 x 的一个元组。输出是一个单一对，它由元组 t 中的连接值 B 和另一个对构成，这个对由 x（让我们知道元组来源于哪一个关系）和元组 t 的另一个属性，或者是 A（如果 $x = R$）或者是 C（如果 $x = S$）构成。所有形式为 $(b, (R, a))$ 或 $(b, (S, c))$ 的记录构成了中间结果。

归约函数接收一个属性 B 的值 b 作为关键字，连同由形如 (R, a) 或者 (S, c) 对组成的一个列表。包含 B 属性值 b 的连接结果的元组数量与列表中 (R, a) 的 a 和 (S, c) 的 c 配对的数量一样。因此，归约函数必须能够从输入列表中将关系 R 的 A 值和关系 S 中的 C 值提取出来，这些值利用 b 作为中间属性以所有尽可能的方式配对并形成一个结果元组。 □

9.2.4 习题

习题 9.2.1 在 map-reduce 架构下表达如下的关系操作：a) π_L；b) σ_C；c) $R \cup S$；d) $R \cap S$；e) $R \bowtie_C S$。

习题 9.2.2 修改例 9.5，计算出现每个单词 w 的文档数量。

9.3 分布式数据库

我们现在来考虑分布式数据库系统的要素。分布式系统中，许多相对自治的处理器可能参与数据库操作。一个分布式系统与一个无共享并行系统的区别是对通信代价的假定。正常情况下，无共享并行系统中的信息传递代价相对于磁盘访问和其他代价是很小的。在分布式系统中，处理器物理上距离很远，并不在一个房间。连接处理器的网络比无共享系统网络的容量小得多。

分布式数据库有显著的优点。像并行系统一样，分布式系统可以使用很多处理器由此可以加速查询。另外，因为处理器是大范围分离的，可通过在多个站点复制数据以增加失败情况下的恢复能力。

另一方面，分布式处理增加了数据库系统各个方面的复杂性，因此，即使是 DBMS 中最基本的组成部分的设计，我们也需要重新考虑。由于通信开销可能比内存处理开销要大得多，关键问题是如何在站点之间传送消息。这一节我们将介绍最基本的问题，后面几节主要讨论分布式数据库中出现的两大问题：分布式提交和分布式封锁。

9.3.1 数据的分布

数据分布的一个重要原因是由于组织机构自身分布在若干结点上，而每个结点都有主要与该结点密切相关的数据。例如：

1. 一个银行可能有许多分行。每个分行（或给定城市中所有分行构成的一个组）将保存该分行（城市）维护的账户数据库。客户可以选择在任何一个分行存款，但常常会在"自己的"分行（即保存该客户账户数据的分行）存款。银行的中央机构也可能保存数据，如员工记录或像当前利率这样的政策。当然，各分行的记录都有备份，这个备份可能既不在分行机构，也不在中央机构。

2. 一个连锁商店可能有许多单独的商店。每个商店（或给定城市所有商店构成的一个组）有该商店的销售和存货数据库。可能有一个中央机构，它保存员工数据、整个连锁商店的存货数据、信用卡客户数据，以及供应商的信息，例如货物尚未交付的订单和欠债情况。此外，所有商店销售数据的一个副本可能都存放在一个数据仓库中，可以用来通过分析员的即席查询分析和预测销售情况。

3. 一个数字图书馆可能由一些大学联合构成，每个大学都有一些在线书籍和其他文档。在任一结点上进行搜索都将查看到所有结点文档的目录，并且在某个结点上有满足条件的文档时提交该文档的一个电子拷贝。

在某些情况下，逻辑上看作一个关系的数据可能在多个结点上进行划分。例如，我们可以认为连锁商店只有单独的一个关于销售的关系，如

```
Sales(item, date, price, purchaser)
```

但是，这个关系并非物理地存在，而是一些模式相同的关系的并，其中的每个关系存在连锁店的一个商店中。这些局部的关系称为片段，将这个逻辑关系划分为物理片段的过程称为关系 Sales 的水平分解。我们认为这一划分是"水平的"，这是因为我们可以把这一划分看作是用若干水平线将单一的关系 Sales 的元组分隔成每个商店的元组集合。

在另一些情况下，分布式数据库似乎对关系做"垂直"划分，即将一个逻辑的关系分解为两个或更多关系，每个关系有原来的一个属性子集且位于不同结点。例如，如果我们想要找出 Boston 商店的哪些客户的销售记录属于信用卡付款拖欠 90 天以上，最好有一个关系(视图)包含 Sales 中的货物、日期、购买者信息以及该购买者最后一次信用卡付款日期。但是，在我们所描述的场景中，这一关系是垂直分解的，并且我们需要在总部将 Boston 商店的 Sales 片段与信用卡客户关系进行连接。

9.3.2　分布式事务

数据分布的结果是一个事务可能涉及多个结点的处理，因此事务的模型必须修改。事务不再是单个结点上的单个处理器所执行的一段代码，该处理器只需与一个调度器和一个日志管理器进行通信。相反地，事务由一些相互通信的事务成分构成，每个部件位于不同的结点并与局部的调度器和日志管理器通信。因此，两个需要重新考虑的重要问题是：

1. 我们如何管理分布事务的提交/中止决定？如果事务的一个部件希望中止整个事务，而其他部件没有遇到任何问题因而希望提交事务，这时会发生什么？我们在 9.5 节讨论一种称为"两阶段提交"的技术；它能做出正确的决定，并且常常允许正常的结点在其他结点发生故障时仍能继续工作。

2. 我们怎样保证涉及多个结点上部件的事务的可串行性？在 9.6 节我们具体讨论封锁，看一看锁表怎样用来支持数据库元素的全局封锁，并因而支持分布式环境中事务的可串行性。

9.3.3　数据复制

分布式系统的一个重要好处是可以复制数据，即在不同的结点上建立数据的副本。这样做的一个动机是，如果一个结点发生故障，可能另一个结点可以提供与故障结点相同的数据。另一个作用是可以通过在提交查询的结点上建立所需数据的副本来提高回答查询的速度。例如：

1. 银行可以在每个分行建立当前利率政策的副本，这样关于利率的查询就不需要送到中央机构。

2. 连锁店可以在每个商店维护供应商信息副本，这样，对供应商信息的局部查询(例如，经理希望知道某个供应商的电话以查询送货情况)就可以在不向中央机构传送消息的前提下得以解决。

3. 在电子图书馆的例子中，如果某个学校的学生需要读某个指定的文档，该文档的一个副本可以暂时缓存在这个学校。

然而，数据复制带来了几个问题。

a)我们怎样保持副本相互一致？实质上，对有副本的数据库元素的更新将变成更新所有副本的分布式事务。

b)我们怎样确定维护多少副本以及在什么地方维护副本？副本越多，更新就越难，而查询就越容易。例如，一个极少更新的关系可以在各个地方都有副本，从而使效率最高；而一个频繁更新的关系或许就只有一个副本和一个备份。

c)当网络通信发生故障时，同一数据的不同副本可能各自演化，因而在网络连接恢复时必须对各个副本进行协调，这种情况需要做什么？

9.3.4   习题

!! 习题9.3.1   下面的习题使你能体会到在决定数据复制策略时将会遇到的一些问题。假设有 n 个结点都要访问关系 R。对于 $i = 1, 2, \cdots, n$，第 i 个结点每秒中都提出关于 R 的查询 q_i 和对 R 的更新 u_i。如果在提出查询的结点上有 R 的副本，那么查询执行的开销为 c，否则开销为 $8c$。在提出更新的结点上，更新 R 的副本的开销为 d，而更新其他结点上每个副本的开销为 $12d$。对于一个很大的 n，你如何根据这些参数选择在什么样的结点集合上复制 R。

9.4   分布式查询处理

我们现在开始讨论运行在分布式机器网络中的查询优化。当处理器之间的通信开销很大时，就会有一些查询计划比我们在9.1节为那些可以本地通信的处理器提出的计划更有效。我们的主要目标是利用《数据库系统基础教程（原书第3版）》习题2.4.8介绍的半连接操作符，提出一种计算连接的新方法。

9.4.1   分布式连接操作问题

假设我们要计算 $R(A, B) \bowtie S(B, C)$。然而如图9-5所示，R 和 S 位于网络的不同结点上。有两个明显的方法计算连接。

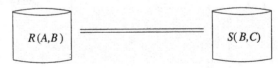

图9-5   连接网络中不同结点上的关系

1. 把 R 的一个副本传送给 S 所在的站点，然后在 S 所在的站点上计算连接。

2. 把 S 的一个副本传给 R 所在的站点，然后在 R 所在的站点上计算连接。

在很多情况下，两个方法中的任何一个都可以。然而，问题出现了，比如：

a)如果两个站点间的通道容量太小会发生什么，例如电话线或者无线连接？这样，连接操作的开销主要是复制一个关系所花费的时间，所以需要设计我们的查询计划使通信开销最小。

b)即使通信很快，若共有属性 B 的数值比 A 和 C 的数值小得多，也会有更好的查询计划。比如，B 可能是文档或视频的标识符，而 A 和 C 是文档或视频本身。

9.4.2   半连接化简

上述两个问题均可使用同类查询计划解决，这类计划就是只把每个关系表中相关的部分传送给另一个关系表所在的站点。回想关系表 $R(X, Y)$ 和 $S(Y, Z)$ 的半连接是 $R \ltimes S = R \bowtie (\pi_Y(S))$，其中 X，Y 和 Z 都是属性的集合。也就是说，把 S 投影到共同属性上，然后用这个投影与 R 做自然连接。$\pi_Y(S)$ 是集合 - 投影操作，所以消除了重复。在做自然连接时，参与操作的关系表中一个表的属性是另一个表的属性的子集，这是不常见的，但连接的定义涵盖了这种情况。$R \ltimes S$ 的

计算结果包含了 R 中所有那些至少与 S 中的一个元组有连接的元组，换个说法就是，半连接 $R \ltimes S$ 消除了 R 中那些悬挂的元组。

把 $\pi_Y(S)$ 传送给 R 所在的站点，就可以在那里计算 $R \ltimes S$ 了。我们知道 R 中那些不在 $R \ltimes S$ 中的元组不可能在 $R \bowtie S$ 中，因此只需要把 $R \ltimes S$ 而不是整个 R 传送到 S 所在的站点并在那里计算连接。对于 $R(A, B)$ 和 $S(B, C)$ 该查询计划如图 9-6 所示。当然，图中 R 和 S 角色互换后有一个对称的查询计划。

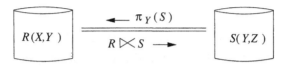

图 9-6　利用半连接使通信开销最小

这种半连接查询计划或 R 和 S 互换后的查询计划是否比那两个明显的查询计划中的一个更加有效取决于几个因素：首先，如果 S 在 Y 上的投影得到的关系比 S 小得多，那么把 $\pi_Y(S)$ 传送给 R 所在的站点比传送给 S 自己的开销要小很多。如果满足下面两个或一个条件，$\pi_Y(S)$ 就会比 S 小：

1. 有很多重复需要消除，即 S 中很多元组的 Y 属性值相同。
2. 属性 Z 的内容比属性 Y 的内容要大，例如 Z 包含的属性值是音频、视频或者文档。

为确认半连接计划优于其他查询计划，我们还需要知道 $R \ltimes S$ 的大小比 R 要小，也就是说，R 在它与 S 的连接操作中必须包含很多悬挂元组。

9.4.3　多个关系的连接

当我们进行两个关系的自然连接时，只有一个半连接是有用的。等值连接也是这样，因为我们会把进行等值匹配的属性对当作它们有相同的名字，并把等值连接当作自然连接。然而，当我们对处于不同站点上的三个或多个关系做自然连接或者同等连接的时候，几个奇怪的事情发生了。

- 在把这些关系传送其他站点做连接之前，我们可能需要做多个半连接操作来消除关系中的悬挂元组。
- 对一些关系模式集合，不存在有限的半连接操作序列来消除所有的悬挂元组。
- 有可能识别那些可利用半连接操作在有限步骤内消除悬挂元组的关系模式的集合。

例 9.7　为了发现在对多于两个的关系进行自然连接时会出现什么问题，考虑 $R(A, B)$，$S(B, C)$ 和 $T(C, A)$。假如 R 和 S 有 n 个完全相同的元组：$\{(1, 1), (2, 2), \cdots, (n, n)\}$，$T$ 有 $n-1$ 个元组：$\{(1, 2), (2, 3), \cdots, (n-1, n)\}$，如图 9-7 所示。

注意 R 和 S 连接得到 n 个元组

$$\{(1, 1, 1), (2, 2, 2), \cdots, (n, n, n)\}$$

这些元组没有一个可以和 T 的元组连接，原因是 $R \bowtie S$ 的所有元组的 A 和 C 是相等的，然而 T 中元组的 A 和 C 不相等，即 $R \bowtie S \bowtie T$ 结果为空，每个关系中所有元组都是悬挂的。

A	B		B	C		C	A
1	1		1	1		1	2
2	2		2	2		2	3
n	n		n	n		$n-1$	n
	R			S		T	

图 9-7　用半连接消除悬挂元组非常慢的三个关系

然而，没有一个半连接可以从任何一个关系中消除多于一个元组。例如，$S \ltimes T$ 仅从 S 中消除一个元组 (n, n)，近似地，因为 $\pi_A(T) = \{2, 3, \cdots, n\}$，$R \ltimes T$ 仅从 R 中消除一个元组 $(1, 1)$。我们继续该过程，利用 $R \ltimes S$ 从 R 消除一个元组 (n, n)，然后，$T \ltimes R$ 从 T 消除一个元组

$(n-1, n)$，现在再计算 $S \ltimes T$，从 S 消除一个元组 $(n-1, n-1)$，等等。我们实际上需要 $3n -$ 1 个半连接才能使三个关系都变空，这里不再证明。□

因为例 9.7 中的 n 是任意的，我们可以看到，针对这里讨论的特定关系，不管关系中的当前数据是什么，都没有固定的有限的半连接操作序列可以保证消除所有的悬挂元组。另一方面，我们将要看到，三个或多个关系上的许多典型的连接确实有确定的有限的半连接序列，可以保证消除所有的悬挂元组。我们称这样的半连接序列为关系的完全化简。

9.4.4 非循环超图

让我们假设正在对几个关系进行自然连接，但正如提到过的，通过假定不同关系中进行等值连接的属性同名，并对属性重命名使得该假定成为事实，也可以处理等值连接。如果我们要做自然连接，那么可以为每个自然连接画一个有用的图，称作超图，也就是有超边的结点集合，其中超边是结点的集合。一个传统的图就是一个其所有超边是大小为 2 的集合的超图。

通过为每个属性名创建一个结点形成一个自然连接的超图，每个关系由包含它所有属性的超边表示。

例 9.8 图 9-8 是例 9.7 中 3 个关系的超图，关系 $R(A, B)$ 被表示成超边 $\{A, B\}$，关系 S 被表示成超边 $\{B, C\}$，关系 T 是超边 $\{A, C\}$。注意这个超图确实是一个图，因为超边是一对结点。观察得出，图中的 3 个超边构成一个环。我们将要看到，正是这个环使它不存在完全化简。

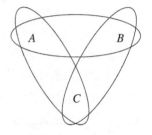

图 9-8　例 9.7 的超图

然而，关于什么时候超图是循环的问题有一个不那么直观的答案。图 9-9 是另一个超图，它可以用来表示关系 $R(A, E, F)$，$S(A, B, C)$，$T(C, D, E)$ 和 $U(A, C, E)$ 的连接。这个超图是一个真正的超图，因为它有包含两个以上结点的超边。它还碰巧是一个"非循环"超图，尽管看起来有环。□

为了正确定义非循环超图，从而得出存在一个完全化简的条件，我们首先需要一个超图中"耳朵"的概念。一个超边 H 是一只耳朵，若在同一个超图中存在另外的超边 G 使 H 中的每个结点满足下列情况之一：

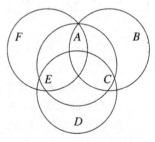

图 9-9　一个非循环超图

1. 仅包含在 H 中。
2. 也包含在 G 中。

我们称 G 消费 H，其中的原因在我们讨论超图的化简的时候会变得清楚起来。

例 9.9 在图 9-9 中，超边 $H = \{A, E, F\}$ 是一个耳朵，G 的角色由 $\{A, C, E\}$ 来担任。结点 F 是 H 独有的，它在其他超边中不出现，H 的另外两个结点(A 和 E)也是 G 的成员。□

一个超图是非循环的，若它可以被一序列的耳朵简化化简为一个超边。一个耳朵简化就是一个耳朵从超图中的简单消除，连同那些只在耳朵中出现的结点。注意如果在某一步骤中一个耳朵没有被消除，那么在其他耳朵被消除后它依然是耳朵。然而，可能的情况是一个超边本来不是耳朵，在另一条超边消除后变成了耳朵。

例 9.10 图 9-8 不是非循环的，没有超边是耳朵，所以我们不能从任何一个耳朵开始化简。例如，$\{A, B\}$ 不是一个耳朵，因为 A 和 B 都不是一个超边独有的，并且没有另外一个超边同时包含 A 和 B。

另一方面，图 9-9 是非循环的。正如我们在例 9.9 提出的，$\{A, E, F\}$ 是一个耳朵，$\{A, B,$

C} 和 {C，D，E} 也是。因此我们可以从超图中消除超边 {A，E，F}，当我们消除这个耳朵的时候，结点 F 消失了，但是其他 5 个结点和 3 个超边还在，如图 9-10 所示。

因为在图 9-10 中 {A，B，C} 是一个耳朵，第二个耳朵简化我们要消除它和结点 B。现在，我们剩下超边 {A，C，E} 和 {C，D，E}，每一个都是耳朵，注意 {A，C，E} 直到现在才是耳朵。我们可以消除其中一个耳朵，留下一个超边，证明了图 9-9 是一个非循环超图。　□

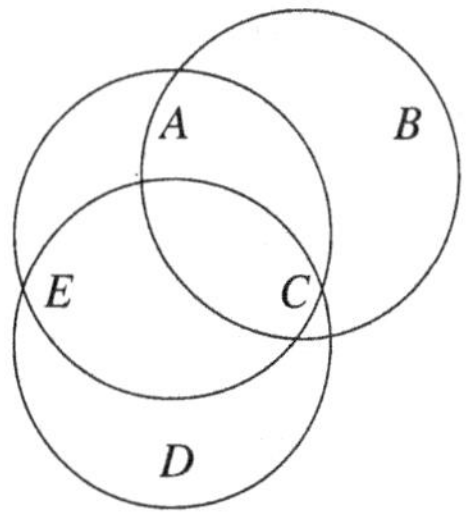

图 9-10　减少一个耳朵之后

9.4.5　非循环超图的完全化简

通过遵循耳朵简化的顺序我们可以为任何非循环超图创建一个完全化简。对一个非循环超图中的超边数量利用归纳法，我们创建半连接的序列如下：

基础　如果只有一个超边，什么也不做。一个关系的"连接"是这个关系自己，肯定没有悬浮元组。

归纳　如果超图的超边个数大于 1，那么它一定至少有一个耳朵。选择其一，记作 H，且假设它被超边 G 消费。

1. 执行半连接 $G := G \ltimes H$；也就是从 G 中消除那些与 H 没有连接的元组。[⊖]
2. 递归地为去掉 H 的超图找到一个半连接序列。
3. 执行半连接 $H := H \ltimes G$。

例 9.11　让我们为关系 $R(A, E, F)$、$S(A, B, C)$、$T(C, D, E)$ 和 $U(A, C, E)$ 创建完全化简，它们的超图我们在图 9-9 看到过。我们使用耳朵的序列将是 R，然后 S，然后 U，如例 9.10。由于 U 消费 R，我们从半连接 $U := U \ltimes R$ 开始。

递归地，我们化简剩下的三个超边。由于 U 消费 S，所以下一步是 $U := U \ltimes S$。递归的下一层是 T 消费 U，所以增加一步 $T := T \ltimes U$。现在只剩下 T，属于起点的情况，所以什么也不做。

最后，我们增加 $U := U \ltimes T$ 完成耳朵 U 的消除，然后，增加 $S := S \ltimes U$ 完成耳朵 S 的消除，接下来利用 $R := R \ltimes U$ 完成耳朵 R 的消除。图 9-9 的一个完全化简的整个半连接序列如图 9-11 所示。　□

$$U := U \ltimes R$$
$$U := U \ltimes S$$
$$T := T \ltimes U$$
$$U := U \ltimes T$$
$$S := S \ltimes U$$
$$R := R \ltimes U$$

图 9-11　图 9-9 的一个完全化简

一旦我们计算了完全化简中的所有半连接，知道将被传送的关系不再包含悬挂元组且已经最小，我们就可以把简化后的所有关系复制到其中一个站点。事实上，如果我们知道在哪个站点进行连接，那么我们不必消除那个站点上关系的所有悬挂元组。一旦一个关系不再用来简化其他关系，我们就停止对这个关系应用半连接操作。

例 9.12　图 9-11 的完全化简后，如果在站点 S 上有一个连接操作，那么我们就不必做 $S := S \ltimes U$ 这一步。但是，如果连接是在站点 T 进行的，我们仍要进行 $T := T \ltimes U$ 这一步，因为 T 在后续步骤中还要被用来简化其他关系。　□

9.4.6　为什么完全化简算法有效

这个算法通过对任意非循环超图中超边数量的归纳产生一个完全化简，下面我们给出这一过程的描述。

⊖　我们用超边代表的关系来标识超边是为了概念上的方便。另外，如果对应于一个超边的元组集合是存储的表，而不是临时关系，我们不必像一步骤 $G := G \ltimes H$ 所示的那样用一个半连接来代替一个关系，而是用一个新的临时关系 G' 来存储结果。

基础   只一个超边。没有悬挂元组，所以什么也不需要做。

归纳   当我们消除耳朵 H 时，我们从消费 H 的超边 G 中消除掉那些不会和 H 中至少一个元组连接的所有元组。因此，不论更进一步的化简是什么，包括 H 在内的所有超边所对应关系的连接，不会包含一个与 H 无连接的元组。注意，由于 G 是 H 与其余关系的唯一纽带，所以这个表述是正确的。

通过归纳，在其余关系的连接结果中所有悬挂元组都被消除了，当我们最后做半连接 $H:=H \bowtie G$ 来消除 H 中的悬挂元组时，我们知道没有包含悬挂元组的关系了。

9.4.7　习题

习题 9.4.1   确定下边哪个超图是非循环的，每个超图用一个它的超边的列表表示。

 a) $\{A, B\}$，$\{B, C, D\}$，$\{B, E, F\}$，$\{F, G, H\}$，$\{G, I\}$，$\{B, H\}$

 b) $\{A, B, C, D\}$，$\{A, B, E\}$，$\{B, D, F\}$，$\{C, D, G\}$，$\{A, C, H\}$

 c) $\{A, B\}$，$\{B, C, D\}$，$\{B, E, F\}$，$\{F, G, H\}$，$\{G, I\}$，$\{H, J\}$

习题 9.4.2   为习题 9.4.1 中的非循环超图创建一个完全化简。

! 习题 9.4.3   除了例 9.11 中的完全化简，通过为图 9-9 的超图选择消除耳朵的其他序列，可以创建多少个其他的六步完全化简。

! 习题 9.4.4   非循环图的一个很有名的性质是，若从非循环图中剔除掉一个边后它依然是非循环的。对超图来说类似的说法正确吗？也就是说，如果从一个非循环超图中剔除掉一个超边，剩下的超图仍然非循环吗？提示：考虑图 9-9 中的非循环超图。

! 习题 9.4.5   假如我们要做 $R(A, B)$ 和 $S(B, C)$ 的自然连接，R 和 S 在不同的站点，而其传送数据的大小是连接的主要开销。假如 R 和 S 的大小分别是 s_R 和 s_S，$\pi_B(R)$ 的大小 p_R 是 R 大小的一小部分，$\pi_B(S)$ 的大小 p_S 是 S 大小的一小部分。最后，假设 d_R 和 d_S 分别是关系 R 和 S 中悬挂部分的大小。用这六个参数写出计算 $R \bowtie S$ 的四个策略的开销表达式，并确定一种情形，在这种情形下每种策略都是最好的。这四种策略是：

 i) 将 R 传送给 S 的站点。

 ii) 将 S 传送给 R 的站点。

 iii) 将 $\pi_B(S)$ 传送给 R 的站点，然后将 $R \bowtie S$ 传送给 S 的站点。

 iv) 将 $\pi_B(R)$ 传送给 S 的站点，然后将 $S \bowtie R$ 传送给 R 的站点。

!! 习题 9.4.6   对位于一个网络中不同结点上关系的二元操作，并非都可以通过像半连接这样的预操作缩减它们的执行时间。当操作是 a)交；b)差；c)并的时候，是否有可能改进这个明显的算法（把其中的一个关系传送到其他站点）？

9.5　分布式提交

这一节中，我们将讨论在多个结点上有组成部分的分布式事务如何原子执行的问题。下一节讨论分布式事务的另一个重要性质，即执行的可串行性。

9.5.1　支持分布式原子性

我们将以一个例子来说明可能出现的问题。

例 9.13   考虑 9.3 节我们提到的连锁店的例子。假设连锁店的某个经理想要查询所有商店，找出所有店中牙刷的仓储情况，然后指示将牙刷从一些商店运到另一些商店，以平衡仓储。该操作由一个全局的事务 T 来完成；事务 T 在第 i 个商店有组成部分 T_i，并且在该经理所位于的机构有组成部分 T_0。T 执行的动作序列概括如下：

 1. 成分 T_0 在经理所在结点上创建。

 2. T_0 向所有商店发送消息，指示它们创建成分 T_i。

3. 每个 T_i 在商店 i 执行一个查询，找出该商店库存牙刷数目，然后将这一数目报告给 T_0。

4. T_0 接收这些数并根据某种算法决定需要运输的牙刷数量，使用的算法我们在此不需要讨论。然后，T_0 发送"商店 10 应该运输 500 支牙刷到商店 7"这样的消息给对应的商店(本例中为商店 7 和商店 10)。

5. 接收到指示的商店更新存货清单并送货。 □

在例 9.13 中很多地方都可能出错，而其中的许多错误都会导致 T 的原子性受到破坏。也就是说，组成 T 的某些动作得以执行，而另一些动作却没有执行。我们假定在各个结点上都应该有的日志和恢复机制保证每个 T_i 的执行都是原子的，但它们不能保证 T 本身的原子性。

例 9.14 假设重新分配牙刷的算法中有一个错误，导致要求商店 10 运输的牙刷数量比该商店的库存量还多。在这种情况下，T_{10} 将中止，牙刷不会从商店 10 运出，且商店 10 的存货清单也不会更改。然而，商店 7 的 T_7 没有发现任何错误并提交，它修改了该商店的存货清单以反映假设应运输的牙刷数量。现在，T 不仅不能原子地执行(因为 T_{10} 永远也不能完成)，还使分布式数据库处于不一致的状态。 □

导致问题的另一种情况是，分布式事务执行过程中某个结点可能发生故障或与网络断连。

例 9.15 假设在响应 T_0 的第一条消息时，T_{10} 告诉 T_0 自己的牙刷存货量。但是，商店 10 的机器在此后崩溃，T_0 发出的指示就再也不能被 T_{10} 收到。分布式事务 T 能提交吗？T_{10} 在其所在结点恢复时应该做什么？ □

9.5.2 两阶段提交

为了避免 9.5.1 节中所提到的那些问题，分布式 DBMS 在决定是否提交一个分布式事务时使用很复杂的协议。在这一节中，我们将描述这些协议所基于的基本思想，也就是两阶段提交 [⊖]。通过做出关于提交的全局决定，事务的成分要么都提交，要么都不提交。和往常一样，我们假设每个结点上的原子性机制保证该结点上的局部事务成分要么提交，要么对该结点上的数据库状态不产生任何影响；也就是说，事务的各成分都是原子的。因此，通过实行分布式事务的所有成分要么都提交要么都不提交这一规则，我们可以保证分布式事务本身的原子性。

下面是关于两阶段提交的几个要点：

- 在两阶段提交中，我们假设每个结点记录该结点上动作的日志，但没有全局的日志。
- 我们还假设一个称为协调器的结点在决定分布式事务是否提交中扮演特殊的角色。例如，协调器可能是发起事务的结点，比方说 9.5.1 节的例子中的结点 T_0。
- 两阶段提交协议涉及协调器和其他结点之间的消息发送。在发送每条消息时，发送结点都将把该消息记录到日志中，以便在需要恢复时提供帮助。

记住这些要点后，我们可以按照结点之间发送的消息来描述两阶段提交。

阶段 I

在两阶段提交的第一个阶段中，分布式事务 T 的协调器决定何时提交 T。大概在事务 T 位于协调器结点上的成分准备好提交后开始试图提交，但原则上即使协调器的成分希望中止，各个步骤仍然要执行(然而正如我们将看到的那样，这些步骤有了极大的简化)。协调器询问包含事务 T 的成分的所有结点，以确定这些结点希望提交还是中止，如下：

1. 协调器在所在结点的日志中放入 $<\text{Prepare } T>$ 日志记录。

2. 协调器向成分所在的各个结点(原则上包含它自己)发送消息 prepare T。

3. 每个接收到消息 prepare T 的结点决定该结点上 T 的成分是提交还是中止。如果事务成分

⊖ 不要混淆两阶段提交和两阶段封锁。它们是相互独立的概念，用来解决不同的问题。

尚未完成其行动，结点可以推迟发送响应的消息，但终究是要发送的。

4. 如果结点希望提交其事务成分，就必须进入一个称为预提交的状态。一旦进入预提交状态，结点就不能中止其上的 T 成分，除非协调器指示中止事务。进入预提交状态必须执行如下步骤：

a）执行为保证 T 的局部成分再没有必要中止而必需的所有步骤，使即便该结点上发生故障然后又恢复的情况下此事务成分也不需中止。因此，不仅与局部 T 相关的所有动作都必须执行，还需要执行与日志相关的适当动作，以保证恢复时 T 将被重做而不是被撤销。所需动作依赖于日志方式，但显然与局部 T 动作相关的日志记录必须刷新到磁盘上。

b）在局部日志中放入记录 < Ready T > 并将日志刷新到磁盘。

c）向协调器发送 ready T 消息。

但是，该结点在这时并未提交其上的 T 成分；它必须等待第二个阶段。

5. 如果情况正好相反，结点希望中止其 T 成分，那么它记载日志记录 < Don't commit T > 并向协调器发送消息 don't commit T。这时中止事务成分是安全的，因为即使只有一个结点希望中止，事务 T 也肯定会中止。

图 9-12   两阶段提交的第一阶段中的消息

图 9-12 概括了第一阶段中的消息。

阶段 II

第二阶段从协调器收到来自各结点的 ready 或 don't commit 响应开始。然而，有可能某些结点不能进行响应；这样的结点可能是停机了，也可能已经与网络断开连接。在这种情况下，协调器会在某个合适的超时期间后将这样的结点视为发送了 don't commit 来处理。

1. 如果协调器从 T 的所有成分接收到的都是 ready T，那么它就决定提交 T。协调器在其结点中记载 < Commit T > 日志记录，并且向参与 T 的所有结点发送 commit T 消息。

2. 如果协调器收到来自一个或多个结点的 don't commit T 消息，那么它在其结点中记录 < A-bort T > 日志记录，并且向参与 T 的所有结点发送 abort T 消息。

3. 如果结点收到 commit T 消息，该结点将提交其上的 T 成分，并在此过程中记录日志 < Commit T >。

4. 如果结点收到 abort T 消息，该结点将中止 T 并写入日志记录 < Abort T >。

图 9-13 概括了第二阶段中的消息。

图 9-13   两阶段提交的第二阶段中的消息

9.5.3 分布式事务的恢复

在两阶段提交过程中的任何时候，结点都可能发生故障。我们需要保证在该故障结点恢复时发生的一切都和分布式事务 T 的全局决定一致。根据 T 最后一个日志项不同，有几种情况需要考虑：

1. 如果 T 的最后一个日志记录是 < Commit T >，那么协调器必然已经提交 T。根据所使用的日志方式，在恢复结点上可能需要重做该结点上的 T 成分。

2. 如果最后一个日志记录是 < Abort T >，那么类似地，我们知道全局的决定是中止 T。根据所使用的日志方式，在恢复结点上可能需要撤销该结点上的 T 成分。

3. 如果最后一个日志记录是 < Don't comit T >，那么该结点知道全局的决定必然是中止 T。T 对局部数据库的影响可能需要撤销。

4. 比较难的情况是 T 的最后一个日志记录是 < Ready T >。现在，正在恢复的结点并不知道全局的决定是提交 T 还是中止 T。该结点必须和至少一个其他的结点交流，以找出关于 T 的全局决定。如果协调器在工作，那么该结点可以询问协调器。如果这时协调器未工作，那么可以要求其他的某个结点查看日志以找出 T 的结局。在最坏的情况下，恢复结点与其他所有结点都联系不上，这时局部的 T 成分必须保持活跃，直到确定关于 T 的决定是提交还是中止。

5. 局部日志中也可能没有关于 T 在两阶段提交协议中的动作的记录。如果这样，那么恢复结点可以单方面的决定中止其 T 成分，这和所有日志方式都是一致的。有可能协调器已经检测到该故障结点超时并决定中止 T。如果故障持续时间很短，那么 T 在别的结点上仍可能是活跃的；但是，如果恢复结点决定中止其 T 成分，并稍后在第一阶段中被询问时用 don't commit T 回答，不一致的情况肯定不会发生。

上面的分析中假设故障结点不是协调器。如果协调器在两阶段提交中发生故障，就会产生一些新的问题。首先，余留的参与结点要么等待协调器恢复，要么选举一个新的协调器。由于原协调器可能无限期地停止工作，最好选举一个新的领导，至少在等待一个较短的时间看协调器能否恢复后应重新选举。

领导选举这个问题本身就是分布式系统中一个极其复杂的问题，不在这本书所要讨论的范围内。然而，有一种简单的方法在大多数情况下都可以使用。例如，我们可以假设所有参与结点都有用作唯一标识的编号；例如 IP 地址。所有参与者都向其他结点发送消息，宣称自己可以作为领导，并给出自己的标识编号。在一段适当的时间后，所有参与者都将自己所听到的编号最低的结点作为新的协调器，并且将关于这一结果的消息发送给其他的所有结点。如果所有结点接收到一致的消息，那么新协调器就有了唯一的选择，并且每个结点都知道这个结点是哪个。如果有不一致，或者某个余留的结点未做出回答，这也会被所有结点知道，而选举再次开始。

现在，新的领导询问各个结点关于每个分布式事务 T 的信息。如果在结点的日志中有关于 T 的记录，那么结点就报告其中的最后一条。可能出现的情况有：

1. 某个结点的日志中有 < Commit T > 记录，那么原协调器必然已经试图向所有结点发送 commit T 消息，因而将 T 提交是安全的。

2. 类似地，如果某个结点的日志中有 < Abort T > 记录，那么原协调器必然已经决定中止 T，因而新协调器下令中止 T 是安全的。

3. 假设现在所有结点上都没有 < Commit T > 或 < Abort T > 记录，但至少一个结点的日志中没有 < Ready T >。那么，由于记录日志发生在发送对应消息之前，我们知道原协调器不可能已收到这一结点的 ready T 消息，因而不可能已经决定提交 T。对新协调器来说，决定中止 T 是安全的。

4. 最容易出问题的情况是找不到 < Commit T > 和 < Abort T >，但每个余留的结点上都有 < Ready T > 时。现在，我们不能确定原协调器是否已发现中止或不中止 T 的原因；例如，它可能由于自身所在结点上的动作而决定中止 T，也可能由于接收到另一故障结点的 don't commit T 消息而决定中止 T。原协调器也有可能已经决定提交 T 并已经提交其局部的 T 成分。因此，新协调器不能决定是提交 T 还是中止 T，而必须等待原协调器恢复。在实际的系统中，数据库管理员可以对此进行干涉并手工强制所有等待中的事务成分完成。其结果是可能破坏原子性，但执行被阻塞事务的人将得到通知，可以采取一些适当的补救措施。

9. 5. 4 习题

! 习题 9.5.1 考虑在家中的计算机上发起的一个事务 T，该事务请求银行将 B 银行某个账户中的 10 000 元转入 C 银行中的另一账户。

a)分布式事务 T 的成分有哪些？位于 B 和 C 的事务成分各需要做什么？

b)如果 B 的账户中没有 10 000 元，那么会出现什么错误？

c)如果一个或两个银行的计算机崩溃或者网络断连，那么会发生什么错误？

d)如果(c)中提出的问题有一个发生了，那么在计算机和网络正常工作后事务怎样正确地继续下去？

习题 9.5.2 在这一习题中，我们需要一种描述两阶段提交中可能发生的消息序列的记法。设 (i, j, M) 表示结点 i 向结点 j 发送消息 M，其中 M 的值及其含义可以是 P(预提交)、R(准备好提交)、D(不要提交)、C(提交)和 A(中止)。我们将讨论一种简单的情形，其中结点 0 是协调器，但除此外它不再担任事务中的任何工作；结点 1 和结点 2 是事务成分。例如，下面是在事务成功提交过程中可能发生的消息序列：

$$(0, 1, P), (0, 2, P), (2, 0, R), (1, 0, R), (0, 2, C), (0, 1, C)$$

a)举出结点 1 希望提交而结点 2 希望中止时可能发生的消息序列的一个例子。

!b)如果事务成功提交，像上面这样可能发生的消息序列有多少？

!c)假设不发生故障，如果结点 1 希望提交而结点 2 不希望，那么有多少可能的消息序列？

!d)如果结点 1 希望提交，但结点 2 停止工作且没有对消息做出响应，那么有多少可能的消息序列？

!! 习题 9.5.3 使用习题 9.5.2 中的记法，假设结点包括一个协调器和另外 n 个作为事务成分的结点。作为 n 的函数，事务成功提交时可能的消息序列有多少？

9.6 分布式封锁

在这一节中，我们将讨论如何把封锁调度器扩展到一种环境中，在此事务是分布的且由若干结点上的成分构成。我们假设锁表由各个结点管理，并且各个结点上的事务成分只能申请该结点中数据元素上的锁。

当数据被复制时，我们必须设法使每个事务对同一元素 X 的所有副本的改变以同样的方式进行。这一要求引入了封锁逻辑数据库元素 X 与封锁 X 的一个或多个副本的差别。在这一节中，我们将提供一种适用于有副本数据和无副本数据的分布式封锁算法代价模型。但是，在介绍这一模型前，我们先考虑解决分布式数据库中锁的维护问题的一个显而易见的(且有时能解决问题的)方法——集中封锁。

9.6.1 集中封锁系统

最简单的方法可能是指定一个封锁结点来维护一张逻辑元素的锁表，而不管这些元素在该结点上是否有副本。当事务希望获得逻辑元素上的锁时，它向该封锁结点发送一个请求，而该结点根据实际情况授予或拒绝。由于获得 X 上的全局锁等同于在该封锁结点获得 X 上的局部锁，因此只要该封锁结点按照传统的方式来管理锁，我们就可以保证全局封锁行为的正确性。除了事务恰好在封锁阶段上运行外，一般情况下每个锁的开销为三次消息传递(请求、授予、释放)。

在某些情况下使用单一封锁结点就足够了，但如果结点和并发事务很多，那么封锁结点可能成为瓶颈。此外，如果封锁结点崩溃，其他任何结点都不能获得锁。由于集中封锁存在这些问题，维护分布式封锁可以用一些别的方法，我们将在讨论如何估计封锁代价之后介绍这些方法。

9.6.2 分布式封锁算法的代价模型

假设每个数据元素正好在一个结点上存在(即不进行数据复制)，并且每个结点上的封锁管理器存储该结点上的锁和锁请求。事务可以是分布式的，一个事务可能由一个或多个结点上的成分组成。

尽管与封锁管理相关的代价是多方面的，但其中有很多都是固定的，与事务在网络上请求封锁的方式无关。我们能够控制的一个代价因素是事务获得和释放锁时结点之间传送的消息数。因此，我们将在假设所有封锁请求都被同意的前提下计算各种封锁模式需要的消息数。当然，封锁请求可能被拒绝，这将导致拒绝请求的一条额外消息以及后来授予锁时的一条消息。但是，由于我们不能预知拒绝封锁的频率，并且这一频率不是我们所能控制的东西，所以在我们的比较中将忽略这一额外的消息需求。

例9.16 正如我们在9.6.1节提到的那样，在集中封锁方式下，一般的封锁请求需要三条消息，一条消息请求锁，一条来自中央结点的消息授予锁，而第三条消息释放锁。例外的情况是：

1. 当请求封锁的结点就是中央封锁结点时，这些消息是不必要的。

2. 当最初的封锁不能被同意时需要发送额外的消息。

但是，我们假设这两种情况都较少见；即大多数封锁请求来自中央封锁结点以外的结点，并且大多数封锁请求都能被授予。因此，在中央封锁方式下，每个锁需要三条消息是一个比较好的估计。 □

现在考虑一种比集中封锁更灵活的情况，没有副本，但是每个数据库元素 X 在自己的结点上维护自己的锁。由于希望封锁 X 的事务在 X 所在结点上将有成分，看起来似乎不需要在结点之间传输消息。然而，如果分布式事务需要多个元素上的锁，例如 X、Y 和 Z，那么事务只有在这三个元素上的锁都获得后才能完成。如果 X、Y 和 Z 位于不同结点上，那么这些结点上的事务成分至少需要交换同步消息以防止事务在它得到所有需要的锁之前执行。

我们并不打算讨论所有可能的变体，而只讨论事务搜集锁的一种简单模型。我们假设每个事务的一个成分，即那个事务的封锁协调器负责搜集所有事务成分需要的所有锁。封锁协调器封锁自己所在结点上的元素不需消息，但封锁其他任何结点上的元素 X 需要以下三条消息：

1. 发向 X 所在结点以请求封锁的消息。

2. 授予锁的回答消息(回忆一下，我们假设所有锁都立即被授予；否则需要一条拒绝消息以及稍后的一条授予消息)。

3. 发向 X 所在结点以释放锁的消息。

如果我们挑选事务需要的锁最多的结点作为封锁协调器，那么我们就能使对消息的需求极小化。所需消息数是其他结点上数据库元素的三倍。

9.6.3 封锁多副本的元素

当数据库元素 X 在多个结点上有副本时，我们必须小心处理 X 的封锁。

例9.17 假设数据库元素 X 有两个副本即 X_1 和 X_2，并假设事务 T 在 X_1 所在结点上获得了 X_1 上的共享锁，而事务 U 在 X_2 所在结点上获得了 X_2 上的排他锁。现在，U 可以修改 X_2，但不能修改 X_1，这导致元素 X 的两个副本变得不同。此外，由于 T 和 U 还可能封锁其他元素，这两个事务读写 X 的顺序不受它们在 X 的副本上的锁约束，因此 T 和 U 还可能产生不可串行化的行为。 □

例9.17说明的问题是，当数据被复制时，我们必须区分在逻辑元素 X 上获得共享锁或排他锁与获得 X 副本的局部锁。也就是说，为了保证可串行性，我们要求事务获得逻辑元素上的全局锁。但是，逻辑元素在物理上并不存在(只有其副本存在)，并且没有全局的锁表。因此，事务获得 X 上的全局锁的唯一办法是，事务在 X 的一个或多个副本所在结点上获得这些副本的局部锁。我们现在考虑将局部锁转变为具有所需性质的全局锁的方法：

- 一个逻辑元素 X 可以有一个排他锁且没有共享锁，也可以有任意个共享锁且没有排他锁。

9.6.4 主副本封锁

允许复制数据的集中封锁方式的一种改进是把封锁结点的功能分散，但每个逻辑元素的封锁只由一个结点负责这一原则仍保持不变。这样的分布封锁方式称为主副本方式。这一改变避免了中央封锁结点成为瓶颈的可能性,但保持了集中封锁方式的简单性。

在主副本封锁方式中,每个逻辑元素 X 的多个副本中有一个被指定为 X 的"主副本"。为了获得逻辑元素 X 上的锁,事务向 X 的主副本所在结点发送一个请求。主副本所在结点在其锁表中维护关于 X 的一项,并根据实际情况同意或拒绝这一请求。和前面相似,只要每个结点正确管理主副本的封锁,那么全局(逻辑)封锁就能得到正确管理。

和集中封锁结点类似的另一个地方是,除了事务与主副本位于同一结点的情况外,大多数封锁请求产生三条消息。但是,如果我们选择主副本,那么我们可以认为事务和主副本经常位于同一结点。

例 9.18 在连锁店的例子中,我们让每个商店存放该商店销售数据的主副本,而这一数据的其他副本(例如,位于中央机构的副本或数据仓库中用于销售分析的副本)都不是主副本。通常的事务很可能在一个商店执行并且只更新该商店的销售数据。这类事务获得锁时不需要消息。只有在事务检查或修改其他商店的数据时才需要传送与封锁相关的消息。 □

9.6.5 局部锁构成的全局锁

另一种方法是用局部锁的集合合成全局锁。在这样的模式中,数据库元素 X 没有"主副本";X 的所有副本是对称的,在这些副本中的任一个上都可以申请共享锁或排他锁。成功的全局封锁模式的关键在于,事务只有获得了一定数量的 X 副本上的锁后才能假设自己获得了 X 上的全局锁。

假设数据库元素 A 有 n 个部分。我们选择两个数:

1. s 是事务获得 A 上的全局共享锁时必须以共享方式封锁的 A 的副本数。

2. x 是事务获得 A 上的排他锁时必须以排他方式封锁的 A 的副本数。

只要 $2x > n$ 且 $s + x > n$,我们就能获得所需的性质:A 上只能有一个排他锁,A 上不能既有一个排他锁又有一个共享锁。解释如下。由于 $2x > n$,如果两个事务都有 X 上的全局排他锁,那么至少有一个副本为这两个事务授予了局部排他锁(因为所授予的局部排他锁数大于副本数)。但是如果这样的话,局部封锁方式就是错误的。类似地,由于 $s + x > n$,如果一个事务在 A 上有全局共享锁而另一事务在 A 上有全局排他锁,那么必然有某个副本同时授予了局部共享锁和排他锁。

分布式死锁

在事务试图获得有副本的数据上的全局锁时,事务可能陷于死锁,这种情况很多。构造一个全局等待图并检测死锁的方法也很多。但是,在分布式环境中,使用超时通常更简单也更有效。所有在某个适当的时间内未完成的事务都被认为是已经死锁并被回滚。

一般来说,获得全局共享锁需要的消息数量 $3s$,获得全局排他锁需要的消息数是 $3x$。与集中封锁方式平均每个锁需要 3 条甚至更少的消息相比,这个数字看起来似乎比较大。但是,正如下面两个针对具体(s, x)选择的例子所说明的那样,有的参数能起补偿作用。

读封锁一个;写封锁所有

这里,$s = 1$ 且 $x = n$。获得全局排他锁代价很高,但全局共享锁至多需要三条消息。此外,这一方式有一个胜过主副本方式的地方:尽管后者允许我们避免读主副本时的消息,"读封锁一个"方式则只要事务在需要读的数据库元素的任一副本所在结点上就能够避免消息。因此,当大多数事务是只读事务,但读元素 X 的事务在不同结点上发起时,这一方式比较优越。一个例子是,分布式数字图书馆在文档最经常访问的地方缓冲存储相应文档的副本。

大多数封锁

这里，$s = x = \lceil (n+1)/2 \rceil$。看起来似乎不管事务在哪里，这一系统都需要大量的消息。但是，下面的几个因素使这一模式受到欢迎。首先，许多网络系统支持广播，这使事务可以发出请求元素 X 上局部锁的一条总的消息，而这条消息将被所有结点收到。类似地，锁的释放也可以用一条消息来实现。

此外，s 和 x 的这一选择能提供别的方式所不能提供的好处：即使在网络断连的情况下这一方式也能允许部分的操作。只要网络成分中包含 X 的大多数副本所在结点，事务就有可能获得 X 上的锁。即使其他结点在断连时是活跃的，我们知道它们甚至不能获得 X 上的共享锁，因此运行在不同网络成分中的事务一定产生可串行化的行为。

9.6.6 习题

! 习题 9.6.1 我们给出了如何用局部的共享锁和排他锁分别创建全局的共享锁和排他锁。你怎样用相应类型的局部锁创建：

a) 全局的共享锁、排他锁以及增量锁。

b) 全局的共享锁、排他锁以及更新锁。

!! c) 全局的共享锁、排他锁以及每种类型的意向锁。

习题 9.6.2 假设有 5 个结点，每个结点上有数据库元素 X 的一个副本。这些结点中有一个结点 P 对 X 而言占据统治地位，在主副本分布封锁系统中将被用作 X 的主结点。关于对 X 的访问的统计数据为：

i. 所有访问中有 50% 是 P 发起的只读访问。

ii. 其他 4 个结点各发起 10% 的访问，这些访问都是只读的。

iii. 其余 10% 的访问需要排他的访问，而 5 个结点上发起这种访问的概率相等（即每个结点上发起 2%）。

对于下列每种封锁方式，给出获得一个锁所需的平均消息数。假设所有请求都被同意，因而不需要拒绝的消息。

a) 主副本封锁，并设主副本位于 P。

b) 读封锁一个；写封锁所有。

c) 大多数封锁。

网格计算

网格计算是一个与对等计算意义相同的术语，然而网格的应用经常涉及共享计算资源而不是数据，并且常有一个主结点控制其他结点的作为。广泛的示例包括试图将地球外文明征兆的信号分析分布在各参与结点上的 SETI，以及用同样的方法对蛋白质螺旋进行分析的 Folding-at-Home。

9.7 对等分布式查找

在本节我们要研究对等分布式系统。当这些系统用来存储和传送数据的时候，查找的问题就变得异常困难。对等网络的每个结点拥有数据的一个子集，却没有一个集中的索引告诉我们什么地方有什么数据。被称作"分布式散列"的方法允许对等网络的增长和收缩，同时允许我们发现可用的数据，这比把消息发送给每个结点的方法要有效得多。

9.7.1 对等网络

一个对等网络是结点或者端（参与的机器）的集合，并且：

1. 是自治的，参与者考虑任何中心控制，可以随意地加入和离开网络。

2. 是松散耦合的，它们通过像 Internet 这样的通用网络进行通信，并不像并行机器上的处理器那样硬连线起来。

3. 在功能上平等, 没有领袖结点或者控制结点。

4. 互相共享资源。

对等网络起初有一个不好的名声, 因为它最初的广泛使用是用于共享如音乐这样有版权的文件。然而, 它有很多合法的应用。例如, 当图书馆用数字图片来代替书, 世界上所有的图书馆共享它们的收藏就变得可行了。对每个图书馆来说, 就不再需要存储世界上每一本书或文档的副本了。但同时, 当你从当地图书馆请求借阅一本书, 该图书馆的结点需要找到一个能提供你所需要副本的对等图书馆。

另一个例子, 我们想象一个能够共享个人收集的图片和视频的对等网络, 也就是一个 Flicker 或者 YouTube 的对等网络版本。图片被收藏在参与者的个人计算机上, 它们会被周期性地打开和关闭。会有成千上万的参与者, 每个参与者拥有整个网络的一小部分资源。

数字图书馆的版权问题

为了使一个分布式的世界范围的数字图书馆变成现实, 必须对出现的严重的版权问题有一些解决办法。目前, 这种网络的小规模版本已经有了部分方案, 例如, 在线的高校图书馆仅允许来自本学校范围的 IP 地址访问 ACM 数字图书馆。另外一种解决办法基于这样的思想: 一次只允许一个用户访问一个特定的有版权的文档。一个数字图书馆可以可以把文档的版权"借给"另一个图书馆, 但是第一个图书馆的用户就不能访问文档了。世界正期待一个容易实现且使各方利益公平的解决办法。

9.7.2   分布式散列问题

早期的对等网络, 如 Napster, 用一个集中式表记录数据元素可以在哪里找到。此后的系统通过数据复制或任务分割, 把定位数据元素的功能分布在各个端点上。当数据库确实很大的时候, 例如一个共享的世界范围的图书馆, 或一个共享图片的网络, 没有别的选择, 只能以某种方式分配任务。

我们将问题抽象为在一个(非常大的)关键字 – 值对的集合中查找一条记录, 每个关键字 K 与一个值 V 关联。例如, K 可能是一篇文档的标识符, V 可能是文档本身或是那些能够找到这篇文档的网络结点的集合。

如果关键字 – 值对的数据量比较小, 有几个简单的解决方法。我们可以使用一个中心结点保存整个包含所有关键字 – 值对的表, 当需要一个与给定关键字 K 相关联的值 V 的时候, 所有结点都会去查询中心结点。这种情况下, 一对查询 – 答复消息可回答任何结点的查询问题。或者, 我们还可以把整个表复制到每个结点, 这样就根本不需要任何消息了。

当关键字 – 值表太大不能在一个结点上处理的时候, 问题就变得更加有趣了。我们将在下列限制条件下考虑这个问题:

1. 任何时候, 对等网络的端中只有一个结点知道与任意给定的关键字 K 对应的值。

2. 这些关键字 – 值对在端中分布大致均匀。

3. 任何结点都可以向网络中的端询问一个关键字 K 所关联的值 V。值 V 的获取方法应使端之间传送消息的数量比端的数量的增长慢得多。

4. 每个结点所需要的用于帮助定位关键字的路由信息的数量, 必须比结点的数量的增长慢得多。

9.7.3   分布式散列的集中式解决方案

如果网络上的参与者能一劳永逸地确定下来, 或者变化得很慢, 那么就有直接的方法实现关键字查找。例如, 我们可以用一个散列函数 h 把关键字散列成结点的数字序号, 将关键字 – 值

对 (K, V) 置于序号为 $h(K)$ 的结点上。

事实上，搜索引擎能有效地维护一个整个网站的中心索引，并能处理大量的请求，它们在行为逻辑上就像有一个中心索引，而事实上索引被复制到大量的结点上。每个结点由许多共享网站索引的机器一起组成。

然而，搜索引擎中的机器并不是真正的"端"，它们不能决定离开网络，并且每台机器都有特定的功能要完成。虽然机器会出现故障，但只是简单地将该机器的负载转由由相似的机器来承担，直到故障机器被替换。在本章节的其余部分，我们将要考虑当数据由一组真正对等的结点维护时复杂的解决方法。

9.7.4　带弦的圆

我们现在将描述几个解决分布式散列的可能算法中的一个，这个算法具备的理想性质是，它使用消息的个数是端的个数的对数。另外，除关键字 – 值对之外，每个结点上需要的信息的数量以结点个数的对数速率增长。

在这个算法中，我们将端组织在一个"带弦的圆"上。每个结点知道它在圆上的前趋和后继，并且结点与那些在圆上位于指数增长距离的结点有链接（这些链接称作"弦"）。图 9-14 显示了带弦的圆的样子。

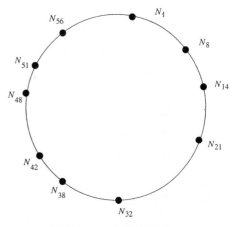

为了将一个结点放在圆上，我们对它的标识 i 进行散列计算，将它置于位置 $h(i)$，此后我们就用 $N_{h(i)}$ 来指代这个结点。例如，在图 9-14 中，N_{21} 就是一个它的标识 i 的散列值 $h(i) = 21$ 的结点。每个结点的后继是圆上顺时针方向的下一个结点，例如，N_{21} 的后继是 N_{32}，N_1 是 N_{56} 的后继。同理，N_{21} 是 N_{32} 的前趋，N_{56} 是 N_1 的前趋。

对于某个 m 值，可以使用一个能够将关键字和结点标识（例如 IP 地址）都映射成一个 m 位比特的数字

图 9-14　一个带弦的圆

的散列函数 h，将结点置于圆上。在图 9-14 中，我们假设 $m = 6$，所以圆上有 64 个不同的位置用于放置结点。在实际的应用中，m 会大得多。

关键字 – 值对也是用散列函数 h 将其分布于圆上。若 (K, V) 是一个关键字 – 值对，我们就计算 $h(K)$ 并将 (K, V) 置于结点 N_j 上，其中 j 是满足条件 $h(K) \leqslant j$ 的最小数字。作为一种特殊情形，若 $h(K)$ 大于圆中结点的最大数字编号，那么它就放在最低数字编号的结点上。也就是，关键字 K 应置于编号为 $h(K)$ 的结点或从 $h(K)$ 开始顺时针方向的第一个结点。

例 9.19　在图 9-14 中，任何满足条件 $42 < h(K) \leqslant 48$ 的 (K, V) 对都会被存储在结点 N_{48} 上。若 $h(K)$ 是 57，58，…，63，0，1 中的任意一个，那么 (K, V) 会被置于结点 N_1 上。　　□

9.7.5　带弦的圆上的链接

圆上的每一个结点都存储着与它的后继和前趋的链接。例如，在图 9-14 中，N_1 有与后继 N_8 和前趋 N_{56} 的链接。这些链接足够在圆上传送消息来查找与任何关键字相关的值。例如，结点 N_8 想找到与关键字 K 关联的值，若 $h(K) = 54$，它可以把请求沿着圆向前直到发现一个满足条件 $j \geqslant 54$ 的结点 N_j，在图 9-14 中就是结点 N_{56}。

然而，如果圆很大，线性查找就非常低效。为了加快查找速度，每个结点有一个手指表，它给出在圆上距离本结点 2 的某乘方的位置发现的第一个结点。也就是说，若散列函数 h 产生一个

m 比特的数字，结点 N_i 在它的手指表中有距离为 1，2，4，8，…，2^{m-1} 的入口，入口 2^j 是我们沿着圆在顺时针方向上走出 2^j 距离遇到的第一个结点。注意，一些入口可能是相同的结点，并且即使结点的数量可能多达 2^m 个，也只有 $m-1$ 个入口。

距离	1	2	4	8	16	32
结点	N_{14}	N_{14}	N_{14}	N_{21}	N_{32}	N_{42}

图 9-15 N_8 的手指表

例 9.20 参考图 9-14，让我们为 N_8 创建手指表，如图 9-15 所示。对于距离 1，我们询问其编号至少是 $8+1=9$ 的编号最小结点，那个结点就是 N_{14}，因为没有编号是 9，10，…，13 的结点。对于距离 2，我们需要编号至少是 $8+2=10$ 且编号最小的结点，结果仍然是 N_{14}。类似的，对于距离 4，N_{14} 是编号至少是 $8+4=12$ 的编号最小的结点。

对于距离 8，我们寻找数字编号至少是 $8+8=16$ 且编号最小的结点，现在 N_{14} 太小，数字编号至少是 16 且编号最小的结点是 N_{21}，手指表中距离 8 的入口就是 N_{21}。对于距离 16，我们需要数字编号至少是 24 的结点，所以距离 16 的入口就是 N_{32}。对于距离 32，我们需要数字编号至少是 40 的结点，所以适合的入口就是 N_{42}。图 9-16 显示了在 N_8 的手指表中的 4 个链接。   □

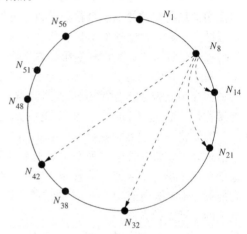

图 9-16 N_8 手指表中的链接

9.7.6   使用手指表查找

假如我们在结点 N_i 上，并且我们想查找关键字 – 值对 (K, V)，其中 $h(K)=j$。我们知道如果 (K, V) 存在的话，它应位于数字编号至少为 j 的最小编号结点上 [注]。我们可以使用手指表和对后继结点的知识找到 (K, V)，如果它存在的话，最多使用 $m+1$ 个消息，m 是散列函数 h 产生的散列值的二进制位的个数。注意消息不一定按照手指表的入口进行发送或接收，手指表只是用来帮助每个结点发现其他存在的结点。

算法 9.21   **在带弦的圆上查找。**

输入   在结点 N_i 发起初始请求，查询与关键字 K 关联的值，其中 $h(K)=j$。

输出   不同结点发送的一系列消息，最终有一条消息发送给结点 N_i，信息中要么包含关键字 – 值对 (K, V) 中的值 V，要么是一个该关键字 – 值对不存在的表述。

方法   算法的步骤实际上是在不同的结点上执行的。任何时候，执行动作是在某个"当前"结点 N_c 上，初始的 N_c 是 N_i。下面的步骤 1 和步骤 2 重复执行。注意 N_i 是每一个请求消息的一部分，所以当前结点总是知道要把结果发送给结点 N_i。

1. 如果 $c < j \leq s$，其中 N_s 是 N_c 在圆上的后继，那么就结束查找。然后，N_c 发送一个信息给 N_s 索要 (K, V)，并通知 N_s 请求的源头是 N_i。N_s 会把一个带着值 V 或者 (K, V) 不存在的消息发送给 N_i。

2. 否则，N_c 查阅它的手指表找到小于 j 的最大编号的结点 N_h。N_c 向 N_h 发送一条消息请求它代表 N_i 查找 (K, V)。N_h 就成为当前结点 N_c，步骤 1 和步骤 2 在新的 N_c 下重复执行。

○ 一如往常，"最小"的意义必须是沿着圆的，沿着圆顺时针方向，在达到位置 j 之后遇到的第一个结点。

例9.22 假如 N_8 想找到关键字 K 的值 V，已知 $h(K)=54$。因为 N_8 的后继是 N_{14}，54 不在 9，10，…，14 的范围中，N_8 知道 (K, V) 不在 N_{14} 上。因此，N_8 查阅它的手指表发现所有的入口都小于 54，于是它选择最大的 N_{42}，并把一条消息发送给 N_{42}，请求它寻找关键字 K 并把结果发送给 N_8。

N_{42} 发现 54 不在 N_{42} 和它的后继 N_{48} 之间的序列 43，44，…，48 中，因此，N_{42} 查阅它自己的手指表，如下：

距离	1	2	4	8	16	32
结点	N_{48}	N_{48}	N_{48}	N_{51}	N_1	N_{14}

小于 54 的最后一个结点（在圆形的意义上）是 N_{51}，所以 N_{42} 发一条消息给 N_{51}，请求它代表 N_8 查找 (K, V)。

N_{51} 发现 54 不比它的后继 N_{56} 大，因此若 (K, V) 存在的话，它应该在 N_{56} 上。N_{51} 向 N_{56} 发送一个请求，N_{56} 答复 N_8。图 9-17 中显示了这些消息的次序。□

通常情况下，这个递归算法发送的消息不会多于 m 条，原因是每当一个结点 N_c 必须查阅它的手指表的时候，它把消息发送给的结点与持有 (K, V) 的结点的距离不会超过 N_c 与持有 (K, V) 的结点的距离（沿着圆的顺时针方向测量）的一半。在所有情形下都会有一个应答消息被发送。

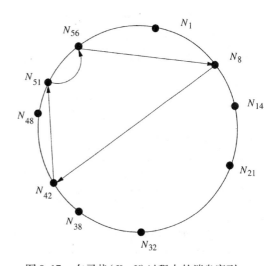

图 9-17 在寻找 (K, V) 过程中的消息序列

处理散列冲突

偶尔地，当我们插入一个结点的时候，其标识的散列值与某个已经在圆上的结点的标识的散列值相同。一个特定结点的实际位置无关紧要，只要它知道它的位置并在行动中将这个位置当作它的标识的散列值就可以了。因此，我们可以上下调整新结点的位置，直到在圆上发现一个未被占用的位置。

9.7.7 加入新结点

假如一个新结点 N_i（也就是它的标识的散列值是 i）想加入对等网络。如果 N_i 不知道如何跟任何一个端通信，那么 N_i 就不可能加入网络。然而，若 N_i 即使知道一个端，N_i 就可以向这个端询问圆上的哪个结点是 N_i 的后继。为了回答这个问题，该已知端运行算法 9.21，就像它在寻找一个散列值为 i 的关键字，这个假设的关键字所在的结点就是 N_i 的后继。假设 N_i 的后继是 N_j。

我们需要做两件事：

1. 改变前趋和后继的链接，使 N_i 正确地链接到圆上。

2. 重新组织数据，使 N_i 获得 N_j 上那些属于 N_i 的数据，也就是那些关键字的散列值是 i 或小于 i 的关键字 – 值对。

我们可以把 N 立刻链接到圆上，尽管由于并发问题很难正确地做到这一点，也就是多个后继可能为 N_j 的结点都会立刻把自己加入圆。为了避免并发问题，我们分两步进行，第一步把 N 的后继设置为 N_j，前趋设置为空。这时 N 没有数据，它的手指表为空。

例 9. 23　假设我们向图 9-14 所示的圆加入一个结点 N_{26}，也就是标识的散列值为 26 的结点。

任何与 N_{26} 联络的端会被告知 N_{26} 的后继是 N_{32}，N_{26} 将它的后继设置为 N_{32}，前趋设置为空。这时 N_{32} 的前趋依然是 N_{21}，这种情形如图 9-18 所示。图中，实线是后继的链接，虚线是前趋的链接。　□

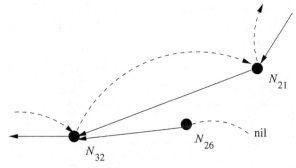

图 9-18　将结点 N_{26} 加入对等网络

第二步是所有结点自动完成的，不是对 N_i 插入的直接回应。所有结点必须定期地运行一个稳定性检测，这期间前趋和后继被更新，并且如果需要的话，新结点和它的后继之间要分配数据。的确，图 9-18

中的 N_{26} 会运行稳定性检测使 N_{32} 将 N_{26} 作为它的前趋，N_{21} 也需要运行稳定性检测从而了解 N_{26} 是它的新后继。注意 N_{21} 并没有被告知 N_{26} 的存在，并且在稳定性检测中它自己发现这个事实以前都不会被告知。任何结点 N 上的稳定性检测过程如下：

1. 令 S 为 N 的后继，N 向 S 发一条消息询问 S 的前趋 P，S 予以答复。在正常情况下，$P = N$，如果成立，跳到步骤 4。

2. 如果 P 严格位于 N 和 S 之间，N 记录下 P 是它的后继。

3. 令 S' 是 N 的当前后继，S' 可能是 S 或者 P，这取决于步骤 2 的判别。如果 S' 的前趋是空或 N 严格位于 S' 和它的前趋之间，那么 N 就给 S' 发一条消息，告诉 S' 说 N 就是 S' 的前趋，S' 把它的前趋设置成 N。

4. S' 把它的某些数据分配给 N，也就是 S' 上所有满足 $h(K) \leq N$ 的 (K, V) 被移送给 N。

例 9. 24　继续例 9. 23 的事件，在图 9-18 所示的前趋和后继链接的状态下，结点 N_{26} 会执行稳定性检测。在这个稳定性检测中，$N = N_{26}$，$S = N_{32}$，$P = N_{21}$。由于 P 不在 N 和 S 之间，步骤 2 没有做改动，因此在步骤 3 中 $S' = S = N_{32}$。因为 $N = N_{26}$ 严格位于 $S' = N_{32}$ 和它的前趋 N_{21} 之间，我们将 N_{26} 作为 N_{32} 的前趋，链接的状态如图 9-19 所示。在步骤 4 中，那些关键字的散列值在 22 和 26 之间的所有关键字 – 值对都从 N_{32} 转移到 N_{26}。

圆仍然没有稳定，因为 N_{21} 和很多其他结点还不知道 N_{26}，对处于 22 和 26 范围内的关键字查找仍会最终结于结点 N_{32}。然而，N_{32} 知道它不再拥有这个范围内的关键字，N_{32} 就是算法 9. 21 中的 N_c，只是根据算法继续查找，这实际上导致再一次绕着圆查找，或许已经这样好几次了。

终于，N_{21} 执行稳定性操作，跟其他结点一样，它也是周期性的。现在，$N = N_{21}$，$S = N_{32}$，$P = N_{26}$。步骤 2 的测试条件满足。

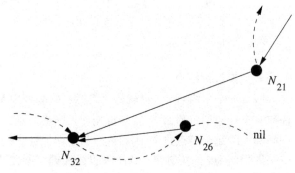

图 9-19　将 N_{26} 作为 N_{32} 的前趋之后

所以 N_{26} 成为 N_{21} 的后继。在步骤 3，$S' = N_{26}$，因为 N_{26} 的前趋是空，我们把 N_{21} 作为 N_{26} 的前趋。在步骤 4 没有数据可以分配，因为 N_{26} 上的所有数据都属于这里。最终的前趋和后继链接状态如图 9-20 所示。

这时，对于 22 到 26 范围内的关键字的查找会到达结点 N_{26} 并得到正确的回答。在极少数情况下，许多新结点的加入使网络在很长时间不能完全稳定。这种情况下，对于范围在 22 到 26 之间的关键字的查找会持续进行，直到网络最终稳定。然而，一旦网络的确稳定了，查找也就终止了。　□

不过，还有更多事情要做。就正在讨论的例子而言，N_{26} 的手指表需要创建，而且其他手指表目前可能是错误的，因为某些情况下在应该指向 N_{26} 的时候它们指向了 N_{32}。因此，每个结点有必要周期性地检查它的手指表。对于每一个 $i = 1，2，4，8，\cdots$，结点 N 必须执行算法 9.21，其中 $j = (N + i) \mod 2^m$。当算法得到一个结点，该结点是网络认为散列值为 j 的关键字所在的位置，N 就将手指表中距离 i 的入口设置成这个结点。

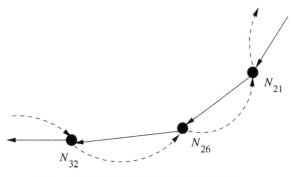

图 9-20 N_{21} 运行稳定性算法之后的链接

注意，一个新的结点，如我们例子中的 N_{26}，可以用这种方法创建它的初始手指表，因为任何入口都要求该入口所对应的结点已经被创建。就是说，距离 1 的入口总是后继，对于距离 $2i$，或者后继是正确的入口，或者我们可以通过访问距离 i 的手指表入口从而找到正确的入口。

9.7.8 当一个端离开网络

对等系统的一个中心原则是不能强迫一个结点加入，因此一个结点可以随时离开圆。简单的情况是当一个结点"礼貌地"离开，也就是，和其他结点合作保证它持有的数据可用。一个结点要礼貌地离开，就要：

1. 通知它的后继和前趋它要离开了，因此它们可以成为彼此的前趋和后继。
2. 将它持有的数据转移到它的后继结点上。

网络仍处于错误的状态下，尤其是已经离开的结点还出现在一些结点的手指表里。这些结点当它们如 9.7.7 节讨论的那样进行周期性的手指表更新的时候，或者当它们试图与已经离开的结点通信的时候就会发现错误。在后一种情况下，它们会按照周期性更新时做的那样重新计算错误的手指表入口。

9.7.9 当一个端崩溃了

当一个结点崩溃了，被关闭了，或者没有做到 9.7.8 节中提到的那些"礼貌的"步骤就离开了，更困难的问题就出现了。如果数据没有被复制，那么崩溃结点上的数据就在网络上不可用了。为了避免数据的完全不可用，我们可以把数据复制到几个结点上。例如，我们可以把每个 (K, V) 对放在 3 个结点上：正确的结点，它在圆上的前趋和后继。

一个结点离开后，为了重建圆，我们可以获得的每个结点的记录，不仅包括它的前趋和后继，还有它前趋的前趋，后继的后继。一个可选的方法是把结点聚集成组，（比方说）3 个一组或更多。一个聚簇中的结点复制它们彼此的数据，并且在某个结点离开或崩溃后它们可以互相代替对方。当一个聚簇变得太大，就把它分成两个在圆上邻近的聚簇，使用的算法与 9.7.7 节描述的结点插入算法类似。类似地，变得太小的聚簇可以与它的邻近聚簇合并，过程与 9.7.8 节中结点礼貌地离开类似。插入一个新结点的操作就是把这个结点加入离它最近的聚簇。

9.7.10 习题

习题 9.7.1 如图 9-14 给出的圆中的结点，若关键字的散列值为：a) 35；b) 20；c) 60，关键字－值对应在圆上什么位置？

习题 9.7.2   如图 9-14 给出的圆中的结点，为下列结点创建手指表：a)N_{14}；b)N_{51}。

习题 9.7.3   如图 9-14 给出的圆中的结点，若进行如下操作，发送的消息的序列是什么？

a)N_{14}寻找散列值为 27 的关键字。

b)N_8寻找散列值为 5 的关键字。

c)N_{56}寻找散列值为 54 的关键字。

习题 9.7.4   如图 9-14 给出的圆，当增加结点的散列值是 a)16；b)45，给出调整前趋和后继指针以及分配数据的顺序步骤。

！习题 9.7.5   假如我们想要防止结点崩溃，如 9.7.9 节讨论的那样，让每个结点维护它的前趋的信息、后继的信息以及它的前趋与后继的数据，还有它自己的数据。你会怎样修改 9.7.7 节描述的结点插入算法？

9.8   小结

- **并行机器**：并行机器根据其特征可以分为共享内存、共享硬盘和无共享 3 类。对于数据库应用来说，无共享结构是一般情况下最划算的。

- **并行算法**：关系代数的操作可以在一个并行机上被加速与处理器的个数相近的倍数。优先选择算法是把数据通过散列分配到与处理器对应的桶中，然后把数据传送给对应的处理器。这样处理器就在它本地的数据上进行运算。

- **map-reduce 架构**：通常，大量文件上的高度并行算法可以表示成一个映射函数和一个归约函数。作用于文件一部分上的映射进程并行执行，产生关键字 - 值对。这些对然后被分配使得每个关键字的对能够被一个归约进程处理。

- **分布式数据**：在分布式数据库上，数据可以被水平分割(一个关系的元组分布在几个站点)或者垂直分割(一个关系的模式被分解成几个位于不同站点的关系模式)。还可以复制数据，因此一个关系的相同的副本可能位于几个站点。

- **分布式连接**：在通信开销很昂贵的环境下，半连接可以加速位于不同站点的两个关系的连接。我们将一个关系投影到连接属性上，把它传送给另一个站点，然后返回第二个关系的非悬挂元组。

- **完全化简**：当把不同站点上的多于两个的关系进行连接时，通过半连接不一定能够消除所有悬挂元组，可以保证把无论多么大的关系的所有悬挂元组都消除的一个有限的半连接的序列，称作完全化简。

- **超图**：几个关系的自然连接可以被表示成一个超图，每个属性名是一个结点，每个关系是一个超边，它包含了那个关系的所有属性的结点。

- **非循环超图**：通过一系列的耳朵简化可以被简化为一个单一超边的超图就是非循环超图。耳朵简化就是超边的消除，这些超边中的所有结点或者不在任何其他超边中，或者在一个特殊的其他超边中。所有的超图中只有非循环超图才有完全化简。

- **分布式事务**：在一个分布式数据库中，一个逻辑事务由执行在不同站点的成分构成。为了保持一致性，这些成分必须就是否提交或者中止逻辑事务达成一致。

- **两阶段提交**：这个算法使事务成分能够决定是否提交或者中止，甚至在面对系统崩溃时也能解决。在第一阶段，一个协调器成分对成分是否提交或者中止进行调查。在第二阶段，协调器告诉成分提交当且仅当所有成分都表达了提交的意愿。

- **分布式锁**：如果事务必须对在几个站点的数据库元素封锁，必须找到一个办法协调这些锁。在集中封锁方式中，一个站点维护了所有逻辑元素的锁，在主副本封锁方式中，一个逻辑元素的主站点维护它的锁。

- **封锁多副本的数据**：当数据库元素在多个站点被复制，这个元素的全局锁必须通过一个或多个副本的锁获得。大多数封锁的方式要求从大多数副本的读锁或者写锁中获得一个全局锁。另一个方法，我们可以通过只获得某一个副本上的读锁来获得一个全局读锁，但需要获得每个副本上的写锁来获得一个全局写锁。

- 对等网络：这些网络由独立的、自治的、发挥相同作用的结点构成，这样的网络通常用来在不同的端之间共享数据。
- 分布式散列：在对等网络中分布式散列是一个核心的数据库问题。我们把关键字–值对的集合分布在端上，我们必须找到与一个关键字关联的值而不用给所有的或大部分的端发送信息，且不依靠任何包含所有关键字–值对的端。
- 带弦的圆：分布式散列问题的一种解决方法是，用一个散列函数把结点标识和关键字映射到一个 m 比特的数值，我们用这些数值构成一个有 2^m 个位置的圆。关键字被置于沿顺时针方向其位置距关键字散列值所对应的位置最近的结点。通过使用一个手指表，该手指表给出圆上与一个结点距离为 1，2，4，8，…的结点，关键字查找可以在结点个数的对数的时间内完成。

9.9　参考文献

在并行连接和其他操作中使用散列已被多次提出，我们知道的最早的来源是文献[8]，并行式的 map-reduce 结构在文献[2]中有阐述，文献[6]中有可用的开源代码实现。

完全化简与非循环超图的关系来源于文献[1]，对超图的非循环检测在文献[5]和文献[13]被发现。

两阶段提交协议在文献[7]中提出，一个更强有力的模式（这里没有涉及，称作三阶段提交）来自文献[9]，文献[4]中讨论了恢复的领导选举概念。

分布式锁方法在文献[3]（集中封锁方式）、文献[11]（主副本）和文献[12]（从多副本的锁中获取全局锁）中被提出。

用于分布式散列的带弦的圆的算法来源于文献[10]。

1. P. A. Bernstein and N. Goodman, "The power of natural semijoins," *SIAM J. Computing* **10**:4 (1981), pp. 751–771.

2. J. Dean and S. Ghemawat, "MapReduce: simplified processing on large clusters," *Sixth Symp. on Operating System Design and Implementation*, 2004.

3. H. Garcia-Molina, "Performance comparison of update algorithms for distributed databases," TR Nos. 143 and 146, Computer Systems Laboratory, Stanford Univ., 1979.

4. H. Garcia-Molina, "Elections in a distributed computer system," *IEEE Trans. on Computers* **C-31**:1 (1982), pp. 48–59.

5. M. H. Graham, "On the universal relation," Technical report, Dept. of CS, Univ. of Toronto, 1979.

6. Hadoop home page `lucene.apache.org/hadoop`.

7. B. Lampson and H. Sturgis, "Crash recovery in a distributed data storage system," Technical report, Xerox Palo Alto Research Center, 1976.

8. D. E. Shaw, "Knowledge-based retrieval on a relational database machine," Ph. D. thesis, Dept. of CS, Stanford Univ. (1980).

9. D. Skeen, "Nonblocking commit protocols," *Proc. ACM SIGMOD Intl. Conf. on Management of Data* (1981), pp. 133–142.

10. I. Stoica, R. Morris, D. Karger, M. Kaashoek, and H. Balakrishnan, "Chord: A scalabale peer-to-peer lookup service for Internet applications," *Proc. ACM SIGCOMM* (2001) pp. 149–160.

11. M. Stonebraker, "Retrospection on a database system," *ACM Trans. on Database Systems* **5**:2 (1980), pp. 225–240.

12. R. H. Thomas, "A majority consensus approach to concurrency control," *ACM Trans. on Database Systems* **4**:2 (1979), pp. 180–219.

13. C. T. Yu and M. Z. Ozsoyoglu, "An algorithm for tree-query membership of a distributed query," *Proc. IEEE COMPSAC* (1979), pp. 306–312.

第二部分 现代数据库系统专题

第 10 章 信 息 集 成

信息集成是利用若干数据库或其他的信息来源，使得来自这些来源的数据协同工作，就好像它们是一个单一的数据库的过程。集成的数据库可能是物理的（"仓库"）或虚拟的（"mediator"或"中间件"，即使不是物理上存在也可以被查询到）。来源可能是常规的数据库或者其他的信息类型，比如网页的集合。

我们首先探讨表面上看相似的数据库，会以哪些方式表现出很难正确解决的冲突。解决方法在于"包装器"的设计——某一来源上的模式与数据值和集成的数据库的模式与数据值之间的翻译器。

信息集成系统需要特别的查询优化技术来支持它们的高效操作。mediator 系统可以被分为两类："global-as-view"（集成数据库的数据根据它如何从来源构建出来进行定义）和"local-as-view"（来源的内容根据集成数据库所支持的模式的观点来定义）。我们考察为 global-as-view 的 mediator所做的基于能力的优化。我们也考虑 local-as-view 的 mediator，它需要努力去解决如何从已定义的视图来构造出对查询的答案的问题，但它在操作的灵活性方面具有优势。

在最后一节，我们考察信息集成方面的另一个重要问题，称为"实体解析"。不同的信息来源可能涉及相同的实体（比如，人们），但是包含一些差异，比如拼错的名字或过时的地址。我们需要对哪些来源不同的数据元素实际上涉及相同的实体做一个最好的估计。

10.1 信息集成介绍

在这一节，我们讨论在哪些方面信息集成对于许多数据库应用是必需的。然后我们举一些使得信息集成变得困难的问题的例子。

10.1.1 为什么要进行信息集成

如果我们能为世界上所有的数据重新开始一个架构和模式，并且可以把那些数据放在一个单一的数据库里，那就不需要进行信息集成了。然而，现实世界完全不是这样。

- 数据库是各自独立地创建的，即使它们稍后需要一起工作。
- 对数据库的使用会发展，所以我们不能设计一个数据库来满足未来所有可能的用途。

为了了解对于信息集成的需求，我们将考虑两个典型的场景：为某个大学建立应用和集成职工数据库。在两种场景中，都有一个关键问题，那就是总的数据管理系统必须利用遗留数据源，即独立于所有其他数据源而创建的数据库。每一个遗留数据源被应用所使用，并且应用认为"它们的"数据库的结构不会变化，所以修改遗留数据源的模式或数据不是一个可选方法。

大学数据库

随着数据库得到普遍的使用，各大学都开始使用它们来完成一些以前用手工完成的功能。

这里有一个典型的场景。注册主任建立一个课程数据库，并用它来记录每一个学生修的课程和他们的成绩。利用这个数据库来建立应用，比如成绩单生成器。

大学的会计建立另一个数据库用来记录学生的学费付款情况。人力资源部门建立一个数据库用来记录职工信息，包括那些从事助教或助研工作的学生。应用包括工资支票的产生，支付给政府的税款和社会安全付款的计算，以及其他很多方面。拨款办公室建立一个数据库用来了解拨款支出，包括某些教员、学生和职员的工资。它可能也包括关于生物危害的信息，人类题材的使用，以及其他很多涉及研究项目的问题。

很快，该大学意识到所有这些数据库都几乎不能提供它们应有的帮助，而且有的时候反而会妨碍。例如，假定我们要确保注册主任不会记录会计说没有支付学费的学生的成绩，就必须有人从会计的数据库中得到一个已支付学费的学生列表，并把它与从注册主任的数据库中得到的学生列表进行比较。再如另一个例子，当 Sally 被任命为拨款号为 123 的科研课题的助研，就需要有人告诉拨款委员会她的工资应该从课题 123 中支付，还需要有人告诉人力资源部他们应该给她支付工资。而且两个数据库里面的工资最好精确地一致。

所在在某个时刻，该大学决定它需要一个数据库来满足所有的功能。起初的思想可能是：从头开始。建立一个数据库，它包含所有遗产数据库的所有信息，并且重写所有的应用以使用新的数据库。这种方法已经被尝试过，结果付出了巨大的惨痛代价。除了支付非常昂贵的软件架构任务之外，该大学还必须同时并行地运行旧的和新的两种系统很长时间，以观察是否新的系统实际上能正常工作。并且当他们转换到新的系统时，用户们发现应用不像他们所习惯的那样工作了，于是造成了混乱的结果。

一个更好的方法是建立一个抽象层，称为中间件，在所有的遗产数据库之上，并且允许遗产数据继续为它们当前的应用服务。抽象层可以是关系型视图——虚拟的或物化的。然后，SQL 可以被用来"查询"中间件层。通常这个层是由一堆类所定义的，并且用一种面向对象的语言来查询。或者中间件层可以使用 XML 文档，它们用 XQuery 来查询。我们在《数据库系统基础教程（原书第 3 版）》9.1 节曾提到这个中间件可能是在 3 层架构中的应用层的一个重要成分，虽然我们没有明确地说明。

一旦中间件层建立了，就可以编写新的应用来访问该层以获得数据，同时遗产应用使用遗产数据库继续运行。例如，我们可以写一个新的应用，它为学生输入成绩当且仅当他们已经支付了他们的学费。另一个新的应用可以通过从用户得到助研的姓名、课题号和工资的方式来任命一个助研。这个应用然后将输入姓名和工资到人力资源数据库，输入姓名、工资和课题号到拨款办公室。

集成职工数据库

Compaq 收购了 DEC 和 Tandem，然后 Hewlett-Packard 收购了 Compaq。每一个公司有一个职工数据库。因为这些公司以前是独立的，所以它们的数据库的模式和架构自然不同。此外，每一个公司实际上有许多关于职工的数据库，而且这些数据库很可能在一些基本的问题上不同，如什么样的人算是职工。例如，工资部门不会包括退休人员，但是可能包括承包商。福利部将包括退休人员但不包括承包商。安全办公室将不仅仅包括常规的职工和承包商，还包括运营自助餐厅的公司的职工。

因为我们此前讨论的与大学数据库有关的原因，关闭这些遗留数据库和所有在它们上面运行的应用将是不切实际的。然而，创建一个中间件层是可能的，它（虚拟地或物理地）保持所有的对每一个职工可用的信息。

10.1.2 异质性问题

当我们尝试将各自独立开发的不同的信息源结合在一起时，我们总是发现这些信息源在很多方面不同，即使它们被试图用来存储相同种类的数据。这些信息源被称为异质的，集成它们的问题就被称为异质性问题。我们将介绍一个汽车数据库的运行的例子，然后讨论在不同的层中异质使得集成变得困难的例子。

例 10.1 Aardvark 汽车公司有 1000 个经销商，每一个经销商维护一个他们的汽车库存的数据库。Aardvark 想要创建一个集成的数据库来包含所有的 1000 个来源的信息。⊖这个集成数据库将帮助经销商找到另一个经销商上的一个特定的型号，如果他们没有库存了。它还可以被公司的分析员用来预测市场，并调整产量以提供最有可能被销售的型号。

然而，经销商们的数据库可能在许多方面不同。我们将在下面枚举最重要的几个方面，并且根据 Aardvark 数据库给出几个例子。□

通信异质性

今天，用驱动网络的 HTTP 协议来访问你的信息是很普遍的。然而，一些经销商可能不让他们的数据库在网络上可用，但是他们接受远程访问，例如，通过远程过程调用或匿名 FTP。

查询语言异质性

我们查询或修改一个经销商的数据库的方式可能不同。如果数据库接受 SQL 查询和修改将会是很好的，但并不是所有的数据库都接受。对于那些接受的，每一个接受一种 SQL 的方言——该经销商的数据库管理系统的厂商所支持的版本。另一个经销商可能根本就没有一个关系数据库，他们可以使用一个 Excel 电子数据表，或一个面向对象数据库，或一个使用 XQuery 作为语言的 XML 数据库。

模式异质性

即使假定所有的代理商都使用一个支持 SQL 作为查询语言的关系型数据库管理系统，我们还能发许多异质性的来源。在最高的层次上，模式可以不同。例如，一个经销商可能把汽车存储在如下所示的一个单一的关系里：

```
Cars(serialNo, model, color, autoTrans, navi,...)
```

对每一个可能的选项有一个布尔值的属性。另一个代理商可能使用一种模式，在它里面选项被分开出来放进第二个关系里面，例如：

```
Autos(serial, model, color)
Options(serial, option)
```

注意不仅仅是模式不同，而且显然对应的关系名或属性名也改变了：Cars 变成了 Autos，serialNo 变成了 serial。

此外，一个经销商的模式可能不会记录大部分其他的经销商提供的信息。例如，一个经销商可能根本不记录颜色。为了应付缺失的值，有时我们可以使用 NULL 或者默认的值。然而，因为缺失模式元素是一个普遍的问题，有一个趋势是使用半结构化的数据，例如 XML，作为集成中间件的数据模型。

数据类型差异

序列号在一个数据源中可能用变长字符串表示，而在另一个数据源中用定长字符串表示。定长字符串的长度也可能不同，而且一些数据源可能使用整数表示序列号，而不用字符串。

值异质性

同一概念可能在不同数据源中用不同常数表示。黑色在一个数据源中可能用一个整数代码

⊖ 大多数真实的汽车公司有类似的设施在适当的位置，他们的发展历史可能与我们的例子不同。例如，集中的数据库可能先出现，经销商随后可以下载相关的部分到他们自己的数据库。然而，这个场景可以作为今天许多行业的公司都在尝试的一个例子。

表示，而在另一个数据源中用字符串 BLACK 表示，在第三个数据源中用 BL 表示。BL 在另一个数据源中可能表示"蓝"。

语义异质性

术语在不同数据源中可能有不同的解释。一位经销商可能在关系 Cars 中包含有关卡车的信息，而另一位代理商在关系 Cars 中只存储小汽车信息。一位经销商可能区分大型货车与小型货车，而另一位经销商则不区分。

10.2　信息集成的方式

有几种使数据库或其他分布式信息源协同工作的方式。在本节中，我们将考虑 3 个最常用的方法：

1. 联邦数据库。数据源是独立的，但一个数据源可以访问其他数据源以提供信息。

2. 数据仓库。来自几个数据源的数据拷贝存储在单一数据库中，称其为（数据）仓库。存储在数据仓库中的数据在存储之前可能要经过一些处理，例如，对数据进行筛选，将关系进行连接或聚集。数据仓库定期更新，可能在夜间进行。当从数据源拷贝数据时，可能需要以某种方式对其进行转换以使所有的数据符合数据仓库的模式。

3. Mediator。mediator 是一种软件组件，它支持虚拟数据库，用户可查询这个虚拟数据库，就像它已物化（materialized）（已物理地构建起来，像仓库一样）了。mediator 不存储任何自己的数据，而是将用户的查询翻译成一个或多个对数据源的查询。然后，mediator 将那些数据源对用户查询的回答进行综合处理，将结果返回给用户。

我们将依次介绍这些方法。所有方法的关键问题之一是当数据从信息源中提取出来时，使用的数据转换方法。在 10.3 节，我们讨论这种转换器的结构，称其为包装器（wrapper）、适配器（adapter）或提取器（extractor）。

10.2.1　联邦数据库系统

集成几个数据库的最简单架构可能是实现需要交互的所有数据库对之间的一对一连接。这些连接允许一个数据库系统 D_1 以另一个数据库系统 D_2 能理解的术语来查询 D_2。这种架构的问题是如果 n 个数据库中的每一个都需要与其他 $n-1$ 个数据库进行交互，则我们必须写 $n(n-1)$ 份代码以支持系统之间的查询。如图 10-1 所示。在这个图中，我们看到 4 个数据库形成了一个联邦。这 4 个数据库中每一个都需要 3 个组件，以存取其他 3 个数据库。

但是，在某些情况下，联邦系统可能是最容易建立的，特别是在数据库之间的通信本来就受限时。用一个例子说明翻译组件是如何工作的。

例 10.2　假设 Aardvark 汽车经销商想共享商品目录，但是每一位经销商只需要查询几个本地经销商的数据库，以查看他们是否有自己需要的汽车。更具体一些，考虑经销商 1，他有一个关系

```
NeededCars(model, color, autoTrans)
```

这个关系的元组表示客户的汽车需求，客户通过型号、颜色和他们是否需要自动变速器来表达他们的这种需求（'yes'或'no'是可能的值）。经销商 2 将存货清单存储在例 10.1 所讨论的有两个关系的模式中：

```
Autos(serial, model, color)
Options(serial, option)
```

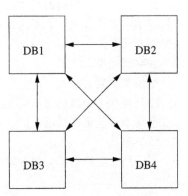

图 10-1　4 个数据库的联邦需要 12 个组件以相互翻译查询

经销商 1 写了一个应用程序，它远程查询经销商 2 的关系，以查找与 NeededCars 中描述的每一辆汽车匹配的汽车。图 10-2 是一个程序的梗概，其中嵌入式 SQL 语句查找所要的汽车。这个程序的意图是用嵌入式 SQL 语句表达对经销商 2 数据库的远程查询，查询结果返回给经销商 1。我们使用标准 SQL 规范，在一个变量前加一个冒号表示从数据库中检索到的常数。

这些查询是针对经销商 2 的模式而写的。如果经销商 1 还想问经销商 3 相同问题，而经销商 3 使用的是例 10.1 中讨论的第一个模式，只有单一关系

```
Cars(serialNo, model, color, autoTrans,...)
```

查询将看起来大不相同。但是每一个查询适用于它所针对的数据库。 □

```
for(each tuple (:m, :c, :a) in NeededCars) {
    if(:a = TRUE) { /* automatic transmission wanted */
        SELECT serial FROM Autos, Options
        WHERE Autos.serial = Options.serial AND
                Options.option = 'autoTrans' AND
                Autos.model = :m AND Autos.color = :c;
    }
    else { /* automatic transmission not wanted */
        SELECT serial
        FROM Autos
        WHERE Autos.model = :m AND Autos.color = :c AND
                NOT EXISTS (
                    SELECT * FROM Options
                    WHERE serial = Autos.serial AND
                            option = 'autoTrans'
                );
    }
}
```

图 10-2　经销商 1 查询经销商 2 以获得所需汽车

10.2.2　数据仓库

在数据仓库集成架构中，来自几个数据源的数据被抽取出来，合成一个全局模式。然后，数据存储在数据仓库中，在用户看来它与普通数据库无异。组织方式如图 10-3 所示，尽管数据源可能多于图中所示的两个。

一旦数据存储在数据仓库中，用户可提出查询，正如他们向任何数据库提出查询一样。数据仓库中数据的构造方法至少有两种：

1. 数据仓库周期性地对查询关闭并根据数据源中的当前数据进行重建。这种方法是最常用的，数据重建每隔一夜进行一次，或间隔时间更长一些。

2. 根据自上次数据仓库被更新以后对数据源所做的修改，对数据仓库中的数据进行周期性的更新（例如每个晚上）。这种方法可能只与少量数据有关，当数据仓库需要在很短的时间内进行更新，而且数据仓库很大时（使用多个 TB 的数据仓库正被普遍使用），这一点很重要。缺点是需要计算数据仓库中的变化，这是一个被称为增量更新的过程，与简单地重新构造数据仓库的算法相比，这更复杂。

请注意，这些方法的任何一种都能使数据仓库避免过时。然而，通常来说，立即反映对数据仓库所基于的数据库所做的每一个改变的代价是非常昂贵的。

例 10.3　为简单起见，假设在 Aardvark 系统中只有两位经销商，他们分别使用模式

```
Cars(serialNo, model, color, autoTrans, navi,...)
```

和

```
Autos(serial, model, color)
Options(serial, option)
```

我们想建立具有以下模式的数据仓库

```
AutosWhse(serialNo, model, color, autoTrans, dealer)
```

即全局模式与第一位经销商使用的模式相似，但是我们只记录具有自动变速器的选项，并且我们包含一个属性表明哪一位经销商拥有这辆汽车。

从两位经销商的数据库中提取数据存入全局模式的软件可以用 SQL 查询来写。为第一位经销商写的查询简单：

```
INSERT INTO AutosWhse(serialNo, model, color,
        autoTrans, dealer)
    SELECT serialNo, model, color, autoTrans, 'dealer1'
    FROM Cars;
```

为第二个经销商写的数据提取器比较复杂，因为我们必须决定一个给定的小汽车是否有自动变速器。我们把这个 SQL 代码留作习题。

在这个简单例子中，将从数据源中提取的数据组合在一起的过程（如图 10-3 所示）是不需要的。因为数据仓库是从每一个数据源中提取的关系的并，所以数据是可以直接加载到数据仓库中的。但是，许多数据仓库要对它们从每一个数据源中提取的关系进行操作。例如，将从两个数据源中提取的关系进行连接后，再将结果放入数据仓库；或者我们可能将从几个数据源中提取的关系进行并操作，然后对这个并的数据进行聚集。更普遍的是，从每一个数据源可以提取几个关系，不同的关系以不同的方式组合在一起。   □

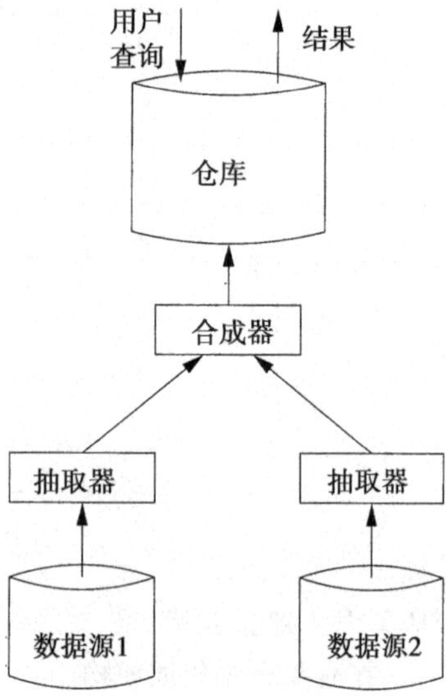

10.2.3 mediator

mediator 支持虚拟的视图或视图集合，它集成几个数据源的方式与数据仓库中物化关系集成数据源的方式很相似。但是，因为 mediator 不存储任何数据，所以其机制与数据仓库机制大相径庭。图 10-4 表示一个 mediator 集成两个数据源。对于数据仓库，数据源通常多于两个。首先，用户或应用程序向 mediator 提出一个查询。因为 mediator 没有自己的数据，它必须从它的数据源中得到相应数据，并使用这些数据以形成对用户查询的回答。

于是，我们在图 10-4 中看到，mediator 向每一个包装器发送查询，包装器再依次向相应数据源发送查询。mediator 可向一个包装器发送几个查询，还可不查询所有包装器。结果返回 mediator 进行组合。我们没有像在图 10-3 那样画出一个显式的组合组件，因为使用 mediator 时，将来自数据源中的结果进行组合由 mediator 来完成。

例 10.4 让我们考虑与例 10.3 相似的情况，但是使用 mediator，即 mediator 将同样的两个汽车数据源集成为一个单一关系视图，其模式为：

```
AutosMed(serialNo, model, color, autoTrans, dealer)
```

假设用户提出以下查询，询问 mediator 有关红色汽车的信息：

图 10-3 数据仓库将集成的信息存储在不同的数据库中

图 10-4 mediator 和包装器将查询翻译成数据源的查询形式，并将查询结果组合在一起

```
SELECT serialNo, model
FROM AutosMed
WHERE color = 'red';
```

mediator 对用户的这个查询做出反应,它将同样的查询转发到两个包装器。设计和实现处理类似查询的包装器的方法是 10.3 节的主题。对更复杂的情况,mediator 将首先必须把查询分成小段,每一小段被发送到包装器的一个子集。但是在本例的情况下,翻译工作可由包装器独立完成。

经销商 1 的包装器将这个查询翻译成符合经销商自己模式的形式,他自己的模式是:

```
Cars(serialNo, model, color, autoTrans, navi,...)
```

一种合适的翻译是:

```
SELECT serialNo, model
FROM Cars
WHERE color = 'red';
```

对这个查询的回答是 serialNo-model 对的集合,这个集合由第一个包装器返回到 mediator。

同时,经销商 2 的包装器将同一个查询翻译成他自己的模式,即

```
Autos(serial, model, color)
Options(serial, option)
```

经销商 2 的经翻译过的一个适当的查询基本上和上面的一样:

```
SELECT serial, model
FROM Autos
WHERE color = 'red';
```

它与经销商 1 的查询的不同之处只在于所查询的关系名和一个属性的名字。第二个包装器将 serial-model 对的一个集合返回给 mediator,mediator 会把它们解释成 serialNo-model 对。mediator 形成这些集合的并,并将结果返回给用户。

mediator 用于回答查询的可选方法还有几种,在例 10.4 中未加以描述。例如,mediator 可以向一个数据源提出查询,查看结果,然后根据返回结果决定下一个或几个要提出的查询。例如当用户查询查找是否有 Aardvark"Gobi"型号的蓝色赛车时,就适用这种方法。第一个查询可询问经销商 1,且只有当结果为空时,才向经销商 2 发出查询。

10.2.4 习题

!习题 10.2.1 计算机公司 A 将它所卖的 PC 型号存储在以下的模式中:

```
Computers(number, proc, speed, memory, hd)
Monitors(number, screen, maxResX, maxResY)
```

例如,Computers 中的元组(123, Athlon64, 3.1, 512, 120)的意思是型号 123 有一个 3.1GHz 的 Athlon 64 处理器、512M 内存、120G 硬盘。Monitors 中的元组(456, 19, 1600, 1050)的意思是型号 456 有一个 19 英寸的显示屏,最大分辨率为 1600×1050。计算机公司 B 只卖完整的系统,包括计算机和显示器。它的模式是

```
Systems(id, processor, mem, disk, screenSize)
```

属性 processor 记录运行速度,以 GHz 为单位,不记录处理器类型(例如 Athlon 64),也不记录显示器的最大分辨率。属性 id、mem 和 disk 与公司 A 中的 number、memory 和 hd 类似,但是硬盘大小以 MB 而不是以 GB 来度量。

a)如果公司 A 想把公司 B 中相关项目的信息插入它的关系中,应使用什么 SQL 插入语句?

b)如果公司 B 想向 Systems 插入尽可能多的有关用 A 销售的计算机和显示器组装的系统的信息,那么什么样的 SQL 语句最方便获得这样的信息?

！习题 10.2.2   提出一个全局模式，允许我们维护尽可能多的有关习题 10.2.1 中的公司 A 和 B 销售的产品的信息。

习题 10.2.3   假设习题 10.2.2 中你的全局模式用在 mediator 中，它如何处理查找具有 3GHz 处理器速度的任何计算机的硬盘最大容量这个查询？

！习题 10.2.4   提出两个其他模式，计算机公司可能使用它们存储如习题 10.2.1 中的数据。你将如何将你的模式集成到习题 10.2.2 的全局模式中？

习题 10.2.5   写出 SQL 查询，从公司 A 和 B 的数据中搜集信息，并将这些信息连同习题 10.2.2 中的全局模式一起放入一个数据仓库中。

习题 10.2.6   进入几个在线书店的网页，看看你可以找到关于本书的什么信息。你如何将这些信息组合成一个适合于数据仓库或 mediator 的全局模式？

！习题 10.2.7   在例 10.3 中我们说到了经销商 1 使用的一个关系 Cars，它有一个属性 autoTrans，这个属性只有值'yes'和'no'。因为这些值与全局模式中那个属性的值相同，那么关系 AutosWhse 的建立特别容易。假设属性 Cars. autoTrans 的值为整数，0 意味着没有自动变速器，$i > 0$ 意味着小汽车有一个 i-速自动变速器。说明从 Cars 到 AutosWhse 的翻译如何用 SQL 查询实现。

习题 10.2.8   为例 10.3 中的第二个经销商写插入语句。你可以假定 autoTrans 的值为'y'和'n'。

习题 10.2.9   例 10.4 中的 mediator 如何翻译如下查询：

a) 查找没有自动变速器的汽车的序列号。

b) 查找有自动变速器的汽车的序列号。

！c) 查找经销商 1 销售的蓝色汽车的序列号。

10.3   基于 mediator 的系统中的包装器

在如图 10-3 所示的数据仓库系统中，数据源提取器包括：

1. 一个或多个预定义的查询，它们在数据源中执行，为数据仓库提供数据。

2. 合适的通信机制，使包装器（提取器）能：

a) 向数据源传送即席查询。

b) 接收来自数据源的反应。

c) 向数据仓库传送信息。

如果数据源是 SQL 数据库，如 10.2 节我们使用的例子，则预定义的对数据源的查询可以是 SQL 查询。对于不是数据库系统的数据源，查询也可以是以任何适用于数据源的语言书写的操作。例如，包装器可能填充一个网页中的在线表格，使用在线书目服务系统自身的特定语言向其发送一个查询，或使用无数其他各种符号来提出查询。

但是 mediator 系统需要比数据仓库系统更复杂的包装器。包装器必须能够从 mediator 接收各种查询，将各个查询翻译成数据源的术语。当然，包装器必须将结果传送到 mediator，就像是数据仓库系统中的包装器与数据仓库通信一样。在本节中我们将研究构造适用于 mediator 使用的灵活的包装器。

10.3.1   查询模式的模板

设计连接 mediator 与数据源的包装器的系统性方法是将 mediator 可能要使用的查询分类，成为模板，它们是具有代表常数的参数的查询。mediator 提供常数，包装器执行具有给定常数的查询。用一个例子来说明这种思想，在例子中，用符号 $T = > S$ 表达模板 T 由包装器变成源查询 S 的思想。

例 10.5   假设我们想为经销商 1 的数据源构造一个包装器，这个数据源的模式为

Cars(serialNo, model, color, autoTrans, navi,...),

包装器由具有模式

AutosMed(serialNo, model, color, autoTrans, dealer)

的 mediator 使用。考虑 mediator 如何查询包装器以获得给定颜色的汽车。如果我们能用参数 $ c
来指明表示该颜色的代码，则我们能使用图 10-5 所示的模板。

```
SELECT *
FROM AutosMed
WHERE color = '$c';
    =>
SELECT serialNo, model, color, autoTrans, 'dealer1'
FROM Cars
WHERE color = '$c';
```

图 10-5 描述对给定颜色汽车进行查询的包装器模板

同样，这个包装器可能有另一个模板，它只规定参数 $ m 表示一种型号，还可有另一个模板，它只指明是否需要一个自动驾驶器，等等。在这种情况下，如果允许查询指定三个属性中的任何一种：model，color，autoTrans，共有八种选择。总的来说，如果我们可指定 n 个属性[⊖]，则将有 2^n 种模板。如果有查找某一类型汽车总数的查询，或是否存在某一类型的汽车，则需要其他模板。尽管模板数目将会变得异常巨大，但是若设计包装器时使用更多的技巧，也有可能获得某些简化，如我们将在 10.3.3 节将讨论的那样。   □

10.3.2 包装器生成器

定义包装器的模板必须转变成包装器自己的代码。创建包装器的软件称为包装器生成器。从本质上说，它与分析器生成器(如 YACC)类似；分析器生成器从高级规范说明中产生编译器的组件。包装器生成过程如图 10-6 所示，当一个规范说明，即模板集合输入包装器生成器时，这个过程就开始了。

包装器生成器创建一个表，它存储模板中包含的各种查询模式和与每一个查询模式相关的源查询。每一个包装器都要用到一个驱动器；一般来说，对每一个生成的包装器，驱动器可以是相同的。驱动器的任务是：

1. 接收来自 mediator 的查询。通信机制可能是 mediator 专用的，作为一个"plug-in"给予驱动器，从而同一驱动器可用于通信机制不同的系统。

2. 在所创建的表中查找匹配查询的模板。如果找到一个模板，则查询中的参数值用于实例化源查询。如果没有匹配的模板，包装器拒绝对 mediator 做出反应。

3. 源查询发送到数据源，又一次使用"plug-in"

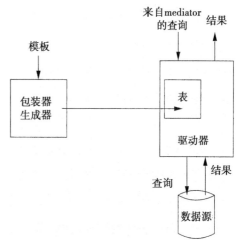

图 10-6 包装器生成器为驱动器建表，驱动器和表组成包装器

⊖ 如果数据源是一个能用 SQL 查询的数据库，如我们的例子，通过简单地将 WHERE 语句做成一个参数，你可以期望一个模板将任何数目的属性处理为常数。这种方法适用于 SQL 数据源和只将属性绑定到常数的查询，我们不必对任何数据源使用同样的思想，如网页上允许某些表格作为接口。在一般情况下，我们不能假设一个查询的翻译方式与所有类似查询的翻译都相同。

通信机制。数据源的答复由包装器收集。

4. 如果必要，数据源的答复由包装器处理，然后返回给 mediator。下一节讨论包装器如何通过处理结果支持更大的查询类别。

10.3.3 过滤器

假设一位汽车经销商的数据库的一个包装器有如图 10-5 所示的模板。但是要让 mediator 查找某一型号和颜色的汽车。包装器可能被设计为一个具有如图 10-7 所示的更复杂的模板，它处理既指明型号又指明颜色的查询。但是，正如我们在例 10.5 结束处所指出的那样，为每一个可能的查询都写一个模板是不现实的。

```
SELECT *
FROM AutosMed
WHERE model = '$m' AND color = '$c';
    =>
SELECT serialNo, model, color, autoTrans, 'dealer1'
FROM Cars
WHERE model = '$m' AND color = '$c';
```

图 10-7　查询给定型号和颜色的车的包装器模板

支持更多查询的另一种方法是让包装器过滤向数据源所提查询的结果。只要包装器有一个模板（通过对参数的适当替代），它返回查询所需结果的超集，则有可能在包装器中过滤返回的元组，只将所需元组传送到 mediator。

例 10.6　假设我们所拥有的唯一模板如图 10-5 所示，它查找给定一种颜色的汽车。但是 mediator 要查找蓝色'Gobi'型号的汽车。一种可能的回答查询的方法是使用图 10-5 的模板，用 $c = $'blue'查找所有蓝色汽车，将结果保存在如下的临时关系中。

```
TempAutos(serialNo, model, color, autoTrans, dealer)
```

然后包装器可以通过执行本地的查询，返回给 mediator 所需的汽车的集合：

```
SELECT *
FROM TempAutos
WHERE model = 'Gobi';
```

在实际中，TempAutos 的元组将以管道方式一次一个地产生，且一次一个地过滤，而不是在包装器中物化整个关系 TempAutos，然后再过滤。　　　　　　　　　　　　　　　　□

过滤组件的位置

在我们的例子中，我们假设过滤操作发生在包装器。也可能包装器将原始数据传送到 mediator，由 mediator 过滤数据。但是，如果由模板返回的大部分数据不匹配 mediator 的查询，则最好在包装器过滤，避免传输不需要的元组的代价。

10.3.4 包装器上的其他操作

只要我们确保模板的源查询部分将转换所需的所有数据返回到包装器，那么在包装器中以其他方式对数据进行转换也是可能的，例如，在将元组传输到 mediator 之前，对列进行投影。甚至可能在包装器中进行聚集和连接，而后将结果传送到 mediator。

例 10.7　假设 mediator 想知道在各个经销商处的蓝色 Gobi 汽车的信息，但只要求返回序列号、经销商和是否有自动变速器，因为属性 model 和 color 的值从查询中显而易见。包装器可以像例 10.6 那样进行处理，但在最后一步，当结果要返回到 mediator 时，包装器在 SELECT 子句中执行投影，并在 WHERE 子语句中过滤以得到 Gobi 型号。查询

```
SELECT serialNo, autoTrans, dealer
FROM TempAutos
WHERE model = 'Gobi';
```

执行这种额外的过滤，尽管像在例 10.6 中那样，关系 TempAutos 可能会被以管道方式送入投影操作符，而不是在包装器中进行物化。□

例 10.8　对一个更复杂的例子，假设要求一个 mediator 查找经销商和型号，条件是经销商有两辆同型号红色汽车，一辆有自动变速器，另一辆没有。假设对经销商 1 来说，唯一可用的模板是图 10-5 中有关颜色的模板。即 mediator 询问包装器，以查找对图 10-8 中查询的回答。注意，我们不必为 A1 或 A2 指明一位经销商，因为这个包装器只能存取属于经销商 1 的数据。mediator 也将就同一个查询询问其他经销商的包装器。

一个设计精巧的包装器能发现，有可能先从经销商 1 的数据源得到一个该经销商代理的所有红色汽车的关系：

RedAutos(serialNo, model, color, autoTrans, dealer)

然后再回答 mediator 的查询。

为了得到这个关系，包装器使用图 10-5 得到的模板，这个模板处理只指明颜色的查询。结果是，包装器进行运行，就像给了它下面的查询：

```
SELECT A1.model A1.dealer
FROM AutosMed A1, AutosMed A2
WHERE A1.model = A2.model AND
      A1.color = 'red' AND
      A2.color = 'red' AND
      A1.autoTrans = 'no' AND
      A2.autoTrans = 'yes';
```

图 10-8　从 mediator 到包装器的查询

```
SELECT *
FROM AutosMed
WHERE color = 'red';
```

而后，包装器通过使用图 10-5 的模板，令 $c = 'red'，从经销商 1 的数据库构建关系 RedAutos。下一步，包装器执行 RedAutos 与自身的连接，进行必要的选择，以得到图 10-8 中的查询所要求的关系。在这一步中，包装器所执行的工作如图 10-9 所示。

```
SELECT DISTINCT A1.model, A1.dealer
FROM RedAutos A1, RedAutos A2
WHERE A1.model = A2.model AND
      A1.autoTrans = 'no' AND
      A2.autoTrans = 'yes';
```

图 10-9　为回答图 10-8 中的查询在包装器（或 mediator）上执行的查询

10.3.5　习题

习题 10.3.1　在图 10-5 中，我们看到一个简单的包装器模板，它将来自 mediator 的查找一种给定颜色汽车的查询，翻译成针对具有关系 Cars 的经销商的查询。假设 mediator 的模式所使用的颜色代码不同于这个经销商所用的颜色代码，且存在一个关系 GtoL(globalColor, localColor) 实现这两套代码之间的翻译。重写模板，以产生正确的查询。

习题 10.3.2　在习题 10.2.1 中，我们说到两个计算机公司 A 和 B，使用不同模式描述其产品信息。假设我们有一个 mediator，其模式为

PCMed(manf, speed, mem, disk, screen)

直观含义是元组给出制造商(A 或 B)，你要从那个公司购买的系统的处理器速度、主存大小、硬盘大小、和显示器尺寸。为以下类型的查询书写包装器模板。注意你必须为每个查询写两个模板，每位制造商一个。

a) 给定内存和硬盘大小，查找匹配的元组。

b) 给定一个速度，查找具有那个速度的元组。

c) 给定一个显示器尺寸，查找具有那个尺寸的元组。

习题 10.3.3　假设对两个数据源(计算机制造商)的每一个，你都可用习题 10.3.2 中所描述的包装器模板。mediator 如何使用包装器的能力以回答下列查询？

a) 查找具有 1024MB 内存、显示器尺寸(以英寸计)大于硬盘大小(以 GB 计)的所有系统。

b) 查找具有 2.8GHz 速度和 120GB 硬盘的所有系统的制造商、内存大小、显示器大小。

c) 查找具有 3.1GHz 处理器的系统可用的硬盘最大容量。

10.4 基于能力的优化

在 5.5 节中我们介绍了基于成本的查询优化的思想。一个典型的数据库管理系统估计每个查询计划的成本，然后选择一个它认为是最好的。当 mediator 被给予一个查询需要回答，它往往没有什么知识来知道它的数据源将花费多少时间用来回答它所发送的查询。此外，许多数据源并不是 SQL 数据库，而且它们往往只会回答由 mediator 提出的这些类型的查询的一个很小的子集。因此，mediator 查询的优化不能仅仅依靠代价度量来选择查询计划。

mediator 所进行的优化通常遵循如下简单的策略，称为基于能力的优化。核心问题不是一个查询计划的成本，而是该计划是否真的能够执行。只有在可执行（"可行的"）的计划中，我们才会尝试估计成本。

10.4.1 有限的数据源能力问题

今天，许多有用的数据源只有基于 Web 的界面，即使他们在幕后是一个普通的数据库。网络数据源通常只允许通过一个查询表单进行查询，不接受任意 SQL 查询。于是，我们输入某些属性值，然后可以得到关于其他属性值的回复。

例 10.9 Amazon.com 的界面允许我们以许多不同的方式查询图书。我们可以指定一个作者，获得他的所有的书籍，或者我们可以指定一个书名，接收关于这本书的信息。我们可以指定关键字，并获得匹配关键字的图书。然而，也有一些信息我们可以在回复里得到，但不能指定。例如，Amazon 按书籍的销量排名，但我们不能要求"给我排名前 10 位的书籍"。此外，我们不能问一些过于笼统的问题。例如，查询：

```
SELECT * FROM Books;
```

"告诉我你知道的关于书籍的一切"，不能通过 Amazon 网络界面被询问或回答，尽管如果我们能够直接访问 Amazon 数据库，就可以在幕后做出回答。

还有一些其他的原因，导致一个数据源可能限制查询被询问的方式。其中有：

1. 许多早期的数据源没有使用数据库管理系统，当然更不是支持 SQL 查询的关系型数据库管理系统。这些系统被设计成只能通过某些非常特殊的方法进行查询。

2. 出于安全原因，一个数据源可能限制它可以接受的查询的类型。Amazon 不愿意回答查询"告诉我你所有的书"是一个最基本的例子，它可以防止对手利用 Amazon 数据库。作为另一个例子，一个医疗数据库可能回答关于平均值的查询，但不会透露一个特定的病人的病历细节。

3. 大型数据库上的索引可能会使某些类型的查询可行，而另一些则过于昂贵而不能执行。例如，如果图书数据库是关系型的，其中一个属性是 author，如果没有一个该属性上的索引，那么回答指定的唯一一位作家的查询将是不可行的。⊖

10.4.2 描述数据源能力的记号

如果数据是关系型的，或可能被认为是关系型的，那么我们可以用修饰符（adornment）来描述查询的合法形式。这是代表对关系的属性的要求的代码序列，以它们的标准顺序给出。我们下面用于修饰符的代码反映了最常见的数据源的能力。它们是：

⊖ 但是，我们应该意识到，像 Amazon 的关于产品这样的信息不是像一个关系数据库那样存取的。相反，有关书籍的信息被存储为文本，并有倒排索引，就像在第 3.1.8 节所讨论的。因此，查询有关书籍的任何方面——作者、标题、标题中的词，或者描述书籍的词——是该索引所支持的。

1. f(free)意味着该属性可以指定或不指定，根据我们的选择。

2. b(bound)意味着我们必须为该属性指定一个值，但允许任何值。

3. u(unspecified)意味着不允许我们指定该属性的值。

4. c[S](choice from set S)意味着必须指定一个值，而且必须是一个有限集合 S 中的某一个值。这个选项对应，例如，从一个 Web 界面的下拉菜单中指定的值。

5. o[S](optional, from set)意味着我们可以不指定值，或我们指定的值在有限集合 S 中。

此外，我们在代码上加一撇(例如，f')，以表明该属性不属于查询的输出的一部分。

一个数据源的能力规约是一套修饰符。其意图是，为了成功地查询数据源，查询必须符合在能力规约里的一个修饰符。注意，如果一个修饰符有自由的或可选的成分，则有不同的指定属性的集合的查询可能匹配该修饰符。

例 10.10　假设我们有两个数据源，例如上述例 10.4 中的两个经销商。经销商 1 是一个数据源，形式为：

```
Cars(serialNo, model, color, autoTrans, navi)
```

请注意，在最初，我们建议关系 Cars 可以有额外的属性来代表可选项，但为了这个例子的简单性，让我们限制我们的思维在自动变速箱和导航系统上。这里有两种可能的方式，经销商 1 可能会使用，以允许这一数据被用来查询：

1. 用户指定一个序列号。产生所有的有关具有该序列号的汽车的信息(例如，其他 4 个属性)作为输出。该查询的修饰符为 $b'uuuu$。即，第一个属性，serialNo 必须被指定，而且不是输出的一部分。其他属性不得被指定，而且是输出的一部分。

2. 用户指定型号和色彩，并且可能要求是否有自动变速箱和导航系统。所有符合条件的汽车的所有 5 个属性被打印。一个适当的修饰符是：

$$ubbo[yes, no]o[yes, no]$$

该修饰符说，我们绝不能指定序别号，我们必须指定模型和颜色，但允许在这些域上给予任何可能的值。此外，如果我们希望，我们可以指定我们是否需要自动变速器和/或导航系统，但只能通过在这些域上的值"yes"和"no"来指定。　□

10.4.3　基于能力的查询计划选择

给定一个 mediator 上的查询，基于能力的查询优化器首先考虑什么查询它可以在数据源上询问，以协助解答查询。如果我们想象那些查询被问过了并回答了，那么我们就绑定更多的一些属性，这些绑定可能会使更多的数据源上的查询变得可能。我们重复这一过程，直至以下任一条件成立：

1. 我们已经向数据源询问了足够多的查询，以判定 mediator 查询的所有的条件，从而，我们可以回答那个查询了。这样的一个计划被称为可行的。

2. 我们不能再构造任何形式的有效的数据源查询，然而，我们仍然不能回答 mediator 查询，在这种情况下，mediator 必须放弃，它被给予了一个不可能的查询。

最简单的需要我们运用上述策略的 mediator 查询的形式是关系的连接。其中每一个关系带着特定的修饰符，在一个或多个源上可用。如果是这样的话，那么搜索的战略是通过提供足够的参数绑定，即一些数据源允许有关那个关系的查询被询问或回答，来试图得到连接里的每一个关系的元组。一个简单的例子将说明这一点。

修饰符能保证什么?

如果一个支持匹配某一给定的修饰符的查询的数据源能将所有可能的答案返回给查询,这非常好。然而,数据源通常只有针对一个查询的可能的答案的一个子集。例如,Amazon 并没有库存每一本已经被写出的书,我们的汽车例子的两个经销商各自都有不同的汽车集合在他们的数据库里。因此,一个更适当的关于修饰符的解释是:"我将回答以该修饰符描述的形式给出的查询,我给出的每一个答案都将是一个正确的答案,但我不保证提供所有正确的答案。"这种状况的一个重要的后果是,如果我们想要一个关系 R 的所有可用的元组,那么我们就必须查询每个可能贡献那些元组的源。

例 10.11 我们假设我们有数据源,像例 10.4 中的经销商 2 的关系:

```
Autos(serial, model, color)
Options(serial, option)
```

假设 *ubf* 是 Autos 的唯一的修饰符,而 Options 有两个修饰符,*bu* 和 *uc*[autoTrans, navi],代表两种不同类型的我们可以用来询问那个数据源的查询。令查询为"找到型号为 Gobi 并带有导航系统的汽车的序列号和颜色"。

这里有 mediator 必须考虑的三种不同的查询计划:

1. 指定该模型是 Gobi,查询 Autos,得到所有 Gobi 模型的序列号和颜色。然后,使用 Options 的 *bu* 修饰符,对每一个这样的序列号,找到那辆汽车的可选项,并过滤以确保它有导航系统。

2. 指定导航系统选项,查询 Options,用如下

$$uc[\text{autoTrans}, \text{navi}]$$

修饰符,并获得所有带导航系统的汽车的序列号。然后像在(1)里那样查询 Autos,以得到 Gobi 型号的所有序列号和颜色,并且对两个序列号集合取交集。

3. 像在(2)里那样查询 Options,以得到带导航系统的汽车的序列号。然后使用这些序列号去查询 Autos,看哪些车是 Gobi 型号。

头两个计划的任何一个都是可接受的。然而,第三个计划是将无法正常工作的计划之一;该系统不具备能力执行这个计划,因为这个计划的第二部分——对 Autos 的查询,没有匹配的修饰符。

□

10.4.4 加入基于成本的优化

当数据源的能力被检查后,mediator 的查询优化器还不能结束工作。在找到了可行的计划后,它必须选择其中之一。做一个智能的、基于成本的优化,要求 mediator 知道大量有关查询的成本的信息。由于数据源通常是独立于 mediator 的,估计成本很困难。例如,当数据源负载较轻时,可能需要较少的时间,但是它什么时候负载较轻呢? mediator 的长期观察是必要的,即使用来猜测可能的响应时间。

在例 10.11 中,我们可以简单地计数必须对数据源提出的查询的数量。计划(2)仅使用两个对数据源的查询,而计划(1)使用一个加上在 Autos 关系中发现的 Gobi 汽车的数量。因此,看来计划(2)具有更低的成本。另一方面,如果对 Options 的每一个带一个序列号的查询可被合并为一个查询,那么计划(1)可能成为更好的选择。

10.4.5 习题

习题 10.4.1 假定习题 10.2.1 中的每一个关系:

第 10 章 信息集成 309

```
Computers(number, proc, speed, memory, hd)
Monitors(number, screen, maxResX, maxResY)
```

是一个信息源。使用 10.4.2 节中的记号，写一个或多个修饰符，表达以下能力：

a) 我们可以查询显示器，如果我们指定显示器的号码、屏幕尺寸或在两个维上的最高分辨率。

b) 我们可以查询有一个给定的处理器（必须是"P-IV"、"G5"或"Athlon"中的一个）、给定的速度和一个给定的内存大小（可选）的计算机。

c) 我们可以查询有任何指定硬盘大小和/或任何给定的内存大小的计算机。

d) 我们可以查询显示器，如果我们指定屏幕尺寸，而且必须是 22、24、26 或 30 英寸。除屏幕尺寸外的所有属性都将返回。

! e) 我们可以查询计算机，如果我们指定处理器类型中的任何两个、处理器速度、内存大小或磁盘大小。

习题 10.4.2 假设我们有习题 10.4.1 中的两个数据源，但理解这两个关系的属性 number 都参考了一个完整的系统中的号码，该系统中的有些属性在一个数据源中，有些在另一个数据源中。还假定描述访问 Computers 关系的修饰符为 *buuuu*、*ubbff* 和 *uuubb*，而 Monitors 的修饰符为 *bfff* 和 *ubbb*。说明下面的查询中哪些计划是可行的（在你的列表中排除任何显然是比其他代价更昂贵的计划）：

a) 找出有 3.0GHz 运行速度的奔腾 4 处理器、22 英寸显示器、最高分辨率为 1600×1050 的系统。

b) 找出有 1024MB 内存、120GB 硬盘、24 英寸显示器的系统。

! c) 找出所有有 1.8GHz 运行速度的 G5 处理器、2GB 的内存、200GB 磁盘和 19 英寸显示器的系统。

10.5 优化 mediator 查询

在本节中，我们给出一个贪心算法用来回答在 mediator 上的查询。该算法称为 chain，它总是通过发送查询序列到其数据源来找到答案，倘若至少有一个解决方案存在。可以被处理的那一类查询是那些涉及来自数据源的关系的连接，跟随着一个可选的选择和可选的在输出属性上的投影。这一类的查询可以被表示为 Datalog 规则（《数据库系统基础教程（原书第 3 版）》5.3 节）。

10.5.1 简化的修饰符记号

Chain 算法关心 Datalog 规则，并关心是否先前的数据源请求提供了任何变量在规则主体上的绑定。由于我们只关心我们是否已经发现一个变量所有可能的常数值，我们可以在 mediator 查询里（尽管不是在数据源）将自己限制在 b(bound) 和 f(free) 修饰符上。也就是说，一旦我们知道我们感兴趣的那个属性的所有可能的值（即在 mediator 查询的相应位置有一个 b 修饰符），则源关系的属性的 c[S] 修饰符可以被使用。请注意，数据源将不会为 S 之外的值提供匹配，因此问有关这些值的问题是毫无意义的。可选的修饰符 o[S] 可被视为自由的，因为没有必要有一个在 mediator 的查询里的相应属性上的绑定（尽管我们可以）。同样，修饰符 u 可被视为自由的，因为尽管随后我们不能指定数据源上的该属性的值，我们可以有或没有 mediator 上的对应变量的绑定。

例 10.12 让我们使用与例 10.11 中相同的查询和源关系，但具有不同的数据源能力。下面我们将用在谓词或关系的名字上的上标来显示修饰符或允许的修饰符集。在这个例子中，两个源关系允许的修饰符的是：

```
Autos^{buu}(serial, model, color)
Options^{uc[autoTrans, navi]}(serial, option)
```

也就是说，我们只能通过为 option 属性提供"autoTrans"或"navi"绑定来访问 Options，且我们只能通过为 serial 属性提供绑定来访问 Autos。

查询"找到具有导航系统的 Gobi 车型的序列号和颜色"用 Datalog 表示如下：

$$Answer(s,c) \leftarrow Autos^{fbf}(s, \text{"Gobi"}, c) \text{ AND } Options^{fb}(s, \text{"navi"})$$

在这里，注意子目标上的修饰符。目前这些修饰符是关于每个子目标的什么参数被约束到一个常数集合上的注释。最初，只有 Autos 子目标的中间参数被约束（到只包含常数"Gobi"的集合），Options 子目标的第二个参数被约束到只包含常数"navi"的集合。不久我们将看到的是，当我们使用数据源来找到匹配一个或另一个子目标的元组，我们得到在 Datalog 规则里的一些变量的绑定，从而在修饰符里把一些 f' 变成 b'。 □

10.5.2　获得子目标的回答

我们现在需要将 10.5.1 节开始时的注释形式化，该注释是关于何时一个部分参数被约束的子目标可以被数据源查询回答。假设我们有一个子目标 $R^{x_1 x_2 \cdots x_n}(a_1, a_2, \ldots, a_n)$，其中每一个 x_i 是 b 或者 f。R 是一个可以在某些数据源上查询的关系，它有一个修饰符集。

假设 $y_1 y_2 \cdots y_n$ 是 R 在它的数据源上的修饰符之一。每一个 y_i 可以是 b、f、u、$c[S]$、或 $o[S]$（对于任意集合 S）。则有可能为所提供的子目标获得一个关系，对每一个 $i = 1, 2, \ldots, n$，只要：

- 如果 y_i 是 b 或者 $c[S]$ 的形式，那么 $x_i = b$。
- 如果 $x_i = f$，那么 y_i 不是输出受限制的（即没有加撇的）。

注意如果 y_i 是 f、u 或 $o[S]$ 中的任意一个，那么 x_i 可以是 b 或 f。我们说子目标上的修饰符匹配数据源上的修饰符。

例 10.13　假设问题中的子目标是 $R^{bbff}(p, q, r, s)$，并且 R 在其数据源的修饰符是 $\alpha_1 = fc[S_1] uo[S_2]$ 和 $\alpha_2 = c[S_3] bfc[S_4]$。于是 $bbff$ 匹配修饰符 α_1，所以我们可以使用 α_1 来获得子目标 $R(p, q, r, s)$ 的关系。也就是说，α_1 没有 b，只有一个 c 在第二个位置。由于子目标的修饰符在第二个位置有 b，我们知道，变量 q 被限制在一组常量上（子目标的第二个参数里的变量）。对于每一个是集合 S_1 的成员的那些常量，我们可以向 R 的数据源发送一个查询，使用该常量作为第二个参数的绑定。我们不为其他参数提供任何绑定，即使 α_1 允许我们也可以为第一个和/或第 4 个参数提供一个绑定。

然而，$bbff$ 不匹配 α_2。原因是，α_2 在第 4 个位置有 $c[S_4]$，而 $bbff$ 在那个位置有 f。如果我们要尝试使用 α_2 来获取 R，我们将为第 4 个参数提供一个绑定，这意味着 $R(p, q, r, s)$ 中的变量 s 将不得不限制在一组常量上。但我们知道情况并非如此，否则子目标的修饰符将在第 4 个位置有 b。 □

10.5.3　Chain 算法

Chain 算法是一个贪心算法，用来选择一个顺序，按此顺序我们为 Datalog 规则的每一个子目标获得一个关系。这不是保证提供最有效的解决方案，但只要存在解决方案它就会提供一个，而且在实践中，很可能获得最有效的解决办法。该算法维护两类信息：

- 为每一个子目标维护一个修饰符。起初，子目标的修饰符有 b 当且仅当 mediator 查询为那个子目标的对应参数提供了一个常量绑定，例如，例 10.12 里的查询为 Autos 和 Options 子目标的第二个参数都提供了绑定。在所有其他地方，修饰符有 f。
- 一个是所有已经被解决的子目标的关系的连接（的投影）的关系 X。当一个子目标的修饰符匹配该子目标在数据源上的其中一个修饰符，并且我们从数据源中提取了该子目标的所有可能的元组，我们就解决了这个子目标。起初，因为没有任何子目标已经被解决，X 是没有属性的关系，只包含空元组（即零成分元组）。请注意，对于空的 X 和任何关系 R，$X \bowtie R = R$，即最初 X 是自然连接操作的恒等关系。随着算法的进展，X 将有作为规则的变量的属性——对应于在它们出现的子目标的修饰符里的 b 的那些变量。

Chain 算法的核心如下。如上初始化关系 X 和子目标的修饰符后，我们重复选择一个可以被解决的子目标。令 $R^\alpha(a_1, a_2, \ldots, a_n)$ 是要解决的子目标。我们这样做：

1. 只要 α 中有一个 b，我们会发现，要么 R 的相应参数是一个常量而不是一个变量，要么它是关系 X 的模式里的其中一个变量。投影里的每一个元组，加上子目标 R 里的常量，如果有的话，提供有效的绑定来使用数据源关系 R 的其中一个修饰符 α 能匹配的任何一个修饰符。

2. 为每一个在 X 的投影里的元组 t 向数据源提交一个查询。根据 α 所匹配的数据源修饰符 β，我们构建查询如下。

a) 如果 β 的一个成分是 b，那么 α 的相应成分也是 b，我们可以使用 t 的相应成分（或子目标里的一个常量）来提供必要的数据源查询的绑定。

b) 如果 β 的一个成分是 $c[S]$，那么 α 的相应成分仍然是 b，并且我们能够从子目标或者元组 t 获得一个常量。但是，如果那个常量不在 S 里，则数据源没有任何可能可以生成任何匹配 t 的元组，所以我们不会为 t 产生任何数据源查询。

c) 如果 β 的一个成分是 f，则如果可行，就为数据源查询里的该成分生成一个常量值；否则不为数据源查询里的该成分提供值。请注意，当 α 的相应成分恰好是 b 时，我们可以提供一个常量。

d) 如果 β 的一个成分是 u，则不为该成分提供绑定，即使 α 的相应组成部分是 b。

e) 如果 β 的一个成分是 $o[S]$，对于这部分，在 α 的相应组成部分是 f 的情况下就好像它是 f，在 α 的相应组成部分是 b 的情况下就好像它是 $c[S]$。

对于返回的每一个元组，扩展该元组使得它对应子目标的每一个参数有一个成分（即 n 个成分）。请注意，数据源将返回非输出受限制的 R 的每一个成分，所以不出现的成分只是在修饰符 α 里有 b 的成分。因此，返回的元组可以通过使用来自子目标的常量或来自 X 的投影里的元组的常量来填充。所有的回应的并集就是子目标 $R(a_1, a_2, \cdots, a_n)$ 的关系 R。

3. $a_1, a_2, \cdots, a_n$ 中的每一个变量现在都被绑定了。对于每个尚未解决的子目标，改变它的修饰符，使得持有这些变量中的其中一个的任何位置现在都被绑定（b）。

4. 用 $X \bowtie \pi_S(R)$ 代替 X，其中 S 是 $a_1, a_2, \cdots, a_n$ 中的所有变量。

5. 把对应于没有在头里或任何未解决的子目标里出现的变量的所有成分，从 X 里投影出去。这些成分永远不可能在后续的处理中有用。

于是，完整的 Chain 算法包括如上所述的初始化，接着是我们可以做到的那么多子目标解决步骤。如果我们成功地解决每个子目标，那么 X 将是查询的回答。如果在某些点上有未解决的子目标，且仍然没有能够得到解决，那么该算法失败。在这种情况下，不可能有其他解决步骤的序列来回答查询。

例 10.14 考虑这个 mediator 查询

Q: Answer(c) $\leftarrow$ R^{bf}(1,a) AND S^{ff}(a,b) AND T^{ff}(b,c)

有 3 个数据源，分别提供关于 R、S 和 T 的查询的答案。在数据源上的这些关系的内容和这些数据源支持的修饰符在图 10-10 中显示。

起初，子目标上的修饰符如查询 Q 里所示，且我们构建的关系 X 最初只包含空元组。由于子目标 S 和 T 有 ff 修饰符，但在相应的数据源上的修饰符每个都有一个带 b 或 c 的成分，这两个子目标都不能得到解决。幸运的是，第一个子目标 $R(1, a)$ 可以得到解决，因为在相应数据源上的 bf 修饰符被子目标的修饰符所匹配。因此，我们向 $R(w, x)$ 的数据源发送一个带 $w = 1$ 的查询，且回应是 3 个元组的集合，如图 10-10 的第一列所示。

我们接下来投影子目标的关系到它的第二个成分

关系	R		S		T	
	w	x	x	y	y	z
数据	1	2	2	4	4	6
	1	3	3	5	5	7
	1	4			5	8
修饰符	bf		$c'[2,3,5]f$		bu	

图 10-10 例 10.14 的数据

上，因为只有 $R(1, a)$ 的第二个成分是一个变量。那么给了我们这个关系

$$
\begin{array}{c}
a \\
\hline
2 \\
3 \\
4
\end{array}
$$

这个关系和 X 进行连接，X 目前还没有属性，只有空元组。其结果是 X 变成了上面的关系。由于 a 现在被绑定了，我们把子目标 S 上的修饰符从 ff 变为 bf。

在这一点上，第二子目标 $S^{bf}(a, b)$ 可以得到解决。我们通过把 X 投影在 a 上来为第一个组成部分获得绑定，结果为 X 自身。也就是说，我们可以定位到 $S(x, y)$ 的数据源，带着 x 的绑定 2、3 和 4。我们不需要 y 的绑定，因为数据源的修饰符的第二个成分是 f。x 的代码 $c'[2, 3, 5]$ 表示我们可以给数据源的第一个参数值 2、3 或 5。由于 c 上有一撇，我们知道，只有相应的 y 值将被返回，而不是我们在请求里提供的 x 的值。我们关心值 2、3 和 4，但 4 不是 S 的数据源上的一个可能的值，所以我们从不要求它。

当我们询问 $x = 2$，我们得到一个回答：$y = 4$。我们用我们提供的值 2 填充该回答，得出 (2, 4) 是子目标 S 的关系里的一个元组的结论。类似地，当我们询问 $x = 3$，我们得到 $y = 5$ 作为唯一的回答，我们把 (3, 5) 加到为子目标 S 构建的元组集合中去。没有更多的请求在 S 的数据源上询问，因此，我们得出结论，有关子目标 S 的关系是

$$
\begin{array}{c|c}
a & b \\
\hline
2 & 4 \\
3 & 5
\end{array}
$$

当我们用先前的 X 的值与这个关系连接，结果恰好就是上面这个关系。然而，变量 a 既不出现在头部也不在任何未解决的子目标里出现。因此，我们把它投影出去，所以 X 变成

$$
\begin{array}{c}
b \\
\hline
4 \\
5
\end{array}
$$

由于 b 现在被绑定，我们改变子目标 T 上的修饰符，所以它变成 $T^{bf}(b, c)$。现在这最后一个子目标可以得到解决，我们通过发送请求到 $T(y, z)$ 的数据源来做到，其中 $y = 4$ 和 $y = 5$。得到的回答让我们得到了以下有关子目标 T 的关系：

$$
\begin{array}{c|c}
b & c \\
\hline
4 & 6 \\
5 & 7 \\
5 & 8
\end{array}
$$

我们把它与上面 X 的关系连接，然后投影到 c 属性上以获得有关头部的关系。也就是说，mediator 上查询的回答是 $\{(6), (7), (8)\}$。 □

10.5.4 在 mediator 上结合并视图

在我们的 Chain 算法描述中，我们假设在 mediator 上的 Datalog 查询里的每个谓词是一种关于一个特定数据源上的数据的“视图”。然而，有若干数据源可以向有关谓词的关系贡献元组是很常见的。我们如何为这样一个谓词构建关系，取决于我们期望有关谓词的数据源之间如何互相作用。

最简单的情况是，我们期望有关谓词的数据源包含有重复的信息。在这种情况下，我们可以转向任何一个数据源，以获得有关谓词的关系。因此这种情况看上去与只有单一的有关谓词的关系完全一致，但可能有若干修饰符允许我们查询该数据源。

较为复杂的情况是，当一些数据源中的每一个向谓词贡献一些元组，其他数据源可能不贡献这些元组。在这种情况下，我们应该向所有数据源咨询该谓词。但是，仍然要决定一个策略选择。要么我们可以拒绝回答查询，除非我们能够咨询所有的来源；要么我们可以尽最大努力，以返回通过组合数据源获得的针对查询的所有回答。

咨询所有的数据源

如果我们必须咨询所有数据源来考虑一个已解决的子目标，那么当它的关系的每个来源有一个被该子目标的当前修饰符匹配的修饰符时，我们只能解决一个子目标。这一规则是 Chain 算法的一个小修改。然而，它不仅使查询更难以回答，而且当任何数据源"故障"时使查询不可能回答，即使 Chain 算法提供了一种可行的顺序来解决子目标。因此，随着数据源数量的增长，这一策略逐渐变得越来越不实际。

尽最大努力

在这个假定下，我们只需要一个带有匹配的修饰符的数据源以解决子目标。然而，我们需要修改 Chain 算法以重新访问每个子目标，当该子目标有新的限制参数。我们可能会发现，一些此前无法被匹配的数据源现在被带有新的修饰符的子目标所匹配。

例 10. 15 考虑 mediator 查询

$$\text{answer(a,c)} \leftarrow \text{R}^{ff}\text{(a,b) AND S}^{ff}\text{(b,c)}$$

还假定 R 有两个数据源，一个用修饰符 ff 描述，另一个用 fb 描述。类似地，S 有两个数据源，用 ff 和 bf 描述。我们可以通过使用任一个带修饰符 ff 的数据源开始，假设我们从 R 的数据源开始。我们查询这个数据源，并为 R 得到一些元组。

现在，我们有一些针对变量 b 的绑定，但也许不是全部。我们现在可以使用 S 的两个数据源以获得元组，且 S 的关系可以设置为它们的并集。在这一点上，我们可以投影 S 的关系到变量 b 上，而且获得一些 b-值。可利用这些信息查询 R 的第二个数据源，带有修饰符 fb 的那个。以这种方式，我们可以得到一些额外的 R-元组。只有在这一点上，我们可以连接 R 和 S 的关系，且投影到 a 和 c 上，以获得查询的最大努力回答。□

10. 5. 5 习题

习题 10. 5. 1 描述被带有修饰符 R^{bf} 的子目标匹配的所有的数据源修饰符。

习题 10. 5. 2 应用 Chain 算法到 mediator 查询

$$\text{Answer(a,e)} \leftarrow \text{R(a,b,c) AND S(c,d) AND T(b,d,e)}$$

针对以下的有关 R、S 和 T 的数据源上的修饰符。如果对一个谓词有多于一个修饰符，任一个都可以被使用。

a) $R^{fbf}, S^{fb}, S^{bf}, T^{fff}$。

b) $R^{fff}, S^{bf}, T^{bff}, T^{fbf}$。

c) $R^{ffb}, S^{fb}, T^{fbf}, T^{bff}$。

在每一种情况下：

i. 指出所有可能的子目标可以被解决的顺序。

ii. Chain 算法是否产生查询的回答？

iii. 给出计算每一步的中间关系 X 以及查询结果的关系 – 代数运算的序列。

! 习题 10.5.3   假设对于习题 10.5.2 的 mediator 查询，每个谓词是被两个数据源的并集所定义的视图。对于
  每个谓词，数据源之一有一个全 f 的修饰符。其他数据源有以下修饰符: R^{fbb}, S^{bf} 和 T^{bff}。找到一个尽最大
  努力的数据源请求序列，它将产生所有可以从这些数据源获得的 mediator 查询的回答。

!! 习题 10.5.4   证明，如果有任何子目标解决方案的序列将解决所有的子目标，那么 Chain 算法将找到其中
  一个。提示：请注意，如果一个子目标可以在某一个步骤解决，那么如果它没有被选择作为解决方案，
  它仍然可以在下一个步骤得到解决。

10.6   以局部作为视图的 mediator

  到目前为止所讨论的 mediator 被称为以全局作为视图（global-as-view，GAV）的 mediator。这种全局
数据（也就是 mediator 能够查询的数据）如同一个视图；尽管物理上并不存在，但根据需要，部分
数据能通过向数据源查询而被 mediator 创建出来。

  在本节中，我们介绍另一种连接数据源和 mediator 的方法。在以局部作为视图（local-as-view，
LAV）的 mediator 中，我们在 mediator 中定义全局谓词，但我们并不以源数据的视图的方式定义这
些谓词。相反，我们为每个数据源定义一个或多个表达式。这些表达式涉及那些描述数据源能生
成的元组的全局谓词。为了回答查询，mediator 利用数据源所提供的视图，通过发现一切可能的
方法来构建查询。

10.6.1   LAV mediator 的动机

  在许多应用中，GAV mediator 很容易被创建。你决定好 mediator 将支持的全局谓词或关系，
以及对于每个数据源，你考虑它能支持哪些谓词，以及它能如何被查询。也就是说，你为每一个
数据源中的每个谓词确定其修饰符集合。例如，在我们的 Arrdvark 汽车的例子中，如果我们决定
想要 mediator 上 Autos 和 Options 谓词，我们则要找到一种方法，能够在每个代理商的数据源查询
这些概念，并且使得 mediator 上的 Autos 和 Options 谓词代表数据源提供的内容的并集。每当我们
需要这两个或其中一个谓词来回答 mediator 的查询时，我们对每个数据源都做出请求以获得它们
的数据。

  然而，在有些情况下，我们想要提供给 mediator 的用户的内容以及数据源提供的内容之间的
关系更加微妙。我们来看一个例子，在这个例子中 mediator 试图提供一个谓词 $Par(c, p)$，意味
着 p 是 c 的父亲或母亲。正如所有的 mediator 一样，这个谓词代表着一个抽象概念——在本例中，
即曾经存在过的所有 child-parent 事实的集合——并且数据源将提供任何它们所知道的有关 child-
parent 事实的信息。即便都放在一起，这些数据源也有可能不知道世界上的每个人，更别提曾经
活着的每个人。

  如果每个来源都拥有一些 child-parent 的信息，并且没有与 mediator 相关的其他信息的话，生
活会简单些。然后，我们所需要做的所有事情就是决定如何去查询每一个数据源，不论它们能提
供什么事实。然而，假设我们有一个祖父母协会维持的数据库，这个数据库并不提供任何 child-
parent 的事实，但其却提供 child-grandparent 的事实。我们永远不能用这个数据源来帮助回答有
关某人的父母或孩子的查询。但我们却能够运用该数据源来帮助回答这样的 mediator 查询，即
使用 Par 谓词多次来询问某个人的祖父母，或者他们的曾祖父母或者其他人与人之间的复杂
关系。

  如果我们的目标是产生一个 Par 关系，则 GAV mediator 完全不允许我们使用一个祖父母数
据源。同时在 mediator 上产生一个父母谓词和一个祖父母谓词是可能的，但这样会令用户困
惑，而且会要求我们解决如何将祖父母信息从所有的数据源，包括那些只允许 child-parent 事
实查询的数据源中提取出来的问题。然而，LAV mediator 允许我们说由某个特定的数据源来提
供祖父母信息。此外，LAV mediator 相关的技术使我们能发现如何及何时在给定的查询中使用

该数据源。

10.6.2　LAV mediator 的术语

LAV mediator 总是用一种逻辑的形式来定义，这种逻辑形式作为一种语言来定义视图。在我们的介绍中，我们将会使用 Datalog。mediator 上的查询和对数据源进行描述的查询（视图定义）都会是单个 Datalog 规则。单个 Datolog 规则的查询通常被称为合取查询（conjunctive query），我们将会在此使用该术语。

一个 LAV mediator 有一组全局谓词（global predicate），这些谓词被用作 mediator 查询的子目标。也有其他的定义视图的合取查询，即它们每个的头部都有一个独特的视图谓词作为视图的名字。每个视图定义都有一个由全局谓词组成的主体，并且与创建视图所依据的特定的数据源相联系。我们假定每个视图能够由一个全自由的修饰符被构建起来。如果能力受限，我们可以用 Chain 算法来决定使用视图的解决方法是否可行的。

假设我们被给予一个合取查询 Q，这个查询的子目标是 mediator 上定义的谓词。我们需要找出所有的解决方法——合取查询，其主体由视图谓词组成，但其能够被"扩展"来生成一个涉及全局谓词的合取查询。而且，这种合取查询必须只生成也能被 Q 所生成的元组集合。我们说这样的扩展被包含在 Q 中。举个例子能够帮助理解这些复杂的概念，在此之后我们将正式给出"扩展"的定义。

例 10.16　假设有一个全局谓词 $\mathrm{Par}(c, p)$，意思是 p 是 c 的父亲或母亲。还有一个能产生一些可能的父母事实的数据源，它的视图被下面的合取查询所定义

$$V_1(c,p) \leftarrow \mathrm{Par}(c,p)$$

另一个数据源能产生一些祖父母事实，它的视图由以下的合取查询所定义

$$V_2(c,g) \leftarrow \mathrm{Par}(c,p) \text{ AND } \mathrm{Par}(p,g)$$

我们在 mediator 上的查询会请求能够从这些数据源获得的曾祖父母信息，即 mediator 查询是

$$Q(w,z) \leftarrow \mathrm{Par}(w,x) \text{ AND } \mathrm{Par}(x,y) \text{ AND } \mathrm{Par}(y,z)$$

我们可能如何回答这个查询呢？数据源视图 V_1 直接贡献于父母谓词，因此，作为一种显而易见的解决方法，我们可使用它 3 次

$$Q(w,z) \leftarrow V_1(w,x) \text{ AND } V_1(x,y) \text{ AND } V_1(y,z)$$

然而，也有可能存在生成更多答案的其他解决方法，因此，必须作为回答该查询的逻辑查询计划的一部分。尤其是，我们可以用视图 V_2 来获得祖父母事实，这些祖父母事实中的一部分也许不能通过使用 V_1 中的两个父母事实推导出。我们可以用 V_1 一次生成一代，然后用 V_2 一次生成两代，在这种解决方法中

$$Q(w,z) \leftarrow V_1(w,x) \text{ AND } V_2(x,z)$$

或者，我们可以先用 V_2 再用 V_1，如

$$Q(w,z) \leftarrow V_2(w,y) \text{ AND } V_1(y,z)$$

这些就是我们需要的解决方法。它们的并集是我们从数据源 V_1 和 V_2 中能够获得的所有的曾祖父母事实。这里仍然有很多需要解释的。为什么这些解决方法保证仅生成该查询的答案？我们如何区分一个解决方法是否是某个查询的答案的一部分？我们如何找到某个查询所有有用的解决方案？在下一节中，我们将对这些问题一一回答。　　□

10.6.3   扩展解决方案

给定一个查询 Q，某解决方案 S 的主体的子目标是一组视图，并且每个视图 V 都由一个将该视图作为头部的合取查询来定义。只要我们仔细不混淆不同主体中的变量名，我们就可以用 V 的合取查询的主体来替代使用谓词 V 的 S 中的子目标。一旦我们用规则主体来替换 S 中的视图，主体就仅仅包含全局谓词了。这种扩展的解决方法能与 Q 相比较，来看看是否从解决方法 S 中产生的结果必定是查询 Q 对应的答案。比较的方法我们将稍后探讨。

然而，首先我们必须清楚这种扩展算法。假定有一个解决方案 S，它拥有子目标 $V(a_1, a_2, \cdots, a_n)$。这里的 a_i 可以是任何变量或者常数。并且有可能两个或更多的 a_i 事实上是相同的变量。用下面形式定义视图 V，其中 B 代表整个主体部分。

$$V(b_1, b_2, \cdots, b_n) \leftarrow B$$

我们可以假设 b_i 是各不相同的变量，因为一个视图并不需要两个完全一样的成分，也不需要常量成分。我们能用拥有 B 所有子目标的 B 主体的形式来替换解决方案 S 的 $V(a_1, a_2, \cdots, a_n)$，但是其中变量可能被更改。更改 B 的变量的规则是：

1. 首先，确定 B 的局部变量——这些变量出现在主体部分，但不出现在头部。注意在合取查询中，局部变量能够被任何其他变量所替换，只要用于替换的变量并不出现在合取查询中其他地方。这与在程序中为局部变量替换不同的名字的思想是一致的。

2. 如果有 B 的任何局部变量出现在 B 或者 S 中，将这样的每一个变量都用没有在 V 规则或 S 中出现过的截然不同的新变量替代。

3. 在 B 的主体中，用 a_i 替换每一个 b_i，$i = 1, 2, \cdots, n$。

例 10.17   假设有视图定义如下

$$V(a,b,c,d) \leftarrow E(a,b,x,y) \text{ AND } F(x,y,c,d)$$

进一步假设某解决方案 S 的主体有子目标 $V(x, y, 1, x)$。

在 V 的定义中的局部变量是 x 和 y，因为它们都没有出现在头部。我们需要改变两者，因为他们处于我们将要替换的子目标中。假设 e 和 f 是 S 其他地方都没出现的变量名。我们可重写 V 规则的主体部分如下，

$$V(a,b,c,d) \leftarrow E(a,b,e,f) \text{ AND } F(e,f,c,d)$$

接下来，我们必须替换 V 子目标的参数 a、b、c 和 d。相应的方法是 a 和 d 变成 x，b 变为 y，并且 c 变成常量 1。这样我们替换 $V(x, y, 1, x)$ 的两个子目标为 $E(x, y, e, f)$ 和 $F(e, f, 1, x)$。   □

这个扩展过程本质上就是以上描述的将解决方法 S 的每个子目标进行替换的过程。然而，这里有一点额外警告，我们必须注意，既然我们可能会替换掉一些视图定义中的局部变量，并且事实上可能需要创建一个视图定义的好几种形式（如果 S 对应相同的视图谓词有着若干子目标），我们必须使用独特的局部变量——即那些不会在其他替换过程中或 S 本身出现的变量。只有这样我们才能确保，扩展时不会对两个需要区分的变量使用相同的名字。

例 10.18   让我们重新开始例 10.16 中的讨论，我们曾有视图定义如下：

$$V_1(c,p) \leftarrow Par(c,p)$$
$$V_2(c,g) \leftarrow Par(c,p) \text{ AND } Par(p,g)$$

一个建议的解决方案 S 是

$$Q(w,z) \leftarrow V_1(w,x) \text{ AND } V_2(x,z)$$

我们来扩展这个解决方案。第一个有谓词 V_1 的子目标容易扩展，因为 V_1 规则中没有局部变量。我们用 w 和 x 相应替换 c 和 p。这样 V_1 规则的主体就变成 $Par(w, x)$。这个子目标将会在 S 中用于替换 $V_1(w, x)$。

我们也必须替换 V_2 子目标，这个规则有着局部变量 p。然而，既然 p 没有出现在 S 中，也没有作为局部变量在其他替换过程中被使用，我们可以自由地让 p 保持原状。因此，我们只需要用 x 和 z 相应地来替换变量 c 和 g。在 V_2 规则中，这两个子目标就变成 $Par(x, p)$ 和 $Par(p, z)$。当用这两个子目标来替换 S 中的 $V_2(x, z)$ 时，我们已经创建出 S 的完整扩展：

$$Q(w,z) \leftarrow Par(w,x) \text{ AND } Par(x,p) \text{ AND } Par(p,z)$$

注意到这个扩展式实际上和例 10.16 中的查询是一样的。唯一的区别在于那个查询使用了局部变量 y，而这里的扩展式用的是 p。既然局部变量的名称并不影响结果，可见解决方法 S 是这个查询的答案。然而，这不一定完全正确。该查询是寻找所有曾祖父母的事实，而这个扩展式 S 所能说的只是它仅提供回答该查询的事实。S 可能并不生成所有可能的答案。例如，V_2 的数据源甚至很有可能是空的，这种情况下，解决方法 S 就什么结果也不生成，即使其他解决方法可能生成一些答案。 □

10.6.4 合取查询的包含

为了使一个合取查询 S 成为给定的 mediator 查询 Q 的解决方案，不论 E 和 Q 的主体中的谓词呈现出的关系如何，S 的扩展（我们称它为 E）必须只产生 Q 能产生的答案。如果是这样，我们就可以说 $E \subseteq Q$。

有一个算法可以判断是否 $E \subseteq Q$；在介绍完下面的重要概念之后，我们将看看这个测试过程。一个从 Q 到 E 的包含映射（containment mapping）是指从 Q 的变量到 E 的变量和常数的一个函数 τ，使得：

1. 如果 x 是 Q 头部的第 i 个变量，那么 $\tau(x)$ 就是 E 头部的第 i 个变量。

2. 为 τ 添加规则，使得对于任何常量 c，都有 $\tau(c) = c$。如果 $P(x_1, x_2, \cdots, x_n)$ 是 Q 的一个子目标，那么 $P(\tau(x_1), \tau(x_2), \cdots, \tau(x_n))$ 是 E 的一个子目标。

例 10.19 考虑下面两个合取查询：

$$Q_1: \quad H(x,y) \leftarrow A(x,z) \text{ AND } B(z,y)$$
$$Q_2: \quad H(a,b) \leftarrow A(a,c) \text{ AND } B(d,b) \text{ AND } A(a,d)$$

我们声称 $Q_2 \subseteq Q_1$。为了证明这一点，我们提供以下的包含映射：$\tau(x) = a$，$\tau(y) = b$，并且 $\tau(z) = d$。注意到当我们应用这种替换时，Q_1 的头部变成 $H(a, b)$，这个也是 Q_2 的头部。Q_1 的第一个子目标变成 $A(a, d)$，这同时是 Q_2 的第三个子目标。同样，Q_1 的第二个子目标变成 Q_2 的第二个子目标。这证明有一个从 Q_1 到 Q_2 的映射，并且因此 $Q_2 \subseteq Q_1$。注意，Q_1 没有子目标能够映射到 Q_2 的第一个子目标，但包含映射的定义并不要求这一点。

令人惊讶的是，从 Q_2 到 Q_1 也有一个包含映射，所以这两个合取查询实际上是相等的。即不仅是一个被另一个包含，而且依据任何关系 A 和 B，均能为关系 H 生成完全相同的元组集合。从 Q_2 到 Q_1 的包含映射是 $\rho(a) = x$，$\rho(b) = y$，$\rho(c) = \rho(d) = z$。在这种映射下，Q_2 的头部变成了 Q_1 的头部，Q_2 的第一个和第三个子目标变成了 Q_1 的第一个子目标，并且 Q_2 的第二个子目标变成了 Q_1 的第二个子目标。

两个看起来差别如此大的合取查询是等值的，这一点可能显得比较奇怪。下面是直观的解释。考虑 A 和 B 是一个图中两种不同颜色的边。然后 Q_1 要求找出点对 x 和 y，满足条件从 x 到某点 z 之间是 A 边，从 z 到 y 之间是 B 边。Q_2 分别使用其第二个和第三个子目标来请求相同的查询，尽管它使用名字 a，b，c 来称呼 x，y，z。另外，Q_2 通过其第一个子目标，即从点 a 到某处（点 c）有一条边，似乎有着附加的条件。但我们已经知道从 a 到某点即 d 之间有一条边。也就是说，由于这里对 c 没有其他限制，我们总可以自由地像对 d 那样，为 c 使用相同的结点。　　　□

例 10.20　这里有两个查询，和例 10.19 中的查询相似但不完全相同：

$$P_1: \quad H(x,y) \leftarrow A(x,z) \text{ AND } A(z,y)$$
$$P_2: \quad H(a,b) \leftarrow A(a,c) \text{ AND } A(c,d) \text{ AND } A(d,b)$$

直观地，如果我们把 A 看作代表一个图中的边，那么 P_1 请求的是两点之间的路径，而 P_2 请求的是三点之间的路径。我们不能期待两者中的任何一个能够被对方包含，事实上，包含映射的测试也证实了这个事实。

考虑从 P_1 到 P_2 的一个可能的包含映射 τ。因为头部的条件，我们知道 $\tau(x) = a$ 并且 $\tau(y) = b$，那么 z 映射到那一个呢？既然我们已经知道 $\tau(x) = a$，第一个子目标 $A(x, z)$ 只能被映射到 P_2 的 $A(a, c)$。这意味着 $\tau(z)$ 一定是 c。然而，既然 $\tau(y) = b$，P_1 的子目标 $A(z, y)$ 只能变成 P_2 的 $A(d, b)$。这意味着 $\tau(z)$ 一定是 d。但是 z 只能映射到一个值上，不可能同时映射到 c 和 d。结论就是从 P_1 到 P_2 的包含映射并不存在。

相似的论证过程可以显示没有从 P_2 到 P_1 的包含映射，我们把这个留作习题。　　　□

包含映射测试的复杂度

判定是否存在一个合取查询到另一个合取查询的包含映射是 NP 完全问题。然而事实上，判定一个包含映射是否存在是非常容易的。合取查询的子目标和变量实际很少。另外，对于那种相同谓词的子目标不多于两个的合取查询类型——一种很常见的情形——包含映射的存在有一个线性时间的测试。

下面的定理表述了包含映射的重要性：

- 如果 Q_1 和 Q_2 是合取查询，那么 $Q_2 \subseteq Q_1$，当且仅当从 Q_1 到 Q_2 有着包含映射。

注意包含映射的方向与包含的方向相反；即，包含映射是从生成更大答案集合的合取查询到生成小一些的被包容集合的合取查询。

10.6.5　为什么包含映射测试有效

我们需要讨论两点：首先，如果存在一个包含映射，为什么一定会有合取查询的包含？第二，如果存在包含，为什么必须有包含映射呢？我们不给出形式化的证明，但将粗略论证一下。

首先，假设从 Q_1 到 Q_2 有一个包含映射 τ。在《数据库系统基础教程（原书第 3 版）》5.3.4 节中，当我们将 Q_2 应用于一个数据库，我们寻找 Q_2 的所有变量的替换 σ，这样使得 Q_2 所有的关系子目标都成为该数据库相应关系中的元组。对其头部的替换变成 Q_2 返回的元组 t。如果我们组成 τ 以及 σ，就有一个从 Q_1 变量到生成与 Q_1 头部相同的元组 t 的数据库元组之间的映射。因此，对于任何一个给定的数据库，所有 Q_2 能产生的也能够被 Q_1 产生。

反之，假设 $Q_2 \subseteq Q_1$，也就是说，在任何数据库 D 上，所有 Q_2 能够产生的也能被 Q_1 产生。构建一个只有 Q_2 子目标的特殊数据库 D。即假装 Q_2 的变量都是不相同的常数，并且对于每个子目标 $P(a_1, a_2, \cdots, a_n)$，将元组 $(a_1, a_2, \cdots, a_n)$ 放入 P 的关系中。D 的关系中没有其他元组。

当 Q_2 应用到数据库 D 时，当然由 Q_2 的头部变量组成的元组便生成了。由于 $Q_2 \subseteq Q_1$，Q_1 应用到 D 时也必然生成 Q_2 的头部。我们再次使用《数据库系统基础教程（原书第 3 版）》5.3.4 节中如何应用合取查询到一个数据库的定义。这个定义告诉我们，D 的常量被替换成 Q_1 的变量，使得 Q_1 的每一个子目标转变成 D 的元组，并且将 Q_1 的头部转变成 Q_2 头部的元组。因此，这种替换事实上是一种包含映射。

10.6.6 发现 mediator 查询的解决方法

我们还有一个问题有待解决。我们被给予一个 mediator 查询 Q，并且我们需要找到所有解决方案 S，使得 S 的扩展 E 能够被 Q 包含。但是从使用任意数目的子目标和变量的视图能构建出无穷数目的解决方案 S。下列定理限制我们的搜索范围。

- 如果查询 Q 有 n 个子目标，那么任何解决方案的任何答案都能被有着最多 n 个子目标的解决方案产生。

这个理论经常被称为 LMSS 定理[⊖]，它给了我们一个尽管指数级但有限的任务去找解决方法的充分集合。还有相当多的工作使得这项检测在一般情形下更加有效。

例 10.21 回顾例 10.16 中的查询

$$Q_1: \quad \mathrm{Q(w,z) \leftarrow Par(w,x)\ AND\ Par(x,y)\ AND\ Par(y,z)}$$

这个查询有三个子目标，所以我们不必找多于三个子目标的解决方案。我们建议的一个解决方案是

$$S_1: \quad \mathrm{Q(w,z) \leftarrow V_1(w,x)\ AND\ V_2(x,z)}$$

这个解决方案只有两个子目标，它的扩展包含在查询中。因此，我们所估计的回答查询的解决方案集合需要包括它。

然而，考虑以下解决方案：

$$S_2: \quad \mathrm{Q(w,z) \leftarrow V_1(w,x)\ AND\ V_2(x,z)\ AND\ V_1(t,u)\ AND\ V_2(u,v)}$$

它有四个子目标，通过 LMSS 定理，我们知道并不需要考虑这个解决方案。然而，它确实是一个解决方案，因为其扩展 E_2 包含在查询 Q_1 之中。

$$
\begin{aligned}
E_2: \quad \mathrm{Q(w,z) \leftarrow}\ &\mathrm{Par(w,x)\ AND\ Par(x,p)\ AND\ Par(p,z)\ AND\ Par(t,u)}\\
&\mathrm{AND\ Par(u,q)\ AND\ Par(q,v)}
\end{aligned}
$$

为了看清原因，使用从 w、x 和 z 映射到自身以及 y 映射到 p 的包含映射。

然而，E_2 也被更小的解决方案 S_1 的扩展 E_1 所包含。回顾例子 10.18 中 S_1 的扩展

$$E_1: \quad \mathrm{Q(w,z) \leftarrow Par(w,x)\ AND\ Par(x,p)\ AND\ Par(p,z)}$$

通过将 E_1 的每个变量都发送至 E_2 的相同变量的包含映射，我们可以立即看到 $E_2 \subseteq E_1$。因此，Q_1 的每一个由 S_2 生成的答案也能由 S_1 生成。顺便可以注意到，S_2 实际上是 S_1 的两个子目标用不同变量重复而成的 S_1。 □

原则上，当运用 LMSS 定理时，我们必须考虑大量的可能解决方案，其查询规模是指数级的。我们不仅必须考虑子目标的谓词选择，也必须考虑哪些子目标的哪些变量有着相同的变量。注意在合取查询时，变量的名称并不重要，但哪些变量集合拥有相同变量却重要。正如我们在第 5 章所认识到的，大多数查询过程不管怎样在最坏情况下查询规模上都是指数级的。另外，通过观察定义视图的合取查询的结构，已有一些有效的手段来限制解决方案的搜索范围。我们将不会在此深入下去，但下面是一个简单又很有效的思想。

- 如果定义视图 V 的合取查询其主体有一个谓词 P，且 P 没有在 mediator 查询的主体中出现。那么我们不需要考虑任何使用 V 的解决方法。

⊖ 作者是 A. Y. Levy、A. O. Mendelzon、Y. Sagiv 和 D. Srivastava。

10.6.7 为什么 LMSS 定理能成立

假设我们有一个有 n 个子目标的查询 Q，有一个解决方案 S 有超过 n 个子目标。S 的扩展 E 必须包含在查询 Q 中，这意味着有一个从 Q 到扩展 E 的包含映射，如图 10-11 所示。如果 Q 中有 n 个子目标（图 10-11 中 $n = 2$），则该包含映射将 Q 的子目标变成扩展 E 的最多 n 个子目标。此外，E 的这些子目标来自解决方案 n 的最多 n 个子目标。

假设我们从 S 删除了所有在包含映射下、其扩展不是 Q 的任何子目标的目标的子目标。我们将有一个新的合取查询 S'，有至多 n 个子目标。现在 S' 还必须是 Q 的一个解决方案，因为在图 10-11 中表示 $E \subseteq Q$ 的同样的包含映射，也表示 $E' \subseteq Q$，其中 E' 是 S' 的扩展。

我们必须说明另外一件事：即由 S 提供的任何回答，也由 S' 提供。也就是说，$S \subseteq S'$。但有一个明显的从 S' 到 S 的包含映射：恒等映射。因此，查询 Q 的解决方案中不需要解决方案 S。

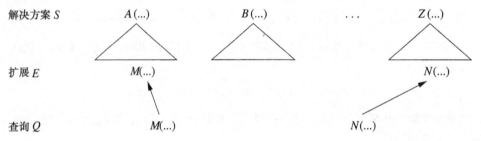

图 10-11　为什么一个有 n 个子目标的查询不能需要一个有超过 n 个子目标的解决方案

10.6.8 习题

!习题 10.6.1　对于例 10.16 中的 mediator 和视图，找出所有曾 – 曾 – 祖先查询所需的解决方案：

$$Q(x,y) \leftarrow Par(x,a) \text{ AND } Par(a,b) \text{ AND } Par(b,c) \text{ AND } Par(c,y)$$

!习题 10.6.2　说明在例 10.20 中没有从 P_2 到 P_1 的包含映射。

!习题 10.6.3　说明如果合取查询 Q_2 是从合取查询 Q_1 通过删除一个或多个 Q_1 的子目标构造的，那么 $Q_1 \subseteq Q_2$。

习题 10.6.4　找出在以下 4 个合取查询中的所有包含：

Q_1:　P(x,y) ← Q(x,a) AND Q(a,b) AND Q(b,y)
Q_2:　P(x,y) ← Q(x,a) AND Q(a,1) AND Q(1,b) AND Q(b,y)
Q_3:　P(x,y) ← Q(x,a) AND Q(b,c) AND Q(d,y) AND Q(x,b) AND
　　　　　　　　　　　　Q(a,c) AND Q(c,y)
Q_4:　P(x,y) ← Q(x,a) AND Q(a,b) AND Q(b,c) AND Q(c,y)

10.7　实体解析

我们现在将考虑一个在很多信息集成场景必须解决的问题。我们默认地假定数据源在实体或值的表示上一致，或者至少通过一个包装器，执行数据转换是可能的。因此，我们并不害怕两个报告温度的数据源，一个用华氏温度，另一个用摄氏温度。我们也不害怕数据源支持像"员工"的概念，但有稍微不同的员工组。

然而，会发生的是，如果两个数据源不仅有不同的员工组，且尚不清楚是否两个数据源的记录代表同一个个体？出现差异的原因可以有很多，比如拼写错误。在本节中，我们将首先讨论为什么实体解析（entity resolution）——确定是否两个记录或元组代表同一个人、组织、地点或其他实体——是一个困难的问题。然后，我们看看对记录做比较和合并那些我们认为代表同一个实体的记录的过程。在一些比较合理的条件下，有一个算法寻找一种独特的方法，来分组所有的代表共同实体的记录集，并有效地进行分组。

10.7.1 决定是否记录代表一个共同实体

假设我们有一组记录，它们代表一个实体集合的成员们。这些记录可能是从几个不同的数据源，或者甚至是从一个数据源派生的元组。我们只需要知道，这些记录每个都有相同的字段（虽然有些记录可能在某些字段上为空）。我们希望比较相应的字段值来决定是否两个记录代表同一个实体。

具体来说，假设实体是人，并且记录有三个字段：姓名、地址和电话。直观地说，我们想说的是，如果两个记录在这三个字段的每一个都有相似的值，两个记录代表相同的个体。因为很多原因使得不能坚持相应字段的值是完全相同的。其中：

1. **拼写错误**。通常，数据是由工作人员输入的，他通过电话听到一些事情，或者粗心地复制一个书面的副本。因此，"Smythe"可能变成了"Smith"，或"Jones"可能变成了"Jomes"（"m"和"n"在键盘上相邻）。两个电话号码或街道地址可能在一个数字上会有所不同，但实际上代表同一个电话或房子。

2. **不同的名称**。一个人可能提供他的 middle mane 词首或不提供。他可以用他完整的 first name，或只是其词首，或昵称。因此，"Susan Williams"在不同的记录中可能显示为"Susan B. Williams"、"S. Williams"或"Sue Williams"。

3. **误解的名称**。目前世界各地使用很多不同的名字系统。在美国，有时难以理解亚洲国家的名字通常以姓氏开头。因此，"Chen Li"和"Li Chen"可能是也可能不是同一个人。此书的第一作者被称为"Hector Garcia-Molina"、"Hector Garcia"，甚至"Hector G. Molina"。

4. **值的演变**。有时候，两个代表相同实体的不同记录是在不同的时间创建的。一个人可能已在此期间搬家了，所以这两个记录的地址字段是完全不同的。或者，他们可能已经开始使用手机，因此手机字段是完全不同的。区号有时候会改变。例如，每一个(650)数字以前是(415)数字，所以旧的记录可能有 (415)555-1212，而一个新的记录有(650)555-1212，然而这些数字指的是同一个电话。

5. **缩写**。有时单词在地址中完整地拼写出来了，而其他的时候可能使用缩写。因此，"Sesame St."和"Sesame Street"可能是同一条街。

因此，当决定两个记录是否表示相同的实体时，我们需要仔细看看出现的各种差异，并制订计分系统或其他测试，来测量记录的相似性。最终，我们必须把分数变成是/否的决定：是否这些记录代表同一个实体？下面我们将讲到两个测量记录相似性的有效方法。

编辑距离

字符串值可以通过计数使它从一个字符串变成另一个字符串所需的插入和/或删除的字符数来比较。因此，Smythe 和 Smith 的距离为 3(删除"y"和"e"，然后插入"i")。

另一种编辑距离将一个变换(mutation)计数为 1，变换即一个字母用另一个字母替换。在这种度量中，Smythe 和 Smith 的距离为 2(变换"y"到"i"，并删除"e")。这种编辑距离使得敲错字母的"成本"降低，因此可能是适当的，如果输入错误在数据中很普遍。

最后，我们可以考虑数据的构建方式，设计一种特殊的距离。例如，如果我们认为区号的改变是错误的一个主要来源，我们可能对于改变整个区号到另一个区号仅计数 1。我们可能会认为误解姓氏的问题是严重的，并允许名字的两个部分以低成本进行交换，因此，Chen Li 与 Li Chen 的距离为 1。

一旦我们为每个字段决定了适当的编辑距离，我们就可以定义记录的相似性度量。例如，我们可以合计两个记录中的每一个相应字段对的编辑距离，或者我们可以计算出这些距离的平方和。无论我们使用什么公式，如果我们看到不同的记录的相似性度量低于某一阈值，我们就说那些记录代表相同的实体。

规范化

在应用编辑距离之前，我们不妨通过用其他字符串来替换某些子串以"规范化"记录。我们的目标是，代表同样的"事物"的子串将变成一致的。例如，使用一个缩写表并用它们通常代表的含义来替换缩写，可能是有意义的。因此，St. 在街道地址里将被 street 取代，在城镇名字里将被 Saint 取代。此外，我们可以使用昵称和不同拼写法的表，因此 Sue 将变成 Susan，Jeffery 将变成 Geoffrey。

甚至可以利用名称的探测法（soundex）编码，使听起来相同的名字由同一个字符串表示。这个系统，被电话信息服务所使用，例如，会将 Smith 和 Smythe 表示成一样的。一旦我们已经规范化了记录里的值，我们就可以只基于相同的值进行我们的相似性测试（例如，两个记录的大多数字段有相同的值），或者我们可以进一步使用编辑距离来测量字段中规范化的值之间的差异。

10.7.2 合并相似记录

在许多应用中，当我们发现两个记录足够相似可以合并时，我们会用单一的记录来替换他们，该记录在某种意义上包含了这两个记录的信息。例如，如果我们要在所代表的实体上编制"汇总档案"，我们可能会取各个字段上的值的并集。或者，我们会用某种方法将相应字段的值结合起来，产生一个单一的值。如果我们试图将值结合起来，有很多的规则可以使用，没有明显的最好的办法。例如，我们可能会假定全名应代替昵称或缩写；而一个中间名词首，应该代替没有中间名词首。因此，"Susan William"和"S. B. Williams"将被合并成"Susan B. Williams"。

目前还不太清楚如何处理拼写错误。例如，我们应如何将地址"123 Oak St."和"123 Yak St."结合起来？也许我们可以看看城市或邮编，并确定有橡树街，没有牦牛街。但如果两个都存在，并且 123 在它们的地址范围内，则没有正确的答案。

如果我们使用相似性测试和合并规则的某些组合，会出现的另一个问题是，我们决定合并一对记录，但这可能阻止我们合并另一对。一个例子可能有助于说明这种风险。

	姓名	地址	电话
(1)	Susan Williams	123 Oak St.	818-555-1234
(2)	Susan Williams	456 Maple St.	818-555-1234
(3)	Susan Williams	456 Maple St.	213-555-5678

图 10-12　要合并的 3 个记录

例 10.22　假设我们有图 10-12 的 3 个姓名 – 地址 – 电话记录。我们的相似性规则是："必须在 3 个字段中至少有两个是完全一致的。"还假设我们的合并规则是："设置这些记录中不一致的字段为空字符串。"

于是记录(1)和(2)是相似的，记录(2)和(3)也是相似的。请注意，记录(1)和(3)不是相似的，这提醒我们，通常"相似"不具有传递关系。如果我们决定用(1)和(2)的合并替换它们，我们只剩下两个元组：

	姓名	地址	电话
(1-2)	Susan Williams		818-555-1234
(3)	Susan Williams	456 Maple St.	213-555-5678

这些记录在两个字段上不一致，因此它们不能被合并。如果我们先合并了(1)和(3)，我们就会再次遇到一个情况，即余下的记录也不能与结果合并。

另一个相似性和合并规则的选择是：

1. 通过取各个字段的值的并集进行合并。

2. 声明两个记录是相似的, 如果 3 个字段中至少有两个字段有非空的交集。

考虑图 10-12 的 3 个记录。同样, (1) 和 (2) 相似, 且 (2) 和 (3) 相似, 但 (1) 和 (3) 不相似。如果我们选择先合并 (1) 和 (2), 我们得到:

	姓名	地址	电话
(1-2)	Susan Williams	{123 Oak St. 456 Maple St.}	818-555-1234
(3)	Susan Williams	456 Maple St.	213-555-5678

现在, 剩下的两个元组是相似的, 因为 456 Maple St. 在这两个地址集合中都是成员, Susan Williams 在这两个姓名集合中都是成员。结果是一个元组:

	姓名	地址	电话
(1-2-3)	Susan Williams	{123 Oak St., 456 Maple St.}	{818-555-1234, 213-555-5678}

□

10.7.3 相似性和合并函数的有用性质

相似性和合并函数的任何选择都使得我们能够测试记录对的相似性, 并且如果相似就合并它们。正如我们在例 10.22 的第一部分看到的, 当没有更多的记录可以合并时我们得到的结果, 这可能取决于我们首先考虑哪一对可以合并的记录。是否可能导致不同的结束情况依赖于相似性和合并的性质。

有几个性质是我们希望任何合并函数都满足的。如果 ∧ 是产生两个记录的合并的操作, 以下期望是合理的:

1. $r \wedge r = r$ (幂等性)。也就是说, 一个记录和它自己的合并肯定也应该是那个记录。

2. $r \wedge s = s \wedge r$ (交换性)。如果我们合并两个记录, 我们列出它们的顺序应该是不重要的。

3. $(r \wedge s) \wedge t = r \wedge (s \wedge t)$ (结合性)。我们分组并合并记录的顺序应该是不重要的。

这 3 个属性表示合并操作是一个半格。请注意, 例 10.22 的两个合并函数都具有这些属性。唯一棘手的一点是, 我们必须记住, $r \wedge s$ 不需要对所有的记录 r 和 s 定义。然而, 我们确实假设:

- 如果 r 和 s 是相似的, 则 $r \wedge s$ 被定义了。

也有一些我们期望相似性关系能具有的性质, 以及一些我们期望相似性和合并用来交互的方式。我们将使用 $r \approx s$ 表示记录 r 和 s 是相似的。

a) $r \approx r$ (相似性的幂等性)。一个记录总是和它本身相似。

b) $r \approx s$ 当且仅当 $s \approx r$ (相似性的交换性)。也就是说, 在决定两个记录是否相似时, 我们以何种顺序列出它们是不重要的。

c) 如果 $r \approx s$, 则 $r \approx (s \wedge t)$ (可被代表性)。此规则要求, 如果 r 与某个其他记录 s 相似 (从而可与 s 合并), 但 s 和某个其他记录 t 合并了, 则 r 仍然与 s 和 t 的合并相似, 可以与这个记录合并。

请注意, 可被代表性是最有可能失败的性质。特别地, 对于例 10.22 的第一个合并规则它失败了, 那里我们通过设置不一致的字段为空字符串进行合并。特别地, 当 r 是图 10-12 的记录 (3), s 是 (2), t 是 (1) 时, 可被代表性失败了。与此相反, 例 10.22 的第二个合并规则满足可被代表性规则。如果 r 和 s 至少在两个字段上有非空的交集, 如果我们用 $s \wedge t$ 替换 s, 那些共享的值还会存在。

以上的性质集合被称为 *ICAR* 性质。这些字母分别代表幂等性、交换性、结合性以及可被代表性。

10.7.4　ICAR 记录的 R-Swoosh 算法

当相似性和合并函数满足 ICAR 性质时，有一个简单的算法，它合并所有可能的记录。可被代表性保证，如果两个记录是相似的，那么随着它们与其他记录合并，生成的记录也是相似的，并最终会被合并。因此，如果我们重复地这样做：对任何一对相似的记录，用它们的合并来替换，直到不再有相似的记录对存在，那么我们达到了一个唯一的记录集合，它独立于我们合并的顺序。

一个有用的考虑合并过程的方法是想象一个图，它的结点是记录。如果 $r \approx s$，则结点 r 和 s 之间有一条边。由于相似性不必是传递的，很可能结点 r 和 s 以及 s 和 t 之间有边，但 r 和 t 之间没有边。例如，图 10-12 的记录对应到图 10-13 的图。

图 10-13　图 10-12 的相似性图

然而，可被代表性告诉我们，如果我们合并 s 和 t，那么因为 r 与 s 相似，它将会与 $s \wedge t$ 相似。因此，我们可以将 r、s 和 t 所有这 3 个合并起来。同样，如果我们先合并 r 和 s，可被代表性表明，由于 $s \approx t$，我们也有 $(r \wedge s) \approx t$，所以我们可以用 $r \wedge s$ 合并 t。结合律告诉我们，由此产生的记录将是相同的，不论我们合并的顺序如何。

上述的想法延伸到以任何方式连接的任何 ICAR 结点（记录）的集合。也就是说，不管我们合并的顺序如何，结果是图的每个连通分支成为一个单一的记录。这个记录是在该连通分支中的所有记录的合并。交换性和结合性足以告诉我们，我们执行合并的顺序并不重要。

虽然计算图的连通分支在原则上是简单的，但当我们有百万以上的记录时，构造图的方法是不可行的。这样做会要求我们测试每一对记录的相似性。"R-Swoosh"算法是对下面想法的一个实现，它组织相似性比较，使我们在许多情况下避免比较所有的记录对。不幸的是，如果没有任何相似的记录，那么就没有算法可以避免比较所有的记录对，以确定这一事实。

算法 10.23　R-Swoosh

输入　记录集合 I，相似性函数 $\approx$，合并函数 $\wedge$。我们假设 $\approx$ 和 $\wedge$ 满足 ICAR 性质。如果它们不满足，则算法仍然能合并某些记录，但结果不一定是最大的或最好的可能合并。

输出　合并后的记录集合 O。

方法　执行图 10-14 的步骤。O 的最终值就是输出。

```
O := emptyset;
WHILE I is not empty DO BEGIN
    let r be any record in I;
    find, if possible, some record s in O that is similar to r;
    IF no record s exists THEN
        move r from I to O
    ELSE BEGIN
        delete r from I;
        delete s from O;
        add the merger of r and s to I;
    END;
END;
```

图 10-14　R-Swoosh 算法

例 10.24　假设 I 是图 10-12 的那三个记录。我们使用例 10.22 的 ICAR 相似性和合并函数，即取一个字段的可能的值的并集，来产生合并后的记录的相应字段。最初，O 是空的。我们取 I 中的一个记录，例如记录(1)，作为图 10-14 中的记录 r。由于 O 是空的，没有任何可能的记录 s，所以我们把记录(1)从 I 移到 O。

我们下一步取一个新的记录 r。假设我们选中记录(3)。由于记录(3)和记录(1)不相似，(1)是在 O 里的唯一记录，于是我们再一次没有 s 的值，因此我们将记录(3)从 I 移到 O。r 的第三个选择必定是记录(2)。这个记录与 O 里的两个记录都是相似的，所以我们必须选择一个作为 s，假设我们选择记录(1)。然后，我们合并记录(1)和(2)以获得记录：

	姓名	地址	电话
(1-2)	Susan Williams	{123 Oak St., 456 Maple St.}	818-555-1234

我们从 I 中删除记录(2)，从 O 中删除记录(1)，并将以上记录插入到 I。在这一点上，I 仅包含记录(1-2)，O 仅包含记录(3)。

我们选择记录(1-2)作为 r——唯一的选择，然后选择记录(3)作为 s——也是唯一的选择，然后 R-Swoosh 算法的执行结束。这些记录被合并了，以产生：

	名字	地址	电话
(1-2-3)	Susan Williams	{123 Oak St., 456 Maple St.}	{818-555-1234, 213-555-5678}

且从 I 和 O 中分别做删除。记录(1-2-3)被放在 I 里，此时它是 I 里唯一的记录，而 O 是空的。在最后一步，这个记录从 I 移动到 O，且算法结束了。　□

10.7.5　为什么 R-Swoosh 算法会有效

回顾 ICAR 相似性和合并函数，其目的是要合并构成互相关联的成分的记录。这里有一个对于图 10-14 的 while 循环成立的循环不变量。

- 如果一个互相关联的成分 C 没有被完全合并到一个记录中，那么在 I 中至少有一个记录要么本身属于 C，或者是由 C 中某些记录合并而成。

让我们看一下为什么这个不变量必然成立。假设在循环的某一迭代中选定的记录 r 是来自它的互相关联的成分 C 的在 I 中的最后一个记录。如果 r 是唯一的由 C 中一个或多个记录合并而成的记录，则它可以被移动到 O，并不违反循环不变。

但是，如果有由 C 中一个或多个记录合并而成的其他记录，它们会在 O 中。令 r 是记录集 R（R 包含在 C 中）合并的结果。注意，R 既可以只有一个记录，也可以有许多记录。然而，由于 R 并不是 C 的全部，那么 R 中一定存在一个原始的记录 r_1，它与存在于 $C\text{-}R$ 中的另一原始记录 r_2 类似。假设 r_2 目前合并到 O 中的一个记录 r' 中。借助于可被代表性，（也许应用几次），我们可以从已知的 $r_1 \approx r_2$ 开始，推导出 $r \approx r'$。因此，r' 可以是图 10-14 中的 s。其结果是，r 一定会与 O 中的某一记录合并。这样作为结果的合并记录会在 I 中出现，它是由 C 中的某些或全部记录合并而成。因此，循环不变量继续被保持。

10.7.6　实体解析的其他方法

还有许多其他的算法，可以发现和合并(可选)相似记录。我们在这里将对其中的一些算法做简单介绍。

非 ICAR 数据集

首先，假设数据集不具有 ICAR 性质，但是我们仍希望找到记录所有可能的合并，包括这样一些情况，例如一条记录 r_1 与另一条记录 r_2 合并了，但是后来，r_1（不是已合并的 $r_1 \wedge r_2$）又和记录 r_3 合并。如果是这样，我们需要把所有的记录，包括我们通过合并构建的记录和所有的其他记录（也包括通过合并构建的），进行系统的比较。

为了帮助控制记录的扩散，我们可以定义一种记录间的支配（dominance）关系 $r \leqslant s$，即记录 s 包含记录 r 所包含的所有信息。这样的话，进一步考虑我们可以消除记录 r。如果合并函数是一个半格，则对 $\leqslant$ 唯一合理的选择是 $a \leqslant b$ 当且仅当 $a \wedge b = b$。这种支配函数总是一个偏序，不管使用什么半格。如果合并操作甚至不是一个半格，则支配函数必须由一种特定的方式来构建。

聚簇

在一些实体-解析的应用中，我们并不希望做合并，而是想将记录分组成一些聚簇，这样相同类别的成员在某种意义上彼此相似，不同类别的成员并不相似。举例来说，如果我们在 eBay 上寻找出售的相似产品时，我们可能希望得到的结果不是各类产品的单个记录，而是一个代表销售的同类产品的记录列表。大规模数据聚簇涉及一系列复杂的选择，我们将在 11.5 节进一步深入讨论这个问题。

分区

因为任何做相似记录完全合并的算法可能会被迫检查每个记录对，在大型实体辨别问题中，它可能不是能得到一个确切的答案的可行方案。一种解决方案是将记录分组，也许会进行几次，直到各组内尽可能地含有类似的记录。这样我们就可以只在各组内寻找相似的记录对了。

例 10.25 假设我们有数以百万计的姓名-地址-电话记录，且衡量相似性的标准是三个字段中的值的总编辑距离最多为 5。我们可以把记录分组，使每个组内的记录具有相同的姓名字段。我们也可以根据记录的地址字段将其分组，第三次可以根据电话号码字段进行分组。因此，每个记录出现在三组之中，并且只与这些组内的成员进行比较。这种方法不会注意到一对具有电话号码编辑距离为 2、姓名编辑距离为 2、地址编辑距离为 1 的相似记录。然而，在实际应用中，它几乎可以捕捉到所有的相似记录对。 □

例 10.25 的想法其实是一个重要思想"局部敏感散列"的特殊情况。我们将在 11.4 节讨论这个话题。

10.7.7 习题

习题 10.7.1 字符串 s 是字符串 t 的子序列，如果字符串 s 是由字符串 t 删掉 0 个或多个位置的字符后形成的。例如，如果 $t = $ "acbac"，那么 t 的子串包括"aca"（删除位置 3 和 5 的字符）、"cb"（删除位置 1、4 和 5 的字符）和空字符串（删除所有字符）。

  a) 列出字符串"acbac"的所有其他子序列。

  b) 给出"aacc"的所有子序列。

  !c) 如果一个字符串有 n 个不同的字符，它将有多少个子序列？

习题 10.7.2 两个字符串 s 和 t 的最长公共子序列是指任何字符串 r，它既是 s 又是 t 的子序列，并且它和 s 和 t 的其他任何公共子串一样长。例如，"aba"和"bab"的最长公共子序列是"ab"和"ba"。给出下列字符串中每一对的最长公共子序列："she"、"hers"、"they"、"theirs"。

习题 10.7.3 两个字符串 s 和 t 的最短公共超序列是指某一字符串 r，s 和 t 都是它的子序列，且不存在比 r 更短的以 s 和 t 为子序列的字符串。例如，字符串"acb"、"bc"的一些最短公共超序列是"acbc"、"abcb"。

a) 给出习题 10.7.2 中每一个字符串对的最短公共超序列。

!b) 给出字符串"acb"和"bc"的所有其他最短公共超序列。

!!c) 如果两个字符串没有相同的字符，长度分别为 m 和 n，它们有多少最短公共超序列？

!习题 10.7.4　在 10.7.6 节我们讲到，如果 $\wedge$ 是一个半格，则当且仅当 $a \wedge b = b$ 时由 $a \leqslant b$ 定义的支配关系是一个偏序。也就是说，$a \leqslant b$ 且 $b \leqslant c$ 意味着 $a \leqslant c$（传递性），$a \leqslant b$ 且 $b \leqslant a$ 当且仅当 $a = b$（反对称性）。请利用半格的自反性、交换性和结合性证明 $\leqslant$ 是一个偏序。

!!习题 10.7.5　假设我们合并记录（其字段都是字符串），对于每一个字段，都按照其相应字段字符串的字典顺序的第一个最长公共子序列进行合并。

a) 这种合并的定义是否满足幂等律、交换律和结合律？

b) 如果对于每一个字段，都通过采取相应字符串字典顺序的第一个最短公共超序列进行合并，重做习题（a）。

!习题 10.7.6　假设我们定义如下的相似性和合并函数：

i. 两个记录是相似的，如果它们在所有字段或者在除一个字段外其他所有字段上，拥有相同的值或者某一记录具有空值。

ii. 合并两个记录：如果它们在某一字段的值一致，就把这个字段赋成它们的共同的值；如果它们在某一字段的值不一致，就把这个字段赋成空值。注意空值和任何非空值不一致。

说明上述相似性定义和合并函数具有 ICAR 性质。

10.8　小结

- **信息集成**：当许多数据库或其他信息源包含相关的信息，我们有机会将这些信息合并为一。然而，数据源的模式通常存在异构性，这些不相容性包括类型不同、值的编码或约定不同、对概念的解释不同以及不同模式中表示的概念集不同。

- **信息集成方法**：早期的办法都涉及"联合"，其中每个数据库会以其他数据库能理解的术语查询其他数据库。最近的方法是数据仓库，其中数据转换为一个全局统一的模式，并复制到仓库。另一种方法是中介，创建一个虚拟的仓库，允许全局统一模式的查询，然后再将查询转化为数据源的术语。

- **提取器与包装器**：仓库和中介在每个数据源都有一些组件，分别称为提取器与包装器。它们的主要功能是负责数据源中，查询和结果在全局模式和本地模式之间的转换。

- **包装器生成器**：一种设计包装器的方法是采用模板，它描述了如何将一个特定形式的查询由全局模式到局部模式进行转换。这些模板被表格化并且被将查询匹配到模板的驱动程序所解释。该驱动程序还有以多种方式组合模板的能力，并且或者还能执行其他的角色，例如过滤，以回答更复杂的查询。

- **基于能力的优化**：mediator 的数据源往往只能或只愿意回答有限形式的查询。因此，mediator 在它可以像常规的 DBMS 那样考虑优化执行查询计划的成本之前，必须基于数据源的能力来选择查询计划。

- **修饰符**：它们提供了描述数据源能力的方便的记号。每一个修饰符告诉我们，对于关系的每一个属性，在匹配该修饰符的查询中，是否该属性需要或允许一个常数值，以及常数是否必须从菜单中选择。

- **合取查询**：对于涉及连接以及可能跟随其后的选择和/或投影的查询，作为查询的单一的 Datalog 规则是其简便的表达方式。

- **Chain 算法**：这个算法是一个响应 mediator 的合取形式的查询的贪心算法。在一个数据源中反复寻找与修饰符之一相匹配的子目标，并从数据源中获取该子目标的关系。这样做可能会提供对于查询的一些变量的一个常量绑定集合，于是重复这个过程，寻找可以解决的更多的子目标。

- **以局部作为视图的 mediator**：这些 mediator 拥有一些全局的、虚拟的谓词或关系，且每个数据源用视图来描述。这些视图是用全局谓词作为子目标的合取查询。mediator 中的查询也是使用全局谓词的合取查询。

- **用视图回答查询**：一个以局部作为视图的 mediator 寻找一个查询的解决方案，即其子目标使用视图作为谓词的合取查询。所提出的解决方案的每一个这样的子目标用定义视图的合取查询来扩展，并检查该扩展是否包含在查询中。如果是这样，所提出的解决方案确实提供了对查询的(一些)回答。

- **合取查询的包含**：我们对合取查询的包含性测试是寻找从包含查询到被包含查询的包含映射。一个包含映射是一个变量替换，将第一个查询的头部变为第二个查询的头部，把第一个查询的每一个子目标转换为第二个查询的某些子目标。

- **限制解决方案的搜索**：LMSS 定理指出，当你在以局部作为视图的 mediator 中搜索一个查询的结果时，只需考虑那些含有的子目标的个数不多于查询本身子目标个数的的解决方案即可。

- **实体解析**：问题是采取一个共同的模式表示记录，找出可能代表同一实体(例如同一个人)的记录对或记录组，并合并成一个单一的记录，代表整个组的信息。

- **ICAR 相似性和合并函数**：相似性和合并函数的某些选择满足幂等律、交换律、结合律和可被代表性。后者是有效的合并算法的关键，因为它保证如果两个记录相似，则其后代也相似，尽管它们合并后的记录会代表越来越大的原始记录集合。

- **R-Swoosh 算法**：如果相似性和合并的算法具有 ICAR 性质，那么，相似记录的完全合并将把由原始记录的相似性关系形成的图的一个连通分量中的所有记录合并在一起。R-Swoosh算法是一个不需要确定每一个记录对的相似性就能进行所有必要的合并的有效算法。

10.9 参考文献

联邦系统在文献[11]中综述。Mediator 的概念来自文献[12]。Mediator 和包装器的实现，特别是包装器生成器方法，在文献[4]中有详细讨论。Mediator 的基于能力的优化参考文献[10，13]，后者描述了 Chain 算法。

以局部作为视图的 Mediator 来自文献[7]。LMSS 定理来自文献[6]，决定合取查询的包含的包含映射的想法来自文献[2]。文献[8]扩展了数据源有限能力的想法。文献[5]是一个逻辑信息集成技术的综述。

实体解析首先在文献[9]中被非形式化地研究，在文献[3]中被形式化地研究。这里介绍的理论、R-Swoosh 算法和相关的算法来自文献[1]。

1. O. Benjelloun, H. Garcia-Molina, J. Jonas, Q. Su, S. E. Whang, and J. Widom, "Swoosh: a generic approach to entity resolution." Available as http://dbpubs.stanford.edu:8090/pub/2005-5.

2. A. K. Chandra and P. M. Merlin, "Optimal implementation of conjunctive queries in relational databases," *Proc. Ninth Annual Symposium on Theory of Computing*, pp. 77–90, 1977.

3. I. P. Fellegi and A. B. Sunter, "A theory for record linkage," *J. American Statistical Assn.* **64**, pp. 1183–1210, 1969.

4. H. Garcia-Molina, Y. Papakonstantinou, D. Quass, A. Rajaraman, Y. Sagiv, V. Vassalos, J. D. Ullman, and J. Widom, "The TSIMMIS approach to mediation: data models and languages," *J. Intelligent Information Systems* **8**:2 (1997), pp. 117–132.

5. A. Y. Levy, "Logic-based techniques in data integration," *Logic-Based Artificial Intelligence* (J. Minker, ed.), pp. 575–595, Kluwer, Norwell, MA, 2000.

6. A. Y. Levy, A. O. Mendelzon, Y. Sagiv, and D. Srivastava, "Answering queries using views," *Proc. 25th Annual Symposium on Principles of Database Systems*, pp. 95–104, 1995.

7. A. Y. Levy, A. Rajaraman, and J. J. Ordille, "Querying heterogeneous information sources using source descriptions," *Intl. Conf. on Very Large Databases*, pp. 251–262, 1996.

8. A. Y. Levy, A. Rajaraman, and J. D. Ullman, "Answering queries using limited external query processors," *Proc. Fifteenth Annual Symposium on Principles of Database Systems*, pp. 227–237, 1996.

9. H. B. Newcombe, J. M. Kennedy, S. J. Axford, and A. P. James, "Automatic linkage of vital records," *Science* **130**, pp. 954–959, 1959.

10. Y. Papakonstantinou, A. Gupta, and L. Haas, "Capabilities-base query rewriting in mediator systems," *Conference on Parallel and Distributed Information Systems* (1996). Available as
http://dbpubs.stanford.edu/pub/1995-2.

11. A. P. Sheth and J. A. Larson, "Federated databases for managing distributed, heterogeneous, and autonomous databases," *Computing Surveys* **22**:3 (1990), pp. 183–236.

12. G. Wiederhold, "Mediators in the architecture of future information systems," *IEEE Computer* **C-25**:1 (1992), pp. 38–49.

13. R. Yerneni, C. Li, H. Garcia-Molina, and J. D. Ullman, "Optimizing large joins in mediation systems," *Proc. Seventh Intl. Conf. on Database Theory*, pp. 348–364, 1999.

第11章 数 据 挖 掘

"数据挖掘"是研究数据、发现简单规则或模型来概括数据的一个过程。发现的规则可能很笼统，例如"50%买热狗的人同时也买了芥末"；也可能很具体，例如"具有这三项独立的信用卡消费记录表示他们在运行一个恐怖组织"。我们关于数据挖掘的讨论将集中在从大型数据库中挖掘信息。

我们将从研究市场－购物篮数据开始，即人们在一个大型超市中所有的购物记录构成的数据。这个研究将引出一系列在大型数据库中发现"频繁项集"的高效算法，其中包括"A-Priori"算法以及一些它的延伸算法。

我们接着将从一个大的集合中发现"相似"的项——例如在互联网上发现拥有大量相同文本的网页，或者在亚马逊网上发现被许多消费者同时购买的书。"最小化散列"和"局部敏感散列"是解决这个问题的两个关键技术。

在本章最后，我们将讨论高维空间中大规模数据的聚簇问题。一个应用实例是在互联网上根据网页中出现的词对网页进行聚簇。在这个例子中，一个词就表示一个维度，而文档在这个高维空间中的位置由该文档中所有词的词频所决定。

11.1 频繁项集挖掘

市场经营者试图从庞大的消费者购物记录中抽取关于购物模式的信息，由此便产生了一系列的问题。其中的基本问题被称作"频繁项集"——哪些商品经常被消费者同时购买。这种信息有时也被提炼成"关联规则"——关于当消费者购买了一些商品之后可能购买另一件商品的推论。相同的技术还有许多别的应用，包括研究和某种疾病有关的基因组合以及发现在互联网文档中的抄袭现象等。

11.1.1 市场－购物篮模型

在一些重要的应用中，数据包括一些项构成的集合，有可能是超市销售的所有商品，以及一些购物篮。在这里，每个购物篮都是所有商品的一个子集，相对于所有商品集合的大小它通常很小，每个购物篮表示某个顾客同时购买的商品的集合。下面介绍两个典型的购物篮数据模型的例子。

超市收银台

一个大型的连锁超市可能销售上万种商品，数以百万计的顾客推着他们的购物车（"市场－购物篮"）来到收款台，收银员记录下他们购买的所有商品。每一笔记录对应了一个购物篮，也就是市场－购物篮模型中所说的购物篮。通过许多连锁超市提供的打折卡或者他们自己的信用卡，一些顾客的身份能够被确认。然而，顾客的身份对于我们从数据中获取有用信息而言通常不是必需的。

超市通过分析收银台的数据来了解顾客通常同时购买哪些商品。举例来说，如果在大量的购物篮记录中同时包括了热狗和芥末，那么超市经理就能以多种方式利用这个信息。

1. 显然，很多顾客必须从放置热狗的货柜走去放置芥末的货柜。我们可以将它们一起安排在临近的货柜，并且在它们之间添置一些顾客可能和热狗、芥末同时购买的其他食物，比如番茄酱或者薯条。这么做可以产生额外的"冲动型"消费。

2. 超市可以对热狗进行降价促销，而与此同时提高芥末的价格（当然，后者是不会登广告的）。人们会为了便宜的热狗来到超市，而他们也需要芥末。为了买到便宜的芥末而麻烦地跑去另一家超市对于顾客来说是不值得的，因此他们会买这里的芥末。这样，超市通过芥末弥补了热狗上的损失，而同时又吸引了更多的顾客来到店里。

对于有些人来说，即使没有分析数据，热狗和芥末的关系仍然是十分明显的，然而，有些商品之间的关系就不那么明显了。最著名的例子就是尿布和啤酒。[⊖]

同时出现的商品的集合这一事实是有用的，但必须满足某个条件，即任何有用的两件（或多件）商品一定被大量的顾客同时购买。一旦我们知道许多顾客同时购买了某些商品，即使这些商品的购买之间没有任何联系也无妨。相反地，关联度大但很少被购买的商品（例如鱼子酱和香槟酒）对于超市来说并不很感兴趣，因为为很少有顾客感兴趣去购买的商品做广告是不值得的。

网上购物

Amazon. com（亚马逊网站）提供数百万种不同的商品，并且拥有数千万消费者。当像此前讨论的超市这样的实体店只能通过大量顾客同时购买的商品组合获利时，亚马逊以及其他网上销售商有机会为他们的每一个消费者量身提供服务。这样，一个有趣的问题就是去发现那些许多消费者同时购买的成对的商品。然后，如果一个消费者只买了其中一种商品而未买另一种，那么当他下一次登录时亚马逊向其推销另一种商品是个不错的选择。我们可以像研究市场 – 购物篮问题那样处理网上购物，而此处的"购物篮"是某个特定的消费者长期以来购买的所有商品。

但是亚马逊可以通过另外的方式使用这些相同的数据。这种方式通常被称作"协作过滤"，寻找具有相似购买习惯的消费者。举例来说，我们可以寻找两个（甚至更多的）消费者，他们已经购买了许多相同的商品。然后，当一个消费者登录时，亚马逊可以向他推荐一种他没有购买而和他具有相似购物习惯的消费者购买了的商品。

寻找相似的消费者也能表示为市场 – 购物篮问题。在这里，"物品"是所有消费者，"购物篮"是亚马逊销售的所有商品。具体地说，对于每一种亚马逊销售的商品 I，都对应了一个"购物篮"，其中包括所有购买了商品 I 的消费者。

"许多购物篮"在网上商店和实体店场景中的不同的意义是值得注意的。在实体店场景中，我们可能需要几千个包含商品的购物篮数据才能有效地利用其中的信息。而对于网上商店，我们也许只需少量的包含商品的购物篮数据，就能针对前面提到的目的（向每个消费者推荐一种商品）很好地利用这些信息。

另一方面，实体店不需要用到太多的良好关联的商品集合的实例，原因是无法对上百万种商品同时进行促销。相对地，网上商店需要掌握数百万有良好关联的商品集合的信息，才能达到每个消费者至少包含其中一种商品的目标。结果是，针对网上购物场景的最有效的分析技术并不是本节中讨论的内容，因为那是建立在必须拥有大量成对出现的商品信息的假设基础上的。我们将在 11.3 节中再来讨论寻找相互关联但并不频繁的物品对的问题。

11.1.2　基本定义

假设我们有物品的集合 I 和购物篮的集合 B。B 中的每个购物篮 b 都是 I 的一个子集。为了讨论频繁的物品集合，我们需要一个支持度阈值（support threshold）s，它是一个整数。如果一个物品集合 $J \subseteq I$ 在至少 s 个购物篮中出现（可能在这些购物篮中还包含其他物品），那么我们称这

⊖　一个理论：如果你买了尿布，很可能家里有婴儿。那么，你今晚就不能去酒吧，因此很可能在超市买啤酒回家喝。

个物品集合 J 是频繁的。可选地，我们也可以把支持度 s 表示成相对于 $|B|$ 的百分比，其中 $|B|$ 是购物篮的个数。

例 11.1   假设我们的物品集合 I 包括了 6 部电影：
$$\{BI, BS, BU, HP1, HP2, HP3\}$$
分别代表 Bourne Identity（《谍影重重》）、Bourne Supremacy（《谍影重重 2》）、Bourne Ultimatum（《谍影重重 3》）以及 Harry Potter I、II、III（《哈利波特 1、2、3》）。图 11-1 中的表给出了 8 个观众（即装物品的购物篮）以及他们所看过的电影，其中 x 表示某人看过某部电影。

	BI	BS	BU	HP1	HP2	HP3
V_1	x	x	x			
V_2				x	x	x
V_3	x			x		
V_4	x	x		x	x	
V_5	x	x	x	x		
V_6	x		x			
V_7		x		x	x	
V_8	x	x		x	x	x

图 11-1   关于观众和电影的市场－购物篮数据

假设 $s = 3$，也就是说一个物品集合必须至少是 3 个购物篮的子集，那么它才被认为是频繁的物品集合（或者称为频繁项集）。技术上说，因为空集是任何购物篮的子集，所以它是频繁的，但我们对此不感兴趣。在这个例子中，除了 $\{HP3\}$ 之外的所有单元集都出现在至少 3 个购物篮中。比如 $\{BI\}$ 包含在 V_1，V_3，V_4，V_5，V_6 和 V_8 中。

现在考虑哪些二元集（成对的物品）是频繁的。由于 $\{HP3\}$ 自身不是频繁的，因此它不会是频繁二元集的一部分。而其余 5 部电影构成的 10 个物品对都有可能是频繁的。比如 $\{BI, BS\}$ 是频繁的，因为它出现在至少 3 个购物篮中，事实上确切地说是 4 个：V_1，V_4，V_5 和 V_8。

另外：

- $\{BI, HP1\}$ 是频繁的，它出现在 V_3，V_4，V_5 和 V_8 中。
- $\{BS, HP1\}$ 是频繁的，它出现在 V_4，V_5，V_7 和 V_8 中。
- $\{HP1, HP2\}$ 是频繁的，它出现在 V_2，V_4，V_7 和 V_8 中。

其余的物品对都不是频繁的。

例子中还存在一个三元的频繁项集：$\{BI, BS, HP1\}$，它是 V_4，V_5 和 V_8 的子集。例子中不存在任何大小大于 3 的频繁项集。   □

11.1.3   关联规则

针对市场－购物篮数据的一个很自然的问题是，在顾客的购买信息中隐藏着什么规律。可以这么说，我们想找到成对的商品，购买了第一件商品的顾客很可能也会购买第二件。更一般地，人们购买了一个特定的商品集合后很可能也想购买另一件特定的商品。这个想法被形式地称为"关联规则"。

一个关联规则形式化的表达是 $\{i_1, i_2, \cdots, i_n\} => j$，其中 i 和 j 都是项（物品）。这样一个单独的式子并不能表明什么，然而，具有了以下三条性质就使得这个形式的规则对于我们有用：

1. **高支持度**：对这个关联规则的支持度也就是对项集 $\{i_1, i_2, \cdots, i_n, j\}$ 的支持度。

2. **高置信度**：在所有包含 $\{i_1, i_2, \cdots, i_n\}$ 的购物篮中出现 j 的概率大于某个阈值，比如 50%，或者说"买尿布的人中至少有一半也买啤酒"。

3. **有趣度**：在所有包含 $\{i_1, i_2, \cdots, i_n\}$ 的购物篮中出现 j 的概率明显地高于（或者低于）项 j 在任意购物篮中出现的概率。从统计的角度讲，j 与 $\{i_1, i_2, \cdots, i_n\}$ 正相关或者负相关。此前提到的尿布和啤酒的关系表明的是关联规则{尿布} = >啤酒具有很高的正相关的有趣度。

需要注意的是，即使一个关联规则拥有高置信度或高有趣度，如果它没有高支持度，那么它也是没用的。原因是如果支持度低，那么符合这个规则的实例个数不多，从而降低了针对这条规则制定的决策的效果。另外，十分重要的是一个关联规则即使具有高支持度、高置信度和高有趣度，也不要把它混淆成因果关系。举例来说，在 11.1.1 节中提到的"啤酒和尿布"的例子说明关联规则{啤酒} = >尿布具有高置信度，但是这并不表示啤酒"导致"了尿布。相反地，那个理论说明了导致购买这两件商品的"隐藏变量"——家中的婴儿。

例 11.2 根据图 11-1 的数据，考虑如下关联规则：

$$\{BI, \ BS\} = > BU$$

它的支持度为 2，因为有 2 个购物篮 V_1 和 V_5 包含了《谍影重重》三部曲。这个规则的置信度为 1/2，因为有 4 个购物篮同时包含了 BI 和 BS，而其中的 2 个还包含了 BU。这个规则具有微弱的正相关有趣度。具体地说，BU 在所有购物篮中出现的概率是 3/8，而在同时包含了式子左边项（即{BI, BS}）的购物篮中它出现的概率是 1/2。 □

由于高支持度是一个有用的关联规则的必要条件，寻找高置信度或者高有趣度的关联规则实质上就是要寻找具有高支持度的项集。一旦我们得到了这些项集，我们可以考虑将每个项集中的每一项放到式子右边所得到的关联规则。在寻找频繁项集的过程中，我们很可能已经统计过某个频繁项集的子集，因为这些子集本身也是频繁的。如果这样，我们可以很轻松地计算出每个潜在的关联规则的置信度和有趣度。于是，我们应该（也是后文正要做的）把寻找关联规则的问题搁置一边，而专注于研究寻找频繁项集的高效方法。

11.1.4 频繁项集的计算模型

既然我们在研究数据库系统，我们的第一个想法可能是把市场 – 购物篮数据存储在一个关系数据库中。例如：

```
Baskets(basket, item)
```

包含了成对的购物篮 ID 和该购物篮中的一件物品的 ID。原则上，我们可以通过一个 SQL 查询语句来得到频繁项集，例如图 11-2 得到了所有频繁二元集。它将 Baskets 表和自身连接，并根据结果中每个元组中的两个物品进行分组，再将购物篮数量低于支持度阈值 s 的结果去除。注意，WHERE 子句中的条件语句 I. item < J. item 是为了防止同一对物品以两个顺序被考虑，或者说防止相同物品构成的"对"被计算两次。

```
SELECT I.item, J.item, COUNT(I.basket)
FROM Baskets I, Baskets J
WHERE I.basket = J.basket AND
      I.item < J.item
GROUP BY I.item, J.item
HAVING COUNT(I.basket) >= s;
```

图 11-2 找出所有高支持度的物品对的朴素方法

然而，如果关系 Baskets 规模很大，那么建立自身的连接将占用过大的空间，或者至少消耗过长的时间。无论我们采用多么高效的连接方法，在结果的关系中总会包含每个购物篮中所有物品对构成的元组。举例来说，如果有 1 000 000 个购物篮，每个购物篮包含 20 个物品，那么连接后就会有 190 000 000 个元组（因为 $\binom{20}{2} = 190$）。在 11.2 节我们可以看到，通过对关系 Baskets 进行预处理，经常可能把连接做得更好。

但是事实上，把市场 – 购物篮数据存储在关系数据库中并不是一个常用的方法。更为有效的方法是把数据放在一个或多个文件中，并以一定顺序存放购物篮数据。每个购物篮表示成它所含物品的列表，并用某个符号分隔购物篮。

例 11.3   图 11-1 中的数据可以表示成一个文件，它的开头是：

$$\{BI,BS,BU\}\{HP1,HP2,HP3\}\{BI,HP1\}\{BI,BS,HP1,HP2\}\{...$$

在这里，我们用大括号来表示购物篮，并用逗号分隔一个购物篮中的不同物品。   □

当市场 – 购物篮数据数据表示成这种形式后，算法的代价就相当容易估计了。因为我们感兴趣的只是那些数据规模大到主存无法容纳的情况，所以我们可以通过对磁盘 I/O 的计数来衡量复杂度。

然而，实际情况甚至比磁盘 I/O 计数更简单。所有寻找频繁项集的成功的算法都以固定的顺序多次读取数据文件。它们这样多趟地处理数据，而每一趟数据处理后为下一趟准备的结果都小到足够能在主存中保存。于是，我们甚至可以不必对磁盘 I/O 计数，而只需计算一下扫描全部数据的趟数就足够了。

11.1.5　习题

习题 11.1.1　假设我们有如图 11-3 所示的 8 个"购物篮"。

a) 物品集合{啤酒，牛奶}的支持度以购物篮总数的百分比形式表示是多少？

b) 物品集合{可口可乐，百事可乐}的支持度是多少？

c) 啤酒对牛奶的置信度是多少（也就是关联规则{牛奶} = >啤酒）？

d) 牛奶对果汁的置信度是多少？

e) 百事可乐对{啤酒，牛奶}的置信度是多少？

f) 如果支持度阈值是 25%（也就是 8 个购物篮中需要 2 个），哪些物品对是频繁的？

g) 如果支持度阈值是 37.5%，哪些物品对是频繁的？

! h) 在所有式子左边是单元集的关联规则中，哪一条是有趣度最大的？

$B_1 = \{$牛奶,可口可乐,啤酒$\}$
$B_2 = \{$牛奶,百事可乐,果汁$\}$
$B_3 = \{$牛奶,啤酒$\}$
$B_4 = \{$可口可乐,果汁$\}$
$B_5 = \{$牛奶,百事可乐,啤酒$\}$
$B_6 = \{$牛奶,啤酒,果汁,百事可乐$\}$
$B_7 = \{$可口可乐,啤酒,果汁$\}$
$B_8 = \{$啤酒,百事可乐$\}$

图 11-3　市场 – 购物篮样例数据

11.2　发现频繁项集的算法

现在，我们开始研究对于某个规模的数据寻找它的频繁项集需要访问数据多少趟。首先，我们讨论为什么在实际应用中发现频繁的二元集经常成为瓶颈。然后，我们介绍 A-Priori 算法——在多趟访问数据的算法中最小化占用内存大小的关键一步。最后介绍一些在 A-Priori 算法基础上的改进，在第一趟访问时更好地使用主存，从而使得在算法不超过主存容量限制的情况下更可行地完成此后几趟的访问。

11.2.1　频繁项集的分布

如果我们让支持度阈值 $s = 1$，那么在每个购物篮中所有的项集都是"频繁的"，从而即使仅仅把结论表示出来也是不可行的。然而，在类似的商店销售管理这样的例子中，很小的支持度阈值是没有用的。此前我们说过，我们需要很多顾客都购买了同一些商品才能很好地利用这一数据。而且，任何针对市场 – 购物篮数据的挖掘必须产生较少数量的结论，比如说几十或几百个。如果我们没有得到任何结论，那么我们什么也做不了；但如果我们得到了数百万条结论，那么我们根本看不完它们，更别说利用它们去做营销。

这个推理的结果就是支持度阈值必须设置得足够大，使得频繁项集较少。典型地，支持度阈值经常被设置为购物篮总数的 1%。由于一个项集是频繁的概率随着项集增大而快速减小，所以大多数的频繁项集规模都较小。然而，一个只含一项的频繁项集通常是无用的，我们需要至少含有两项的频繁项集，以便应用市场营销的技术（例如在 11.1.1 节中提到的方法）。

我们的结论是：在实际运用算法去寻找频繁项集时，我们需要选择合适的支持度阈值，使得二元频繁项集的个数较少并且极少存在含有更多项的频繁项集。于是，我们的算法将集中在如何通过若干趟的数据访问来寻找二元频繁项集。如果需要更大的频繁项集，寻找二元频繁项集过程中的计算资源也足以用来寻找数量较少的三元频繁项集、四元频繁项集等。

如果物品的编号不便于计算怎么办?

我们假设所有物品的编号都是从 0 开始的整数。然而，在实际中，物品的编号可能是一个很长的 ID 或者全名。如果这样，我们需要在主存中保存一个散列表记录每个物品的实际编号与 0 到 $k-1$ 中唯一的整数的对应关系。这个表消耗的主存空间和物品个数 k 成正比。在物品数量相对主存大小不是很小的情况下，没有任何算法能发现二元(或者更大规模的)频繁项集。因此，我们可以忽略一个可能需要用到的大小和物品数量成正比的主存中的表。

11.2.2 寻找频繁项集的朴素算法

我们假设主存大小为某个固定值 M 字节，可能是 1G、16G 或者我们的机器所拥有的任何主存大小。同时假设在我们的市场-购物篮数据中有 k 种不同的商品，编号为 0，1，…，$k-1$。最后，就像 11.2.1 节中说的，我们的重点集中在二元频繁项集，因为我们假设那是主存的瓶颈所在。

如果主存大小足够在我们扫描一遍购物篮的同时对物品对的个数进行计数，那么我们就能通过一趟访问解决二元频繁项集的问题。在这一趟扫描时，我们每次读取数据文件中的一个块。我们可以忽略在主存中保存这样一块数据所占用的空间(甚至购物篮包含两块或更多块数据时我们需要读入的多块数据空间)，因为我们假设表示一个购物篮所需的空间和 M 相比是微小的。对于这个块中包括的所有购物篮，我们对它的商品进行两重循环，然后对这个购物篮中的所有商品对，我们将该商品对的计数加一。

我们面对的根本问题是如何在 M 个字节的主存中存储商品对的计数值。有两种合理的方法，至于哪一种更好这取决于商品对出现的次数很多还是很少。在后文中，我们做一个简化的假设——所有整数(无论表示商品 ID 或者计数值)都占 4 个字节。下面就是两种保存计数值的针锋相对的方法。

三角矩阵

如果绝大多数可能的商品对都在数据集中出现至少一次，那么三角形数组就是最有效的使用主存的方法。具体说，假设 a 是一个包含了所有主存空间的一维整数数组。我们将商品对 (i, j) 的计数 $(0 \leqslant i < j < k)$ 存放在 $a[n]$ 中，其中：

$$n = (i+j)^2/4 + i - 1/4 \qquad \text{当 } i+j \text{ 是奇数时}$$
$$n = (i+j)^2/4 + i \qquad \text{当 } i+j \text{ 是偶数时}$$

当每个计数值占 4 字节时，只要 $M \geqslant 2k^2$，就有足够的空间存放数组 a。注意，这种方法只用了正方形数组所需空间的一半，因为我们只用了上三角或下三角部分来对商品对 (i, j) 计数 $(i < j)$。

计数表格

如果商品对出现的可能性很小，那么我们可以用比 $O(k^2)$ 更少的空间。我们创建一个散列表，包含三元组 (i, j, c)，其中 $i < j$，并且 $\{i, j\}$ 是一个确实出现在一个或多个购物篮中的项集，c 是它的计数值。我们对 (i, j) 进行散列操作来寻找保存这个项集的桶的位置。

一个三元组 (i, j, c) 占用 12 个字节，所以我们可以保存 $M/12$ 个商品对的计数值$^\ominus$。换另

$\ominus$ 无论我们使用何种散列表，总会有些额外的代价，对此我们可以忽略。举例来说，如果我们采用开放散列的方法，那么通常需要将桶的一小部分留空以降低平均的查询时间。

一种说法，如果数据中总共出现 p 个商品对，那么我们至少需要 $M \geqslant 12p$ 的主存大小。

注意，如果有 k 种不同的商品，那么总共可能的商品对大约为 $k^2/2$。如果实际商品对数目 $p = k^2/2$，那么计数表格需要的主存空间是三角矩阵的 3 倍；如果只有 1/3 的商品对真正出现了，那么两种方法所需的主存空间相等；如果商品对出现的可能性小于 1/3，那么计数表格更好。

关于朴素算法的额外注释

概括地说，当主存大小 M 超过 $2k^2$ 或者 $12p$ 时，我们可以使用朴素的、一趟访问的算法来寻找频繁的二元组，这里的 k 是商品的数目，p 是至少出现在一个购物篮中的商品对的数目。

相同的方法可以运用在对三元组进行计数中，只要主存空间足够存放所有可能的三元组，或者所有实际出现的三元组。同样，我们可以对四元组以及任何大小的项集进行计数，尽管随着项集的大小增加，主存足够存放所有项集的可能性在下降。我们把所需主存大小的计算公式留作习题。

11.2.3　A-Priori 算法

A-Priori 算法是寻找大小为 $n(n$ 可以是任何值）的频繁项集的方法，通过 n 趟扫描完成。它在通常情况下需要的主存空间比朴素算法少很多，并且当支持度阈值取得足够大以至于某些单元集都不是频繁的时候，它必定占用更少的主存空间。频繁项集的单调性是确保算法工作的重要因素。也就是：

- 如果项集 S 是频繁的，那么它的所有子集也都是频繁的。

上面这句话的正确性很容易证明。如果项集 S 是至少 s 个购物篮的子集（s 是支持度阈值），并且 $T \subseteq S$，那么 T 也一定是包含 S 的那些购物篮的子集，当然 T 可能也是其他一些购物篮的子集。实际上，这一单调性是以反向的形式被使用的：

- 如果项集 S 不是频繁的，那么任何它的超集都不是频繁的。

在第一趟扫描时，A-Priori 算法只对商品构成的单元集进行计数。如果某些集合本身不是频繁的，那么那些商品就不会包含在任何频繁的商品对中。于是，在第二趟扫描时，非频繁的商品都可以被忽略，而只需对两种商品都是频繁的商品对进行计数。举例来说，如果只有一半的商品是频繁的，那么我们只需对 1/4 的商品对进行计数，所以我们只是用了 1/4 的主存空间。或者换一种说法，在固定主存空间的情况下，我们可以处理两倍于原先数据量的数据集。

我们可以再用一趟扫描来继续构造频繁的三元集，再一趟扫描得到频繁的四元集，以此类推，我们能得到任意大小的存在的频繁项集。一般地，在第 n 趟扫描时，我们从一个候选集合 C_n 出发，然后我们生成一个 C_n 的子集 F_n，它包含大小为 n 的频繁项集。具体地说，C_1 是所有单元集，F_1 是那些频繁的单元集；C_2 是所有二元集，F_2 是那些频繁的二元集；第三趟扫描的候选集合 C_3 包含三元集 $\{i, j, k\}$，其中每个二元集 $\{i, j\}$，$\{i, k\}$ 和 $\{j, k\}$ 都包含在 F_2 中。下面给出算法正式的描述。

算法 11.4　A-Priori 算法

输入　文件 D 包含了所有购物篮、支持度阈值 s、频繁项集的大小上限 q。

输出　一系列项集的集合 F_1，F_2，…，F_q，其中 F_i 是所有大小为 i 且至少出现在 s 个购物篮中的项集所构成的集合。

方法　执行图 11-4 所示的算法并且输出所有频繁项集构成的集合 F_n，其中 $n = 1, 2,$ …，q。

```
1)  LET C₁ = all items that appear in file F;
2)  FOR n := 1 TO q DO BEGIN
3)       Fₙ := those sets in Cₙ that occur at least
                s times in D;
4)       IF n = q BREAK;
5)       LET Cₙ₊₁ = all itemsets S of size n + 1 such that
                every subset of S of size n is in Fₙ;
    END
```

图 11-4 A-Priori 算法

例 11.5 我们对图 11-1 中的数据使用 A-Priori 算法，令支持度阈值 $s = 4$。开始时，C_1 是所有 6 部电影的集合。在第一趟扫描时，我们对单元集进行计数，然后发现 *BI*、*BS*、*HP*1 和 *HP*2 出现了至少 4 次，而另两部电影不是。于是，$F_1 = \{BI, BS, HP1, HP2\}$，而 C_2 是从这 4 部电影中选 2 部构成的 6 个二元集构成的集合。

在第二趟扫描时，我们只对这 6 对电影进行计数，然后发现 $F_2 = \{\{BI, BS\}, \{HP1, HP2\}, \{BI, HP1\}, \{BS, HP1\}\}$，而另两对不是频繁的。假设 $q > 2$，于是我们继续寻找频繁三元集。C_3 只包含三元集 $\{BI, BS, HP1\}$，因为它是仅有的所有二元对都包含在 F_2 中的三元集。然而，这三部电影仅仅共同出现在三行中：V_4，V_5 和 V_8。于是，F_3 为空集，同时无论 q 多大，再也没有更多的频繁项集存在了。算法返回 $F_1 \cup F_2$。

11.2.4 A-Priori 算法的实现

图 11-4 仅仅是算法的大致描述，我们必须仔细考虑算法的每一步如何实现。算法的核心，同时也是我们需要实现的，是第 3 行，我们需要在每次循环时都扫描一趟输入数据。第 1、5 行的赋值语句只是定义了 C_n 是什么，而没有说明赋值具体如何执行。也就是说，当我们访问购物篮，执行第 3 行时，C_n 的定义告诉我们哪些大小为 n 的集合需要在主存中进行计数，哪些不需要进行计数。

对于每一趟扫描，只有当主存大小足够容纳需要进行计数的候选集合时，算法才能正确地执行。如果主存不够大，那么要么使用一种更有空间效率的算法，要么对于一个 n 值必须进行多趟的扫描；否则，系统会出现"抖动"现象，也就是在一趟扫描中页面频繁地移进移出主存，从而造成运行时间的剧增。

我们可以使用在 11.2.2 节中讨论的任意一种方法，来安排每趟扫描时计数结果在内存中的组织形式。由于频繁的商品很可能不是按照 0，1，…直到频繁商品的个数标号的，因此在第二趟扫描时能够使用三角矩阵的方法似乎不是那么显而易见。然而，在第一趟扫描发现了频繁的商品后，我们可以构造一个很小的表存放在主存中（表的大小不超过频繁的商品集合本身），用来把发现的频繁商品原始的商品编号转换成连续的标号。

11.2.5 更好地使用主存

我们预计算法 11.4 的主存瓶颈在第二趟扫描时出现，也就是当 $n = 2$ 且执行图 11-4 的第 3 行时出现。也就是说，我们假设对候选二元集进行计数比对候选三元集、四元集或者更大的集合进行计数所需的空间更大。于是，让我们专注于如何在第二趟扫描时减少候选二元集的数量。首先，图 11-5 展示了 A-Priori 算法第二趟扫描时典型的主存使用情况。

图 11-5 A-Priori 算法的主存使用情况

在第一趟扫描时（$n=1$），我们只需要空间对所有商品进行计数，相对于对商品对进行计数时使用的空间而言，这是很小的。在第二趟扫描时（$n=2$），我们需要进行计数的是频繁的商品，而预期这一般比第一趟扫描时进行计数所占空间更小。所有的可用空间都被投入用于对候选二元集进行计数。

为了减少第二趟扫描时候选二元集的数目，我们是否可以使用第一趟扫描时未使用的主存空间来做些什么？如果可以，对于固定主存大小的机器，我们可以处理频繁二元集的数量更大的数据集。PCY 算法 [⊖]利用这块未使用的主存来完整地存放一个不同寻常的散列表。这个散列表中的"桶"不保存商品对或者其他的信息，而只保存一个占 4 字节的计数值。我们甚至可以用只占 2 字节的桶，因为如果支持度阈值小于 2^{16}，一旦计数值超过了阈值，我们就无需再去关心它的具体大小了。

在第一趟扫描检查所有购物篮时，我们不但为购物篮中的单个商品计数，还将每个商品对散列到对应的桶中，并将该桶中的计数加一。我们所期待的是某些桶最终的计数值小于支持度阈值 s。如果确实如此，那么我们便知道所有散列到那些桶中的商品对 $\{i, j\}$ 都不可能是频繁的，即使商品 i 和 j 各自都是频繁的。

在第一趟和第二趟扫描之间，我们把这些桶替换成每个桶对应一个二进制位的位图。如果对应的桶是频繁桶，也就是这个桶的计数值至少为支持度阈值 s，则该位为 1；否则为 0。一个占 32 位（4 字节）的桶被替换成了 1 位，因此在第二趟扫描时，这个位图大约只占用 1/32 的主存空间。在第二趟扫描时，PCY 算法能够用来计数的可用空间几乎和 A-Priori 算法一样大。图 11-6 展示了前两趟扫描时 PCY 算法的主存使用情况。

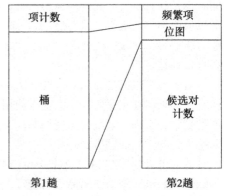

在第二趟扫描时，$\{i, j\}$ 是候选二元集，当且仅当它满足以下条件：

1. i 和 j 都是频繁商品。

2. 位图中的信息告诉我们 $\{i, j\}$ 被散列到了一个频繁桶。

然后，在第二趟扫描时，我们可以只对这个候选二元集的集合进行计数，而不必如 A-Priori 算法描述的对所有仅满足第一个条件的二元集进行计数。

图 11-6　PCY 算法的主存使用情况

11.2.6　何时使用 PCY 算法

在 PCY 算法中，候选二元集十分不规律，因此我们不能使用三角矩阵的方法存储计数值，而必须使用计数表格的方法。于是，如果候选二元集个数不能减少到所有可能的二元集的 1/3，那么使用 PCY 算法便毫无意义。如果有必要的话，PCY 算法在第二趟扫描之后可以采用同 A-Priori 算法相同的步骤去执行。

另外，为了使 PCY 算法效率高于 A-Priori 算法，那么在第一趟扫描时必须有很多桶不是频繁的。因为如果大多数桶都是频繁的，那么根据条件 3 排除的二元集就相当有限了。对于任意一个桶，只要散列到其中的二元集中有一个是频繁的，那么这个桶就是频繁的；然而，即使散列到这个桶中的所有二元集都不是频繁的，只要这些二元集的计数值之和超过支持度阈值 s，这个桶也有可能是频繁的。一个简单的估计，如果桶的平均计数值小于 s，那么我们可以期望至少有一半的桶是不频繁的，这也表明了 PCY 算法的优势。相反地，如果桶的平均计数值大于 s，那么大多

⊖ 该算法由三位作者 J. S. Park、M. –S. Chen 和 P. S. Yu 的名字而得名。

数桶将是频繁的。

假设所有在数据集中出现的二元集的计数值之和为 P。由于几乎所有的主存空间 M 都能被用于桶的存放，所以桶的数目大约为 $M/4$。那么，桶的平均计数值为 $4P/M$。为了使许多桶都不是频繁的，那就必须 $4P/M < s$，或者 $M > 4P/s$。后面的习题会让你研究一些更具体的例子。

11.2.7 多级算法

在第二趟扫描时，我们可以使用和 PCY 算法中相同的桶的技术(用一种不同的散列函数)来替代 A – Priori 算法或者 PCY 算法中的二元集的计数。在第二趟扫描时，为了让桶的平均计数值更小，只有当一个二元集满足了在 PCY 算法的第二趟扫描时被计数的条件时，我们才会去考虑它。这里所说的条件，具体说就是，这个二元集中的两个商品都是频繁的，并且这个二元集在第一趟扫描时被散列到了一个频繁的桶中。

这个思想导致了寻找频繁二元集的三趟扫描的多级算法的产生。图 11-7 是这个算法的示意图。算法的第一趟扫描、选出频繁的商品以及第一和第二趟扫描之间把桶的信息存储到位中的过程都和 PCY 算法一致。

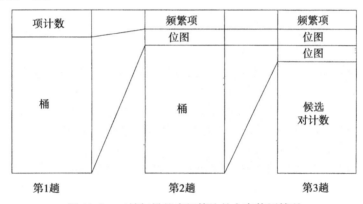

图 11-7　三趟扫描的多级算法的主存使用情况

然而，在第二趟扫描时，我们再次把二元集散列到桶中，并且用所有可用的主存来存放尽可能多的桶。因为在第二趟扫描时已有一个位图存放在了主存中，而这个位图把 4 字节(32 位)压缩到 1 位中，所以在第二趟扫描时主存能够容纳的桶的数目大约是第一趟扫描时的 31/32。在第二趟扫描时，我们使用一种不同于第一趟使用的散列函数。我们把二元集 $\{i, j\}$ 散列到对应桶中并将计数值加一，当且仅当：

1. i 和 j 都是频繁商品。

2. 在第一趟扫描时 $\{i, j\}$ 被散列到了一个频繁桶(这个结果可以根据查询位图得到)。

也就是说，我们只对那些在 PCY 算法的第二趟扫描时进行计数的二元组进行散列。

在第二和第三趟扫描之间，我们把第二趟扫描时的桶压缩到另一个位图中，并和第一个位图以及频繁单元集一起存放在主存中。在第三趟扫描时，我们最终对候选二元集进行计数。$\{i, j\}$ 是候选二元集，当且仅当它满足如下条件：

1. i 和 j 都是频繁商品。

2. 在第一趟扫描时，$\{i, j\}$ 被散列到了一个频繁桶(这个结果可以根据查询第一个位图得到)。

3. 在第二趟扫描时，$\{i, j\}$ 被散列到了一个频繁桶(这个结果可以根据查询第二个位图得到)。

正如 PCY 算法那样，如果需要的话，后续的寻找频繁三元集或者更大频繁项集的扫描可以使用和 A-Priori 算法相同的方法。

第 3 个条件经常可以排除很多通过了前两个条件判断的二元集。一个原因是，在第二趟扫描时，不是所有二元集都被散列到桶中，因此桶的计数值变得比第一趟扫描时更小，最终结果是更多的桶变成非频繁的。另一个原因是，由于两趟扫描采用的散列函数不同，那些在第一趟扫描时被散列到频繁桶中的非频繁二元集很有可能在第二趟扫描中被散列到一个非频繁的桶中。

用多级算法计算频繁二元集不只局限于使用三趟扫描，我们可以执行更多次用桶进行散列的扫描，并且每次使用不同的散列函数。第一趟扫描排除了那些被散列到非频繁桶中的二元集，而后面的每一趟扫描都能排除更多的二元集，直到最终很有可能所有候选二元集都是频繁的。然而，由于每个位图需要大约 1/32 的主存空间，因此存在一个逐渐缩小的回归点。如果我们进行的扫描趟数太多，那么不仅算法的执行时间会更长，而且有可能导致可用的主存小到无法对所有的频繁二元集进行计数。

11.2.8 习题

习题 11.2.1 对图 11-3 中的数据模拟 A-Priori 算法，假设 $s = 4$。

习题 11.2.2 假设有 2100 种商品，其中 100 种"大"商品，2000 种"小"商品。往一个购物篮中加入一件大商品的概率是 1/10，加入一件小商品的概率是 1/200。假设购物篮的数量足够多，从而使得任何项集（商品的集合）出现在所有购物篮中的比例等于它应该出现的概率。举例来说，任何包含一件大商品和一件小商品的商品对出现在 1/2000 的购物篮中。设支持度阈值为 s，但是它不是以绝对数值的形式表示，而是表示成相对于购物篮总数的一个比值。请以 s（取值在 0 ~ 1 之间）的函数形式给出 A-Priori 算法的第一趟扫描后的频繁商品（频繁单元集）的个数，同时给出第二趟扫描时的候选对的个数。

！习题 11.2.3 假设我们要通过一趟扫描对所有大小为 n 的频繁项集进行计数。

a）对于 $n > 2$，三角矩阵方法的一般化表示是什么？请给出表示 n 元项集 $\{i_1, i_2, \cdots, i_n\}$ 的计数值在数组中位置的公式。

b）如果总共有 k 种商品，那么一般化的三角矩阵方法会占用多大的主存空间？

c）对于 $n > 2$，计数表格方法的一般化表示是什么？

d）如果数据中总共有 p 个大小为 n 的频繁项集，那么一般化的计数表格方法会占用多大的主存空间？

！习题 11.2.4 考虑 PCY 算法运行在习题 11.2.2 的数据上，并且第一趟扫描时桶的数目为 200 000。假设散列函数是完全随机的。具体地说，1 999 000 个（小，小）商品对被平均地分配到桶中（大约每个桶 10 个）；200 000 个（大，小）商品对被分配到每个桶 1 个；4950 个（大，大）商品对被分配在不同的桶中。

a）请以 s（如习题 11.2.2 中的相对于购物篮总数的比例形式）的函数形式表示在第一趟扫描时有多少个频繁桶？

b）请以 s 的函数形式表示在第二趟扫描时必须对多少个二元集进行计数？

！习题 11.2.5 假设我们对习题 11.2.4 中的数据集使用三趟扫描的多级算法。在第二趟扫描时的桶数依然是 200 000，并且散列函数会将商品对随机地分配到桶中。请回答下列问题（均以相对于购物篮总数的比例形式给出 s）：

a）在第二趟扫描时大约有多少个频繁桶？

b）在第三趟扫描时大约对多少商品对进行了计数？

习题 11.2.6 假设购物篮数据被分布式地存放在多个处理器上。请说明你将如何使用 9.2 节中提到的 map-reduce 架构来：

a）对所有单个商品进行计数。

！b）对所有商品对进行计数。

11.3　发现近似的商品

我们现在开始研究频繁项集中的一类问题，它们有助于网上商家开展市场营销活动以及包括一些其他有趣的应用，例如在互联网上发现相似文档。我们的研究会从市场－购物篮数据开始，但这次我们要寻找成对的商品，它们在各自出现的购物篮中以相当高的比例一起出现，即使它们本身并没有出现在很多购物篮中。我们称这样的两件商品是相似的。这里，关键的技术是给每个商品一个"标签"，从而使得标签的差别能够代表商品本身的差别。

11.3.1　相似度的 Jaccard 度量

首先，我们需要精确定义什么是"相似的"商品。因为我们感兴趣的是发现那些出现在同一个购物篮中的商品，很自然的方法就是把每种商品看成一个集合：由所有包含该商品的购物篮所构成的集合。于是，我们需要有两个集合是多么相似的定义。

集合 S 和 T 的 Jaccard 相似度（或者简称相似度）被定义为 $|S \cap T| / |S \cup T|$，即它们的交集和并集的大小之比。于是，两个不相交的集合的相似度为 0，任何集合与自身的相似度为 1。再举一个例子，集合 $\{1, 2, 3\}$ 和集合 $\{1, 3, 4, 5\}$ 的相似度是 2/5，因为它们的交集含有 2 个元素而并集包含 5 个元素。

11.3.2　Jaccard 相似度的应用

有许多重要的数据挖掘问题可以归结为寻找具有高 Jaccard 相似度的集合。在这里，我们具体讨论其中的两个问题。

协同过滤

假设我们掌握了消费者网上购物的数据。要想知道应该向每个消费者分别推荐什么商品，一种方法是寻找购买的商品集合相似的消费者。当一个消费者登录后，我们可以从与他相似的消费者购买了而他没有购买的商品中挑选一种推荐给他。在比较两个消费者时，我们把消费者表示成他所购买的商品的集合，然后再计算每一对消费者的 Jaccard 相似度。

对于这相同的数据，有一种截然相反的观察角度。我们想知道哪些成对的商品是相似的，这基于购买它们的消费者的集合的相似性。我们可以像描述发现相似消费者问题那样来描述这个问题。现在，商品被表示成购买它的消费者的集合，然后我们需要寻找具有相似消费者集合的成对的商品。

顺便提一下，同样的数据也可以看作是市场－购物篮数据，从两个不同的角度。这里的商品对应市场－购物篮中的"商品"，而消费者对应"购物篮"，反之亦然。你不必奇怪，实际上，任何多对多关系都可以从这两个角度看作市场－购物篮数据。在 11.1 节中，我们只从其中一个角度分析数据，这是因为当"购物篮"对应现实中收银台边的购物车时，试图发现相似的购物车或者装了许多相同商品的购物车是没有实际意义的。

相似文档

有很多理由让我们去发现文本内容相似的文档。如果我们在爬取互联网，两个非常相似的文档可能因为其中一个是另一个的镜像，而它们唯一的差别有可能仅仅是指向外部文档的链接。对于一个搜索请求，搜索引擎不希望把这两个文档同时返回给用户。相似的文档还有可能暗示剽窃现象的存在。注意，假如文档 d_1 中含有从另一个文档 d_2 摘录的一些内容，但 d_1 和 d_2 仅有 10% 的内容完全相同的，这仍然是一种剽窃。

判断两个文档是否完全相同是很简单的，我们只需逐字比较直到发现不匹配或者文档结束。在一个文档中寻找一个句子或者一段较短的文本是否出现也不困难，你只需考虑给定的文本片段在文档中所有可能的开始位置，而大多数位置会很快发现不匹配。真正困难的是发现相似的文档，而不是有连续大段完全一致的文档。例如，一个文档的草稿和它编辑后的版本很可能几乎每句句子都有小的改动。

对于文档存在大量较小改动的情况，一个几乎无懈可击的方法是将文档表示成它的 k-gram 集，也就是，它的所有长度为 k 的子串所构成的集合。k-shingle 是 k-gram 的另一种叫法。举例来说，11.3.2 节的第一句话（"A number of…"）的 3-gram 集合包含了"A n"、"nu"、"num"等。如果我们把 k 设置为足够大，使得一个随机选取的 k-gram 出现在一个文档中的概率很小，那么如果两个文档的 k-gram 集的 Jaccard 相似度很高就强烈地暗示着它们文档本身是相似的。

压缩的 shingle 子串

为了让一个文档能被它的 k-shingle 集刻画，我们必须选择足够大的 k，使得一个给定的 shingle 子串出现在文档中的机会很小。$k = 5$ 大约是我们能选择的最小值，甚至 k 取到 10 左右都不是罕见的。然而，这样会产生大量的 shingle 子串且长度较长，从而算法执行时间会比实际需要的长。于是，把 shingle 子串散列成 32 位（或者更少）的整数是常见的方法。这些散列值仍然数量足够多使得不同文档能被区分，但是它们能被更快地比较和处理。

11.3.3　最小散列

计算两个大集合的 Jaccard 相似度是非常花费时间的。另外，即使我们能高效地计算两个集合的相似度，我们也无法应付大数据集中数量庞大的集合对的数量。于是，我们需要学习两个"技巧"，它们能抽出大数据集中相似的集合对。它们形式上都是"散列"方法，但是它们对散列方法的使用完全不同。

1. 最小散列是一种对每个集合构造一个短标签的方法。它使得我们可以通过计算标签的相似度来衡量集合的相似度。我们会看到，计算标签的"相似度"是很方便的，尽管它不是真正的 Jaccard 相似度。在本节中，我们就将研究最小散列方法。

2. 局部敏感散列是一种集中关注其代表的集合很可能是相似的标签对的方法，从而我们不必去检查任意两个标签的相似度。在 11.4 节中，我们将研究局部敏感散列方法。

为了介绍最小散列，我们假设每个集合中的元素都来自于包含 n 个元素 e_0，e_1，…，e_{n-1} 的全集。随机选择这 n 个元素的一个排列，于是，集合 S 的最小散列值就是在这个排列中作为集合 S 的成员的第一个元素。

例 11.6　假设全集为 $\{1, 2, 3, 4, 5\}$，并且我们选择的排列是 $(3, 5, 4, 2, 1)$。那么任何包含 3 的集合（例如 $\{2, 3, 5\}$）的散列值都是 3。如果某个集合包含 5 但不包含 3，例如 $\{1, 2, 5\}$，那么它的散列值是 5。再举一个例子，$\{1, 2\}$ 的散列值是 2，这是因为排列中 2 出现在 1 之前。　□

假如我们拥有一些集合，例如，以文档的 10-grams 集表示的一些文档集合。为了计算集合的标签，我们挑选 m（一般为 100 左右）个包含所有可能元素（例如，长度为 10 的所有可能的字符串）的全排列。集合 S 的标签就是由这 m 个排列按顺序所产生的最小散列值序列。

例 11.7　假设全集仍旧是 $\{1, 2, 3, 4, 5\}$，并且 $m = 3$，即由三个最小散列值构成标签。我们选择的全排列是 $\pi_1 = (1, 2, 3, 4, 5)$、$\pi_2 = (5, 4, 3, 2, 1)$ 和 $\pi_3 = (3, 5, 1, 4, 2)$。$S = \{2, 3, 4\}$，它的标签是 $(2, 4, 3)$。具体说明一下，首先在 π_1 中 2 出现在 3 和 4 之前，因此第一个最小散列值为 2；在 π_2 中 4 出现在 2 和 3 之前，因此第二个最小散列值为 4；在 π_3 中 3 出现在 2 和 4 之前，因此第三个最小散列值为 3。　□

11.3.4　最小散列与 Jaccard 相似度

实际上，最小散列值和 Jaccard 相似度有着十分密切的联系：

- 如果排列是随机产生的，那么由它生成的两个集合的最小散列值相等的概率与这两个集合的 Jaccard 相似度相同。

于是，如果我们得到了两个集合 S 和 T 的标签，那么我们就能用它们对应位置的最小散列值相同的比例来估算它们的 Jaccard 相似度。

例 11.8　假设三个排列和例 11.7 中相同，考虑两个集合 $T = \{1, 2, 3\}$ 和 $S = \{2, 3, 4\}$，它们的标签分别是 $(1, 3, 3)$ 和 $(2, 4, 3)$。我们发现它们的标签在三个对应位置中只有最后一个值相同，于是集合 S 和 T 的 Jaccard 相似度估计值为 1/3。注意，实际上真正的 Jaccard 相似度是 1/2。　　　　　　　　　　　　　　　　　　　　　　　　　　　　　　□

为了使通过标签的估计值更接近真实的 Jaccard 相似度，我们必须选择较多的排列。我们认为 100 个排列就足够使得"大数定理"成立。然而，标签的确切个数要根据我们希望的近似程度而定。

11.3.5　为什么能用最小散列估计相似度

让我们来研究一下，为什么两个集合的 Jaccard 相似度和由一个随机选择的全排列产生的这两个集合的最小散列值相等的概率是相同的。假设 S 和 T 是两个集合，设想依次查看随机排列的每个元素，直到发现一个元素 e，它至少出现在 S 和 T 的一个里。有这样两种情况：

1. 如果 e 同时出现在 S 和 T 中，那么这两个集合的最小散列值相同，均为 e。

2. 如果 e 只出现在 S 和 T 的一个里，那么一个集合的最小散列值为 e，而另一个一定是其他值。

在随机排列中，e 是第一个出现的包含在 $S \cup T$ 中的元素。从而，第一种情况发生的概率是 $S \cup T$ 中元素出现在 $S \cap T$ 中的概率，这正是 S 和 T 的 Jaccard 相似度。反之，当 S 和 T 具有相同散列值时第一种情况一定发生。这就证明了最小散列值和 Jaccard 相似度之间的关系。

11.3.6　最小散列的实现

此前我们提到要随机选出包含所有元素的一个全排列，但是实际上这是不可行的。这不但会花费过长的时间，而且有可能让我们处理一些在研究的集合中根本没有出现的元素。实际上，我们用另一种方法模拟挑选随机全排列，那就是选择一个随机的散列函数 h，它将元素映射到一个很大的整数序列 $0, 1, \cdots, B-1$ 上（也就是散列函数中桶的编号）。我们假定在 h 所替代的全排列中元素 e 出现在 $h(e)$ 的位置。当然，多个元素可能被分配到相同的位置，但是只要 B 足够大，我们就能避免这种冲突，并且被模拟的全排列会足够随机使得标签和相似度之间的关系得以保持。

假设数据集以一个集合的形式呈现。为了用散列函数 h 来计算集合 $S = \{a_1, a_2, \cdots, a_n\}$ 的最小散列值，我们可以使用如下代码：

```
V := ∞;
FOR i := 1 TO n DO
    IF h(a_i) < V THEN V := h(a_i);
```

最终，V 被赋值为 S 中所有元素散列值的最小值。尽管这个散列值可能并不对应唯一的元素，这是由于可能有多个元素都散列到这个值，但是只要 h 散列到的区间足够大，散列冲突的可能性就能足够小，从而我们可以继续认为具有相同最小散列值的两个集合一定含有一个相同元素。

如果我们要计算的不是仅仅一个最小散列值，而是根据 m 个散列函数 h_1，h_2，$\cdots$，h_m 计算集合 S 的 m 个最小散列值，那么对于 S 中的每个元素，我们都可以并行地计算它的 m 个散列值。代码如图 11-8 所示。

如果数据以一个一个购物篮的形式呈现（如 11.1 节中描述的），那么计算标签的工作就变得有点困难了，具体地说，就是我们需要计算的是"商品"的标签，而数据却以一个购物篮的形式呈现。此时，商品之间的相似度是包含商品的购物篮组成的集合之间的 Jaccard 相似度。

```
FOR j := 1 TO m DO
    V_j := ∞;
FOR i := 1 TO n DO
    FOR j := 1 TO m DO
        IF h_j(a_i) < V_j THEN V_j := h_j(a_i);
```

图 11-8　同时计算 m 个最小散列值

假如有 k 种商品，并且我们要根据 m 个不同的散列函数 h_1，h_2，$\cdots$，h_m 来计算它们的标签。那么，我们就需要维护 km 个值，其中每个值对应一种商品以及采用的一个散列函数。设 V_{ij} 对应商品 i 和散列函数 h_j，初始时所有的 V_{ij} 均设为无穷大。当我们读入购物篮 b 时，我们对所有 $j = 1$，2，$\cdots$，m 计算 $h_j(b)$。而值需要更新的只有那些出现在 b 中的商品。算法框架如图 11-9 所示，最终，V_{ij} 保存了商品 i 的第 j 个最小散列值。

```
FOR i := 1 TO k DO
    FOR j := 1 TO m DO
        V_ij := ∞;
FOR EACH basket b DO BEGIN
    FOR j := 1 TO m DO
        compute h_j(b);
    FOR EACH item i in b DO
        FOR j := 1 TO m DO
            IF h_j(b) < V_ij THEN V_ij := h_j(b);
END
```

图 11-9　对所有商品和所有散列函数计算最小散列值

11.3.7　习题

习题 11.3.1　计算下列集合任意两两之间的 Jaccard 相似度：$\{1, 2, 3, 4, 5\}$，$\{1, 2, 6, 7\}$，$\{2, 3, 4, 7\}$。

习题 11.3.2　写出下面这个字符串的所有 4-grams：

```
"abcd ef ghij"
```

注意引号不算在字符串内，但是空格需要计算。

习题 11.3.3　假设全集为 $\{1, 2, \cdots, 10\}$，计算标签所依据的全排列如下：

1. $(1, 2, 3, 4, 5, 6, 7, 8, 9, 10)$
2. $(10, 9, 8, 7, 6, 5, 4, 3, 2, 1)$
3. $(4, 7, 2, 9, 1, 5, 3, 10, 6, 8)$

计算下列集合的最小散列标签：

a) $\{2, 4, 6\}$
b) $\{1, 3, 5, 7\}$
c) $\{8, 9, 10\}$

请比较两两集合之间根据标签得到的 Jaccard 相似度估计值和真正的 Jaccard 相似度。

习题 11.3.4　我们用几个散列函数取代习题 11.3.3 中用到的具体的全排列，用以生成集合的标签。假设我们使用下列 3 个散列函数：

$f(x) = x \bmod 10$
$g(x) = (3x + 1) \bmod 10$
$h(x) = (5x + 2) \bmod 10$

请计算集合的最小散列标签，并比较两两集合之间根据标签得到的 Jaccard 相似度估计值和真正的 Jaccard 相似度。

! 习题 11.3.5 假设数据文件被分布式地存放在多个处理器中。请说明你将如何使用 9.2 节中提到的 map-reduce 架构来根据一个散列函数计算集合的最小散列值，假设如下：

a）文件必须按列进行分割

b）文件必须按行进行分割

11.4 局部敏感散列

我们继续研究 11.3 节中讨论的问题，最小散列标签方法并没能真正地解决的问题。尽管使用标签能大大加快估算两个集合的相似度的速度，但是我们需要去比较的集合对仍旧太多。"局部敏感散列"方法（"locality-sensitive hashing"，简称 LSH）就显得很神奇，因为从某种意义上说，它能把集合或者其他元素散列到桶中，使得"相似的"元素被散列到同一个桶中。当然，有得必有失，我们有一定概率（一般情况下这种概率较小）错过一些相似的元素，并且如果希望这个概率越小，我们需要做的工作就越多。在研究一般性理论之前，让我们先看几个例子。

11.4.1 LSH 实例：实体分辨

让我们回顾一下在 10.7 节中讨论的实体分辨的例子，即我们拥有大量记录，希望从中找出相似的记录对。在这里的"相似度"不是指 Jaccard 相似度，实际上对于这个问题，我们并没有对"相似度"做出严格的定义。其实，无论我们如何定义两条记录的相似度，都免不了要比较过多的记录对。举例来说，如果有 100 万条记录——这个数量并不很大——那我们就需要比较 5000 亿个记录对。如果存在许多由大量相似记录组成的集合，那么我们可以使用例如 R – Swoosh 算法进行合并从而减少比较次数，但是如果不存在相似的记录，那么我们便只能比较所有可能的记录对。

如果有办法对记录进行"散列"，使得相似的记录落入相同的桶，而不相似的记录不落入（或很少落入）相同的桶，我们会很满意。然后，我们可以再对落入同一个桶中的记录进行严格的比较检查。假如有 1000 个桶，并且记录被均匀地散列到这些桶中，那么我们需要比较的记录对的数量就是原来的 1/1000。也许我们并不能完全做到前面说的这样，但是我们能做得相当接近。

例 11.9 假设记录如 10.7 节中的例子：姓名 – 地址 – 电话，3 个域均为字符串。同时，如果两条记录的 3 个对应域的编辑距离之和不大于 5，那么我们认为这两条记录是相似的。我们用一个散列函数 h 将记录的姓名域映射到 100 万个桶中。实际上，h 具体是什么并不重要，我们对它的唯一要求是必须是个好的散列函数——能把姓名大致均匀地分配到各个桶中。

我们的工作并不是到此为止。我们再将所有记录散列到另外的 100 万个桶中，这次选择合适的散列函数对地址域进行散列。如果散列函数 h 可以处理任何字符串，我们甚至可以就用它。然后，我们进行第三次散列——根据电话号码域散列至另外 100 万个桶中。

最后，我们检查 3 个散列表中的每一个桶（总共 3 000 000 个桶）。对于每个桶，我们比较所有在该桶中的记录对，并得到总编辑距离小于等于 5 的所有记录对。假设有 n 条记录，并且在每个散列表中都均匀分布，那么每个桶中有 $n/10^6$ 条记录，所有桶中的记录对数量约为 $n^2/(2 \times 10^{12})$。由于总共有 3×10^6 个桶，总共的比较次数约为 $1.5n^2/10^6$。而所有记录总共构成 $n^2/2$ 个记录对，因此我们实际进行的比较约为原先的 3×10^{-6}，这将大大提高效率。

事实上，刚才桶的数量是我们随意选择的，这么看来我们似乎可以根据需要任意地减少比较的次数。当然，减少是有限度的。如果我们让桶的数目过多，主存会无法容纳。另一方面，无论我们如何选择桶的个数，我们都无法避免地必须去比较那些确实是相似的记录对。

我们会有损失吗？是的，我们会。我们可能遗漏一些满足相似度阈值的记录对，遗漏的原因是它们在 3 个域上都存在差异，但是总编辑距离却小于等于 5。我们遗漏的相似记录所占比重取决于真正表示同一实体的那些记录在各个域上的差异性的分布情况。然而，如果阈值设为编辑距离不大于 5，我们可以认为不会遗漏太多真正的相似记录。□

但是，如果例 11.9 中的编辑距离不是 5 而是 20，那么结果会怎样呢？那就可能出现很多在任何域上都存在差异的相似记录。为了处理这个问题，我们必须：

1. 增加散列函数和散列表的个数。

2. 针对一个域中的一部分来建立散列函数。

例 11.10 我们可以把姓名域分成名字、中间名和姓分别进行散列。我们可以把地址域分成门牌号、街道名、城市名、国家和邮政编码。电话号码可以被分割成地区号、交换机号和最后 4 位数字。由于电话号码由数字组成，我们甚至可以选择这 10 个数字中的任何子集，对其进行散列。不幸的是，由于我们现在散列的是较小的子域，因此我们选择桶的数目受到了限制。如果桶的数目过大，那么大多数桶会是空的。

在进行了多次散列之后，我们还是检查每个散列表中的每一个桶，并对落到同一个桶中的每个记录对至少比较一次。然而，由于以下两个原因，导致了总的运算时间将大大高于上一个例子。第一，每个记录在所有桶中出现的次数是和我们使用的散列函数的个数成正比的；第二，针对数据中较小片段的散列函数，无法像例 11.9 中那样将记录散列到那么多的桶中。□

11.4.2 标签的局部敏感散列

在例 11.10 中采用的局部敏感散列方法是相对简单的。为了说明这个思想在更精巧应用中的作用，让我们回到 11.3 节中提到的问题，在那一节的讨论中，我们了解了用标签替换集合的优点。当我们要寻找以标签形式表示的相似集合时，对于任何相似度阈值，我们都可以根据某种方法来构造基于局部敏感散列方法的散列函数。我们把表示集合的标签看成一个矩阵，每一列对应一个集合的标签，每一行对应一个散列函数。将这个矩阵按行分成 b 条带，每带包含 r 行，显而易见，br 就是标签的长度。图 11-10 展示了大致的结构。

对于每个带，我们用一个散列函数将标签在这个带中的部分映射到某个很大数目的 B 个桶中。也就是，这个散列函数将作用在由 r 个整数构成的序列上，并产生一个范围在 0 到 B − 1 之间的整数。在图 11-10 中，B = 4。如果两个标签在任何一个带中所有对应行上的数都相等，那么它们一定会被散列到同一个桶中。然而，即使两个标签在一个带中对应位置不完全相同，它们也有一定可能被散列到同一个桶中，但是通过选择足够多的桶，我们可以保证出现这样"错误肯定"的几率很小。对于每个桶中的所有标签对，我们都对其

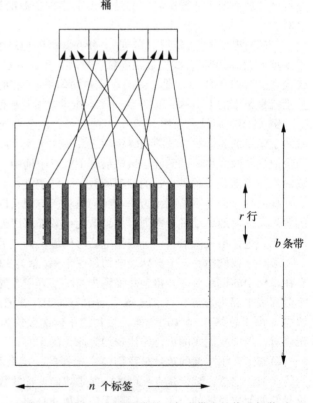

图 11-10 将标签划分成带并对每个带中的值进行散列

进行比较，因此，即使两个标签仅在一个带中相同也会被比较。对于两个不在任何带中相同的标签，可能不会被比较，然而，正如我们此前提到的，有小小的可能它们也被散列到同一个桶中，从而也需要进行比较。

让我们计算一下比较一对最小散列标签的概率，用带数 b、每带的行数 r 以及这两个标签表示的原始集合的 Jaccard 相似度 s 来表示。简单起见，我们假设桶的个数足够多以至于不存在散列冲突，也就是说，多个标签被散列到同一个桶中，当且仅当它们在进行散列的那个带上的值完全相同。

首先，这两个标签在任意一行上值相同的概率是 s，这在 11.3.5 节中我们已经了解。那么，它们在某个特定的带的 r 行中完全相同的概率是 s^r。于是，它们不在某个带的所有行上相同的概率是 $1 - s^r$，因而，它们在所有 b 个带中都不完全相同的概率是 $(1 - s^r)^b$。最后，这两个标签在至少一个带的所有行都相同的概率是 $1 - (1 - s^r)^b$。这个式子就是两个标签需要进行比较的概率。

例 11.11 假设 $r = 5$，$b = 20$，即标签长度为 100，我们将其分成 20 个带，每带 5 行。那么两个相似度为 s 的标签需要进行比较的概率就是 $1 - (1 - s^5)^{20}$。假如 $s = 0.8$，也就是这两个标签所表示的集合的 Jaccard 相似度为 80%。$s^5 = 0.328$，就是说这两个标签在一个带中完全相同的概率并不大，大约只有 1/3。然而，我们有 20 次机会"赢"，而 $(1 - 0.328)^{20}$ 非常小，大约只有 0.000 35。于是，我们确实在至少一个桶中同时发现这两个标签的概率为 $1 - 0.000 35$，即 0.999 65。

另一方面，假如 $s = 0.4$，那么 $1 - (1 - (0.4)^5)^{20} = 1 - (1 - 0.01)^{20}$，约为 20%。如果 s 比 0.4 更小，那么这两个标签被比较的概率会比 20% 更小，并且急速下降。我们总结一下，选择 $b = 20$，$r = 5$，在寻找高相似度（例如 80% 或更高）的标签对时非常有效；然而，如果相似度阈值很小（例如只有 40%），那么这就不是一个好的选择。□

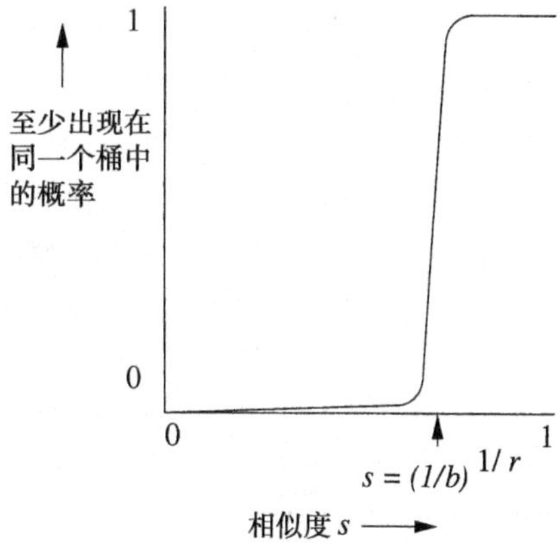

函数 $1 - (1 - s^r)^b$ 总体上都如图 11-1 所示的那样，但是由很小迅速到达接近 1 的那个转折点的位置随着 b 和 r 的取值不同而变化。粗略地分析，转折点大约在相似度 $s = (1/b)^{1/r}$。

图 11-11 两个标签同时出现在至少一个桶中的概率

11.4.3 最小散列法和局部敏感散列的结合

最小散列和局部敏感散列这两个思想必须合理地结合，从而解决例如我们在 11.3.2 节中讨论的那类问题。举例来说，假设我们已有大量表示成某个长度的 shingle 子串集合的文档。现在我们想寻找这些文档的 shingle 子串集合的 Jaccard 相似度至少为 s 的文档对。

1. 计算每个文档的最小散列标签；散列函数的个数根据精度的需要而定，但是几百个就足以满足大多数的需要。

2. 运用局部敏感散列方法，依据至少在一个带上散列到同一个桶中的原则，得到候选标签对。如 11.4.2 节中讨论的，如何选择带数和行数需要根据相似度阈值 s 而定。

3. 对于每组候选标签对，通过对它们对应位置上相同的个数进行计数来估算它们的 Jaccard 相似度。

4.（可选的）对于其标签足够相似的每一对集合，通过检查集合本身来计算它们真正的 Jaccard 相似度。

当然，这个方法会引入错误肯定——被第2、3、4步排除的那些候选对。同时，第2、3步也会产生一些错误否定——满足 Jaccard 相似度阈值的集合对未进入候选对或者从候选池中被排除。

a）第2步时，一对集合可能具有十分相似的标签，但恰巧在所有带中都不完全相同。

b）第3步时，可能两个集合的 Jaccard 相似度大于 s，但是它们的标签对应位置相同的比例不到 s。

一种减少错误否定的方法是在初始阶段降低相似度阈值。在第2步时，和目标相似度 s 所对应的合适的行数和带数相比，我们可以选择相对较小的行数 r 或者相对较大的带数 b。在第3步时，我们可以选择比实际相似度 s 小的值作为阈值，对候选对进行过滤。不幸的是，这些变化都会带来错误肯定数量的增加，因此，必须仔细考虑能够设置多小的阈值。

另一种减少错误否定的方法是跳过第3步而直接进行第4步的检查，也就是，我们去计算所有候选集合对的真实 Jaccard 相似度。这么做的缺点就是最小散列标签原本就是为了简化它们所表示的集合的比较过程而设计的，但我们却没有利用它的这一特性。举例来说，如果比较的对象是一些长文档，那么相对于比较整个 k-shingles 集，比较数百个对应位置的标签数值要高效得多。

在一些应用中，存在错误否定并没关系，于是我们可以调整 LSH 方法使得错误否定的比例增大，从而减少错误肯定的数量，最终使得整个运算过程得到加速。例如，如果一个在线零售商需要发现相似的消费者对，从而向每个消费者推荐一种商品。那么他没有必要去发现全部的相似消费者对，因为只要为每个消费者找到一些相似消费者就足够了。

11.4.4 习题

习题 11.4.1 函数 $p = 1 - (1 - s^r)^b$ 给出了当我们在 LSH 方法中选择带数 b 和行数 r 时，Jaccard 相似度为 s 的两个集合所对应的两个最小散列标签被至少一次散列到同一个桶中的概率。对于一个给定的相似度阈值 s，我们希望选择合适的 b 和 r，使得在 s 处 $p = 1/2$。我们建议当 $p = 1/2$ 时 s 大约是 $(1/b)^{1/r}$，但是这仅仅是一个估计。假设标签长度为30。我们可以选择任何乘积为30的整数 b 和 r，也就是，可以选择 r 为 1，2，3，5，6，10，15，30，而 b 为对应的 $30/r$。

a）如果 $s = 1/2$，对所有可能的 b 和 r 的选择，计算 p 值。如果 $1/2$ 就是相似度阈值，那么你会选择哪个？

！b）对于所有可能的 b 和 r 的选择，计算 s 的值，使得 $p = 1/2$。

！习题 11.4.2 本题基于例 11.9 提到的实体分辨问题。具体地，我们假设唯一可能的编辑距离小于等于5的记录对一定是由记录本身和它的一个抄写错误的版本构成。在抄写错误的版本中，3个域的改变是相互独立的。有60%的可能一个域没有改变，有20%的可能存在编辑距离为1的改变，有10%的可能编辑距离为2，另外10%的可能编辑距离为10。假设数据集中总共有200万组这样的记录对。

a）在所有200万组记录对中，有多少组的编辑距离小于等于5？

b）如果我们把每个域都散列到数量很大的桶中，如例 11.9 中描述的那样，那么在这200万组记录对中，有多少组将至少一次被散列到同一个桶中？

c）有多少错误否定？也就是说，在这200万组记录对中，有多少组的编辑距离小于等于5，却没有被散列到任何一个相同的桶中？

11.5 大规模数据的聚簇

我们把将数据集中的"点"分成一些簇的过程称为聚类（聚簇）。同一簇中的点在某种意义上距离"接近"，而不同簇中的点距离"遥远"。我们从研究衡量距离的方式开始研究这个问题，因为只有明确了距离的定义，我们才能讨论怎样的点算接近的，怎样的点算遥远的。"欧式距离"是一种重要的距离，点与点之间的距离根据它们在空间中的位置决定。然而，除了欧式距离之外还有许多其他的距离定义，聚簇中的一个重要问题就要能够处理不在空间中任何位置实际"存在"的点集，只要给出一个距离的定义。

接着，我们将考虑聚簇问题的两种主要方法。一种被称为"凝聚法"，它从每个点各自是一个簇开始，不断地合并"邻近的"簇。另一种被称为"点分配"，根据某种方式设定初始时的簇，然后将点分配到"最佳的"簇中。

11.5.1 聚簇的应用

许多关于聚簇问题的讨论都是从一个规模很小的例子开始的，就像图 11-12 所示的少量的点分布在二维空间中的例子。对于这样的数据的聚簇算法相对简单，我们在此只是顺带提一下。当数据规模增大时，问题就不那么简单了。而当数据的维度增大或者数据根本不属于具有"维度"的空间时，问题就变得更加困难了。我们的研究从聚簇算法在大规模数据上的一些有趣应用开始。

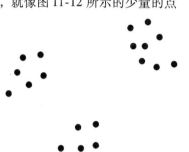

图 11-12 容易被聚簇的数据

协同过滤

在 11.3.2 节中，我们讨论了根据消费者购买的商品集合来发现相似的商品或者相似的消费者的问题。使用最小散列法和局部敏感散列法得到的分析结果可以是一个相似商品对（即被许多消费者同时购买的两件商品）构成的集合。或者，我们也可以得到成对的相似消费者（即购买了许多相同商品的消费者）。如果我们把商品（或看成点）聚集到一些相似商品构成的簇，也许能更好地了解商品之间的关系。这样的簇有可能是某个很自然的商品类别，比如古典音乐 CD 这一类别。同样，如果我们根据相似的购买兴趣对消费者进行聚簇，也能得到有用的信息，比如，某一个簇可能表示"喜欢古典音乐的人"。为了使得聚簇有意义，当两个消费者或者商品具有较高相似度时，我们必须能把表示它们的两个点的距离定义为"近"的。例如，我们将在 11.5.2 节中看到 1 减去 Jaccard 相似度是如何成为一个合适的"距离"定义的。

基于主题的文档聚簇

我们可以使用上面介绍的针对商品和消费者的聚簇技术来对文档进行基于 Jaccard 相似度的聚簇。然而，另一种文档聚簇的应用是基于文档的"主题"对文档进行聚簇（例如"体育"、"医学"等主题），即使具有相同主题的文档在逐字比较时并不十分相似。一个简单的方法是想象一个具有非常高的维度的空间，每一维代表了一个可能在文档中出现的词。将文档定义为点 $(x_1, x_2, \cdots)$，其中当第 i 个词在文档中出现时 $x_i = 1$，否则 $x_i = 0$。我们完全可以把距离定义为普通的欧式距离，但是我们很快会发现，这样定义的距离并不如我们最初想象的那么有用。

DNA 序列聚簇

DNA 是由字母 C、G、A、T 构成的碱基对序列。由于这样的字符串有时会增加、减少或改变字母，因此 DNA 序列之间自然就存在着编辑距离。基于编辑距离的序列聚簇方法能帮助我们将相似的序列归入同一个组。

实体识别

在 10.7.4 节中，我们曾经讨论了通过合并记录从而对记录进行聚簇的算法，其中每一个簇是一个由图中相连的记录（即满足相似条件的记录）所组成的连通分支。

SkyCat

在这个研究项目中，大约 20 亿个"星体"（例如恒星或星系）被定位在一个 7 维空间中，其中每一维表示了该星体在 7 个不同电磁波谱上的辐射强度。通过将这些星体聚集到辐射强度模式相似的组中，这个研究项目能够识别出大约 20 种不同类别的星体。

欧 式 空 间

无需深入理论知识，根据我们的目的，我们可以将欧式空间看作具有某个维度 n 的空间。在这个空间中的每个点都是由 n 个实数组成的元组 $(x_1, x_2, \cdots, x_n)$。欧式距离只不过是欧式空间中许多看似合理的距离定义中的一个。

11.5.2 距离的定义

在一个点集上的一个距离定义可以表示为满足如下条件的函数 $d(x, y)$：

1. 对于任意点 x 和 y，$d(x, y) \geq 0$
2. 当且仅当 $x = y$ 时，$d(x, y) = 0$
3. $d(x, y) = d(y, x)$（对称性）
4. 对于任意点 x、y、z，$d(x, y) \leq d(x, z) + d(z, y)$（三角形不等式）

也就是说，任何点到自身的距离为 0，任何两个不同点间的距离大于 0。两点之间的距离与选择的路径方向无关（对称性），并且当强制经过某个另外的第 3 个点时距离不会减少（三角形不等式）。

在一个 n 维欧式空间中，最常见的距离定义便是欧式距离。在这样的空间中，点可以表示成 n 维坐标 $x = (x_1, x_2, \cdots, x_n)$ 和 $y = (y_1, y_2, \cdots, y_n)$。距离函数 $d(x, y)$ 被定义为 $\sqrt{\sum_{i=1}^{n} (x_i - y_i)^2}$，即所有维度上差值的平方和的二次方根。然而，还有许多别的定义距离的方法，我们接下来就对其中一些进行研究。

基于范数(norm)的距离

在欧式空间中，上面提到的传统的距离定义仅仅是众多选择中的一个。更一般地，对于任意的 r，我们可以这样定义距离：

$$d(x,y) = \left(\sum_{i=1}^{n} |x_i - y_i|^r \right)^{1/r}$$

这个距离定义是从 L_r-norm 衍生而来的。由此可见，传统的欧式距离是当 $r = 2$ 时的情况，因而也被叫做 L_2-norm。

另一个常见的选择是 L_1-norm，也就是所有坐标差值的绝对值之和。这个距离定义经常被称作曼哈顿距离，因为它就像在曼哈顿横平竖直的街道上行走所经过的距离。

然而，还有一个有趣的选择是 L_∞-norm，也就是所有维度上最大的坐标差值。具体地说，当 r 趋向于无穷大，$\left(\sum_{i=1}^{n} |x_i - y_i|^r \right)^{1/r}$ 的值趋近于所有 i 中最大的 $|x_i - y_i|$。

例 11.12 假设 $x = (1, 2, 3)$，$y = (2, 4, 1)$，那么在 L_2 距离中 $d(x, y)$ 是 $\sqrt{|1-2|^2 + |2-4|^2 + |3-1|^2} = \sqrt{1+4+4} = 3$，这便是传统的欧式距离。$x$ 和 y 之间的曼哈顿距离是 $|1-2| + |2-4| + |3-1| = 5$。$x$ 和 y 之间的 L_∞-norm 距离是 $\max(|1-2|, |2-4|, |3-1|) = 2$。 □

Jaccard 距离

对于任意两个能表示成集合的点，我们定义它们之间的 Jaccard 距离等于 1 减去它们的 Jaccard 相似度。也就是说，如果 x 和 y 是两个集合，那么

$$d(x, y) = 1 - (|x \cap y| / |x \cup y|)$$

举例来说，如果两个点分别表示集合 $\{1, 2, 3\}$ 和集合 $\{2, 3, 4, 5\}$，那么它们的 Jaccard 相似度是 2/5，于是它们的 Jaccard 距离是 3/5。

很自然地有人会问，Jaccard 距离满足此前关于距离定义的公理吗？很明显地，$d(x, x) = 0$，这是因为

$$1 - (|x \cap x| / |x \cup x|) = 1 - (1/1) = 0$$

同样，我们也很容易发现 Jaccard 距离一定是非负的，这是因为两个集合的交集大小一定小于等于它们并集的大小。Jaccard 距离的对称性也是一目了然的，因为集合的交、并运算本身都是可交换的。

困难的部分是证明其满足三角形不等式。幸好，11.3.4 节中的定理可以帮助我们，那个定理是，两个集合的 Jaccard 相似度值等于一个随机生成的全排列对于这两个集合所产生的最小散列值相等的概率。于是，Jaccard 距离就等于这两个集合的最小散列值不相等的概率。假设 x 和 y 由全排列 π 所产生的最小散列值不相同，那么在 $\{x, z\}$ 和 $\{z, y\}$ 中至少有一对的最小散列值不相同（有可能两对都不相同）。于是，x 和 y 最小散列值不相同的概率小于等于 x 和 z 最小散列值不相同以及 z 和 y 最小散列值不相同的概率之和。这种用概率来描述的关系实际上就是 Jaccard 距离的三角形不等式。具体地说，我们证明了从 x 到 y 的 Jaccard 距离小于等于从 x 到 z 和从 z 到 y 的 Jaccard 距离之和。

余弦距离

假设我们研究的点分布在欧式空间中。我们可以把这些点看作从坐标原点延伸出的向量。所谓余弦距离，就表示两个点所对应向量之间的夹角。

维度的诅咒

当我们在对一维或二维空间的点进行聚簇时，我们的直觉通常是非常准确的。然而，当需要处理高维空间的点时，我们的直觉往往出现偏差。举例来说，假设所有点都分布在一个 n 维的边长为 1 的超立方体中。当 $n = 2$（也就是，一个正方形）时，有很多点在中心附近，另外很多在边界附近。但是，当 n 很大时，与一个边长为 1 的超立方体相比，一个边长只比 1 小一点点的超立方体的体积是极小的。这边意味着，在这样一个超立方体中，几乎所有的点都在边界附近。于是，"中心"便不存在了，并且无法得到非边界的点构成的簇。

例 11.13 假设将文档用 5 个单词出现与否来表示，也就是点（文档）由包含 5 个 0 或 1 的向量构成。假如 $(0, 0, 1, 1, 1)$ 和 $(1, 0, 0, 1, 1)$ 是其中的两个点。两个向量夹角的余弦值可以用两个向量的内积除以两个向量长度的乘积来计算。在这个例子中，向量内积为 $0 \times 1 + 0 \times 0 + 1 \times 0 + 1 \times 1 + 1 \times 1 = 0 + 0 + 0 + 1 + 1 = 2$，两个向量长度均为 $\sqrt{3}$。于是，这两个向量夹角的余弦值是 $2/(\sqrt{3} \times \sqrt{3}) = 2/3$，角度大约为 48 度。 □

如果我们把点看作方向，也就是说如果一个向量是另一个向量的倍数，那么他们被认为是相同的，于是余弦距离便满足关于距离定义的公理。并且当且仅当两个向量方向相同时夹角为 0，夹角一定是非负的。对称性成立的原因是因为 x 和 y 之间的夹角与 y 和 x 之间的夹角相等。三角形不等式成立的原因是因为两个向量之间的夹角一定不大于这两个向量和第三个向量的夹角之和。

编辑距离

有多种形式的编辑距离都满足关于距离定义的公理，在这里，我们关注只允许插入和删除操作的编辑距离。如果两个字符串 x 和 y 距离为 0（也就是说不需要编辑），那么它们必须是完全相同的。对称性成立的原因是因为插入和删除是相反的操作。三角形不等式成立的原因是因为任何一个将 x 变换到 y 的过程都可以认为是先将 x 变换到 z 而后从 z 变换到 y。那么，从 x 经由 z 变换到 y 的编辑距离之和是某一种从 x 变换到 y 的过程所需的编辑步数。这个编辑步数一定不会

小于从 x 变换到 y 的编辑距离，因为那是所有从 x 变换到 y 的过程中最小的代价。

11.5.3 凝聚式聚簇

我们现在开始研究聚簇算法。从高层次上说，我们研究的第一种方法就是最直截了当的方法。从每个点各自为一个簇开始，不断地寻找"最近的"簇对进行合并，直至终止条件满足为止。这种方法被称为凝聚式的或是层次化的聚簇。称其为"层次化的"聚簇，是因为我们不但得到了聚簇结果，同时我们还得到了体现每一个簇在聚簇过程中合并顺序的子结构。然而，棘手的问题总是来自具体的细节，因此我们需要回答两个问题：

1. 我们如何衡量簇之间的"接近程度"？

2. 我们如何来决定何时终止合并？

定义"接近程度"

我们能通过许多方法来定义簇 C 和 D 之间的接近程度，下面是两个常用的：

a）任何点对之间的最小距离，点对中的一个点来自 C 另一个来自 D。

b）所有点对距离的平均值，点对中的一个点来自 C 另一个来自 D。

这两个接近程度的定义能在任何距离定义下正常工作。如果点处在欧式空间中，我们便有了额外的选择。由于实数可以计算平均值，因此任何欧式空间中的点集都存在一个质心——每一维的取值都是整个点集在该维度的平均值的点。例如，点集 $\{(1，2，3)，(4，5，6)，(2，2，2)\}$ 的质心是 $(2.33，3.00，3.67)$，精确到小数点后两位。于是，对于欧式空间，接近程度的另一个很好的选择是：

c）簇 C 和簇 D 的质心距离。

终止合并

一个常用的终止条件是，根据实现选定的簇的个数 k，不断合并直到当前簇的数目达到 k 为止。如果你对簇的选择有很好的直觉，那么这是一个不错的方法。例如，如果你有一些关于三个不同主题的文档，你就可以一直合并直到得到三个簇为止，并且期望这三个簇与实际的三个主题比较接近。

另一种终止条件引入了凝聚性的概念——被合并的簇中所有点都相互接近的程度。根据基于凝聚性的终止条件，当两个簇合并后不满足我们选择的凝聚性条件时，我们便拒绝合并它们。在每轮合并时，我们可能不去合并所有簇对中最接近的一对，而去合并满足凝聚性条件的簇对中最接近的一对。我们甚至可以将"接近程度"就定义成凝聚性指数，这样便将合并的选择与终止条件合二为一了。以下是几种关于一个簇的凝聚性指数的定义：

1. 将一个簇中所有点到质心的距离的平均值作为凝聚性指数。注意，这种定义只在欧式空间中有效。

2. 将一个簇的直径——所有点对距离的最大值——作为凝聚性指数。

3. 将一个簇中所有点对距离的平均值作为凝聚性指数。

例 11.14 考虑图 11-13 中的 6 个点。假设距离定义沿用传统的欧式距离，并且我们将两个簇中各取一个点的所有点对中距离的最小值作为两个簇距离的定义。初始时，所有点独立成簇，簇之间的距离也就是点之间的距离。图 11-14 给出了这些距离（精确到两位小数）。

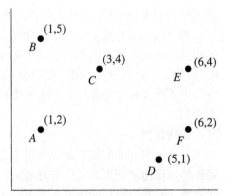

图 11-13 例 11.14 中的数据

	A	B	C	D	E
F	4.00	5.83	3.61	1.41	2.00
E	5.39	5.10	3.00	3.16	
D	4.12	5.66	3.61		
C	2.83	2.24			
B	3.00				

图 11-14   图 11-13 的点之间的距离

最接近的点对是 D 和 F，于是它们合并为一个簇。然后，我们必须计算簇 DF 到所有其他点的距离。根据我们选用的"接近程度"定义，这个距离就是一个点到 D 或 F 的距离的较小值。距离关系变为：

	A	B	C	DF
E	5.39	5.10	3.00	2.00
DF	4.00	5.66	3.61	
C	2.83	2.24		
B	3.00			

表中最近距离的簇对是 E 和 DF，于是我们把它们合并为一个簇——簇 DEF。其他点到这个簇的距离就是该点到 D、E 或 F 的距离的最小值。距离表格变为：

	A	B	C
DEF	4.00	5.10	3.00
C	2.83	2.24	
B	3.00		

接着，我们继续合并距离最近的簇对，应该是 B 和 C。新的距离表格为：

	A	BC
DEF	4.00	3.00
BC	2.83	

最后一个可能的合并是 A 和 BC，最终结果是两个簇——簇 ABC 和簇 DEF。

然而，我们很可能希望合并过程较早结束。作为一个终止条件的例子，我们可以拒绝合并后的簇中所有点对距离的平均值大于 2.5 的簇对的合并。于是，D、E 和 F 的合并是可以进行的，其凝聚性指数（这三个点中两两距离的平均值）是 2.19（查看图 11-14）。

当合并到 A、BC 和 DEF 的局面时，我们不能合并 A 和 BC，尽管它们是最接近的簇对。原因是 ABC 三个点的平均距离是 2.69，高于阈值。我们考虑合并此时第二接近的簇对 DEF 和 BC，然而，簇 $BCDEF$ 的凝聚性指数为 3.56，同样过高。第三个选择是合并 A 和 DEF，但是簇 $ADEF$ 的凝聚性指数为 3.35，仍然过高。☐

11.5.4　k-Means 算法

第二种聚簇方法被称为点分配方法。一个常用的也是典型的方法被称为 k-Means。就像凝聚式的聚簇方法那样，这其实也是一个大类的算法。k-Means 算法的轮廓是：

1. 从选择 k 个初始簇开始。这些簇可以是单个点，也可以是小的点集。

2. 将其他未分配的点分配到距离它"最接近"的簇中。

3. 可选择地，在分配完所有点后，固定每个簇的质心（这里假设点是在欧式空间中，因为非欧空间不存在"质心"的概念）。然后，将所有点重新分配到这 k 个簇中。很有可能有些点在重新分配时被分配到了新的簇中。

k-Means 聚簇的一种初始化方法是随机挑选第一个点，然后挑选距离第一个点尽可能远的点作为第二个点，接着挑选与前两个点的最小距离尽可能大的点作为第三个点。以此类推，每次挑选与此前已选定的所有点的最小距离尽可能大的点，直至选出 k 个点。这些点就成为了初始的 k 个簇。

例 11.15 假设我们的点是如图 11-13 所示的那些，$k = 3$，并且我们选 A 作为第一个簇的种子。距离 A 最远的点是 E，于是 E 成为了第二个簇的种子。对于第三个点，距离 A 或 E 的最小距离值如下：

$$B: 3.00, C: 2.83, D: 3.16, F: 2.00$$

胜出者是 D，它的值 3.16 是最大的。于是，D 成为第三个簇的种子。 □

选出了 k 个簇的种子之后，我们遍历所有剩余的点，并把它们分配到一个簇中。一种简单的分配方案是选择距离最近的种子。然而，如果我们处理的是欧式空间，我们可以保存每个簇当前的质心位置，然后对于每个点，我们将其分配到距离最近的质心所在的簇中。

例 11.16 我们继续例 11.15 的过程。我们有了初始的三个簇 A、D 和 E，同时它们的质心就是它们本身。假设我们需要对 B 进行分配。最近的质心是 A，距离为 3.00。于是，第一个簇变成 AB，质心是 $(1, 3.5)$。假设接着分配 C。明显地，C 距离 AB 的质心较 D 或 E 更近，因此 C 被分配到 AB，成为簇 ABC，它的质心是 $(1.67, 3.67)$。最后，我们分配 F。相比于 E 或 ABC 的质心，它距离 D 更近。于是，最终得到的三个簇是 ABC、DF 和 E，它们的质心分别是 $(1.67, 3.67)$、$(5.5, 1.5)$ 和 $(6, 4)$。我们可以再将所有点重新分配到这三个质心所在的簇，但结果不会发生变化。 □

11.5.5 大规模数据的 k-Means 方法

我们现在分析一种扩展的 k-Means 方法，用以处理点集规模过大使得主存无法容纳的情况。我们的目的不是将每个点分配到某个簇中，而是确定最终每个簇的质心位置。如果我们确实需要知道每个点的分配情况，可以再次访问一遍数据，将每个点分配到距离最近的质心所在的簇，然后将点和簇的编号打印输出。

这个算法被称为 BFR 算法[⊖]，它处理的是 n 维欧式空间中的聚簇问题，最终得到每个簇的质心位置。BFR 算法假设一个簇的凝聚性指数由这个簇中的方差表示，一个簇的方差是这个簇中每个点到质心距离平方的均值。然而，为了计算简便，该算法不保存质心和方差，而用 $2n + 1$ 个概括统计值来替代：

1. N，簇中点的个数。
2. 对于每个维度 i，簇中所有点在该维度上值之和，记作 SUM_i。
3. 对于每个维度 i，簇中所有点在该维度上值的平方和，记作 SUMSQ_i。

使用这些参数的原因是在合并簇时它们很容易被重新计算——直接将需要合并的簇的对应参数相加即可。而同时，我们还能通过它们计算得到质心和方差。方法如下：

- 质心的第 i 维分量是 SUM_i / N。
- 方差的第 i 维分量是 $\text{SUMSQ}_i / N - (\text{SUM}_i / N)^2$。

同时需要记住 σ_i，标准差在第 i 维上的分量是方差在第 i 维上分量的平方根。

BFR 算法每次读取装满整个主存的数据，并留出一些空间存放簇的概括统计值以及我们马上就要讨论的其他一些数据。它可以使用例 11.15 中的方法，在第一次读取时初始化 k 个种子。它也可以使用任何其他方法对第一次读取的数据进行聚簇，并得到 k 个簇。在算法执行的过程

⊖ 算法的命名来自它的作者：P. S. Bradley、U. M. Fayyad 和 C. Reina。

中，点被分到三个集合之一：

1. 丢弃集。已经分配到簇中的点。这些点不保存在主存中，它们仅通过所在簇的概括统计值体现。

2. 压缩集。可以有多组，每组由一些相互之间距离足够接近使得我们相信它们应该属于同一个簇的点组成，然而它们又不和当前任何一个簇的质心距离接近，因此我们暂时无法对它们进行分配。就像当前已知的簇一样，每个这样的组由它的概括统计值表示，并且它包含的点不保存在主存中。

3. 保留集。不和其他任何点距离接近的点，它们是"游离者"。它们最终会被分配到距离最近的簇中，但是此时我们把它们保存在主存中。

这些集合在每次读取数据时发生变化。图 11-15 展示了 BFR 算法在经过几次数据读取后的状态。

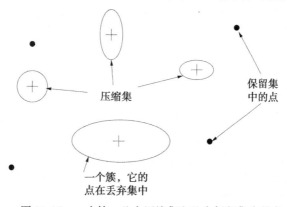

图 11-15　一个簇、几个压缩集和几个保留集中的点

11.5.6　内存中满载点后的处理过程

我们现在来描述一次将内存中满载点后的处理过程。我们假设主存当前存放了 k 个簇的概括统计值、零个或多个属于压缩集中的点构成的组，以及当前保留集中的点。我们进行如下步骤：

1. 对于"足够接近"（我们会在稍后定义它）某个簇的质心的所有点 $(x_1, x_2, \cdots, x_n)$，我们把它加入到那个簇中。这个点本身进入丢弃集。我们把那个簇的 N 值加 1，同时 SUM_i 加上 x_i，SUMSQ_i 加上 x_i^2。

2. 如果这是最后往内存中加载数据，那么将所有压缩集中的组和保留集中的点分配到距离最近的簇中。通过概括统计值对簇和组进行合并是很容易的，只需将计数值 N 相加，以及对应的 SUM 和 SUMSQ 向量相加。算法到此结束。

3. 否则（这不是最后一次往内存中加载），使用任意主存聚簇算法对这次读取中剩余的点以及当前保留集中的点进行聚簇。这里需要对聚簇设置凝聚性阈值，从而避免对距离不足够接近的点进行合并。

4. 那些大小为 1 的簇中的点（也就是，不和任何其他点距离接近的点）构成新的保留集。那些大小超过 1 的簇被加入到压缩集中，并用它们的概括统计值代替。

5. 考虑合并一些压缩集。使用一定的凝聚性阈值来决定两个组是否足够接近，我们会在稍后讨论如何做这个决定。如果它们能够合并，那么就像第 2 步那样直接对它们的概括统计值进行合并即可。

决定点是否足够接近簇

从直觉上说，每个簇在每个维度上都有一个大小表示在那个维度上典型的点的延伸距离。由于我们只有概括统计值可以使用，那个维度上的标准差便成了合适的参数。回忆 11.5.5 节中，我们可以根据概括统计值计算标准差，具体地说，标准差是方差的平方根。然而，簇的分布可能是"雪茄型"的，因此各个维度上的标准差可能差别很大。我们希望合并进簇中的点在任何维度上相对于该维度上的标准差都和质心距离不远。

于是，为了考虑点 $p = (x_1, x_2, \cdots, x_n)$ 是否应该合并入某个簇，我们首先要对其进行关于簇的质心和标准差的归一化。具体地，我们把点 p 转换成 $p' = (y_1, y_2, \cdots, y_n)$，其中 $y_i = (x_i - c_i)/\sigma_i$，这里的 c_i 是质心在第 i 维上的分量，σ_i 是第 i 维上的标准差。归一化后点 p 到质心的距离就是点 p' 到原点的绝对距离，也就是 $\sqrt{\sum_{i=1}^{n} y_i^2}$。这个距离有时被称为马氏距离，当然这实际上只是这个概念的一个简化版本。

例 11.17 假设有点 $p(5, 10, 15)$，我们考虑是否把它加入到质心为 $(10, 20, 5)$ 的簇中。另外，假设这个簇在三个维度上的标准差分别是 1、2 和 10。那么，点 p 的马氏距离为

$$\sqrt{((5-10)/1)^2 + ((10-20)/2)^2 + ((15-5)/10)^2} = \sqrt{25 + 25 + 1} = 7.14$$

□

得到点 p 的马氏距离之后，我们可以选择一个阈值用来决定是否将 p 加入到一个簇中。举例来说，假设我们以 3 为阈值，也就是说，我们将一个点加入到一个簇中，当且仅当这个点到这个簇的质心的马氏距离小于等于 3。当数值分布很普通时，很少有值偏离均值超过 3 标准差（大约只有百万分之一的值会和均值差距如此之大）。于是，我们只可能阻止百万分之一的点被归入簇中。最终，被阻止的点很有可能仍被归入这个簇，如果没有其他距离更接近它的簇的话。

决定是否合并压缩集中的组

在 11.5.3 节，我们讨论过如何计算一个簇的凝聚性指数。然而，在 BFR 算法中，我们需要对这些想法进行修正，使得关于两个组是否合并的决定能够仅仅基于它们的概括统计值来做出。下面是一些可供选择的方法：

1. 设定有待合并的组在每个维度上方差之和的上限。其中，两个组合并后的概括统计值可以由相关参数累加得到，而每个维度上方差的计算可以使用 11.5.5 节中的公式。这个方法可以限制合并后组所占据的空间大小。包含有距离过大的典型的点对的组一定会超过这个方差上限，无论这个组中有多少个点以及在这个组所占据的空间中点的密度如何。

2. 设定任何维度上直径的上限。由于我们并不知道具体点的位置，因此我们无法得到精确的直径。然而，我们用第 i 维上两个组的质心距离加上两个组的标准差来估计第 i 维上的直径。这个方法也可以限制合并后的组所占空间的大小。

3. 使用前两个方法中的一个，但是将计算所得值（方差之和或最大直径）除以类似 N 或 $\sqrt{N}$ 这样随着组中点的增多而增大的变量。这种方法的特点是，只要合并后的组能保持所占空间中的点的密度，那它就被允许占据更大的空间。

11.5.7 习题

!**习题 11.5.1** 证明对于任意 $r \geq 1$，基于 L_r-norm 的距离定义都满足距离定义的公理。那么，$r < 1$ 时又如何呢？

习题 11.5.2 在例 11.14 中，我们使用两个簇中点对的距离最小值作为簇与簇之间接近程度的衡量标准，对图 11-13 中的点进行了层次化的聚簇方法。请使用如下距离衡量方法重复例子中的过程：

a) 所有点对距离的最大值（两个簇各取一个点）。

b) 所有点对距离的平均值（两个簇各取一个点）。

c) 两个簇的质心距离。

习题 11.5.3 我们可以用另一种距离定义来对例 11.14 进行修改。假设我们使用 L_∞-norm 作为距离定义。

注意，这个距离是指所有维度上坐标差值的最大值。但是，当距离相等时，你可以通过比较第二大差值来继续比较。请使用这个距离定义来演示图 11-13 中点的聚簇过程。

习题 11.5.4 假设我们希望从图 11-13 的点中选出 3 个作为聚簇的基础。并且，像例 11.15 中所示，我们希望它们之间的距离尽可能大。请问我们从 a) 点 D；b) 点 F 开始会选什么点？

习题 11.5.5 在 11.5.5 节中提到，BFR 算法通过概括统计值来表示簇的信息。假设当前的某个簇为 $\{(1, 2), (3, 4), (5, 6), (0, 4)\}$。请写出这个簇的所有概括统计值。

习题 11.5.6 对于图 11-13 中的每个点对：

a) 计算 (L_∞-norm)。

b) 计算曼哈顿距离 (L_1-norm)。

习题 11.5.7 根据例 11.17 中给出的簇的信息，计算以下两点的马氏距离：

a) $(7, 23, 10)$。

b) $(10, 15, 20)$。

11.6 小结

- **数据挖掘**：寻找、发掘数据中蕴含的简单的概括信息的过程和方法。

- **市场 – 购物篮模型**：一种常见的表示多对多关系的方式，它表现为一些购物篮以及购物篮中的商品集合。通常情况下，此类模型的数据不以关系形式表现，而是以每个购物篮为单位的文件形式表现。应用于此类模型的算法通常需要多趟访问这个文件，并且这些算法的时间代价就是它访问文件的次数。

- **频繁项集**：一种对于市场 – 购物篮模型的重要概括信息便是一些频繁项集——一些至少出现在一定数量的购物篮中的商品的集合。使得一个商品集合能成为频繁项集的最少的购物篮数目叫做支持度阈值。

- **A-Priori 算法**：一个寻找频繁项集的算法。它基于如下发现，即如果一个商品集合出现至少 s 次，那么它的任何子集也一定如此。对于每个项集大小，我们从候选集开始，即所有其直接子集（比原集合少一个元素的集合）都是频繁项集的集合。然后，我们通过一趟扫描统计每个候选集出现的次数，以决定哪些是真正的频繁项集。

- **PCY 算法**：这个算法在统计单元集时相比 A-Priori 算法更好地使用了主存空间。PCY 算法将所有二元集都散列到桶中，并统计每个桶所含二元集的出现次数总和。如果一个二元集能够进入候选集，它必须同时满足所含的两个单元集都是频繁项集，以及被散列到的桶的统计值超过支持度阈值这两个条件。

- **多级算法**：这个算法改进了 PCY 算法，它通过对数据的多趟扫描对每个二元集使用不同的散列函数进行多次散列。在最后一次扫描时，一个二元集能够进入候选集必须同时满足：所含的两个单元集都是频繁项集，以及被散列到的每一个桶的统计值都超过支持度阈值。

- **相似集合和 Jaccard 相似度**：另一种对于市场 – 购物篮数据的重要应用是发现相似的购物篮，即包含大量相同商品的成对的购物篮。一个重要的衡量指标就是 Jaccard 相似度——两个集合的交集与并集的大小之比。

- **shingling 文档**：我们可以通过把文档转换到它的 k-shingle——文档中所有 k 个连续字母组成的子串，来发现相似的文档。通过这种方法，寻找相似文档的问题就能使用任何寻找相似集合的技术来解决。

- **最小散列标签**：我们可以用短小的标签来表示集合的信息，以便我们估算它们所表示集合的 Jaccard 相似度。这种方法通过多个散列函数来实现选择一个随机全排列的最小散列。每个全排列将一个集合映射到该集合所包含的在全排列中最先出现的那个元素，而该集合的标签就是应用每个全排列后得到的元素所构成的序列。

- **最小散列标签以及 Jaccard 相似度**：最小散列标签能够表示原集合的原因是 Jaccard 相似度其实等于两个集合的最小散列值相同的概率。于是，我们可以通过统计两个集合最小散列标签中对应元素相等的个数来估算它们的 Jaccard 相似度。

- **局部敏感散列**：为了避免比较所有的成对标签，局部敏感散列方法将标签分成多个带，只有当两个标签在至少一个带上完全相同时，我们才会对它们进行比较。通过调整带的数目和每个带上的行数，我们可以将精力集中于只比较那些很有可能满足相似度阈值的标签对。

- **聚簇**：根据某个距离定义，寻找相似的事物(点)所构成的小组(簇)的问题。一种方法被称作凝聚式的，它通过不断合并邻近的簇组成更大的簇来实现聚簇。另一种方法是先估计簇的初始位置，然后将点分配到距离最接近的簇中。

- **距离定义**：在一个点集上的距离定义是能将任意两个点映射到一个非负值的函数。这个函数值为 0 时当且仅当两个点相同，并且这个函数还必须满足对称性和三角形不等式。

- **常用的距离定义**：如果点处在欧式空间中，即包含多个维度以及坐标系统的空间，我们可以使用传统的欧式距离或其变种，例如曼哈顿距离(所有维度坐标差之和)。在非欧空间中，我们可以使用例如集合之间的 Jaccard 距离(1 减去 Jaccard 相似度)或者字符串之间的编辑距离来作为距离的定义。

- **BFR 算法**：这个算法是由 k-Means 算法(将点分成 k 个簇)演变而来。BFR 算法的目的是解决数据规模超过主存大小的聚簇问题。为了达到这个目的，它将绝大多数点通过其所在簇的个数、每个维度上的坐标以及每个维度上的坐标平方和来进行压缩存储。

11.7   参考文献

文献[7]和[10]是数据挖掘领域很有用的两本书。

A-Priori 算法出自文献[1]和[2]，PCY 算法出自文献[9]，多级算法出自文献[6]。

使用 shingling 和最小散列方法来发现相似文档的思路来自文献[4]。文献[5]对最小散列方法进行了理论性研究。局部敏感散列的想法来自文献[8]。

非主存数据集的聚簇算法最早出现在文献[11]中，BFR 算法来自文献[3]。

1. R. Agrawal, T. Imielinski, and A. Swami, "Mining associations between sets of items in massive databases," *Proc. ACM SIGMOD Intl. Conf. on Management of Data*, pp. 207–216, 1993.

2. R. Agrawal and R. Srikant, "Fast algorithms for mining association rules," *Intl. Conf. on Very Large Databases*, pp. 487–499, 1994.

3. P. S. Bradley, U. M. Fayyad, and C. Reina, "Scaling clustering algorithms to large databases," *Proc. Knowledge Discovery and Data Mining*, pp. 9–15, 1998.

4. A. Z. Broder, "On the resemblance and containment of documents," *Proc. Compression and Complexity of Sequences*, pp. 21–29, Positano Italy, 1997.

5. A. Z. Broder, M. Charikar, A. M. Frieze, and M. Mitzenmacher, "Minwise independent permutations," *J. Computer and System Sciences* **60**:3 (2000), pp. 630–659.

6. M. Fang, N. Shivakumar, H. Garcia-Molina, R. Motwani, and J. D. Ullman, "Computing iceberg queries efficiently," *Intl. Conf. on Very Large Databases*, pp. 299-310, 1998.

7. U. M. Fayyad, G. Piatetsky-Shapiro, P. Smyth, and R. Uthurusamy, *Advances in Knowledge Discovery and Data Mining*, MIT Press, 1996.

8. P. Indyk and R. Motwani, "Approximate nearest neighbors: toward removing the curse of dimensionality," *ACM Symp. on Theory of Computing*, pp. 604–613, 1998.

9. J. S. Park, M.-S. Chen, and P. S. Yu, "An effective hash-based algorithm for mining association rules," *Proc. ACM SIGMOD Intl. Conf. on Management of Data*, pp. 175–186, 1995.

10. P.-N. Tan, M. Steinbach, and V. Kumar, *Introduction to Data Mining*, Addison-Wesley, Boston MA, 2006.

11. T. Zhang, R. Ramakrishnan, and M. Livny, "BIRCH: an efficient data clustering method for very large databases," *Proc. ACM SIGMOD Intl. Conf. on Management of Data*, pp. 103–114, 1996.

第12章 数据库系统与互联网

万维网时代对数据库技术产生了深远的影响。尽管传统的关系数据库仍然在支持着诸多最重要的 Web 应用，但 Web 应用也推动了数据库领域中对新形式的探讨。通常，海量的数据并不存在于关系型 DBMS 中，而是采用复杂的即席的文件结构。这种现象的一个最重要的例子就是搜索引擎管理数据的方式。因此，在这一章里，我们将研究抓取 Web 页面并回答搜索引擎查询的算法。

其他数据源本质上是动态的。与存在于数据库中的数据不一样，这些数据是信息的流，在数据到达时要么处理和存放，要么直接丢弃。在主要 Web 站点上的点击流（URL 请求序列）便是一个例子。也存在与 Web 无关的数据流，例如在网络中传播的所有电话呼叫所产生的"详细呼叫记录"，以及由卫星和传感器网络所产生的数据。因此，本章第二部分将重点讨论流数据模型，以及管理数据流形式的大量数据所需的技术。

12.1 搜索引擎体系结构

搜索引擎已经成为 21 世纪最重要的工具之一。由主要的搜索引擎所管理的库存已跻身于地球上最大的数据库之列，而且毫无疑问，在访问频率与访问用户数上，它超过了任何其他数据库。在这一节，我们将研究搜索引擎的关键成分，如图 12-1 所示。

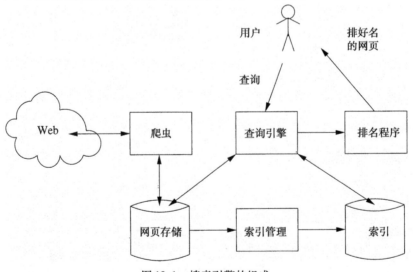

图 12-1　搜索引擎的组成

12.1.1 搜索引擎的组成

一个搜索引擎必须具备以下两种主要功能：

1. 抓取网页。也就是说，将 Web 上的众多页面抓入到搜索引擎中并进行处理。

2. 基于从 Web 中收集到的材料来回答查询。通常，查询以目标网页中应该包含的一个或多个词的形式来表示，一个查询的结果是包含所有这些词（或至少包含其中的一些词）的那些网页排名的列表。

因此，在图 12-1 中我们看到，爬虫(crawler)不仅和 Web 进行交互，还与网页库（page repository)进行交互。网页库是由爬虫所发现的网页所组成的数据库。我们会在 12.1.2 节对爬取过程进行详细讨论。

需要对网页库中的网页建立索引，一般为倒排索引，就是 3.1.8 节所介绍的那类索引。即每一个词都对应一个包含它的所有网页的列表。索引中关于词的附加信息可以包含词在网页中的位置或作用，例如词是否出现在标题位置。

在图 12-1 中，我们还看到用户给出一个查询，查询中包括一个或多个词。查询引擎使用这些词与索引进行交互，来确定哪些网页满足查询。然后这些网页由一个 ranker 进行排序，并依据排序结果将网页呈现给用户，通常一次显示 10 个。我们将在 12.1.3 节具体介绍查询处理过程。

12.1.2 Web 爬虫

一个爬虫可由一台机器来担当，由一个集合 S 开始，S 中包含要抓取的一个或多个 Web 页面的 URL。还有一个网页库 R，R 中网页的 URL 是爬虫访问过的，最初时 R 为空。

算法 12.1 一个简单的 Web 爬虫。

输入 初始的 URL 集合 S。

输出 网页库 R。

方法 爬虫反复执行如下几个步骤：

1. 如果 S 为空，则算法结束。

2. 从 S 中选取一个网页 p 进行"抓取"，并将 p 从 S 中删除。

3. 使用 p 的 URL，获得网页的一个拷贝。如果 p 已经在 R 中，则返回到第 1 步另选一个网页。

4. 如果 p 还不在 R 中，则执行下面两步：

a）将 p 加入到 R。

b）检查 p 中指向其他网页的链接，将 p 链接到的但还不在 R 或 S 中的每一个网页 q 的 URL 插入到 S 中。

5. 转到步骤 1。

算法 12.1 引出了以下几个问题：

a）如果不想搜索整个 Web，我们怎么终止搜索？

b）如何有效地检查网页是否已在 R 中？

c）如何从 S 中选取下一个搜索网页？

d）如何提高搜索速度？例如，能否采用并行方式？

终止搜索

即使想搜索"整个 Web"，我们也必须对搜索有所限制。原因在于有些网页是动态生成的，当爬虫访问一个站点上的 URL 时，站点本身会生成网页。更为糟糕的是，新生成的网页或许也会有指向动态生成的网页的 URL，这会导致爬虫无休止地搜索下去。

因此，我们有必要在某一个点上结束搜索。例如，我们可以对要抓取的网页数量进行限制，当数量达到某个界限时，爬虫终止。限制可以是针对每一个站点，也可以是针对要抓取的网页总数。另外，我们也可以限制抓取的深度。也就是说，最初存在于集合 S 中的网页的深度为 1，如果在算法 12.1 的第 2 步选取一个深度为 i 的网页 p，则在第 4b 步添加到 S 中的网页 q 的深度为 $i+1$。然而，如果 p 的深度已达到所设的限制，我们就不必检查 p 中的链接，如果 p 还不在 R 中，简单地将 p 加入到 R 即可。

管理网页库

有两个地方我们需要避免重复工作。首先在将网页 q 所对应的新的 URL 加入到集合 S 时，我们应检查它是否已在 S 中，或它是否是 R 中的网页的 URL。由于在 R 和/或 S 中会有数以 10 亿计的 URL，就需要使用一个如第 3 章所介绍的有效的索引结构来做这个检查的工作。

其次，在算法 12.1 的第 4a 步，当我们决定将一个新网页 p 加入到 R 中时，我们要保证 p 还不在 R 中。既然每一个 URL 只被抓取一次，R 中怎么有可能已经存在网页 p 呢？不幸的是，同一个网页可以有几个不同的 URL，所以我们的爬虫可能会通过不同的路由访问到同一个网页。另外，在 Web 中存在镜像站点，导致大量网页被完全复制或几乎完全复制（例如，在一个站点内，每一个网页对应于不同的内部链接，并且每一个可能指向其他镜像站点）。要将一个网页 p 与 R 中的所有网页进行比较，会非常耗时。然而，我们可以采取如下方式来提高比较效率：

1. 如果我们仅想发现完全相同的副本，可以将每一个 Web 页面散列为一个信号，例如一个 64 位的信号。信号本身被存放在一个散列表 T 中，即这些信号本身又被散列函数映射到数目更少的桶中，例如 100 万个桶。当我们要将 p 插入 R 中时，首先计算 64 位的信号 $h(p)$，再检查 $h(p)$ 是否已在散列表 T 中。如果已存在，则 p 不存入 R 中；否则，存入 R 中。需要注意的是我们可能会产生一些误报，表现为 T 中已有信号 $h(p)$，但不是 p 而是其他网页产生了这个相同的信号。然而，通过使信号足够长，我们可以将误报的概率降低到实质上为 0。

2. 如果我们想发现与 p 几乎相同的副本，可以存储最小散列标注（参见 11.3 节）来代替第 1 步中所提到的简单散列信号。另外，我们需要使用局部敏感的散列（参见 11.4 节）来代替第 1 步中的简单散列表 T。

选择下一个网页

我们可以用完全随机的方式来选取下一个网页。一个更好的策略是：将 S 作为一个队列来管理，从我们初始化 S 的起始点开始，对 Web 进行广度优先搜索。既然我们假定是从 Web 中包含"重要"网页的位置开始搜索，因此我们相信优先访问到的部分也应是那些"重要"网页的作者认为也很重要的部分。

另一个方法是去估计集合 S 中网页的重要程度，并对那些我们认为最重要的网页进行优先访问。在 12.2 节中我们将采用 PageRank 作为一个衡量标准，以衡量 Web 对特定网页赋予的重要程度。在爬虫工作的过程中，不可能准确计算出 PageRank。然而，有一个简单的近似办法来统计 S 中每个网页的已知的链入数。这就是，在算法 12.1 的第 4b 步，每当检查到一个指向网页 q 的链接，我们就将 q 的链入数加 1。于是，在第 2 步，选取下一个抓取对象 p 时，我们总是选择链入数最大的网页之一。

提高爬虫的速度

爬取的机器不必限制为一台，每台机器上也不必只使用一个进程。每一个进程在处理当前的 URL 集合（在算法 12.1 中我们将该集合称为 S）时，必须对集合加锁，因此，任意两个进程不会被同一个 URL 进行抓取，也不会有两个进程同时将相同的 URL 写入集合中。如果进程过多，导致 S 上的锁，有如下几个应对措施。

我们可以分配一个进程搜索整个主机或站点，而非单个的 URL，这样，进程就不必过于频繁地访问 URL 集合 S，因为它知道当它访问一个站点时，没有其他进程访问同一个站点。

这个方法有一个缺点。在一个站点上搜集网页的爬虫会频繁地发送网页请求。这种行为本质上是一种拒绝服务攻击，于是站点会疲于应对所有爬虫的请求而无法做有用的工作。所以，一个负责任的爬虫不会对一个特定站点频繁地发出请求，它可以隔几秒钟发一个请求。如果一个爬虫进程正在访问某一个站点，则它必须把它的请求频率降低到它经常处于闲置状态。这不是问题，因为一台机器上可以运行多个爬虫进程。但操作系统限制了同时处于激活状态的进程数。

另一个避免瓶颈的方法是，分割集合 S，例如将 URL 散列到若干个桶中，让每一个进程从某一桶选取新的 URL 进行爬取。当某个进程沿着链接发现了一个新的 URL 时，会对这个 URL 进行散列，以决定这个 URL 属于哪一个桶。只需检查一个桶就可以判断这个 URL 是否已存在，如果还不存在，直接将它放在该桶中。

活动的 URL 集合 S 所遇到的瓶颈问题同样会发生在网页库 R 和 R 的 URL 集合上。前面提到的两个技术（将进程分配到站点，或使用散列函数来划分 URL 集合），同样可以用于避免访问 R 时带来的瓶颈问题。

12.1.3 搜索引擎中的查询处理

搜索引擎查询不同于 SQL 查询。通常，搜索引擎查询会用到一组关键词，搜索引擎负责找出含有全部或部分关键词的网页，并对那些网页进行排名。有时，查询可以是关键词之间的布尔组合，例如，找出所有含有"data"或"base"的网页；查询有时还要求两个关键字在网页中依次相继出现，或彼此邻近，例如两个词之间的距离顶多为 5。

要回答这样的查询就需要用到倒排索引。回忆一下我们对图 12-1 的讨论：一旦抓取结束，索引管理器会对 Web 上的所有词建立一个倒排索引。需要注意的是，由于任何一个由标点或空格隔开的字母、数字组合都是一个可以索引的词，就会有上亿个词。因此，Web 上的"词"不仅包括世界上各种自然语言的任何词汇，还包括词的所有错误拼写、系统中的任何错误代码、缩略词、名字，以及各种各样的行话。

查询处理的第一步是使用倒排索引来检查哪些网页含有查询关键字。为了确保将响应时间限制在用户可接受的范围内，这一步必须尽可能少地进行磁盘访问（如果必须要进行磁盘访问的话）。当今的搜索引擎的响应时间一般不超过 1s，这个时间很短，只相当于几次磁盘访问的时间。

另一方面，我们用向量来表示单个词的出现情况，对于搜索引擎索引到的每个网页在这些向量中都有对应的分量，这些网页可能数以百亿计。尽管对于极个别不常用的词，可以一一列出相关网页，但对于普通词或者不太偏僻的词，用一个位向量来表达这个词在哪些网页上出现，会更有效。对位向量进行"与"运算，可以得出同时包含两个词的网页，进行"或"运算则可以得出包含其中一个词或同时包含两个词的网页。为了提高选择网页的速度，有必要在内存中保存尽可能多的向量，以避免访问磁盘。机器集群可以分割这项工作，即每一个机器管理对应于某个网页子集的那部分位向量。

12.1.4 对网页进行排名

在找出满足查询条件的网页集合之后，还要对这些网页进行排名，只将排名最高的那些网页显示给用户。对网页进行排名的具体方法是搜索引擎严格保密的，正如可口可乐公司看护自己的秘方一样。其中一个重要的成分是"PageRank"，用它来衡量 Web 自己对这个网页的重要程度的认识。这个衡量标准基于指向网页的链接数，但实际上远比这复杂得多。我们会在 12.2 节详细讨论 PageRank。

还有其他标准用于衡量一个网页与查询相关的程度，这些标准也易于理解。下面列出了衡量网页相关程度的典型成分。

1. 所有查询关键字在网页中的出现。如果搜索引擎也返回了只包含关键字子集的网页，这些网页的排名通常会低于含有全部关键字的网页。

2. 查询关键字出现在网页的重要位置。例如，我们认为，一个关键字出现在网页的标题部分比仅仅出现在段落中更强烈地说明网页与这个关键字相关。同样，关键字出现在表的表头比出现在表的某一数据单元更能说明网页的相关性。

3. 多个查询关键字在网页中距离很近，比分散地出现在网页中更能说明网页的相关性。例如，如果一个查询由"sally"和"jones"组成，我们可能在找提到某一个特定的人的网页。许多网页上都包含一系列的名字。如果"sally"和"jones"在网页中紧邻着出现，或只被一个大写字母隔开，这个网页极有可能是我们想要的。而如果"sally"虽然出现，但距离"jones"很远，这个网页就不一定是我们想要的。在后面一种情况下，很可能提及的是两个人，一个名是 Sally，另一个姓是 Jones。

4. 查询关键字在链接到网页的锚文本中出现，或邻近锚文本。一个网页内部可以进行词汇设计，欺骗人们相信它是查询相关的，但通过别人的网页进行欺骗会很困难。

12.2　用于识别重要网页的 PageRank

在搜索领域一个关键的技术是 PageRank $^{\ominus}$ 算法，用于确定 Web 页面的重要程度。在这一节，我们将解释算法的工作原理，并且说明如何对非常大量的 Web 页面计算 PageRank。

12.2.1　PageRank 的直观思想

Web 本身能够指出重要的网页，正是这一观察使搜索引擎能够返回主题相关的重要网页。当你制作了一个网页，你会将它链接到你认为很重要或者很有价值的网页，而不会链接到你认为无价值的网页。当然其他的人观点可能会有所不同，但总而言之，循着链接找到某网页的路径越多，这个网页就可能越重要。

我们可以通过假想在 Web 上有一个随机的漫步者来将这一思想形式化。在每一步，该随机漫步者会位于某个网页 p，并且在 p 所指向的网页中随机地选择一个。下一步，漫步者会到达网页 p 的他所选中的那个后继页面。因此，Web 的链接结构决定了漫步者访问每一个网页的概率。这个概率被命名为网页的 PageRank。

从直观上看，被许多其他网页指向的网页要比几乎没有链入的网页更有可能被漫步者访问到。但是并非所有的链入都有同样价值。一个网页虽然链入很少，但链接到它的那些网页很有可能被漫步者访问到；这种情况胜于链入虽多，但链接到它的那些网页极少或根本不可能被漫步者访问到。因此，仅靠统计链入数来计算 PageRank 是不够的。我们需要解递归公式，该公式是用来形式化下面这个思想：

- 如果有许多重要的网页链接到一个网页，则这个网页也是重要的。

12.2.2　PageRank 的递归公式——初步尝试

我们可以用 Web 转移矩阵来描述随机漫步者如何移动。将网页依次编号为 1，2，…，n。在 Web 转移矩阵 M 中，位于第 i 行第 j 列的元素 m_{ij} 定义如下：

1. $m_{ij} = 1/r$，如果网页 j 有一个链接指向网页 i，并且 j 共指向 $r(r \geqslant 1)$ 个网页。

2. $m_{ij} = 0$，其他情况。

如果每一个网页都至少有一个链出，则转移矩阵是(左)随机的——元素都是非负数，并且每一列之和都为 1。如果有的网页没有链出，则这样的网页所对应的列全为 0 值。这时我们称转移矩阵为半随机矩阵(列和至多为 1)。

例 12.2　众所周知，Web 规模以指数形式增长，所以如果你按此方式往前推到 1839 年，你会发现那时的 Web 仅包括 3 个网页。图 12-2 描述了 1839 年的 Web。

我们将 3 个网页分别编号为 1、2、3，由此可得到该图所对应的转移矩阵：

$$\mathbf{M} = \begin{bmatrix} 1/2 & 1/2 & 0 \\ 1/2 & 0 & 1 \\ 0 & 1/2 & 0 \end{bmatrix}$$

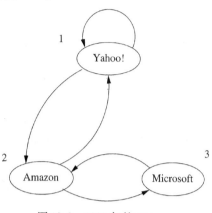

图 12-2　1839 年的 Web

例如，Microsoft 网页所对应的结点 3，仅仅有一个指向结点 2 的链接，结点 2 对应于 Amazon 网页。因此在 **M** 中，第 3 列只有第 2 行不是 0，这个值是经过 1 除以结点 3 的总链出数得到的，结果为 1。再举个例子，Yahoo! 网页对应的结点 1 链接到它自身和 Amazon（即结点 2）。因此，第 1 列中的第 3 行值为 0，第 1 和第 2 行都是由 1 除以结点 1 的总链出数得到的，结果均为 1/2。

PageRank 与作弊网站的战争

在 PageRank 之前，搜索引擎要想识别出 Web 上的重要网页会非常困难。常有不道德的 Web 站点（"spammers"）会在它们的页面上放置虚假内容，用户看不到，但搜索引擎可以查看页面文本内容（例如，将所写的内容设置为和背景一样的颜色）。如果搜索引擎只是简单地通过统计链入数来衡量页面的重要程度，则 spammers 通过伪造大量网页链接到某网页就可以使搜索引擎认为这一网页很重要。然而，简单地制造网页并不会提高这个网页的排名，因为真正重要的页面不可能链接到那样的欺骗网页。于是，PageRank 挫败了当今的那些 spammers。

有趣的是，spammers 和搜索引擎之间的战争仍在继续。spammers 已经学会了如何提高虚假网页的排名，因此引出了新技术，来打击新形式的作弊（链接作弊）。我们会在 12.3.3 节介绍链接作弊。

假设随机漫步者在图 12-2 所示的三个网页上停留的时间片段分别为 y、a、m。用 y、a、m 所组成的列向量去乘 **M** 不会改变它们的值。原因是，在漫步者移动了很多步之后，不管漫步者的起始点是什么，漫步者所在位置的分布情况在每一步都是相同的。也就是说，3 个未知数 y, a, m 必须满足如下方程：

$$\begin{bmatrix} y \\ a \\ m \end{bmatrix} = \begin{bmatrix} 1/2 & 1/2 & 0 \\ 1/2 & 0 & 1 \\ 0 & 1/2 & 0 \end{bmatrix} \begin{bmatrix} y \\ a \\ m \end{bmatrix}$$

尽管对于三个未知数有三个公式，但你得到的解却只能是 y、a、m 的比例，得不到更多的东西。换句话说，如果 $[y, a, m]$ 是方程组的解，那么对于任意常数 c，$[cy, ca, cm]$ 也是解。另外，由于 y、a、m 组成了一个概率分布，我们还知道 $y + a + m = 1$。

虽然我们可以不太费劲地对方程组求解，但对于由大量未知数组成的联立线性方程组，解方程组的时间复杂度将会为 $O(n^3)$，这里 n 是变量个数或者方程个数。对于目前的 Web 规模，n 的值大到数十亿，使用高斯排除法或者其他直接方法来计算漫步者的位置分布情况就完全行不通了。然而，我们可以使用松弛法得到不错的近似解。在这个方法中，我们首先给出变量的估计值，再不断地用估计值去乘 *M*。只要 *M* 的各列和均为 1，这些变量的和就不再变化，并且这些变量的值最终会收敛到漫步者的位置分布。事实上，50 到 100 步的迭代就会很接近真实解了。

例 12.3 我们假设最初时有[*y*，*a*，*m*] = [1/3，1/3，1/3]。用这个向量去乘 *M* 得到：

$$
\begin{bmatrix} 2/6 \\ 3/6 \\ 1/6 \end{bmatrix} = \begin{bmatrix} 1/2 & 1/2 & 0 \\ 1/2 & 0 & 1 \\ 0 & 1/2 & 0 \end{bmatrix} \begin{bmatrix} 1/3 \\ 1/3 \\ 1/3 \end{bmatrix}
$$

下一步迭代中，我们用新的估计值[2/6，3/6，1/6]去乘 *M*，又得到：

$$
\begin{bmatrix} 5/12 \\ 4/12 \\ 3/12 \end{bmatrix} = \begin{bmatrix} 1/2 & 1/2 & 0 \\ 1/2 & 0 & 1 \\ 0 & 1/2 & 0 \end{bmatrix} \begin{bmatrix} 2/6 \\ 3/6 \\ 1/6 \end{bmatrix}
$$

这一迭代过程重复下去，我们会得到如下一系列向量值：

$$
\begin{bmatrix} 9/24 \\ 11/24 \\ 4/24 \end{bmatrix}, \begin{bmatrix} 20/48 \\ 17/48 \\ 11/48 \end{bmatrix}, \dots, \begin{bmatrix} 2/5 \\ 2/5 \\ 1/5 \end{bmatrix}
$$

这就意味着，漫步者会渐进地、以同等的可能性选择 Yahoo! 或者 Amazon，而选择 Microsoft 的可能性只有前两者的一半。 □

12.2.3 爬虫陷阱和死角

图 12-2 所示的 Web 图并不典型，不仅是因为它的规模，还有两个结构上的原因：

1. 一些 Web 页面没有链出(称作死角)。如果随机漫步者选择了这样的网页，下面就无路可走了，漫步也就只好结束。

2. 还有一些 Web 页面集合由于没有链出指向集合之外，当漫步者到达了这样的网页集合时，就无法离开，这些网页集合称为爬虫陷阱。

任何死角本身就是爬虫陷阱。然而，Web 爬虫陷阱中的页面也可以都有链出。例如，任何只链出到它自身的网页就是一个爬虫陷阱。

如果从外部可以到达一个爬虫陷阱，则随机漫步者会困在那里，再也无法离开。换句话说，如果对含有爬虫陷阱的 Web 转移矩阵应用松弛方法，可能会导致一个限制性的分布，即爬虫陷阱之外的其他网页所对应的概率都为 0。

例 12.4 假设 Microsoft 只链接到它自身，而非 Amazon，就会形成图 12-3 所示的 Web，仅包含 Microsoft 网页的集合就构成了爬虫陷阱，可以通过其他网页到达这个陷阱。对应于图 12-3 的 Web 矩阵为：

$$
M = \begin{bmatrix} 1/2 & 1/2 & 0 \\ 1/2 & 0 & 0 \\ 0 & 1/2 & 1 \end{bmatrix}
$$

如果我们像例 12.3 中那样，从[*y*，*a*，*m*] = [1/3，1/3，1/3]开始，并且重复地去乘图 12-3 所对应的矩阵 *M*，我们将得到如下近似分布序列：

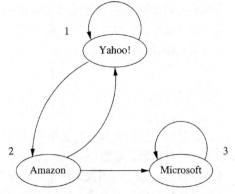

图 12-3 Microsoft 变成爬虫陷阱时的 Web 图

$$\begin{bmatrix} 1/3 \\ 1/3 \\ 1/3 \end{bmatrix}, \begin{bmatrix} 2/6 \\ 1/6 \\ 3/6 \end{bmatrix}, \begin{bmatrix} 3/12 \\ 2/12 \\ 7/12 \end{bmatrix}, \begin{bmatrix} 5/24 \\ 3/24 \\ 16/24 \end{bmatrix}, \begin{bmatrix} 8/48 \\ 5/48 \\ 35/48 \end{bmatrix}, \ldots, \begin{bmatrix} 0 \\ 0 \\ 1 \end{bmatrix}$$

这也意味着，漫步者会最终以值为 1 的概率困在 Microsoft 网页，并一直待在那儿。

如果我们依据这样的 PageRank 概率来衡量网页的
"重要"程度，Microsoft 只需不链出到其他网页就可以把
所有重要性集于一身。这显然违背了一条原则：网页在
Web 中的重要程度应决定于其他网页，而非决定于它自
身。我们所提到的另一个问题——死角——也同样导致
PageRank 无法正确反映网页的重要程度，这可以通过下
面的例子来看到。

例 12.5 假设像图 12-4 所示的那样，Microsoft 连指
向它自身的链接也去掉，即没有任何链出。则对应的矩
阵 M 为：

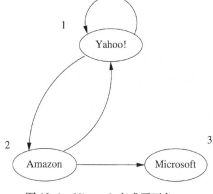

图 12-4 Microsoft 变成了死角

$$M = \begin{bmatrix} 1/2 & 1/2 & 0 \\ 1/2 & 0 & 0 \\ 0 & 1/2 & 0 \end{bmatrix}$$

注意，该矩阵不是随机矩阵，因为 M 中并非所有列的和都等于1。如果我们将松弛方法用于
这个矩阵，将 y、a、m 的初始值置为 $[1/3, 1/3, 1/3]$，我们将得到如下序列：

$$\begin{bmatrix} 1/3 \\ 1/3 \\ 1/3 \end{bmatrix}, \begin{bmatrix} 2/6 \\ 1/6 \\ 1/6 \end{bmatrix}, \begin{bmatrix} 3/12 \\ 2/12 \\ 1/12 \end{bmatrix}, \begin{bmatrix} 5/24 \\ 3/24 \\ 2/24 \end{bmatrix}, \begin{bmatrix} 8/48 \\ 5/48 \\ 3/48 \end{bmatrix}, \ldots, \begin{bmatrix} 0 \\ 0 \\ 0 \end{bmatrix}$$

这意味着，漫步者最终会到达 Microsoft，到达之后下一步无路可走。最终，漫步者会消失。 □

12.2.4 考虑爬虫陷阱和死角的 PageRank

可以通过限制漫步者随机漫步的时间来解决爬虫陷阱和死角的问题。我们选择一个常量 β，
$\beta < 1$，通常 β 在 0.8 到 0.9 的范围内。在每一步，如果有链出，我们以值为 β 的概率让漫步者
随机选择一个，并移动到对应网页。我们以 $1 - \beta$（称作税率(taxation rate)）的概率丢掉该漫步者，
并产生一个新的漫步者，将它放在随机选择的一个网页上。这个修正解决了两个问题：

- 即使漫步者被困在爬虫陷阱里也没有关系，原因是漫步者尝试了几步之后会消失，并由
  新的漫步者取代。
- 如果一个漫步者走到了死角并消失，一个新的漫步者会很快取而代之。

例 12.6 我们假设 $\beta = 0.8$，重新来表示对计算图 12-3 所示的 Web 的 PageRank 公式的计算，
分别用 p_{new} 和 p_{old} 来表示一次迭代后漫步者的新、旧位置分布。这两者之间的关系可以表示如下：

$$p_{new} = 0.8 \begin{bmatrix} 1/2 & 1/2 & 0 \\ 1/2 & 0 & 0 \\ 0 & 1/2 & 1 \end{bmatrix} p_{old} + 0.2 \begin{bmatrix} 1/3 \\ 1/3 \\ 1/3 \end{bmatrix}$$

即我们以 0.8 的概率将 M 与 p_{old} 相乘，来计算漫步者的新位置，以 0.2 的概率产生一个新的
漫步者，并将它随机地放在一个网页上。我们假设最初时 $p_{old} = [1/3, 1/3, 1/3]$，反复计算
p_{new}，并以 p_{new} 代替 p_{old}。我们会得到如下序列的漫步者的渐进分布估计值：

$$
\begin{bmatrix} 0.333 \\ 0.333 \\ 0.333 \end{bmatrix},\ \begin{bmatrix} 0.333 \\ 0.200 \\ 0.467 \end{bmatrix},\ \begin{bmatrix} 0.280 \\ 0.200 \\ 0.520 \end{bmatrix},\ \begin{bmatrix} 0.259 \\ 0.179 \\ 0.563 \end{bmatrix},\ \dots,\ \begin{bmatrix} 7/33 \\ 5/33 \\ 21/33 \end{bmatrix}
$$

注意，由于 Microsoft 是一个爬虫陷阱，它将会有很高的重要程度。但通过以 0.2 的概率重新分布漫步者，爬虫陷阱所带来的副作用很明显地减轻了。   □

这个思路不仅对爬虫陷阱有效，对死角也同样有效。由于死角没有链出，在转移矩阵中所对应的列和为 0，这种情况下的转移矩阵是半随机的。因此，在任何时刻，都会以一个小的概率存在漫步者无路可走的可能性。这意味着漫步者位于每个页面的概率和将小于 1。不过概率的相对值仍然可以作为一个好的衡量标准，去衡量网页的重要程度。

漫步者的远距离移动

可以从另一个观点来理解随机漫步的过程：没有"新"的漫步者，而是原来的漫步者以 $1-\beta$ 的概率随机地远距离移动（teleport）到一个网页。为了使这一观点说得通，当漫步者到达一个死角，我们必须假设远距离移动的概率是 100%。同样，在每次迭代时，我们可以按比例提高概率，以使它们的和为 1。这样做并不会影响概率之间的比值，页面的相对 PageRank 是不变的。例如，在例 12.7 中，PageRank 向量最终是 $[35/81，25/81，21/81]$。

例 12.7 我们重新考虑例 12.5，并假设 $\beta=0.8$。迭代公式表示如下：

$$
\boldsymbol{p}_{new} = 0.8 \begin{bmatrix} 1/2 & 1/2 & 0 \\ 1/2 & 0 & 0 \\ 0 & 1/2 & 0 \end{bmatrix} \boldsymbol{p}_{old} + 0.2 \begin{bmatrix} 1/3 \\ 1/3 \\ 1/3 \end{bmatrix}
$$

最初假设 $\boldsymbol{p}_{old}=[1/3，1/3，1/3]$，我们将得到漫步者的近似的渐进分布序列，表示如下：

$$
\begin{bmatrix} 0.333 \\ 0.333 \\ 0.333 \end{bmatrix},\ \begin{bmatrix} 0.333 \\ 0.200 \\ 0.200 \end{bmatrix},\ \begin{bmatrix} 0.280 \\ 0.200 \\ 0.147 \end{bmatrix},\ \begin{bmatrix} 0.259 \\ 0.179 \\ 0.147 \end{bmatrix},\ \dots,\ \begin{bmatrix} 35/165 \\ 25/165 \\ 21/165 \end{bmatrix}
$$

注意，每一个概率分布之和都不等于 1，并且在任何时刻，漫步者会以稍高于 50% 的概率"丢失"。即使这样，Yahoo! 和 Amazon 的重要程度的比率与例 12.6 是一样的。这是说得通的，因为无论在图 12-3 还是在图 12-4 中，都没有来自 Microsoft 的链接影响 Yahoo! 或 Amazon 的重要程度。   □

12.2.5 习题

习题 12.2.1 在图 12-5 中，假设没有"征税"，计算 4 个结点的 PageRank。

习题 12.2.2 在图 12-5 中，假设税率为：a) 15%；b) 25%，分别计算 4 个结点的 PageRank。

习题 12.2.3 对于下面的 Web 图，重做习题 12.2.2。

i. 图 12-6

ii. 图 12-7

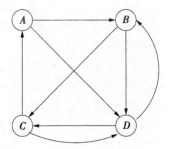

图 12-5 没有爬虫陷阱和死角的 Web 图

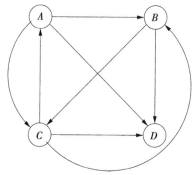

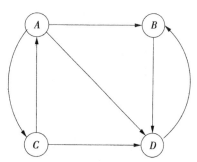

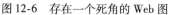

图 12-6 存在一个死角的 Web 图   图 12-7 存在一个爬虫陷阱的 Web 图

! 习题 12.2.4 假设我们想用 9.2 节所介绍的 map-reduce 框架来进行 PageRank 计算的一个迭代。即给定 Web 的转移矩阵和每个网页的 PageRank 当前估计值，我们想通过将旧的估计值和 **M** 相乘，来得到新估计值。试想我们可以将数据分块，每一块对应于一个网页集合，即那些网页的 PageRank 估计值以及同样网页在转移矩阵中所对应的列。试设计 map 和 reduce 函数来实现迭代，以使整个计算可被分给任意数量的处理器来完成。

12.3 特定主题的 PageRank

PageRank 的计算对于网页内容而言是不偏不倚的。但在某些情况下，我们会在计算时希望对某些网页有所偏向。例如，如果我们希望查询结果仅涉及体育，就会希望有关体育的网页比 Web 中有类似链接但不讨论体育的网页有更高的 PageRank。或者，我们可能想查出并清除作弊网页——这些网页要么只是为了提高其他某些网页的 PageRank，要么是非法提高 PageRank 的受益者。

在这一节，我们将探讨如何通过修改前述的 PageRank 计算方法，来偏向于某些特定类型的网页。然后我们说明如何通过这一技术来解决上面所提到的两个问题。

12.3.1 "远距离移动"集

在 12.2.4 节中，我们对每个网页的 PageRank 估计值以 $(1 - \beta)$ 的比例"征了税"，并且将税均分给所有网页。同样，我们允许随机漫步者在 Web 图上，以 $(1 - \beta)$ 的概率，"远距离移动"到一个随机选择的网页。由于 Web 中死角和爬虫陷阱的存在，迫使我们在计算 PageRank 时采取这种征税的模式。但我们没有必要将税均分(或让漫步者一视同仁地选择"远距离移动"网页)。我们可以仅将税或漫步者有选择地分配到某些结点，我们将这些结点集合命名为远距离移动集(teleport set)。这样做不仅能够提高远距离移动集中结点的 PageRank，还能够提高这些结点所链接到的网页的 PageRank，这些网页既包括这些结点直接链接到的，也包括链接路径长度为 2，3 等等的那些网页。当然，随着链接路径长度加长，对 PageRank 的影响也逐渐减弱。

例 12.8 现在我们重新考虑图 12-2 所示的 Web 图，并用图 12-8 来表示。假设我们只对零售业感兴趣，我们让远距离移动集仅包含 Amazon。同时假设 $\beta = 0.8$，即税率为 20%。如果用变量 y、a、m 分别表示 Yahoo!、Amazon、Microsoft 的 PageRank，那么我们需要解的方程式可表示为：

$$
\begin{bmatrix} y \\ a \\ m \end{bmatrix} = 0.8 \begin{bmatrix} 1/2 & 1/2 & 0 \\ 1/2 & 0 & 1 \\ 0 & 1/2 & 0 \end{bmatrix} \begin{bmatrix} y \\ a \\ m \end{bmatrix} + 0.2 \begin{bmatrix} 0 \\ 1 \\ 0 \end{bmatrix}
$$

加在方程式末尾的向量(0，1，0)表示税被均分给了远距离移动集中的元素。这里，远距离移动集仅包含一个元素，因此元素(Amazon)在远距离移动集中所对应的向量值为1，远距离移动集之外的元素所对应的向量值为0。我们可以像前面那样，通过 relax-ation 来解方程组。由于这个例子规模很小，我们完全可以通过高斯排除法得到精确解：$y = 10/31$，$a = 15/31$，$m = 6/31$。所期望的情况出现了：由于 Amazon 是远距离移动集的元素，它的 PageRank 得到了提高。 □

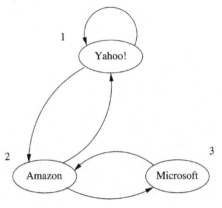

图 12-8 例 12.8 的 Web 图

在一个主题相关的 PageRank 问题中，建立方程组的通用规则表示如下。假设远距离移动集中共有 k 个元素；t 为列向量，t 中对应于远距离移动集中的成员的向量元素值为 $1/k$，其他情况下值为0；令 $1 - \beta$ 为税率，M 为 Web 的转移矩阵。于是我们必须通过松弛发来解下列递归公式：

$$p_{new} = \beta M p_{old} + (1 - \beta)t$$

例 12.8 是对这一过程的描述，尽管我们将 p_{new} 和 p_{old} 都置成了 $[y, a, m]$，并计算了方程组的确切解，而没有采用迭代收敛的方式。

12.3.2 计算主题相关的 PageRank

假设有一组网页，我们已确定它们与特定主题相关，例如主题为体育。我们以这些网页作为远距离移动集，其作用是提高它们的 PageRank。但这也会提高远距离移动集中网页所链接到的网页的 PageRank，以及被链接到的网页所链接到的网页的 PageRank，以此类推。即使这些网页不在远距离移动集中，我们也希望它们是和体育相关的。例如，棒球联队的主页 mlb. com 可能会被包含在体育相关的远距离移动集中。这个主页上有许多链接指向同一网站的其他网页，如卖有关棒球产品的网页、提供棒球运动统计信息的网页等等；它还会有链接指向棒球新闻网页。从某种程度上而言，所有这些网页都和体育相关。

假设我们的查询关键字是"击球手"(batter)。如果搜索引擎使用通用的 PageRank 方法来衡量网页的重要程度(即所有页面都在远距离移动集中)，查询结果不仅会包含棒球击球手，也会包含纸托蛋糕食谱。而如果我们采用特定于体育的 PageRank 方法，也就是说远距离移动集中仅包含体育网页，我们会发现，在排名靠前的网页中，不会出现纸托蛋糕之类的网页，而只会出现关于棒球或者板球的网页。

一个体育联队的主页对一个有关体育的远距离移动集而言，是好的选择，这点并不难理解。但我们还想确保远距离移动集中有关体育的网页具有代表性，即使我们是这方面的专家，有些网页也是我们考虑不到的。例如，假设居住在斯普林菲尔德的家长们想搜索到有关"棒球"和"斯普林菲尔德"关键字的网页，从棒球联队主页出发也许并不能返回有关斯普林菲尔德小职业棒球联盟的网页。为了扩大远距离移动集中有关体育的网页选择面，我们可以采取以下方法：

1. 使用有指导地选择过的网页。例如，开放目录项目(www. dmoz. org)中有 16 个主题的经人工选择的网页，里面包括体育，还有其下的许多子目录。

2. 如果某些关键词在一个主题相关的小型网页集中频繁出现，就要引起我们的注意了。例如，如果主题是体育，我们期望"ball"、"player"、"goal"之类的词也可以作为选择的关键词。然后，检查整个 Web，或者在 Web 上选取一个更大的子集，从而识别出与这些词极其相关的网页。

为了有效地实施主题相关的 PageRank，我们需要解决的下一个问题是确定哪个主题是用户感兴趣的。这里存在如下几种可能性：

a）最简单的方法是让用户选择主题。

b）如果像上述方法 2 中所描述的，关键词和若干不同的主题相关，我们可以尝试着去猜测用户想要的主题。通过检查我们认为对用户重要的网页，计算出与每个主题相关的关键词在这些网页中的出现次数。如果关键词在用户感兴趣的网页中出现次数很多，与之相关的主题可能就是用户想要的。为了辨别哪些网页是用户感兴趣的，我们可以采取如下方法：

i. 查看用户标了书签的那些网页。

ii. 查看用户最近搜索过的网页。

12.3.3 链接作弊

主题相关的 PageRank 的另一个应用是打击"链接作弊"。许多搜索引擎都采用 PageRank 算法作为公式的一部分来衡量网页重要程度，这已经是众所周知的事情，因此，通过研发机制来提高网页的 PageRank 已经变得有利可图。这个认识催生了一个行业：作弊工厂。那些不道德的人制造了包含上百万个网页的网络，唯一目的便是提高某些网页的网络排名。

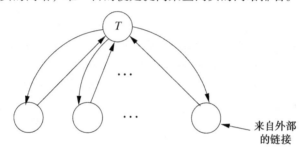

图 12-9 一个作弊工厂将 PageRank 集中在网页 T 上

图 12-9 描述了一个提高目标网页 T 的 PageRank 的简单结构。假设以 $1-\beta$ 为税率来计算 PageRank，图 12-9 底部那一行所示的网页从图外部得到的总 PageRank 为 r，这些网页的总排名为 x。并令网页 T 的 PageRank 为 t。于是，在这个范围内，有 $t=\beta x$，因为 T 除了税收之外，得到了其他网页的所有 PageRank。还有 $x=r+\beta t$，因为图中除 T 以外的其他网页从图所示的网络外部得到的总 PageRank 为 r，从 T 那儿得到的 PageRank 为 βt。解上面两个方程，得到 t 的表达式：$t = \beta r/(1-\beta^2)$。例如，假设 $\beta=0.85$，我们将以比例 $0.85/(1-(0.85)^2)=3.06$ 大大提高了外部的 PageRank。而且，我们还将这些 PageRank 全部集中到了单一网页 T 上。

当然，如果 $r=0$，T 不会有 PageRank 的。事实上，T 与 Web 上其他网页的联系将会被断开，对搜索引擎而言是不可见的。不幸的是，对于作弊工厂而言，让 r 得到一个合理的值并不是太困难。例如，它们可以在能被公众访问到的博客上使用类似于"我赞同你的言论。具体参见 x123456. mySpamFarm. com"之类的消息，作为链接，指向作弊工厂。此外，如果图 12-9 底部那一行的网页数很多，所征税也被均分到这些网页上，r 还会将分到这些网页上的税计算在内。这就解释了作弊工厂为什么在它们的结构中采用多个网页，而不是一个或两个网页。

12.3.4 主题相关的 PageRank 和链接作弊

搜索引擎要能够探测到 Web 上那些试图制造作弊链接的网页，一个有用的工具是计算网页的 TrustRank。尽管 TrustRank 与主题相关的 PageRank 的原始定义不同，我们仍然可以把 TrustRank 看作主题相关的 PageRank，其中远距离移动集仅包含那些"可信任"的网页。下面是选择可信任网页集的两个方法：

1. 人工检查网页，并评估它们在 Web 中的作用。这个过程很难被自动化，原因是作弊者会复制完全合法的网页上的内容，并将这些内容和作弊链接进行组合，形成作弊工厂。

2. 在初始阶段，让远距离移动集尽可能地不包含作弊网页。例如，大家一致认为可以选择那些大学主页作为分布式的可信任网页集，这是一个很好的选择。实际上，当前的搜索引擎经常性地采用了类似的远距离移动集来常规地计算 PageRank。

因为可信任网页很少会链接到作弊网页上，以上两种方法都会降低作弊网页的 PageRank。由于像正常的 PageRank 那样，TrustRank 也是通过使用一个大于零的税率 $1 - \beta$ 得到的，因此当我们从可信任网页走得越远，由它所授予的网页可信度会越弱。当搜索引擎回答一个查询时，可以使用网页的 TrustRank 来代替 PageRank。这样做会减少将作弊网页返回给查询者的可能性。

另一种方法是通过计算网页的作弊率来检测网页中是否存在作弊链接，方法如下。

a）计算正常的 PageRank，换句话说，就是让远距离移动集包含所有的网页。

b）使用合理规模的可信任网页集合，来计算所有网页的 TrustRank。

c）对每一个网页，计算 PageRank 和 TrustRank 之差，并记为 negative TrustRank。

d）用 negative TrustRank 与 PageRank 的比值作为网页的作弊率，这个作弊率用于衡量一个网页的 PageRank 有多少比例来自作弊工厂。

我们可以通过使用 TrustRank 有所侧重地计算 PageRank，从而将作弊链接的影响降到最低；还可以通过计算作弊率来查找作弊链接的来源。如果一个网站中有许多网页都有很高的作弊率，这个网站就有可能是作弊者的，搜索引擎就可以将来自该网站的所有网页从数据库中删除。

12.3.5 习题

习题 12.3.1 假设税率是 25%，在如下 a、b 情况下，分别计算图 12-5 所示的主题相关的 PageRank：

a）远距离移动集是 $\{A, C\}$。

b）远距离移动集是 $\{B, D\}$。

习题 12.3.2 对于图 12-6，重做习题 12.3.1。

习题 12.3.3 对于图 12-7，重做习题 12.3.1。

!! **习题 12.3.4** 假设税率固定，对于一个图 G，首先让远距离移动集仅包含结点 a，我们来计算图 G 的主题相关的 PageRank；再让远距离移动集仅包含 b，重复如上计算。证明两次所得 PageRank 的平均值与远距离移动集为 $\{a, b\}$ 时的 PageRank 结果相等。

!! **习题 12.3.5** 如果两个远距离移动集 S_1 和 S_2 不相交，并且元素个数也有可能不同，怎样将习题 12.3.4 的计算一般化呢？具体来讲，假设首先我们分别使用 S_1 和 S_2 作为远距离移动集计算出了 PageRank，如果将 $S_1 \cup S_2$ 作为远距离移动集，我们怎么用上述结果来计算相应的 PageRank 呢？

12.4 数据流

现在我们将传统 DBMS 中的思想进行扩展，来处理数据流的问题。互联网上机器之间的交互带来了一类新的应用，这类应用给传统的数据库系统模型带来了挑战。回想一下，一个典型的数据库系统主要作为数据的贮藏库。数据的输入要么来自查询语言的一部分，要么来自特殊用途的数据加载，并且由 DBMS 来控制输入频率。

但在一些应用中，数据会以 DBMS 无法控制的频率到达。例如，Yahoo! 想记录任何用户的每一次"点击"（每一次网页请求），不管用户来自哪里。那些请求所对应的 URL 序列会以很快的速度到达，这个速度仅决定于 Yahoo! 用户。

12.4.1 数据流管理系统

如果想在数据流上做查询，我们就需要用到一些新机制。即使我们能够存储这些高速到达的数据流，我们也无法使用像 SQL 那样的查询语言进行实时查询。我们甚至连一些查询的含义都不明确，例如，由于我们根本得不到完整的数据流，如何对两个数据流进行连接运算呢？一个数据流管理系统 data – stream – management system（DSMS）的粗略结构如图 12-10 所示。

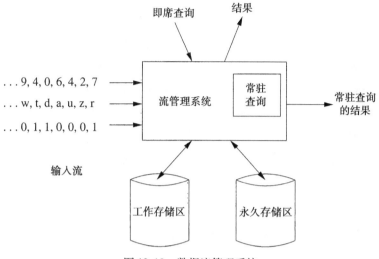

图 12-10　数据流管理系统

图 12-10 所示的系统接受数据流的输入，也接受数据流的查询。对数据流的查询可分为以下两种：

1. 一般的即席（ad – hoc）查询。

2. 由系统进行存储并一直在输入的数据流上所做的常驻查询（standing query）。

例 12.9　无论是即席的还是常驻的，DSMS 上的查询必须被表示为使用数据流中有限的部分就可以完成的形式。例如，假定我们正在接受来自遍布于世界各地的传感器所返回的辐射能级数据流。DSMS 虽然不能存储和查询在时间上任意久远的数据流，却可以对应于每个数据流存储一个滑动窗口，可以利用图 12-10 中所示的"工作存储区"，将过去 24h 内来自于所有传感器的全部数据存储到磁盘。较早到达的数据可以被丢弃，可以被汇总（例如只保留日平均值），也可以被整个地复制到永久性存储设备上（存档）。

一个即席查询可能是查询过去 1h 内某地的平均辐射能级。由于我们的工作存储区存放了过去 24h 内全部数据流的数据，我们就可以回答查询。而一个常驻查询可能用于监视来自任何数据流的数据是否超过一个界限。在每一个数据流的任何数据元素到达系统时，将它与所设定的阈值进行比较，如果超过阈值，将输出相应的信息。这种类型的查询可以通过数据流自身来回答，尽管我们也可能需要检查工作存储区，例如如果我们要求监视过去 5min 内哪些数据流的平均值超过了阈值，如果超过了就发警报。　　□

12.4.2　数据流应用

在介绍数据流管理系统的工作机制之前，我们先来看看哪些应用涉及一个或一组数据流：

1. 点击流。我们前面提到，一个典型的数据流源是用户在一个大的 Web 站点上的点击流。出于一些原因，站点想要分析在它之上的点击情况，如一个链接上的点击增多，可能指示这个链接断掉了，或者表明这个链接引起了许多人的兴趣。一个搜索引擎可能想分析指向广告的链接的点击情况，来看哪些广告最引人注目。

2. 数据包流。我们也许想分析经过一个网关的 IP 包的源和目的主机的行为。如果流向一个目的主机的 IP 包异常地增多，可能暗示会有拒绝服务攻击（denial-of-service）。我们可以通过检查目的主机最近的历史，来预测网络阻塞，并相应地重新调整 IP 包的路由。

3. 传感器数据。前面我们也给出了一个关于辐射传感器网络的假想例子。许多情况下，我们需要读取传感器的输出并进行整体分析，例如，以分秒速度记录海洋水平面高度的海啸预测传感器，或全球各地收集地震信号的地震检波器。那些安装了安全监控相机网络的城市可以提取并分析来自这些相机的录像，以预测袭击。

4. 人造卫星数据。人造卫星每天传回大得惊人的数据流，常以 PB 级计，由于科学家不愿意丢掉哪怕一点这样的数据，这些数据常以未加工的形式存储在数据存储系统中，人们通常会半开玩笑地称这些存储系统为"只能写的存储"。在数据流到达时那些有用的数据会被滤出并存在易于访问的存储位置，或分发给基于某类数据做常驻查询的科学家。

5. 金融数据。在股票交易、商品贸易和其他种类的财政贸易中，产生了元组数据流，一个元组代表一次金融事务，这些数据流交由特定软件来分析，以发现触发交易者进行交易的事务或模式。由于股票交易瞬间就完成，那些能得到最多数据并以最快速度进行处理的交易者最容易成功。

12.4.3 数据流数据模型

现在我们给出一个数据模型，以便于分析基于数据流的算法。首先，我们假设数据流具有如下特征：

- 每一个数据流包含一个元组序列。正如关系数据库中的元组那样，这里的元组具有固定的关系模式（即属性列表）。和关系数据库不同的是，数据流中的元组序列可能是无限的。
- 每个元组都有一个到达时间，这时数据流管理系统能够对它进行处理了。DSMS 对它做出处理，如将它存储在工作存储区或永久存储区，或将元组从存储区删掉。在存储元组之前，可以做些简单的处理。

对于任何数据流，我们可定义一个滑动窗口（或简称为窗口），即最近到达的元组集合。窗口可以是基于时间的（time-based），如给定一个常量 τ，窗口中仅包含到达时间介于当前时间 t 和 $t-\tau$ 范围内的元组；也可以是基于元组的（tuple-based），如给定一个固定值 n，窗口中仅包含最近到达的 n 个元组。

我们用符号 $S[W]$ 来描述数据流 S 上的窗口，其中，W 描述了窗口的种类，可以是：

1. Raws n，即仅包含最近到达的 n 个元组。
2. Range τ，即仅包含过去 τ 时间范围内的元组。

例 12.10 假设 Sensors(sensID, temp, time) 表示一个数据流，其中的每一个元组表示特定时间 time 下所读取的来自传感器 sensID 的温度值 temp。我们通常会让传感器各自返回数据流，但如果在数据流管理系统外部将数据积聚，也可以将这些数据流合并成一个。表达式 Sensors[Rows 1000] 描述了一个窗口，这个窗口中包含了来自数据流 Sensors 的最近 1000 个元组。表达式

$$\text{Sensors [Range 10 Seconds]}$$

描述了一个窗口，这个窗口包含了同一个数据流下过去 10s 内到达的全部元组。 □

12.4.4 数据流转换为关系

我们可以利用窗口将数据流转换为关系，也就是说，例 12.10 中所描述的窗口在任何时候都可以看作一个关系。关系中的内容迅速地变化着。例如，给定表达式 Sensors[Rows 1000]，在每一个来自 Sensors 的新元组到达时，我们会将它插入关系，而将最老的元组删去。对于表达式 Sensors[Range 10 Seconds]，当元组到达时，我们将它插入关系，而到达时间超过 10s 时，我们又

将它从关系中删除。

可以针对数据流将 SQL 语句进行扩展，像处理关系那样来处理窗口表达式。下面的例子描述了一个扩展后的 SQL 语句。

例 12.11　假设对于每个传感器，我们想找出最近 1h 内到达 DSMS 的最高温度。这里我们需采用基于时间的窗口，并像查询传统关系那样查询它。查询表示如下：

```
SELECT sensID, MAX(temp)
FROM Sensors [Range 1 Hour]
GROUP BY sensID;
```

这个查询可以被看作在窗口上的即席查询，即仅在查询发起时执行一次。当然，DSMS 必须让查询处理器访问到数据流 Sensors 上长度至少为 1h 的窗口 ⊖。这个查询也可以是常驻查询，这就需要像维护随时间不断变化的物化视图那样来维护当前的结果关系。在 12.4.5 节，我们将讨论另一种将这个查询作为常驻查询的结果表示方法。　　　　　　　　　　　　　　　　　　　□

窗口关系可以与其他窗口关系相结合，或者和"常规意义上的"关系(即关系不是来自数据流)相结合。下面我们用一个例子来表示这种可能性。

例 12.12　假设我们的 DSMS 有一个输入数据流 Sensors，在 DSMS 的工作存储区维护着一个常规的关系

```
Calibrate(sensID, mult, add)
```

这个关系中给出了乘法因子 mult 和加法因子 add，用于校正来自每个传感器的数据。下面的查询

```
SELECT MAX(mult*temp + add)
FROM Sensors [Range 1 Hour], Calibrate
WHERE Sensors.sensID = Calibrate.sensID;
```

是在所有传感器范围内找出过去 1h 内校准后的最高温度。这里我们将来自 Sensors 的窗口关系和一个常规关系 Calibrate 进行了连接运算。

我们也可以在窗口关系之间执行连接运算。下面的例子是通过子查询实现的一个自连接，SQL 中的所有连接方法在这里都可以使用。

例 12.13　假设我们想找出每一个传感器在过去 1h 内所返回的最高温度(与例 12.11 中一样)，同时我们还希望在结果元组中包括达到最高温度值的最近的那个时间。图 12-11 给出了使用窗口关系写这个查询的一种方法。

```
SELECT s.sensID, s.temp, s.time
FROM Sensors [Range 1 Hour] s
WHERE NOT EXISTS (
    SELECT * FROM Sensors [Range 1 Hour]
    WHERE sensID = s.sensID AND (
        temp > s.temp OR
            (temp = s.temp AND time > s.time)
    )
);
```

图 12-11　包括时间的传感器最高温度读数

这个查询的含义是，对于一个元组 s，子查询在对应于同一个传感器的窗口关系 Sensors [Range 1 Hour] 中查找是否存在另外一个元组，这个元组要么有比 s 还高的温度，要么虽然有相同温度但时间比 s 晚，如果没有满足这样条件的元组，s 将作为结果的一部分。　　　□

12.4.5　关系转换为数据流

当我们做类似于例 12.11 的常驻查询时，所得的关系会频繁地被更新。如果像维护物化视图那样维护这些关系，会导致大量的插入和删除操作，并且不会有人对这些插入和删除感兴趣。另

⊖　严格地说，DSMS 只需要保留足以回答查询的信息即可。例如，如果 DSMS 丢掉了元组，并且所丢掉的元组对应的传感器又有更高的温度到达 DSMS，DSMS 仍然可以随时回答查询。

一个可行办法是将查询所得的关系转换为数据流，从而可以使我们像对待其他数据流那样进行操作。例如，如果某个时刻我们对关系的值感兴趣，可以做即席查询来得到查询结果。

假设 R 是一个关系，我们用 Istream(R) 来表示插入到 R 中的元组所组成的数据流。当元组被插入到关系时，也加入到这个数据流中。类似地，用 Dstream(R) 来表示从 R 中被删除的元组所组成的数据流，当元组从关系中删除时，就加入到这一数据流中。对关系中元组的更新可以通过同时对元组进行插入和删除操作来完成。

例 12.14　令 R 是例 12.13 中的查询所得的关系，也就是说，关系 R 包含了过去 1h 内每个传感器发回的最高温度，也包含了最高温度所对应的最近时间。每当一个新元组插入到 R 时，也有对应的元组加入到数据流 Istream(R) 中。有两个事件可以触发 R 中的插入操作：

1. 来自数据流 Sensors 的元组，元组中的温度至少和 R 中所记录的对应于同一个传感器 ID 的温度一样高，这时该元组被插入关系中，同时也被插入到 IStream(R) 中。

2. 关系中对应于传感器 i 的当前最高温度是 1h 前插入的，并且在过去 1h 内数据流 Sensors 中至少有一个元组来自传感器 i。这种情况下，插入到 R 和 Istream(R) 中的新元组是 Sensors 中在过去 1h 内来自传感器 i 的元组，并且在过去 1h 内没有同样来自 i 的元组满足以下两个条件：

a）温度更高。

b）温度相同但时间更近。

这两个事件也会为数据流 Dstream(R) 产生相应的元组。对于事件 1，如果对应于同一个传感器有任何其他元组存在于 R 中，则该元组将从 R 中删除，并加入到数据流 Dstream(R)；对于事件 2，关系 R 中对应于传感器 i 的元组如果超过 1h，将从 R 中删除，并加入到数据流 Dstream(R)。　□

如果对于图 12-11 所示的查询所构造的关系，我们计算 Istream 和 Dstream，我们就没有必要像维护物化视图那样维护关系了。我们可以通过查询数据流 Istream 和 Dstream 来完成对关系的查询。

例 12.15　假设对于图 12-11，我们构造了对应的 Istream I 和 Dstream D 用以表示关系 R，我们就可以在需要时对这两个数据流做即席查询。例如，假设我们想找出在过去 1h 之内对应于传感器 100 的最高温度，它就是 I 中来自传感器 100 的某个元组所对应的温度，并满足以下条件：

1. 时间是过去 1h 内。

2. 没有从 R 中删除（即过去 1h 内没有出现在 D 中）。

这个查询可以表示为图 12-12 所示的那样，其中的关键字 Now 表示当前时间。

需要注意的是，在对 I 的查询中，我们既要看元组是否是 1h 内加入 I，还要看它的时间戳是否也是 1h 之内。为了理解这两个条件的区别，我们假设有一个元组 t 来自传感器 100，由于过去 30min 前成为了最高温度，而被加入到 I 中；但这个温度本身还对应着一个 80min 之前的时间戳。这种情况产生的原因是 90min 前对应于传感器 100 记录了一个较 t 更高的温度，经过 1h 后（即 30min 前），t 才成为对应于传感器 100 的最高温度。

```
(SELECT * FROM I [Range 1 Hour]
 WHERE sensID = 100 AND
    time >= [Now - 1 Hour])
    EXCEPT
(SELECT * FROM D [Range 1 Hour]
 WHERE sensID = 100);
```

图 12-12　查询 Istream 和 Dstream

□

12.4.6　习题

习题 12.4.1　使用例 12.11 中的数据流 Sensors，写出如下查询：

a）找出过去 1s 内至少传回两次数据的传感器。

b）在最近到达的 5000 个元组中找出最老（时间最小）的那个。

!c) 找出在过去 1h 内传回的数据次数多于在这 1h 之前的那 1h 里所传回数据次数的传感器。

习题 12.4.2 根据这一节所示的传感器数据例子，假设下面的 (温度，时间) 元组是由传感器 100 产生的，产生的同时就发送到了 DSMS。这些元组分别是：(20, 0)，(18, 40)，(16, 60)，(17, 110)，时间单位是分钟。如果 R 是图 12-11 所示的查询，则 Istream(R) 和 Dstream(R) 中各包含哪些元组？并且每一个元组是在什么时间包含进来？

!**习题 12.4.3** 假设我们有一个数据流，由若干购物篮条目组成，就像 11.1.1 节中所介绍的市场 - 购物篮模型那样。由于我们把数据流中的元素看作元组，一个购物篮的内容就可以表示为一连串的元组，对应的数据模式用 Baskets(basket，item) 表示。写出如下查询：

a) 找出过去 1h 内至少在 5% 的购物篮出现的那些元组 ⊖。

b) 找出过去 30mim 内元组所出现的购物篮数目至少 3 倍于更早 30min 所出现的购物篮数目的那些条目对。

c) 找出过去 1h 内出现次数最多的条目对。

12.5 数据流挖掘

在处理数据流时，有许多问题会变得非常困难，尽管类似的问题放在关系中很容易。在这一节，我们主要介绍如何更简洁地表示窗口中的内容，而不用一一列出窗口中的每一个元组。当然，我们不能够保证回答出关于窗口的任何可能的查询，但如果事先明确一下我们要进行何种查询，我们也许可以对窗口进行压缩，并回答查询。另一种可能是我们不能压缩窗口，也不能准确地回答那些查询，但我们可以确保把误差限定在一个固定的范围内。

我们将考虑这种类型的两个基本问题。首先，来考虑二进制数据流 (0 和 1 组成的数据流)，看能否回答窗口内任何时间段里 1 所出现的次数。当然，如果我们把这些二进制序列和它们的时间戳全部存起来，可以精确地回答查询。但我们可以通过很大程度上压缩数据，并在限定的误差范围内来回答这类查询。第二个问题是统计滑动窗口中有多少个不同的值。如果不在窗口中完整地保存这些数据，这类查询也不能准确回答。然而，我们将会看到，使用比窗口大小小得多的空间，仍然有可能得到较好的估计值。

12.5.1 动机

假设我们希望有一个数据流，它的窗口能包含 10 亿个整数。这么大规模的窗口可以放在 4G 的内存里，也可以放在磁盘上。如果我们仅对这一个数据流中最近产生的数据感兴趣，10 亿个元组就足够了，但如果有 100 万个这样的数据流呢？

例如，我们想将来自遍布整个城市的 100 万个传感器的数据进行集成，或者针对一个市场购物篮的数据流，我们想计算出其中任何时间范围内所有购物篮中所有项集出现的频率。在这种情况下，我们需要对每个项集建立一个窗口，并用二进制位来表示这些项集在每个购物篮中是否出现。

在上述情况下，将没有足够的磁盘空间来存储所有窗口。另外，为了得到有效的响应，我们希望把它们全部存在主存中。但对于几个长度多达 10 亿的窗口，或上千个长度为 100 万的窗口，就没有足够大的内存来应对了。因此，我们就要压缩窗口中的数据。但如下面的例子所描述的那样，如果压缩了窗口，即使对于一些很简单的查询也无法回答。

例 12.16 假设我们有一个滑动窗口，存储了整数数据流元素，并且有一个常驻查询，用于时刻监视窗口中的整数之和是否超过一个给定的阈值 t。通过维护窗口中的整数之和就可以回答这个查询，当一个整数到来时，就将它加入和中。

⊖ 从技术上讲，并非一个购物篮的所有内容都必须在过去 1h 内全部到达。我们忽略这一"边际效应"，并假设一个购物篮的所有元组要么全部出现在窗口中，要么全部不出现在窗口中。

但是，在某些时刻，会有整数离开窗口，需要从和中减去。如果窗口是基于元组的，每当新数据到达时，我们就必须从和中减去最老的那个整数。如果窗口是基于时间的，当元组在窗口中的时间超出这一范围时，必须从和中减去。

不幸的是，如果我们不确切地知道窗口中有哪些整数，或者不知道数据到达的先后顺序（对于基于元组的窗口），或者到达时间（对于基于时间的窗口），我们就无法准确地维护这个和。下面给出了不能压缩窗口数据的原因。只要进行了任何压缩，则两个不同的窗口内容 W_1 和 W_2，就必须有相同的压缩值。由于 $W_1 \neq W_2$，肯定会存在一个时间 t，在 t 时刻 W_1 和 W_2 中的整数不相等。考虑一下当 t 是窗口中最老的时间，并且有另一个整数到达时，会发生什么事情。这时我们就必须从和中分别减去不同的值，来维护 W_1 和 W_2 所对应的和。但由于存在压缩，我们无法辨别 W_1 和 W_2 中哪个内容是准确的窗口内容，在两种情况下我们都不能维护正确的和。   □

例 12.16 说明，如果任何时刻都想得到精确的和，我们就不能对一个滑动窗口的和进行压缩。但如果我们能够接受和的近似值，就有了许多可选方法，这里就有一个非常简单的方法。我们将数据流元素进行分组，每组包括 100 个元素。即数据流返回第 1 组 100 个元素，再返回第 2 组 100 个元素，依此类推，每一组用其中的元素和来表示。这时，我们就有了一个压缩因子 100，即对于理论上的每 100 个整数，窗口实际上只存了一个数。

为简单起见，假设我们有一个基于元组的窗口，窗口中的元组数是 100 的倍数。当所到达的数据流元素数也是 100 的倍数时，我们将每组的和加起来，就可以准确地计算窗口中的元素之和。假设某时刻有一个整数到达窗口，这个整数开始了一个新组，我们把这个整数本身作为这一组的和，现在我们只能通过估计来得到窗口的和。原因是由于新整数的到来，导致最早一组在窗口中仅有 99 个元素，且我们不知道那一组中被删除的那个整数值。

可以用最早一组和的 1% 作为被删除数的最好估计值。也就是说，我们将所记录的最早一组的和的 99%，加上窗口中所记录的其他组的和，来估计窗口中所有整数的和。

接着又有 49 个元素到达，最晚到达的这一组就包含了 50 个整数，此时最早一组仅有 50 个元素保留在窗口中，我们以这一组和的 1/2 作为这 50 个元素的和的最好估计值。之后又有 50 个元素到达，最晚这一组就完整了，最早那一组所有元素被全部删除，我们就可以删去所记录的最早一组的和，并为开始下一个新组做好准备。

直观上讲，使用这个方法能够"很好"地计算和的近似值。如果整数是非负的，并且整数值波动不太大，以组和的平均值来估计被删掉的整数，会是一个不错的选择。但如果整数值波动很大，或者整数可正可负，所得的估计值会出乎意料地糟糕。如果整数的范围是从负无穷到正无穷，且最早一组中前 50 个数是很大的负数，后 50 个数是很大的正数，所对应的组和为 0。如果某一时刻这一组仅有 50 个元素在窗口中，尽管实际上这 50 个元素的和会非常大，甚至比数据流中紧跟其后的所有元素的和还大，对这 50 个元素和的估计也将会是 0。

我们可以对这一压缩方法进行诸多形式的修改。例如，可以通过增加每组的元素个数来减少表示组所用的存储空间，不过这样做会加大估计的误差。下一节，我们将研究二进制数据流（由 0 和 1 组成）的有效压缩问题，并将误差限制在一定范围内。如果我们将每一个整数的二进制表示形式看作一个二进制位数据流，我们就可以将上述方法进行扩展，以处理有上界的正整数数据流的问题（参看习题 12.5.4）。

12.5.2　统计二进制位数

在这一节，我们要研究如下的问题。假设滑动窗口的长度为 N，数据流由 0、1 组成；假定数据流在过去的某个时刻开始返回数据，我们用二进制位在数据流中的位置来表示各个位的到达时间，即第一个二进制位对应的是时间 1，下一位对应的是时间 2，依此类推。

我们的查询是"在最近 k 位中，有多少个1"，k 是1到 N 范围内的一个整数，这样的查询可以发生在任何时间。如果不对窗口进行任何压缩，我们可以精确地回答任何这样的查询，尽管需要对最近的 k 位求和才能回答。在 k 值很大的情况下，查询本身会耗很长时间。而如果在存储二进制位的同时，依据二进制位到达次序进行分组，组的大小为2、4、8、…，这样我们可以将精确回答查询的时间降低到 $O(\log N)$。但如果我们将这些组的和也存起来，所需的空间将比存储窗口元素本身还要大。

另一个可行方法是以 N 的对数形式来存储窗口信息，并能够回答上述的任意查询，并且误差可以设定在任意小的范围内。一般地，对于任意 $\varepsilon > 0$，我们可以将估计值与准确值的比保持在 $1 - \varepsilon$ 到 $1 + \varepsilon$ 的范围内。我们将给出 $\varepsilon = 1/2$ 时所对应的方法。这个方法可以推广到任意 $\varepsilon > 0$ 的情况，这将作为一个习题，并附有提示(参见习题12.5.3)。

桶

为了便于描述对1的个数进行估计的算法，我们需要定义一个大小为 m 的桶，这个桶是窗口的一部分，并包含了恰好 m 个1。窗口被完全划分到若干个这样的桶中，除了一些0不属于任何桶。我们可以用 (m, t) 来表示桶，m 是桶的大小，t 是桶中最近的1到达的时间。用桶来表示当前窗口，我们需要遵循如下规则：

1. 每一个桶的大小为2的幂。

2. 时间上往回看，桶的大小是不降的。

3. 对于 $m = 1$，2，4，8，…一直到最大的桶，相同大小的桶有一个或两个，而不会是零个或多于两个。

4. 虽然最后一个(最大的)桶可能有一部分已经超出窗口范围，但每个桶都是在当前窗口内开始的。

图12-13描述了窗口如何被分成桶。

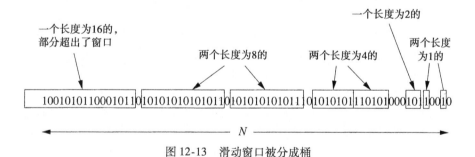

图12-13 滑动窗口被分成桶

桶的表示

我们将看到，在这些假设下，一个桶可以用 $O(\log N)$ 个二进制位来表示，并且窗口中至多有 $O(\log N)$ 个桶。因此，一个长度为 N 的窗口就可以用 $O(\log^2 N)$ 个二进制位来表示，而不是 $O(N)$ 个二进制位。原因如下：

● 一个桶 (m, t) 可以用 $O(\log N)$ 个二进制位来表示。首先，桶的大小 m 不会超过 N，并且 m 是2的幂，因此我们不需要表示 m 本身，只需要表示 $\log_2 m$，这需要 $O(\log \log N)$ 位。另一方面，我们还需要表示 t，即桶中最近的1所到达的时间。原则上，t 可以是任意大的整数，但由于 t 一定在长度为 N 的窗口内，我们仅表示 t modulo N 就可以了。因此，用 $O(\log N)$ 个二进制就可以表示 m 和 t。因此，我们能够得知新到达的1的时间。我们维护当前时间，但也通过对 N 取余来表示它，因此 $O(\log N)$ 个二进制位就足够用了。

- 桶的个数至多为 $O(\log N)$ 个。所有桶的大小之和至多为 N，并且任何大小的桶至多有两个。如果桶的个数多于 $2 + 2\log_2 N$，最大的桶的大小至少为 $2 \times 2^{\log_2 N}$，即 $2N$，这时一定有一个大小为其一半的较小的桶，因此最大的桶就会完全超出窗口范围。

使用桶近似地回答查询

注意，我们可以近似地回答关于最近 k 位中 1 的个数的查询，如下所述。找出桶内最后一位到达时间在 k 内的最早的那个桶 B，B 之后的桶全在时间 k 范围内，我们知道这些桶所含 1 的个数为桶的大小，而桶 B 有一部分在查询范围内，另一部分在查询范围外。由于我们不清楚有多少在查询之内，多少在查询之外，我们用桶的大小的一半来估计。

例 12.17　假设 $k = N$，窗口用图 12-13 所示的桶来表示。我们看到图中有两个大小为 1 的桶、一个大小为 2 的桶，这表示有 4 个 1；另外，还有两个大小为 4 的桶，表示有 8 个 1；两个大小为 8 的桶，表示有 16 个 1；最后一个大小为 16 的桶，有一部分在窗口内，我们用值 8 来参与估计。因此近似答案为 $2 \times 1 + 1 \times 2 + 2 \times 4 + 2 \times 8 + 8 = 36$。　□

桶的维护

在新的二进制位到来时，有两种原因使桶发生改变。第一个容易解决：如果一个新二进制位到达，并且最后一个桶中有一个最近的位，它的到达时间与新到达位的差超过 N，则我们可以丢弃那个桶。因为这样的桶不在任何查询的范围内。

现在，假设一个新位到达。如果这一位是 0，不会有桶发生改变，除了上面提到的对桶的删除操作。而如果新位是 1，我们开始用一个大小为 1 的新桶来表示这一位。我们这时也许会有 3 个大小为 1 的桶，违背了任意大小的桶只能为 1 或 2 个的规则。因此，我们就进入了递归合并桶的阶段。

假设我们有 3 个相邻的桶大小都为 m，分别用 (m, t_1)、(m, t_2)、(m, t_3) 来表示，$t_1 < t_2 < t_3$。我们将出现较早的两个桶 (m, t_1) 和 (m, t_2) 合并为一个长度为 $2m$ 的桶，合并所得的桶的时间用两个桶中稍后出现的那个桶的最近时间来表示。也就是说，(m, t_1) 和 (m, t_2) 由桶 $(2m, t_2)$ 来取代。

如果合并前已经有两个长度为 $2m$ 的桶，合并会导致有 3 个相邻的长度为 $2m$ 的桶。因此，我们递归地应用合并算法对长度为 $2m$ 的桶进行合并。合并的总时间不会超过 $O(\log N)$。

例 12.18　假设我们有图 12-13 所示的一列桶，桶的大小依次为 16、8、8、4、4、2、1、1。如果一个 1 到来，就有了 3 个大小为 1 的桶，我们需要将其中较早的两个桶进行合并，这时桶序列变成了 16、8、8、4、4、2、1。由于合并后长度为 2 的桶只有两个，就不需要递归地合并下去。如果又有一个 1 到达，不需要进行桶的合并，同时桶序列变成 16、8、8、4、4、2、2、1、1。接着又有一个 1 到来，这时我们就必须对长度为 1 的桶进行合并，桶的序列变成了 16、8、8、4、4、2、2、2、1。这时长度为 2 的桶有 3 个，所以我们递归地合并其中稍早的长度为 2 的两个桶，桶序列变成了 16、8、8、4、4、2、1。这时长度为 4 的桶变成了 3 个，进行合并后桶序列变成了 16、8、8、4、2、1。接着需要对长度为 8 的较早的两个桶进行合并，桶序列的最终结果为 16、16、8、4、2、1。　□

误差范围

假设为了回答一个查询，所含的 1 在查询范围内的最早的桶的大小为 m。由于我们以该桶的 $m/2$ 进行统计，误差不会超过 $m/2$。准确答案不小于所有长度小于 m 的桶的长度和，长度为 $m/2$、$m/4$、$m/8$、…、1 的桶至少分别为 1 个，它们的和为 $m - 1$。因此误差率至多为 $(m/2) / (m-1)$，近似于 50%。事实上，我们仔细观察会发现，50% 恰好是误差上限。原因是，当我们估计过低时（即最早那个桶的 m 个 1 都在查询范围内），误差率不会超过 1/3；如果我们估计过高，由于最早的桶至少有一个 1 要在查询范围内，估计值比精确值高至多为 $(m/2) - 1$，而不是

$m/2$。由于$(m/2) - 1$小于$m - 1$的一半，误差率上限确为50%。

12.5.3　统计不同元素的个数

现在我们来考虑另外一个重要的问题：统计一个数据流的窗口中不同元素的个数。这个问题有诸多应用，例如：

1. 我们经常通过统计一个月内有多少个不同的用户访问网站，来衡量一个网站的知名度。把一个像 Yahoo! 那样的网站上的登录看作一个数据流，并假设窗口长度为一个月，我们想统计有多少个不同的登录。

2. 假设有一个爬虫正检查站点。我们可以把网页上爬虫所访问的单词序列看作一个数据流。如果站点是合法的，不同的单词数不会太高（太高表示单词之间很少有重复），也不会太低（太低表示单词之间有大量重复），如果超出这个范围，表示站点可能是非法的，如可能为一个作弊站点。

要精确回答如上问题，我们必须存储整个窗口，并对窗口进行 δ 运算，来找出不同的元素。但我们并不需要知道不同的元素具体是什么，只是想知道有多少个不同的元素。虽然必须维护整个窗口来进行统计，我们也可以使用其他办法来近似地进行统计。下面的方法实际上计算了整个数据流中不同的元素数，而非针对一个有限窗口。我们也可以依据需要，周期性地重启这一过程，例如每一个月统计一次不同的访问用户数，或者每当访问一个新站点时进行统计（来统计不同的单词数）。

我们要用到的必要工具包括变量 N，N 的值至少与数据流中不同的元素数一样大，还包括一个散列函数 h 用于将一个元素映射为 $\log_2 N$ 个二进制位。我们维护一个变量 R，R 的初始值为0。当每一个数据流元素 v 到达时，要做如下工作：

1. 计算 $h(v)$。
2. 用 r 表示 $h(v)$ 的尾部0的个数。
3. 如果 $r > R$，把 r 赋值给 R。

这样一来，迄今为止所见到的不同元素的个数的估计值为 2^R，理由如下：

a）$h(v)$ 的尾部至少有 i 个0的概率为 2^{-i}。

b）如果迄今为止数据流中有 m 个不同的元素，则 $R > i$ 的概率为 $(1 - 2^{-i})^m$。

c）如果 i 远比 $\log_2 m$ 小，这个概率会接近于1；如果 i 远比 $\log_2 m$ 大，这个概率会接近于0。

d）因此，R 通常接近于 $\log_2 m$，我们的估计值 2^R 通常会接近于 m。

虽然上面的推理看似合理，实际上推理出的结果却不准确。原因在于，假定 N 是有限的，所设想的结果 2^R 却是无限的，至少大得出乎意料。直观上看，对于一个很大的值 R，每当 R 翻一番时，R 值很大的概率就会减半，但 R 的值在成倍增加，所以 R 的每一个可能的值对所期望的值的影响是相同的。

因此有必要注意这一事实：R 的值会偶尔变得很大，以至于对 m 的估计会往上发生偏斜。尽管我们不准备给出精确的证明，却可以采取以下办法来避免偏斜：

1. 使用不同的散列函数，对 R 进行多次估计。
2. 将这些估计值分成小组，取每组的中值。这样做就会减少 R 偶尔变大所带来的影响。
3. 取每组中值的平均值。

12.5.4　习题

习题 12.5.1　从图 12-13 所示的窗口开始，假设下面将要到达的16位都是1。怎样表达对应的桶序列？

习题 12.5.2　假设在图 12-13 中，查询"最近 k 位中有多少个1"，k 值分别为 a）12；b）20；c）30，要回答这3种情况下的查询，需要用到哪些桶？3种情况下的估计值分别是什么？这些估计值的精确程度又是怎样的?

!习题 12.5.3 我们可以修改 12.5.2 节中的算法,使每个桶的大小都是 2 的幂,同一大小的桶的个数介于 p 和 $p+1$ 之间,$p \geq 1$。类似于前面所提到的,从时间上往回推,桶的大小是不减的。

a) 给出当同一大小的桶太多时合并桶的递归规则。

b) 证明这个方法的误差率至多是 $1/2p$。

!习题 12.5.4 假设我们有一个数据流,由 0 到 $2^{16}-1$ 范围内的整数构成。怎样修改 12.5.2 节所介绍的方法,来估计大小为 N 的窗口中的整数和,并且误差不超过 50%?提示:将表示每一个整数的 16 位二进制位看作分别的数据流。

习题 12.5.5 假设对于一个由整数组成的数据流,我们想估计其中有多少个不同的值,整数的范围是 0 到 1023。我们分别使用如下的散列函数,将整数散列到 9 位整数。

a) $h_1(v) = v + 59$ modulo 512。

b) $h_2(v) = v + 241$ modulo 512。

c) $h_3(v) = v + 457$ modulo 512。

分别用上面的散列函数,估计如下数据流中不同值的个数:

24, 45, 102, 24, 78, 222, 45, 24, 670, 78, 999, 576, 222, 24

习题 12.5.6 在例 12.11 中,我们注意到,对于由(时间,温度)元组组成的滑动窗口,如果我们只希望得到 N 个温度中的最大值,那么在元组 t 到达窗口时,我们可以立即删掉 t 之前所记录的小于 t 的元组。

!a) 这个方法是否在任何情况下都可以压缩窗口中的数据?

!!b) 假设我们统一地在一个固定的实数范围内随机选取数据,来作为温度。平均会有多少元组被保留在窗口中?结果用 N 来表示。

12.6 小结

- **搜索引擎**:在一个搜索引擎中,通过爬虫来搜集网页信息,并使用查询引擎来回答搜索查询。

- **爬虫**:一个爬虫使用一个或多个进程,来访问 Web 页面和网页中的链接。爬虫必须将已经访问过的网页放在网页库中,这样不会过于频繁地访问相同网页。可以用 shingling 和最小散列来检测是否相同的网页对应着不同的 URL。

- **限制爬取**:通常情况下,爬虫会限制爬取的深度,拒绝访问相对于根网页或开始的网页太远的链接;也可以对搜索进行优先级设置,以优先访问那些可能很受欢迎的网页。

- **准备将爬取所得的网页用于搜索**:搜索引擎在所搜集的网页上依据单词建立倒排索引。索引中也可以记录单词在网页中的作用(例如,单词是否是标题的一部分?),每个单词的索引可以表示为位向量,用以说明单词在哪些网页中出现。

- **回答搜索查询**:通常,一个搜索查询由一组单词组成,查询引擎使用倒排索引来找包含那些单词的网页。之后,使用公式来对网页进行排名。不同的搜索引擎有不同的公式。如果网页中那些搜索单词离得较近,或者搜索单词出现在网页的重要位置,网页排名会比较靠前。一般使用类似于 PageRank 的标准来找重要的网页。

- **WEB 转移矩阵**:对于估计 Web 页面的重要性,矩阵是一个重要的分析工具。每一个网页对应于一行和一列。如果网页 j 有 r 个链出,其中有一个指向网页 i,那么在第 i 行,网页 j 所对应的列值是 $1/r$,其他情况下值为 0。

- **PageRank**:Web 页面的 PageRank 是 Web 转移矩阵的重要的特征向量。对于 n 个网页,我们使用一个长度为 n 的向量,不断地用向量的当前值去乘转移矩阵,来计算 PageRank 向量。

- **PageRank 中的征税问题(Taxation of PageRank)**:由于 Web 中有死角(网页没有链出)和爬

虫陷阱(到达后就无法离开的那部分 Web 页面)等人为因素，于是引入了对 PageRank 征税的方法，例如税率为15%，矩阵和向量之间的每一次相乘，都会将这一税率平等地重新分配到所有网页。

- 远距离移动集：在计算 PageRank 的每一次迭代时，不将税率平等地重新分配到所有网页，而仅分配给一个网页子集，我们称之为远距离移动集(teleport set)。这样一来，在计算 PageRank 时实际上模拟了一个漫步者在 Web 图上漫步，漫步者从当前网页中随机选择一个链出作为下一步的对象，但同时有一个很小的概率使它选择远距离移动集中的任意网页。

- 主题相关的 PageRank：远距离移动集思想的一个应用是，挑选与某个主题相关的网页作为远距离移动集。这样一来，PageRank 不仅综合衡量了网页的重要程度，还衡量了网页与所选主题的相关程度。

- 链接作弊：作弊者制作大量的 Web 页面，唯一的目的是提高目标网页的 PageRank，以使搜索引擎更有可能列出它们。一个打击方法是使用远距离移动集来计算 PageRank，远距离移动集由可信任网页(指那些不可能作弊的网页)组成。

- 数据流：一个数据流是到达特定位置的元组所组成的序列，由于到达速度快，很难整体地处理和存储数据流。来自人造卫星的数据和在一个 Web 站点的请求点击都可以组成数据流。

- 数据流管理系统：DSMS 接收数据流形式的数据，并维护工作存储区和永久(存档)存储区。虽然工作存储区也会涉及磁盘，但它的大小是有限制的。DSMS 既支持数据流的即席查询，也支持常驻查询。

- 滑动窗口：将数据流的一部分看作一个关系，会有助于数据流的查询。滑动窗口包含数据流中最近到达的那部分数据。窗口可以是基于时间的——包括固定长度时间段内的到达的所有元组，也可以是基于元组的——最近到达元组的固定个数。

- 压缩窗口：如果 DSMS 针对许多数据流都有很大的窗口，就有可能耗尽内存，甚至耗尽磁盘。可以依据对应于窗口会有什么类型的查询，来压缩窗口，以大大减少所占有的存储空间。但在许多情况下，只有能够接受查询的估计值，我们才能够压缩窗口。

- 统计二进制位：在空间/精度间进行平衡的一个基础性问题，是计算位数据流所对应的窗口中1出现的次数。我们可以将窗口划分为桶，按照指数形式来记录1的个数。最后一个桶可能会有一部分超出窗口范围，导致不能精确地统计1的个数，但错误率会限制在一个固定的比值内，并且可以是任意的 $\varepsilon > 0$。

- 统计有多少个不同的元素：另一个重要的数据流问题是，统计数据流中不同值的个数，并且不必保存所有已到达的不同的值。可以使用一个散列函数来进行无偏估计，散列函数将元素映射为二进制位串，用 2 的幂来估计不同值的个数，幂中的指数部分是经过散列函数映射后所得的值的末尾连续的0的最大数。

12.7　参考文献

文献[3]和[8]依据斯坦福的 WebBase 系统，对网页抓取进行了总结。文献[15]分析了相对于整个 Web，爬虫抓取的页面的覆盖率。

文献[6]和[16]描述了 PageRank。文献[14]给出了 Web 结构的另一种公式表达(常被称为 hubs 和 authorities)。

本章所描述的主题相关的 PageRank 来自于文献[12]。TrustRank 和打击链接作弊在文献[11]

中进行了讨论。

文献[17]和[18]在线地给出了搜索引擎的发展历史。

文献[13]中的"chronicle data model"可以看作是最早将数据流作为数据模型来研究的。文献[7]和[2]描述了早期的数据流管理系统体系。文献[5]对数据流系统做了概览。

本章中近似统计滑动窗口中1的个数的算法来自于文献[9]。

文献[10]和[4]最早描述了估计数据流中不同元素数的问题。本章中所描述的方法来自文献[1]，文献[1]也对该方法做了推广，来估计数据的高矩表示(higher moments)，例如计算每个元素发生次数的平方和。

1. N. Alon, Y. Matias, and M. Szegedy, "The space complexity of approximating frequency moments," *Twenty-Eighth ACM Symp. on Theory of Computing* (1996), pp. 20–29.

2. A. Arasu, S. Babu, and J. Widom, "The CQL continuous query language: semantic foundations and query execution,"

   http://dbpubs.stanford.edu/pub/2003-67

   Dept. of Computer Science, Stanford Univ., Stanford CA, 2003.

3. A. Arasu, J. Cho, H. Garcia-Molina, A. Paepcke, and S. Raghavan, "Searching the Web," *ACM Trans. on Internet Technologies* **1**:1 (2001), pp. 2–43.

4. M. M. Astrahan, M. Schkolnick, and K.-Y. Whang, "Approximating the number of unique values of an attribute without sorting," *Information Systems* **12**:1 (1987), pp. 11-15.

5. B. Babcock, S. Babu, M. Datar, R. Motwani, and J. Widom, "Models and issues in data stream systems," *Twenty-First ACM Symp. on Principles of Database Systems* (2002), pp. 261–272.

6. S. Brin and L. Page, "Anatomy of a large-scale hypertextual Web search engine," *Proc. Seventh Intl. World-Wide Web Conference*, 1998.

7. D. Carney, U. Cetintemel, M. Cherniack, C. Convey, S. Lee, G. Seidman, M. Stonebraker, N. Tatbul, and S. Zdonik, "Monitoring streams — a new class of data management applications," *Proc. Intl. Conf. on Very Large Database Systems* (2002), pp. 215–226.

8. J. Cho, H. Garcia-Molina, T. Haveliwala, W. Lam, A. Paepcke, S. Raghavan, and G. Wesley, "Stanford WebBase components and applications," *ACM Trans. on Internet Technologies* **6**:2 (2006), pp. 153–186.

9. M. Datar, A. Gionis, P. Indyk, and R. Motwani, "Maintaining stream statistics over sliding windows," *SIAM J. Computing* **31** (2002), pp. 1794–1813.

10. P. Flagolet and G. N. Martin, "Probabilistic counting for database applications," *J. Computer and System Sciences* **31**:2 (1985), pp. 182–209.

11. Z. Gyongyi, H. Garcia-Molina, and J. Pedersen, "Combating Web spam with TrustRank," *Proc. Intl. Conf. on Very Large Database Systems* (2004), pp. 576–587.

12. T. Haveliwala, "Topic-sensitive PageRank," *Proc. Eleventh Intl. World-Wide Web Conference* (2002).

13. H. V. Jagadish, I. S. Mumick, and A Silberschatz, "View maintenance issues for the chronicle data model," *Fourteenth ACM Symp. on Principles of Database Systems* (1995), pp. 113–124.

14. J. Kleinberg, "Authoritative sources in a hyperlinked environment," *J. ACM* **46**:5 (1999), pp. 604–632.

15. S. Lawrence and C. L. Giles, "Searching the World-Wide Web," *Science* **280**(5360):98, 1998.

16. L. Page, S. Brin, R. Motwani, and T. Winograd, "The PageRank citation ranking: bringing order to the Web," unpublished manuscript, Dept. of CS, Stanford Univ., Stanford CA, 1998.

17. L. Underwood, "A brief history of search engines,"

    `www.webreference.com/authoring/search_history`

18. A. Wall, "Search engine history," `www.searchenginehistory.com`.

推荐阅读

数据库系统概念（原书第6版）

作者：Abraham Silberschatz 等　译者：杨冬青 等
中文版：ISBN：978-7-111-37529-6，99.00元
中文精编版：978-7-111-40085-1，59.00元

数据集成原理

作者：AnHai Doan 等　译者：孟小峰 等
ISBN：978-7-111-47166-0　定价：85.00元

数据库系统：数据库与数据仓库导论

作者：内纳德·尤基克 等　译者：李川 等
ISBN：978-7-111-48698-5　定价：79.00元

分布式数据库系统：大数据时代新型数据库技术 第2版

作者：于戈 申德荣 等
ISBN：978-7-111-51831-0　定价：55.00元